PROLEGOMENA

ZUR

GESCHICHTE ISRAELS

VON

J. WELLHAUSEN.

VIERTE AUSGABE.

BERLIN.
DRUCK UND VERLAG VON GEORG REIMER.
1895.

MEINEM UNVERGESSENEN LEHRER

HEINRICH EWALD

ZU DANK UND EHREN.

Inhalt.

B. Geschichte der Tradition.

C. Israel und das Judentum.

Das Problem

des vorliegenden Buches ist die geschichtliche Stellung des mosaischen Gesetzes, und zwar handelt es sich darum, ob dasselbe der Ausgangspunkt sei für die Geschichte des alten Israel oder für die Geschichte des Judentums, d. h. der Religionsgemeinde, welche das von Assyrern und Chaldäern vernichtete Volk überlebte.

1. Es ist eine verbreitete Ansicht, dass die Bücher des Alten Testaments, im Ganzen und Grossen, sich nicht bloss auf die vorexilische Periode beziehen, sondern auch aus ihr stammen. Es sind die Reste, meint man, welche die Juden aus der Literatur des alten Israel retteten, das Erbe der Vergangenheit, von dem sie in Ermangelung eines eigenen geistigen Lebens zehrten. Auch wenn man nicht grade mit der Dogmatik das Judentum einfach als ein Vacuum betrachtet, über welches hinweg das Alte Testament in das Neue mündet, hält man doch insgemein daran fest, dass dasselbe an der Hervorbringung der Schriften, welche es in die heilige Sammlung aufnahm, nur ausnahmsweise einen Anteil gehabt habe. Aber die Ausnahmen, die man in der jüngsten und in der mittleren Schicht des Kanons zugibt, sind nicht so ganz geringfügig. Von den Hagiographen ist bei weitem der grösste Teil erweislich nachexilisch, erweislich vorexilisch dagegen nichts; der Daniel reicht hinunter bis zu den makkabäischen Kriegen, Esther vielleicht noch tiefer. Auch die prophetischen Schriften fallen durchaus nicht alle noch in die Königszeit, sondern zu einem sehr beträchtlichen Teile überschreiten sie diese Grenze; die im Kanon damit unter gleichem Namen zusammengefassten Historienbücher sind, wie wir sie haben, nach

dem Tode des gefangenen Königs Jechonia verfasst, der noch eine Weile über das Jahr 560 hinaus gelebt haben muss. Bringt man nun auch die älteren Quellen in Anschlag, welche in den Büchern der Richter Samuelis und der Könige vielfach benutzt und meist wörtlich aufgenommen sind, so beläuft sich doch die vorexilische Literatur, die uns im Alten Testament abzüglich des Pentateuchs erhalten ist, auf nicht viel mehr als die Hälfte vom Umfange des Ganzen. Das Übrige gehört der späteren Periode an; darunter nicht bloss kümmerlicher Nachwuchs aus halb erstorbenen Trieben von ehemals, sondern auch so wertvolle und originelle Erzeugnisse wie Isa. 40—66 oder Ps. 73.

Wir kommen zum Gesetze. Ausdrückliche Angaben über den Verfasser und die Abfassungszeit fehlen, wie gewöhnlich; um uns ungefähr zu orientiren, sind wir darauf angewiesen, aus der Analyse des Inhalts passende Daten zu gewinnen und sie zu dem, was wir anderweit vom Verlaufe der israelitischen Geschichte wissen, in Beziehung zu setzen. Hier aber pflegt man den zu vergleichenden historischen Zeitraum von vornherein so abzustecken, dass das babylonische Exil als eine ebenso unüberschreitbare Grenze nach unten gilt wie der Auszug aus Ägypten nach oben. Verleiht etwa die Geschichte des Kanons ein Recht dazu? Es könnte so scheinen. Das Gesetz ist am frühesten kanonisch geworden, durch Ezra und Nehemia; die Propheten sind beträchtlich später hinzugekommen, am spätesten die Hagiographen. Es liegt nun nahe, aus der Stufenfolge der Kanonisirung dieser Schriften auf eine ungefähre Stufenfolge ihres Alters zu schliessen und demgemäss nicht nur die Propheten den Hagiographen, sondern auch die fünf Bücher Mosis den Propheten voranzustellen: wenn schon diese zum grösseren Teile der vorexilischen Zeit angehören, wie viel mehr jene! Aber so zulässig eine derartige Vergleichung zwischen der mittleren und der jüngsten Schicht des Kanons sein mag, so unzulässig ist sie zwischen der ersten Schicht und den beiden anderen. Nämlich der Begriff des Kanons haftet an der Thora und ist von da erst auf die übrigen Bücher übertragen; den letzteren wuchs allmählich und unter der Hand ein gewisser Anteil an der Geltung zu, welche die Thora durch einen öffentlichen und ganz formellen Akt erlangt hatte, wodurch sie als die Magna Charta der jüdischen Gemeinde eingeführt wurde (Nehem. 8—10). Bei jenen gehört der kanonische d. h. gesetzliche Charakter nicht zur Sache, sondern ist erst nachträglich hinzugetreten; da muss ein längerer, kann ein sehr langer Zeitraum zwischen der Entstehung und der Sanktionirung gelegen haben. Dagegen der Thora ist der kanonische Charakter in der Tat viel wesentlicher; die Annahme birgt Schwierigkeiten, dass das mosaische Gesetz im vorexilischen Altertum entstanden sei, und dann erst viele Jahrhunderte später unter völlig veränderten Umständen Gesetzeskraft erlangt habe. Wenigstens kann daraus, dass es die öffentliche Geltung als Gemeindebuch, die es beansprucht, früher gewonnen hat als Schriften, die darauf in keinerlei Weise angelegt sind, gewiss nicht gefolgert werden, dass es älteren Ursprungs sei als jene.

Somit lässt sich die Möglichkeit, dass das Gesetz des Judentums auch das Erzeugnis des Judentums sei, nicht gleich vor der Türe abweisen, und es gibt dringende Gründe, sie in nähere Erwägung zu ziehen. Vielleicht schickt es sich hier persönliche Erfahrung reden zu lassen. Im Anfange meiner Studien wurde ich angezogen von den Erzählungen über Saul und David, über Elias und Ahab, und ergriffen von den Reden eines Amos und Jesaias; ich las mich in die prophetischen und geschichtlichen Bücher des Alten Testaments hinein. An der Hand der mir zugänglichen Hilfsmittel glaubte ich sie zwar leidlich zu verstehen, hatte aber dabei ein schlechtes Gewissen, als ob ich bei dem Dache anfinge statt bei dem Fundamente; denn ich kannte das Gesetz nicht, von dem ich sagen hörte, es sei die Grundlage und Voraussetzung der übrigen Literatur. Endlich fasste ich mir Mut und arbeitete mich hindurch durch Exodus Leviticus und Numeri und sogar durch Knobels Kommentar dazu. Aber vergebens wartete ich auf das Licht, welches von hieraus auf die geschichtlichen und prophetischen Bücher sich ergiessen sollte. Vielmehr verdarb mir das Gesetz den Genuss jener Schriften; es brachte sie mir nicht näher, sondern drängte sich nur störend ein, wie ein Gespenst, das zwar rumort, aber nicht sichtbar, nicht wirksam wird. Wo sich Berührungen fanden, da waren Verschiedenheiten damit verbunden, und ich konnte mich nicht entschliessen, auf Seiten des Gesetzes das Ursprüngliche zu sehen; dunkel empfand ich einen allgemeinen Abstand zweier verschiedenen Welten. Jedoch zu einer klaren Anschauung gelangte ich keineswegs, sondern nur zu einer unbehaglichen Verwirrung, die durch

Ewalds Erörterungen im zweiten Bande seiner Geschichte des Volkes Israel noch gesteigert wurde. Da erfuhr ich gelegentlich im Sommer 1867, dass Karl Heinrich Graf dem Gesetze seine Stelle hinter den Propheten anweise, und beinah ohne noch die Begründung seiner Hypothese zu kennen, war ich für sie gewonnen: ich durfte mir grstehen, dass das hebräische Altertum ohne das Buch der Thora verstanden werden könne.

Die Hypothese, die man nach Graf zu benennen pflegt, stammt nicht von ihm, sondern von seinem Lehrer Eduard Reuss. Am richtigsten wäre sie aber zu benennen nach Leopold George und Wilhelm Vatke; denn diese haben sie zuerst literarisch vertreten, unabhängig von Reuss und unabhängig von einander. Ihrerseits sind alle diese Männer von Martin Lebrecht de Wette ausgegangen, dem epochemachenden Eröffner der historischen Kritik auf diesem Gebiete [1]. Zu einer festen Position ist freilich de Wette

[1] W. M. L. de Wette, Beiträge zur Einleitung in das A. T., Bd. I: Kritischer Versuch über die Glaubwürdigkeit der Bücher der Chronik, Bd. II: Kritik der Mosaischen Geschichte; Halle 1806. 1807. J. F. L. George, die älteren Jüdischen Feste mit einer Kritik der Gesetzgebung des Pentateuch; Berlin 1835 (Vorrede vom 12. Oktob.). W. Vatke, die biblische Theologie wissenschaftlich dargestellt; Berlin 1835 (Vorrede vom 18. Oktob., nur der erste Teil des ersten Bandes ist erschienen). K. H. Graf, die geschichtlichen Bücher des Alten Testaments, Leipzig 1866. Dass Graf, ebenso wie J. Orth (Nouv. Revue de Théol. III. 384sqq., IV. 350sqq., Paris 1859. 1860), die Anregung zu seiner Kritik von seinem Strassburger Lehrer empfangen habe, war nicht unbekannt; wie gross aber Reuss' Anteil an der Grafschen Hypothese gewesen sein muss, hat sich erst im Jahre 1879 gezeigt durch die Veröffentlichung gewisser Thesen, die er schon 1833 oder nach einer anderen Angabe 1834 formulirt, damals aber dem grossen theologischen Publicum gedruckt vorzulegen Bedenken getragen hatte. Die Thesen, auf die es ankommt, lauten (L'Histoire Sainte et la Loi, Paris 1878 p. 23. 24): 1. L'élément historique du Pentateuque peut et doit être examiné à part et ne pas être confondu avec l'élément légal. 2. L'un et l'autre ont pu exister sans rédaction écrite. La mention, chez d'anciens écrivains, de certaines traditions patriarcales ou mosaïques, ne prouve pas l'existence du Pentateuque, et une nation peut avoir un droit coutumier sans code écrit. 3. Les traditions nationales des Israélites remontent plus haut que les lois du Pentateuque et la rédaction des premières est antérieure à celle des secondes. 4. L'intérêt principal de l'historien doit porter sur la date des lois, parce que sur ce terrain il a plus de chance d'arriver à des résultats certains. Il faut en conséquence procéder à l'interrogatoire des témoins. 5. L'histoire racontée dans les livres des Juges et de Samuel, et même en partie celle comprise dans les livres des Rois, est en contradiction avec des lois dites mosaïques; donc celles-ci étaient inconnues á l'époque de la rédaction de ces livres, à plus forte raison elles n'ont pas existé dans les temps qui y sont décrits. 6. Les prophètes du 8e et du 7e siècle ne savent rien du code mosaïque. 7. Jérémie est le premier

nicht gelangt, aber er hat zuerst deutlich die Kluft empfunden und nachgewiesen, welche sich zwischen dem angeblichen Ausgangspunkte der israelitischen Geschichte und ihr selber auftut. Das in der Wüste auf so breiter Grundlage errichtete Gebäude der religiösen Gemeinde, mit ihrem heiligen Mittelpunkte und ihrer uniformen Organisation, verschwindet spurlos, seit Israel landsässig und ein eigentliches Volk geworden ist. Die Richterperiode stellt sich uns dar als ein buntes Chaos, aus dem allmählich eine zusammenfassende Ordnung hervorgeht, unter dem Druck der äusseren Umstände, aber auf eine höchst natürliche Weise und ohne jegliche Reminiscenz an eine einheitliche heilige Verfassung, die einst zu Recht bestanden hätte. Hierokratische Neigungen hat das hebräische Altertum gar nicht; die Macht ist lediglich bei den Geschlechts- und Familienhäuptern und bei den Königen, sie verfügen auch über den Gottesdienst und setzen die Priester ein und ab. Der Einfluss, den die letzteren besitzen, ist bloss ein moralischer; die Thora Gottes ist nicht ein ihre eigene Stellung sicherndes Dokument in ihren Händen, sondern eine Unterweisung für andere in ihrem Munde; sie hat wie das Wort der Propheten nur göttliche Autorität, gilt nur so weit als sie freiwillig anerkannt wird. Was endlich die Literatur betrifft, die uns aus der Königszeit überliefert ist, so wird es dem besten Willen schwer, ein paar zweideutige Anklänge an das Gesetz aufzustöbern, die gar nichts bedeuten, wenn man bedenkt, was Homer für die Griechen gewesen ist.

Um das Befremden auf die Spitze zu treiben, kommt nun noch hinzu, dass im nachexilischen Judentum der bis dahin latente Mosaismus plötzlich überall zum Vorschein kommt. Da haben wir das Buch als Grundlage des geistigen Lebens, „die Leute der Schrift" wie der Koran sagt; da haben wir das Heiligtum,

prophète qui connaisse une loi écrite et ses citations rapportent au Deutéronome. 8. Le Deutéronome (4,45—28,69) est le livre que les prêtres prétendaient avoir trouvé dans le temple, du temps du roi Josias. Ce code est la partie la plus ancienne de la législation (rédigée) comprise dans le Pentateuque. 9. L'histoire des Israélites, en tant qu'il s'agit du développement national déterminé par des lois écrites, se divisera en deux périodes, avant et après Josias. 10. Ezéchiel est antérieur à la rédaction du code rituel et des lois qui ont définitivement organisé la hiérarchie. 11. Le livre de Josué n'est pas, tant s'en faut, la partie la plus récente de l'ouvrage entier. 12. Le rédacteur du Pentateuque se distingue clairement de l'ancien prophète Moyse.

die Priester und Leviten im Mittelpunkt und das Volk als Gemeinde darum gelagert, da haben wir den Kultus, die Brand- und Sündopfer, die Reinigungen und Enthaltungen, die Feste und Sabbathe genau nach der Vorschrift des Gesetzes, als die Hauptsache des Daseins. Man nehme die Gemeinde des zweiten Tempels und vergleiche sie mit dem alten Volke Israel, so hat man auch den Abstand dieses letzteren vom sogenannten Mosaismus. Die Juden selbst haben diesen Abstand sehr wohl empfunden. Die gegen Ende des babylonischen Exils unternommene Bearbeitung der Bücher der Richter Samuelis und der Könige, die weit stärker eingreift als man gewöhnlich annimmt, verdammt die ganze Königszeit als häretisch. Später gestaltete man die mehr und mehr mit einem gewissen Nimbus umgebene Vergangenheit lieber einfach ins Legitime um, als dass man sie verurteilte: die Chronik zeigt, wie sich die Geschichte des Altertums ausnehmen müsste unter der Voraussetzung, dass die mosaische Hierokratie ihre Grundlage gewesen sei.

2. Diese kurzen Bemerkungen haben nur den Zweck zu zeigen, dass es kein eingebildetes, sondern ein wirkliches und unabweisbares Problem ist, um das wir uns bemühen. Dasselbe soll damit nur eingeleitet werden; zu erledigen ist es nicht so leicht, im Gegenteil schwierig genug. So schlechthin lässt sich die Frage überhaupt gar nicht aufwerfen, welche geschichtliche Stellung das Gesetz einnehme. Denn das Gesetz, wenn wir darunter den ganzen Pentateuch verstehen, ist keine literarische Einheit und keine einfache geschichtliche Grösse. Seit Peyrerius und Spinoza hat die Kritik die komplicirte Natur dieses merkwürdigen Schriftwerkes erkannt und seit Jean Astruc sich mit Erfolg bemüht, die ursprünglichen Bestandteile aus ihrer Verschlingung zu lösen; sie ist gegenwärtig zu einer Anzahl von Ergebnissen gelangt, die als gesichert gelten können. Folgende sind darunter die vornehmsten. Die fünf Bücher Mosis gehören mit dem Buche Josua zusammen, indem nicht der Tod Moses, sondern vielmehr die Eroberung des verheissenen Landes den wahren Abschluss zu der Erzvätergeschichte, der Ausführung aus Ägypten, und der Wüstenwanderung bildet: man redet also literarisch richtiger vom Hexateuch als vom Pentateuch. Aus diesem Ganzen löst sich am einfachsten das Deuteronomium ab, als ein von Haus aus selbständiges Gesetzbuch. Im Übrigen tritt am markantesten die s. g. Grundschrift hervor,

ehedem auch, wegen der Anwendung des Gottesnamens Elohim bis auf Moses, als der Elohist, von Ewald, nach der regelmässigen Form der Kapitelüberschriften in der Genesis, als das Buch der Ursprünge bezeichnet. Sie zeichnet sich aus durch ihre Neigung zu Zahl und Maass, überhaupt zum Schema, durch ihre starre pedantische Sprache, durch die beständige Wiederholung gewisser Ausdrücke und Wendungen, die sich im älteren Hebraismus sonst nicht finden: sie hat die ausgesprochensten Charakterzüge und ist daher am leichtesten und sichersten zu erkennen. Ihr Grundstock ist der Leviticus nebst den verwandten Teilen der angrenzenden Bücher, Exod. 25—40 mit Ausnahme von Kap. 32—34, und Num. 1—10. 15—19. 25—36 mit geringen Ausnahmen. Sie enthält demnach vorzugsweise Gesetzgebung, und zwar bezieht sich selbige wesentlich auf den Kultus der Stiftshütte und was damit zusammenhängt. Historisch ist nur die Form, sie dient dem gesetzlichen Stoff als Rahmen um ihn anzuordnen, oder als Maske um ihn zu verkleiden. Gewöhnlich ist der Faden der Erzählung sehr dünn und häufig nur dazu da, der Zeitrechnung als Vehikel zu dienen, die von Erschaffung der Welt an bis zum Auszug aus Ägypten lückenlos fortgeführt wird; nur wo die anderweitigen Interessen einspielen, schwillt sie an, wie in der Genesis bei den drei Vorstufen des mosaischen Bundes, die sich an die Namen Adam Noah und Abraham knüpfen. Scheidet man nun ausser dem Deuteronomium auch diese Grundschrift aus, so bleibt das jehovistische Geschichtsbuch übrig, welches im Gegensatz zu jenen beiden wesentlich erzählender Natur ist und den Überlieferungsstoff recht mit Behagen ausbreitet. Die Patriarchengeschichte, die ihr beinah ganz angehört, charakterisirt diese Schrift am besten; dieselbe erscheint hier nicht als kurz abzumachende Einleitung für das Wichtigere, was kommen soll, sondern als eine ausführlichst zu behandelnde Hauptsache. Legislative Elemente finden sich nur an einer Stelle aufgenommen, wo sie in den geschichtlichen Zusammenhang hineingehören, nämlich bei der Gesetzgebung auf dem Sinai (Exod. 20—23. 34).

Lange Zeit hat man sich mit dieser Zweiteilung des nichtdeuteronomischen Hexateuchs begnügt, bis Hupfeld in gewissen Stücken der Genesis, die man bis dahin teils der Grundschrift teils dem Jehovisten zugewiesen hatte, eine dritte zusammenhangende Quelle aufwies, den s. g. jüngeren Elohisten. Der Name ist darum gewählt, weil auch hier Elohim die regelmässige Bezeichnung der Gottheit ist, ebenso wie es in der Grundschrift bis Exod. 6 der Fall ist; doch bleibt der Zusatz der jüngere Elohist besser weg, da er ein unberechtigtes Präjudiz enthält und zur Unterscheidung von der Grundschrift nicht mehr nötig ist, seit für sie der in der Tat unpassende Name Elohist aufgegeben worden ist. Hupfeld nahm nun an, dass die drei Quellen neutral neben einander hergelaufen seien, bis ein Späterer sie allesamt zugleich zu einem Ganzen vereinigt habe. Aber dies ist eine unhaltbare Vorstellung, der Elohist ist nicht bloss im Stoffe und in der Anschauung dem Jehovisten nächstverwandt, sondern er ist uns auch nur als ein Ingrediens der jehovistischen Schrift erhalten; was zuerst Nöldeke erkannt hat[1]). Dann bleibt es also, trotz Hupfelds Entdeckung, dennoch bei der alten Zweiteilung in zwei grosse Schichten; und man hat alle Ursache, diesen Hauptgegensatz als Grundlage der historischen Untersuchung festzuhalten, trotzdem sich mehr und mehr herausstellt, dass nicht bloss der Jehovist, sondern auch die Grundschrift komplicirte Gebilde sind, und dass daneben noch zwitterhafte oder posthume Elemente vorkommen, die sich nicht einfach der einen oder der anderen Schicht zuweisen lassen[2]).

Das Gesetz nun, nach dessen geschichtlicher Stellung wir fragen, ist die s. g. Grundschrift, die nach ihrem Inhalt und

[1]) Hermann Hupfeld, die Quellen der Genesis und die Art ihrer Zusammensetzung; Berlin 1853. Theodor Nöldeke, die s. g. Grundschrift des Pentateuchs (in den Untersuchungen zur Kritik des Alten Testaments, Kiel 1869).

[2]) J. Wellhausen, die Komposition des Hexateuchs (Jahrbücher für Deutsche Theologie 1876. 1877). Einzelheiten gebe ich preis; in der allgemeinen Betrachtungsweise des literarischen Processes, wodurch der Pentateuch entstanden ist, glaube ich der Forschung die richtige Bahn gewiesen zu haben. Wesentlich korrigirt bin ich bis jetzt nur durch Kuenen, in den seit 1877 in der Leidener Theologischen Tijdschrift von ihm veröffentlichten Bijdragen tot de critiek van Pentateuch en Jozua: aber diese Korrektur ist von der angenehmen Art, dass sie meine eigene Grundanschauung befreit von hangen gebliebenen Resten des alten Sauerteiges der mechanischen Quellenscheidung. Kuenen zeigt namentlich, dass gewisse Elemente, die ich dem Elohisten zugewiesen habe, nicht Fragmente eines einst selbständigen Zusammenhanges sind, sondern eingeschaltete Nachträge, die sich parasitisch einem anderweitigen Zusammenhange angesetzt haben. Ich bezeichne das jehovistische Geschichtsbuch mit JE, die Elohimquelle desselben mit E, die Jahvequelle mit J, den Priesterkodex mit P und verweise im Übrigen auf die Nachträge in meiner Composition des Hexateuchs und der historischen Bücher des A. T. Berlin 1889.

Ursprung der Priesterkodex zu heissen verdient und so auch hinfort genannt werden soll. Der Priesterkodex prävalirt nicht bloss in Umfang, sondern auch in Geltung über die anderweitige Gesetzgebung, er gibt in allen Hauptsachen Maass und Ausschlag. Nach seinem Muster haben die Juden unter Ezra ihre heilige Gemeinde eingerichtet, und auch wir stellen uns darnach die mosaische Theokratie vor: mit der Stiftshütte als ihrem Centrum, dem Hohenpriester als ihrem Haupte, den Priestern und Leviten als ihren Organen, dem legitimen Kultus als ihrer regelmässigen Lebensäusserung. Dies Gesetz im eminenten Sinne ist es nun auch grade, welches in jene Schwierigkeiten verwickelt, die unser Problem begründen; und nur hier herrscht der grosse Zwiespalt über die Entstehungszeit. Bei der jehovistischen Schrift ist man in erfreulicher Weise darüber einverstanden, dass sie, ihrem Hauptbestande nach, durch Sprache Gesichtskreis und übrige Voraussetzungen, der goldenen Periode der hebräischen Literatur zugewiesen wird, aus der die schönsten Stücke der Bücher der Richter Samuelis und der Könige und die ältesten der uns erhaltenen prophetischen Schriften herrühren, der Zeit der Könige und Propheten, die der Auflösung der beiden israelitischen Reiche durch die Assyrer vorhergeht. Über den Ursprung des Deuteronomiums herrscht noch weniger Zweifel; in allen Kreisen, wo überhaupt auf Anerkennung wissenschaftlicher Resultate zu rechnen ist, wird anerkannt, dass es in der Zeit verfasst ist, in der es entdeckt und der Reformation des Königs Josias zu grunde gelegt wurde: diese letztere wurde etwa eine Generation vor der Zerstörung Jerusalems durch die Chaldäer durchgeführt. Nur beim Priesterkodex gehen die Ansichten weit auseinander. Derselbe sucht nemlich mit Fleiss das Kostüm der mosaischen Zeit einzuhalten und seine eigene, so viel es immer geht, zu verschleiern. Das Deuteronomium tut dies bei weitem nicht in dem Grade, lässt vielmehr die wirkliche Situation, die Periode, wo nach der Zerstörung Samariens nur das Reich Juda allein noch fortbestand, sehr deutlich durch die angenommene hindurch scheinen (12,8. 19,8). Der Jehovist nun gar will kein mosaisches Gesetz, sondern ein einfaches Geschichtsbuch sein; der Abstand der Gegenwart von der Vergangenheit, über die gehandelt wird, wird nicht im mindesten verdeckt; hier finden sich alle jene Bemerkungen, die zuerst Abenezras und später Spinozas Aufmerksamkeit erregten, wie Gen. 12,6: damals wohnten nemlich die Kanaaniter im Lande; Gen. 36,31: das sind die Könige, welche in Edom herrschten, ehe die Kinder Israel einen König hatten; Num. 12,6. 7. Deut. 34,10: es stand fürder kein Prophet in Israel auf, der Moses gleich gekommen wäre. Dahingegen der Priesterkodex hütet sich vor jeder Hinweisung auf die spätere Zeit, auf das ansässige Leben im Lande Kanaan, welches sowohl im jehovistischen Bundesbuch (Exod. 21—23) wie im Deuteronomium die ausgesprochene Basis der Gesetzgebung ist; er hält sich formell streng innerhalb der Situation der Wüstenwanderung und will alles Ernstes eine Wüstengesetzgebung sein. Es ist ihm wirklich gelungen, mit dem beweglichen Tabernakel, mit dem Wanderlager, und mit dem übrigen archaistischen Schein seine wahre Abfassungszeit so zu verschleiern, dass die vielen materiellen Widersprüche gegen das uns anderweit bekannte vorexilische Altertum, die er enthält, nur als Zeichen davon aufgefasst werden, wie er über alle historische Zeit weit hinausrage und vor lauter Unvordenklichkeit kaum noch in einer Berührung damit stehe. Der Priesterkodex also gibt uns das Rätsel auf.

3. Es war ein richtiger Instinkt, dass die Kritik von dem zuerst in de Wettes Geist aufgestiegenen und bestimmter von George und Vatke erfassten geschichtlichen Probleme vorläufig Abstand nahm und zunächst mit der Komposition des Pentateuchs einigermaassen ins Reine zu kommen suchte. Es war aber ein Irrtum, dass man mit dem Ausscheiden der Quellen — wobei man ganz sachgemäss die Hauptaufmerksamkeit auf die Genesis richtete — beiläufig zugleich jene grosse historische Frage erledigt zu haben glaubte. In Wahrheit hatte man sie nur in Schlaf gesungen: es ist Grafs Verdienst, nach einer langen Zeit sie wiedererweckt zu haben. Seinerseits übersah er dabei freilich, nicht zu seinem Vorteil, den Fortschritt der Secirarbeit und verwickelte sich dadurch in eine Verlegenheitsannahme, die völlig unhaltbar war, indessen auch gar nicht mit der eigentlichen Hypothese zusammenhing und auf dem Stande, zu dem Hupfeld inzwischen die Quellenkritik gefördert hatte, von selber wegfiel. Graf folgte nämlich anfangs der älteren, besonders durch Friedrich Tuch vertretenen Meinung, dass der Priesterkodex in der Genesis, mit seinem so nackt hervortretenden Skelett, die Grundschrift sei, der Jehovist aber der Ergänzer und als solcher natürlich jünger; da er nun die Kultusgesetzgebung der mittleren Bücher umgekehrt

für weit jünger hielt als den Jehovisten, so musste er dieselbe wohl oder übel von ihrer Einleitung in der Genesis losreissen und das eng Zusammengehörige durch einen Zeitraum von einem halben Jahrtausend trennen. Aber längst hatte Hupfeld zur Anerkennung gebracht, dass der Jehovist kein Ergänzer sei, sondern Verfasser eines vollkommen selbständigen Schriftwerks, und dass die Stücke, die, wie Gen. 20—22, vorzugsweise als Beispiele jehovistischer Überarbeitung der Grundschrift vorgeführt wurden, in Wirklichkeit einer ganz anderen Quelle, dem Elohisten, angehörten. Dadurch war der Anstoss, über den Graf gestrauchelt war, bereits im voraus beseitigt, eine unerwartete Bundesgenossin hatte ihm die Wege geebnet. Dem Winke A. Kuenens folgend, zögerte er nicht ihre Hand anzunehmen, er widerrief die gewaltsame Zersplitterung des Priesterkodex und zog nun unbehindert aus den Ergebnissen, die er für den gesetzlichen Hauptteil gewonnen hatte, die Konsequenz auch für den erzählenden Teil in der Genesis[1]).

Damit war der Grund gelegt; zur weiteren Ausgestaltung der Hypothese hat hernach Kuenen das Meiste beigetragen, den die Hebräer den Goel Grafs nennen würden. Die Inhaber der herrschenden Meinung wehrten sich freilich, so gut sie vermochten, sie waren aber vom langen Besitze her ein wenig erstarrt auf ihren Hefen. Sie erhuben gegen den Grundstürzer eine Reihe von Einwänden, die alle mehr oder weniger an dem Fehler litten, dass sie das erschütterte Fundament zur Basis hatten. Stellen aus Amos und Hosea wurden vorgebracht, welche Bekanntschaft mit dem Priesterkodex verraten sollten; wer aber diesen für jünger hielt als jene, auf den konnten sie keinen Eindruck machen. Fast ungeberdig stellte man sich darüber, dass die Kultusgesetzgebung nun unter das Deuteronomium hinabgedrückt war: man berief sich

[1]) K. H. Graf, die s. g. Grundschrift des Pentateuchs, in Merx' Archiv 1869 p. 466—477. Schon in einem Schreiben an Kuenen vom 12. Nov. 1866, Theol. Tijdschrift 1870 p. 412, hatte er geäussert: vous me faites pressentir une solution de cette énigme ..... c'est que les parties élohistiques de la Genèse seraient postérieures aux parties jéhovistiques. Graf war auch in dieser Hinsicht Reuss gefolgt, welcher letztere a. O. p. 24 von sich sagt: Le côté faible de ma critique a été que, à l'égard de tout ce qui ne rentrait pas dans les points énumérés ci-dessus, je restais dans l'ornière tracée par mes devanciers, admettant sans plus ample examen que le Pentateuque était l'ouvrage de l'historien élohiste, complété par l'historien jéhoviste, et ne me rendant pas compte de la manière dont l'élément légal, dont je m'étais occupé exclusivement, serait venu se joindre à l'élément historique.

darauf, dass letzteres erstere ja benutze. Aber die Spuren erwiesen sich als äusserst problematisch, während umgekehrt die gänzliche Abhängigkeit des Deuteronomiums vom Jehovisten mit der grössten Klarheit hervortrat. Man wies auf die letzte Redaktion des hexateuchischen Gesamtwerkes hin, die anerkanntermaassen deuteronomistisch sei — es stellte sich aber heraus, dass die deuteronomistische Redaktion bei den zum Priesterkodex gehörigen Stücken nirgend aufzuspüren war. Auch die Sprachgeschichte musste gegen Graf herhalten; sie war es leider gewohnt wie weiches Wachs behandelt zu werden. Kurz die Argumente, die ins Feld geführt wurden, entlehnten insgemein ihre Kraft der moralischen Überzeugung, dass die Kultusgesetzgebung alt sein müsse und nicht erst in der Periode des Judentums niedergeschrieben sein könne: wenn sie vorher nicht wirksam, ja unter den vorexilischen Verhältnissen unausführbar gewesen sei, so könne sie ja darum doch vorher existirt haben. Diese Überzeugung war um so unerschütterlicher, je weniger sie auf Gründen beruhte.

Von der Stelle, wo das Feuer angelegt war, hielt sich die Löschmannschaft fern. Ich meine das Gebiet der gottesdienstlichen Antiquitäten und der herrschenden Religionsideen, in dem ganzen Umfange, wie Vatke es in seiner biblischen Theologie behandelt hat. Nur hier aber, wo der Kampf eigentlich entbrannt ist, kann er zum Austrage gebracht werden. Indem ich dazu gegenwärtig den Versuch mache, gehe ich aus von der Vergleichung der drei Schichten des Hexateuchs, des Priesterkodex des Deuteronomiums und des Jehovisten. Allerdings enthalten die ersteren beiden, wie wir gesehen haben, Gesetzgebung, der letztere Erzählung; aber wie der Dekalog (Exod. 20), das Zweitafelgesetz (Exod. 34), und das Bundesbuch (Exod. 21—23) zeigen, fehlt dem Jehovisten das legislative Element nicht ganz, und in noch weit stärkerem Maasse ist das historische im Priesterkodex und im Deuteronomium vertreten. Ausserdem spiegelt sich immer in der Darstellung der Geschichte der gesetzliche, in der Darstellung der Gesetze der geschichtliche Standpunkt ab: an direkten und indirekten Vergleichungspunkten mangelt es also in keiner Weise. Dass nun die drei Schichten erheblich von einander abstehen, ist anerkannt; es fragt sich, wie sie folgen. Das Deuteronomium steht sowohl dem Jehovisten als dem Priesterkodex näher, der Unterschied zwischen den beiden letzteren ist der weiteste, so weit, dass aus diesem

Grunde Ewald es bereits im Jahre 1831 (Stud. und Krit. p. 604) für unmöglich erklärt hat, dass eins zur Ergänzung des anderen geschrieben sei. Nehmen wir hinzu, dass der Jehovist unbestritten dem Deuteronomium vorangeht, so würde sich ergeben, dass der Priesterkodex an das Ende der Reihe gehöre. Aber diese Betrachtung, wenngleich, so weit mir bewusst, von Zugestandenem ausgehend, hat keinen Wert, so lange sie sich so im Allgemeinen hält. Es kommt darauf an, die Folge der drei Schichten im Einzelnen aufzuweisen und sie daneben mittels eines unabhängigen Maasses zugleich zu erproben und zu fixiren, nämlich mittels des inneren Ganges der israelitischen Geschichte, sowie er uns aus anderweitigen unverdächtigen Zeugnissen bekannt ist.

Es ist eine literargeschichtliche Untersuchung umfassender und schwieriger Art, die wir beginnen. Sie zerfällt in drei Teile. Im ersten, grundlegenden, werden die auf die sakralen Altertümer bezüglichen Data gesammelt und in der Weise disponirt, dass man sieht, wie im Pentateuch die Schichten ebenso auf und aus einander folgen, wie in der Geschichte nachweisbar die Entwicklungsstufen. Nicht gegen, aber ohne die anfängliche Absicht ist eine Art Geschichte des Kultus daraus geworden. Freilich durch Schuld des Materials eine farblose und grobe; denn es handelt sich immer bloss, in erster Linie, um den Gegensatz von vorexilisch und nachexilisch, in zweiter, um den von deuteronomisch und vordeuteronomisch. Ein Vorteil ist indessen bei den ausgedehnten Perioden: sie müssen sich greifbar unterscheiden, es muss bei geschichtlichen und gar bei gesetzlichen Werken zu erkennen sein, ob sie vor oder nach dem Exil geschrieben sind. Der zweite Teil, in mancher Hinsicht abhängig vom ersten, weist den Einfluss der jeweils herrschenden Vorstellungen und Tendenzen auf die Gestaltung der historischen Tradition nach und verfolgt die verschiedenen Phasen in der Auffassung und Darstellung derselben; er enthält so zu sagen eine Geschichte der Überlieferung. Der dritte Teil resumirt den kritischen Ertrag der beiden anderen, mit Hinzufügung einiger weiteren Entscheidungsgründe, und schliesst mit einer allgemeineren Ausschau.

Die Voraussetzungen, die ich mache, werden im Laufe der Untersuchung immer wieder neu gerechtfertigt; die beiden vornehmsten sind, dass das jehovistische Werk, seinem Grundstocke nach, vor die assyrische Periode fällt, das Deuteronomium an den

Schluss derselben. Für so sicher ich übrigens die Datirung des letzteren nach 2. Reg. 22 auch halte, benutze ich diese Position doch nicht in dem Maasse wie Graf, um meine Hebel anzusetzen. Das Deuteronomium ist der Ausgangspunkt nicht in dem Sinne, dass ohne es nichts zu machen wäre, sondern nur in dem Sinne, dass seine Ansetzung nach historischen Gründen die notwendige Forderung nach sich zieht, auch den Priesterkodex nach historischen Gründen anzusetzen. Meine Untersuchung ist breiter angelegt als die Grafs und nähert sich der Art Vatkes, von welchem letzteren ich auch das Meiste und das Beste gelernt zu haben bekenne.

I.

Geschichte des Kultus.

Legem non habentes naturaliter quae legis sunt faciunt.

Erstes Kapitel.

Der Ort des Gottesdienstes.

Wie aus dem Evangelium bekannt ist, stritten sich zur Zeit Jesu Juden und Samariter über die richtige Stätte, wo man anbeten solle; dass es nur eine einzige geben könne, das war ihnen so ausgemacht, wie die Einheit Gottes selber. Die Juden sagten, es sei der Tempel zu Jerusalem, und seit er zerstört war, hörten sie auf zu opfern. Allein von jeher hat diese Einheit des Heiligtums in Israel weder tatsächlich bestanden noch rechtlich gegolten, sie hat sich erst allmählich im Laufe der Zeit herausgebildet. Die Überlieferung des Alten Testaments gestattet noch ganz wohl zu verfolgen, auf welchem Wege. Mehrere Stadien lassen sich dabei unterscheiden: es wird sich fragen, ob die drei Schichten des Pentateuchs eine Beziehung zu einem oder dem anderen Stadium aufweisen, ob und wie sie sich in den Verlauf des geschichtlichen Processes fügen, dem wir an der Hand der historischen und prophetischen Bücher seit der Richterzeit nachgehen können.

I.

1. Für die älteste Periode der israelitischen Geschichte, vor dem Tempelbau, lässt sich von einem ausschliesslich berechtigten Heiligtume nicht die Spur auffinden. In den Büchern der Richter und Samuelis wird kaum ein Ort erwähnt, an dem nicht auch, wie sich bei Wege ergibt, ein Altar steht und geopfert wird. Zum grossen Teil gehörte diese Vielheit der Heiligtümer schon

zur kanaanitischen Erbschaft der Hebräer; wie in die Städte und überhaupt in die Kultur der alten Bewohner, so wuchsen sie auch in ihre Kultusstätten hinein. Die sogenannten Höhen (Bamoth) mit ihrem Zubehör sind ohne Zweifel von Haus aus kanaanitisch (Deut. 12, 2. 30. Num. 33, 52. Exod. 34, 12sq.), hinterher finden sie sich ganz allgemein von den Hebräern angeeignet. Bei Sichem und Gibeon vollzieht sich der Übergang beinah im vollen Licht der Geschichte; einige andere alt-israelitische Kultusorte, die hinterdrein zum teil zu Levitenstädten gemacht worden sind, verraten wenigstens durch ihre Namen ihren Ursprung, wie Bethsemes oder Ir-heres, Anathoth, Astharoth. Auch in dem Volksgedächtnis ist die Erinnerung daran, dass man manche der später angesehensten Opferstätten schon bei der Einwanderung vorgefunden hatte, nicht ausgestorben. Sichem Bethel Beerseba gelten in der Genesis als Stiftungen der Patriarchen, andere gleich wichtige Heiligtümer nicht — der Grund dafür kann nur in dem Bewusstsein ihres jüngeren Alters liegen; jene hatte man bei der Einwanderung vorgefunden, diese hatte man selbt gegründet. Denn natürlich, wenn sich die Hebräer nicht scheuten, die alten Landesheiligtümer sich anzueignen, so trugen sie auch kein Bedenken neue zu stiften. In Gilgal und Silo, den festen Lagern, wo sie zuerst im eigentlichen Palästina festen Fuss gefasst haben, entstehen alsbald bedeutende Centra des Gottesdienstes, ebenso an anderen Orten von politischem Belang, auch an solchen, die nur zeitweilig in den Vordergrund rücken, wie Ophra, Rama, Nob bei Gibea. Und neben den grösseren fundirten Stätten, mit mehr oder weniger regelmässigem Dienste, ist es durchaus gestattet, überall wo ein Anlass sich bietet ohne weiteres einen Altar zu errichten und Opfer zu bringen. Als nach der Schlacht von Michmas das Volk, müde und hungrig, über erbeutetes Vieh herstürzte und anfing das Fleisch im Blute zu verzehren, liess Saul einen grossen Stein herwälzen und befahl, jeder solle dort sein Rind oder Schaf schlachten. Das sei der erste Altar, den Saul dem Jahve gebaut habe, fügt der Berichterstatter hinzu, gewiss nicht um ihm einen Vorwurf zu machen oder auch nur um sein Handeln als etwas auffallendes und ausnahmsweises zu bezeichnen. Das Beispiel ist um so lehrreicher, weil es zeigt, wie das Verbot, Fleisch zu essen ohne das Blut auf den Altarstein zu streichen, in einer Zeit wo das Volk nicht auf ganz engem Raume zusammengedrängt wohnte, notwendigerweise die Freiheit voraussetzt, überall zu opfern — oder zu schlachten, denn beides ist ursprünglich ganz gleichbedeutend.

Es versteht sich, die Opferstätten, auch abgesehen von den improvisirten, standen sich nicht gleich an Ansehen und Frequenz; neben rein lokalen gab es auch solche, zu denen man von weit und breit wallfahrtete. Gegen Ende der Richterzeit scheint Silo eine vielleicht über die Grenzen des Stammes Joseph hinausreichende Bedeutung gewonnen zu haben. Den Späteren galt der dortige Tempel sogar als der Vorgänger des salomonischen, d. h. als der einzig legitime Kultusort, dem Jahve alle Brandopfer der Kinder Israel verliehen habe (Hierem. 7, 12. 1. Sam. 2, 27—36). In Wahrheit aber, wenn ein wohlhabender Mann aus Ephraim oder Benjamin beim Jahreswechsel zum fröhlichen Feste nach Silo pilgerte, so tat er das nicht, weil in seiner Heimat zu Rama oder Gibea keine Gelegenheit gewesen wäre, vor Jahve zu essen und zu trinken. Eine strenge Centralisation ist für jene Zeit ein unmöglicher Gedanke, auf dem Gebiete des Gottesdienstes nicht minder, wie auf jedem andern. So zeigt sich denn auch, dass die Zerstörung des Hauses von Silo, dessen Priesterschaft wir später zu Nob wiederfinden, auf den dermaligen Charakter und Zustand des Kultus nicht den geringsten Einfluss ausübt; dasselbe verschwindet stillschweigend vom Schauplatz und taucht nicht wieder auf, bis wir von Jeremias erfahren, dass es, mindestens seit der Gründung des salomonischen Tempels, in Trümmern lag.

Für die Periode, wo der Tempel von Jerusalem noch nicht stand, lässt auch die letzte Bearbeitung der historischen Bücher, die vielleicht nicht bei allen von der selben Hand, aber aus derselben Zeit (des babylonischen Exils) und aus dem selben Geiste stammt, die Vielheit der Altäre und heiligen Orte unbeanstandet. Kein nachsalomonischer König kommt ohne Rüge davon, dass er die Höhen geduldet habe, aber Samuel darf in eigener Person einem Opferfeste auf der Bama seiner Vaterstadt vorstehen, Salomo im Anfange seiner Regierung ein solches auf der grossen Bama zu Gibeon anrichten, ohne dass es getadelt wird. Der anstössige Name wird 1. Sam. 9. 10 mehrfach in harmlosester Weise gebraucht und die Redaktion lässt ihn ohne Anstand passiren. Der Grundsatz, von dem sie sich bei diesem wie es scheint ungleichmässigen Verhalten leiten lässt, erhellt aus 1. Reg. 3, 2: das Volk opferte auf den Höhen, denn bis dahin war noch kein Haus dem Namen Jahves gebaut. Erst seit das Haus dem Namen Jahves gebaut war, das ist die Meinung, kam das Gebot in kraft, keine anderen Anbetungsstätten daneben zu haben[1]). Von dem salomonischen Tempelbau, der ja auch als chronologische Hauptepoche gilt, wird also ein neuer Abschnitt in der Kultusgeschichte datirt. In gewisser Weise mit Recht. Das Königtum in Israel verdankte seine Entstehung dem notgedrungenen Erwachen des Bedürfnisses, die bis dahin nur sehr lose verbundenen Stämme und Geschlechter der Hebräer zu der Einheit eines Volkes und Reiches zusammenzufassen; es hatte eine ausgesprochene centralisirende Tendenz, die sich sehr natürlich auch des Kultus als eines geeigneten Mittels zu dem politischen Zwecke bemächtigte. Schon der erste, der beinah König geworden wäre, Gideon, stiftete ein kostbares Heiligtum in seiner Stadt Ophra; David liess die Lade Jahves in seine Burg auf dem Sion holen und legte Wert darauf, den Erben der alten Familie, welche ehedem zu Silo sie gehütet hatte, zum Priester zu haben; auch Salomos Tempel sollte die Anziehungskraft seiner Residenz erhöhen helfen. Unzweifelhaft gab auf diese Weise die politische Centralisation den Antrieb zu einer grösseren Centralisation auch des Gottesdienstes, und dieser Antrieb wirkte fort nach der Spaltung, in Israel ein wenig anders als in Juda. Die königlichen Priester, die grossen Reichstempel, die Festversammlungen des ganzen Volks und die ungeheuren Opfer — das waren die Züge, wodurch der früher wie es scheint sehr einfache Kultus jetzt die Signatur einer neuen Zeit erhielt. Noch eins ist bezeichnend: die häuslichen Dienste, die noch zu Davids Zeit allgemein gewesen sein müssen, kamen allmählich ab, versteckten sich und verloren ihre Bedeutung, weil die Kreise der Gemeinschaft sich erweiterten und das Leben öffentlicher wurde.

Aber diese Betrachtungsweise der Bedeutung des Königtums für die Geschichte des Kultus ist nicht die des Verfassers der Königsbücher. Er beurteilt den Tempel Salomos als ein Werk, ledig-

[1]) 1. Reg. 8,16. Nach Deut. 12, 10sq. wird die lokale Einheit des Kultus Gesetz von der Zeit an, wo die Israeliten zur Ruhe (Menucha) gekommen sind. Vergleicht man damit 2. Sam. 7, 11. 1. Reg. 5, 18, so scheint die Menucha erst zur Zeit Davids und Salomos eingetreten zu sein. Die Richterperiode müsste dann viel kürzer vorgestellt sein, als es nach der jetzigen Chronologie den Anschein hat. Vgl. Josephus contra Ap. 1, 127.

lich unternommen im Interesse des reinen Gottesdienstes und einer ganz anderen Absicht entsprungen als die heiligen Bauten der israelitischen Könige, denen er darum nicht gleich, sondern entgegen steht wie das Echte dem Falschen. Er ist seiner Natur nach einzigartig und von vornherein in der Absicht, dass nun alle anderen Opferstätten aufhören sollten, angelegt worden: in einer religiösen Absicht, die von der Politik unabhängig ist und nichts mit ihr zu schaffen hat. Diese Auffassung nun ist ungeschichtlich und überträgt die Bedeutung, die der Tempel kurz vor dem Exil in Juda erlangt hat, in die Zeit und in die Absicht seiner Gründung. In Wahrheit ist er nicht gleich anfangs gewesen, was er nachgehens geworden ist. Er wirkte durch seine eigene Schwere, aber nicht durch ein Monopol Salomos. Nirgends hören wir davon, dass dieser als ein Vorläufer Josias seinem neuen Heiligtum zu lieb die übrigen habe abschaffen wollen; von einem so unvorbereiteten gewaltsamen Einschnitte in die bisherigen Verhältnisse des Gottesdienstes findet sich nicht die geringste geschichtliche Spur. Nicht einmal die auf das kleine Juda beschränkten Nachfolger Salomos machten den hier vielleicht durchführbaren und gewiss in ihrem Interesse gelegenen Versuch, den öffentlichen Kultus in ihrem Tempel zu vereinigen, so eigenmächtig sie sonst auf diesem Gebiete schalteten. Die Höhen wurden nicht beseitigt — so wird regelmässig bei allen konstatirt. Für das eigentliche Israel war Jerusalem erst recht nicht der Ort, den Jahve erwählt hatte — vollens nach der Spaltung des Reichs. Scharenweise pilgerten die Ephraimiten durch die ganze Länge des Südreichs hindurch nach Beerseba und gemeinschaftlich mit den Judäern nach dem an der Grenze gelegenen Gilgal; nach Jerusalem gingen sie nicht. Im eigenen Lande dienten sie dem Jahve zu Bethel und Dan, zu Sichem und Samarien, zu Pniel und Mispa und an vielen anderen Orten; jede Stadt hatte ihre Bama, in der alten Zeit meist frei auf dem Berge gelegen, auf dessen halber Höhe die Menschen wohnten. Der grosse Eiferer für den reinen Gottesdienst, Elias, nahm so wenig an den Höhen und an der Vielheit der Altäre Jahves Anstoss, dass ihn ihre Zerstörung als die Spitze des Frevels erbitterte und er mit eigener Hand den verfallenen Altar auf dem Karmel wieder aufbaute. Und dass auch das improvisirte Opfer bei ausserordentlichen Gelegenheiten nicht ausser Brauch gekommen war, zeigt Elisas Beispiel, der, als er hinter dem Pfluge weg berufen wurde, seine Rinder auf der Stelle zerstückte und opferte. In dieser Hinsicht blieb also auch nach Salomos Tempelbau alles beim Alten.

Wenn Volk und Richter oder Könige, Priester und Propheten, Männer wie Samuel und Elias ungescheut opferten, wo sie Anlass und Gelegenheit hatten, so hatte offenbar in jener ganzen Zeit niemand eine Ahnung davon, dass dies ketzerisch und verboten sei. Wenn eine Theophanie dem Josua die Heiligkeit Gilgals kund tat, Gideon und Manoah veranlasste in ihrer Heimat Altäre zu gründen, David auf die Tenne Araunas aufmerksam machte, so galt darnach Jahve selbst als der eigentliche Stifter aller dieser Heiligtümer, und zwar nicht bloss dem Zeitalter der Richter, sondern viel gewisser noch dem Zeitalter des Erzählers dieser Legenden. Durch eine gnädige Offenbarung belohnte er Salomos erstes Opfer auf der grossen Bama zu Gibeon, er konnte also kein Misfallen daran haben. Nach alle dem ist es absurd, von einer Illegitimität des faktischen Bestandes zu reden; in der ganzen älteren Zeit der israelitischen Geschichte ist die Beschränkung des Kultus auf einen einzigen auserwählten Ort auch als fromme Forderung keinem bewusst gewesen. Wohl glaubte man in Bethel oder in Jerusalem Gott näher zu sein als an einer beliebigen anderen Stätte, aber solcher Pforten des Himmels gab es mehrere, und es überwog doch immer die Vorstellung, die sich am greifbarsten 2. Reg. 5,17 ausspricht, dass Palästina als Ganzes Jahves Haus, sein Grund und Boden sei. Nicht ausserhalb Jerusalems, sondern ausserhalb Kanaans weilte man fern von seinem Angesicht, unter der Herrschaft und — cuius regio eius religio — im Dienste fremder Götter, die Heiligkeit des Landes floss nicht aus der Heiligkeit des Tempels, sondern eher umgekehrt[1]).

[1]) Gen. 4, 14. 16: indem Kain aus dem Lande (Kanaan) vertrieben wird, wird er vom Angesichte Jahves (Jon. 1, 3. 10) vertrieben. 46, 4: Jakob soll sich nicht scheuen nach Ägypten auszuwandern, denn Jahve will, in ausnahmsweiser Gnade, seinen Wohnsitz mit ihm wechseln. Exod. 15, 17: du brachtest dein Volk zum Berge deines Erbes, zum Orte, den du dir zur Wohnung bereitet hattest: die folgende Erklärung zum Heiligtum, das deine Hände gegründet hatten, fällt aus der Situation, der Berg des Erbes kann nichts anders sein als das gebirgige Land Palästina. 1. Sam. 26, 19: David, durch Saul in die Fremde getrieben, wird dadurch aus der Familiengemeinschaft am Erbe Jahves losgerissen und gezwungen, fremden Göttern zu dienen. Os. 8, 1: ein Adlergleicher stösst auf Jahves Haus, d. h. der Assyrer auf Jahves Land; 9, 15: aus meinem Hause will ich sie vertreiben,

2. Eine Änderung hierin bereitet sich erst seit jener denkwürdigen Epoche der israelitischen Religionsgeschichte vor, welche durch den Sturz Samariens und das demselben entsprechende Auftreten der Propheten bezeichnet wird. Amos und Hosea setzen den Zustand voraus wie er eben beschrieben worden ist: überall in den Städten, auf den Bergen, unter grünen Bäumen, eine Menge von Heiligtümern und Altären, wo dem Jahve gedient wird, in gutem Glauben, nicht um ihn zu ärgern, sondern um sein Wohlgefallen zu erwerben. Es war eine unerhörte Sprache, welche jene Männer führten, wenn sie verkündigten, Gilgal und Bethel und Beerseba, Jahves Lieblingsstätten, seien ihm ein Greuel, die Opfer und Gaben, womit man ihn dort ehre, reizen seinen Zorn statt ihn zu beschwichtigen, unter den Trümmern seiner Tempel, wo es Schutz und Zuflucht suche, solle Israel begraben werden (Am. 9). Was wollten sie sagen? Man würde die Propheten falsch verstehen zu meinen, sie haben an den heiligen Stätten — die noch Amos Bamoth nennt (7, 9) und zwar ohne Spott, im höchsten Pathos — an und für sich Anstoss genommen, wegen ihrer Pluralität und weil es nicht die richtigen seien. Sie eifern nicht gegen die Orte, sondern gegen den Kultus, der daselbst getrieben wird, und zwar nicht bloss gegen seine falsche Art, weil allerlei Misbräuche sich darin finden, sondern beinah mehr gegen ihn selber, gegen seine falsche Wertschätzung. Die gemeine Meinung war: wie Moab sich als des Kamos Volk beweist, weil es dem Kamos seine Opfer und Gaben darbringt, so Israel als Jahves Volk, weil es dem Jahve seinen Kultus widmet, und es ist seiner um so sicherer, je glänzender und eifriger es ihn verehrt. In Zeiten der Gefahr und Not, wo man seines Beistandes besonders bedurfte, verdoppelten und verdreifachten sich die Anstrengungen. Das ist es, wogegen die Propheten opponiren,

d. h. die Israeliten aus ihrem Lande. Am deutlichsten redet Os. 9, 3—5: sie bleiben nicht wohnen in Jahves Lande, Ephraim muss wieder nach Ägypten und in Assur müssen sie Unreines essen: sie spenden Jahve keinen Wein mehr und schichten ihm keine Opfer; wie Trauerbrot ist ihr Brot, wer davon isst wird unrein, denn ihr Brot wird nur für den Hunger sein, kommt nicht in Jahves Haus — was wollt ihr gar machen zur Zeit der Versammlung und am Tage des Festes Jahves! Vergl. Hier. 16, 13. Ezech. 4, 13. Mal. 2, 11. 2. Reg. 17, 25sq. Möglich auch, dass der grosse Zorn 2. Reg. 3, 27 nicht sowohl als Zorn Jahves, wie als Zorn Kamos' vorgestellt wird, in dessen Lande sich das israelitische Heer befindet.

indem sie ganz andere Leistungen fordern, worin sich das Verhältnis Israels zu Jahve lebendig erweisen müsse. Das ist der Grund, warum sie dem Kultus so feind warden; von da stammte ihr Hass gegen die grossen Heiligtümer, wo der abergläubische Eifer sich selber überbot, ihr Zorn auf die Vielheit der Altäre, die auf dem Boden des falschen Vertrauens üppig emporwuchsen. Dass die Stätten abgeschafft wurden, der Kultus selbst aber wie bisher die Hauptsache in der Frömmigkeit bliebe, nur zusammengedrängt an einen einzigen Ort, das war keineswegs, was sie wünschten. Aber mit durch ihre Predigt kam es in der Tat dahin, dass alle übrigen Bamoth der von Jerusalem das Feld räumten. Dazu wirkten freilich die äusseren Umstände auf das wesentlichste mit.

So lange das nördliche Reich bestand, pulsirte dort der Hauptstrom israelitischen Lebens; man braucht bloss einen Blick in die Königsbücher oder in den Amos zu werfen, um das zu erkennen. Zwar waren in Jerusalem die Tage Davids und Salomos unvergessen, sie wurden zurückgesehnt und grosse Ansprüche daraus hergeleitet, aber der Wirklichkeit entsprachen diese Ansprüche gar wenig. Da fiel Samarien, Israel schrumpfte auf Juda zusammen, Juda allein blieb als das Volk Jahves übrig. Dadurch ward für Jerusalem das Feld frei. Die Residenz hatte immer ein erdrückendes Übergewicht über das kleine Land gehabt, in ihr selbst aber trat die Stadt zurück gegen den Tempel. Aus den wenigen von Juda handelnden Erzählungen gewinnt man fast den Eindruck, als gebe es dort keine anderen Angelegenheiten als die des Tempels, und namentlich die Könige scheinen dieser Ansicht gewesen zu sein und die Sorge um ihr Palastheiligtum für ihre allerwichtigste Aufgabe gehalten zu haben: beinah alle judäischen Erzählungen im Buche der Könige drehen sich um den Tempel und um die Maassnahmen der Regenten in diesem ihrem Heiligtume. So kam die Bedeutung, welche dem Hause Juda durch den Fall Samariens zuwuchs, in erster Linie der Hauptstadt und ihrem Heiligtume zu gut, zumal überhaupt der Gewinn mehr ein geistiger als ein politischer war und mehr in der Steigerung des religiösen Selbstbewusstseins als in der der äusseren Macht bestand. Hatte schon immer das grosse Gotteshaus auf dem Sion die übrigen judäischen weit überragt, so stand es nun ohne gleichen da in ganz Israel. Um aber dies Resultat des Verlaufs der Dinge recht zu würdigen, dazu gaben die Propheten die Anleitung. Sie hatten, der Zeit gemäss, bisher vorzugsweise das Nordreich, seinen drohenden Sturz und die Heillosigkeit seiner Bewohner im Auge gehabt, und so auch namentlich über die dortigen Kultusstätten ihren Zorn entladen: Juda beurteilten sie aus persönlichen und sachlichen Gründen günstiger, und hofften, dass es erhalten bleibe, für Jerusalem verleugneten sie ihre Sympathien nicht. Unter dem Eindruck ihrer Rede wurde nun der Untergang Samariens aufgefasst als ein Gottesgericht gegen das sündige Königreich zu gunsten der verfallenen Hütte Davids, und die Zerstörung der israelitischen Heiligtümer galt als eine unmissverständliche Kundgebung Jahves gegen seine älteren Sitze zu gunsten seiner Lieblingswohnung auf dem Sion.

Vollens der Umstand, dass Jerusalem aus der Gefahr, der die stolze Nebenbuhlerin erlegen war, zwanzig Jahre später triumphirend hervorging, dass im kritischen Augenblicke die Assyrer unter Senaherib plötzlich abziehen mussten, steigerte die Verehrung des Tempels auf den höchsten Grad. Mit Recht pflegt man dabei die prophetische Wirksamkeit Jesaias besonders in Anschlag zu bringen, dessen Vertrauen, dass der Fels Sions fest gegründet sei, unerschütterlich wurde, als derselbe unheimlich zu wanken anfing. Nur darf man nicht vergessen, dass für Jesaias die Bedeutung Jerusalems nicht am Tempel Salomos hing, sondern daran, dass es die Stadt Davids und der Inbegriff seines Reiches war, der Mittelpunkt nicht des Kultus, sondern der Herrschaft Jahves über sein Volk. Der heilige Berg war ihm die ganze Stadt als politisches Gemeinwesen, mit ihren Bürgern, Räten und Richtern (11,9); sein Glaube an den festen Grundstein, auf dem Sion stehe, war weiter nichts als der Glaube an die lebendige Gegenwart Jahves im Lager Israels. Aber anders verstanden die Zeitgenossen den Sinn der Ereignisse und die Worte des Propheten. Für sie wohnte Jahve deshalb zu Sion, weil er dort sein Haus hatte, der dortige Tempel war durch die Geschichte als sein wahrhaftiger Sitz erprobt worden, und die Unantastbarkeit des Tempels verbürgte nun die Unzerstörbarkeit des Volkes selber. Ganz allgemein verbreitet war dieser Glaube zur Zeit Jeremias, wie die höchst lebendige Schilderung in Kap. 7 seines Buches zeigt, aber schon zur Zeit Michas, im ersten Drittel des siebenten Jahrhunderts, muss der Tempel als ein Gotteshaus ganz eigener

Art gegolten haben, so dass es paradox war, ihn mit den Bamoth Judas gleich zu stellen, und unerhört, an seine Verwüstung zu glauben.

Indessen so überaus hoch und allgemein der Tempel verehrt wurde, so blieben die anderen Heiligtümer vorerst doch neben ihm bestehen. Zwar soll der König Hizkia schon damals einen Versuch gemacht haben sie abzuschaffen, der aber ganz spurlos verlaufen und darum zweifelhafter Natur ist. Sicher ist, dass der Prophet Jesaias nicht auf die Beseitigung der Bamoth hingearbeitet hat. In einer seiner spätesten Reden erwartet er von der Zeit der Gerechtigkeit und der Gottesfurcht, die nach der assyrischen Krisis anbricht: „dann werdet ihr den Überzug eurer goldenen Gussbilder verunehren, verabscheuen wie Unflat; hinaus! werdet ihr dazu sagen“ (30,22). Hofft er also auf eine Säuberung der Anbetungsstätten Jahves von abergläubischem Wust, so ist es klar, dass er sie nicht selber abgetan wissen will. Erst etwa ein Jahrhundert nach der Zerstörung Samariens wurde in Wirklichkeit der Schritt gewagt, aus dem Glauben an die Einzigartigkeit des jerusalemischen Tempels die praktische Konsequenz zu ziehen. Natürlich geschah dies nicht der blossen Folgerichtigkeit wegen, sondern in einer anderweiten heilsamen Absicht. Mit der wegwerfenden Art, womit die früheren Propheten bisweilen im Eifer ihrer Opposition vom Kultus sprachen, war praktisch nichts auszurichten; es kam nicht darauf an ihn abzuschaffen, sondern ihn zu reformiren, und dazu sollte seine Koncentration in der Hauptstadt als Mittel dienen. Propheten und Priester scheinen gemeinschaftlich die Sache betrieben zu haben. Der Hohepriester Hilkia machte zuerst auf das gefundene Buch aufmerksam, welches der Aktion zu Grunde gelegt werden sollte, die Prophetin Hulda bekräftigte dessen göttlichen Inhalt, die Priester und Propheten bildeten einen hervorragenden Bestandteil der Versammlung, worin das neue Gesetz veröffentlicht und beschworen wurde. Da nun ein enges Verhältnis der beiden leitenden Stände überhaupt im Wesen der geistigen Entwicklung in Juda begründet und für dieselbe charakteristisch erscheint, wie das namentlich aus Jeremias hervorgeht, so wird man annehmen dürfen, dass das bei dieser Gelegenheit hervortretende Einvernehmen nicht lediglich zu Zwecken der Inscenirung gestiftet war. In der Tat entsprach eine derartige Umgestaltung des Kultus dem beiderseitigen Interesse, sowohl dem des Tempels, wie von selbst einleuchtet, als auch dem der prophetischen Reformpartei. Für die letztere musste die Beschränkung des Opferdienstes an sich als ein Vorteil gelten; dieselbe hat hernach am meisten zu seiner Beseitigung beigetragen, und etwas von dem späteren Erfolg hat ohne Zweifel in der ursprünglichen Absicht gelegen. Dazu kam, dass nur zu leicht der Jahve von Hebron als verschieden von dem zu Bethsemes oder zu Bethel angesehen wurde, und dass darum aus dem streng monarchischen Gottesbegriff die Folgerung floss, dass auch die Stätte seiner Wohnung und seiner Anbetung nur eine einzige sein könne; allenthalben bei den Schriftstellern der chaldäischen Periode fällt der enge Zusammenhang auf, in dem der Monotheismus mit der Einheit des Kultus gedacht wird. Die Wahl des Ortes aber konnte natürlich nicht zweifelhaft sein, der Mittelpunkt des Reiches musste auch der Mittelpunkt des Gottesdienstes werden. Mochte das Haus Jahves zu Jerusalem auch selber der Reinigung nicht unbedürftig sein, den Vorzug vor den Winkelaltären verdiente es doch. Jerusalem war der Sitz der geistigen Bildung, der Reform und der Kontrole am leichtesten zugänglich; es war die Stadt Davids, an die sich die stolzesten Erinnerungen der israelitischen Geschichte knüpften. Ausserdem mochte der kanaanitische Ursprung der meisten Bamoth, der z. B. dem Deuteronomium nicht unbekannt ist, zu ihrer Diskreditirung beitragen, während die Lade, die dem jerusalemischen Tempel den Ursprung gegeben hatte, mit einem gewissen Recht als das einzige echt mosaische Heiligtum gelten konnte.

Im 18. Jahre Josias, 621 v. Chr., fiel der erste schwere Schlag gegen die lokalen Opferstätten. Wie gewaltsam der König verfuhr, wie neu die Maassregel war und wie tief sie ins Fleisch schnitt, lehrt der Bericht 2. Reg. 23. Welche Lebenskraft hatten doch noch immer die grünen Bäume auf den hohen Bergen! Sie wurden auch jetzt nur gekappt und nicht entwurzelt. Nach Josias Tode sehen wir die Bamoth allenthalben, nicht bloss in der Landschaft sondern auch in der Hauptstadt selber, wieder auftauchen; so viel Städte, so viel Altäre in Juda, muss Jeremias klagen. Was von der reformatorischen Partei erreicht war, war einzig die feste Position eines geschriebenen und feierlich von allem Volk beschworenen Gesetzes, das noch immer von Gottes wegen zu Rechte bestand. Aber dasselbe wieder in Kraft zu setzen und durchzuführen war nicht leicht, und alleine den Anstrengungen der Propheten, eines Jeremias und Ezechiel, wäre es wohl nicht gelungen.

3. Wären die Judäer ruhig in ihrem Lande geblieben, so wäre die Reformation Josias schwerlich im Volke durchgedrungen, weil die Fäden zu stark waren, welche die Gegenwart mit der Vergangenheit verbanden. Um die Bamoth, an die sich von den Vätern her die heiligsten Erinnerungen knüpften, die wie Hebron und Beerseba durch Abraham und Isaak selber gestiftet waren, in den Ruf abgöttischer und ketzerischer Greuelstätten zu bringen, dazu bedurfte es eines vollständigen Durchschneidens der natürlichen Tradition des Lebens, des Zusammenhangs mit den ererbten Zuständen. Dies wurde bewirkt durch das babylonische Exil, wodurch die Nation gewaltsam aus ihrem Mutterboden losgerissen wurde und für ein halbes Jahrhundert von demselben getrennt blieb — ein Einschnitt in die geschichtliche Kontinuität, wie er kaum grösser gedacht werden kann. Die neue Generation hatte kein natürliches, sondern nur noch ein künstliches Verhältnis zu der Vorzeit, die so fest eingewurzelten Gewächse des alten Ackers, Dornen in den Augen der Frommen, waren ausgerissen, der Neubruch bereit für neuen Samen. Es ist allerdings nicht an dem, dass eine allgemeine Bekehrung im Sinne der Propheten damals das ganze Volk ergriffen hätte. Vielleicht die Mehrzahl gab die Vergangenheit überhaupt preis, verlor sich aber eben dadurch unter den Heiden und kam für die Zukunft nicht mehr in Betracht. Nur die Frommen, die zitternd Jahves Worte folgten, verloren sich nicht; sie allein hatten die Kraft, in dem Völkergewoge, in dem sie umhertrieben, die jüdische Besonderheit zu bewahren. Aus dem Exil kehrte nicht die Nation zurück, sondern eine religiöse Sekte, diejenigen, welche sich mit Leib und Seele den reformatorischen Ideen ergeben hatten. Es ist kein Wunder, dass diesen Leuten, die sich noch dazu bei ihrer Heimkehr alle in der nächsten Umgebung Jerusalems ansiedelten, nicht der Gedanke kam, die lokalen Kulte herzustellen. Es kostete sie keine Kämpfe, die zerstörten Bamoth in Trümmern liegen zu lassen, ihnen war es völlig in Fleisch und Blut übergegangen, dass der eine Gott auch nur eine Anbetungsstätte hätte, und seitdem galt das für alle Folgezeit als eine selbstverständliche Sache.

II.

Dies war der faktische Verlauf der Centralisation des Kultus, diese drei Stadien kann man unterscheiden. Lässt sich nun eine Korrespondenz zwischen den Phasen des wirklichen Hergangs und denen der Gesetzgebung in diesem Punkte aufzeigen? Die drei Schichten der Gesetzgebung enthalten sämtlich Bestimmungen über den Opferdienst und die Opferstätten. Es ist anzunehmen, dass dieselben irgendwie in der Geschichte wurzeln und nicht völlig ausser oder über dem Boden der Wirklichkeit in der Luft schweben.

1. Das jehovistische Hauptgesetz, das sogenannte Bundesbuch, enthält Exod. 20, 24—26 folgende Verordnung. „Einen Altar von Erde sollst du mir machen und darauf deine Voll- und Schlachtopfer, deine Schafe und Rinder opfern; an jedem Orte, wo ich meinen Namen ehren lasse, will ich zu dir kommen und dich segnen. Oder wenn du mir einen Altar von Steinen machen willst, so sollst du nicht mit behauenen bauen; denn hast du dein Eisen darüber geschwungen, so hast du sie entweiht. Und nicht auf Stufen sollst du zu meinem Altar aufsteigen, damit nicht deine Scham vor ihm entblösst werde.“ Ohne Zweifel ist hier nicht der Altar der Stiftshütte, der aus Holz gezimmert und mit Erz überzogen war, oder der des salomonischen Tempels, der an seiner Ostseite eine Treppe[1]) und rings herum auf halber Höhe einen Umgang hatte, als der einzig wahre beschrieben. Dahingegen gilt augenscheinlich eine Vielheit von Altären nicht bloss als zulässig, sondern als selbstverständlich. Denn es wird gar kein Wert darauf gelegt, immer die gleiche sei es stehende oder gar überallhin mitzuschleppende Opferstätte zu haben; Erde und unbehauene Feldsteine[2]) findet man allerwegen, und sie zerfallen ebenso leicht

[1]) Der Altar des zweiten Tempels hatte keine Stufen, sondern einen schrägen Aufgang, ebenso nach der Meinung der Juden auch der der Stiftshütte. Der Grund übrigens, weshalb Exod. 20, 26 die Stufen verboten werden, fällt hinweg, wenn die Priester Hosen trugen (Exd. 28, 42).

[2]) Der Plural der Steine ist vielleicht bemerkenswert. Es gab auch Opferstätten aus einem grossen Steine 1. Sam. 14, 33. 6, 14. 15. 2. Sam. 20, 8. Jud. 6, 20. 13, 19. 20. 1. Reg. 1, 9. Da aber solche einzelne heilige Felsen leicht in eine mythologische Beziehung zur Gottheit traten, so nahm man Anstoss daran, wie aus dem Nachtrag Jud. 6, 22—24 erhellt, worin der Felsaltar, der als Sitz der Theophanie gedachte Stein unter der Eiche, auf dem Gideon opfert und aus dem die Flamme schlägt

als sie zusammengeschichtet werden. Auch wird zweierlei Material zur Wahl gestellt, nach der ursprünglichen Meinung doch wohl zum Bau verschiedener Altäre; und nicht an dem Orte, sondern an jedem Orte, wo er seinen Namen ehren lässt, will Jahve zu seinen Anbetern kommen und sie segnen. Das in Rede stehende Gesetz steht also im Einklange mit Sitte und Brauch der ersten geschichtlichen Periode, wurzelt darin und sanctionirt sie. Allerdings scheint die Freiheit überall zu opfern etwas beschränkt zu werden durch den Zusatz: überall, wo ich meinen Namen ehren lasse. Aber das hat weiter nichts zu bedeuten, als dass man die Stätte, wo der Verkehr zwischen Himmel und Erde vor sich ging, nicht gerne als willkürlich gewählt gelten liess, sondern als irgendwie durch die Gottheit selbst zu ihrem Dienste ausersehen betrachtete.

Mit dem jehovistischen Gesetze stimmt die jehovistische Erzählung des Pentateuchs vollkommen überein, wie namentlich die Patriarchengeschichte in J und E sehr deutlich lehrt. Überall, wo sie wohnen oder vorübergehend sich aufhalten, gründen hiernach die Erzväter Altäre, richten Malsteine auf, pflanzen Bäume, graben Brunnen. Das geschieht nicht an gleichgiltigen zufälligen Orten, sondern zu Sichem und Bethel in Ephraim, zu Hebron und Beerseba in Juda, zu Mispa Mahanaim Pniel in Gilead: an lauter berühmten altheiligen Kultusstätten. Daran hängt das Interesse solcher Angaben, es sind keine antiquarischen Notizen, sondern sie haben die lebendigste Bedeutung für die Gegenwart der Erzähler. Der Altar, den Abraham zu Sichem gebaut hat, ist eben der, auf dem noch immer geopfert wird, und trägt „bis auf den heutigen Tag" den Namen, den ihm der Patriarch gegeben; wo er zu Hebron den Jahve zum ersten Male bewirtet hat, da wird diesem seither beständig der Tisch bereitet; wie Isaak so schwören seine Söhne noch immer (Am. 8, 14. Os. 4, 15) bei dem heiligen Brunnen von Beerseba, den er gegraben, und opfern dort auf dem Altar, den er gebaut, unter der Tamariske, die er gepflanzt hat; den Ölstein Jakobs zu Bethel salbt noch das lebende Geschlecht und bezahlt den Zehnten, den jener einst dem dortigen Gotteshause gelobte.

(6, 19—21), in einen Altar auf dem Felsen verbessert wird. Die Masseboth werden Exod. 24, 4 vom Altar unterschieden, anderswo jedoch offenbar damit gleichgesetzt (Gen. 33, 20. 35, 14) und überall mehr oder weniger mit der Gottheit identificirt (Gen. 28).

Darum sind auch die Stellen dieser Reliquien dem Berichterstatter so wohl bekannt, dass er sie auf den Punkt genau angeben kann, trotz der 400 Jahre des ägyptischen Aufenthalts, welche die Wiederauffindung sonst einigermaassen erschwert haben würden. Der Altar, den Abraham zu Bethel errichtete, liegt auf dem Berge östlich von der Stadt, zwischen Bethel im Westen und Ai im Osten; andere sind durch einen Baum oder eine Quelle fixirt, wie der von Sichem oder Beerseba[1]). Natürlich aber war es nicht die Absicht, den Kultus der Gegenwart dadurch zu verunehren, dass man seine Einrichtung den Erzvätern zuschrieb. Diese Legenden glorificiren vielmehr den Ursprung der Stätten, an denen sie haften, und umgeben sie mit dem Nimbus altersgrauer Weihe. Um so mehr, als die Patriarchen ihre Altäre in der Regel nicht nach eigenem Gutdünken errichten, wo es ihnen beliebt; sondern eine Theophanie macht sie aufmerksam auf die Heiligkeit des Ortes oder bestätigt dieselbe wenigstens nachträglich. Jahve erscheint dem Abraham bei Sichem, da erbaut jener den Altar „dem ihm erschienenen Jahve"; er isst bei ihm unter der Eiche Mamre, das ist der Ursprung des Opferdienstes daselbst; er zeigt ihm den Ort, wo er seinen Sohn darbringen soll, da steht noch heute die Stätte. In der ersten Nacht, wo Isaak auf dem heiligen Boden von Beerseba schläft (26, 24), erhält er den Besuch des dort wohnenden Numen und baut in Folge davon den Altar; überrascht von profanen Blicken wirkt Jahve vernichtend, aber freiwillig weist er selbst seinen Lieblingen die Orte, wo er sich schauen lassen will; und wo Menschen ihn gesehen haben und lebendig geblieben sind, da bezeichnet ein Heiligtum den offen stehenden Zugang zu ihm. Der Inhalt der Offenbarung ist dabei verhältnissmässig gleichgiltig: ich bin die Gottheit; das Wichtige ist die Theophanie an sich, ihr Erfolgen an dem betreffenden Orte. Man darf sie nicht als ein

[1]) Vgl. Josephus Ant. 15,364. Bellum IV 9,7. Das richtige Verständnis bei Ewald, Geschich. des V. I. I³ S. 436sq. A. Bernstein (Ursprung der Sagen von Abraham u. s. w.; Berlin 1871) bringt die Politik hinein, in garstiger Weise. „Er betritt zwar nicht Sichem und Bethel selber — das sind Stätten, die Jehuda feindlich sind — aber in echt jehudäischer Demonstration erbaut er in ihrer Nähe Altäre und ruft an den Namen Jehovas" (S. 22). Er baut vielmehr die Altäre genau an den Stellen, wo sie später nachweislich standen; sie standen nicht innerhalb der Städte! In Gen. 18 wird auch die Eiche Mamre nicht gebraucht, den Wohnsitz Abrahams, sondern den Ort der Erscheinung Jahves zu fixiren.

vereinzeltes Faktum ansehen, sondern vielmehr als den eklatanten Anfang eines an dieser Stelle fortzusetzenden Verkehrs (ראה פני יהוה) zwischen Gott und Mensch, gleichsam als die erste und stärkste Äusserung der Heiligkeit des Bodens. In grösster Klarheit und mit unvergleichlicher Anmut tritt uns diese Vorstellungsweise in dem Berichte über die Himmelsleiter entgegen, welche Jakob zu Bethel sah. „Ihm träumte, da war eine Leiter, die stand auf der Erde und ihre Spitze rührte an den Himmel, und siehe die Engel Gottes stiegen daran auf und nieder. Und er fürchtete sich und sprach: wie schauerlich ist diese Stätte, dies ist nichts anderes als ein Haus Gottes und dies ist die Pforte des Himmels." Die Leiter steht an dieser Stätte nicht bloss in diesem Augenblick, sondern immer und gleichsam von Natur; Bethel — das erkennt Jakob daraus — ist ein Ort, wo Himmel und Erde sich berühren, wo die Engel auf und niedersteigen, um den an diesem Tore von Gott gestifteten Verkehr zwischen Himmel und Erde zu vermitteln.

Dies alles ist nur zu verstehen als eine Verklärung der Verhältnisse und Einrichtungen des Kultus, wie wir sie etwa in den ersten Jahrhunderten des geteilten Reiches antreffen. Was einer späteren Zeit anstössig und heidnisch erscheint, wird hier durch Jahve selbst und seine Lieblinge geweiht und autorisirt, die Höhen, die Malsteine (Masseboth), die Bäume, die Brunnen [1]. Zwischen dem jehovistischen Gesetze, welches die bestehenden Kultusstätten sanktionirt, und der jehovistischen Erzählung herrscht wesentliche Übereinstimmung, die letzte ist ihrem Fundamente nach vielleicht noch etwas älter. Beide gehören augenscheinlich der vorprophetischen Periode an — eine spätere Bearbeitung der Erzählung in prophetischem Sinne hat das Wesen ihres Kernes nicht geändert. Es ist undenkbar, dass Amos und Hosea oder ein ähnlich gesonnener Mann mit so teilnehmender Liebe und gläubiger Ehrfurcht sich in Geschichten versenken konnte, die nur dazu dienten, dem bestehenden Gottesdienste, wie ihn das Volk auf den Höhen Isaaks als seine heiligste Angelegenheit trieb, noch mehr Nimbus und grösseres Ansehen zu verleihen.

[1]) Aber nur der öffentliche Kultus, namentlich an gewissen Hauptstätten, wird glorificirt; dagegen der häusliche Penatenkultus, an dem besonders die Weiber hängen, schon von Jakob (in E) gemisbilligt. Ascheren werden nicht erwähnt, Gussbilder verworfen, namentlich von E. Vielleicht hat hier schon in JE eine Korrektur der alten Sage statt gefunden.

2. Das jehovistische Bundesbuch liegt zwar dem Deuteronomium zu grunde, aber in einem Punkte differiren sie beträchtlich, und das ist grade der, der uns hier angeht. Wie dort, so eröffnet auch hier eine Verordnung über den Altardienst die eigentliche Gesetzgebung (Deut. 12), aber hier hält nun Moses seinen Israeliten folgende Rede. „Wenn ihr in das Land Kanaan kommt, so sollt ihr alle daselbst vorfindlichen Kultusstätten zerstören und nicht in der Weise wie die Heiden ihre Götter verehren, ebenso tun dem Jahve eurem Gotte. Vielmehr nur an dem Orte, den Jahve aus allen euren Stämmen sich zur Wohnung erwählen wird, sollt ihr ihn suchen und dort eure Opfer und Gaben darbringen und dort vor ihm essen und euch freuen. Gegenwärtig tun wir so wie es jedem gut dünkt, aber wenn ihr zu festen Sitzen und zur Ruhe vor den Feinden gelangt seid, so soll der Ort, den Jahve sich in einem eurer Stämme zur Wohnung erwählen wird, der einzige sein, wohin ihr eure Opfer und Gaben bringt. Hütet euch, an einem beliebigen Orte zu opfern, ihr dürft nicht in jeder Stadt eure heiligen Abgaben verzehren, sondern nur an der Stätte, die Jahve erwählen wird."

Das Gesetz wird nicht müde, die Forderung der lokalen Einheit des Gottesdienstes immer und immer zu wiederholen. Es tritt damit dem „was wir gegenwärtig zu tun gewohnt sind" bewusst entgegen und bekämpft die bestehende Sitte, es hat durch und durch polemischen, reformatorischen Charakter. Mit Recht wird es darum von der geschichtlichen Kritik in die Zeit der Angriffe der jerusalemischen Reformpartei gegen die Bamoth gesetzt. Wie das Bundesbuch und überhaupt das ganze jehovistische Schriftwerk die erste, vorprophetische Periode der Kultusgeschichte abspiegelt, so ist das Deuteronomium der gesetzliche Ausdruck der zweiten Periode des Kampfes und des Überganges — dieses historische Nacheinander ist um so sicherer, da die literarische Abhängigkeit des Deuteronomiums von den jehovistischen Gesetzen und Erzählungen ohnehin erwiesen und anerkannt ist. Nahe liegt es daher auch zu glauben, dass das Buch, dessen Auffindung dem König Josias den Antrieb zur Zerstörung der lokalen Heiligtümer gegeben hat, eben das Deuteronomium gewesen sei, welches ursprünglich selbständig und in einer kürzeren Gestalt existirt haben muss. Wenigstens bringt von allen Büchern des Pentateuchs nur dieses die Beschränkung des Opferdienstes auf den einen erwählten

Ort so gebieterisch zum Ausdruck, nur hier macht sich die Forderung in ihrer aggressiven Neuheit so fühlbar und beherrscht die ganze Tendenz des Gesetzgebers. Das alte Material, welches er sonst benutzt, gestaltet er überall nach dieser Rücksicht um. Nach allen Seiten geht er den Konsequenzen der Maassregel nach; um ihre Durchführung zu ermöglichen ändert er frühere Einrichtungen, erlaubt was verboten, verbietet was erlaubt war; fast immer steht bei seinen übrigen Neuerungen diese im Hintergrunde. So, wenn er gestattet zu schlachten ohne zu opfern und zwar an jedem Orte, wenn er, um nicht mit den Altären zugleich die Asyle (Exod. 21, 13. 14. 1. Reg. 2, 28) abzuschaffen, besondere Zufluchtsstädte für unschuldig Verfolgte einrichtet, wenn er für die Priester der aufgehobenen Heiligtümer sorgt, den Provinzialen empfiehlt bei ihren Opferwallfahrten sie mitzunehmen, und ihnen das Recht gibt, im Tempel zu Jerusalem zu amtiren, so gut wie der dort erbgesessene Klerus. Auch übrigens dominirt der beregte Gesichtspunkt, z. B. werden hauptsächlich ihm zu liebe die alten Verordnungen und Bräuche betreffend die Abgaben und die Feste dargestellt, wie sie sich nun ausnehmen müssen. Ein so lebendiges Gesetz, das sich überall an der Wirklichkeit reibt, gegen das Hergebrachte kämpft, durch Abrechnung mit den Bedürfnissen der Praxis sich Bahn bricht, ist keine Velleität, kein Hirngespinst eines müssigen Kopfes, sondern ebenso entstanden aus geschichtlichem Anlass, wie in den Verlauf des geschichtlichen Processes wirksam einzugreifen bestimmt. Ein sachgemässes Urteil kann demselben daher nur einen geschichtlichen Platz anweisen, in der Reformbewegung, die durch den König Josias zum Siege gebracht worden ist.

3. Über den Prieserkodex ist die Meinung verbreitet, dass er sich in dieser Sache ziemlich indifferent verhalte, weder die Vielheit der Opferstätten erlaube noch auf die Einheit Gewicht lege, und dass ihm dieser Haltung wegen die Priorität vor dem Deuteronomium zukomme[1]). Diese Meinung ist, gelinde gesagt,

[1]) De Wette, Habilitationsschrift über das Deuteronomium (Jena 1805) unter 5: de hoc unico cultus sacri loco . . . priores libri nihil omnino habent. De sacrificiis tantum unice ante tabernaculum conventus offerendis lex quaedam exstat. Sed in legibus de diebus festis, de primitiis et decimis, tam saepe repetitis, nihil omnino monitum est de loco unico, ubi celebrari et offerri debeant (Opusc. theol. p. 163—165). Vgl. dagegen Composition des Hexateuchs (1889) p. 153.

oberflächlich in hohem Grade. Die Voraussetzung der Koncentrirung des Gottesdienstes auf einen einzigen Mittelpunkt durchdringt den Priesterkodex ganz und gar. Wer sich um sie zu erweisen auf Lev. 17 oder auf Jos. 22 beruft, der zeigt, dass er Exod. 25 bis Lev. 9 von Anfang bis zu Ende nicht verstanden hat. Ehe noch irgend eine die Materie des Kultus betreffende Verordnung gegeben werden kann — das ist der Sinn jenes grossen Abschnitts — muss erst der rechte einige Ort desselben vorhanden sein. Die Stiftshütte ist nicht bloss Historie, sondern wie alle Historie in in jenem Buche ist sie zugleich Gesetz. Sie drückt die gesetzliche Einheit des Kultus als geschichtliche Tatsache aus, die von Anfang an, seit dem Auszuge aus Ägypten, in Israel bestanden habe. Ein Gott, ein Heiligtum — das ist ihre Meinung. Mit ihrer Einrichtung, die den Inhalt der göttlichen Offenbarung auf dem Sinai ausmacht, wurde die Theokratie begründet; wo sie ist, da ist jene. Ihre Beschreibung steht darum ebenso an der Spitze des Priesterkodex, wie die des Tempels an der Spitze der Gesetzgebung Ezechiels. Sie ist die Grundlage und der unentbehrliche Boden, ohne den alles andere in der Luft stünde; erst muss die Stätte der göttlichen Gegenwart auf Erden da sein, ehe die heilige Gemeinde ins Leben und der Kultus in Kraft treten kann. Glaubt man, die Stiftshütte dulde noch andere Heiligtümer neben sich? Wozu dann aber das Lager der zwölf Stämme um sie herum, das keine kriegerische, sondern rein geistliche Bedeutung hat und seinen ganzen Sinn von dem heiligen Mittelpunkte aus empfängt? woher diese Koncentration des ganzen Israels zu einer einzigen grossen Gemeinde (עדה, קהל), die nirgends im Alten Testamente ihres gleichen hat? Vielmehr es gibt nur diesen einen Ort, wo Gott wohnt und sich schauen lässt, nur diesen einen, wo der Mensch sich ihm nahen und mit Opfern und Gaben sein Antlitz suchen kann. Diese Anschauung durchzieht die ganze Ritualgesetzgebung des mittleren Pentateuchs wie etwas das sich gar nicht anders denken lässt. Bezeichnend dafür ist besonders das überall beiläufig eingestreute לפני אהל מועד (vor der Stiftshütte), namentlich in der Opferordnung.

Was folgt nun hieraus für die geschichtliche Eingliederung des Priesterkodex, wenn man eine solche überhaupt für nötig hält? Er kann nicht in die erste Periode verlegt werden, konsequenterweise so wenig wie das Deuteronomium. Aber in welchem Verhältnis steht er zu diesem? Im Deuteronomium wird die Einheit des Kultus gefordert, im Priesterkodex wird sie vorausgesetzt. Stillschweigend liegt sie ihm allenthalben zu grunde, aber von Lev. 17, worüber demnächst weiter zu reden sein wird, abgesehen, macht sie sich hier nirgend mit ausdrücklichem Anspruch geltend, sie ist nichts Neues, sondern etwas ganz Selbstverständliches. Was folgt daraus für unsere Frage? Doch wohl nichts anderes als dass der Priesterkodex auf dem Resultate fusst, welches das Deuteronomium anstrebt. Dieses steht mitten im Kampf und in der Bewegung, es spricht deutlich seine reformatorische Absicht aus, seinen Gegensatz gegen das Hergebrachte „was wir gegenwärtig zu tun pflegen“; jener steht ausser und über dem Streit, das Ziel ist erreicht und sicherer Besitz geworden. Auf grund des Priesterkodex wäre nie eine Reformation erfolgt, kein Josias hätte daraus gemerkt, dass der dermalige Zustand verkehrt sei und umgestaltet werden müsse; es wird ja getan, als sei alles seit je in bester Ordnung. Und auch nur im Deuteronomium sieht man hinein in die Wurzel der Sache und erkennt ihren Zusammenhang mit der Sorge für einen strengen Monotheismus und für die Entfernung volkstümlich-heidnischer Elemente aus dem Gottesdienste, also mit einem tieferen und wirklich wertvollen Zwecke; im Priesterkodex beruht die Ratio der an sich doch keineswegs rationellen Einrichtung auf ihrer eigenen „Legitimität“, wie alles Tatsächliche für die Gewohnheit natürlich erscheint und unbedürftig der Motivirung. Nirgends tritt hier hervor, dass die Abschaffung der Bamoth mitsamt Ascheren und Malsteinen der eigentliche Zweck ist, diese Institute sind kaum noch bekannt, und was nur als negative und polemische Maassregel sich begreifen lässt, wird als in sich sinnvoll angesehen.

Die Idee als Idee ist älter wie die Idee als Geschichte. Im Deuteronomium trägt sie ihre angeborene Farbe, tritt fordernd und aggressiv der Wirklichkeit entgegen. Insofern allerdings als sie dem Moses in den Mund gelegt wird, geschieht ein Schritt sie geschichtlich einzukleiden; aber dieser Anfang hält sich in bescheidenen Grenzen. Moses stellt nur das Gesetz auf; es auszuführen, macht er weder für seine eigene Zeit Anstalten noch verlangt er es von der nächsten Zukunft. Vielmehr soll dasselbe erst in Kraft treten, wenn das Volk mit der Eroberung des Landes fertig und zur Ruhe gelangt ist. Es ist oben vermutet, dass der letztere

Termin die Giltigkeit des Gesetzes bis auf die Tage Davids und Salomos (1. Reg. 8, 16) hinausrücke. Dies ist um so wahrscheinlicher, da zu seiner Ausführung „der Ort, den Jahve erwählen wird“ gehört, womit nur die judäische Hauptstadt gemeint sein kann. Davon also, dass das was sein soll, auch von jeher geschichtlich dagewesen sei, weiss das Deuteronomium gar nichts; bis auf den salomonischen Tempel hat die Kultuseinheit eigentlich nicht einmal zu Rechte bestanden, und dass sie von da ab auch mehr eine fromme, als eine praktische Forderung gewesen sei, steht unverkennbar zwischen den Zeilen. Dahingegen der Priesterkodex kann so wenig von ihr abstrahiren, dass er sich Israel ohne sie in keinem Augenblicke vorstellen kann, dass er ihr tatsächliches Vorhandensein bis in den Anfang der Theokratie hinaufrückt und demgemäss die alte Geschichte völlig umgestaltet. Die Grundlage der Koncentration des Gottesdienstes, der Tempel, der in Wirklichkeit erst von Salomo gebaut wurde, gilt hier auch für die unruhige Zeit der Wanderung, die der Sesshaftigkeit vorherging, als so unentbehrlich, dass er tragbar gemacht und als Stiftshütte in die Urzeit versetzt wird. Denn diese ist in Wahrheit nicht das Urbild, sondern die Kopie des jerusalemischen Tempels. Die beiderseitige Ähnlichkeit ist bekannt[1]), aber mit nichten wird 1. Reg. 6 berichtet, dass Salomo das ältere Muster benutzt und seinen tyrischen Meistern befohlen habe, sich daran zu halten. Näher sucht Graf die Posteriorität des mosaischen Baues aus folgenden zwei Punkten zu erweisen. Erstens ist bei der Beschreibung der Stiftshütte wiederholt von ihrer Süd- Nord- und Westseite die Rede, ohne vorhergehende Anordnung einer bestimmten und stets gleichen Orientirung derselben: diese wird stillschweigend vorausgesetzt, weil sie vom Tempel hergenommen ist, der ein festes Gebäude war und seinen Platz nicht wechselte. Zweitens ist der eherne Altar eigentlich als ein hölzerner beschrieben, der nur mit Erz überzogen ist: nun entspricht zwar diese Konstruktion vielleicht der ältesten Behandlung des Erzes, aber für einen Herd grössten Umfangs, auf dem beständig ein gewaltiges Feuer brennt, ist sie doch sehr ungeeignet und am leichtesten aus dem Bestreben erklärlich, den

[1]) Sap. Sal. 9,8 heisst der Tempel ein μίμημα σκηνῆς ἁγίας. Josephus sagt Ant. 3,103 von der Hütte: ἡ δ' οὐδὲν μεταφερομένου καὶ συμπερινοστοῦντος ναοῦ διέφερε. Er nennt sie geradezu das heilige Haus, ebenso wie den Hof den Tempel und das Lager die Stadt.

ehernen Altar, den Salomo gegossen hatte (2. Reg. 16, 4), dadurch transportabel zu machen, dass man seinen Kern in Zimmerwerk verwandelte. Die Hauptsache bleibt indessen, dass die Stiftshütte des Priesterkodex ihrer Bedeutung nach nicht ein einfaches provisorisches Obdach der Lade auf dem Marsche ist, sondern das einzige legitime Heiligtum der Gemeinde der zwölf Stämme vor Salomo und darum also eine Projektion des späteren Tempels[1]). Wie bescheiden und fast verlegen nimmt sich gegen diese dreiste Tatsache einer von Anfang an gegebenen Grundlage der Centralisation der deuteronomische Hinweis auf den zukünftigen Ort aus, den Jahve erwählen werde! Hier ist gewissermaassen nur die Idee in des Gesetzgebers Geiste vorhanden und beansprucht erst für eine weit spätere Zeit reale Wirksamkeit, dort hat sich die mosaische Idee auch einen mosaischen Körper nachwachsen lassen, mit dem sie gleich von Anfang an leibhaftig in die Welt tritt[2]).

Auf dem selben einfachen historischen Wege, wie der Priesterkodex das Centralheiligtum in die vorsalomonische Zeit hineinpflanzt, schafft er die anderweitigen Kultusstätten aus der Luft. Seine achtundvierzig Levitenstädte sind zum grossen Teil nachweislich eine zeitgemässe Metamorphose der alten Bamoth. Der Altar, den Jos. 22 die ostjordanischen Stämme bauen, soll bei Leibe nicht in der Absicht ihn zu gebrauchen errichtet sein, sondern nur so zum Andenken an irgend etwas. Sogar die vormosaische Zeit wird in dieser Weise purificirt. Weil die Patriarchen keine Stiftshütte haben, so haben sie überhaupt keinen Kultus, sie bauen nach dem Priesterkodex keine Altäre, bringen keine Opfer und halten sich sorgfältig von allem fern, wodurch sie dem Privileg des einzig wahren Heiligtums irgendwie vorgreifen könnten. Diese Gestaltung der Erzvätergeschichte ist nur die äusserste Konsequenz des Strebens, gleichsam das Semper ubique et ab omnibus der gesetzlichen Kultuseinheit geschichtlich durchzuführen.

1) Als solche wird sie empfunden, wenn sie mehrfach in der Chronik unwillkürlich mit dem Tempel konfundirt wird; Graf p. 55. In m. Zebachim 14,4 heisst es: antequam erectum esset tabernaculum, fuerunt excelsa licita; postquam erectum est tabernaculum, prohibita fuerunt excelsa. Nach dem deuteronomischen Verse 1. Reg. 3,2 tritt erst mit der Erbauung des Tempels das Verbot der Bamoth in Kraft.

2) Es entspricht dem genau, wenn der deuteronom. Bearbeiter des Königsbuchs zwar seit dem Tempelbau das Gesetz als zu Recht bestehend ansieht, aber das konstante Abweichen der Praxis anerkannt, dagegen der Chronist die jüdische Geschichte der Regel nach ins Gesetz umdichtet.

Also im Deuteronomium liegt die Institution in den Geburtswehen und hat im Kampf mit der Praxis der Gegenwart sich durchzuringen, im Priesterkodex trägt sie Sorge für ihre uralte Legitimität und gestaltet die Vergangenheit nach sich um, offenbar deshalb, weil dies für die Gegenwart nicht mehr nötig ist — die Zurücktragung des Neuen in die alte Zeit pflegt später zu geschehen als die Geburt des Neuen selber. Das Deuteronomium steht in der geschichtlichen Krisis mitten drin und noch im engen Zusammenhang mit der älteren Kultusperiode, deren Zustände es bekämpfen, aber nicht ignoriren oder gar ableugnen kann. Kein Fortleben der früheren Sitte in der Gegenwart verhindert dagegen den Priesterkodex, sich ein Bild der alten Zeit wie sie sein muss zu entwerfen; unbeengt durch noch vorhandene Anschauung und wirkliche Tradition kann er sie nach Herzenslust idealisiren. Er hat demnach seine Stelle hinter dem Deuteronomium, und zwar in der dritten, nachexilischen Periode der Kultusgeschichte, wo einerseits die Einheit der Opferstätte eine vollendete, von niemand und durch nichts angefochtene Tatsache war, und wo andrerseits das Exil das natürliche Band zwischen der Gegenwart und dem Altertum so durchschnitten hatte, dass einer künstlichen Ausgestaltung des letzteren, von der Idee aus, kein Hindernis im Wege stand.

III.

Das gewöhnliche Urteil ist umgekehrt. Im Deuteronomium, meint man, kommen deutliche Beziehungen zur Königszeit vor, der Priesterkodex passe mit seinen geschichtlichen Voraussetzungen in keine Situation derselben und sei deshalb älter. Wenn, wie bei Ezechiel, der Kultus auf dem Fundamente des salomonischen Tempels ruht, so erkennt jedermann die spätere Zeit; wenn er aber auf die Stiftshütte gegründet ist, so ist das eine andere Sache. Man beweist das hohe Alter der priesterlichen Gesetzgebung damit, dass man sie in eine von ihr selbst aus ihren gesetzlichen Prämissen geschaffene historische Sphäre versetzt, die in der wirklichen Historie nirgend zu finden ist und darum ihr voraufgehen muss. So hält sie sich am eigenen Schopf über dem Boden in der Schwebe.

1. Es mag jedoch scheinen, als sei bisher nur behauptet worden, dass die Stiftshütte auf einer historischen Fiktion beruhe. In Wahrheit ist es zwar bewiesen, indessen mag noch einiges hinzugefügt werden, was zwar längst gesagt, aber noch immer

nicht recht beherzigt ist. Es handelt sich, wie ich vorausschicke, um die Stiftshütte des Priesterkodex. Denn irgend ein Zelt für die Lade mag es wohl gegeben haben. Zelte waren in der Tat in Palästina die ältesten Obdächer der Idole (Os. 9, 6), woraus erst später feste Häuser wurden; und auch die jehovistische Ueberlieferung (jedoch nicht J) kennt ein heiliges Zelt[1]) beim mosaischen Lager und zwar ausserhalb desselben, wie die älteren Höhen meist frei vor der Stadt lagen. Es handelt sich aber um das bestimmte Zelt, welches Exod. 25 sqq. nach Jahves Anweisung als der Grundstein der Theokratie errichtet wird, das vorsalomonische Centralheiligtum, welches auch äusserlich das Gegenbild des Tempels ist. Schon dessen blosse Möglichkeit ist bestreitbar. Ganz wundersam kontrastirt dieser Prachtbau, zu dem das kostbarste Material beigesteuert und in der kunstvollsten Weise des Morgenlandes verarbeitet wird, gegen den Boden, auf dem er sich erhebt, in der Wüste unter den urwüchsigen hebräischen Wanderstämmen, die ihn doch ohne fremde Beihilfe in kurzer Frist hergestellt haben sollen. Der Gegensatz ist früh aufgefallen und hat zuerst Voltaire Anlass zu Zweifeln gegeben. Diese Zweifel mögen auf sich beruhen; es genüge, dass die hebräische Überlieferung, selbst für die Zeit der Richter und der ersten Könige, für welche doch die mosaische Stiftshütte eigens bestimmt ist, nichts von derselben weiss.

Man sollte das freilich nicht denken, wenn man sieht, wie viel manch einer heute von ihr zu erzählen hat, der das Buch der Chronik geschickt zu benutzen versteht. Nämlich 2. Chron. 1, 3sqq. heisst es, Salomo habe seinen Regierungsantritt mit einem grossen Opferfeste zu Gibeon gefeiert, denn dort habe die Stiftshütte und der eherne Altar Moses gestanden. Dem entsprechend wird 1. Chron. 21, 29 gesagt, David habe zwar auf der Tenne Araunas ein Opfer gebracht, aber die Wohnung Jahves und der rechtmässige Altar sei in jener Zeit zu Gibeon gewesen; und weiter 16, 39, dort in Gibeon habe der legitime Hohepriester Sadok fungirt. Hievon aus-

[1]) Es wird aber nirgend zu gesetzgeberischen Zwecken benutzt, sondern ist einfaches Obdach für die Lade, steht ausserhalb des Lagers, wie die ältesten Heiligtümer ausserhalb der Städte, und wird von Josua als Aedituus bewacht, der auch darin schläft; wie Samuel, der Aedituus Elis. In gewissen Grundzügen stimmt die Bauart der Kaaba mit der der Stiftshütte überein: mit Zeug überhangener Kubus, innerhalb eines durch Säulen begrenzten Hofes, von dem noch ein besonderer, unmittelbar an eine Seite dez Heiligtums stossender Raum (Higr) abgesperrt ist. Wie das zu erklären ist, sei dahin gestellt.

gehend haben schon die Rabbinen und neuerdings besonders Keil und Movers eine systematische Geschichte der Stiftshütte bis auf den Tempelbau ausgesponnen. Unter David und Salomo, so lange die Lade auf dem Sion sich befand, war sie in Gibeon, wie auch daraus zu ersehen, dass dort (2. Sam. 21, 6. 9) Opfer vor Jahve gebracht werden. Vorher zu Nob, wo Ephod und Schaubrode erwähnt werden (1. Sam. 21); ursprünglich zu Silo, seit Josua. Aber dies waren nur ihre ständigen Wohnorte, daneben hielt sie sich vorübergehend bald hier bald dort auf und rettete durch ihre allgegenwärtige Geschwindigkeit die Einheit des Kultus, trotz der verschiedenen und weit auseinander liegenden Stätten, an welchen derselbe ausgeübt wurde. Überall, wo von einem Erscheinen und Opfern vor Jahve die Rede ist, muss die Stiftshütte stillschweigend ergänzt werden [1]. Wie dogmatisch dies Verfahren ist und zu wie absurden Konsequenzen es führt, braucht nicht noch gezeigt zu werden; die Hauptsache ist, dass der Ausgangspunkt nichts weniger als fest ist. Denn die Angabe der Chronik, Salomo habe sein Antrittsopfer auf dem Altar der Stiftshütte zu Gibeon dargebracht, steht in Widerspruch zu der älteren Parallele 1. Reg. 3, 1–4. „Diese sagt nicht nur nichts von der mosaischen Stiftshütte, die zu Gibeon gestanden habe, sondern sie sagt ausdrücklich, dass Salomo auf einer Höhe (als solcher) geopfert, und entschuldigt ihn deswegen" damit, dass bis dahin noch kein Haus dem Namen Jahves gebaut worden sei. Dass der Verfasser der Chronik von dieser Relation abhängig ist, ist aus allgemeinen Gründen gewiss und ergibt sich speciell daraus, dass er die Stiftshütte zu Gibeon mit dem Namen Bama bezeichnet, eine contradictio in adiecto, die nur aus dem Bestreben authentischer Interpretation „der grossen Bama zu Gibeon" 1. Reg. 3 zu erklären ist. Hier wie sonst konformirt er die Geschichte dem Gesetze: der junge fromme Salomo kann sein Opfer doch nur an der gesetzlichen Stätte gebracht haben, welche also jener Höhe zu Gibeon untergelegt werden muss. Mit 2. Chron. 1, 3sqq. fallen auch die zwei anderen Notizen 1. Chron. 16, 39 und 21, 29, die beide von jener Hauptstelle abhängig sind, wie der wiederkehrende Ausdruck „die

[1]) Septuaginta zu Jos. 24, 33: nach Josuas und Eleazars Tode λαβόντες οἱ υἱοὶ Ἰσραὴλ τὴν κιβωτὸν τοῦ θεοῦ περιεφέροσαν ἐν ἑαυτοῖς. Vgl. Wagenseil, Sota p. 151. Nach Jo. Buxtorf und Sal. van Til (Ugol. Bd. 8) ist dann diese Theorie besonders von Movers ausgebildet worden. Dagegen de Wette, Beiträge p. 108sqq., Vatke a. O. p. 316 Anm.

Bama von Gibeon“ deutlich verrät. Sonst kommt die Stiftshütte in der Chronik nicht weiter vor, sie hat noch nicht ihre Konsequenzen gezogen und die historische Anschauung des Verfassers noch nicht durchdrungen. Dieser würde gewiss durch die Frage, ob sie vorher in Nob gestanden habe, in einige Verlegenheit geraten sein, da er Gewicht legt auf die Verbindung des rechtmässigen Heiligtums mit dem rechtmässigen Priestergeschlecht Sadok-Eleazar, welche allenfalls für Silo, aber nicht für Nob anzunehmen möglich ist[1]).

Dass die Chronik die israelitische Geschichte dem Priesterkodex gemäss darstellt, hat zwar gewöhnlich unwillkürlich dazu veranlasst, ihre principielle Auffassung derselben zu grunde zu legen, dürfte aber doch wohl eher dazu bewegen, sie aus dem Spiel zu lassen, wenn es sich um Ermittlung der wirklichen und echten Tradition handelt. Die Bücher der Richter und Samuelis tun zwar vieler Heiligtümer Erwähnung, darunter aber nicht des allerwichtigsten, des Tabernakels. Denn die einzige Stelle, wo der Name Ohel Moed vorkommt, 1. Sam. 2, 22, ist schlecht bezeugt und inhaltlich verdächtig[2]). Von dem Vorhandensein der Lade Jahves allerdings finden sich gegen Ende der Richterzeit deutliche Spuren (1. Sam. Kap. 4—6). Bürgt nun die Lade für das Tabernakel? Vielmehr ist ihre Geschichte bis zur Unterbringung im Tempel Salomos ein Beweis dafür, dass „sie ganz unabhängig von einem ihr besonders geweihten Zelte gedacht wurde“. Das hebt aber den Begriff der mosaischen Stiftshütte auf, denn nach dem Gesetz gehören beide Stücke notwendig zu einander, eins darf nicht ohne das andere sein, eins ist so wichtig wie das andere. Das Tabernakel muss das Symbol seiner Gegenwart überall begleiten, das Dunkel des Allerheiligsten ist gleichsam das Lebenselement der Bundeslade; nur notgedrungen und auch dann nur unter der Hülle der Vorhänge verlässt sie ihre Wohnung während des Marsches, um sie sofort wieder zu beziehen, wenn Station gemacht wird. Nun aber zieht 1. Sam. 4sqq. lediglich die Lade zu Felde, sie allein fällt den Philistern in die Hände, vom Tabernakel und vollends von dem notwendig dazu gehörenden

[1]) Von der Priesterschaft zu Nob entrann nur Abiathar dem Blutbade 1. Sam. 22; also war Sadok nicht dabei.

[2]) Die Septuaginta liest die Stelle nicht, und überall sonst in 1. Sam. 1—9 ist das Heiligtum von Silo ein Hekal, d. h. sicher kein Zelt.

Altar ist auch in Kap. 5, wo das Symbol Jahves im Tempel Dagons zu Asdod aufgestellt wird, keine Rede; ebensowenig in Kap. 6, obwohl hier die Feinde deutlich ihren gesamten Raub am Heiligtume herausgeben. Man nimmt an, die Behausung der Lade sei in Silo zurückgeblieben. Sehr glaublich, aber das war dann nicht die mosaische Stiftshütte, die unzertrennliche Begleiterin der Lade. In der Tat redet der Erzähler von einem festen Hause zu Silo, mit Pfosten und Türen; möglich, dass dies ein Anachronismus[1]) — obgleich warum? —, aber so viel folgt jedenfalls, dass er von der Stiftshütte keine Ahnung hat, die ja mit in den Krieg hätte ziehen müssen. Wäre gerade diesmal eine ungesetzliche Ausnahme gemacht, warum wurde denn die Lade nicht wenigstens nach ihrer Herausgabe wieder mit der Wohnung vereinigt, die sie ja eigentlich gar nicht hätte verlassen dürfen? Statt dessen kommt sie nach Bethsemes und bringt Unheil, weil — die Leute sie sich neugierig besehen. Dann nach Kiriathjearim, wo sie lange Jahre im Hause eines Privatmannes bleibt. Von da lässt sie David nach Jerusalem holen — natürlich, sollte man auf grund der aus dem Pentateuch und der Chronik fliessenden Vorstellung denken, um sie der ebenfalls nach Jerusalem zu bringenden Hütte wiederzugeben. Aber daran kommt ihm nicht der Gedanke, so nahe er gelegen hätte. Zuerst will er die Lade zu sich auf die Burg nehmen, wird jedoch davon abgeschreckt, und aus Verlegenheit sie anderswo unterzubringen, stellt er sie schliesslich in das Haus eines seiner Hauptleute, des Obededom von Gath. Hätte er etwas von dem Tabernakel gewusst, hätte er geahnt, dass es leer in Gibeon stehe, ganz in der Nähe, es hätte ihm aus aller Not geholfen. Da nun die Lade dem Hause Obededoms Segen bringt — man denke: die Lade im Hause eines Soldaten, eines Philisters, und trotzdem kein Zorn, sondern Segen[2]) —, so wird der König

[1]) Vgl. ähnlich Jos. 6, 19. 24. 9, 27, wo grade der Anachronismus beweist, dass die Vorstellung der Stiftshütte dem Vf. unbekannt war. Dass übrigens in Wirklichkeit zu Silo damals ein festes Haus stand, folgt daraus, dass Jeremias (7, 12) auf seine Trümmer verweist. Denn er kann nur ein vorsalomonisches Heiligtum als Vorgänger Jerusalems betrachten; ausserdem gibt es auch von einem bedeutenderen Tempel zu Silo seit der Königszeit nicht die geringste Spur mehr.

[2]) Die Chronik hat gute Gründe, ihn zum Leviten zu machen. Aber Gath an sich, namentlich bei David, ist das philisthäische, und Obededom gehört zu der Leibwache, die vorwiegend aus Fremden und Philistern bestand. Ausserdem ist sein Name schwerlich israelitisch.

ermutigt, nun doch sein ursprüngliches Vorhaben auszuführen und sie in seiner Burg aufzustellen. Und zwar unter einem Zelte, welches er für sie hatte machen lassen (2. Sam. 6, 17); dies Zelt Davids auf dem Sion blieb ihr Aufenthalt bis zum Tempelbau.

Unumgänglich war die Stiftshütte, falls es sie gab, zu erwähnen als der Tempel an ihre Stätte trat. Dass sie ihm nicht als Vorbild diente, ist bereits gesagt. Wenigstens wäre es doch aber zu erwarten, dass in dem Bericht über den Bau des neuen Heiligtumes ein Wort über den Verbleib des alten einflösse. Das scheint nun auch 1. Reg. 8, 4 zu geschehen: nach Vollendung des Tempels brachte man ausser der Lade den Ohel Moed und alle darin befindlichen heiligen Geräte hinein. Die Ausleger schwanken, ob sie unter dem Ohel Moed das Zelt der Lade auf dem Sion verstehen sollen, von dem bisher allein die Rede gewesen (1. Reg. 1, 39. 2, 28—30), oder das mosaische Zelt, das nach der Chronik in Gibeon stand, von dem aber das Buch der Könige nichts berichtet und auch nichts weiss (3, 2—4). Dem Verfasser des Verses 8, 4 wird wahrscheinlich beides in einander geflossen sein, wir aber sind vor folgende Alternative gestellt. Entweder steht die Notiz im Zusammenhange der Erzählung des Buchs, dann kann der Ohel Moed nur das Zelt auf dem Sion sein — oder der Ohel Moed 8, 4 ist die mosaische Stiftshütte, die von Gibeon in den salomonischen Tempel übergeführt wurde: dann steht die Angabe ausserhalb des Zusammenhangs und geht nicht von den Prämissen aus, die dieser an die Hand gibt, dann ist sie mit andern Worten von einem Spätern eingeschoben. Die erstere Möglichkeit ist unwahrscheinlich, denn der Name Ohel Moed kommt, abgesehen von jener Interpolation im masorethischen Texte zu 1. Sam. 2, 22, in den Büchern der Richter Samuelis und der Könige überhaupt nicht vor und insonderheit nicht für das Zelt Davids auf dem Sion; dasselbe war auch zu wenig durch das Alter geheiligt und nach 2. Sam. 7 zu unansehnlich und provisorisch, um der Aufbewahrung im Tempel gewürdigt zu werden. Wenn aber der Ohel Moed hier wie immer die Stiftshütte ist, worauf auch die heiligen Geräte führen, so ist der Vers eben auch später eingeschoben. Die Veranlassung dazu ist leicht zu begreifen; der selbe Anstoss, von dem wir oben ausgingen, musste es einem Juden, der von pentateuchischen Gedanken ausging, nahe legen, an dieser Stelle die Stiftshütte zu suchen und wenn er sie nicht fand, zu ergänzen. Doch auch die Interpolation beseitigt die Schwierigkeiten nicht. Wo bleibt der mosaische Brandopferaltar? er war ebenso wichtig und heilig als das Tabernakel selber, wird auch in der Chronik ausdrücklich stets daneben aufgeführt und verdiente nicht, dass man ihn in Gibeon verkommen liess — was andrerseits auch der Einheit des Opferdienstes sehr gefährlich war. Ferner, wenn die heiligen Geräte aus der Hütte in den Tempel übertragen wurden, warum goss denn Salomo nach 1. Reg. 7 alles neu? Warum machte er an stelle des siebenarmigen Kandelabers zehn Leuchter? Kostbar genug waren doch auch die alten Geräte, zum teil noch kostbarer als die neuen, dazu durch ihren alten Gebrauch geheiligt.

Ein negatives Gegenstück zu der Einführung der Stiftshütte 1. Reg. 8, 4 ist die Streichung des ehernen Altars in dem Verzeichnis der von Salomo gegossenen Tempelgeräte 1. Reg. 7. Der eherne Altar Salomos wird 1. Reg. 8, 64. 2. Reg. 16, 14. 15 als bekannt erwähnt, ohne dass wir in der Hauptstelle 1. Reg. 7 etwas von ihm erfahren haben. Ursprünglich kann er hier nicht gefehlt haben; denn er ist ja grade das wichtigste Gerät. Man hat ihn also, wegen seiner unbequemen Konkurrenz mit dem Brandopferaltar Moses, tot zu schweigen versucht; man ist aber, wie es zu gehen pflegt, nicht konsequent genug gewesen, um all seine Spuren aus der Welt zu schaffen und dann zu versichern, Salomo habe nicht selber einen ehernen Altar gegossen, sondern den der mosaischen Stiftshütte nach Jerusalem geholt und dort vor dem Tempel aufgestellt.

Es ist klar, dass zur Zeit Salomos weder Stiftshütte noch heilige Geräte noch eherner Altar Moses existirten. So wie es nun aber zur Zeit der letzten Richter und ersten Könige keine Stiftshütte gab, so war sie auch in der ganzen früheren Periode nicht vorhanden. Das folgt aus 2. Sam. 7, einem Abschnitt, auf dessen Geschichtlichkeit es nicht ankommt, der aber jedenfalls die Auffassung eines vorexilischen Schriftstellers wiedergibt. Nachdem David, wird erzählt, vor seinen Feinden Ruhe hatte, gedachte er der Lade ein würdiges Obdach zu bauen und sprach seinen Entschluss gegen den Propheten Nathan mit den Worten aus: „ich wohne in einem Cederhause und die Lade Jahves unter einem Zelte“. Er kann nach 6, 17 nur das Zelt meinen, das er errichtet hatte, also nicht das mosaische, das auch nach der Beschreibung Exod. 25sqq. nicht füglich einem Holzbau entgegengesetzt werden, noch weniger für eine ärmliche, am allerwenigsten für eine Jahves unwürdige Behausung gelten konnte und in bezug auf Pracht mit Salomos Tempel zum mindesten wetteiferte. Nathan billigt anfangs die Absicht des Königs, verwirft sie aber nachträglich, Jahve wolle es jetzt nicht anders haben als wie er es sonst gehabt habe. „Ich habe in keinem Hause gewohnt, seit ich die Kinder Israel aus Ägypten geführt habe, vielmehr bin ich in Zeit und Obdach herumgewandert.“ Natürlich hat auch Nathan nicht das mosaische Zelt als gegenwärtige Wohnung der Lade vor Augen, sondern das Davids auf dem Sion. Er sagt nun nicht, die Lade sei früher immer in der Stiftshütte gewesen und ihr jetziges Notdach sei darum höchst illegitim, sondern gerade der jetzige Zustand sei der rechte, in einem ähnlichen simplen und unansehnlichen Obdach habe die Lade bisher stets gehaust. Da Davids Zelt nicht bis zum Auszug aus Ägypten hinaufreicht, so redet Nathan notwendigerweise von wechselnden Zelten und Wohnungen, die Lesart der Parallelstelle in der Chronik (I 17, 5) beruht darum auf einem ganz richtigen Verständnis. Der Vorstellung des Pentateuchs kann nichts stärker entgegenlaufen als diese Worte: die Lade hat nicht ein bestimmtes einziges heiliges Prachtzelt zum Korrelat, sondern ist gegen ihr Obdach ganz gleichgiltig, hat damit häufig gewechselt, aber nie ein besonders schönes gehabt. Und so ist es seit Moses gewesen [1]).

So steht es um die Stiftshütte: will man das Alter des Priesterkodex an diesen Faden hängen, so habe ich nichts dawider. Ihre Vorstellung ist erwachsen in Anlehnung an die früh bezeugte heilige Lade, die zur Zeit Davids und auch schon eher unter einem Zelt gestanden hat, aus der Wurzel des salomonischen Tempels. Von diesem hat sie sowohl ihr inneres Wesen,

[1]) 2. Sam. 7 war für die landläufige historisch-kritische Einleitungswissenschaft der locus probans classicus dafür, dass bis zum Tempel die mosaische Stiftshütte fungirt habe. Für die Stumpfheit ihres Blickes kann es kaum einen schlagenderen Beweis geben. Richtig ist nur, dass hier geleugnet wird, es habe vor dem Tempelbau die Lade je in einem Hause gewohnt. Aber diese allgemeine und bestimmt veranlasste Betrachtung verdient weniger Glauben als die gelegentlichen Einzelangaben, woraus erhellt, dass die Lade lange Jahre im Hause Abinadabs stand und dass der Tempel von Silo ein Haus war. Unser Verfasser scheint besonders den Krieg im Auge zu haben, und die Lade war allerdings ursprünglich ein kriegerisches Heiligtum, zunächst des Stammes Joseph (Josuas), sodann Davids (2. Sam. 11, 11. 15, 24).

die centrale Bedeutung für den Kultus, als auch ihre äussere Form.

2. Einen eigentümlichen Standpunkt nimmt Theodor Nöldeke ein. Er gibt die Prämisse zu, dass die Stiftshütte eine Fiktion sei mit dem Zwecke, den Tempel und die Einheit des Kultus präexistent zu machen, leugnet aber die Folgerung, dass der Priesterkodex in diesem Falle die Einheit des Kultus in seiner Gegenwart als schon bestehend voraussetze und darum später sei als das Deuteronomium. „Ein starker Drang nach Einheit des Kultus, sagt er[1]), musste entstehen, sobald Salomos Tempel erbaut war. Gegen dies glänzende Heiligtum mit seinem bildlosen Kultus am Mittelpunkte des judäischen Reichs mussten die alten heiligen Stätten immer mehr zurücktreten, und zwar nicht bloss in den Augen des Volks, sondern ganz besonders auch in denen der Besten und geistig am meisten Vorgeschrittenen (vgl. Amos 4, 8. 8, 14). Wenn schon Hizkia die Einheit in Juda ziemlich durchführte, so muss das Streben danach doch recht alt sein; denn man wird sich nicht leicht entschlossen haben, alte heilige Gebräuche gewaltsam zu unterdrücken, wenn dies nicht die Theorie schon lange gefordert hatte. Die Priester in Jerusalem mussten ganz besonders früh auf den Gedanken kommen, dass ihr Tempel mit der heiligen Lade und dem grossen Altar der einzig wahre Ort der Gottesverehrung wäre, und dieses für die Reinheit der Religion gewiss sehr förderliche Streben hat unser Verfasser in die Form eines freilich in seiner Strenge ganz unausführbaren Gesetzes gekleidet (Lev. 17, 4 sqq.), das daher auch später vom Deuteronomiker für die Praxis modificirt ward."

Was geschehen musste, darauf kommt es weniger an als auf das was wirklich geschah. Nöldeke stützt sich einzig auf die Nachricht 2. Reg. 18, 4. 22, dass Hizkia die Bamoth und Altäre Jahves beseitigt und zu Juda und Jerusalem gesagt habe: vor diesem Altar sollt ihr anbeten in Jerusalem. Gegen dieselbe sind bereits oben Zweifel erhoben worden. Welches Geräusch machte später die gleiche Maassregel Josias, wie tief schnitt sie ein! und diese, obwohl die frühere, soll so ganz ruhig abgelaufen sein, und so spurlos, dass ihre Wiederaufnahme nach siebzig oder achtzig Jahren in Wirklichkeit nicht im mindesten an sie anknüpft, son-

[1]) Untersuchungen zur Kritik des Alten Testaments p. 127 sq.

dern sich in jeder Beziehung als ein neuer erster Schritt geberdet, auf einer bisher völlig unbetretenen Bahn? und so ganz beiläufig ist davon die Rede, während doch sonst der Gegenstand das bevorzugte Hauptthema des Buchs der Könige ist? Dazu kommt nun noch das besondere gleichfalls oben schon geltend gemachte Bedenken, dass der Mann, von dem Hizkia nach Lage der Dinge die Anregung zu seinem Vorgehen erhalten haben muss, der Prophet Jesaias, in einer seiner spätesten Reden ausdrücklich nur eine Reinigung der Kultusstätten von Schnitz- und Gussbildern in der messianischen Zeit fordert, also nicht ihre völlige Aufhebung wünscht. Das steht jedenfalls fest, dass wenn an der in Rede stehenden Angabe überhaupt etwas ist [1]), Hizkia nur einen schwachen und gänzlich erfolglosen Versuch in dieser Richtung gemacht und auf keine Weise „die Einheit in Juda ziemlich durchgeführt“ hat. Es liesse sich höchstens daraus folgern, dass das Bestreben den Gottesdienst im Tempel von Jerusalem zu koncentriren schon zur Zeit Hizkias sich regte. Das würde aber der Absicht Nöldekes, den Priesterkodex vor das Deuteronomium zu rücken, sehr entgegen sein. Denn ein Centralisationsbestreben zeigt sich grade

[1]) Auf 2. Reg. 18,22 ist wenig zu geben; die Erzählung über die assyrische Belagerung Jerusalems ist nicht gleichzeitig, wie im Allgemeinen aus der völligen Unbestimmtheit der Nachrichten über den plötzlichen Abzug der Assyrer und seine Gründe, im Besonderen aus 19,7 (36. 37) erhellt. Denn die Meinung ist hier jedenfalls die, dass Senaherib bald nach dem vergeblichen Feldzuge im Jahre 701 ermordet worden sei; in Wahrheit hat er aber bis 684 oder 681 regiert (Smith, Assyrian Eponym Canon p. 90. 170). Der Erzähler hat also nicht bloss zwanzig Jahre nach den Ereignissen geschrieben, sondern noch um so viel später als erforderlich ist, damit sich jene zwanzig Jahre so stark verkürzen konnten; er steht zweifellos schon unter dem Einfluss des Deuteronomiums. Schwerer als 2. Reg. 18,22 wiegt allerdings 2. Reg. 18,4 (21,3). Indessen so authentische Nachrichten uns auch in den Regesten des Buchs der Könige erhalten sind, so haben dieselben doch alle nicht bloss die Auswahl, sondern auch die Bearbeitung der deuteronomischen Redaktors passirt, und es ist gar leicht möglich, dass dieser sich zu einer Generalisirung berechtigt glaubte, wodurch die von Jesaias angeregte und durch Hizkia ausgeführte Reinigung (zunächst des Tempels zu Jerusalem) von Idolen in eine Beseitigung der Bamoth samt Masseben und Ascheren verwandelt wurde. Wie wenig die späteren Schriftsteller Zeitunterschiede und Grade in der Ketzerei des ungesetzlichen Kultus anerkennen, ist bekannt: sie gehen immer gleich auf das Ganze. In Wirklichkeit aber hat sich die Reformation ohne Zweifel stufenweise vollzogen. Zuerst findet sich bei Hosea und Jesaias die Polemik gegen geschnitzte und gegossene Bilder, darauf bei Jeremias die Polemik gegen Holz und Stein, d. h. gegen Masseben und Ascheren; von den Propheten ist die Bewegung ausgegangen, auf ihr authentisches Zeugnis ist das grösste, ja das einzige Gewicht zu legen.

im Priesterkodex gar nicht; hier wird vielmehr die Centralisation vorausgesetzt, als selbstverständliche Tatsache und in all ihre Konsequenzen entwickelt. Nur das Deuteronomium kann man nach 2. Reg. 18,4. 22 ansetzen, wenn man nemlich Lust hat mit dieser Notiz gegen den Bericht von 2. Reg. 22. 23 anzukämpfen, wonach das Deuteronomium erst achtzig Jahre später aufgefunden und damals zuerst in Geltung gesetzt ist.

Nöldeke setzt voraus, dass das Streben nach der Einheit gerade in den jerusalemischen Priesterkreisen seinen alten und ursprünglichen Sitz gehabt habe. Wenn der Priesterkodex älter ist als das Deuteronomium, so muss allerdings die prophetische Agitation für die Kultusreform, aus der das Deuteronomium hervorgewachsen ist, nur das Nachspiel einer älteren priesterlichen sein. Von dieser erfahren wir aber lediglich nichts, während wir jene von ihren idealen Anfängen an bis zu ihrem praktischen Ausgange leidlich verfolgen können. Amos Hosea Jesaias sind es, welche die Bewegung gegen den alten volkstümlichen Gottesdienst auf den Höhen eingeleitet haben. Sie gehen dabei nicht von einer eingewurzelten Vorliebe für den Tempel von Jerusalem aus, sondern von sittlichen Motiven, die in ihnen zuerst urwüchsig entstanden sind, ja vor unseren Augen enstehen; ihre Äusserungen, wenn auch aus geschichtlichen Gründen durch die nordisraelitischen Heiligtümer veranlasst, lauten doch völlig allgemein und richten sich gegen den Kultus überhaupt. Von der Einwirkung eines Gesichtspunktes, der mit einem priesterlichen auch nur verwandt wäre, dass nämlich der Gottesdienst an dem und dem besonderen Orte mehr wert sei als an allen anderen und darum allein fortzubestehen verdiene, findet sich bei ihnen nichts; ihre Polemik ist eine rein prophetische, d. h. individuelle, theopneuste in dem Sinn, dass sie von allen hergebrachten und vorgefassten Menschenmeinungen unabhängig ist. Von diesem absolut originellen Anfange ist aber nun die folgende Entwicklung abhängig, und diese läuft nicht auf den Priesterkodex aus, sondern auf das Deuteronomium, ein Buch, das bei aller billigen Rücksichtnahme für die Priester (freilich für die jerusalemischen nicht mehr als für die anderen) doch seinen prophetischen Ursprung nicht verleugnet und vor allen Dingen von all und jeder hierokratischen Neigung vollkommen frei ist. Und das Deuteronomium endlich ist es gewesen, welches den geschichtlichen Erfolg der

Reformation Josias gehabt hat. Also die historische Bewegung auf diesem Gebiete, soweit sie wirksam und uns dadurch bekannt geworden ist, ist von Haus aus und wesentlich prophetisch, wenn auch zu Ende priesterliche Einflüsse sekundirt haben mögen; und sie kann nicht bloss, sondern sie muss aus sich heraus verstanden werden. Eine ältere oder selbständig nebenhergehende priesterliche Bewegung in der selben Richtung ist wenigstens völlig resultatlos geblieben, darum auch gänzlich unbezeugt. Uns kommt es vielleicht so vor, als hätten die jerusalemischen Priester doch selbst zuerst das Ziel in das Auge fassen müssen, dessen Verwirklichung ihnen später so viel Gewinn brachte, aber es scheint nicht, dass sie von vornherein so klug waren, wie wir es nachträglich sind. Wenigstens gibt es weiter keine Gründe für die Hypothese eines seit alter Zeit latent vorhandenen Centralisationsbestrebens der jerusalemischen Priesterschaft als die vorgefasste Meinung, dass der Priesterkodex nicht bloss dem Deuteronomium, sondern auch den Propheten zeitlich vorangehen müsse. Zu diesem Behuf wird eine ganz abstrakte — und als solche unwiderlegliche — Möglichkeit konstruirt, durch deren Pforte man der historischen Wahrscheinlichkeit entschlüpft, über die hinaus wir es ja nicht bringen können.

Wie vollständig unbekannt der Priesterkodex noch bis mitten in das Exil hinein gewesen ist, ersieht man aus den Büchern der Könige, welche ihre gegenwärtige Gestalt nicht vor Nabokodrossors Tode erhalten haben können. Der Redaktor, der das deuteronomische Gesetz citirt und beständig darnach urteilt, hält, wie wir aus 1. Reg. 3, 2 gelernt haben, die Bamoth vor dem Tempelbau Salomos für erlaubt; die Stiftshütte hat also in seiner Vorstellung nicht existirt. Der etwa um eine Generation ältere Jeremias kennt sie gleichfalls nicht, sondern er betrachtet — der Lade wegen, jedoch nicht notwendig in Übereinstimmung mit hergebrachter Meinung — das Gotteshaus von Silo, dessen Ruinen damals wie es scheint noch zu sehen waren, als den Vorgänger des jerusalemischen Tempels, und darin folgt ihm die anonyme Weissagung 1. Sam. 2, 27—36, deren späteres Alter aus der Sprache (2, 33) und aus dem Umstande erhellt, dass sie der folgenden Drohung in Kap. 3 vorgreift. Bei allen diesen Schriftstellern, besonders auch beim Deuteronomiker selber, der in Kap. 12 die Einheit des Kultus faktisch erst von der Wahl Jerusalems abhängig macht, ist es doch höchst auffallend, wenn damals der Priesterkodex längst vorhanden war, dass sie ein so bedeutendes einschlägiges Buch nicht gekannt haben; es zu übersehen machte die alte hebräische Literatur nicht ganz so leicht als in einem ähnlichen Fall unsere heutige. Und wie kommt es nun, dass in der aus dem dritten Jahrhundert stammenden Chronik der Priesterkodex auf einmal nicht mehr scheintot ist, sondern seinen Einfluss auf die Betrachtungsweise überall nur zu lebendig und deutlich äussert? Für diese Schwierigkeiten ist Nöldeke unempfindlicher als billig ist. Er scheint der Ansicht zu sein, dass die nachexilische Zeit nicht gewagt haben würde, eine so durchgreifende Umbildung, ja Neugestaltung der Tradition vorzunehmen, wie die Prädatirung des salomonischen Tempels durch die Stiftshütte sie mit sich bringt[1]). Es ist jedoch grade umgekehrt das Kennzeichen der nachexilischen Schriftsteller, dass sie von ihren Ideen aus auf das freieste mit den Einrichtungen des israelitischen Altertums schalten, mit welchem ihre Zeit durch kein lebendiges Band mehr verbunden war. Wozu steht sonst die Chronik im Kanon, als um uns dies zu lehren? Wenn Nöldeke aber die Unbekanntheit der Stiftshütte damit entschuldigt, dass sie eben ein blosses Gedankending sei[2]), so lässt er einstweilen ausser Acht, dass hinter ihr die sehr reale Idee der Kultuseinheit steckt, um deren willen sie z. B. dem Deuteronomiker, auch als blosse Vorstellung, sehr willkommen sein musste. Nur das Gerüst der Stiftshütte ist Phantasie, ihre Idee wurzelt in geschichtlichem Boden, und bei dieser lässt sie sich fassen.

Ein Punkt muss hier noch schliesslich besprochen werden, den besonders Dillmann, gestützt auf ältere Vorgänger, als Achillesferse der Grafschen Hypothese stark hervorhebt, dass nämlich der Priesterkodex trotz der Beschränkuug des Opferns auf einen einzigen Ort dennoch die alte Bestimmung, dass jede Schlachtung Opfer sein müsse, aufrecht erhalte, während das Deuteronomium,

[1]) Jahrbb. für prot. Theol. I. p. 352: Und nun möchte ich fragen, ob eine derartige Schrift, welche uns von Geschichte Landverteilung und Opfergebrauch des gesamten Israel ein so vielfach von der Wirklichkeit abweichendes Bild darbietet, in eine Zeit gehört, in der sich Israel in ängstlicher Scheu an das Überlieferte anklammerte.

[2]) Unters. p. 130: Man muss sich immer vor Augen halten, dass der Vf. in seinen Berichten wie in seinen Gesetzen nicht tatsächliche Verhältnisse, sondern zunächst seine Theorieen und Ideale schildert. Dahin gehört die Verherrlichung der Stiftshütte u. s. w.

einen Schritt weiter gehend, sie fallen lasse. Daraus folge evident die Priorität des Priesterkodex. Es heisst nämlich Lev. 17: „Wer immer vom Hause Israel Rind oder Schaf oder Ziege schlachtet, im Lager oder ausserhalb des Lagers, und es nicht vor die Stiftshütte führt um Jahve eine Darbringung darzubringen vor der Wohnung Jahves, dem soll es als Blutschuld gelten; Blut hat er vergossen und er soll ausgerottet werden aus seinen Verwandten. Auf dass die Kinder Israel ihre Opfer, die sie auf dem Felde opfern, dem Jahve bringen vor die Stiftshütte zum Priester und sie opfern als Dankopfer dem Jahve . . . und nicht mehr den Feldteufeln, denen sie nachhuren, ihre Opfer opfern!" Nun ist das Absehen dieser Vorschrift einzig und allein darauf gerichtet, die Alleinberechtigung der einzig legitimen Opferstätte sicher zu stellen; nur um deswillen, wie man sieht, wird auch die profane Schlachtung ausserhalb Jerusalems verboten, welche das Deuteronomium gestattet hatte. Die Alleinberechtigung der legitimen Opferstätte wird aber durch die Erlaubnis der profanen Schlachtung an beliebiger Stätte nur dann angetastet, wenn die Schlachtung trotz ihrer angestrebten Profanirung dennoch sich nicht vom Opfer losreissen konnte. Offenbar verstand also der gemeine Mann nicht recht den Unterschied zwischen dem religiösen und profanen Akte, der bisher ganz unbekannt war; und wenn er, was er ja durfte, zu Hause schlachtete, so beobachtete er dabei doch, trotz aller Kautionen des Deuteronomikers, den alten heiligen Ritus des Opfers. Daraus erwuchs die Gefahr, dass sich unter der Hand eine Vielheit der Altäre wieder einschlich; und einer solchen Gefahr wird in Lev. 17 begegnet, genau in der selben freilich völlig unpraktischen Weise wie der etwa gleichzeitige Prophet Ezechiel in seiner Polemik gegen das Blutessen [1]) es tut, der doch auch nach Dillmann jünger ist als das Deuteronomium. Bemerkenswert ist dabei, wie sehr dieses im Übrigen auf dem Deuteronomium fussende Gesetz in der Beschränktheit legitimistischer Betrachtungsweise fortgeschritten ist. Das Deuteronomium erkennt noch durchaus an, dass die Opfer ausserhalb Jerusalems doch auch dem Jahve dargebracht werden; für den Verfasser von Lev. 17 ist das eine unmögliche Vorstellung,

[1]) אכל על הדם eigentlich = Fleischessen ohne den Ritus der Blutausschüttung vollzogen zu haben, vgl. oben S. 18 s. Ezechiel sieht die Opfer auf den Höhen weder als richtig geopfert noch als richtig geschlachtet an. Vgl. Zach. 9, 7.

er sieht wie der Verfasser der Chronik diese Opfer schlechtweg an als Opfer für die Dämonen [1]). Ich lasse mir nicht einreden, dergleichen sei für jemand möglich gewesen, der noch vor der deuteronomischen Reformation, oder auch nur vor dem Exil in den alten Verhältnissen lebte.

Übrigens gehört Lev. 17 bekanntlich zu einer eigenartigen kleinen Gesetzsammlung, die zwar in den Priesterkodex aufgenommen ist, aber mehrfach von ihm abweicht und so auch gerade hinsichtlich des Verbots der profanen Schlachtungen. Der Priesterkodex im Ganzen steht in diesem Punkt vollkommen auf dem Boden des Deuteronomiums. Er erlaubt die Schlachtung ohne Opfer schon in den Noachischen Geboten, die nicht bloss für alle Welt, sondern auch für die Juden Giltigkeit haben. Später wiederholt er diese Erlaubnis zwar nicht ausdrücklich, er sieht sie aber als selbstverständlich an. Nur darum kann er das Dankopfer so ganz als Nebensache ansehen und die Opfermahlzeit beinah ignoriren; auch gibt er in Lev. 7, 22—27 geradezu Regeln über das Verfahren beim Schlachten solcher Tiere, die nicht geopfert werden [2]). Also auch hier zeigt sich wieder das Verhältnis, dass was im Deuteronomium als Neuerung auftritt, im Priesterkodex als längst und schon seit Noah bestehende Sitte vorausgesetzt wird. Mithin ist dieser auf dem Boden erwachsen, welcher durch jenes präparirt ist.

[1]) 2. Chr. 11, 15. Etwas ähnliches, wenngleich nicht das selbe ist es, wenn die Muslime sagen, die alten Araber hätten ihren Gottesdienst den Ginnen gewidmet — und was dergleichen mehr von Degradirung der Gottheiten zu Gespenstern vorkommt. Vgl. Baruch 4, 7. Ps. 95, 5 106, 37 (Sept.). 1. Cor. 10, 20.

[2]) Dass in Lev. 7, 22—27 nicht längst und ausführlich gegebene Bestimmungen über das Dankopfer wiederholt, sondern neue über die Schlachtung nachgetragen werden sollen, erhellt aus: das Vieh wovon man dem Jahve Opfer bringen kann v. 25 und aus: in allen euren Wohnsitzen v. 26, desgleichen aus der Praxis des Judentums.

Zweites Kapitel.

Die Opfer.

Wie dem ganzen Altertum, so ist auch den Hebräern das Opfer die Hauptsache im Kultus. Es fragt sich, ob derselbe nicht auch in dieser wichtigsten Hinsicht eine Geschichte durchgemacht hat, deren Stadien sich im Pentateuch widerspiegeln. Nach den bereits gewonnenen Ergebnissen muss dies als von vornherein wahrscheinlich gelten. Aber um nun wirklich den Process zu verfolgen oder auch nur seinen Anfang und sein Ende festzustellen, dazu scheinen die uns erhaltenen Quellen nicht auszureichen.

I.

1. Geflissentlich beschäftigt sich mit dem Gegenstande nur der Priesterkodex, der die verschiedenen Arten des Opfers klassificirt und das Verfahren bei ihnen genau beschreibt. Er liefert darum auch den neueren Darstellungen das maassgebende Schema, worin sich die übrigen gelegentlichen Angaben des Alten Testaments wohl oder übel fügen müssen. Damit ist nun sogleich für die Charakteristik des Buches in diesem Punkte ein wichtiger Zug gewonnen. Das Opferritual ist hier ein Bestandteil der mosaischen Gesetzgebung und zwar ein sehr wesentlicher; es ist nicht als alter Brauch von Urväter Zeiten her durch die lebendige Praxis den Israeliten überliefert, sondern erst Moses hat ihnen die Theorie davon gegeben und zwar gleich eine sehr ausgebildete, und diesen hat Gott selber darin unterwiesen (Exod. 25sqq. Lev. 1sqq.). Auf die der Theorie entsprechende Technik des Opfers, sowohl auf das w a n n, w o und d u r c h w e n, als auch besonders auf das w i e, wird darum ein ganz unverhältnismässiger Nachdruck gelegt. Dadurch erhält dasselbe seinen specifischen Wert; man könnte glauben, auch wenn es einem anderen Gotte dargebracht würde, würde es durch den legitimen Ritus an sich gleichsam jahvistisch von Natur sein. Durch seine F o r m wird der israelitische Kultus wesensverschieden von jedem anderen, ein unterscheidendes und constituirendes Merkmal der heiligen Gemeinde. Mit ihm fängt die Theokratie an und er mit der Theokratie, letztere ist weiter nichts

als die Anstalt um ihn in der gottgewollten Weise zu betreiben. Darum gehört auch das Ritual, das nur die Priester anzugehen scheint, in ein Gesetzbuch, welches für die ganze Gemeinde bestimmt ist; sie müssen doch alle, um am Leben der Theokratie teilnehmen zu können, über ihr Wesen Bescheid wissen, und zu diesem gehört in erster Linie die Theorie des Opferdienstes.

Auch die jehovistische Schicht des Pentateuchs kennt keine andere Art der Gottesverehrung als den Opferdienst und hält ihn nicht für weniger wichtig als der Priesterkodex. Aber dass sich das israelitische Opfer durch eine besondere dem Moses geoffenbarte Form, die es allein legitim macht, vor allen anderen auszeichnet, davon ist hier nicht viel zu merken. Opfer ist Opfer — wird es dem Baal dargebracht, so ist es heidnisch, wird es dem Jahve dargebracht, so ist es israelitisch. Im Bundesbuch und in den beiden Dekalogen wird geboten, vor allem, keinem anderen Gotte als Jahve zu dienen, ihm aber auch wirklich zur rechten Zeit Erstlinge und Gaben zu opfern. Negative Bestimmungen, die zumeist irgend eine heidnische Absonderlichkeit ausschliessen, kommen vor, aber positive Verordnungen über das Ritual finden sich nicht; wie man es machen muss um zu opfern, wird als bekannt vorausgesetzt und erscheint nicht als Gegenstand der Gesetzgebung. Was Bundesbuch und Dekaloge vielleicht noch zweifelhaft lassen, wird aus der jehovistischen Erzählung vollkommen klar. Hier ist weit mehr von Opfern die Rede als dort, und schon dies kann man bezeichnend finden: im Priesterkodex ist das Verhältnis umgekehrt. Besonders wichtig jedoch ist es, dass nach der jehovistischen Geschichte die Praxis des Opfers, und zwar des rechtmässigen und gottgefälligen, weit über die mosaische Gesetzgebung hinausreicht und eigentlich so alt ist wie die Welt selber. Ein Opferfest, das sie in der Wüste feiern wollen, ist die Veranlassung des Auszugs der Israeliten, schon zu Raphidim (Exod. 17) baut Moses einen Altar, und noch vor der Bundschliessung auf dem Sinai wird bei Gelegenheit von Jethros Besuch (Exod. 18) ein feierliches Mahl vor Jahve veranstaltet. Aber der Brauch ist noch viel älter, Abraham Isaak und Jakob haben ihn gekannt und geübt. Noah, der Vater der gesamten Menscheit, hat nach der Flut den ersten Altar errichtet, und lange vor ihm haben Kain und Abel in der selben Weise geopfert, wie es Jahrtausende später in Palästina zu geschehen pflegte. Der Aramäer Bileam versteht es so gut wie jeder Israelit, dem Jahve Opfer darzubringen, die ihre Wirkung auf ihn nicht verfehlen. Daraus ergibt sich mit aller nur wünschenswerten Deutlichkeit die Vorstellung, dass das Opfer eine aus grauer Vorzeit überkommene und ganz allgemeine Weise die Gottheit zu verehren ist, und dass das israelitische Opfer nicht durch das Wie, sondern durch das Wem sich unterscheidet, dadurch, dass es dem Gotte Israels dargebracht wird. Moses hat nach dieser Vorstellung das Verfahren beim Opferdienste ebenso der hergebrachten Praxis überlassen wie das Verfahren beim Gebet; wenn man überhaupt an bestimmte Urheber des israelitischen Kultus denken kann, so sind es am ehesten die Patriarchen, aber auch sie haben das Ritual nicht erfunden, sondern nur die Stätten gegründet, wo die Israeliten den gemeinen Gebrauch aller Welt dem Jahve widmeten. Der Gegensatz gegen den Priesterkodex ist höchst auffallend, denn es ist bekannt, dass dieser keinen Opferakt vor Moses erwähnt, weder in der Genesis noch im Exodus, obwohl seit Noah die Schlachtung erlaubt ist. Das Fest der Darbringung von Schafen und Rindern als die Veranlassung des Auszugs aus Ägypten fällt hier weg, und aus dem Opfer der Erstgeburten wird das Passahlamm, welches ohne Altar ohne Priester und nicht vor Jahve geschlachtet und gegessen wird [1]).

Zu meinen, dass der Kultus auf vormosaischen Gebrauch zurückgehe, ist ohne Frage naturgemässer als zu meinen, dass er das Hauptstück der sinaitischen Gesetzgebung sei; es ist ein wunderlicher Gedanke, dass Gott oder Moses plötzlich das richtige Opferritual sollte erfunden und eingeführt haben. Indessen daraus ergibt sich nicht der Schluss, dass der Priesterkodex jüngerer Zeit angehöre. Ebenso folgt dies auch nicht aus der hier schon sehr entwickelten Technik des Verfahrens, denn die mag bei den grossen Heiligtümern schon recht früh vorhanden gewesen sein, ohne freilich darum gerade als echt mosaisch zu gelten. Dagegen fällt es allerdings schwer ins Gewicht, dass die ausschliessliche Legitimität einer so bestimmten Opferordnung, wie sie im Priesterkodex als die einzig mögliche in Israel gilt, eine Vorstellung ist, die sich nur in Folge der Centralisation des Kultus zu Jerusalem ausgebildet haben kann. Doch dadurch würde die Entscheidung

[1]) Das Deuteronomium steht in Bezug auf die Opfer noch ganz auf demselben Standpunkt, wie JE.

über unsre Frage auf das im vorigen Kapitel gefundene Resultat zurückgeschoben, und wünschenswert wäre es jedenfalls, sie selbstständig zu erledigen, damit nicht der Tragkraft eines einzigen wenn auch noch so starken Pfeilers zu viel anvertraut werde.

2. Auch hier können die Gründe der Entscheidung nur den geschichtlichen Dokumenten aus der vorexilischen Zeit entnommen werden, den Büchern der Richter Samuelis und der Könige auf der einen, den Schriften der Propheten auf der anderen Seite. Was die ersteren betrifft, so erscheint hier der Kultus und das Opfer bei allen Gelegenheiten als eine grosse Hauptsache im Leben des Volks und des Einzelnen. Aber wenn auch nicht anzunehmen ist, dass auf das rite gar nichts sollte gegeben sein, so liegt doch darauf keinesfalls der Nachdruck; der Gegensatz ist nicht: rite und nicht rite, sondern: dem Jahve und den fremden Göttern — umgekehrt wie im Priesterkodex. Neben glänzenden Opfern wie die königlichen, die vermutlich nach allen Regeln der Kunst dargebracht werden, kommen auch höchst einfache und primitive vor, z. B. das Sauls 1. Sam. 14, 35 und Elisas 1. Reg. 19, 21: richtig sind sie beide, wenn sie nur dem richtigen Gotte gewidmet sind. Abgesehen von der exilischen Bearbeitung des Buchs der Könige, welche den Kultus ausserhalb Jerusalems für ketzerisch hält, trifft man nirgend die Vorstellung an, dass ein Opfer dem Gotte Israels geweiht und doch illegitim sein könne. Naeman (2. Reg. 5, 17) wird seinen heimischen syrischen Ritus befolgt haben; das tut der Wohlgefälligkeit seines Opfers keinen Eintrag. Zu einer Beschreibung des Ritus findet sich erklärlicher Weise selten Anlass; kommt aber einmal eine solche vor, so lässt sie sich nur mit Gewalt in das gesetzliche Schema hineinzwängen. Am meisten frappirt das Verfahren Gideons (Judic. 6, 19—21), womit vielleicht zugleich das zu Ophra noch zur Zeit des Erzählers übliche beschrieben wird. Gideon kocht einen Ziegenbock und bäckt ungesäuerte Aschenkuchen, tut darauf das Fleisch in einen Korb und die Brühe in einen Topf, und dann wird das so zubereitete Mahl der Flamme des Altars übergeben. Doch mag auch Übereinstimmung mit der Regel des Pentateuchs vorgekommen sein; das Wichtigste ist nur, dass der Begriff des Legitimen und des Ketzerischen ganz fehlt. Man vergleiche die Chronik, so merkt man den Unterschied.

Den Eindruck, den man aus den geschichtlichen Büchern

gewinnt, verschärfen die Propheten. Sie leugnen, dass Jahve auf Opfer Wert lege und dass er sie befohlen habe. Amos sagt 4,4sq.: „Kommt nach Bethel zu sündigen, nach Gilgal noch mehr zu sündigen, und bringt am Morgen eure Opfer, am dritten Tage eure Zehnten — so liebt ihr es ja, ihr Kinder Israel!" Ihr, nicht Jahve; es ist eitel selbstgewählter Gottesdienst. Noch deutlicher redet er 5, 21 sqq.: „Ich hasse, verschmähe eure Feste und rieche nicht an eure Feiertage; bringt ihr mir Brandopfer, ..., und eure Speisopfer mag ich nicht, und euren Dank an Mastkälbern sehe ich nicht an. Fort von mir mit dem Lärm eurer Lieder, euer Harfenspiel will ich nicht hören; es quelle aber wie Wasser das Recht hervor und Gerechtigkeit wie ein unversieglicher Bach. Habt ihr mir Opfer und Gaben in der Wüste dargebracht, vierzig Jahre, Haus Israels?" Damals wurden keine Opfer gebracht, und doch war das die goldene Zeit der Theokratie. Hosea führt 4, 6ss. bittere Klage darüber, dass die Priester statt der Thora die Opfer kultiviren. „Mein Volk geht unter aus Mangel der Erkenntnis, denn ihr selbst (ihr Priester!) verachtet die Erkenntnis, so will auch ich euch verachten, dass ihr mir nicht Priester sein sollt; ihr habt die Thora eures Gottes vergessen, so will ich auch euer vergessen. So viel sie sind, so sündigen sie gegen mich, ihre Ehre vertauschen sie gegen die Schande. Meines Volkes Sünde essen sie und nach seiner Verschuldung tragen sie Verlangen." Auch 8, 11 ss. setzt er die Thora dem Kultus entgegen. „Ephraim hat sich viele Altäre gebaut, zu sündigen, die Altäre sind ihm da, zu sündigen. Schreib ich ihm noch so viel Weisungen sie werden geachtet wie die eines Fremden." Statt die göttlichen Weisungen zu befolgen, opfern sie; die Opfer sind also nicht Gegenstand der Weisungen. Aus Jesaias Reden gehört hierher die bekannte Stelle 1, 10ss. „Hört Jahves Wort, ihr Sodomsfürsten, vernimm die Thora unseres Gottes, du Gomorrhavolk! Wozu mir eure vielen Opfer, sagt Jahve; ich bin der verbrannten Widder und des Fettes der Mastkälber satt, und das Blut von Rindern und Schafen mag ich nicht. Wenn ihr kommt, mein Angesicht zu schauen, wer verlangt das von eurer Hand?" Jesaias gebraucht zwar das Wort Thora nicht, wie Hosea, von der priesterlichen, sondern von der prophetischen Weisung; da aber beide einer gemeinsamen Quelle entspringen und der eigentliche Weiser Jahve ist, so macht das nicht viel aus — der Inhalt des Priesterkodex passt nicht in die hier vorgetragene Thora. In Mich. 6 fragt das Volk, wie man sich die Gunst des zürnenden Gottes wieder erwerben könne. „Soll ich mit Brandopfern ihm entgegen kommen, mit jährigen Kälbern? hat er Gefallen an Tausenden von Widdern, an unendlichen Ölströmen? soll ich meinen Erstgeborenen für meine Sünde geben, meines Leibes Frucht als Sühne meiner Seele?“ Die Antwort lautet: „Es ist dir gesagt, Mensch, was frommt und was Jahve von dir fordert: vielmehr Recht pflegen und Liebe üben und demütig wandeln vor deinem Gott.“ Am nachdrücklichsten endlich äussert sich der letzte vorexilische Prophet, Jeremias, namentlich 7, 21 ss.: „Eure Brandopfer fügt zu euren Dankopfern und esset Fleisch! Denn ich habe euren Vätern nichts gesagt und ihnen nichts befohlen, als ich sie aus Ägyptenland führte, in Betreff von Brand- und Dankopfern. Sondern das habe ich ihnen befohlen: höret auf meine Stimme, so will ich euch Gott und ihr sollt mir Volk sein, und gehet auf dem Wege, den ich euch immer weisen werde, damit es euch wohl gehe.“

Aus diesen Äusserungen darf nun allerdings nicht zu viel geschlossen werden. Die Behauptung, dass Jahve keine Opfer geboten habe, ist eine historische petitio principii. Das Zweitafelgesetz von Exod. 34 enthält ausschliesslich Vorschriften über die Feste und den Kultus; mehrfach kehrt die Forderung wieder, dass alle männlichen Personen dreimal im Jahre vor Jahve erscheinen sollen und nicht mit leeren Händen; die Tradition über Moses knüpft sich an die Bundeslade, d. h. an die Kultusstätte. Indessen völlig unmöglich wären doch die Äusserungen der Propheten, wenn ihnen eine rituale Gesetzgebung in der Weise des Priesterkodex vorgelegen hätte. Die Praxis der Priester am Altar war nicht Gegenstand der Unterweisung für das Volk. Der Begriff des legitimen Ritus, des durch seine gesetzliche Regelung von allem heidnischen Wesen unterschiedenen, spezifisch israelitischen Kultus fehlte. Man glaubte, dass Jahve von seinen Anhängern ebenso müsse geehrt werden wie die anderen Götter von ihren Untertanen, durch Opfer und Gaben, als die natürlichen und allgemein üblichen Äusserungen der religiösen Huldigung; man glaubte aber nicht, dass das Verdienst bei der Darbringung von der genauen Beobachtung der Etikette, als des Gesetzes Jahves, abhänge. Dass der Ritus nicht den Inhalt der Thora bildet, dürfen die Propheten als selbstverständlich ansehen. Das genügt, um ihre völlige Unbekanntschaft mit dem Priesterkodex und seinen Vorstellungen zu erweisen.

3. Den Übergang von der vorexilischen zur nachexilischen Zeit macht hier nicht der Deuteronomiker, sondern Ezechiel, der Priester im Prophetenmantel, welcher unter den ersten Verbannten sich befand. Er steht in einem merkwürdigen Gegensatze zu seinem älteren Zeitgenossen Jeremias. In dem von ihm im Jahre 573 entworfenen Zukunftsbilde Israels Kap. 40—48, worin wohl auf Jahve phantastische Hoffnungen gesetzt, an die Menschen aber keine unerfüllbaren Ansprüche gestellt werden, nimmt der Tempel und der Kultus eine centrale Stellung ein. Woher kommt diese plötzliche Wendung? etwa weil jetzt auf einmal der Priesterkodex nach langem Schlafe zum Leben aufwachte und den Ezechiel inspirirte? In einem solchen Zufall liegt die Erklärung nicht, sondern einfach in den geschichtlichen Umständen. So lange der Opferdienst als Praxis bestand, übte man ihn eifrig aus, beschäftigte sich aber nicht theoretisch damit und hatte gar keinen Anlass ihn zu buchen. Nun war der Tempel zerstört, der Opferdienst vorbei, das Personal ausser Dienst: es ist begreiflich, dass die heilige Praxis von ehemals nun zum Gegenstand der Theorie und der Schrift gemacht wurde, damit sie nicht verloren ging, und dass ein verbannter Priester den Anfang machte, das Bild von ihr, das er in seiner Erinnerung trag, aufzuzeichnen und es als Programm für die zukünftige Herstellung der Theokratie zu veröffentlichen. Begreifen lässt es sich auch, wenn Einrichtungen, die solange sie lebendig waren einfach als natürlich galten, seit ihrer Zerstörung in einem verklärenden Lichte erschienen und durch das ihnen gewidmete Studium auf eine künstliche Weise noch mehr im Werte stiegen. Diese durch das Exil gegebenen Bedingungen reichen hin, den Übergang von Jeremias auf Ezechiel und die Genesis von Ezech. 40—48 zu verstehen. Die Mitwirkung des Priesterkodex ist dabei nicht nur völlig überflüssig, sondern auch störend. Die Abweichungen Ezechiels vom Ritual des Pentateuchs lassen sich nicht als absichtliche Änderungen des Originals verstehen, dazu sind sie zu zufällig und unbedeutend. Der Prophet hat ferner das Autorrecht für den Schluss seines Buchs so gut wie für die übrigen Teile, er hat es ebenso auf sein Zukunftsbild wie die früheren Propheten auf die ihrigen. Er nennt

sich, der Priesterkodex ist anonym. Endlich erwäge man das Gewicht der einfachen Tatsache, dass ein exilirter Priester sich veranlasst sieht, eine solche Skizze des Tempelkultus zu entwerfen. Wozu wäre sie nötig gewesen, wenn das ausgeführte Bild existirt hätte, welches durchaus seinen Absichten entsprach und die Gefahr gar nicht aufkommen liess, dass der Kultus durch sein tatsächliches Pausiren erlöschen würde, da er im Buche stand?

Der Ausweg einer leblosen Existenz des Gesetzes bis auf Ezras Zeit steht auch hier wieder offen. Es ist aber unberechtigt, dasselbe dann nicht von Moses zu datiren, sondern von irgend einem mittleren Punkte der israelitischen Geschichte. Ausserdem ist doch gerade beim Opferritual die Annahme einer Kodifikation, die entweder vor aller Praxis oder unabhängig neben ihr hergeht, äusserst schwierig, da es auf der Hand liegt, dass dieselbe nur der endliche Niederschlag eines alten und reich entwickelten Usus und nicht Erfindung eines müssigen Kopfes sein kann. Aus diesem Grunde ist ebenso die Ausflucht einer gesetzwidrigen Praxis unmöglich und die Legitimität des faktisch Bestehenden nicht anzufechten.

II.

Zu allen Zeiten also hat der Opferdienst in Israel bestanden und grosse Bedeutung gehabt, aber in der älteren Zeit gründete er sich auf den ererbten Brauch der Väter, in der nachexilischen auf das Gesetz Jahves durch Moses. Früher war er naiv: auf die Menge und Güte der Gaben kam es vorzugsweise an; später wurde er legal: auf die scrupulose Ausführung des Gesetzes, d. i. des Ritus, wurde vor allem gesehen. War denn nun, abgesehen davon, ein eigentlich materieller Unterschied nicht vorhanden? Um darauf zu antworten, muss etwas weiter ausgeholt und zuvor einiges Allgemeine zur Orientirung bemerkt werden.

1. Im Pentateuch wird wohl der Ritus der Opfer weitläufig beschrieben, nirgend aber im Alten Testament wird ihre Bedeutung förmlich auseinander gesetzt, sondern diese gilt im Ganzen als selbstverständlich und aller Welt bekannt. Der allgemeine Begriff des Opfers ist im Priesterkodex Korban, im übrigen Alten Testament Minha[1]), d. h. Gabe; die entsprechenden Verba sind

[1]) Gen. 4, 3—5. Num. 16, 15. 1. Sam. 2, 17. 29. 26, 19. Is. 1, 13. Mal. 1, 10 bis 13. 2, 12sq. 3, 3sq. Im Priesterkodex ist Minha ausschliesslich ter-

hakrîb und haggîsch, d. h. nahe bringen. Beide Nomina und Verba stehen ursprünglich von dem Darbringen eines Geschenks an den König (oder die Grossen), um ihm zu huldigen, ihn gnädig zu stimmen, eine Bitte zu unterstützen (Jud. 3, 17sq. 1. Sam. 10, 27. 1. Reg. 5, 1); von da also sind sie auf den höchsten König übertragen (Mal. 1, 8). Δῶρα θεοὺς πείθει, δῶρ' αἰδοίους βασιλῆας. Die Gabe darf nicht zur Unzeit und nicht täppisch aufgedrungen werden, nicht wenn der König im hellen Zorn ist, und nicht von einem, dessen Anblick ihm verhasst ist.

Gegen den Inhalt ist der Begriff des Opfers an sich gleichgiltig, wenn es nur überhaupt einen Wert hat und Eigentum des Darbringers ist. Korban und Minha umfasst auch das, was die alten Griechen Anathema nennen. Die heiligen Abgaben, die hinterher an die Priester fallen, sind ohne Zweifel ursprünglich regelmässige Opfer gewesen, darunter befindet sich auch Wolle und Flachs (Deut. 18, 4. Os. 2, 7. 11). Jedoch werden vorzugsweise geniessbare Dinge an Gott geschenkt, regelmässig in der Form, dass man ein Mahl ihm zu Ehren veranstaltet, woran der Mensch als Gast Gottes teilnimmt. Das Opfer schlechthin ist stets ein Ess- oder Trinkopfer. Darum wird der Altar auch Tisch genannt, deshalb gehört zum Fleische Salz, zu Mehl und Brot Öl, zu beiden Wein; darum kommt das Fleisch regelrecht zerstückt und in alter Zeit gekocht auf den Altar, das Korn gemahlen oder gebacken. Daher auch der Name Brot Jahves für das Opfer (Lev. 21. 22).

Die Art, wie die Gott zufallenden Stücke ihm applicirt werden, ist verschieden. Die primitivste ist das blosse Hinstellen des Brodes, das Streichen und Giessen des Blutes, Öles und Weines. Die üblichste aber ist das Verbrennen oder, wie die Hebräer sich ausdrücken, das Räuchern. Das Verbrennen ist ebenfalls ein Appliciren, nicht etwa, wie man aus dem „süssen Duft“ (Gen. 8, 21) schliessen könnte, ein Zubereiten. Denn in alter Zeit brieten die Hebräer das Fleisch nicht, sondern sie kochten es, in dem nachweislich ältesten Ritus (Jud. 6, 19) wird auch das Opfer gekocht der Altarflamme übergeben; ausserdem wird ja nicht bloss das Fleisch, sondern auch das Brot und das Mehl verbrannt.

minus technicus für das Mehlopfer. Der allgemeine Name in der Septuaginta und im Neuen Testament ist δῶρον (Matth. 5, 23sq. 8, 4. 15, 5. 23, 18sq.). Vgl. Spencer III 2 de ratione et orig. sacrificiorum.

Was den Unterschied von nichtblutigen und blutigen Opfern betrifft, so werden bekanntlich die letzteren im Alten Testament vorgezogen, eigentlich aber haben die ersteren den selben Wert und die selbe Wirkung. Das Weihrauchopfer erscheint als Sühnopfer (Lev. 16. Num. 17, 12) und ebenso die unendlichen Ölströme mitten zwischen den Tausenden von Widdern und dem Menschenopfer (Mich. 6). Dass das vegetabilische Opfer immer nur das tierische begleite, trifft nicht einmal für den Priesterkodex zu, weder bei den Schaubroten noch bei der täglichen Minha des Hohenpriesters (Lev. 6, 13. Neh. 10, 34). Nur das Trankopfer tritt nicht selbständig auf und hat überhaupt nicht die Bedeutung wie bei den Griechen.

Bei der Schlachtung besteht das Opfer nach der jetzt im Alten Testamente herrschenden Praxis nicht im Blute, sondern im Fleische und im Fette, in den zu räuchernden d. i. zu verbrennenden Teilen. Aber es giebt Spuren einer anderen Praxis, die wahrscheinlich bei den echten Hebräern die ältere war. In dem bereits öfters angeführten, in mehr als einer Hinsicht sehr lehrreichen Beispiele 1. Sam. 14, 32—35 besteht allem Anscheine nach das Opfer lediglich darin, dass das Blut der Tiere auf den Alter Jahves, einen grossen Stein, geschüttet oder gestrichen wird. Das ist zweifellos der Eindruck, den der Wortlaut der Stelle erweckt, und die Richtigkeit dieses Eindrucks wird dadurch bestätigt, dass die nächsten Verwandten der Hebräer, die Araber, gar keine andere Weise zu opfern kennen; bei ihnen ist Schlachtung und Opferung nicht mit einander verbunden, sondern gradezu das selbe. Ein gewisser Rest der alten Sitte blieb auch in späterer Zeit, als das Verbrennen gewisser essbarer Teile des Tiers die Hauptsache geworden war. Immer galt das Blutausschüttten und Blutsprengen, bei allen Opfern, als ein Ritus von hervorragender Wichtigkeit, und wenn auch die Schlachtung im allgemeinen nicht mehr wie ehedem die Opferung selber war, sondern nur die Vorbereitung dazu, so blieb sie doch bei einigen und grade bei den geschätztesten Opfern ein heiliger Akt, der vor dem Altar zu geschehen hatte. Namentlich neigte man sich je länger je mehr dazu, die sühnende Wirkung des Opfers vorzugsweise dem Blute uud der stellvertretenden Kraft des getöteten Lebens zuzuschreiben.

2. In diesen Umriss fügen sich die Züge der verschiedenen Quellen. Der Priesterkodex lässt nun einige Besonderheiten er-

kennen, wodurch er sich in Hinsicht auf das Opferwesen von der vorexilischen Literatur unterscheidet.

Zunächst zeichnet er sich bei den unblutigen Opfern durch eine gewisse Verfeinerung des Materials aus. So will er zu den Mehlopfern nicht קמח far angewandt wissen, sondern סלת simila. In der vorexilischen Literatur findet sich das letztere überhaupt nur an drei Stellen, nie aber beim Opfer, wo vielmehr das gewöhnliche Mehl gebraucht wird (Jud. 6, 19. 1. Sam. 1, 24). Dass dies kein Zufall ist, folgt einerseits daraus, dass in der späteren Literatur seit Ezechiel קמח als Opfermehl verschwindet und statt dessen stets סלת erscheint, andererseits daraus, dass die Septuaginta oder ihre hebräische Vorlage an dem ungesetzlichen Material 1. Sam. 1, 24 Anstoss nimmt und es in gesetzliches verbessert[1]).

Dahin gehört ferner, dass der Weihrauch in auffallender Weise bevorzugt wird. Mit jedem Mehlopfer gelangt Weihrauch auf den Altar: im inneren Heiligtum wird eine eigentümliche Mischung von Spezereien verwandt, deren genau angegebenes Recept für den Privatgebrauch nicht nachgemacht werden darf. Das Räucheropfer ist Vorrecht der höchsten Priester, in dem Ritus des grossen Versöhnungstages, dem einzigen bei dem Aharon in Person fungiren muss, nimmt es eine hervorragende Stellung ein. Es ist von einer ganz gefährlichen Heiligkeit, Aharons eigene Söhne starben, weil sie sich nicht der richtigen Kohlen bedient hatten. Den nicht dazu berechtigten Leviten der Rotte Korah bringt es Tod und Verderben, während es alsbald darauf in der Hand des legitimen Hohenpriesters das Mittel ist den ausgesprochenen Zorn Jahves zu beschwichtigen und der Plage Einhalt zu tun. Von diesem Opfer nun, das mit einem solchen Glanz der Heiligkeit ausgestattet ist, weiss die ältere Literatur des jüdischen Kanons, bis auf die Propheten Jeremias und Sephania, lediglich nichts. Das Verbum קטר heisst da immer nur das Fett oder Mehl verbrennen und es dadurch Gott zu einem wohlgefälligen Geruch machen, nicht aber Weihrauch opfern; das Substantivum קטרת als Opferterminus hat den ganz allgemeinen Sinn des auf

[1]) Ezech. 16, 13. 19. 46, 14. 1. Chron. 9, 29. 23, 29. Sirac. 35, 2. 38, 11. 39, 32. Sept. zu Isa. 1, 13. 66, 3. Im Priesterkodex kommt סלת über vierzig mal vor.

dem Altar Verbrannten[1]). In Aufzählungen, wo die Propheten alles erschöpfen, was an Gaben und liturgischen Leistungen existirt, wo sie in dem Bedürfnis die Reihe zu verlängern sich auch vor Wiederholungen nicht scheuen, ist von Weihrauchopfer keine Rede, weder bei Amos (4, 4sq. 5, 21sqq.), noch bei Jesaias (1, 11sqq.), noch bei Micha (6, 6sq.). Sollten sie es durch Zufall allesamt vergessen oder auf Verabredung ignorirt haben? — denn wenn es vorhanden und von so grosser Wichtigkeit war, so hätte es doch wenigstens einer von ihnen erwähnen müssen. Ebenso wenig findet sich sonst eine Erwähnung desselben weder in der jehovistischen Schicht des Hexateuchs, noch in den geschichtlichen Büchern, abgesehen von der Chronik, noch bei den Propheten — bis auf Jeremias, welcher 6, 20 gerade das Weihrauchopfer hervorhebt als etwas Rares, Weithergeholtes: wozu mir der Weihrauch von Saba her und das edle Rohr aus fernem Lande! Von da ab wird es erwähnt bei Ezechiel, Is. 40—66, Nehemia, und in der Chronik; die Zeugnisse reissen nicht ab. Die Einführung hängt natürlich zusammen mit gesteigertem Luxus; man könnte geneigt sein zu vermuten, dass der Gebrauch erst von einem feiner entwickelten fremden Kultus aus in den Jahvedienst eingedrungen

[1]) Das Verbum wird von den alten Schriftstellern im Piel gebraucht, im Priesterkodex (Chronik) im Hiphil, in der Übergangszeit vom Verfasser des Buchs der Könige promiscue. Wenigstens ist dies so, wo man die Formen sicher unterscheiden kann, im Perfektum Imperativ und Infinitiv; der Unterschied zwischen יקטר und יקטיר, מקטר und מקטיר beruht bekanntlich nicht auf gesicherter Überlieferung. Vgl. z. B. katter jaktirun 1. Sam. 2, 16: die Abschreiber und die Punktatoren bevorzugen unter dem Einfluss des Pentateuchs das Hiphil. — Im Priesterkodex (Chronik) hat הקטיר beide Bedeutungen neben einander, doch steht es hier absolute meist vom Weihräuchern, vom Verbrennen gewöhnlich mit dem Zusatz המזבחה d. h. auf dem Altar, auf dem nämlich das eigentliche Räucheropfer nicht dargebracht wurde. — Das Substantivum קטרת ist in der Bedeutung Weihrauchopfer, in der es im Priesterkodex ausschliesslich und sehr häufig vorkommt, zuerst nachweisbar bei Ezechiel (8, 11. 16, 18. 23, 41), dann oft in der Chronik, im übrigen Alten Testamente nur Prov. 27, 9, aber im profanen Sinne. Sonst nie, nicht einmal in so späten Stellen wie 1. Sam. 2, 28. Ps. 66, 15. 141, 2. Bei sicher vorexilischen Schriftstellern findet sich das Wort nur zwei mal, beide mal in ganz allgemeinem Sinne. Isa. 1, 13: bringt mir nicht mehr vergebliche Opfergabe, greuliches Räucherwerk ist mir das. Deut. 33, 10: die Leviten bringen Räucherwerk (= das Fett der Dankopfer) in deine Nase und Vollopfer auf deinen Altar. — Der Name לבנה thus kommt zuerst bei Jeremias vor 6, 20. 17, 26. 41, 5; übrigens nur im Priesterkodex (9 mal), Is. 40—66 (3 mal), Nehemia und Chron. (3 mal), und Canticum (3 mal). Vgl. Sophon. 3, 10. 1. Reg. 9, 25.

wäre[1]). Zu welcher Bedeutung derselbe aber in der Ritualgesetzgebung des Pentateuchs gelangt ist, geht vor allem daraus hervor, dass er hier zu der Neubildung eines eigenen hochheiligen Gerätes geführt hat, nämlich des goldenen Altars im Inneren der Stiftshütte, den die Geschichte nicht kennt und der sogar dem Kerne des Priesterkodex selbst fremd ist.

Wir erwarten den Räucheraltar in Exod. 25—29, wir finden ihn statt dessen nachträglich zu Anfang von Exod. 30. Warum erst an dieser Stelle, warum getrennt von den übrigen Geräten des inneren Heiligtums, warum sogar nach der Verordnung über den Priesterornat und die Inauguration des Gottesdienstes? Der Grund, warum der Verfasser von Kap. 25—29 an der Stelle, wo er die innere Einrichtung der Hütte, bestehend in Lade Tisch und Leuchter, beschreibt, den goldenen Räucheraltar nicht aufführt, ist, dass er von letzterem nichts weiss. Vergessen kann er ihn nicht haben — so bleibt keine weitere Möglichkeit. Hinterher wiederholt sich die Erscheinung, dass der Räucheraltar nur in gewissen Stücken des Priesterkodex vorkommt, in anderen aber fehlt, wo er nicht fehlen könnte, wäre er bekannt gewesen. Der Ritus des feierlichsten Sündopfers geht zwar in Lev. 4 am goldenen Altar vor sich, aber in Exod. 29. Lev. 8. 9 ohne denselben. Auffallender noch ist es, dass in Stellen, wo es sich um das heiligste Räucheropfer selber handelt, von dem betreffenden Altar keine Spur zu entdecken ist. So namentlich in Lev. 16. Um im Heiligtume zu räuchern, nimmt Aharon eine Pfanne, füllt sie mit Kohlen vom Brandopferaltar (v. 12. 18—20) und tut im Adyton den Weihrauch darauf. Ebenso wird Lev. 10 Num. 16. 17 auf Pfannen geräuchert, deren jeder Priester eine besitzt. Die Kohlen werden vom Brandopferaltar genommen (Num. 17, 11), der mit den Pfannen der korahitischen Leviten überzogen ist (17, 3. 4); wer das Feuer anderswoher nimmt, ist des Todes (Lev. 10, 1 sqq.). Der Räucheraltar ist hier überall unbekannt, der Brandopferaltar ist der alleinige Altar und heisst auch immer schlechthin der Altar, z. B. sogar Exod. 16, wo es doch besonders nötig gewesen wäre die unterscheidende Bestimmung hinzuzusetzen. Nur in gewissen jüngeren Partieen des Priesterkodex

[1]) Auch bei Homer ist der Weihrauch noch unbekannt, und θύω bedeutet genau wie קטר: die Opferstücke in Rauch aufgehen lassen.

kommt der Name Brandopferaltar vor, eben in denen, die den Räucheraltar kennen. Charakteristisch in dieser Beziehung ist der Vergleich des Befehls Exod. 27 mit der Ausführung Exod. 38.

Der goldene Altar im Heiligen ist ursprünglich nichts anderes als der goldene Tisch, der Wechsel des Ausdrucks hat zur Verdoppelung der Sache geführt. Ezechiel unterscheidet nicht zwischen dem Tisch und dem Altar im Naos, sondern setzt beides gleich. Denn er sagt 41, 21 sq.: „vor dem Adyton stand etwas, aussehend wie ein hölzerner Altar, drei Ellen hoch, zwei Ellen lang und breit, und hatte vorstehende Ecken, und sein Gestell und seine Wände waren von Holz: das ist der Tisch, der vor Jahve steht." Demgemäss bezeichnet er den Dienst der Priester im inneren Heiligtum als den Dienst am Tisch 44, 16: Tisch ist der Name, Altar der Zweck. In 1. Reg. 7, 48 werden allerdings goldener Altar und goldener Tisch neben einander aufgeführt. Es fällt jedoch auf, dass die Schlussübersicht in diesem Falle ein Gerät — und zwar ein so wichtiges Gerät — mehr nennt, als die vorhergehende Einzelbeschreibung; denn in der letzteren ist nur von der Verfertigung des goldenen Altars die Rede, nicht von der des goldenen Tisches (6, 20—22). Wie die Umstände liegen, ist nichts wahrscheinlicher, als dass irgend ein späterer den goldenen Tisch 7, 48 eingeschoben hat, weil er ihn auf grund des Pentateuchs für verschieden von dem goldenen Altare ansah und darum seine Erwähnung vermisste. Dass der Text des ganzen Kapitels vielfach verderbt und interpolirt ist, steht auch aus anderen Gründen fest.

Wenn es im nachexilischen Tempel einen goldenen Altar und einen goldenen Tisch neben dem goldenen Leuchter gegeben hat, so ist das kein Wunder. Wir hören (1. Macc. 1, 21 sq. 4, 49), dass der eine und der andere von Antiochus IV fortgeschleppt und beim Tempelweihfest neu gemacht sei. Aber Hekatäus (Jos. c. Ap. 1, 198 s.) kennt nur zwei goldene Geräte im Tempel, ebenso der Verfasser von 2. Macc. 2, 5, und noch Prokopius (Vand. 2, 9): es ist gleich, ob diese zwei Stücke als Tisch und Leuchter oder als Altar und Leuchter bezeichnet werden. Vor allem befremdet es, das Josephus unter den verbotenen Dingen, die Pompeius im Tempel zu schauen sich erdreistete, und unter den Trophäen, welche später die Römer dort vorfanden und erbeuteten, nur den Tisch und nicht auch den Altar nennt, und dass ihm wenigstens für den zweiten Fall der Triumphbogen des Titus Recht gibt. Unter diesen Umständen ist endlich auch die schwankende Ortsangabe Exod. 30, 6 und der vermeintliche Irrtum des Hebräerbriefs wichtig und begreiflich.

Soviel über das Räucheropfer und den Räucheraltar. Ebenfalls als eine Art Verfeinerung, die freilich mehr geistiger Natur ist, darf es betrachtet werden, dass das Opferfleisch im Priesterkodex nicht gekocht, sondern roh der Altarflamme übergeben wird. Die alte Sitte ist dies nicht, wie nicht bloss aus dem bereits angeführten Beispiele Gideons (Jud. 6), sondern auch aus dem 1. Sam. 2 beschriebenen Verfahren zu Silo erhellt, wo die Söhne Elis nicht warten wollen, bis das Opferfleisch gekocht und die Altarstücke „geräuchert“ sind, sondern ihren Anteil roh zum Braten verlangen. Der Gottheit wird das Mahl, das sie mit den Menschen teilt, in der selben Weise wie den Menschen zubereitet. Diese Sitte ist der fortgeschrittenen Bildung gewichen, und zwar wohl nicht erst in ganz später Zeit. Dabei mag noch eine andere Ursache mitgewirkt haben. Die alte und auch späterhin im Volk allgemein übliche Sitte, das Fleisch zuzubereiten, war das Kochen. Das Wort בשל (sieden) kommt äusserst häufig, dagegen צלה (braten) nur noch Exod. 12, 8 und Is. 44, 16. 19 vor. Alles Opferfleisch (בשלה) wurde gekocht und anderes gab es nicht[1]). Aber bei vornehmen Leuten muss schon früh das Braten daneben aufgekommen sein. „Gib dem Priester das Fleisch zum Braten, er will es nicht gesotten von dir haben, sondern roh“ — sagt 1. Sam. 2, 15 der Diener der Söhne Elis. Es mag also auch das zum Wegfall des alten Brauchs, die Stücke gekocht zu opfern, beigetragen haben, dass inzwischen das Kochen überhaupt mehr aus der Mode gekommen war. Jedenfalls erklärt es sich daraus, dass das Osteropfer, welches ebenso wie alle anderen ehedem gesotten wurde, nach der ausdrücklichen Verordnung des Priesterkodex nur gebraten genossen werden sollte[2]).

In die selbe Kategorie gehört es, dass das Mehl im Gesetze vorzugsweise roh, in früherer Zeit aber, selbst als Zutat zum Brand-

[1]) Darnach wird man auch עשה vom Kochen verstehen müssen Jud. 6, 19. Vgl. die Kochhäuser des Tempels noch bei Ezechiel 46, 20. 24. In 1. Sam. 1, 9 sprich beschēla statt beschilo und tilge das folgende ואחרי שתה.

[2]) Vgl. die polemische Bestimmung Exod. 12, 9 mit Deut. 16, 7.

opfer, gebacken dargebracht wird. Wenigstens ist dies Jud. 6, 19 der Fall, und darnach wird man auch die Angabe 1. Sam. 1, 24 aufzufassen haben: der Opfernde bringt Mehl mit, um es an Ort und Stelle zu Massa zu verbacken (Ezech. 46, 20). Er bringt aber etwa auch gewöhnliche, d. h. gesäuerte Brote mit (1. Sam. 10, 3); diese scheinen keineswegs von jeher, so wie Lev. 2, 11, als nicht opferbar gegolten zu haben. Schon die Auflegung der Schaubrote würde sich unter dieser Bedingung nicht verstehen lassen, und sicher sind doch auch die Pfingstbrote ursprünglich richtige Opfer gewesen, nicht blosse Abgaben an die Priester. Nach Amos 4, 5 wurde gerade bei einem besonders festlichen Opfer Gesäuertes verwandt, und eine Reminiscenz an diese Sitte ist sogar Lev. 7, 13 erhalten, ohne dass ihr freilich praktische Bedeutung gegeben wird[1]). Übrigens bedeutet auch Massa eigentlich nur das eilig und in primitivster Weise für den augenblicklichen Genuss bereitete Gebäck und enthält ursprünglich keinen Gegensatz zu der Säure, sondern nur zu der künstlicheren und langsameren Herstellung der gewöhnlichen Brote (Gen. 18, 6. 19, 3). Im Priesterkodex sind die Stoffe feiner, aber sie werden möglichst roh belassen: beides ist ein Fortschritt.

3. Eine andere und weit bedeutendere Differenz besteht bei dem Tieropfer. Von diesem kennt die ältere Praxis nur zwei Arten, abgesehen von ausserordentlichen Varietäten, die nicht in Betracht kommen. Diese beiden Arten sind das Brandopfer, Ola, und das Dankopfer, Schelem, Zebah, Zebah-schelamim. Bei dem ersteren kommt das ganze Tier auf den Altar, bei dem anderen bekommt Gott, ausser dem Blut, nur ein Ehrenteil, während übrigens das Fleisch von den Opfergästen verzehrt wird. Nun ist es bemerkenswert, wie selten das Brandopfer alleine vorkommt. Nur

[1]) Die Brote werden Lev. 7, 29sq. totgeschwiegen, trotzdem gerade hier die Darbringung von Seiten der Opfernden näher beschrieben wird. Und wenn es heisst: 7, 12 wenn er das Opfer als Thoda bringt, so soll er dazu mit Öl angemachte Mazzenkuchen und mit Öl bestrichene Mazzenfladen und mit Öl gemengtes Semmelmehl (Sept.) darbringen; 7, 13 [auf] gesäuerte Brotkuchen soll er als Gabe darbringen zu dem Dankopfer der Thoda —, so ist der Verdacht äusserst nahe gelegt, dass v. 12 eine voraufgeschickte authentische Interpretation ist, die den Anstoss des v. 13 zum voraus beseitigt, und dass ebenso das erste עַל in v. 13, das sich mit dem zweiten keineswegs gut verträgt, eine spätere Korrektur ist. An v. 11 schliesst sich v. 13 besser an als an v. 12. — Exod. 34, 25.

beim Menschenopfer versteht sich das von selbst (Gen. 22, 2 sqq. Jud. 11, 31. 2 Reg. 3, 27. Hier. 19, 5), sonst aber ist der Fall ungewöhnlich (Gen. 8, 20. Num. 23, 1 sqq. Jud. 6, 20. 26. 13, 16. 23. 1. Sam. 7, 9 sq. 1. Reg. 3, 4. 18, 34. 38) — noch dazu sind alle diese Opfer ausserordentlich oder mythisch, was für Bezeugung der Sitte an sich gleichgiltig sein mag, nicht aber für die Statistik ihrer Häufigkeit[1]). In der Regel kommt die Ola nur in Verbindung mit Zebahim vor, die letzteren sind dabei in der Überzahl und stehen immer im Plural, während daneben das erstere mehrfach im Singular[2]). Sie ergänzen sich also wie zwei zusammenpassende Hälften; die Ola ist, wie ihr Name sagt, eigentlich weiter nichts als der auf den Altar gelangende Teil eines grossen Opfers. Man könnte darum auch das, was von einem einzelnen Tiere der Gottheit geweiht wird, Ola nennen; dies geschieht jedoch nicht, weder vom Blute noch vom Fette (קטר) gebraucht man das Verbum העלה, sondern bloss von Fleischstücken, von denen bei dem kleinen Opfer nichts verbrannt wird. Aber ein principieller Unterschied existirt nicht, sondern nur ein gradueller: ein kleines Zebah, vergrössert und gesteigert, wird zu Ola und Zebahim; auf eine gewisse Anzahl geschlachteter Tiere, welche die Opfergesellschaft verzehrt, kommt eins, welches für Gott bestimmt und ganz der Flamme übergeben wird. Übrigens hat man zu bedenken, dass es in der Regel nur grosse Opferfeste sind, über welche die historischen Bücher Anlass nehmen zu berichten, und dass in

¹) Vermutlich erwartete Jephthah Jud. 11, 31, dass ihm ein Mensch und nicht etwa ein Hund aus seinem Hause entgegenkäme. — Bei der obigen Aufzählung ist abgesehen von dem sacrificium iuge 2. Reg. 16, 15. Die Angabe 1. Reg. 3, 4 gehört vielleicht mit 3, 15 zusammen: glaubwürdiger wird sie freilich auch dadurch nicht. Selbstverständlich sind hier überall nur die Stellen zu berücksichtigen, wo von wirklich dargebrachten Opfern erzählt wird, nicht allgemeine Aussagen über eine oder mehrere Opferarten. Die letzteren können natürlich die Ola alleine ins Auge fassen, ohne dass daraus für die Praxis irgend etwas erhellt.

²) Exod. 10, 25. 18, 12. 24, 5. 32, 6. Jos. 8, 31. Jud. 20, 26. 21, 4. 1. Sam. 6, 14 sq. 10, 8. 13, 9—12. 2. Sam. 6, 17 sq. 24, 23—25. 1. Reg. 3, 15. 8, 63 sq. 2. Reg. 5, 17. 10, 24. 25. — Das Zeugma Jud. 20, 26. 21, 4 verstösst gegen den älteren Sprachgebrauch. — Der eigentliche Name für das holocaustum scheint כליל zu sein Deut. 33, 10. 1. Sam. 7, 9, nicht עלה. — Ob die Opferabgabe von allen Arten des Zebah gleich gewesen ist, lässt sich nicht entscheiden, wahrscheinlich ist es nicht. Vermutlich sind die Schelamim feierlichere Opfer als das einfache Zebah. Das Wort Fett wird Gen. 4, 4. Exod. 23, 18 in einem sehr allgemeinen Sinne gebraucht. Was unter dem Segnen des Zebah 1. Sam. 9, 13 gemeint ist, ist nicht ganz klar; vermutlich eine Art Gratias.

Folge davon das Brandopfer doch noch mehr hervortritt, als es durchschnittlich im gewöhnlichen Leben der Fall gewesen sein wird. Für gewöhnlich kamen gewiss nur Dankopfer vor; wo in den Büchern Samuelis und der Könige von einem simplen Opfer die Rede ist, versteht es sich von selbst, dass es ein Dankopfer ist. Namentlich die Stelle 1. Sam. 2, 12sqq. ist auch in dieser Beziehung lehrreich.

Aus dem Gesagten ergibt sich, dass nach der Praxis der älteren Zeit mit dem Opfer immer ein Mahl verbunden war. Es war die Regel, dass bloss Blut und Fett auf den Altar kam, die Menschen aber das Fleisch verzehrten; nur bei sehr grossen Opferfesten bekam Jahve ein ganzes Tier oder mehrere. Wo geopfert wurde, da wurde auch gegessen und getrunken (Exod. 32, 6. Jud. 9, 27. 2. Sam. 15, 11sq. Amos 2, 8); kein Opfer ohne Mahl und auch kein Mahl ohne Opfer (1. Reg. 1, 9). Auf keiner bedeutenderen Bama fehlte wohl die Unterkunft, die Lesche, in welcher Samuel den Saul, Jeremias die Rekabiten traktirte. Sich freuen, essen und trinken vor Jahve, ist eine bis auf das Deuteronomium übliche Redeweise. Durch das Mahl bei Jahve wird eine Bundesgemeinschaft einerseits zwischen ihm und den Gästen, andererseits zwischen den Gästen unter einander gestiftet, welche für die Opferidee wesentlich ist und von der die Schelamim ihren Namen haben. Vgl. Exod. 18, 12. 24, 11. Gott ladet ein, denn sein ist das Haus, sein ist auch die Gabe, die ihm von dem Darbringer ganz vor den Altar geführt werden muss und die er erst darauf zum grössten Teil seinen Gästen abtritt; diese essen also gewissermaassen an Gottes Tisch und müssen sich dazu vorbereiten, heiligen[1]). Auch bei Gelegenheiten, die uns höchst unpassend scheinen, fehlt doch das Mahl nicht (Jud. 20, 26. 21, 4. 1. Sam. 13, 9—12). Dass es nicht immer ganz säuberlich dabei herging, lässt sich von vornherein annehmen und wird durch Isa. 28, 8 sogar in

[1]) Um vor Jahve zu treten, putzt man sich mit Kleidern und Schmuck Exod. 3, 22. 11, 2sq. 12, 35sq. Os. 2, 15. Ezech. 16, 13 (vgl. Sur. 20, 61), heiligt sich 1. Sam. 16, 5 (Num. 11, 18) und wird geheiligt 1. Sam. 16, 5. Exod. 19, 10. 14. Das Opfermahl gilt als Kodesch, denn nicht bloss die Priester essen Kodesch, sondern alle Geheiligten 1. Sam. 21, 5sq. Über den Sinn der Heiligung gibt 1. Sam. 21, 5. 2. Sam. 11, 4 Aufschluss. Jahve ladet die Heere der Völker zu seinem Opfer ein, zu welchem er irgend ein anderes Volk ihnen preisgibt, und nennt die Meder. denen er Babel darbietet, seine Geheiligten d. h. seine Gäste. Sophon. 1, 7sq. Hier. 46, 10. Ezech. 39, 17. Isa. 13, 3.

Beziehung auf den Tempel von Jerusalem bezeugt: alle Tische sind voll unflätigen Gespeies, kaum Platz! Daher war auch Elis Verdacht gegen Hanna naheliegend und nicht so entrüstend, wie er uns vorkommt.

Wie verschieden von diesem Bilde ist die Vorstellung, welche der Priesterkodex erweckt! Dass zu jedem Opfer ein Mahl gehört, merkt man hier nicht, das Essen vor Jahve, noch im Deuteronomium schlechthin der Ausdruck für Opfern, kommt nirgend vor und ist jedenfalls kein Stück des Gottesdienstes. Schlachtung und Opfer fällt nicht mehr zusammen, das Dankopfer, wovon die Brust und die rechte Keule zu weihen sind, ist etwas anderes als das alte einfache Zebah. Aber gerade darum hat es seine frühere breite Bedeutung eingebüsst. Der Mizbéah, d. h. der Ort wo die Zebahim darzubringen sind, hat sich in einen Mizbah ha-ola verwandelt. Das Brandopfer ist ganz selbständig und unabhängig geworden und tritt durchaus in den Vordergrund; die nicht mit einem Mahl verbundenen Opfer überhaupt dominiren so sehr, dass bekanntlich Theophrast behaupten konnte, andere gäbe es gar nicht bei den Juden, die sich auf diese Weise von den übrigen Völkern unterschieden. Wo ehedem ein Dankopfer, das man vor Jahve verzehrte, wir können deutlicher sagen ein Mahlopfer vorgeschrieben war, hat der Priesterkodex, wie wir später sehen werden, einfache Abgaben an die Priester daraus gemacht, z. B. bei den Erstgeburten und Erstlingen. Nur darin gibt auch er noch der alten Sitte ein unwillkürliches Zeugnis, dass er die Namen Thoda Neder und Nedaba, von denen namentlich die beiden letzteren notwendig einen ganz allgemeinen Sinn haben müssen (Lev. 22, 18. Ezech. 46, 12), ausschliesslich auf das Dankopfer bezieht, wie denn auch Milluim und Pesah nur Abarten desselben sind.

4. Wass das Dankopfer verloren hat, ist dem Sünd- und Schuldopfer zugewachsen; das freiwillige Privatopfer, welches der Darbringer in fröhlicher Gesellschaft an heiliger Stätte verzehrte, ist dem notwendigen gewichen, von dem er nichts bekommt und das überhaupt den Charakter des heiligen Mahles ganz abgestreift hat. Ascham und Chattath sind Bussen an die Priester, die aber in Gestalt eines Opfers gezahlt werden. Von dieser für den Priesterkodex überaus wichtigen Opferart findet sich nun vor Ezechiel im Alten Testamente keine Spur. In Deut. 12 ist sie nicht mit aufgezählt, obwohl die Aufzählung dem Zweck des Ka-

pitels gemäss hier notwendig so vollständig wie möglich sein muss. Auch sonst ist keine Rede davon, weder beim Jehovisten und Deuteronomisten, noch in den geschichtlichen und prophetischen Büchern. Ola (incl. Zebah] und Minha, oder von einem anderen Gesichtspunkte aus Kodaschim und Nedaboth (incl. Nedarim) ist die Zusammenfassung aller Opfer. Auch zur Sühne dient die Ola (1. Sam. 3, 14); eine eigene Opferart für diesen Zweck kommt nicht vor.

Was sich findet sind Bussen an das Heiligtum und an die Priester. Die fünf goldenen Mäuse und die fünf goldenen Pestbeulen, mit denen die Philister die geraubte Lade erstatten, werden als Ascham bezeichnet, desgleichen gewisse Gelder, die den jerusalemischen Priestern zufielen, als Ascham und Chattath (2. Reg. 12, 17). Aber diese Bussen sind eben keine Opfer, sondern einfache Entschädigungen und zwar gewöhnlich in Gelde. Umgekehrt sind die stellvertretenden Hinrichtungen, die ebenfalls vorkommen und, wie die Hinrichtung selber, allerdings an den ältesten Charakter des blutigen Opfers streifen, keine Bussen an die Priester. Wenn der Verbrecher selber der Strafe entrückt ist oder entrückt werden soll, so opfert man statt seiner seine Söhne (2. Sam. 21, 1—14), oder man richtet ein Tier auf dem Hinrichtungsplatze hin (Deut. 21, 1—9). Das Äquivalent wird Mich. 6, 7 und Isa. 53, 10 Chattath und Ascham genannt, nicht in dem technischen Sinne des Priesterkodex, sondern einfach als Schuld, die von dem Unschuldigen für den Schuldigen getragen wird.

Die Verbindung der beiden Merkmale, so dass die Busse an die Priester zugleich Opfer an Jahve ist, fehlt durchaus. Nur ein Beispiel dafür hat man aufgetrieben, nemlich Os. 4, 8: die Sünde meines Volkes essen sie und nach seiner Verschuldung sind sie gierig. Es werde hier den Priestern vorgeworfen, sie veranlassen das Volk zunächst selber zur Veruntreuung der heiligen Abgaben, um diese hinterher mit dem Zins der Sünd- und Schuldopfer wieder einzuheimsen. Ein schauderhaftes Raffinement! aber nicht der Priester, sondern der Ausleger. Denn die Sünde und die Verschuldung, die Hosea meint, ist der Opferdienst überhaupt, wie er vom Volke getrieben wird (8, 11. Amos 4, 4); in dem ganzen Abschnitte begründet der Prophet den hier scharf zugespitzten Vorwurf gegen die Priester, dass sie die Thora vernachlässigen und dem Hange des Volkes zu abergläubischem und unzüchtigem

Kultus Vorschub leisten. Was enthielte nach der hergebrachten Auslegung der erste Satz von Os. 4, 8 für einen Vorwurf? und der zweite redet nicht von Ascham, sondern von Avon: das ist einmal kein technischer Ausdruck der Kultussprache und bedeutet zweitens nichts, was nach dem Priesterkodex eine rituale Sühne überhaupt nur zulässt. Zugegeben übrigens, dass Hosea Bussen an die Priester im Auge hätte, so würde noch immer nicht folgen, dass er dieselben in Form von Opfern kannte: denn das Essen kann ebensogut leben von als verzehren bedeuten, und dass es schon damals an die Priester zu zahlende Strafen gegeben hat, leugnet niemand.

Die heiligen Strafen. Ascham und Chattath, als Opfer finden sich zuerst bei Ezechiel und scheinen nicht lange Zeit vor ihm an die Stelle der gleichnamigen Geldbussen (2. Reg. 12, 17) getreten zu sein; wohl im siebenten Jahrhundert, welches für das Mysterium der Sühne und des Blutvergiessens sehr empfänglich und in der Einführung neuer Kultusgebräuche recht fruchtbar gewesen zu sein scheint[1]). Ihrem Wesen nach decken sich diese Opfer mit den Bussen und Wrogen; es sind keine Gaben an Gott, nicht einmal symbolische, sondern Strafabgaben, namentlich Entschädigungen an die Priester, zum Teil von bestimmtem Taxwerte (Lev. 5, 15). Ihrer Form nach sind sie aus dem Brandopfer (1. Sam. 3, 14) entstanden, wie der Ritus lehrt. Der Ritus des einfachen Opfers hat drei Akte: 1) die Vorführung des lebenden Tieres vor Jahve und die Handauflegung als Zeichen der Manumissio von Seiten des Darbringers, 2) die Schlachtung und die Ausschüttung des Blutes an den Altar, 3) die wirkliche oder scheinbare Übergabe der Opferstücke an die Gottheit und das Mahl der Menschen. Beim Brandopfer fällt im dritten Akt das Mahl der Menschen fort, im zweiten tritt die Schlachtung als bedeutungsvoll und heilig hervor, da sie, wie stets ausdrücklich bemerkt wird, vor Jahve zu geschehen hat, an der Nordseite des Altars. Das selbe ist auch beim Sünd- und Schuldopfer der Fall, nur dass hier auch die Übergabe der Opferstücke an die Gottheit verschwindet und

[1]) Man erwäge das Grassiren des Kinderopfers gerade in dieser Zeit, die Einführung des Weihrauchs, die neuen Moden, die der König Manasse aufbrachte und von denen gewiss manches haften blieb, was der Zeitstimmung entsprach und mit dem Jahvedienst vereinbar war oder gar dessen Würde und Ernst zu erhöhen schien. Vgl. Israel. und Jüdische Geschichte (1894) p. 92.

damit der ganze dritte Akt wegfällt. Die ganze Bedeutung der Handlung fällt dann auf die Schlachtung und die Blutsprengung, aber nur scheinbar wird dadurch der Anschluss an den ältesten hebräisch-arabischen Opferritus erreicht.

Die Neuheit dieser Opferart scheint sich sogar innerhalb des Priesterkodex selber durch ein gewisses Schwanken zu verraten. In dem darin recipirten Korpus Lev. 17—26 werden noch die Opfer insgesamt unter der Zwieteilung זבח und עלה begriffen 17, 8. 22, 18. 21; andere gibt es nicht. Zwar kommt 19, 21 sq. das Ascham vor, aber anerkanntermaassen in einem Zusatz der Bearbeitung; dagegen wird dasselbe 22, 14 nicht gefordert [1]), wo es nach Lev. 5 und Num. 5 hätte geschehen müssen. Und auch abgesehen von Lev. 17—26 herrscht in diesem Punkt zwischen dem Kern des Priesterkodex und den Novellen keine Übereinstimmung. Einmal besteht eine Differenz hinsichtlich des Ritus des feierlichsten Sündopfers zwischen Exod. 29. Lev. 9 auf der einen und Lev. 4 auf der anderen Seite; sodann aber, was wichtiger ist, kommt das Schuldopfer nie in den primären, sondern nur in den sekundären Stücken vor, Lev. 4—7. Kap. 14. Num. 5, 7. 8. 6, 12. 18, 9. Auch in den letzteren ist übrigens der Unterschied zwischen Ascham und Chattath nicht sehr deutlich und nur die Absicht klar, einen solchen zu machen — vielleicht weil er in der alten Praxis zwischen כסף חטאות und כסף אשם, und bei Ezechiel zwischen חטאת und אשם wirklich vorhanden gewesen war.

III.

Die Krisis in der Geschichte des Opferwesens ist die Reformation Josias, ihre Konsequenzen sind es, die im Priesterkodex zur Reife gediehen sind. Gerade bei den charakteristischen Differenzen des Opfergesetzes von der alten Opferpraxis lässt es sich verspüren, dass sie, wenn auch nicht alle geradezu durch die Centralisation des Kultus verursacht, doch beinah alle irgendwie damit zusammenhängen.

In der alten Zeit erzeugte sich der Gottesdienst aus dem

[1]) Genauer muss man vielleicht sagen, dass hier das Ascham, bei Zurückerstattung widerrechtlichen Besitzes, einfach das Aufgeld von einem Fünfteil des Wertes ist, und nicht das Widderopfer, welches Lev. 5 obendrein gefordert wird. Auch Num. 5 wird eben dies Fünfteil Ascham genannt.

Leben und war aufs engste damit verwachsen. Das Opfer Jahves war ein Mahl der Menschen, bezeichnend für das Fehlen des Gegensatzes von geistlichem Ernst und weltlicher Fröhlichkeit. Ein Mahl bedingt einen abgeschlossenen Kreis von Gästen: so verband das Opfer die Angehörigen der Familie, die Glieder der Korporation, die Genossen des Heeres und jedweder dauernden oder vorübergehenden Vereinigung. Es sind irdische Beziehungen, denen dadurch die Weihe gegeben wird; ihnen entsprechen natürliche Anlässe der Feier, wie sie das bunte Leben bietet. Von Jahr zu Jahr kehrte die Obstlese, die Kornernte, die Schafschur wieder und vereinigte die Hausgenossen, vor Jahve zu essen und zu trinken; daneben fehlte es nicht an weniger regelmässigen Vorkommnissen, die in wechselnden Kreisen gefeiert wurden. Kein Kriegszug, der nicht auf diese Weise eingeleitet, keine Verabredung, die nicht dadurch perfekt wurde, kein irgend wichtiges Unternehmen ohne Opfer[1]). Wenn ein angesehener Gast kommt, so schlachtet man ihm ein Kalb — nicht ohne der Gottheit Blut und Fett darzubringen. Der dem Leben entnommene Anlass ist also von der heiligen Handlung unabtrennbar und gibt ihr erst Inhalt und Charakter, ein der Situation entsprechender Zweck steckt immer dahinter. Daher darf auch das Gebet nicht fehlen. Das Verbum העתיר (Räuchern d. i. Verbrennen des Opfers) bedeutet schlechthin flehen, umgekehrt בקש את יהוה „den Jahve suchen“ faktisch nicht selten opfern. Zur Unterstützung der Bitte oder Frage, zur Bezeugung des Dankes dient die Gabe, das Gebet gehört als Interpretation dazu. Dies erhellt freilich mehr gelegentlich, als dass es ausdrücklich gesagt würde (Os. 5, 6. Isa. 1, 15. Hier. 14, 12. 1. Reg. 8, 27 sqq. Prov. 15, 8); nur für die Darbringung der Festgabe haben wir in Deut. 26, 3 sqq. das Muster eines Gratias; bei der einfachen Schlachtung wird ein Segen gesprochen (1. Sam. 9, 13). Es versteht sich, dass das Gebet weiter nichts ist als der Ausdruck der Stimmung des Anlasses und dass es ebenso mannigfach variirt wie dieser. Hervorgegangen aus den Antrieben und gerichtet auf die Zwecke des Lebens spiegeln somit die Opfer dessen bunte Mannigfaltigkeit in sich ab. Unsere Hochzeiten, Taufen, Leichenschmäuse auf der einen, alle Arten von Zweckessen auf der anderen Seite würden sich noch am ersten zur

[1]) Vorwand ist das Opfer 1. Sam. 16, 1 sqq. 1. Reg. 1, 9 sqq.; vgl. Prov. 7, 14.

Vergleichung herbeiziehen lassen, wenn nicht auch hier der Zwist zwischen Geistlich und Weltlich die Naivetät störte. Der Gottesdienst war im hebräischen Altertum Natur, er war die Blüte des Lebens und dessen Höhen und Tiefen zu verklären war sein Sinn.

Durch das Gesetz, welches alle Opferstätten mit Einer Ausnahme aufhob, wurde diese Verbindung durchschnitten. Das Deuteronomium beabsichtigt zwar eine solche Wirkung nicht. Im merkwürdigen Gegensatz zum Priesterkodex ist hier noch das Essen und sich Freuen vor Jahve die stehende Bezeichnung des Opferns: die Meinung ist, es handle sich bei der Zusammenlegung des Kultus nach Jerusalem bloss um einen Ortswechsel, der das Wesen der Sache unverändert lasse. Aber das war ein Irrtum. Es war ein anderes Ding, ob man die Feier der Weinlese in den heimischen Bergen oder in Jerusalem beging, ob man einen sich zufällig darbietenden Anlass zu einem Opfermahl an Ort und Stelle benutzen konnte oder vorher erst eine Reise unternehmen musste. Und es war auch etwas anderes, ob man bei sich zu Hause vor Jahve erschien oder an der allgemeinen Stätte unter der grossen Gemeinde verschwand. Wie das Leben im Lokal wurzelt, so wurzelte auch der alte Kultus im Lokal; durch die Verpflanzung aus seinem ursprünglichen Boden wurde er seiner natürlichen Nahrungssäfte beraubt. Es musste eine Scheidung zwischen ihm und dem Leben eintreten, eine Scheidung, welche das Deuteronomium selber vorbereitet hatte durch die Erlaubnis der profanen Schlachtung. Man lebte in Hebron, man opferte in Jerusalem, Leben und Gottesdienst fielen auseinander. Die Folgen, die im Gesetz des Deuteronomiums schlummern, haben sich im Priesterkodex entwickelt.

Von daher rührt es, dass das Mahlopfer, ehedem bei weitem die Hauptsache, jetzt gänzlich zurücktrat. Fleisch essen konnte man zu Hause, in Jerusalem war das Geschäft der Gottesdienst. Man bevorzugte also solche Opfer, bei denen der gottesdienstliche Charakter abstrakt, d. h. möglichst rein und ohne natürliche Beimischung hervortrat, von denen Gott alles und der Mensch nichts hatte: Brand- Sünd- und Schuldopfer.

War früher das Opfer gefärbt durch die Art seines Anlasses, so hatte es jetzt wesentlich einen und den selben Zweck: Mittel des Kultus zu sein. Der Atem des Lebens zog nicht mehr hindurch, es hatte seinen Sinn für sich selber. Es symbolisirte den Gottesdienst: damit gut. Die Seele war entwichen, die Schale geblieben, und auf deren Ausbildung wurde nun alle Kraft verwandt. Die Mannigfaltigkeit der Riten trat an die Stelle der individualisirenden Anlässe; die Technik wurde Hauptsache, die vorschriftsmässige Ausführung nach den Regeln der Kunst.

Der Kultus war ehedem spontan, jetzt wird er Statut. Die Befriedigung, die er gewährt, liegt eigentlich ausser ihm, in dem moralischen Vergnügen der Gewissenhaftigkeit, mit der man die ritualen Gebote erfüllt, die Gott nun einmal seinem Volke befohlen hat. Es ist zwar das freiwillige Opfer nicht verboten, aber eigentlicher Wert wird nur den vorgeschriebenen beigelegt und diese überwiegen durchaus. Und auch bei dem freiwilligen Opfer muss sich alles streng in die Grenzen der Satzung fügen: hätte jemand im Drang seines Herzens dabei mehr Fleischstücke dargebracht als der Ritus forderte, so wäre es ihm übel bekommen.

Sonst stiftete das Mahlopfer eine besondere Beziehung zwischen der Gottheit und einer geschlossen Gesellschaft von Gästen; die natürliche Opfergesellschaft war die Familie oder das Geschlecht (1. Sam. 1, 1sqq. 16, 1sqq. 20, 6). Jetzt verlieren sich die kleinen Sakralgemeinschaften, die bunten Kreise des Lebens verschwinden in dem Schatten der universalen Gemeinde (עדה, קהל). Der Begriff derselben ist dem hebräischen Altertum fremd, durchdringt aber den Priesterkodex von vorn bis hinten. Wie der Gottesdienst selber, so wurde auch sein Subjekt abstrakt, eine geistliche Grösse, die durch nichts anderes als eben durch den Gottesdienst zusammengehalten wurde. Da nun die Teilnahme der Gemeinde „der Söhne Israels“ am Opfer doch eigentlich immer nur eine ideale war, so trug auch dies dazu bei, dass die heilige Handlung wesentlich durch sich selbst perfekt wurde, dadurch dass sie der Priester verrichtete, wenn auch niemand dabei war. Daher dann später die Notwendigkeit einer besonderen Opferdeputation, der Ansche Maamad. Wie endlich alles dies zusammenhängt mit der der judaistischen Fernrückung Gottes vom Menschen, ist klar.

Zwei Einzelheiten verdienen hier noch besonders hervorgehoben zu werden. Das wichtigste Opfer ist im Priesterkodex das Brandopfer, d. h. tatsächlich das Thamid, das holocaustum iuge, bestehend in zwei jährigen Lämmern, die täglich auf dem „Brandopferaltare“ verbrannt werden, eins des Morgens und eins des Abends. Die Sitte, täglich zu bestimmter Zeit ein festes Opfer zu bringen, bestand zwar, in einfacherer Form[1]), schon im vorexilischen Altertum, aber daneben nahmen damals die Privatopfer doch eine viel wichtigere Stellung und einen weit grösseren Raum ein. Im Gesetz ist das Thamid faktisch das Grundelement des Gottesdienstes, denn auch die Sabbath- und Festopfer sind nur eine numerische Steigerung desselben (Num. 28. 29). Wenn es nachher im Buche Daniel heisst das Thamid wurde abgeschafft, so ist damit gesagt, der Kultus wurde abgeschafft[2]). Nun aber bedeutet das Dominiren des täglichen, sabbathlichen, und festlichen Thamid, dass der Opferdienst eine ganz feste Form angenommen hatte, die von jedem besonderen Anlass und von jeder Spontaneität unabhängig war, und ferner (was nahe damit zusammenhängt), dass er von Gemeinde wegen geschah, Gemeinde in dem technischen Sinne des Gesetzes genommen. Daher die Notwendigkeit der allgemeinen Tempelsteuer, deren Vorbild in dem halben Sekel als Kopfsteuer für den Gottesdienst der Stiftshütte Exod. 30, 11 sqq. gegeben ist. Vor dem Exil bezahlten die jüdischen Könige das regelmässige Opfer, noch bei Ezechiel trägt der Fürst die Kosten nicht allein des Sabbath- und Festopfers 45, 17 sqq., sondern auch des Thamid 46, 13—15[3]). Es ist auch ein Zeichen

[1]) Kuenen, Godsdienst van Israel II, 271. Nach 2. Reg. 16, 15 wurde zu Ahaz' Zeit im Tempel von Jerusalem täglich eine עלה zu Morgen und eine מנחה zu Abend geopfert. Auch Ezechiel redet 46, 13—15 nur von der Morgenola. Vgl. noch Esdr. 9, 4. Neh. 10, 33. Im Priesterkodex ist die Abendminha zu einer zweiten Ola gesteigert; daneben hat sie sich aber doch in der täglichen Minha des Hohenpriesters erhalten und auch auf den Morgen ausgedehnt Lev. 6, 12—16. — Die tägliche Minha scheint älter zu sein als die tägliche Ola. Denn während es nahe lag, der Gottheit regelmässig ein Mahl zu bereiten, waren die Kosten einer täglichen Ola für eine einfache Opferstätte zu gross, und es entsprach auch nicht der menschlichen Sitte, alle Tage Fleisch zu essen. Die Darbringung der täglichen Minha wird schon 1. Reg. 18, 29. 36 als Zeitberechnung für den Nachmittag angewandt, und diese Bezeichnung pflanzt sich fort bis in die späteste Zeit, während nie das Thamid d. h. die Ola zu gleichem Zwecke benutzt wird. Die älteste Sitte war aber wohl auch die tägliche Minha nicht, sondern die Schaubrote, die dem selben Zwecke dienten, aber nicht alle Tage frisch aufgelegt wurden. — Vgl. Dea Syr. § 44.

[2]) Vgl. Dan. 8, 11—13. 11, 31. 12, 11. Neh. 10, 33. Joel 1, 9. 13. 16. 2, 14. Josephus Ant. 14, 65. 477. 15, 248.

[3]) Vgl. die Sept. Der masorethische Text hat die auf den Fürsten bezügliche dritte Person in die zweite korrigirt, als Anrede an den Priester, die aber im Ezechiel gänzlich unmöglich ist.

der Zeit, das nach Exod. 30 die Kosten des Tempeldienstes direkt aus der Kopfsteuer der Gemeinde bestritten werden, und es erklärt sich nur daraus, dass es keinen König mehr gab. So sehr wurde im Judentum das Opfer Sache der Gesamtheit, dass das freiwillige Korban des Einzelnen sich in eine Geldabgabe verwandelte, als Beitrag zu den Kosten des allgemeinen Gottesdienstes (Marc. 7, 11. 12, 42sq. Matth. 27, 6).

Der zweite Punkt betrifft folgendes. In dem Maasse wie die speziellen Anlässe und Zwecke der Opfer wegfallen, tritt ein gleicher allgemeiner Anlass hervor, die Sünde, und ein gleicher allgemeiner Zweck, die Sühne. Im Priesterkodex ist bei allen Tieropfern das eigentliche Mysterium die Sühne durch das Blut; am reinsten ausgebildet erscheint dieselbe bei den Sünd- und Schuldopfern, welche ebensowohl für den Einzelnen, als für die Gemeinde und für ihr Haupt dargebracht werden. In dem grossen Versöhnungstage gipfelt in gewisser Hinsicht der ganze Gottes- und Opferdienst, dem bei aller Verschiedenheit der Riten eine durchgehende Beziehung auf die Sünde gemeinsam ist. Hievon lasssen nun die alten Opfer wenig merken. Wohl suchte man ehedem durch reiche Gaben auf die zweifelhafte oder drohende Stimmung der Gottheit einzuwirken und ihr Angesicht zu glätten, aber die Gabe hatte dann naturgemäss den Charakter des tastenden Versuchs (Mich. 6, 6). Der Gedanke lag fern, dass eine bestimmte Schuld durch ein vorgeschriebenes Opfer gesühnt werden müsse und könne. Wenn im Gesetz zwischen solchen Sünden, die durch ein Opfer gedeckt werden, und solchen, die unnachsichtlich den Zorn nach sich ziehen, unterschieden wird, so ist diese Unterscheidung durchaus nicht antik; für das hebräische Altertum war der Zorn Gottes etwas völlig Unberechenbares, man kannte nie seine Ursachen, geschweige dass man im voraus die Sünden hätte angeben können, die ihn erregen und nicht erregen [1]). Im allgemeinen fand eine obligate Beziehung der Opfer zur Sünde durchaus nicht statt. Sie waren durchweg fröhlicher Natur, ein sich Freuen vor Jahve,

[1]) Wenn sich der Zorn nach den Regeln „des Bundes" richtet, so ist der ursprüngliche Begriff vollständig alterirt: der spottet der Abmachung. Gerade dass man sich auf keine Weise davor in Acht nehmen und nichts dagegen machen konnte, gab der Sache ihr unheimliches Grauen. — Unter dem Druck des Zornes Jahves, unterliess man nicht nur das Opfern, sondern vermied es sogar seinen Namen zu nennen, um seine Aufmerksamkeit nicht auf sich zu lenken. Os. 3, 4. 9, 4. Amos 6, 10.

bei Sang und Klang, unter Pauken Flöten und Saitenspiel (Os. 9, 1 sqq. Amos 5, 23. 8, 3. Isa. 30, 32). Kein grösserer Gegensatz hiezu, als der monotone Ernst des sogenannten mosaischen Kultus[1]).

In dieser Weise zeigt sich im Priesterkodex die mit der Centralisirung gleichlaufende Vergeistlichung des Gottesdienstes. Er erhält so zu sagen einen abstrakt gottesdienstlichen Charakter, er scheidet sich zunächst vom Leben und absorbirt es sodann, indem er das eigentliche Geschäft desselben wird. Das ist für die Zukunft von folgenschwerer Bedeutung geworden. Die mosaische Gemeinde ist die Mutter der christlichen Kirche; die Juden sind es, die den Begriff geschaffen haben.

In der alten Zeit ist der Kultus dem grünen Baume zu vergleichen, der aus dem Boden wächst, wie er will und kann, hinterher ist er zurecht gehauenes Holz, das mit Zirkel und Winkelmaass immer künstlicher ausgestaltet wird. Ersichtlich hängt mit dem qualitativen Gegensatz, der soeben entwickelt worden, der formale von Brauch und Gesetz, von dem wir zu Anfang ausgegangen sind, enge zusammen. Zwischen dem sponte ea quae legis sunt facere und dem secundum legem agere besteht doch ein mehr als äusserlicher Unterschied. Wenn wir am Ende des ersten Abschnittes das unabhängige Nebeneinander der alten Praxis und des Gesetzes Moses gerade auf diesem Gebiet unwahrscheinlich gefunden haben, so steigert sich die Unwahrscheinlichkeit dadurch, dass das letztere mit einem ganz anderen Geiste erfüllt ist, der nur als Zeitgeist aufgefasst werden kann. Es ist nicht die Luft des alten Reichs, sondern der Gemeinde des zweiten Tempels, in der der Priesterkodex atmet. Damit stimmt, dass seine Opferordnung in ihrem positivem Inhalt vom Altertum ebenso vollständig ignorirt, als von der nachexilischen Zeit genau befolgt wird.

[1]) Über das Fehlen der Tempelmusik im Priesterkodex und ihre Blüte im zweiten Tempel vgl. Isr. und Jüd. Geschichte p. 152. Faktisch hat der jüdische Gottesdienst, trotz dem Priesterkodex, den alten fröhlichen Geist doch nicht verloren oder ihn in späterer Zeit mehr und mehr wiedergewonnen, je mehr die kümmerliche Sekte wieder zu einem Volke heranwuchs.

Drittes Kapitel.

Die Feste.

Die Feste gehören genau genommen noch in das vorige Kapitel, denn sie sind ursprünglich nichts als die Termine der regelmässigen, gesetzlich geforderten Opfer. Die Ergebnisse der vorhergehenden Untersuchung wiederholen sich denn auch hier, aber mit einer so präcisen Deutlichkeit, dass es sich lohnt, diesen Punkt für sich in das Auge zu fassen. Zunächst und hauptsächlich wird uns die Geschichte derjenigen Feste in Anspruch nehmen, die sich nach den Jahreszeiten richten.

I.

1. In dem jehovistisch-deuteronomischen Teile des Pentateuchs herrscht ein Turnus von drei grossen Festen, die allein mit dem eigentlichen Namen Hag bezeichnet werden. „Dreimal sollst du mir Fest feiern im Jahr, dreimal im Jahr sollen alle deine Männer vor dem Herrn Jahve, dem Gotte Israels, erscheinen. Das Fest der ungesäuerten Brote sollst du feiern, sieben Tage Massoth essen, wie ich dir befohlen habe, zur Zeit des Monats Abib, denn im Monat Abib bist du ausgezogen aus Ägypten: [aller erste Wurf ist mein, alles männliche Vieh, der erste Wurf von Rind und Schaf; den ersten Wurf vom Esel sollst du lösen mit einem Schafe oder sonst ihm das Genick brechen, alle Erstgeburt deiner Söhne sollst du lösen] und nicht erscheint man vor mir mit leeren Händen. Und das Wochenfest (Schabuoth) sollst du halten, der Erstlinge des Weizenschnittes (Kasir), und das Fest der Lese (Asiph) beim Jahreswechsel.“ So verordnet die jehovistische Gesetzgebung im Zweitafelgesetz und im Bundesbuch Exod. 34, 18—23. 23, 14—17; nur fehlt im Bundesbuch beim Massothfest der eingeklammerte Satz über die Opferung des ersten Wurfes. Ausführlicher dagegen und von einer etwas anderen Art sind die Bestimmungen im 16. Kapitel des Deuteronomiums. „Achte auf den Monat Abib und halte das Pascha dem Jahve deinem Gott, denn im Monat Abib hat dich Jahve dein Gott aus Ägypten geführt bei der Nacht; und opfere als Pascha dem Jahve deinem Gott Kleinvieh und Rinder, an dem Orte, den Jahve erwählen wird zur Wohnung

seines Namens. Du sollst nichts Gesäuertes dabei essen, sieben Tage sollst du dabei Massoth essen, Brot des Elends, denn in ängstlicher Eile bist du aus Ägyptenland gezogen, damit du des Tages deines Auszugs aus Ägyptenland all dein Lebetag gedenkest. Es soll sieben Tage in deinem ganzen Lande kein Sauerteig zu sehen sein, und von dem Fleische, welches du am Abend am ersten Tage opferst, soll über Nacht kein Rest bleiben bis zum andern Morgen. Du darfst das Pascha nicht in einem beliebigen deiner Tore, die Jahve dein Gott dir gibt, opfern, sondern an dem Orte, den Jahve dein Gott zum Wohnsitz seines Namens erwählen wird, sollst du das Pascha opfern am Abend nach Sonnenuntergang, zur Zeit deines Auszugs aus Ägypten, und sollst es kochen und essen an dem Orte, den Jahve dein Gott erwählen wird, und am andern Morgen wieder heimgehen. Sechs Tage sollst du Massoth essen und am siebenten Tage ist die Schlussfeier für Jahve deinen Gott, da sollst du keine Arbeit tun (v. 1—8). Sieben Wochen von da sollst du dir abzählen, von dem Anhieb der Sichel in die Saat sollst du anfangen sieben Wochen zu zählen und dann das Wochenfest (Schabuoth) dem Jahve deinem Gott halten, auf grund freiwilliger Gaben deiner Hand, in dem Maasse wie dich Jahve dein Gott segnet; und sollst dich freuen vor Jahve deinem Gott, du und dein Sohn und deine Tochter und dein Knecht und deine Magd und der Levit in deinen Toren und der Fremdling und die Waise und die Witwe in deiner Mitte, an dem Orte, den Jahve dein Gott zur Wohnung seines Namens erwählen wird. Und denke daran, dass du Knecht gewesen bist in Ägypten, und halte und tue diese Gebote (v. 9—12). Das Laubhüttenfest (Sukkoth) sollst du dir halten sieben Tage lang, beim Einherbsten von deiner Tenne und von deiner Kelter, und sollst dich freuen an deinem Feste, du und dein Sohn und deine Tochter und dein Knecht und deine Magd und der Levit und der Fremdling und die Waise und die Witwe in deinen Toren. Sieben Tage sollst du feiern dem Jahve deinem Gott an dem Orte, den Jahve erwählen wird, dafür dass Jahve dein Gott dich segnet in allem Ertrage und in aller Arbeit deiner Hände, und sollst ganz Freude sein. Dreimal im Jahr sollen alle deine Männer vor Jahve deinem Gott erscheinen, an dem Orte, den er erwählt, am Fest der ungesäuerten Brote, der Wochen, und der Laubhütten (Hag ha-Massoth, -Schabuoth, -Sukkoth); und man soll nicht leer vor mir erscheinen, jeder soviel er geben kann, nach dem Maasse des Segens, den Jahve dein Gott dir gegeben hat (v. 13—18)."

Hinsichtlich des Wesens der beiden letzten Feste herrscht hier Übereinstimmung. Die Sukkoth des Deuteronomiums und das Asiph der jehovistischen Gesetzgebung fallen nicht bloss der Zeit nach zusammen, sondern sind in der Tat das selbe Fest, das herbstliche Einheimsen des Weins und Öles von der Kelter, aber auch des ausgedroschenen Korns von der Tenne. Der Name Asiph geht zunächst auf die Trauben- und Olivenlese, und auf diese scheint sich auch der Name Sukkoth zu beziehen, der sich am einfachsten aus der Sitte erklärt, mit Alt und Jung in die Weinberge zu ziehen und dort die Zeit des Herbstens über im Freien zu kampiren, unter improvisirtem Zweigdach (Is. 1, 8). Schabuoth und Kasir sind gleichfalls nur verschiedene Namen für die selbe Sache, nämlich für das Fest des Weizenschnittes, welcher in den Anfang des Sommers fällt. Diese beiden Feste haben also einen rein natürlichen Anlass; dagegen wird das Frühlingsfest, welches immer die Reihe eröffnet, geschichtlich motivirt, und zwar wird ihm der Auszug aus Ägypten zur Grundlage gegeben, in der ausgesprochensten Weise vom Deuteronomium. Aber der Cyklus scheint doch die urspüngliche Gleichartigkeit seiner Glieder vorauszusetzen und zu fordern. Nun deutet der doppelte Ritus des Pascha und der Massoth auf ein zwiespältiges Wesen dieses Festes. Das eigentliche Hag heisst nicht Hag ha-Pesah[1]), sondern Hag ha-Massoth, nur das letztere wird den beiden anderen Haggim koordinirt; der Name Pesah findet sich überhaupt erst im Deuteronomium, obwohl allerdings schon im Zweitafelgesetz Ex. 34 das Erstgeburtsopfer mit dem Fest der ungesäuerten Brote zusammengelegt zu werden scheint. Es folgt, dass für die Vergleichung mit Kasir und Asiph nur die Massoth in Betracht kommen können, die im Bundesbuch auch allein damit zusammengestellt werden. Über deren eigentliche Bedeutung die Zeitgenossen zu belehren findet die jehovistische Gesetzgebung nicht nötig, dieselbe verrät sich aber im Deuteronomium. Hier ist das Schneidefest in eine bestimmte zeitliche Beziehung zum Massothfeste gesetzt: es soll sieben Wochen später gefeiert werden. Dies ist keine neue Ver-

[1]) Die originale Form des Spruches Exod. 34, 25 ist Exod. 23, 18 (חַגִּי, nicht חג הפסח) erhalten. Im Deuteronomium heisst es, obschon das פסח mehr hervortritt, dennoch חג המצות 16, 16.

ordnung, sondern auf alter Sitte beruhend, denn der Name Wochenfest, der sich aus Hier. 5, 24 (vgl. Ev. Luc. 6, 1) erklärt, findet sich schon Exod. 34. Sieben Wochen nach Ostern (Deut. 16, 9) wird aber weiterhin genauer dahin bestimmt: sieben Wochen nach dem Anhieb der Sichel in die Saat. Mithin ist das Massothfest der Anhieb der Sichel in die Saat, und es fällt dadurch Licht auf seine feste Beziehung zu Pfingsten. Pfingsten feiert das Ende der Mahd, die mit der Gerste beginnt und mit dem Weizen schliesst, Ostern den Anfang „im Ährenmonat“, dazwischen liegt die auf sieben Wochen bemessene Dauer der Kornernte. Dieses ganze tempus clausum ist eine von den beiden Festen eingerahmte grosse Freudenzeit. Weitere Aufklärung gewinnen wir aus Lev. 23, 9—22[1]). Der Ostertermin ist hier wie im Deuteronomium der Anfang des Schneidens, er wird aber genauer bestimmt auf den Tag nach dem ersten Sabbath, der in die Erntezeit fällt, und darnach richtet sich dann auch die Rechnung der Pentekoste. Der eigentliche Osterritus aber ist die Darbringung einer Gerstengarbe — vorher darf niemand von neuem Getreide kosten; der entsprechende Pfingstritus ist die Darbringung gewöhnlicher Weizenbrote. Mit der Gerste beginnt, mit dem Weizen schliesst die Kornernte; zu Anfang wird die Aparche roh als Garbe dargebracht, wie auch die Menschen das frische Gewächs als geröstete Ähren verspeisen (Lev. 23, 14. Jos. 5, 11), zu Ende zubereitet als ordentliches Brot. Nun werden auch die Massoth verständlich. Es sind dies, wie bereits gesagt, nicht eigentlich süsse, sondern in der Eile gebackene Notbrote (1. Sam. 28, 24); sie werden insofern ganz richtig mit der Eile des Auszugs motivirt und als Elendbrot bezeichnet. Zuerst lässt man sich nicht Zeit, das Neue vom Jahre noch lange zu säuern zu kneten und zu backen, sondern man macht daraus geschwind eine Art Fladen in der Asche: das sind die richtigen Massoth. Sie stehen in dem selben Gegensatz zu den Pfingstlaiben, wie die Garbe und die gerösteten Ähren, welche

[1]) Man könnte dagegen freilich erinnern, dass dies Stück gegenwärtig dem Priesterkodex angehört. Aber die Sammlung Lev. 17—26 ist bekanntlich von diesem nur überarbeitet und recipirt, ursprünglich aber ein selbständiges Korpus, welches auf dem Übergange vom Deuteronomium zum Priesterkodex steht, bald diesem bald jenem sich nähernd; und die volle Berechtigung, Lev. 23, 9—22 in diesem Zusammenhange zu verwerten, folgt daraus, dass die dort beschriebenen Riten nur auf diese Weise Leben und Bedeutung gewinnen.

letzteren nach Jos. 5, 11 an ihrer statt gegessen werden dürfen; sie sind ursprünglich gewiss nicht bloss die Osterspeise der Menschen, sondern auch Gottes gewesen, so dass die Garbe in die Kategorie der geistigen Verfeinerungen des Opfermaterials gehören würde.

Also ist Ostern die Anfangs- und Pfingsten die Schlussfeier oder was das selbe sagen will, die Asereth[1]) der siebenwöchentlichen „Freude des Schneidens“; und das Frühlingsfest hat nun keine befremdliche Stellung mehr in dem Cyklus der drei Jahresfeste. Aber wie steht es mit dem Pascha? Was der Name bedeutet, ist nicht klar; wie wir gesehen haben, kommt er, da er Exod. 34, 25 wegen Exod. 23, 18 nicht für ursprünglich zu halten ist, eigentlich erst im Deuteronomium vor, und dort wird auch die Zeit der Feier bestimmt auf den Abend und die Nacht des ersten Massothtages, von Sonnenuntergang an bis an den folgenden Morgen[2]). Der Sache nach läuft das Pascha hinaus auf das Erstgeburtsopfer (Exod. 34, 18sq. 13, 12sqq. Deut. 15, 19sqq. 16, 1sqq.), und an diesem Punkte vornehmlich hängt der historische Charakter des ganzen Festes. Weil Jahve die ägyptische Erstgeburt geschlagen und die hebräische verschont hat, deswegen wird ihm seitdem die letztere geheiligt. So heisst es nicht bloss im Priesterkodex, sondern auch Exod. 13, 11sqq. Aber in ihren beiden Quellen kennt die jehovistische Tradition diese Vorstellung nicht. „Lass mein Volk, dass es mir ein Fest feiere in der Wüste, mit Opfern von Rindern und Schafen“ — das ist von anfang an die Forderung an Pharao, und um sich zu diesem von vornherein in das Auge gefassten Zwecke wie sichs gehört zu putzen, borgen die Ausziehenden Feierkleider und Schmuck von den Ägyptern. Weil Pharao nicht zugeben will, dass die Hebräer ihrem Gott die ihm gebührenden Erstlinge des Viehs darbringen, deshalb nimmt Jahve sich selbst mit Gewalt von jenem die Erstgeburt der Menschen. Also gilt nicht der Auszug als Veranlassung des Festes, sondern das Fest als Veranlassung, wenn auch nur als Vorwand, des Auszugs. Wenn nun in Exod. 13 das Verhältnis umgekehrt ist, so gehört das Stück eben nicht den Quellen der jehovistischen

[1]) Haneberg, Altertümer 2. Aufl. p. 656; Dozy, Supplément II 181. Im Deut. dauert Pfingsten als Asereth nur einen Tag, während Ostern und Laubhütten eine Woche.

[2]) Daher ליל שמורים nox vigiliarum Exod. 12, 42.

Tradition an, sondern der Bearbeitung, und zwar, wie aus anderen Gründen für den ganzen Abschnitt 13, 1—16 gewiss ist, einer deuteronomistischen Bearbeitung. Damit gelangen wir zu dem Ergebnis, dass die geschichtliche Motivirung des Pascha erst vom Deuteronomium vollzogen ist, wenn auch vielleicht schon vorher eine gewisse Neigung dazu sich konstatiren lässt, ebenso wie bei den Massoth (Exod. 12, 34). Sie ist augenscheinlich veranlasst durch das schon von der älteren Überlieferung angenommene Zusammenfallen des Frühlingsfestes und des Auszugs aus Ägypten, wobei sich das Verhältnis von Ursache und Wirkung im Laufe der Zeit umkehrte. Der Natur der Dinge entspricht es einzig, die Sitte des israelitischen Erstlingsopfers als Mutter der Erzählung von der Tötung der ägyptischen Erstgeburt anzusehen; ohne Voraussetzung der Sitte würde die Erzählung unerklärlich und die sonderbare Auswahl, welche die Pest unter den Menschen trifft, völlig unmotivirt sein.

Das Opfer der Erstgeburten — der männlichen, denn die weiblichen wurden wie bei uns aufgezogen — erklärt sich auch ohne geschichtliche Grundlage und zwar auf eine recht simple Weise: es ist der Dank, welcher der Gottheit von den Erzeugnissen der Viehzucht entrichtet wird. Wenn auf die menschliche Erstgeburt ebenfalls Anspruch erhoben wird, so ist das weiter nichts als eine nachträgliche Generalisirung, welche am Ende doch nur auf eine Lösung durch Schlachtvieh und also auf eine Vergrösserung des ursprünglichen Opfers hinausläuft. In Exod. 22, 28. 29 und 34, 19 scheint diese Konsequenz noch nicht gezogen, ja noch nicht einmal als möglich geahnt, und in 34, 20 erst nachgetragen zu sein; am ausgesprochensten tritt sie in der spätesten Stelle 13, 12 auf, denn da ist פטר רחם dem פטר שגר entgegengesetzt und für das erstere der Ausdruck העביר gebraucht, der für das Kinderopfer zu Jeremias und Ezechiels Zeit technisch ist. Die Ansicht von einigen Gelehrten, meistens Streifzüglern auf Alttestamentlichem Gebiete, als sei die Schlachtung der erstgeborenen Knäblein ursprünglich gerade die Hauptsache beim Pascha, verdient kaum Widerlegung. Wie die anderen Feste, so hat auch dieses, abgesehen von der Auffassung des Priesterkodex, einen durchaus fröhlichen Charakter (Exod. 10, 9. Deut. 16, 7 vgl. Isa. 30, 29). Historisch ist die Hingabe des einzigen oder des wertesten Kindes wohl in einigen Beispielen bezeugt, aber stets als freiwillige und ganz exorbitante Tat; die Stelle Os. 13, 3 beweist nicht das Gegenteil[1]). Eine regelmässige und geforderte Abgabe ist in der alten Zeit das menschliche Erstgeburtsopfer auf keinen Fall gewesen, es finden sich von einem so enormen Blutzoll keine Spuren, desto mehrere von einer grossen Bevorzugung der ältesten Söhne. Erst kurz vor dem Exil kam mit vielen anderen Neuerungen das Kinderverbrennen im grossen Stil auf, das man dann auch mit einer strengen Interpretation der Forderung der Erstgeburten stützte (Hier. 7, 31. 19, 5. Ezech. 20, 26). Dazu stimmt es, dass das Gesetz Exod. 13, 3—16 von der Hand des jüngsten Bearbeiters des jehovistischen Geschichtswerks herrührt.

2. „Abel war ein Hirt und Kain war ein Ackersmann. Und einmal, da brachte Kain von der Frucht des Ackers dem Jahve eine Gabe dar, und Abel brachte auch ein Opfer von den Erstgeburten seiner Schafe.“ Die einfachsten natürlichsten und allgemeinsten Opfer, deren Anlässe sich regelmässig mit den Jahreszeiten wiederholen, die Erstlinge von den Erzeugnissen des Ackerbaues und der Viehzucht, sind die Grundlage der Feste. Pascha entspricht den Erstgeburten Abels des Hirten, die anderen drei den Feldfrüchten Kains des Ackersmannes; abgesehen von diesem Unterschiede ist das Wesen und das Fundament aller dieser Feste das gleiche. Ihr Zusammenhang mit den Primitien der Jahreszeit wird freilich in der jehovistischen Gesetzgebung mehr vorausgesetzt als ausgesprochen. Dagegen ist es im Deuteronomium deutlich zu sehen, dass alles drei zusammenfällt, Opfer, Abgaben, Feste. Es ist hier kaum von anderen Opfern die Rede als von denen, die von den Abgaben veranstaltet werden, um sich vor Jahve am Feste zu freuen; die Abgaben sind weiter nichts als die von der Volkssitte vorgeschriebenen, darum festen und festlichen Opfer[2]), von denen allein das Gesetz Veranlassung hat zu handeln. Mit der Fundirung der Feste auf die Erstlinge hängt es zusammen, dass die Termine nur ungefähr bestimmt sind, mehr auf eine

[1]) „Sie machen sich Gussbilder aus ihrem Silber, nach ihrer Phantasie Ölgötzen, zu denen reden sie, opfernde Menschen küssen Kälber.“ Menschenopfer würde der Prophet schwerlich nur so beiläufig, mehr im Spott als in der Entrüstung, tadeln; er würde das Empörende, Scheussliche der Tat viel mehr hervorheben als das Widersinnige. Also bedeutet זבחי אדם wohl: Opfernde aus dem Genus Mensch. Indessen, wenn es auch Menschenschlächter bedeutete, so würde daraus für das regelmässige Kinderopfer doch nichts folgen.

[2]) קדשים im Gegensatz zu נדרים.

Jahreszeit als auf einen festen Monatstag. Ostern wird im Frühling gefeiert, wenn die Saat in Ähren steht, genauer beim Anhieb der Sichel in die Gerste; Pfingsten sieben Wochen später, wenn der Weizenschnitt die Zeit der Mahd beschliesst; Laubhütten im Herbst, wenn Drusch und Lese beendet sind. Das Deuteronomium tut einen Schritt zu grösserer Fixirung der Fristen — eine Folge der Einschrumpfung Israels auf Juda und der Centralisirung des Kultus in Jerusalem — doch sind auch hier noch keine Monatstage für den Anfangstermin der Feste festgesetzt. Und Gesamtfestopfer der Gemeinde gibt es im Deuteronomium so wenig wie bei dem Jehovisten, sondern nur vereinigte Privatopfer der Einzelnen: dies verdient vor allen Dingen beachtet und hervorgehoben zu werden.

Das Maass der Gaben ist noch so ziemlich dem guten Willen überlassen. Nur die Erstgeburten sind eine bestimmte Forderung. Die im Deuteronomium gestattete Ablösung durch Geld, wofür man in Jerusalem anderes Opfervieh kauft, hat für die frühere Zeit keinen rechten Sinn; doch mag auch damals der Darbringer sich in einzelnen Fällen die Freiheit des Umtauschs genommen haben, da ja doch seine Gabe, als Mahlopfer, wesentlich ihm selber zu gut kam (Exod. 23, 18. Gen. 4, 4: מן partitiv). Für die Erstlinge der Feldfrüchte wird im Exodus gar kein Maass vorgeschrieben, das Deuteronomium verlangt den Zehnten von Korn Most und Öl, der aber nicht mathematisch streng zu verstehen ist, da er zu Opfermahlzeiten verwandt, nicht an einen Anderen entrichtet und also auch nicht nachgezählt wird. Und zwar wird der Zehnte, wie aus Deut. 26 (1. Sam. 1, 21 Sept.) erhellt, zum Herbst d. h. zu Laubhütten dargebracht; dies ist das abschliessende Erntedankfest, für den Ertrag nicht bloss der Kelter, sondern auch der Tenne (16, 13); es nimmt sieben Tage in Anspruch, die alle in Jerusalem gefeiert werden müssen, während bei den Massoth bloss der erste. Übrigens versteht es sich von selbst, dass man sich nicht auf den Genuss der vegetabilischen Gaben beschränkt, sondern auch Fleischopfer hinzunimmt, die vielleicht mit aus dem Verkauf des Zehnten bestritten wurden. Dadurch konnte sich der besondere Charakter der Feste und ihr Zusammenhang mit den ihnen eigentümlichen Aparchen leicht verwischen, ein Fall, der in der Tat im Deuteronomium und vielleicht schon früher eingetreten zu sein scheint. Dass uns Vieles unklar vorkommt, was den Zeitgenossen selbstverständlich sein musste, ist nicht zu verwundern;

es wird eben auch im Deuteronomium das meiste der bestehenden Sitte überlassen und nur immer die eine Hauptsache eingeschärft, dass man den Gottesdienst und also auch die Feste nur in Jerusalem feiern dürfe.

Lässt man das Pascha ausser Betracht, welches ursprünglich für sich stand und nur nachträglich durch seine Verbindung mit den Massoth in die Reihe der drei Haggim mit aufgenommen wurde, so fussen die Feste nach der jehovistischen und der deuteronomischen Gesetzgebung auf dem Ackerbau, der die Grundlage wie des Lebens so der Religion ist. Das Land, das fruchtbare Land, ersetzt Himmel und Hölle zugleich. Jahve gibt das Land und sein Vermögen, er empfängt das Beste vom Ertrage zum Dank, den Zehnten als Anerkennung seines Besitzrechtes. Indem er seinem Volke das Land zu Lehen gegeben hat, ist überhaupt das Verhältnis zwischen beiden erst zu stande gekommen; es wird dadurch beständig unterhalten, dass von Jahve Wetter und Fruchtbarkeit abhängt. Im Deuteronomium sieht man die ersten stärkeren Spuren einer Vergeschichtlichung der Religion und des Kultus, die sich aber noch in bescheidenen Grenzen hält. Das historische Ereignis, worauf zurückgegangen wird, ist immer die Ausführung aus Ägypten, und dies ist insofern bezeichnend, als die Ausführung aus Ägypten zusammenfällt mit der Einführung in Kanaan, d. h. mit der Landgabe, und also die geschichtliche Motivirung doch wieder einmündet in die natürliche. Darum kann man sagen, dass von der Herbringung nach Kanaan nicht bloss das Osterfest, sondern alle Feste abhangen, und dies tritt wirklich deutlich in dem gegen den Baalsfestkultus gerichteten Bekenntnis Deut. 26 hervor, womit zu Laubhütten der Anteil, der dem Priester von den Festgaben zufiel, überreicht wurde. Es wird ein Körbchen mit Früchten auf den Altar gesetzt und Folgendes dazu gesprochen. „Ein irrender Aramäer war mein Vater und ging hinab nach Ägypten und weilte dort wenige Männer stark, und ward dort zu einem grossen starken und zahlreichen Volke. Die Ägypter aber mishandelten und drückten sie und legten ihnen harten Dienst auf, da riefen wir zu Jahve dem Gott unserer Väter und er hörte unsere Stimme und sah unser Elend und Leid und unsere Drangsal. Und Jahve führte uns aus Ägypten mit starker Hand und ausgestrecktem Arm und grosser Majestät unter Zeichen und Wundern, und brachte uns an diesen Ort und gab uns dies

Land, ein Land, wo Milch und Honig fliesst: nun also bringe ich das Beste der Früchte des Landes, welches du mir gegeben hast.“ Man beachte, worauf hier die Heilstat hinausläuft, durch die Israel gegründet wurde.

II.

Mit diesem Befunde der jehovistisch-deuteronomischen Gesetzgebung stimmt die vorexilische Sitte, soweit sie verfolgbar und in den geschichtlichen und prophetischen Büchern bezeugt ist.

1. Altisraelitische Feste müssen das Hirtenleben zur Grundlage gehabt haben; es kann darum nur das Pascha als ein solches betrachtet werden. Mit vollem Recht wird insofern eben das Pascha dem Auszuge aus Ägypten als Veranlassung untergelegt, als ein in der Wüste zu feierndes Schlachtfest, welches mit dem Fruchtlande und der Ernte nichts zu schaffen hat. Merkwürdig aber, wie wenig dies Fest später hervortritt, welches der Natur der Sache nach das älteste von allen gewesen sein muss. Dem Bundesbuche kann es überhaupt nicht bekannt gewesen sein, denn da wird geboten, die Erstgeburt sieben Tage bei der Mutter zu lassen und am achten Tage zu opfern (Exod. 22, 29. 30). Durch das Vorwiegen der Landwirtschaft und der darauf gegründeten Feste scheint das Pascha in manchen Gegenden ausser Brauch gekommen zu sein und nur da sich behauptet zu haben, wo das Hirtenleben und die Wüste noch ihre Bedeutung behielten d. h. vor allem in Juda. Dadurch würde es sich auch erklären, warum die Paschafeier zuerst deutlich an das Licht kommt, als Juda nach dem Fall Samariens allein übrig geblieben ist. Das Pascha kommt unter diesem Namen ausserhalb des Gesetzes nur 2. Reg. 23, 21sqq. vor, wo erzählt wird, im achtzehnten Jahre des Königs Josia sei es nach der Vorschrift des Gesetzes (Deut. 16) begangen, und zwar damals zum ersten mal, bisher nie seit den Tagen der Richter. Man hat übrigens zu bedenken, wenn die Neuheit der Institution hier so stark hervorgehoben wird, dass das geschieht weniger in Bezug auf die Sache selber, als auf ihre Modificirung durch das Deuteronomium.

Die Landwirtschaft haben die Hebräer von den Kanaanitern gelernt, in deren Lande sie sich niederliessen und mit denen verschmelzend sie in der Richterzeit zum ansässigen Leben übergingen. Ehe sie die Metamorphose von Hirten zu Bauern durchgemacht hatten, konnten sie unmöglich die auf den Ackerbau bezüglichen Feste haben. Es müsste mit sonderbaren Dingen zugehen, wenn sie dieselben nicht ebenfalls von den Kanaanitern übernommen hätten. Jene verdankten dem Baal das Land und seine Früchte und bezahlten ihm dafür den Tribut; sie dem Jahve. Der Inhalt der Handlung an sich war weder heidnisch noch israelitisch, eines und das andere wurde sie erst durch die dativische Beziehung. Der Übertragung der Feste von Baal auf Jahve stand somit nichts entgegen, im Gegenteil musste sie als Bekenntnis des Glaubens gelten, dass nicht dem heidnischen, sondern dem israelitischen Gott das Land und sein Ertrag, und damit die Grundlage der Existenz des Volkes, verdankt werde (Deut. 26).

Am höchsten hinauf reicht die Bezeugung des Herbstfestes der Weinlese. Und zwar zunächst als einer Sitte der kanaanitischen Bevölkerung von Sichem. In der alten und inhaltreichen Geschichte von Abimelech, dem Sohne Jerubbaals, wird über die Bürger von Sichem berichtet (Jud. 9, 27): sie gingen hinaus aufs Feld und hielten Weinlese und kelterten und feierten Hillulim und kamen in das Haus ihres Gottes und assen und tranken und fluchten dem Abimelech. Ziemlich früh muss sich aber diese Feier dann auch bei den Israeliten eingebürgert haben. Zu Silo soll nach Jud. 21, 19sqq. von Jahr zu Jahr in den Weinbergen dem Jahve ein Fest begangen sein, wobei die Mädchen draussen zum Reigen antraten Wenn auch die Erzählung Jud. 19sqq. im Ganzen höchst unglaubwürdig ist, so berührt das doch diesen beiläufigen Zug nicht notwendig, zumal er durch 1. Sam. 1 bestätigt wird. Hier ist nämlich abermals von einem Feste zu Silo die Rede, welches am Ende des Jahres, d. i. im Herbst zur Zeit des Asiph[1]), stattfindet und wozu auch die Nachbarschaft wallfahrtet. Ersichtlich kommt das Fest nicht allenthalben zugleich auf, sondern an bestimmten einzelnen Orten (in Ephraim), die dann auch auf die Umgegend wirken. Die Sache hängt zusammen mit der Entstehung grösserer Heiligtümer gegen Ende der Richterzeit, beziehungsweise mit ihrer Übernahme von den alten Einwohnern; z. B. nachdem Sichem eine israelitische Stadt geworden war,

[1]) לתקפת הימים (= beim Jahreswechsel) 1. Sam. 1, 20. Exod. 34, 22. Darnach ist auch מימים ימימה Jud. 21, 19. 1. Sam. 1, 3 zu verstehen, vergl. Zach. 14, 16.

werden die Hillulim so wenig abgeschafft worden sein wie das Gotteshaus.

Bedeutenden Einfluss müssen dabei die grossen königlichen Tempelbauten ausgeübt haben. Sowohl zu Jerusalem als zu Bethel wurde seit Salomo und Jerobeam das Fest gefeiert, das selbe wie zu Sichem und Silo, dort im September, hier vielleicht etwas später [1]). Dies war damals die einzige wirkliche Panegyris. Die Feste zu Anfang des Sommers mögen zwar auch schon begangen sein (Isa. 9, 2), aber in kleineren lokalen Kreisen. Man erkennt diesen Unterschied noch im Deuteronomium, denn obwohl hier die Laubhütten theoretisch nicht den Vorrang haben, so werden doch faktisch nur sie von Anfang bis zu Ende beim Centralheiligtum, Ostern dagegen im ganzen zu Hause und nur am ersten Tage in Jerusalem gefeiert; noch dazu wird die geringere Forderung viel nachdrücklicher eingeschärft als die grössere, so dass die erstere scheint Neuerung, die letztere aber ältere Sitte gewesen zu sein. Amos und Hosea, wie sie einen glänzenden Kultus und grosse Opferstätten voraussetzen, kennen ohne Zweifel auch mehrere Feste, aber sie haben keinen Anlass, irgend eins bei Namen zu nennen. Bestimmtere Angaben finden sich bei Jesaias. Die Drohung, dass man binnen Jahresfrist die Assyrer im Lande haben werde, drückt er 29, 1 so aus: „fügt Jahr zu Jahr, lasst die Feste kreisen, dann bedränge ich Jerusalem", und am Ende der selben Rede lässt er sich 32, 9sqq. so vernehmen: „ihr leichtsinnigen Weiber, auf höret mein Stimme, ihr sorglosen Mädchen merkt auf meine Worte: in Jahr und Tag werdet ihr Sorglosen zittern, denn ein Ende hat es da mit der Lese und das Herbsten fällt aus; auf die Brüste werdet ihr euch schlagen ob der lieblichen Gefilde, ob des reichtragenden Weinstocks". Wenn die beiden Stellen zusammengehalten werden, so geht daraus hervor, dass Jesaias, der allgemeinen Sitte der Propheten bei grossen Volksversammlungen aufzutreten folgend, hier zur Zeit des Herbstfestes redet, an dem sich auch die Weiber lebhaft beteiligten (Jud. 21, 19sqq.). Dieses Herbstfest aber, dessen fröhlicher und natürlicher Charakter unverkennbar durchscheint, fällt bei ihm an den Jahreswechsel, wie man aus dem Vergleich von ינקפו 29, 1 mit תקפה Exod. 34, 22.

[1]) 1. Reg. 12, 32 ist freilich sehr unzuverlässig. 1. Reg. 8, 2 ist mit 6, 38 nicht gut zu reimen, wenn die Deutung von Bul und Ethanim richtig ist.

1. Sam. 1, 20 abnehmen darf, und schliesst einen hier zuerst erwähnten Cyklus von Festen ab.

2. Nach dieser Übersicht scheint es nun freilich mit der behaupteten Kongruenz des jehovistisch-deuteronomischen Gesetzes und der älteren Praxis nicht ganz wohl bestellt zu sein. Namen lassen sich überall nicht nachweisen, der Sache nach ist nur das Herbstfest gut bezeugt, aber wie es scheint als das einzige, als das Fest. Ohne Zweifel ist es auch in historischer Zeit das wichtigste gewesen, wie es immer das abschliessende blieb. Was glücklich vollendet ist, begeht man mit dem meisten Recht; der Abschluss der Ernte, sowohl des Drusches als der Kelterung, eignet sich auch deshalb am besten zu einer grossen Gesamtfeier, weil hier der Termin nicht so wie bei der Freude des Schneidens von der Natur abhängt, sondern eher in des Menschen Hand steht und von ihm geregelt werden kann. Doch müssen schon in der älteren Königszeit die Vorfeste daneben bestanden haben (Isa. 29, 1). Die Einzigkeit der Laubhütten wäre dann darauf zu beschränken, dass es weiter kein allgemeines Fest zu Jerusalem und zu Bethel gab; lokale Feiern anderweitiger Feste werden dadurch nicht ausgeschlossen (Os. 9, 1). Die jehovistische Gesetzgebung aber macht dazwischen keinen Unterschied, vielleicht weil sie von den grossen Tempeln nichts wissen will[1]). Übrigens mag sie auch wohl die noch unbestimmtere Sitte etwas systematisiren; in der Praxis hatte vielleicht die Darbringung der Erstlinge der Mahd noch nicht überall zu einer gemeinsamen und gleichzeitigen Feier geführt. Von Übereinstimmung in der Hauptsache dennoch zu reden, ist man, bei der Dürftigkeit des überlieferten Materials, darum berechtigt, weil der Begriff der Feste hier und dort der selbe ist. Sehr lehrreich in dieser Hinsicht sind zwei Abschnitte aus Hosea, Kap. 2 und Kap. 9, so dass sie verdienen ausführlich mitgeteilt zu werden.

In der einen wird Israel als Frau vorgestellt, die von ihrem Manne, d. h. der Gottheit, den Unterhalt bekommt: dies ist die Basis des Treueverhältnisses. Sie irrt sich aber in dem, der ihr Speise Trank und Kleidung gibt, meinend es seien die Götzen, während es Jahve ist. „Sie hat gesagt: ich will meinen Buhlen nachlaufen, die mein Brod und Wasser, meine Wolle und Flachs,

[1]) Exod. 20, 24—26 nimmt sich beinah aus wie ein Protest gegen die Einrichtungen des salomonischen Tempels, namentlich v. 26.

mein Öl und meine Getränke spenden. Weiss sie denn nicht, dass ich (Jahve) ihr das Korn und den Most und das Öl gegeben habe und Silber in Menge und Gold — daraus sie Götzen macht? Darum will ich mein Korn wieder an mich nehmen zu seiner Zeit und meinen Most zu seiner Frist, und meine Wolle und meinen Flachs wegholen, die ihr zur Kleidung dienen; und dann will ich ihre Blösse vor den Augen ihrer Buhlen aufdecken und niemand soll sie meiner Hand entreissen. Und ich mache all ihrer Freude ein Ende, ihren Festen Neumonden und Sabbathen und all ihren Feiertagen. Und ich verwüste ihre Reben und Feigen, von denen sie sagte: Buhllohn ist es für mich, den meine Buhlen mir gegeben haben; und ich mache dieselben zur Wildnis und die Tiere des Feldes sollen sie fressen. So strafe ich an ihr die Tage der Götzen, da sie ihnen räucherte und ihren Schmuck und Kleinodien anlegte und ihren Buhlen nachlief und mich vergass, spricht Jahve. Darum so will ich sie locken und sie in die Wüste führen und ihr dort ihre Weinberge anweisen; da wird sie fügsam wie in ihrer Jugend und wie zur Zeit da sie aus Ägyptenland zog. Darnach verlobe ich dich mir aufs neue für immer, um Recht und Gerechtigkeit und um Liebe und Erbarmen. Jenes Tages will ich, spricht Jahve, dem Himmel willfahren, und der wird der Erde willfahren, und die Erde wird dem Korn Most und Öl willfahren, und sie werden Israel willfahren" (2, 7—24). Der Segen des Landes ist hier das Ziel der Religion, und zwar ganz allgemein sowohl der falschen heidnischen, als auch der wahren israelitischen [1]). Sie hat keine geschichtliche Heilstaten, sondern die Natur zur Grundlage, welche jedoch nur als Domanium der Gottheit und als Arbeitsfeld der Menschen betrachtet und keineswegs selbst vergöttert wird. Das Land ist das Haus Jahves (8, 1. 9, 15), worin er der Nation Wohnung und Unterhalt gibt; im Lande und durch das Land wird Israel erst Jahves Volk, wie die Ehe dadurch geschlossen wird, dass das Weib in des Mannes Haus

[1]) Zach. 14, 16 sqq.: „Die Übriggebliebenen von den Völkern, die gegen Jerusalem gezogen sind, werden von Jahr zu Jahr wallfahrten zu huldigen dem Jahve Sebaoth und das Laubhüttenfest zu feiern. Welche aber nicht mit wallfahrten von den Geschlechtern der Erde nach Jerusalem zu huldigen dem Jahve Sebaoth, für die wird der Regen ausbleiben". Die Ägypter aber — die wegen des Nils keines Regens bedürfen — werden auf andere Weise gestraft, wenn sie nicht zum Laubhüttenfeste kommen. Vgl. Isa. 62, 4 sqq. 62, 9. 64, 10.

aufgenommen und dort unterhalten wird. Und wie die Scheidung die Verweisung des Weibes aus dem Hause ist, so löst Jahve seine Beziehung zu Israel, indem er das Land zur Wüste macht oder zuletzt das Volk geradezu daraus in die Wüste vertreibt; er knüpft sie andrerseits wieder an, indem er es aufs neue „einsät im Lande“, den Himmel regnen und die Erde tragen lässt, und dadurch den Namen Gott gesät für Israel wieder zu Ehren bringt (2, 25). Demgemäss ist der Gottesdienst weiter nichts als der schuldige Dank für die Gaben des Bodens, der Lehenstribut für den Hausherrn, der diesen und jene gegeben hat. Er fällt von selbst fort, wenn Korn und Wein ausbleibt, in der Wüste ist er undenkbar; denn wenn Gott nichts beschert, so kann man sich auch nicht freuen, und der Gottesdienst ist lauter Freude über den bescherten Segen. Derselbe hat somit durchgehens und allgemein den Charakter, den in der jehovistischen Gesetzgebung die Feste tragen, in denen er auch nach der Beschreibung Hoseas gipfelt. Denn die Tage der Götzen, an denen man sich putzte und opferte, sind eben die Feste, und zwar die Feste Jahves, den aber das Volk unter Bildern verehrte, welche dem Propheten schlechterdings als heidnisch gelten.

Ebenso lehrreich ist die andere Stelle 9, 1—6. „Freue dich nicht zu laut, Israel, wie die Heiden, dass du hurst gegen deinen Gott, Buhllohn gern hast auf allen Getreidetennen. Tenne und Kelter wird sie nicht laben und der Most wird sie trügen — sie werden im Lande Jahves nicht bleiben, Ephraim muss wieder nach Ägypten und in Assur müssen sie Unreines essen. Dann spenden sie nicht mehr Wein für Jahve und schichten ihm keine Opfer; wie Trauerbrot ist ihr Brot, alle die davon essen werden unrein, denn ihr Brot wird nur für ihren Hunger sein, kommt nicht in Jahves Haus. Was wollt ihr erst machen zur Feierzeit und für den Tag des Festes Jahves? Denn siehe nachdem sie aus Trümmern ausgezogen, wird Ägypten sie festhalten, Memphis sie begraben, ihre silbernen Lieblinge wird die Nessel beerben, der Dornbusch in ihren Zelten.“ Es braucht uns nicht zu stören, dass der Prophet hier wieder den Kultus, der der Absicht nach ersichtlich dem Jahve gelten soll, mit dem in der Tat äusserlich wohl wenig verschiedenen Kultus der Heiden gleichsetzt, weil er die silbernen Lieblinge der Zelte auf den Höhen nicht für Symbole Jahves, sondern für Götzen und ihren Dienst für Hurerei erkennen muss. Genug, dass abermals erhellt, wie der volkstümliche Gottesdienst in Israel damals beschaffen war. Tenne und Kelter, Korn und Most sind seine Motive, laute Freude, rauschender Jubel sein Ausdruck. Alle Lust des Lebens drängt sich zusammen in Jahves Hause, bei den Freudenmahlen zum Anbruch der Gaben seiner milden Güte; kein schrecklicherer Gedanke, als dass man sein Brot wie unreine Speise, wie Trauerbrot essen muss, ohne die Primitien (zum Feste) dargebracht zu haben[1]). Dieser Gedanke ist es, der der gedrohten Verbannung den Stachel gibt; denn Opfer und Feste hängen von dem Lande ab, der nährenden Mutter und dem wohnlichen Hause der Nation, der Grundlage ihrer Existenz und ihres Kultus.

Dass dies vollständig mit dem Wesen des Gottesdienstes und der Feste im Bundesbuch Zweitafelgesetz und Deuteronomium übereinstimmt, ist an sich klar, wird aber noch deutlicher durch die Vergleichung des Priesterkodex, wozu wir nunmehr übergehen.

III.

Über den Festcyklus handeln hier die Abschnitte Lev. 23 und Num. 28. 29, von denen der erstere einen dem Kern des Priesterkodex nicht ganz gleichartigen Bestandteil (23, 9—22 und zum teil v. 39—44) mit einem völlig gleichartigen verbindet. Die drei grossen Feste kommen auch in diesen beiden Aufzählungen vor, aber mit beträchtlicher Veränderung ihres Wesens.

1. Die eigentliche Feier wird durch vorgeschriebene Gesamtopfer erschöpft. Es werden dargebracht: in der Osterwoche und ebenso am Pfingsttage, ausser dem Thamid, täglich 2 Farren 1 Widder 7 Lämmer als Brand- und 1 Ziegenbock als Sündopfer; zu Laubhütten vom ersten bis zum siebenten Tage 2 Widder 14 Lämmer und in absteigender Linie 13—7 Farren, am achten Tage 1 Farre 1 Widder 7 Lämmer als Brand-, ausserdem tagtäglich 1 Ziegenbock als Sündopfer. Hinzukommende freiwillige Leistungen der Einzelnen werden nicht ausgeschlossen, sind aber Nebensache. Sonst

[1]) Trauerzeiten sind gewissermaassen Interdikte, in denen die Gemeinschaft zwischen Gott und Mensch pausirt. Übrigens ass man überhaupt nichts als wovon zuerst die Gottheit ihren Anteil bekommen hatte, nicht bloss kein anderes Fleisch, sondern auch keine anderen Vegetabilien; denn die Primitien von Korn und Wein galten als Anbruch des Jahresertrags und heiligten den ganzen. Alles andere war unrein; vgl. Ezech. 4, 13. Deut. 26, 14.

ist, sowohl in der älteren Praxis (1. Sam. 1, 4sqq.) als im Gesetz (Exod. 23, 18), gerade das Festopfer stets ein Mahl-, also ein Privatopfer. Im Deuteronomium hat man nur deshalb die fröhlichen Mahlzeiten vor Jahve auffallend finden können, weil man das Alte Testament nur aus der Perspektive des Priesterkodex kannte; eigentümlich ist hier höchstens eine gewisse humane Ausbeutung der Festopfer, dass man nämlich die Armen und Grundbesitzlosen seiner Bekanntschaft dazu einladen soll. Das ist aber eine Fortbildung, die der alten Opferidee der Communio zwischen Gott und Menschen weit näher liegt als das tote Werk jener Gesamtopfer. Nur das Pascha ist auch im Priesterkodex ein Mahlopfer geblieben und die Teilnahme daran auf die Familie oder eine geschlossene Gesellschaft beschränkt. Aber dieser letzte Rest der alten Sitte erscheint hier als sonderbare Ausnahme; auch hat die Feier im Hause, statt vor Jahve, etwas ganz Zwitterhaftes und macht das Opfer fast ganz zu einer profanen Schlachtung — bis auf den Ritus der Blutstreichung, der charakteristischer Weise beibehalten wird (Exod. 12, 7 vgl. Ezech. 45, 19).

Dem geht zur Seite, dass die Erstlinge der Jahreszeit sich noch mehr, als es schon ohnehin der Fall war, von den Festen gelöst haben. Während sie im Deuteronomium noch zu den drei grossen Mahlzeiten vor Jahve verwandt werden, sind sie im Priesterkodex überhaupt keine Opfer mehr und also auch keine Festopfer, sondern nüchterne Abgaben an die Priester, die teilweise von diesen selber eingesammelt werden und allesamt nicht vor den Altar gelangen. Damit verlieren die Feste vollens ihre eigentlichen Charakteristica, ihre beseelenden und unterscheidenden Anlässe; durch das Einerlei der ewigen Brand- und Sündopfer der Gesamtgemeinde werden sie alle einander gleich gemacht und zu Exercitien der Religion herabgesetzt. Nur ganz leise Spuren bezeugen noch, gleichsam verräterischer Weise, den Ausgangspunkt der Entwickelung, nämlich die Riten der Gerstengarbe der Weizenbrote und der Laubhütten (Lev. 23). Aber es sind dies eben blosse Riten, versteinerte Reste der alten Sitte; die wirklichen Erstlinge der Grundeigentümer heimsen die Priester ein, ihr Schatten bleibt dem Feste erhalten in der von der ganzen Gemeinde dargebrachten symbolischen Garbe, die nun ein ganz vereinzelter und unverstandener Zug geworden ist. Wenn somit in Wahrheit die Abstattung des Dankes für die Früchte des Feldes nichts mehr mit den Festen zu tun hat, so fängt auch selbst der Schein an zu schwinden; denn die Riten Lev. 23 sind aus einer älteren Gesetzgebung übernommen und werden Num. 28. 29 grösstenteils mit Stillschweigen übergangen. Auch die Erstgeburten werden im Priesterkodex nur als Abgaben, nicht als Opfer gefordert; das Pascha, immer ein jähriges Schaf- oder Ziegenlamm, hat der Sache nach überhaupt nichts mehr damit zu schaffen, sondern steht gesondert daneben. Da dasselbe jedoch gestiftet sein soll, damit die menschliche Erstgeburt der Hebräer, beim Würgen der ägyptischen, verschont bleibe, so verrät sich durch diesen Zusammenhang, dass die jährigen Lämmer doch nur ein Ersatz sind für die Erstlinge alles schlachtbaren Viehs, aber in Vergleich zu den Rindern und Schafen der jehovistischen Tradition und des Deuteronomiums ein sekundärer und in seiner Gleichförmigkeit unmotivirter Ersatz, und dass wenn nun die Erstlinge noch ausserdem an die Priester gesteuert werden, dies einer Verdoppelung gleichkommt, welche auf grund zunächst einer gänzlichen Verdunkelung, sodann einer künstlichen Erneuerung der ursprünglichen Sitte ermöglicht ist.

Ein weiterer wichtiger Punkt, wodurch sich der Priesterkodex unterscheidet, ist die Datirung der Feste nach Monatstagen. Ostern fällt auf den 15. Tag, d. h. auf den Vollmond, des ersten Monats, Laubhütten auf den selben Tag des siebenten Monats. In der jehovistischen und deuteronomistischen Gesetzgebung werden nur ungefähre Termine angegeben; Ostern wird im Ährenmonat, beim Anhieb der Sichel in die Saat, begangen, Laubhütten nach dem Herbsten, beim Jahreswechsel. Die Erntefeste richten sich hier nach der Jahreszeit, nach dem Stand der Früchte; sie werden nicht an den Mondwechsel gebunden. Nun kann man allerdings fragen, ob die Äquinoctialfeste von allem Anfang an Erntefeste gewesen sind; sie scheinen älter zu sein als der Ackerbau und sich ihm erst nachträglich angepasst zu haben. Auch die arabischen Nomaden feierten zwei Feste, im Frühling und im Herbste, und fixirten sie nach dem Monde. Aber die Hebräer haben doch allem Anschein nach die Feste schon als Erntefeste von den Kanaanitern überkommen; bei ihnen kann es schwerlich als ein Zeichen höchsten Alters angesehen werden, wenn mit der materiellen auch die zeitliche Beziehung der Feste zur Ernte im Priesterkodex verschwindet und dieselben auf den 15. Monatstag festgelegt werden.

Der ungefähre Termin hat das Präjudiz des Alters für sich gegenüber dem bestimmten; die Fixirung hängt zusammen mit der Centralisirung. Nur das Pascha ist wohl von Anfang an nicht bloss ein Jahresfest, sondern als Pannychis auch ein Mondfest gewesen.

Eine Gegenprobe für die behauptete Denaturirung der Feste im Priesterkodex liegt darin, dass die schon von der jehovistischen Tradition vorbereitete geschichtliche Deutung derselben hier ihre Spitze erreicht hat. Denn sind dieselben ihres ursprünglichen Inhalts verlustig gegangen und zu vorgeschriebenen Formen des Gottesdienstes herabgesunken, so steht nichts im Wege, die leeren Schläuche nach dem Geschmack des Zeitalters neu anzufüllen. So werden nun auch die Laubhütten (Lev. 23) ein historisches Fest, eingesetzt zum Andenken an die Obdächer, unter denen sich das Volk während des vierzigjährigen Wüstenzuges behelfen musste. Bei Ostern wird über die bereits im Deuteronomium und in Exod. 13, 3sqq. sich findende Motivirung durch den Auszug aus Ägypten noch ein Schritt hinaus getan. Im Priesterkodex ist nämlich dies Fest, das gerade wegen seines eminent geschichtlichen Charakters hier als das bei weitem wichtigste von allen gilt, noch mehr als bloss Nachhall einer göttlichen Heilstat, es ist selber Heilstat. Nicht weil Jahve die Erstgeburt Ägyptens geschlagen, wird in der Folge das Pascha gefeiert, sondern vorher, im Moment des Auszugs, wird es gestiftet, damit er die Erstgeburt Israels verschone. Die Sitte wird also nicht bloss geschichtlich motivirt, sondern in ihrem Anfange selber zu einem geschichtlichen Faktum verdichtet und durch ihren eigenen Anfang begründet; der Schatten, den sonst doch nur ein anderweitiges historisches Ereignis wirft, wird hier verkörpert und wirft sich selber. Sehr ähnlich verhält sich die Sache mit den ungesäuerten Broten. Statt dass sie durch den Umstand, dass die in der Mitternacht Ausziehenden in der Eile ihren Teig ungesäuert wie er ist mitnehmen, veranlasst sind und bestimmt, das Andenken an diesen Zug zu erhalten (Exod. 12, 34), werden sie im Priesterkodex ebenfalls schon vorher (12, 15sqq.) befohlen und hinterdrein zum Andenken an sich selber gefeiert, also nicht bloss durch die Geschichte motivirt, sondern selbst vergeschichtlicht. Darum wird denn auch das Ostergesetz ganz aus dem Zusammenhange der Stiftshütten-gesetzgebung herausgehoben (Exod. 12, 1sqq.), und die Schwierigkeit, dass nun beim Pascha von dem sonst im Priesterkodex unentbehrlichen Heiligtume abstrahirt werden muss, durch möglichstes Abstreifen des Opfercharakters beseitigt[1]. Einzig beim Pfingstfest zeigt sich noch kein Ansatz zur historischen Deutung; hier ist dieselbe dem späteren Judentume vorbehalten geblieben, welches darin, auf grund der Chronologie des Buches Exodus, eine Erinnerung an die sinaitische Gesetzgebung erkennt. Man sieht aber, wohin der Zug der späteren Zeit geht.

Es ist schon im Vorhergehenden angedeutet, dass für diese Entwickelung die Centralisation des Kultus epochemachend gewesen ist. Die Centralisation ist mit Generalisirung und Fixirung gleichbedeutend; und das sind die äusseren Züge, wodurch sich das Festwesen des Priesterkodex von dem früheren unterscheidet. Ich verweise auf die vorgeschriebenen Gemeinde- statt der spontanen Privatopfer, auf die festen Termine am 15. des Monats, auf die reinliche Sonderung von Opfern und Abgaben, auf die Uniformirung des Pascha: nichts frei und naturwüchsig, nichts undeutlich und noch im Werden, alles statutarisch, klipp und klar. Aber auch an der inneren Umwandlung der Feste ist die Centralisation des Kultus nicht zum wenigsten schuld. Erst werden die Gaben der Jahreszeit von den einzelnen Häusern geopfert wie es jedem passt, sodann werden sie zusammengelegt an den Festen, die mehr und mehr an einzelnen Heiligtümern sich koncentriren und zu grossen Wallfahrten führen, zuletzt treten die vereinigten Einzelopfer zurück gegen die einheitlichen Gesamtopfer der ganzen Gemeinde. Je mehr Gewicht auf die Gemeinsamkeit und Gleichförmigkeit der Feier gelegt wird, desto mehr lösst sie sich von ihrer Wurzel. Dass sie dann gern einen historischen Inhalt annimmt, wird zum teil auch daher kommen, dass die Geschichte nicht, wie die Ernte, ein Erlebnis der einzelnen Haushaltungen ist, sondern vielmehr ein Erlebnis des Volkes im ganzen. Man sieht freilich, dass die Feste an sich die Neigung haben sich von ihren ursprünglichen Trieben zu entfernen; aber nirgends haben sie sich so weit davon

[1] Das Absehen vom Heiligtum ist nur beim ersten Pascha begründet und soll vielleicht nur für dieses gelten. Der Unterschied zwischen dem פסח מצרים und dem פסח הדורות ist notwendig, schon weil jenes historisches Faktum, dieses eine Erinnerungsfeier daran ist. Dagegen ist nicht zu kämpfen, wenn für die Ursprünglichkeit des Pascha-ritus im Priesterkodex damit eingetreten wird, dass dieser allein den Bedingungen des ägyptischen Aufenthalts entspreche.

entfernt wie im Priesterkodex. Während sie doch sonst noch überall, wie wir sahen, in deutlicher Beziehung zu dem Lande und seinem Segen stehen und gleichsam die grossen Huldigungs- und Tributtage für den Lehnsherrn und Verleiher des Landes sind, so tritt dieser Zusammenhang hier völlig zurück. Wie man im Gegensatz zum Bundesbuch und Deuteronomium, ja selbst zu dem Korpus, welches Lev. 17—26 zu grunde liegt, den ganzen Priesterkodex als Wüstengesetzgebung charakterisiren kann, insofern er von den natürlichen Bedingungen und Motiven des wirklichen Volkslebens im Lande Kanaan abstrahirt und auf der tabula rasa der Wüste, der Negation der Natur, aus kahlen Statuten des absoluten Willens die Hierokratie aufbaut, so sind auch die Feste, bei denen sich die Abhängigkeit des Kultus vom Ackerbau am stärksten zeigt, so viel es angeht, hier zu Wüstenfesten geworden [1]).

Mit der Centralisation des Kultus, deren umgestaltender Einfluss sich im Priesterkodex zeigt, macht das Deuteronomium den Anfang. Jener fusst auf diesem und zieht die hier noch nicht geahnten Konsequenzen. Dies Verhältnis bewährt sich auch in Einzelheiten. Zunächst in den Namen der Feste, welche beiderorts die gleichen sind, Pesah, Schabuoth, Sukkoth. Es ist das nicht ohne innere Bedeutung, denn Asiph hätte der geschichtlichen Umdeutung viel grössere Hindernisse in den Weg gelegt als Sukkoth. Sodann in der Bevorzugung des Pascha, welche im Priesterkodex noch weit auffallender ist als im Deuteronomium. Ferner in der Dauer der Feier. Während das Deuteronomium allerdings die Anfangstermine noch nicht gleichmässig fixirt, tut es doch darin einen Schritt über die jehovistische Gesetzgebung hinaus, dass es Ostern und Laubhütten auf eine Woche, Pfingsten auf einen Tag normirt. Damit, sowie auch mit der zeitlichen Beziehung von Pfingsten zu Ostern, stimmt der Priesterkodex im ganzen überein, doch sind seine Bestimmungen im einzelnen ausgebildeter. Das Pascha, im ersten Monat am Abend des 14., eröffnet zwar auch hier das Fest, zählt aber nicht wie Deut. 16, 4. 8 als erster Tag der Osterwoche, sondern diese beginnt erst mit dem 15. und schliesst mit dem 21., vgl. Lev. 23, 6. Num. 28, 17. Exod. 12, 18. Da nun der Anfang der Festwoche besonders aus-

[1]) Vgl. Sir. 36, 7—9.

gezeichnet wird, so entsteht dadurch nicht bloss ein gewöhnlicher, sondern ein ausserordentlicher Feiertag mehr, der Tag nach dem Pascha, an dem nach den Bestimmungen des Deuteronomiums bereits in der Frühe die Pilger von Jerusalem in die Heimat zurückkehren sollten[1]). Eine andere Steigerung besteht darin, dass nicht bloss das Pascha, wie im Deuteronomium, oder ausserdem der hinzugekommene erste Festtag, sondern auch der siebente, der nach Deut. 16, 8 nur durch Ruhe auszuzeichnen ist, als Mikra Kodesch in Jerusalem gefeiert werden muss. Mit andern Worten sind die nicht ganz in der Nähe wohnenden Wallfahrer gezwungen die ganze Woche dort zuzubringen: eine Anforderung, die den Fortschritt der Centralisirung erkennen lässt, den weit mässigeren Ansprüchen des Deuteronomiums gegenüber. Die Laubhüttenwoche wird auch in dem letzteren Gesetze von Anfang bis zu Ende in Jerusalem begangen, aber der Priesterkodex hat hier abermals eine Oktave zuzulegen verstanden, als eine Asereth zum Hauptfeste, die freilich in dem älteren Bestande von Lev. 23 noch zu fehlen scheint. Nach alle dem unterliegt es keinem Zweifel, dass der Priesterkodex zunächst mit dem Deuteronomium zu vergleichen ist und in der selben Richtung darüber herausgeht, wie dieses selbst über die jehovistische Gesetzgebung. Auf jeden Fall nimmt das Deuteronomium die mittlere Stellung in der Reihenfolge ein, und wenn man dieselbe mit dem Priesterkodex beginnt, so gelangt man konsequenter Weise dazu, sie mit dem sinaitischen Bundesbuch (Exod. 20, 23sqq.) zu schliessen.

Nachdem der König Josias das Deuteronomium publicirt und es durch feierliche Verpflichtung des Volkes zum Bundesbuch gemacht hatte (a. 621), befahl er allem Volke: begehet Pascha dem Jahve eurem Gotte, wie es vorgeschrieben ist in diesem Bundesbuche — ein solches Pascha war nicht begangen seit den Tagen

[1]) Dadurch, dass im Priesterkodex der Tag vom Abend an gerechnet wird, lässt sich diese Differenz nicht ausgleichen, denn erstens hat dies keinen praktischen Einfluss, da die Datirung dennoch mit dem Morgen beginnt und der dem 15. voraufgehende Abend immer der 14. des Monats heisst (Lev. 23, 27. 32); zweitens ist der erste Festtag im Deut. eben der Tag, an dessen Abend das Pascha fällt und es folgen dann nicht noch sieben, sondern sechs Tage, während im Priesterkodex die Feier vom 14. bis zum 21. des Monats sich ausdehnt Exod. 12, 18. — Wenn die מחרת השבת nicht wie Jos. 5, 11 als der auf den 14., sondern wie in der jüdischen Tradition (Sept. zu Lev. 23, 11) als der auf den 15. Nisan folgende Tag gedeutet wird, so tritt zum 14. und 15. auch noch der 16. Nisan als besonderer Festtag hinzu.

der Richter und während der ganzen Königszeit (2. Reg. 23, 21. 22). Und als der Schriftgelehrte Ezra den Pentateuch, wie er uns gegenwärtig vorliegt, als Grundgesetz der Gemeinde des zweiten Tempels einführte (a. 444), da fanden sie geschrieben in der Thora, welche Jahve durch Moses befohlen hatte, dass die Kinder Israel am Feste im siebenten Monat in Hütten wohnen und dabei Laubzweige von Oliven und Myrten und Palmen gebrauchen sollten; und dementsprechend ging das Volk hin und machte sich Hütten: das war nicht geschehen seit den Tagen Josuas des Sohnes Nun bis auf diesen Tag (Nehem. 8, 14sqq.). Dass sich das Pascha Josias auf Deut. 16 und nicht auf Exod. 12 gründet, muss man schon annehmen, weil die Festfeier im Zusammenhange steht mit der neuen Centralisation des Kultus und zur Erprobung derselben dienen soll, während die Vorschrift von Exod. 12, wörtlich befolgt, nur zur Erschütterung derselben hätte dienen können. Auf der anderen Seite ist es, trotz kleiner Inkongruenzen, klar, dass die Laubhüttenfeier unter Ezra auf Lev. 23 zurückgeht. Es trifft sich also, dass die zwei so wichtigen und einander so ähnlichen Gesetzespublicirungen beide in die Zeit eines Festes fallen, die eine in den Frühling, die andere in den Herbst; und es ergibt sich bei dieser Gelegenheit, dass die Festsitte des Priesterkodex erst beinah 200 Jahre später anfing ins Leben zu treten und Geltung zu gewinnen, als die deuteronomische. Es gibt dafür noch einen anderen Beweis. Der Verfasser des Buchs der Könige weiss nur von einer siebentägigen Dauer der Laubhütten (1. Reg. 8, 66): am achten Tage entlässt Salomo das Volk. Dagegen in der Parallelstelle der Chronik (II 7, 9sq.) hält der Konig am achten die Asereth und entlässt das Volk erst am folgenden, dem 23. des Monats. Es wird also hier der deuteronomischen Sitte, welcher der ältere Schriftsteller und der ihm etwa gleichzeitige Ezechiel (45, 25) folgt, von dem jüngeren die seit Ezra (Nehem. 8, 18) herrschende des Priesterkodex überkorrigirt. Im späteren Judentum kam es bekanntlich, durch die Neigung gerade das Anfechtbare am festesten zu behaupten, dahin, dass der achte Tag des Festes als der herrlichste von allen angesehen wurde[1]).

Am nächsten steht dem Priesterkodex auch auf diesem Gebiete Ezechiel, der (45, 21—25) folgende Verordnung gibt. „Im

[1]) Joh. 7, 37. Vgl. Delitzsch zu Ps. 29.

1. Monat am 14. sollt ihr das Paschafest feiern, eine Woche Massoth essen; an selbigem Tage soll der Fürst für sich und das ganze Volk einen Sündfarren bringen und während der sieben Tage regelmässig als Brandopfer 7 Farren und 7 Widder, als Sündopfer einen Ziegenbock, als Mehlopfer ein Epha für jeden Farren und Widder, und Öl ein Maass auf das Epha — im 7. Monat am 15., am Feste, soll er dasselbe darbringen, 7 Tage, hinsichtlich der Sünd-, Brand- und Mehlopfer und des Öles.“ Im einzelnen deckt sich hier allerdings beinah nichts mit den Bestimmungen des Ritualgesetzes Lev. 23. Num. 28sq. Abgesehen davon, dass der — vom masoretischen Texte durch eine alberne Korrektur in v. 21 restituirte — Pfingsttag übergangen wird, weicht zunächst die Dauer der Feste ab; beide währen sieben und nicht acht Tage, und das Pascha gilt als der erste Ostertag, wie im Deuteronomium. Ferner differiren die Opfer, sowohl durch ihre stets gleich bleibende Zahl als durch ihre Qualität; insbesondere ist vom Paschalamm keine Rede, sondern von einem Sündfarren als Generalopfer. Bei der Minha fehlt der Wein, doch das darf man nicht in Anschlag bringen, da Ezechiel diesen grundsätzlich aus dem Kultus verbannt. Endlich bringt nicht die Gemeinde die Opfer, sondern der Fürst, für sich und das Volk. Aber trotz aller Differenzen leuchtet doch die allgemeine Gleichartigkeit durch; es wird an ihnen gewissermaassen nur anschaulich, dass man hier zum ersten male etwas hat, was man auf allen Punkten mit dem Priesterkodex zusammenstellen kann, mit dem die jehovistische Gesetzgebung ganz und die deuteronomische halb unvergleichbar ist. Beiderorts findet sich der nach dem Monatstage datirte Termin, das fest vorgeschriebene Gesamt-, Brand- und Sündopfer, die Abstraktion von Aparchen und Ackerbau, die Ausgleichung der natürlichen Unterschiede zu einer allgemein-kirchlichen Feier. Schwerlich nun hatte Ezechiel einen Grund, Lev. 23 und Num. 28sq. zu reproduciren, noch weniger aber, sich dabei eine Menge völlig zweckloser Variationen zu erlauben. Man beachte, dass er in keiner Einzelheit dem Deuteronomium widerspricht und doch dem Priesterkodex so unendlich viel näher steht: die Verwandtschaft ist eine unwillkürliche, die in der Zeit liegt. Ezechiel ist der Vorläufer des priesterlichen Gesetzgebers im Pentateuch, sein Fürst und Volk die noch einigermaassen von der vergangenen Königszeit gefärbte Vorstufe der Gemeinde der Stiftshütte und des zweiten Tempels. Dieser An-

nahme steht nichts im Wege und sie ist darum die rationelle, weil nicht Ezechiel, sondern der Priesterkodex die Sitte der späteren Zeit normirt hat.

Denn sowie das Festwesen des Priesterkodex sich in die Art des älteren Kultus, wie wir ihn z. B. aus Os. 2. 9 kennen, schlechterdings nicht schicken will, so ist dasselbe für die Praxis des nachexilischen Judentums, und darum auch für unsere von daher entnommene Anschauung, in jeder Hinsicht maassgebend. Niemand denkt im Neuen Testament an eine andere Paschafeier als die von Exod. 12 und an ein anderes Opfer als das dort vorgeschriebene Paschalamm. Man darf vielleicht die Vermutung wagen, dass wenn in jener Wüstengesetzgobung der Ackerbau überhaupt nicht als die Grundlage des Lebens empfunden wird, die er noch im Deuteronomium und selbst in dem Kerne von Lev. 17—26 ist, auch dies ein Beweis für ihren Zusammenhang mit den Zuständen weniger einer sehr alten als einer sehr jungen Zeit ist und nicht sowohl als ein Noch nicht, sondern viel eher als ein Nicht mehr aufgefasst werden muss. In Babylonien sind die Juden ein Handelsvolk geworden.

3. Eine Erscheinung, wodurch sich der Priesterkodex auszeichnet, ist bisher übergangen, dass nämlich hier der dreigliedrige Cyklus der Feste erweitert und durchbrochen ist. In der nach der Zeitfolge geordneten Aufzählung Lev. 23. Num. 28. 29 sind zwischen Pfingsten und Laubhütten zwei andere Feiertage eingesetzt, Neujahr am 1. des 7. Monats und der grosse Versöhnungstag am 10. des selben Monats. Wie sehr die drei, ursprünglich zu einander gehörigen, Erntefeste abgeblasst sind, sieht man daraus, dass diese beiden heterogenen Tage mitten dazwischen erscheinen, der Jom Kippurim in gleicher Reihe mit den alten Haggim, d. h. Tänzen, die lauter Lust und Freude waren und mit einem Trauerfasten nicht an einem Tage zu nennen. Im einzelnen ist Folgendes zu bemerken.

Der Jahreswechsel fiel in der Königszeit auf den Herbst; das Herbstfest bezeichnete den Abschluss des Jahres und der Feste (Exod. 23, 16. 34, 21. 1. Sam. 1, 20. 21. Isa. 29, 1. 32, 10). Das Deuteronomium wurde im 18. Jahre Josias aufgefunden und noch im selben Jahre Ostern nach Vorschrift dieses Gesetzes begangen — das war nur möglich bei Jahresanfang im Herbst. Hiernach richtet sich nun auch im Priesterkodex die kirchliche Neujahrsfeier. Der Jom Therua (Lev. 23, 24sq. Num. 29, 1sqq.) fällt auf den ersten Neumond des Herbstes, und es folgt aus der durch Lev. 25, 9sq. beglaubigten Tradition, dass dieser Tag als ראש השנה, als Neujahr begangen wird. Er wird nun aber immer als der erste des siebenten Monats bezeichnet. Also hat sich das bürgerliche Neujahr von dem kirchlichen getrennt und auf den Frühling verlegt; das kirchliche kann nur als Rest von früher her aufgefasst werden und verrät schlagend die Priorität der Sitte, wie sie in der älteren Königszeit herrschte. Erst durch den Einfluss der Babylonier scheint dieselbe abgekommen zu sein, welche die Frühlingsära hatten[1]). Denn die mit dem Gebrauch der Frühlingsära zusammenfallende Bezeichnung der Monate durch Zahlen statt durch die althebräischen Namen (Abib Ziv Bul Ethanim) findet sich, abgesehen vom Priesterkodex und dem letzten Redaktor des Pentateuchs (Deut. 1, 3), noch nicht im Deuteronomium (16, 1), sondern erst bei Schriftstellern des Exils. Zuerst bei Jeremias, aber nur in solchen Teilen seines Buchs, die nicht von ihm aufgeschrieben oder doch von späterer Hand redigirt sind[2]), sodann bei Ezechiel und dem Verfasser des Buchs der Könige, der die Namen seiner Quelle durch Zahlen erklärt (1. Reg. 6, 37. 38. 8, 2), ferner bei Haggai und Zacharia; zuletzt noch in der Chronik, aber hier beginnen schon die zunächst vom Hebräischen ferngehaltenen babylonisch-syrischen Monatsnamen einzudringen. Wollte man diese seit dem Exil nachweisbare Änderung des Kalenderwesens aus der zufällig jetzt beginnenden Einwirkung des bisher scheintoten Priesterkodex erklären, statt aus allgemeinen in den Zeitumständen liegenden Gründen, unter deren Einfluss eben auch

[1]) In Exod. 12, 2 wird dieser Wechsel der Ära förmlich durch Moses angeordnet: dieser Monat (der Ostermonat) soll euch der Anfang der Monate sein, der erste sei er euch von den Monaten des Jahres. Nach George Smith (the Assyrian eponym canon p. 19) begann das assyrische Jahr mit der Frühlingsnachtgleiche; die assyrische Sitte hängt von der babylonischen ab. Trotz der entgegenstehenden Annahme Idelers war ich von dem Frühlingsanfang des babylonischen Jahres fest überzeugt, lange bevor ich die Ergebnisse der Assyriologie in dieser Beziehung kannte. In Palästina behielten übrigens die Bne haGola den babylonischen Jahresanfang nicht lange bei, sondern gingen bald wieder zu dem alten landesüblichen (im Herbst) über, so dass das kirchliche Neujahr wieder mit dem bürgerlichen zusammenfiel. Vgl. Isr. und Jüd. Geschichte p. 129 n. 3. p. 208 n. 1. Auch das Sabbathjahr wurde bekanntlich von Herbst zu Herbst gerechnet (Lev. 25, 9).

[2]) Kuenen, historisch-kritisch Onderzoek[2] II p. 196. 216.

der Priesterkodex stand und die überhaupt damals einen Umschwung — allgemeinere Anwendung und grössere Genauigkeit — in der Zeitrechnung zur Folge hatten, so würde das absurd genannt werden müssen [1]).

Während des Exils scheint Neujahr nicht am 1., sondern am 10. des 7. Monats gefeiert zu sein (Lev. 25, 9. Ezech. 40, 1) — ganz begreiflich, nachdem es überhaupt einmal von dem wirklichen Jahresanfang sich getrennt hatte [2]). Schon daraus würde erhellen, wie jung der grosse Versöhnungstag Lev. 16 ist, der später auf diesen Termin begangen wurde; denn obwohl derselbe als Generalreinigungsceremonie mit Fug am Jahreswechsel steht, so passt doch der fröhliche Lärm der Neujahrsposaunen nicht in seine stille Feier, wie denn der יום תרועה im Priesterkodex in der Tat auf den 1. des 7. Monats gelegt ist. Trotz seiner überragenden Wichtigkeit ist der Versöhnungstag weder im jehovistisch-deuteronomischen Teile des Pentateuchs, der nur ein dreimaliges Erscheinen vor Jahve fordert, noch in den historischen und prophetischen Büchern bekannt. Seine ersten embryonischen Keime zeigen sich im Exil. Ezechiel verordnet (45, 18—20) zwei grosse Entsündigungen zu Anfang der beiden Jahreshälften; denn 45, 20 ist nach der Septuaginta בשבעי בחדש „im 7. Monat am Neumond" zu lesen. Die zweite von diesen, im Herbst, ist mit der des Priesterkodex zu vergleichen, nur dass sie auf den ersten und Neujahr (40, 1) auf den zehnten fällt, während dort umgekehrt Neujahr auf den ersten und die Entsündigung auf den zehnten; auch ist der Ritus weit einfacher. Zacharia, gegen Ende des sechsten Jahrhunderts, sieht auf zwei seit siebzig Jahren, d. h. seit dem Anfange des Exils, bestehende regelmässige Fasttage im 5. und 7. Monate

[1]) Ein ähnliche Erscheinung zeigt sich bei dem Gewichtswesen. Der „heilige Sekel", der oft im Priesterkodex und nur hier vorkommt, kann unmöglich eher so benannt sein, als bis auch die natürlichsten altisraelitischen Dinge, weil abhanden gekommen, in einem wundersamen Nimbus erschienen. Er hat zum Gegensatz den „Stein des Königs", der 2. Sam. 14, 26 in einer Glosse erwähnt wird; der König ist kein anderer als der Grosskönig von Asien. Interessant ist es, dass der heilige Sekel des Priesterkodex dem Ezechiel noch der gewöhnliche ist; vgl. Exod. 30, 13 mit Ezech. 45, 12.

[2]) Dass bei Ez. der 10. als ראש השנה genau zu nehmen ist, folgt nicht bloss daraus, dass diese Bezeichnung nur in diesem Sinne vorkommt, sondern auch daraus, dass es nicht zufällig ist, wenn der Prophet gerade zu Neujahr das Neue Jerusalem schaut. Dann aber ist nach Lev. 25, 9 der siebente Monat gemeint, an dessen 10. Tage die Posaunen zum Anbruch des Jobeljahres geblasen werden.

zurück (7, 5), denen er (8, 19) noch zwei andere im 4. und 10. Monate zufügt. Sie beziehen sich, nach Ch. B. Michaelis' sehr wahrscheinlicher Erklärung, auf die geschichtlichen Unglückstage, welche dem Exil vorhergingen. Am 9. des 4. Monats wurde Jerusalem eingenommen (Hier. 39, 2), am 7. des 5. wurde die Stadt und der Tempel verbrannt (2. Reg. 25, 8), im 7. Monat wurde Gedalia erschlagen und der Rest des jüdischen Staats vernichtet (Hier. 41), im 10. hatte die Belagerung der Stadt durch Nabokodrossor begonnen (2. Reg. 25, 1). Den grossen Versöhnungstag von Levit. 16 kennt mithin auch dieser Prophet noch nicht, sondern erwähnt nur neben anderen das Fasten im 7. Monat als seit 70 Jahren bestehend. Derselbe ist sogar bis a. 444, dem Jahre der Publikation des Pentateuchs durch Ezra, noch nicht in Kraft getreten. Ezra beginnt die Vorlesung des Gesetzes am Anfang des 7. Monats, darnach wird am 15. Laubhütten begangen: von einer Sühnfeier am 10. des Monats wird in der genauen und gerade für Liturgisches interessirten Erzählung nichts berichtet, sie wird dagegen am 24. nachgeholt (Nehem. 8. 9). Dies testimonium e silentio ist vollgiltig — bis dahin bestand der grosse Tag des Priesterkodex nicht, der erst jetzt eingeführt wurde[1]). Sein Termin wird teilweise im Anschluss an Ezechiel durch das alte Neujahr (Lev. 25, 9) bedingt sein, teilweise im Anschluss an Zacharia durch das Fasten Gedalias, welches freilich später dann doch noch besonders gefeiert wurde.

Auch vor dem Exil kamen wohl allgemeine Fasttage vor, aber sie wurden besonders angesagt und waren immer ausserordentlich veranlasst, wenn eine Schuld zum öffentlichen Bewusstsein kam oder der göttliche Zorn drohte, namentlich bei Landeskalamitäten (1. Reg. 21, 9. 12. Hier. 14, 12. 36, 6. 9. Joel 1, 14. 2, 12. 15). Im Exil begannen sie regelmässige Sitte zu werden, ohne Zweifel zunächst in Erinnerung an die erlebten dies atri und gewissermaassen als ein der Situation entsprechender Ersatz für die nur im heiligen Lande möglichen fröhlichen Volksversammlungen

[1]) „Wenn Lev. 16 zum ursprünglichen Bestand der Priesterschrift gehört und im Jahr 444 der gesamte Pentateuch von Ezra publicirt wurde und doch damals der Tag nicht gefeiert wurde, so wird ja eben damit zugegeben, dass es Gesetze geben kann, ohne dass sie ausgeführt werden." So Dillmann in der Einleitung zu Lev. 16 (1880 p. 525): es wird ihm jeder zugeben, dass das Gesetz, ehe es öffentliche Geltung gewinnen konnte, zuvor promulgirt sein musste.

zu Ostern, Pfingsten und Laubhütten[1]). Endlich traten sie den Festen selber zur seite und wurden ein förmlicher und sehr wichtiger Bestandteil des ordentlichen Gottesdienstes. Im Priesterkodex ist das grosse Fasten am 10. des 7. Monats der heiligste Tag des ganzen Jahres. Nichts ist so bezeichnend für den Gegensatz des neuen Kultus zum alten: wie er überall auf die Sünde und die Sühne sein Absehen richtet, so läuft er auch in ein grosses Sündensühnfest als in seine Spitze aus. Es ist als ob die Stimmung des Exils auch nach der Befreiung, wenigstens während der ersten Jahrhunderte, im Judentum stehen geblieben wäre; als ob man sich nicht bloss momentan, wie in früherer Zeit, bei einem besonderen Anlass, sondern unaufhörlich unter dem bleiernen Druck der Sünde und des Zorns gefühlt hätte. Ich habe kaum nötig ausdrücklich hinzuzufügen, dass auch hinsichtlich des Versöhnungstages als des Festes aller Feste der Priesterkodex für die nachexilische Zeit maassgebend geworden ist. „Ritus und Opfer sind durch das Misgeschick der Zeiten untergegangen, aber die selbe Heiligkeit ist ihm geblieben; wer sich noch nicht ganz losgesagt hat vom Judentum, hält diesen Tag, mag er auch sonst gegen alle Gebräuche und Feste desselben gleichgiltig sein.“

IV.

Zum Schluss noch ein Wort über die Mondfeste, d. h. über Neumond und Sabbath. Dass beides zusammengehört, lässt sich allerdings aus dem Pentateuch nicht sehen, wohl aber annähernd aus Amos 8, 5 und 2. Reg. 4, 22sq. Bei Amos sagen die über jede Unterbrechung ihres Wuchers ungeduldigen Kornhändler: wann wird der Neumond vorübergehen, dass wir Getreide verkaufen, und der Sabbath, dass wir Korn auftun! An der anderen Stelle wird die Sunamitin, als sie ihren Mann um einen Esel und einen Knecht bittet um den Propheten Elisa zu besuchen, von diesem gefragt, wie sie denn dazu komme, jetzt einen solchen Ausflug zu unternehmen, da es ja doch „kein Neumond und kein Sabbath“, d. h. wie wir sagen würden, kein Sonntag sei. Wahrscheinlich hat sich der Sabbath ursprünglich nach den Phasen des Mondes gerichtet und ist also immer der 7. 14. 21. (28.) Tag

[1]) Auch nach der zweiten Zerstörung Jerusalems, durch Titus, nahm das Fastenwesen einen solchen Aufschwung, dass die Tage verzeichnet werden mussten, an denen das Fasten verboten war.

des Monats geweseu, den Neumond als ersten gerechnet: eine Ratio muss er gehabt haben, und eine andere lässt sich nicht auffinden[1]). Denn dass die Woche durch die sieben Planeten bedingt sein soll, erscheint sehr wenig glaublich. Erst nachdem man die sieben Tage hatte, kam man darauf sie nach den sieben Planeten zu benennen; die Siebenzahl ist das einzige Band zwischen ihnen. Ohne Zweifel ist die Woche älter als die Namen ihrer Tage. Vgl. Ideler I p. 178ss.

Die Mondfeste sind wohl überhaupt älter als die Erntefeste, und sicher sind sie es bei den Hebräern. Es lässt sich nachweisen, dass die Neumondsfeier in alter Zeit mindestens auf gleicher Linie mit der Sabbathsfeier gestanden hat[2]). In der jehovistischen und deuteronomischen Gesetzgebung jedoch wird dieselbe vollkommen ignorirt, und wenn sie in der priesterlichen und ezechielischen etwas mehr hervortritt — ohne entfernt mit der Sabbathfeier sich messen zu können —, so hängt das vielleicht damit zusammen, dass sich hier die grossen Feste nach dem Neumond richten und deshalb seine Beobachtung von Wichtigkeit ist. Es mag einesteils bewusste Absicht gewesen sein, welche die Neumondsfeier, wegen allerhand heidnischen Aberglaubens, der sich leicht daran ansetzte, verdrängt hat, andernteils ist wohl auch das unwillkürliche Übergewicht des Sabbaths daran schuld gewesen, zufolge dessen dieser seine eigenen Wege ging und in regelmässigen siebentägigen Intervallen weiter gerechnet wurde, unbekümmert um den Neumond, mit dem er nun kollidirte, statt wie früher durch ihn gestützt zu werden.

Als Mondfest reicht ohne Zweifel auch der Sabbath in sehr hohes Alter hinauf. Bei den Israeliten aber bekam dieser Tag eine ganz eigentümliche Bedeutung, wodurch er sich von allen anderen Festen unterschied; er wurde der Ruhetag in Sonderheit. Ursprünglich ist die Ruhe nur eine Konsequenz der Feier, z. B. der Erntefeste nach der sauren Arbeitszeit; auch die Neumonde

[1]) George Smith, the Assyrian Eponym Canon p. 19sq.: Among the Assyrians the first twenty-eight days of every month were divided into four weeks of seven days each, the seventh, fourteenth, twenty-first, and twenty-eighth days, respectively, being sabbaths; and there was a general prohibition of work on these days.

[2]) 1. Sam. 20, 5. 6. 2. Reg. 4, 23. Amos 8, 5. Isa. 1, 13. Os. 2, 13. Dass das Hallel mit dem Hilâl (arab. Neumond) etwas zu tun hat, ist freilich nicht anzunehmen, vgl. Reste arabischen Heidentums p. 108. Hilal scheint dem hebr. Helel zu entsprechen.

wurden dadurch ausgezeichnet (Amos 8, 5. 2. Reg. 4, 23). Sie ist auch beim Sabbath eigentlich nur die Folge davon, dass er der Feier- und Opfertag der Woche ist (Isa. 1, 13. Ezech. 46, 1sqq.), an dem die Schaubrote aufgelegt werden; für ihn aber wurde sie wohl wegen der Regelmässigkeit, mit der er die Alltagsarbeit alle acht Tage unterbrach, allmählich die wesentliche Eigenschaft. Am Ende wurde dann auch sein Name so gedeutet, als sei er vom Ruhen hergenommen. Als solcher Ruhetag kann nun der Sabbath nicht so uralt sein; in dieser Eigenschaft setzt er vielmehr den Ackerbau und ein ziemlich angestrengtes Werktagsleben voraus. Dazu stimmt es, dass sich im Laufe der Geschichte eine Steigerung der Sabbathsruhe bei den Israeliten nachweisen lässt. Am höchsten ausgebildet, bis zur Veränderung der Qualität, erscheint dieselbe im Priesterkodex.

Nach 2. Reg. 4, 22sq. hat man am Sabbath Zeit zu nicht alltäglichen Beschäftigungen; Knecht und Esel können abkommen, zu einer Reise, die weiter ist als ein Sabbatherweg. Os. 2, 13 heisst es: „ich mache all ihrer Freude ein Ende, ihren Festen Neumonden und Sabbathen“; diese letzteren teilen also mit den ersteren die Lust und Fröhlichkeit, die sich im Exil, mit dem Jahve droht, von selbst verbietet. Beim Jehovisten und Deuteronomiker ist der Sabbath, der freilich schon Amos 8. 5 auf den Handel ausgedehnt wird, eine Einrichtung speciell für den Ackerbau; er ist der Erholungstag für die Leute und das Vieh und wird mithin in ähnlicher Weise wie die Opfermahle zu socialen Zwecken benutzt (Exod. 20, 10. 23, 12. 34, 21. Deut. 5, 13. 14). Obwohl diese moralische Wendung echt israelitisch und nicht ursprünglich ist, so ist die Ruhe doch auch hier noch ein Fest, ein Vergnügen für die arbeitenden Klassen; denn was zur Pflicht gemacht wird — den israelitischen Herren nämlich, an welche die Gesetzgebung sich richtet — ist weniger, dass man ruhe, als dass man ruhen lasse. Im Priesterkodex dagegen ist die Sabbathsruhe schlechterdings nicht mit dem fröhlichen Aufatmen von der Last des Lebens bei den Festen gleichartig, sondern eine Sache für sich, die den Sabbath nicht bloss von den Wochentagen, sondern auch von den Festen unterscheidet und einer ascetischen Leistung weit näher kommt als einer lässigen Erholung. Sie wird hier ganz abstrakt genommen, nicht als Ruhe von der gewöhnlichen Arbeit, sondern als Ruhe schlechthin. Man darf am heiligen Tage nicht aus dem

Lager gehen, um Manna oder Holz zu sammeln (Exod. 16. Num. 15), nicht einmal Feuer anzünden und kochen (Exod. 35, 3): diese Ruhe ist in Wahrheit ein Opfer der Enthaltsamkeit von aller Beschäftigung, worauf man sich schon den Tag vorher präpariren muss (Exod. 16). In der Tat könnte vom Sabbath des Priesterkodex nicht gesagt werden, er sei um des Menschen willen da (Marc. 2, 27), er ist vielmehr ein mit der Starrheit eines Naturgesetzes auftretendes Statut, das sich selbst zum Grunde hat und auch für Gottes Schaffen gilt. Der ursprüngliche Schöpfungsbericht, wonach Gott am siebenten Tage die Welt vollendete und ihn darum heiligte, ist dahin verbessert, dass er in sechs Tagen fertig wurde und am siebenten Tage ruhete[1]).

Ansätze zu einer solchen Überspannung der Sabbathsruhe ins Absolute finden sich seit der chaldäischen Zeit. Während nach Os. 2, 13 und sogar nach Lament. 2, 6 der Sabbath ausserhalb des heiligen Landes, wie der übrige Gottesdienst, aufhören muss, gewann er tatsächlich im Exil ausserordentlich an Bedeutung, indem er nicht bloss vom Ackerbau, sondern namentlich auch vom Opferkultus sich unabhängig und als heilige Ruhefeier völlig selbständig machte. Dergestalt wurde er neben der Beschneidung das zusammenhaltende Symbol der jüdischen Diaspora, wie schon im Priesterkodex beide Institute die allgemeinen religiösen Erkennungszeichen (אות Gen. 17, 11. 10. Exod. 31, 13. Ez. 20, 12. 20) sind, welche auch unter Umständen bestehen, wo ähnlich wie im Exil die Bedingungen des mosaischen Kultus nicht vorhanden sind (Gen. 2, 3. 17, 12sq.). Welche Mühe inzwischen noch die Gründer der Gemeinde des zweiten Tempels hatten, mit den neuen strengen Anforderungen durchzudringen, erhellt aus Neh. 13, 15sqq.[2]). Aber es gelang schliesslich. Die Sabbathfeier des Judentums hat sich auf grund der priesterlichen Gesetzgebung folgerecht weiter entwickelt, immer mehr dem Ideal der absoluten Ruhe sich nähernd, so dass für die strengste Richtung der Pharisäer die Vorbereitung

[1]) Es ist ein unzweifelhafter Widerspruch, wenn es in Gen. 2, 2 zunächst heisst: er machte die Arbeit am siebenten Tage fertig, und sodann: er feierte am siebenten Tage von der Arbeit. Handgreiflich ist der leztere Satz eine authentische Interpretation, aus sehr deutlichem Motive nachgetragen.

[2]) In die selbe Zeit fällt wohl auch Isa. 56, 2. 58, 13 und Hier. 17, 19sqq. An der letzteren Stelle wird gesagt, dass das Ruhegebot zwar schon den Vätern gegeben, von ihnen aber nicht gehalten sei.

auf den heiligen Tag die ganze Woche in Anspruch nahm und also womöglich das halbe Menschenleben um seinetwegen da war. „Vom Sonntag an denk an den Sabbath“, sagt Schammai. Hervorgehoben zu werden verdient die Unterscheidung zwischen *Jomtob* und *Schabbath*, die mit der puritanischen zwischen Fest- und Sonntag zu vergleichen ist, und die Diskussion über das Brechen des Sabbaths durch den Gottesdienst; zwei Einzelheiten, welche die durch den Priesterkodex angezeigte Richtung erkennen lassen, in der sich die spätere Sitte vom Ursprünglichen entfernt.

2. Mit dem Sabbath steht das Sabbathjahr in Verbindung. Im Bundesbuche wird gefordert, einen Hebräer, den man zum Knechte kauft, nach sechs Jahren des Dienstes im siebenten frei zu geben, wenn er anders nicht selber zu bleiben wünscht (Exod. 21, 2—6). Ebendaselbst wird an einer anderen Stelle geboten, sechs Jahre das Land und die Obstgärten zu bestellen und die Ernte einzuheimsen, aber im siebenten dieselbe preiszugeben (שמט), damit die Armen sie essen und, was sie übrig lassen, die Tiere des Feldes (23, 10. 11). Von einem Sabbathjahr ist hier keine Rede. Die Freigebung des hebräischen Knechts erfolgt sechs Jahr nach dem Kauf, also an einem relativen Termin. Ebenso ist in der anderen Verordnung ein absolutes siebentes Jahr durch nichts angezeigt; auch handelt es sich nicht um einen Sabbath, d. h. eine Brache, für das *Land*, sondern um eine Preisgabe der *Ernte*.

Das erste Gebot wird im Deuteronomium wiederholt, ohne sachliche Abweichungen, teilweise wörtlich (15, 12—18). Das andere hat wenigstens ein Analogon in Deut. 15, 1—6: „am Ende von sieben Jahren sollst du eine Preisgabe (שמטה) machen und folgende Bewandtnis hat es mit der Preisgabe: kein Gläubiger soll wegen einer Forderung seinen Bruder drängen, denn man hat eine Preisgabe ausgerufen dem Jahve; den Fremden magst du drängen, aber was dir dein Bruder schuldet, sollst du preisgeben“. Dass diese Verordnung mit Exod. 23, 10. 11 zu vergleichen ist, beweist der Name שמטה, aber derselbe bekommt eine andere Bedeutung, die offenbar neu eingeführt wird. Es handelt sich hier nicht um Grund und Boden, sondern um Geld, und preisgegeben werden soll nicht bloss, wie die Ernte des Feldes, so die Zinsen der Forderung, sondern das Kapital selbst — der letzte Satz lässt kein anderes Verständnis zu, so zweckwidrig die Maassregel ist. Ein

Schritt auf das Sabbathsjahr zu ist darin zu erkennen, dass der Termin des siebenten Jahres nicht ein für die einzelnen Schuldverhältnisse, je nach dem Datum ihrer Kontraktion, verschiedener ist — dann könnte es sich einfach um Verjährung handeln —, sondern ein für alle gleicher und gemeinsamer, den man öffentlich ansagt; ein absoluter also, kein relativer. Jedoch umfasst er nicht das ganze siebente Jahr, tritt nicht am Ende von sechs Jahren ein wie im Exodus, sondern am Ende von sieben: die Preisgabe der Ernte nimmt eben das ganze Jahr in Anspruch, der Schuldenerlass vergleichsweise nur einen Moment.

Das Sabbathsjahr ist dem Priesterkodex eigentümlich, oder genauer der von ihm recipirten und überarbeiteten Gesetzsammlung, welche in Lev. 17—26 zu grunde liegt. Es heisst in Lev. 25, 1—7: „wenn ihr in das Land kommt, welches ich euch geben werde, so soll das Land dem Jahve einen Sabbath feiern; sechs Jahre sollst du dein Feld säen und deinen Weinberg bestellen und die Ernte einheimsen, und im siebenten Jahre soll das Land einen Ruhesabbath feiern dem Jahve, dein Feld sollst du nicht säen und deinen Weinberg nicht bestellen, das freigewachsene Korn sollst du nicht mähen und die Trauben der nicht geputzten Reben nicht schneiden, ein Ruhejahr soll das Land haben, und der Sabbath des Landes soll euch zur Nahrung sein, dir und deinem Knechte und deiner Magd und deinen Heuerleuten und deinem Vieh und dem Wilde soll all sein Ertrag zur Nahrung sein“. Die Ausdrücke lassen keinen Zweifel darüber, dass Exod. 23, 10. 11 die Grundlage dieser Verordnung ist, aber es ist etwas anderes daraus gemacht. Das dort relative siebente Jahr ist hier ein festes geworden, nicht verschieden für die verschiedenen Äcker, sondern gemeinsam für das ganze Land, ein Sabbathjahr nach der Ähnlichkeit des Sabbathtages. Dies kommt einer gewaltigen Erschwerung der Sache gleich, denn es ist ein anderes Ding, ob sich der Verzicht auf die Ernte über sieben Jahre verteilt oder auf das je siebente zusammendrängt. Gleicherweise zeigt sich die Steigerung der Anforderung darin, dass im siebenten Jahre nicht bloss einzuheimsen, sondern auch zu säen und zu bestellen verboten wird. In dem originalen Gebote ist das nicht der Fall, hier fällt nur die Ernte im siebenten Jahre nicht dem Eigentümer des Feldes zu, sondern ist publici iuris — vielleicht ein Rest der Gemeinwirtschaft. Durch ein blosses Misverständnis des Verbalsuffixes

Exod. 23, 11, wie Hupfeld vermutet hat, ist aus dem Liegenlassen des Ertrags des Landes ein Liegenlassen des Landes selbst, eine allgemeine Brache desselben gemacht Lev. 25, 4. Das Misverständnis ist aber nicht zufällig, sondern überaus charakteristisch. In Exod. 23 ist die Einrichtung für die Menschen da, eine Beschränkung der Privateigentümer des Grundbesitzes zum besten der Gesamtheit, d. h. faktisch der Besitzlosen, die im siebenten Jahr den Niessbrauch haben sollen; in Lev. 25 ist die Einrichtung wegen des Landes da, damit es wenn nicht am siebenten Tage doch im siebenten Jahre ruhe, und wegen des Sabbaths, damit er seine Herrschaft auch über die Natur ausdehne. Natürlich setzt dies die extreme Sabbathfeier durch absolute Ruhe voraus und ist nur als Auswuchs davon zu begreifen. Übrigens ist eine allgemeine Brache nur unter Verhältnissen möglich, die schon von der eigenen landwirtschaftlichen Produktion ziemlich unabhängig sind: vor dem Exil hätte schwerlich auch nur der Gedanke daran kommen können.

Zu dem Sabbathjahre kommt nun im Priesterkodex als Ergänzung noch das Jobeljahr hinzu (Lev. 25, 8 sqq.). Wie jenes dem siebenten, so ist dieses dem funfzigsten, d. i. dem Pfingsttag nachgebildet, wie schon aus dem Parallelismus von Lev. 25, 8 mit Lev. 23, 15 zu erkennen ist. Wie der 50. Tag nach den sieben Sabbathtagen als Schlussfeier der 49 tägigen Periode gefeiert wird, so das 50. Jahr nach den sieben Sabbathjahren als Schlussstein der 49jährigen; die sieben in die Ernte fallenden Sabbathe, die besonders gezählt zu werden pflegen (Luc. 6, 1), haben eben dadurch, dass sie die Erntearbeit unterbrechen, eine besondere Ähnlichkeit mit den Jahrsabbathen, die den Ackerbau überhaupt unterbrechen. Jobel ist also eine künstliche Einrichtung, aufgebaut auf den Brachjahren als Erntesabbathen, nach der Analogie des Pfingstfestes. Seine beiden Funktionen scheinen ursprünglich auch dem Sabbathjahr angehört zu haben und aus den beiden entsprechenden Bestimmungen des Deuteronomiums über das siebente Jahr abgeleitet zu sein, so dass also Exod. 23 die Basis von Lev. 25, 1—7 und Deut. 15 die von 25, 8 sqq. wäre. Die Freilassung des hebräischen Sklaven sollte zuerst im siebenten Jahre des Kaufes, sodann vermutlich im siebenten Jahre schlechthin geschehen: von da ist sie aus praktischen Gründen auf das funfzigste verlegt worden. Analog ist auch wohl das andere Element des Jobel, der Rückfall des verpfändeten Grundbesitzes an den Erbeigentümer, erwachsen aus dem Schuldenerlass, der Deut. 15 für das Ende des siebenten Jahres gefordert wird; denn beides hängt sachlich eng mit einander zusammen, wie Lev. 25, 23sqq. zeigt.

Was die Bezeugung aller dieser Einrichtungen betrifft, so werden die des Bundesbuchs gleichmässig vom Deuteronomium und vom Priesterkodex vorausgesetzt. Auf die Anregung des Deuteronomiums scheint es zurückzugehen, dass gegen Ende der Regierung Sedekias Ernst gemacht wurde mit der Freilassung der hebräischen Sklaven; die Ausdrücke Hier. 34, 14 weisen auf Deut. 15, 12 und nicht auf Exod. 21, 2. Da sie bisher nicht praktisch geworden war, wurde in diesem Falle die Maassregel von allen zu gleicher Frist durchgeführt; in der Tat musste dies immer geschehen, wenn sie als ausserordentliche Neuerung in die Welt trat: vielleicht hängt es damit zusammen, dass aus einem relativen ein festes siebentes Jahr wurde. Das Sabbathjahr ist nach der eigenen Aussage des Gesetzgebers in der ganzen vorexilischen Zeit nicht gehalten worden. Denn nach Lev. 26, 34sq. soll die Verödung des Landes während der Dauer des Exils eine nachträgliche Erstattung der früher nicht eingehaltenen Brachjahre sein: „dann wird das Land seine Sabbathe bezahlen alle Tage der Verödung, wenn ihr im Lande eurer Feinde seid, dann wird das Land feiern und seine Sabbathe bezahlen; alle Tage der Verödung wird es nachfeiern, was es früher nicht gefeiert hat, solange ihr darin wohntet". Der Vers wird 2. Chr. 36, 22 als ein Wort Jeremias citirt, und das ist ein richtiger und unbefangener Eindruck seines exilischen Ursprungs. Da nun aber der Verfasser von Lev. 26 auch der von Lev. 25, 1—7 ist, d. h. der Gesetzgeber des Sabbathjahres, so folgt daraus die Jugend dieser Einrichtung. Das Jobeljahr, auf alle Fälle vom Sabbathjahr abgeleitet, ist noch jünger als dieses. Jeremias (34, 14) ahnt nichts davon, dass die Freilassung der Knechte nach dem „Gesetz" im 50. Jahre erfolgen soll. Den Namen דרור, welchen Lev. 25, 10 das Jobel trägt, gebraucht er vom siebenten Jahre, und das ist auch für Ezech. 46, 17 entscheidend: das Grundstück, welches der König einem seiner Diener schenkt, bleibt nur bis zum siebenten Jahre in dessen Besitz.

Viertes Kapitel.

Die Priester und Leviten.

I.

1. Das Problem, um das es sich hier handelt, erscheint mit besonderer Schärfe in einem prägnanten Beispiele, das wohl an die Spitze gestellt zu werden verdient. Das mosaische Gesetz, d. h. der Priesterkodex, scheidet bekanntlich zwischen den zwölf weltlichen Stämmen und Levi, andererseits innerhalb des geistlichen Stammes selber zwischen den Söhnen Aharons und den schlechthin sogenannten Leviten. Der erstere Unterschied wird anschaulich in der Lagerordnung Num. 2, in der Levi einen schützenden Ring um das Heiligtum bildet, gegen die unmittelbare Berührung der übrigen Stämme. Der andere wird mit ungleich grösserem Nachdruck eingeschärft. Bloss Aharon und seine Söhne sind Priester, zum Opferdienst und zum Räuchern befähigt, die Leviten sind Hierodulen (3. Esdr. 1, 3), die zur Besorgung der niederen Dienste an die Aharoniden geschenkt worden sind (Num. 3, 9). Zwar sind sie deren Stammgenossen, aber nicht wegen seiner Zugehörigkeit zu Levi ist Aharon erwählt und sein Priestertum nicht etwa die Spitze und Blüte des allgemeinen Berufs seines Stammes. Er war vielmehr Priester schon bevor die Leviten geheiligt wurden; während der Kultus längst eingerichtet und im Gange ist, sind die letzteren noch geraume Zeit nicht vorhanden: im ganzen dritten Buche nicht, das seinem Namen Leviticus insofern keine Ehre macht. Genau genommen gehören die Leviten gar nicht zum Klerus, sie werden nicht von Jahve berufen, sondern von den Kindern Israel an das Heiligtum gewidmet; an Stelle der Erstgeborenen, aber nicht als Priester[1]), sondern als Abgabe an die Priester, als welche sie sogar die übliche Schwingung vor dem Altar, d. h. das scheinbare Werfen in die Opferflamme durchzumachen haben (Num. 8). Die Verwandtschaft zwischen Aharon und Levi und dass gerade dieser Stamm als Lösung der Erstgeborenen dem Heiligtum abgetreten wird, erscheint somit fast als

[1]) Weder Num. 3. 4. 8 noch sonst im Alten Testament kommt von einem Priestertum der Erstgeborenen eine Spur vor. Vgl. Compos. des Hexateuchs (1889) p. 180.

zufällig, erklärt sich aber jedenfalls nicht daraus, dass Aharon auf den Schultern Levis in die Höhe gestiegen, sondern daraus dass Levi an Aharon heraufgerankt ist, dessen Priestertum durchaus als das Prius gilt[1]).

Nun hat sich der Prophet Ezechiel in dem Plan des neuen Jerusalem, welchen er im Jahr 573 entwarf, auch mit der Neugestaltung der Verhältnisse des Tempelpersonals beschäftigt und er sagt in dieser Beziehung 44, 6—16: „So spricht der Herr Jahve. Lasst es genug sein all eurer Greuel, Haus Israel! — dass ihr Ausländer, unbeschnittenen Herzens und unbeschnittenen Fleisches, habt eingehen lassen zu sein in meinem Heiligtum, es zu entweihen, wenn ihr mein Brot, das Fett und Blut, darbrachtet, und habt meinen Bund gebrochen[2]) durch all eure Greuel und meinen heiligen Dienst nicht gewahrt, indem ihr jene[2]) zu Besorgern meines Dienstes in meinem Heiligtum gemacht habt. Darum[2]) spricht der Herr Jahve also: kein Ausländer, unbeschnittenen Herzens und unbeschnittenen Fleisches, soll in mein Heiligtum hineinkommen, keiner von allen, welche unter den Kindern Israels leben, sondern die Leviten, welche sich entfernt haben von mir, da Israel von mir abirrte hinter seinen Götzen her, die sollen ihre Schuld büssen, und sollen in meinem Heiligtum Handlanger sein, Wachen an den Toren des Hauses und Diener des Hauses, sie sollen das Brandopfer schlachten und das Dankopfer den Leuten und vor ihnen stehen sie zu bedienen. Weil sie ihnen gedient haben vor ihren Götzen und dem Hause

[1]) Es besteht allerdings hinsichtlich der Auffassung des Verhältnisses von Aharoniden und Leviten ein Unterschied zwischen den primären und den sekundären Bestandteilen des Priesterkodex, wie Kuenen zu Num. 16—18 gezeigt hat. Nach der Grundschrift herrscht zwischen Aharon und Levi das beste Einvernehmen in der mosaischen Zeit; über dem Unterschiede wird die Zusammengehörigkeit nicht übersehen, eine ausgesprochene Sympathie mit den Leviten gibt sich kund. So ausser in Num. 16. 17 auch in Num. 18. Sehr bezeichnend ist es, dass die so drohende Äusserung Ezechiels über die Leviten (Ez. 44, 10) in Num. 18, 23 zwar wiederholt wird, aber mit Unterlegung eines ganz anderen, harmlosen Sinnes. In den secundären Stücken des Priesterkodex wird die Kluft zwischen clerus maior und minor weit stärker betont, die Leviten werden möglichst herabgedrückt. So in Num. 3. 4. 8 und besonders charakteristisch in den Einschüben zu der Erzählung Num. 16. Die Differenz besteht allerdings weniger in der Sache, als in der Stimmung. Trotzdem darf sie nicht übersehen werden. Vgl. Compos. des Hexateuchs p. 339 sqq.

[2]) Für ויפרו v. 7 l. ותפרו, für ותשימון v. 8 ותשימום, für לכם v. 8 לכי, alles nach der Septuaginta.

Israel ein Anstoss zur Sünde geworden sind, darum erhebe ich meine Hand gegen sie, spricht der Herr Jahve, dass sie ihre Schuld büssen sollen; sie sollen sich mir nicht nahen, mir zu priestern und all meinem Heiligen zu nahen, sondern ihre Schande und Greuel büssen, die sie verübt haben; und ich will sie zu Besorgern des Hausdienstes machen, aller Arbeit daran und alles dessen, was darin zu geschehen hat. Aber die Priester, die Leviten Söhne Sadoks, welche den Dienst meines Heiligtums gewahrt haben in der Zeit da die Kinder Israel von mir abirrten, die sollen zu mir nahen mich zu bedienen und sollen vor mir stehen, mir Fett und Blut darzubringen, spricht der Herr Jahve; sie sollen eingehen in mein Heiligtum und treten an meinen Tisch, mich zu bedienen, und sollen meinen Dienst bewahren."

Hieraus ist zweierlei zu lernen. Einmal, dass die systematische Absperrung des Heiligen vor profaner Berührung nicht von jeher bestand, dass man im salomonischen Tempel sogar Heiden, wahrscheinlich Kriegsgefangene, zu den Hierodulendiensten verwendete, welche nach dem Gesetz die Leviten hätten verrichten müssen und später auch wirklich verrichteten. Freilich hält Ezechiel diese Sitte für einen abscheulichen Misbrauch; man könnte sie also für einen Ungehorsam ausgeben, den die jerusalemischen Priester gegen ihre eigenen Forderungen sich zu schulden kommen liessen, und würde es dadurch vermeiden, sie der Unbekanntschaft mit ihrem Gesetz zu zeihen. Dahingegen schliesst eine zweite Tatsache, die aus unserer Stelle erhellt, das Vorhandensein des Priesterkodex für Ezechiel und seine Zeit zweifellos aus. An die Stelle der heidnischen Tempelsklaven sollen künftig die Leviten treten. Bisher besassen diese das Priestertum, und zwar nicht zufolge eigenmächtiger Anmaassung, sondern vermöge ihres guten Rechtes. Denn es ist keine blosse Zurückweisung in die Schranken ihres Standes, wenn sie nicht mehr Priester, sondern Tempeldiener sein sollen, keine Herstellung eines status quo ante, dessen Befugnisse sie ungesetzlicher Weise überschritten haben, sondern ausgesprochener maassen eine Degradation, eine Entziehung ihres Rechtes, welche als eine Strafe erscheint und als verdiente gerechtfertigt werden muss: sie sollen ihre Schuld büssen. Sie haben ihr Priestertum dadurch verwirkt, dass sie es misbraucht haben, um dem Kultus der Höhen vorzustehen, der dem Propheten als Götzendienst gilt und ihm in tiefster Seele verhasst ist. Natürlich sind diejenigen Leviten von der Strafe ausgenommen, welche an der legalen Stelle amtirt haben; das sind die Leviten die Söhne Sadok zu Jerusalem, welche nun einzig Priester bleiben und über ihre bisherigen Standesgenossen, mit denen sie Ezechiel noch unter dem selben Gemeinnamen zusammenfasst, emporrücken, indem diese zu ihren Handlangern und Hierodulen erniedrigt werden.

Es ist eine wunderliche Gerechtigkeit, dass die Priester der abgeschafften Bamoth dafür bestraft werden, dass sie Priester der abgeschafften Bamoth gewesen sind, und umgekehrt die Priester des jerusalemischen Tempels dafür belohnt, dass sie Priester des Tempels gewesen sind: die Schuld jener und das Verdienst dieser besteht in ihrer Existenz. Mit anderen Worten hängt Ezechiel bloss der Logik der Tatsachen einen moralischen Mantel um. Aus der Abschaffung der volkstümlichen Heiligtümer in der Provinz zu gunsten des königlichen von Jerusalem folgte mit Notwendigkeit die Absetzung der provinzialen Priesterschaften zu gunsten der Söhne Sadoks am Tempel Salomos. Zwar will der Urheber der Centralisirung, der deuteronomische Gesetzgeber, dieser Konsequenz vorbeugen, indem er auch den auswärtigen Leviten das Recht gibt in Jerusalem zu opfern so gut wie ihre dort erbgesessenen Brüder; aber es war nicht möglich in dieser Weise das Schicksal der Priester von dem ihrer Altäre zu trennen. Die Söhne Sadok liessen es sich wohl gefallen, dass in ihrem Tempel alle Opfer sich vereinigten, aber dass sie ihr Erbe nun mit der Priesterschaft der Höhen teilen sollten, leuchtete ihnen nicht ein und es wurde nicht durchgesetzt (2. Reg. 23, 9). Für diese Abweichung vom Gesetz findet Ezechiel einen moralischen Ausdruck, der indes die Tatsache nicht motivirt, sondern nur umschreibt.

Von der Grundlage des Deuteronomiums aus ist es leicht möglich, die Verordnung Ezechiels zu verstehen, von der Grundlage des Priesterkodex aus ist es ganz und gar unmöglich. Was er als das ursprüngliche Recht der Leviten betrachtet, den Priesterdienst zu verrichten, betrachtet dieser als eine bodenlose und höchst bösartige Anmaassung, die einmal in der Urzeit der Rotte Korah den Untergang brachte; was jener als nachträgliche Entziehung ihres Rechtes, als Degradirung zur Strafe einer Schuld ansieht, sieht dieser als ihre erbliche Naturbestimmung an. Der Unterschied zwischen Priester und Levit, den Ezechiel als eine Neuerung einführt und rechtfertigt, besteht nach dem Priesterkodex seit ewigen Zeiten; was dort als Anfang erscheint, ist hier seit Moses immer so gewesen, ein Gegebenes, nichts Gemachtes oder Gewordenes. Hinsichtlich dieses Punktes herrscht das selbe Verhältnis zwischen Ezechiel und dem Priesterkodex, wie zwischen dem Deuteronomium und dem Priesterkodex hinsichtlich der Centralisation des Kultus. Dass nun der Prophet vom priesterlichen Gesetz, mit dessen Tendenzen er von Herzen übereinstimmt, nichts weiss, kann nur daher kommen, dass es nicht vorhanden war. Seine eigenen Verordnungen sind nur als Vorstufe desselben zu verstehen.

2. Nöldeke jedoch deutet den Vergleich der Söhne Aharons mit den Söhnen Sadoks zu gunsten der Priorität des Priesterkodex, der doch noch nicht ganz so exklusiv sei wie Ezechiel[1]). Er verwirrt zwei verschiedene Dinge, das Verhältnis von Priestern und Leviten, und das Verhältnis von Sadok und Aharon. Es handelt sich zunächst um den Unterschied von Priestern und Leviten. Ezechiel muss ihn erst selber machen, der Priesterkodex setzt ihn als längst gegeben voraus. Daraus erhellt mit grösster Deutlichkeit die Priorität Ezechiels. Davon unabhängig ist die Frage, wie es gekommen ist, dass im Priesterkodex Sadok durch Aharon ersetzt wird. Die nächste Antwort ist offenbar die, dass Sadok für die mosaische Zeit nicht zu gebrauchen war, weil er erst unter Salomo lebte. Wie die Stiftshütte an Stelle des jerusalemischen Centralheiligtums trat, so musste Aharon an Stelle des salomonischen Priesters treten. Nicht ausgeschlossen ist es allerdings, vielmehr höchst wahrscheinlich, dass nicht bloss ein nomineller und scheinbarer, sondern auch ein wirklicher Unterschied stattfindet, dass die Söhne Aharons nicht bloss die Söhne Sadoks umfassen. Bei der Herstellung des Tempels nach dem Exil gelang es manchen alten Leviten, ihr Priestertum zu behaupten, das sie nach Ezechiel verwirkt hatten. Der Priesterkodex trägt dem Rechnung; der Name Aharon gewährt ihm das Mittel, diese nichtjerusalemischen Priester mit den alten jerusalemischen zusammenzufassen und sie dadurch zu legitimiren.

In Wahrheit ist es gerade ein Beweis der nachexilischen Abfassung des Priesterkodex, dass er die Priester des Centralheilig-

[1]) Jahrbb. für Prot. Th. 1875 p. 351: „Dass er die Aaroniden allein als wahre Priester betrachtet, hat sein Gegenbild im Ezechiel, welcher noch viel exklusiver bloss die Söhne Sadoks als Priester anerkennt.“

tums — das sind auch nach dem traditionellen Verständnis (2. Chr. 13, 10), direkt oder indirekt, die jerusalemischen — zu Söhnen Aharons macht und dadurch ihren Ursprung bis zur Stiftung der Theokratie hinaufführt. Denn diese Meinung konnte vor dem Exil nicht gewagt werden. Damals war es zu wohl bekannt, dass das Priestertum des jerusalemischen Geschlechts sich nicht über die Zeit Davids verfolgen liess, sondern erst von Sadok datirte, der unter Salomo die erbberechtigte Familie Eli aus der Stellung verdrängte, welche dieselbe schon seit lange, erst zu Silo und zu Nob, und dann zu Jerusalem an dem jeweils hervorragendsten Heiligtume Israels eingenommen hatte. In einer deuteronomisch gefärbten Stelle, die nicht lange vor dem Exil geschrieben sein kann, heisst es in einer Weissagung an Eli über den Sturz seines Hauses durch Sadok: „Ich habe zwar gesagt, spricht Jahve der Gott Israels, dein und deines Vaters Haus sollen vor mir wandeln in Ewigkeit, aber jetzt sage ich: das sei ferne von mir, denn die mich ehren, die ehre ich, und meine Verächter werden zu schanden — siehe es kommen Tage, da zerschmettere ich deinen und deines Geschlechtes Arm, und erwecke mir einen verlässigen Priester, der nach meinem Herzen handelt, und baue ihm ein verlässiges Haus, dass er vor meinem Könige wandeln soll immerdar" (1. Sam. 2, 27—36). Also ist Elis Haus und Vatershaus das in Ägypten erwählte rechtmässige Priestergeschlecht; gegen das Erbrecht und gegen die Verheissung ewigen Bestandes wird es abgesetzt, weil die Gerechtigkeit vorgeht. Der an die Stelle tretende verlässige Priester ist Sadok, nicht bloss weil es 1. Reg. 2, 27 ausdrücklich gesagt wird, sondern auch weil kein anderer als er das verlässige Haus gehabt hat und als Ahn und Inhaber desselben vor den jüdischen Königen gewandelt ist alle Zeit. Dieser Sadok gehört also weder dem Hause noch dem Vatershause Elis an, sein Priestertum reicht nicht bis in die Stiftungszeit der Theokratie und ist kein im eigentlichen Sinne legitimes; er hat es vielmehr erlangt durch den Bruch des gewissermaassen verfassungsmässigen Privilegs, für das kein weiterer Erbe existirte als Elis Familie und Geschlecht. Man sieht, er gilt nicht als Mittelglied der Linie Aharons, sondern als der Anfänger einer absolut neuen Linie; die jerusalemischen Priester, deren Ahnherr er ist, sind Emporkömmlinge aus dem Anfange der königlichen Zeit, mit denen das alte mosaische Sacerdotium nicht fortgesetzt wird, sondern abbricht. Wenn dieselben nun im Priesterkodex Söhne Aharons heissen, mindestens unter den Söhnen Aharons mit einbegriffen sind, denen sie in Wahrheit nur entgegengesetzt werden können, so ist das ein sicheres Merkmal, dass die Fäden der Tradition aus der vorexilischen Zeit hier vollkommen abgerissen sind, was in Ezechiels Tagen noch nicht der Fall war[1]).

Das hiemit dargelegte Verhältnis der priesterlichen Gesetzgebung zu Ezechiel gibt nun Ziel und Richtung für die folgende Entwicklung an, in welcher der Versuch gemacht wird, die einzelne Erscheinung in ihren allgemeinen Zusammenhang zu stellen.

II.

1. Die Absonderung eines ganzen geistlichen Stammes aus dem übrigen Volk und der schroffe Rangunterschied innerhalb der Klassen desselben setzen einen sehr systematischen Gegensatz von Heilig und Profan und einen gewaltigen Apparat des Kultus voraus. In der Tat sind nach der Darstellung des Priesterkodex die Israeliten von Anfang an als Hierokratie organisirt gewesen, mit dem Klerus als Skelett, dem Hohenpriester als Haupt und der Stiftshütte als Herz. Aber so plötzlich wie diese Hierokratie ausgebildet vom Himmel in die Wüste herabgefahren ist, so plötzlich ist sie im Lande Kanaan spurlos wieder verschwunden. Wie weggeblasen sind, in der Zeit der Richter, Priester und Leviten mitsamt der „Gemeinde der Kinder Israel“, welche sich um jene schart; kaum ein Volk Israel gibt es, nur einzelne Stämme, die sich nicht einmal zu den dringendsten Notsachen vereinigen, geschweige denn auf gemeinsame Kosten ein nach Tausenden zählendes Kultuspersonal mit Weib und Kind unterhalten. Statt der Kirchengeschichte des Hexateuchs setzt mit einem mal im Buch der Richter die Weltgeschichte ein, der geistliche Charakter ist völlig abgestreift. Der Hohepriester, nach der Absicht des Priesterkodex die centrale Obrigkeit von Gottes Gnaden, mag sehen wo er bleibt; denn die wirklich eingreifenden Volkshäupter sind die Richter, Leute von ganz anderem Schlage, nicht gestützt auf

[1]) In der Chronik wird, um des Pentateuches willen, durch künstliche Genealogien nachgewiesen, wie sich die Söhne Sadoks in ununterbrochener Folge von Aharon und Eleazar ableiten. Die Sache ist zuerst entdeckt von Vatke p. 344 sq., sodann von Kuenen, Theol. Tijdschr. III p. 463 bis 509, zuletzt von mir, Text der Bb. Sam. p. 48—51.

ein Amt, sondern auf ihre Person und das Bedürfnis der Umstände, selten über die Grenzen ihres Stammes hinaus von Einfluss. Und offenbar sehen wir hier nicht die traurigen Reste einer einst unter Moses und Josua vorhandenen, dann aber total zerfallenen kirchlich-politischen Ordnung, sondern die ersten Anfänge staatlicher Autorität, die sich weiter und weiter entwickelnd schliesslich zum Königtum geführt haben.

Im Kern des Richterbuches Jud. 3—16 kommt nirgends eine Person vor, die den Kultus als Profession betreibt. Zweimal wird ein Opfer dargebracht, von Gideon und Manoah; ein Priester gilt dabei nicht für nötig. In einer Glosse zu 1. Sam. 6, 13sq. macht sich die Divergenz der späteren Sitte Luft. Als die Lade Jahves auf einem Kuhwagen aus ihrem philisthäischen Exil zurückkehrte, blieb sie in der Feldmark von Bethsemes bei dem grossen Steine stehen; die Einwohner des Ortes aber, die eben bei der Weizenernte waren, spalteten das Holz des Wagens und verbrannten die Kühe auf dem Stein. Nachdem sie nun fertig sind, kommen v. 15 die Leviten im Plusquamperfektum und tun als ob nichts geschehen wäre, heben die Lade von dem gar nicht mehr vorhandenen Wagen und setzen sie auf den Stein, auf dem bereits das Opfer brennt: natürlich nur um das Gesetz zu erfüllen, dessen Anforderungen die ursprüngliche Erzählung ignorirt. Ehe nicht der Kultus einigermaassen centralisirt ist, haben die Priester keinen Boden. Denn wenn jeder für sich und sein Haus opfert, an einem Altar, den er wo möglich für das augenblickliche Bedürfnis improvisirt, wozu braucht es solcher Leute, deren Geschäft und Begriff es ist, für andere zu opfern? Wenn sie also in der frühesten Periode der israelitischen Geschichte so wenig von sich merken lassen, so hängt das damit zusammen, dass es noch wenige grosse Heiligtümer gibt. Sobald dagegen solche auftauchen, finden sich auch die Priester ein. So Eli und seine Söhne bei dem alten Gotteshause des Stammes Ephraim zu Silo. Eli nimmt eine sehr angesehene Stellung ein, seine Söhne werden als übermütige Menschen geschildert, die nicht direkt, sondern durch einen Diener mit den Opfernden verkehren und ihren Pflichten gegen Jahve mit vornehmer Lässigkeit nachkommen. Das Amt ist erblich, die Priesterschaft schon zahlreich. Wenigstens zur Zeit Sauls, nachdem sie von Silo, wegen der Zerstörung des dortigen Tempels durch die Philister, nach Nob übergesiedelt war, zählte sie über fünfundachtzig

Männer, die indessen nicht gerade lauter Blutsverwandte Elis gewesen zu sein brauchen, wenn sie sich auch zu dessen Geschlechte rechneten 1. Sam. 22, 11 [1]). Noch ein anderes Heiligtum wird gegen Ausgang der Richterperiode erwähnt, das zu Dan an der Quelle des Jordans. Ein reicher Ephraimit, Micha, hatte dem Jahve ein silberüberzogenes Bild gestiftet und dasselbe in einem ihm gehörigen Gotteshause aufgerichtet. Zunächst stellte er einen seiner Söhne dabei als Priester an, darauf den Jonathan ben Gerson ben Mose, einen heimatlosen Leviten von Bethlehem Juda, den er sich glücklich schätzte gegen ein Jahrgeld von zehn Silberlingen nebst Kleidung und Unterhalt festzuhalten. Als jedoch die Daniten durch die Philister gedrängt aus ihren alten Sitzen aufbrachen, um sich im Norden an den Abhängen des Hermon eine neue Heimat zu gründen, raubten sie unterwegs das Gottesbild und den Priester Michas; veranlasst durch ihre Kundschafter, welche vordem bei Micha geherbergt und dort ein Orakel eingeholt hatten. So kam Jonathan nach Dan und wurde der Begründer des Geschlechtes, welches bei dieser späterhin so wichtigen Kultusstätte bis zur Fortführung der Daniten in die assyrische Gefangenschaft das Priestertum inne hatte (Jud. 17. 18). Seine Stellung erscheint sehr verschieden von der des Eli. Nur darin herrscht Gleichheit, dass sie beide Erbpriester, s. g. Leviten sind und sich vom Geschlechte Moses ableiten: darüber wird unten des näheren zu reden sein. Während aber Eli ein vornehmer Mann ist, vielleicht der Besitzer des Heiligtums, jedenfalls ganz unabhängig und das Haupt eines grossen Hauses, ist Jonathan ein einsamer fahrender Levit, der bei dem Eigentümer eines Gotteshauses gegen Kost und Lohn in Dienst tritt, von diesem seinem Brotherrn zwar wie ein Sohn gehalten, von den Daniten aber keineswegs mit sonderlicher Hochachtung behandelt wird.

Der letztere Fall stellt vermutlich eher die Regel dar als der erste. Ein selbständiges und angesehenes Priestertum konnte sich nur an grösseren und öffentlichen Kultusstätten ausbilden, die zu Silo scheint aber die einzige dieser Art gewesen zu sein. Die übrigen Gotteshäuser, von denen wir aus der Übergangsperiode zur

[1]) Freilich ist 1. Sam. 1 sq. nur immer von Eli und seinen zwei Söhnen und von einem Knecht die Rede; und noch David und Salomo scheinen an dem Haupttempel nur einen oder zwei Priester gehabt zu haben. Sollte Doeg fünfundachtzig Männer alleine haben hinrichten können?

Königszeit hören, sind nicht bedeutend und befinden sich im Privatbesitz, entsprechen also dem des Micha auf dem Gebirge Ephraim. Das zu Ophra gehört dem Gideon und das zu Kiriathjearim dem Abinadab. Namentlich scheint es, d^ss Micha, indem er für Geld einen Diener des Heiligtums anstellt, einer allgemeineren Sitte gefolgt ist. Denn der Ausdruck מלא יד, welcher als technischer Terminus auch später für die Ordination der Priester beibehalten worden ist, als diese längst ganz unabhängig ausgestattet waren, kann ursprünglich in dieser Anwendung nichts anderes als ein Füllen der Hand mit Geld oder Gut bedeutet haben; das Priesteramt wird also in älterer Zeit ein bezahltes, vielleicht das einzige bezahlte gewesen sein. Wen er anstellen will, steht im Belieben des Eigentümers; hat er sonst niemand, so beauftragt er einen seiner Söhne (Jud. 17, 5. 1. Sam. 7, 1): von einem character indelebilis ist dabei natürlich nicht die Rede, wie man aus dem ersteren Beispiel ersehen kann, wo Michas Sohn nach kurzer Frist vom Dienst zurücktritt. David, als er die Lade überführte, vertraute sie zunächst dem Hause Obededoms an und machte diesen seinen Hauptmann, einen Philister aus Gath, zu ihrem Wächter. Ein Berufspriester, ein Levit, ist nach Jud. 17, 13 für ein gewöhnliches Heiligtum eine grosse Seltenheit. Auch zu Silo, wo übrigens die Verhältnisse ausserordentlich sind, ist das Privilegium der Söhne Elis nicht exklusiv; Samuel, der nicht zur Familie gehörte, wird doch zum Priester angenommen. Der Dienst, wozu man einen ständigen Beamten nötig hatte, war nicht das Opfern; das geschah nicht so regelmässig, dass man es nicht auch selber hätte besorgen können. Für einen einfachen Altar bedarf es keines Priesters, sondern nur für ein Haus, worin ein Gottesbild befindlich ist[1]); dieses muss bewacht und bedient werden (1. Sam. 7, 1) — ein Ephod wie das Gideons oder Michas (Jud. 8, 26sq. 17, 4) war in der Tat sehr stehlenswert und die Gotteshäuser lagen gewöhnlich frei (Exod. 33, 7). Noch in späterer Zeit sind von daher die Ausdrücke שמר und שרת für den heiligen Dienst beibehalten worden, und während jedermann zu opfern versteht, ist die Kunst, mit dem Ephod umzugehen und ihm Orakel zu entlocken, von jeher nur das Geheimnis des Priesters. Ausnahms-

[1]) בית אלהים Gotteshaus ist nie etwas anderes als das Haus eines Bildes. Ephod ist ausserhalb des Priesterkodex das Gottesbild, Ephod Bad das Priesterkleid.

weise ist bisweilen der Wärter nicht der Priester selber, sondern sein Lehrling, der die Anwartschaft hat. So hat Moses den Josua als seinen Aedituus neben sich (33, 11 vgl. 1. Sam. 2, 11), der nicht aus dem Zelte Jahves weicht, so ferner Eli den Samuel, der nachts im Inneren des Tempels bei der Bundeslade schläft: wenn auch die Jugendgeschichte Samuels den wirklichen Verhältnissen zu Silo vielleicht nicht ganz gerecht wird, so reicht sie doch jedenfalls zur Bezeugung anderweit vorhandener Sitte vollkommen aus. Man vergleiche mit diesen einfachen Zuständen, dass im Priesterkodex den Söhnen Aharons etwa die Hälfte von 22000 Leviten als Wächter und Diener des Heiligtums zur Seite stehen.

Schlachten und opfern darf jedermann (1. Sam. 14, 34 sq.), und auch da wo Priester vorhanden sind, ist von systematischer Absonderung des Heiligen und von einer Scheu es zu berühren nichts zu spüren. Wenn David „in das Haus Gottes eingeht und die Schaubrote isst, welche nur die Priester essen dürfen, und seinen Leuten davon gibt“ (Marc. 2, 26), so gilt dies 1. Sam. 21 in dem Falle gar nicht für unerlaubt, dass die Essenden geheiligt sind, d. h. sich Tags zuvor von Weibern enthalten haben. Verfolgte Flüchtlinge erfassen das Horn des Altars, ohne dass dies als Profanirung desselben gilt. Ein Weib, wie die Hanna, tritt vor Jahve, d. h. vor den Altar, um zu beten; die von der Septuaginta gegebenen Worte ותתיצב לפני יי (1. Sam. 1, 9) sind für den Zusammenhang notwendig und vom masorethischen Text als anstössig ausgelassen. Sie wird dabei von dem Priester beobachtet, der wie er pflegt gemütlich in der Tempeltür auf seinem Stuhle sitzt. Namentlich die Geschichte der Lade, wie Vatke (p. 317. 332) mit Recht bemerkt, bietet mehrfache Beläge dafür, dass der Begriff der Unnahbarkeit des Heiligen unbekannt war; ich will nur den auffallendsten hervorheben. Samuel der Ephraimit schläft von Amts wegen jede Nacht bei der Lade Jahves, wohin nach Lev. 16 nur einmal im Jahr der Hohepriester eingehen darf und auch er nicht anders als nach der strengsten Vorbereitung und unter den ceremoniösesten Sühngebräuchen. Der Widerspruch der Empfindungsweise ist so gross, dass ihn noch niemand sich klar zu machen gewagt hat.

2. Mit der beginnenden Königszeit treten alsbald auch die Priester, im Anschluss an die Könige, stärker hervor; die Steigerung der Centralisation und der Öffentlichkeit des Lebens macht

sich auch auf dem Gebiete des Kultus bemerklich. Im Anfange der Regierung Sauls finden wir die angesehene ephraimitische Priesterschaft, das Haus Elis, nicht mehr in Silo, sondern zu Nob, in der Nähe des Königs, und gewissermaassen im Bunde mit ihm; denn ihr Haupt, der Priester Ahia, ist gleich bei der ersten Schilderhebung gegen die Philister in seiner nächsten Umgebung, teilt mit ihm die Gefahr und befragt für ihn das Ephod. Hinterher trübte sich das Einvernehmen, Ahia und seine Brüder fielen der Eifersucht des Königs zum Opfer, und damit wurde dem einzigen Ansatz eines selbständigen Priestertums von Bedeutung, welcher sich in der alten israelitischen Geschichte findet, für immer ein Ende gemacht. Abiathar, der allein dem Blutbad von Nob (1. Sam. 22) entkam, floh mit dem Ephod zu David, er gelangte zum Dank dafür später zu hohen Ehren, aber alles was er geworden ist, wurde er als Diener Davids. Unter David begann das königliche Priestertum sich zu der Bedeutung zu entwickeln, die es fortab behalten hat. Er verfügte mit voller Freiheit wie über das Heiligtum der Lade, welches in seiner Burg stand, so über die Einsetzung der Priester, welche lediglich seine Beauftragten waren. Neben Abiathar stellte er den Sadok (später noch den Ira) neu an, ausserdem auch einzelne seiner Söhne. Denn wenn es 2. Sam. 8, 18 heisst die Söhne Davids waren Priester, so dürfen diese Worte nicht dem Pentateuch zu liebe anders gedreht werden als wie sie lauten. Auch den Sohn des Propheten Nathan treffen wir 1. Reg. 4, 5 als Priester, umgekehrt dagegen den des Sadok in einem hohen weltlichen Amte (v. 2); die spätere Grenze zwischen heiligen und nichtheiligen Personen existirte eben noch nicht. Was unter David der Institution des königlichen Kultus und der königlichen Priester noch fehlte, ein fester Mittelpunkt, kam durch den Tempelbau seines Nachfolgers hinzu. Zu Anfang der Regierung Salomos gab es noch keine, grösseren Bedürfnissen genügende, israelitische Opferstätte; er war gezwungen, seinen Antritt auf der grossen Bama zu Gibeon zu feiern, einer damals noch ganz kanaanitischen wenn auch schon länger unterworfenen Stadt in der Nähe Jerusalems. Jetzt sorgte er dafür, dass seine ungeheuren Feste auch in seinem eigenen Heiligtum gefeiert werden konnten. Er machte daran den Sadok zum Priester, nachdem er bereits früher den greisen Abiathar, der aus vornehmem und echtem Priesterblute entsprossen war, wegen seiner Parteinahme für den rechtmässigen Thronfolger abgesetzt und auf sein Landgut nach Anathoth, einem Dorfe bei der Hauptstadt, verbannt hatte, damit das 1. Sam. 2 angedrohte Geschick der einst so stolzen und mächtigen Familie Elis erfüllend.

Wenn diese ersten Könige, ganz ebenso wie es in dem klassischen Beispiel Jud. 17. 18 Micha tut, ihre Heiligtümer als ihr Privateigentum betrachten und in der Ein- und Absetzung der Beamten daran ganz unumschränkt verfahren, so scheuen sie sich natürlich auch nicht, selber die Rechte auszuüben, die von ihnen ausflossen und auf andere übertragen wurden. Von Saul, der freilich noch alles selber und wenig durch andere tat, wird mehrfach gemeldet, dass er in eigener Person geopfert habe; und es ist deutlich, dass ihm das in 1. Sam. 14 und Kap. 15 nicht zum Vorwurf gemacht wird. David opferte, als er die Lade glücklich nach Jerusalem heraufgeholt hatte; dass er dabei selbst fungirte, geht daraus hervor, dass er den linnenen Priesterrock trug, das Ephod Bad, und dass er nach vollbrachtem Opfer den Segen sprach (2. Sam. 6, 14. 18). Nicht minder vollzog Salomo selber die Einweihung des Tempels, er trat vor den Altar und betete dort auf den Knieen mit ausgestreckten Armen, dann erhob er sich und segnete das Volk (1. Reg. 8, 22. 54. 55), ohne Zweifel wird er auch eigenhändig das erste Opfer dargebracht haben. Nur zur Befragung des Orakels vor dem Ephod ist die Technik des Priesters nötig (1. Sam. 14, 18).

3. Die Geschichte des Priestertums nach der Teilung des Reichs ist die Fortsetzung dieser Anfänge. Jerobeam I., der Begründer des israelitischen Reichs, gilt dem Geschichtsschreiber auch als der Begründer des israelitischen Kultuswesens, sofern dieses sich von dem judäischen Ideal unterschied; „er machte die beiden goldenen Kälber und stellte sie auf zu Bethel und zu Dan, er machte die Bamothhäuser und stellte Priester mitten aus dem Volke an, die nicht zu den Söhnen Levis gehörten und feierte Fest im achten Monat und stieg auf den Altar um zu räuchern“ (1. Reg. 12, 28sqq. 13, 33). Hier wird zwar in der bekannten Weise der frommen Pragmatik dem deuteronomischen Gesetze, das erst dreihundert Jahre später in Geltung kam, rückwirkende Kraft verliehen und also nach einem historisch unzulässigen Maassstabe beurteilt; auch werden die dem Urteil zu grunde liegenden Fakta einesteils zu sehr verallgemeinert, andernteils zu ausschliesslich

dem Jerobeam zur Last gelegt. Der erste König trägt die Kultussünden aller seiner Nachfolger und des ganzen Volks. Aber die Anerkennung des souveränen Priestertums des Herrschers, des bestimmenden Einflusses, den er auf den Kultus ausgeübt hat, ist richtig. Die bedeutendsten Tempel waren königlich und königlich auch die Priesterschaft daran (Amos 7, 10sqq.). Als darum Jehu das Haus Ahabs stürzte, da erwürgte er nicht bloss alle seine Angehörigen, sondern mit seinen Beamten und Höflingen auch seine Priester; das sind ebenfalls königliche Diener und Vertrauenspersonen (2. Reg. 10, 11. vgl. 1. Reg. 4, 5). Die Angabe, dass dieselben nach Belieben von dem Könige ausgewählt wurden, wird dahin zu verstehen sein, dass sie, wie in der Zeit Davids und Salomos, so auch später beliebig ausgewählt werden konnten und durften; denn tatsächlich blieb wenigstens in Dan das heilige Amt seit der Richterzeit bis zur assyrischen Gefangenschaft in der Familie Jonathans erblich. Ausserdem hat man sich gewiss nicht vorzustellen, dass sämtliche Bamothhäuser und sämtliche Priesterstellen[1]) königlich gewesen seien; so tief konnte die Regierung unmöglich in diese Angelegenheiten eingreifen. Öffentlich waren in dieser Periode wohl die meisten Heiligtümer, aber darum noch nicht königlich, und so gab es ohne Zweifel auch zahlreiche Priester, die nicht königliche Diener waren. Dem Übergewicht des officiellen Kultus und des officiellen Kultuspersonals stand gerade im Nordreich der häufige Wechsel der Dynastien und der ungebundene Partikularismus der Stämme entgegen; die Verhältnisse werden sich sehr bunt und individuell gestaltet, erbliche und nichterbliche, unabhängig ausgestattete und arme Priester neben einander bestanden haben; die Verschiedenartigkeit und das gleiche Recht des Verschiedenartigen ist die Signatur der Zeit.

Im allgemeinen aber hat sich die Priesterschaft gegen früher entschieden gefestigt und wie an Zahl so auch an Einfluss nicht wenig zugenommen; sie ist eine wichtige Macht im öffentlichen Leben geworden, ohne welche sich das Volk nicht mehr denken lässt. Auf grund der kurzen und unzulänglichen Notizen des Königsbuchs, welches vorzugsweise das ausserordentliche Eingreifen

[1]) Der Parallelismus von Bamothhäusern und Priesteranstellung 1. Reg. 12, 31 scheint nicht zufällig zu sein. Während eine Bama ein einfacher Altar sein kann, setzt ein Bamothhaus ein Gottesbild voraus und macht einen Aedituus notwendig.

der Propheten in den Gang der israelitischen Geschichte hervorhebt, wäre es vielleicht etwas kühn dies zu behaupten, aber andere und authentischere Zeugnisse berechtigen dazu. Zuerst der Segen Moses, ein unabhängig für sich stehendes, nordisraelitisches Dokument. Darin wird gesagt: „Deine Urim und Thummim gehören dem Manne deiner Freundschaft, den du erprobt hast zu Massa, für ihn gestritten an den Wassern von Meriba; der den Vater fremd nennt und zur Mutter spricht: ich habe dich nie gesehen, und seine Brüder nicht kennt und um seine Kinder sich nicht kümmert — denn sie bewahren dein Wort und dein Gesetz behüten sie, sie lehren Jakob deine Rechte und Israel deine Weisungen, sie bringen Fettduft in deine Nase und Vollopfer auf deinen Altar; segne, Jahve, seinen Wohlstand und lass dir seiner Hände Werk gefallen, zerschmettre seinen Gegnern die Lenden und seinen Hassern, dass sie sich nicht erheben“ (Deut. 33, 8—11). Die Priester erscheinen hier als ein fest geschlossener Stand, so sehr, dass sie nur ausnahmsweise als Plural auftreten, meist aber zu einem singularischen Kollektivum zusammengefasst werden, zu einer organischen Einheit, die nicht bloss die gleichzeitigen, sondern auch die ascendirenden Glieder umfasst und ihr Leben mit Moses, dem Freunde Jahves, beginnt, welcher als Anfang ebenso mit der Fortsetzung zusammenfällt, wie das Kind mit dem Manne, zu dem es erwachsen ist. Die Geschichte Moses ist zugleich die Geschichte der Priester, die Urim und Thummim gehören, man weiss nicht recht, ob jenem oder diesen, aber das ist das selbe: jeder Priester, dem die Hut eines Ephod anvertraut war, befragt vor demselben das heilige Los. Der erste auf Moses bezügliche Relativsatz geht ohne Subjektswechsel über in einen auf die Priester bezüglichen, darnach fällt der Singular unvermittelt in den Plural und der Plural zurück in den Singular. Jedoch beruht diese so sehr hervortretende Solidarität des Standes keineswegs auf der natürlichen Grundlage der Geschlechts- oder Familieneinheit; den Priester macht nicht das Blut, sondern im Gegenteil die Verleugnung des Blutes, wie mit grossem Nachdruck betont wird. Er muss um Jahves willen tun, als habe er nicht Vater und Mutter, Brüder und Kinder. Indem man sich dem Dienste Jahves widmet, das ist der Sinn, tritt man heraus aus den natürlichen Verhältnissen und reisst sich los von den Banden der Familie; es hat also mit der Brüderschaft der Priester in Nordisrael ganz ähnliche

Bewandtnis wie mit den ebenfalls dort heimischen religiösen Gilden der Prophetensöhne, der Rekabiten und wohl auch der Naziräer (Amos 2, 11sq.). Wer wollte (oder: wen er wollte), den machte Jerobeam zum Priester, drückt sich der deuteronomische Bearbeiter des Königsbuches aus (1. Reg. 13, 33). Ein historisches Beispiel dazu liefert der junge Samuel, wie er in der jedenfalls auf ephraimitischen Zuständen der Königszeit fussenden Jugendgeschichte 1. Sam. 1—3 erscheint. Aus einer wohlhabenden bürgerlichen Familie zu Rama in der Landschaft Suph Ephraim gebürtig, ist er von seiner Mutter schon vor der Geburt dem Jahve versprochen (Sur. 3, 31) und dann sobald es irgend möglich dem Heiligtum zu Silo übergeben, und zwar nicht etwa zum Naziräer oder Nathinäer im Sinne des Pentateuchs, sondern zum Priester, denn als משרת trägt er den linnenen Priesterrock, das Ephod Bad und sogar das Pallium. Sehr deutlich erhellt dabei, dass es als eine Verzichtleistung auf die Rechte der Familie betrachtet wird, wenn die Mutter den Knaben, der eigentlich ihr gehört, des Gelübdes wegen dem Heiligtum abtritt und ihn, wie sie sich ausdrückt, für immer dem Jahve leiht (1. Sam. 1, 28 שמואל = מושאל). Dass Samuel von seinen Eltern gewidmet wird und sich nicht selber widmet, begründet natürlich keinen erheblichen Unterschied; das eine steht auf gleicher Linie mit dem anderen und wird neben dem anderen vorgekommen sein, wenngleich seltener. Umgekehrt ist es aber auch schwerlich die Regel gewesen, dass jemand nicht bloss Eltern und Brüder, sondern auch Weib und Kinder dahinten liess, um der Priesterschaft beizutreten; das wird Deut. 33, 9 nur als extremes Beispiel der Aufopferungsfähigkeit angeführt. Auf keinen Fall darf man daraus auf gefordertes Cölibat schliessen, sondern nur darauf, dass das Priestertum häufig kaum den Mann, geschweige denn eine Familie ernährte.

So fest und bedeutend, so selbständig und abgeschlossen muss in der Entstehungszeit des Segens Moses der Priesterstand gewesen sein, dass er eine eigene Stelle neben den Stämmen des Volks einnimmt, gleichsam selbst ein Stamm, aber nicht durch das Blut, sondern durch geistige Interessen verbunden. Seine Bedeutung erhellt auch aus der Opposition, die er findet und die zu einer so lebhaften Verwünschung seiner Gegner Anlass gibt, dass man glauben sollte, wer sie niederschrieb, sei wohl selbst ein Priester gewesen. Worauf die Feindschaft beruht, wird nicht gesagt; es scheint aber, als richte sie sich einfach gegen die Existenz eines berufsmässigen und fest organisirten Klerus und gehe von Laien aus, welche die Rechte der alten priesterlosen Zeit festhalten.

Neben dem Segen Moses enthalten die Reden Hoseas das wichtigste Material für die Würdigung des nordisraelitischen Priestertums. Die grosse Bedeutung desselben für das öffentliche Leben geht auch aus seinen Äusserungen hervor. Die Priester sind die geistigen Leiter des Volkes; der Vorwurf, dass sie ihren hohen Beruf nicht erfüllen, beweist zunächst, dass sie ihn haben. Ausgeartet sind sie allerdings, sie erscheinen bei Hosea in einem ähnlichen Lichte wie die Söhne Elis nach der Beschreibung 1. Sam. 2, 12sqq., zu der vermutlich der Verfasser die Farben aus Verhältnissen entlehnt hat, die ihm näher lagen als die der Richterzeit. Die Priester von Sichem werden von dem Propheten sogar offenen Strassenraubes bezichtigt (6, 9), und alle mit einander klagt er sie an, dass sie ihr Amt in schnöder Gewinnsucht ausbeuten, dessen heiligste Pflichten vernachlässigen und auf diese Weise an dem Ruin des Volks die Hauptschuld tragen. „Hört Jahves Wort, ihr Kinder Israel, denn Jahve hat zu hadern mit den Landesinsassen; denn es ist keine Treue und Liebe und Gotteskenntnis im Lande. 2. Schwören und lügen und morden und stehlen und ehebrechen, sie üben Gewalt und reihen Mord an Mord! 3. Darum trauert das Land und welkt alles was darin wohnt, bis auf das Wild des Feldes und die Vögel des Himmels, und auch die Fische des Meeres werden hingerafft. 4. Doch schelte und tadle nur niemand, denn das Volk macht es wie seine Pfaffen. 5. Darum werdet ihr (Priester) straucheln jenes Tags und auch die Propheten mit euch jene Nacht und ich rotte aus eure Sippe. 6. Mein Volk geht unter aus Mangel der Kenntnis, denn ihr selbst verachtet die Kenntnis, so will auch ich euch verachten, dass ihr mir nicht Priester sein sollt, ihr habt der Lehre eures Gottes vergessen, so will auch ich euer vergessen! 7. So viel sie sind, so sündigen sie gegen mich, ihre Ehre vertauschen sie gegen Schande; 8. meines Volkes Sünde essen sie und nach seiner Verschuldung tragen sie Verlangen, 9. so soll es wie dem Volke auch den Priestern ergehen, ich ahnde an ihnen ihren Wandel und vergelte ihnen ihre Taten[1]." Kaum geringer

[1]) Os. 4, 1—9 vgl. Skizzen V 106sqq.

scheint hienach auch im Nordreiche der geistige Einfluss der Priester auf das Volk gewesen zu sein, als der der Propheten, und wenn wir in den historischen Berichten weniger davon hören[1]), so erklärt sich das daraus, dass sie still und regelmässig in kleinen Kreisen wirkten, unpolitisch und der gegebenen Ordnung untertan, und dass sie darum nicht so viel Aufsehen und weniger von sich reden machten, als die Propheten, die durch ihr ausserordentliches und oppositionelles Eingreifen Israel aufregten, wie Elias und Elisa.

4. In Juda war der Ausgangspunkt der Entwickelung der gleiche wie in Israel. Die Meinung, hier habe sich das echte mosaische Priestertum von Gottes Gnaden erhalten, dort dagegen sich ein schismatisches Priestertum von des Königs und der Menschen Gnaden eingedrängt, ist die der späteren Judäer, die das letzte Wort und darum Recht behielten. Die Bne Sadok von Jerusalem waren gegenüber den Bne Eli, die sie verdrängten, ursprünglich illegitim — wenn man diesen in jener Zeit völlig unbekannten Begriff anwenden darf — und hatten ihr Recht nicht von den Vätern her, sondern von David und Salomo. Sie blieben immer in dieser Abhängigkeit, sie wandelten, wie es 1. Sam. 2, 35 ausgedrückt wird, vor dem Gesalbten Jahves allezeit, als dessen Diener und Beamte. Den Königen war der Tempel ein Teil ihres Palastes, der wie 1. Reg. 7 und 2. Reg. 11 lehrt auf dem selben Hügel lag und unmittelbar daran stiess; sie legten ihre Schwelle neben Jahves Schwelle und setzten ihre Pfosten neben die seinigen, so dass nur die Wand zwischen Jahve und ihnen lag (Ezech. 43, 8). Den officiellen Kultus gestalteten sie ganz nach ihrem Belieben und hielten seine Bewirtschaftung, wie es wenigstens nach der Epitome des Königsbuches scheint, für das Hauptgeschäft ihrer Regierung. Sie führten neue Gebräuche ein und schafften alte ab, die Priester fügten sich dabei stets ihrem Willen und waren nur ihre ausführenden Organe[2]). Dass sie auch opfern durften, ver-

[1]) Nach 2. Reg. 17, 27. 28 wurden die von den Assyrern nach dem entvölkerten Samarien eingeführten fremden Kolonen zuerst von Löwen gefressen, weil sie die richtige Verehrungsweise des Landesgottes nicht kannten. In Folge dessen sandte Esarhaddon einen der exilirten samarischen Priester hin, der seinen Sitz zu Bethel, dem alten Hauptheiligtum, aufschlug und die Ansiedler in der Religion des Landesgottes unterwies (מורה). Das setzt einen geschlossenen Priesterstand voraus, der sich sogar in der Verbannung längere Zeit erhielt.

[2]) Vgl. z. B. 2. Reg. 12, 5sqq. Joas zu Jojada, 16, 10sqq. Ahaz zu Uria; und zuletzt noch Kap. 22 Josias zu Hilkia.

steht sich, sie taten es jedoch nur ausnahmsweise, etwa zur Einweihung eines neuen Altars (2. Reg. 16, 12. 13). Erst Ezechiel protestirt gegen die Behandlung des Tempels als einer königlichen Dependenz, bei ihm ist die Prärogative des Fürsten dahin zusammengeschrumpft, dass er den öffentlichen Kultus auf seine Kosten unterhalten muss.

Der Unterschied zwischen dem judäischen und israelitischen Priestertum war nicht von Anfang an vorhanden, sondern entstand erst durch den Verlauf der Geschichte. Den äusseren und inneren Unruhen, dem raschen aufgeregten Treiben im Nordreich steht das geschützte Stillleben des Kleinstaats im Süden gegenüber. Dort warf der geschichtliche Strudel ausserordentliche Persönlichkeiten aus der Tiefe hervor, Usurpatoren und Propheten, hier befestigten sich die Institutionen, die auf das Bestehende gegründet und von den bestehenden Mächten abhängig waren[1]. Am meisten kam natürlich die Stabilität dem Königtum selber zu gut. Der königliche Kultus, der im Reiche Samarien nicht im stande war den volkstümlichen und unabhängigen zu verdrängen, bekam in dem kleinen Juda schon früh ein fühlbares Übergewicht; die königliche Priesterschaft, welche dort gelegentlich in den Sturz der Dynastie verwickelt wurde, erstarkte hier zur seite des Hauses David — schon Aharon und Amminadab waren nach dem Priesterkodex verschwägert wie in Wirklichkeit Jojada und Ahazia. Auf diese Weise wurde schon früh der Uniformirung vorgearbeitet, wodurch Josias den königlichen Kultus zum alleinigen und officiellen machte. Als begleitende Folge seiner Maassregel ergab sich natürlich die ausschliessliche Berechtigung der königlichen Priesterschaft zu Jerusalem. Jedoch war die Erblichkeit auch bei den übrigen priesterlichen Familien schon so durchgedrungen, dass ihnen der Übergang zu profanem Berufe nicht zugemutet wurde. Der deuteronomische Gesetzgeber hatte ihnen das Recht gegeben, ihr Amt zu Jerusalem fortzusetzen und dort für jeden, der ihre Dienste in Anspruch nahm, zu fungiren; aber diese Bestimmung erwies sich, dem Widerstreben der Bne Sadok gegenüber, im ganzen als undurchführbar (2. Reg. 23, 9), wenn auch einzelne fremde Elemente damals Aufnahme in den Tempeladel gefunden

[1]) Die Rekabiten, die im Nordreiche entstanden, erhielten sich in Juda, und Jeremias weissagte ihnen, es solle ihnen nie fehlen an einem priesterlichen Haupte aus der Familie des Stifters (35, 19).

haben mögen. Die Masse der ausser Dienst gesetzten Höhenpriester musste, da sie ihren geistlichen Charakter schon nicht mehr los werden konnten, sich zur Degradirung unter ihre jerusalemischen Brüder und zu einer untergeordneten Teilnahme am Dienste des Heiligtums bequemen, vgl. 1. Sam. 2, 36. So entstand am Ausgange der vorexilischen Geschichte der Unterschied von Priester und Leviten, den Ezechiel sich bemüht zu legalisiren.

III.

1. Mit den erkennbaren Stufen der historischen Entwickelung die Schichten des Pentateuchs in Parallele zu stellen, gelingt hier im ganzen leicht. In der jehovistischen Gesetzgebung (Exod. 20—23. Kap. 34) ist von Priestern nicht die Rede, und auch solche Gebote wie: du sollst nicht auf Stufen zu meinem Altare hinaufgehen, damit nicht deine Scham davor sich entblösse (20, 26), werden an das allgemeine Du, d. h. an das Volk, gerichtet. Dem entspricht, dass bei der feierlichen Bundschliessung am Sinai (Exod. 24, 3—8) junge Männer aus den Kindern Israel als Opferer amtiren. Anderswo im Jehovisten gelten Aharon (Exod. 4, 14. 32, 1sqq.) und Moses (33, 7—11. Deut. 33, 8) als die Anfänger des Klerus. Zweimal (Exod. 19, 22. 32, 29) werden noch andere Priester neben ihnen genannt; aber Exod. 32, 29 steht auf dem Boden des Deuteronomiums, und auch Exod. 19, 22 gehört schwerlich zum ursprünglichen Bestande einer der jehovistischen Quellen.

2. Im Deuteronomium nehmen die Priester neben dem Richter und den Propheten eine sehr hervorragende Stellung ein (16, 18 — 18, 22) und bilden einen in zahlreichen Familien erblichen Klerus, dessen Privilegium nicht bestritten wird und darum auch nicht geschützt zu werden braucht. Hier nun tritt zuerst mit Regelmässigkeit der Name Leviten für die Priester auf, dessen bisher aufgeschobene Besprechung bei dieser Gelegenheit nachgeholt werden soll.

In der vorexilischen Literatur ausserhalb des Hexateuchs findet er sich sehr selten. Bei den Propheten zuerst ein einziges mal im Jeremiasbuche (33, 17—22), in einer Stelle, die jedenfalls später ist als die chaldäische Eroberung Jerusalems und gewiss nicht von Jeremias herrührt[1]). Gesichert ist der Gebrauch des Namens

[1]) In der Septuaginta fehlt 33, 14—26. Auffallend ist der Parallelismus

bei Ezechiel (a. 573), und nun reisst derselbe bei den späteren Propheten nicht ab, zum Zeichen, dass das frühere Fehlen nicht als Zufall zu erklären ist, zumal bei Jeremias, der so häufig von den Priestern spricht[1]). In den historischen Büchern kommen Leviten, abgesehen von 1. Sam. 6, 15. 2. Sam. 15, 24 und 1. Reg. 8, 4. 12, 31[2]), nur vor in den beiden Anhängen zum Richterbuche (Kap. 17. 18 und Kap. 19. 20), von denen jedoch der letztere unhistorisch und spät ist und nur der erstere ohne Zweifel vorexilisch. Hier aber handelt es sich nicht wie sonst um die Leviten, sondern um einen Leviten, der als grosse Rarität gilt und vom Stamme Dan, der keinen hat, geraubt wird.

Dieser Jonathan nun, der Ahnherr des Priestergeschlechtes von Dan, wird, obgleich judäischen Geschlechts, von Gerson dem Sohne Moses abgeleitet (Jud. 18, 30). Das andere alte Priestergeschlecht, das in die Richterzeit hinaufreicht, das ephraimitische von Silo, scheint gleichfalls mit Moses in Verbindung gebracht zu werden; wenigstens wird in der allerdings nachdeuteronomischen Stelle 1. Sam. 2, 27, wenn Jahve sich dem Vatershause Elis in Ägypten geoffenbart und dadurch zu der Begabung desselben mit dem Priestertum den Grund gelegt haben soll, doch wohl an Moses als den Empfänger der Offenbarung gedacht. Mit historischer Wahrscheinlichkeit lässt sich die Familie auf Pinehas zurückführen, der in der frühen Richterzeit Priester der Lade war und von dem das Erbgut auf dem Gebirge Ephraim und ebenso der zweite von Elis Söhnen den Namen hatte: es ist nicht anzunehmen, dass er nur der Schatten seines jüngeren Namensgenossen sei, weil der letztere noch vor dem Vater starb und neben demselben keine Bedeutung hatte. Pinehas aber ist nicht nur im Priesterkodex, sondern auch Jos. 24, 33(E) der Sohn Eleazars, und dieser ist zwar nach der maassgebenden Tradition ein Sohn Aha-

v. 17—22 mit v. 23—26. Es scheint, als seien David und Levi Misverständnis der beiden Geschlechter von v. 24, nämlich Judas und Ephraims. Jedenfalls ist ודוד v. 26 interpolirt.

1) Ezech. 40, 46. 43, 19. 44, 10. 15. 45, 5. 48, 11—13. 22. 31. Isa. 66, 21. Zach. 12, 13. Mal. 2, 4. 8. 3, 3.

2) Über 1. Sam. 6, 15 ist auf p. 125 und über 1. Reg. 8, 4 auf p. 44 sq. das Nötige bemerkt worden. Dass 1. Reg. 12, 31 von dem deuteronomischen Bearbeiter herrührt, der nicht vor der zweiten Hälfte des Exils geschrieben hat, bedarf keines Beweises. Die totale Korruption von 2. Sam. 15, 24 habe ich im Text der Bücher Samuelis (Göttingen 1871) nachgewiesen.

rons, jedoch in der Aussprache Eliezer neben Gerson ein Sohn Moses. Zwischen Aharon und Moses ist im jehovistischen Pentateuch kein grosser Unterschied; wenn Aharon im Gegensatz zu seinem Bruder als der Levit charakterisirt wird (Exod. 4, 14), so führt andererseits Moses den priesterlichen Stab, ist der Herr des Heiligtums und hat dabei den Josua zur seite wie Eli den Samuel (Exod. 33, 7—11). Er hat offenbar die älteren Ansprüche; in der jehovistischen Hauptquelle, in J, kommt Aharon ursprünglich überhaupt nicht vor[1]), wie auch Deut. 33, 8 nicht an ihn gedacht wird. Noch in den Genealogien des Priesterkodex heisst der eine Hauptast des Stammes Levi Gerson wie der älteste Sohn Moses, und ein anderer wichtiger Zweig heisst geradezu Muschi, der Mosaische.

Nicht unmöglich, dass wirklich in der Familie Moses das heilige Amt sich fortpflanzte, und sehr wahrscheinlich, dass die beiden ältesten Erbgeschlechter zu Dan und zu Silo im Ernst den Anspruch machten, von ihm abzustammen. Hinterher verehrten, wie uns Deut. 33, 8sqq. gelehrt hat, alle Priester in Moses ihren Vater, nicht als das Haupt ihres Geschlechtes, sondern als den Begründer ihres Standes. In Juda geschah das selbe, aber hier bildete sich die Erblichkeit des Klerus heraus, der Stand verwandelte sich in eine Art Geschlecht. Levit, bis dahin Berufsname, wurde nun zugleich Gentile und alle Leviten zusammen bildeten eine Blutsverwandtschaft, einen Stamm, der zwar kein eigenes Land, dafür aber das Priestertum zum Erbteil empfangen hatte. Seit dem Anfange der israelitischen Geschichte sollte dieser Erbklerus bestanden haben, und zwar schon damals nicht beschränkt auf Moses und Aharon, sondern gleich als ein zahlreiches Ge-

[1]) Am besten lässt es sich in Exod. 7—10 nachweisen, dass Aharon in J nicht ursprünglich, sondern erst durch den Bearbeiter, der J und E zu JE verband, hineingebracht ist. Der Befehl Jahves, vor Pharao zu treten, ergeht nämlich in J immer an Moses allein (7, 14. 26. 8, 16. 9, 1. 13. 10, 1); nur im weiteren Verlauf erscheint daneben viermal Aharon, nämlich immer in dem Falle, wenn Pharao in der Not Moses und Aharon holen lässt, um ihre Fürbitte in Anspruch zu nehmen. Merkwürdigerweise aber wird hinterher wieder Aharon völlig ignorirt, Moses antwortet allein, redet nur in seinem, nicht zugleich in Aharons Namen (8, 5. 22. 25. 9, 29), und obwohl er selbander gekommen, geht er doch im Singular wieder fort und bittet im Singular (8, 8. 26. 9, 33. 10, 18): der Wechsel des Numerus in 10, 17 ist unter diesen Umständen verdächtig genug. Es scheint als ob der jehovistische Bearbeiter gerade bei der Fürbitte die Assistenz Aharons für angemessen gehalten habe.

schlecht. So ist die Vorstellung bei den späteren Schriftstellern, seit dem Deuteronomium; doch wird im letzteren meist von dem Leviten in den jüdischen Provinzialstädten und von den Priestern den Leviten in Jerusalem geredet, von Gesamtlevi nicht häufig (10, 8sq. 18, 1).

Dass man es hier mit Prädatirung einer erst in der späteren Königszeit entstandenen Erblichkeit zu tun hat, ist bereits nachgewiesen, namentlich an dem Beispiele der Söhne Sadok von Jerusalem, die zuerst Parvenus und hernach die legitimsten der legitimen waren. Aber höchst sonderbar ist es, wie diese künstliche Bildung eines geistlichen Stammes, die an sich durchaus nichts rätselhaftes hat, dadurch nahegelegt und begünstigt wurde, dass es in grauer Vorzeit einmal einen wirklichen Stamm Levi gegeben hat, der schon vor der Entstehung des Königstums untergegangen ist. Er gehört zu der Gruppe der vier ältesten Söhne Leas, Ruben Simeon Levi Juda, die immer in dieser Reihenfolge zusammen aufgezählt werden und zu beiden Seiten des toten Meeres sich ansiedelten, gegen die Wüste zu. Merkwürdiger weise hat sich von ihnen allen nur Juda zu behaupten gewusst, die anderen lösten sich unter den Wüstenbewohnern oder unter ihren Volksgenossen auf. Am frühesten erlitten die beiden Gen. 49 zu einer Einheit zusammengefassten Stämme Simeon und Levi dieses Schicksal, in folge einer Katastrophe, die sie in der Richterzeit betroffen haben muss. „Simeon und Levi sind Brüder, Mordwaffen ihre Hirtenstäbe; meine Seele komme nicht in ihre Gesellschaft, meine Ehre sei fern von ihrer Rotte, denn im Zorn erwürgten sie Männer und zur Lust verhieben sie Rinder: verflucht sei ihr Zorn, so heftig, und ihre Wut, so grausam — ich will sie verteilen in Jakob und zerstreuen über Israel!“ Die hier gestrafte Untat Simeons und Levis kann nicht gegen Israeliten gerichtet gewesen sein, denn in diesem Falle würde der Gedanke gar nicht entstehen können, der hier mit Nachdruck zurückgewiesen wird, dass Jakob d. i. Gesamtisrael mit ihnen gemeinsame Sache machen könnte. Es handelt sich also um einen Frevel gegen die Kanaaniten, höchst wahrscheinlich um den selben, der in Gen. 34 den beiden Brüdern zur Last gelegt wird und von dem auch dort (v. 30) Jakob nichts wissen will, dass sie nämlich trotz eines mit Sichem abgeschlossenen Friedensvertrages die Stadt treulos überfallen und ihre Bewohner niedergemacht haben. In Jud. 9 wird erzählt, dass Sichem, bis dahin eine blühende Stadt der Kanaaniten, mit denen sich übrigens schon israelitische Elemente zu mischen begannen, von Abimelech erobert und zerstört sei; damit kann man jedoch die Zerstörung durch Simeon und Levi auf keine Weise zusammenbringen, dieselbe muss früher stattgefunden haben, wenngleich auch in der Richterperiode. Die Folgen ihrer Tat, die Rache der Kanaaniten, haben die beiden Stämme allein zu tragen gehabt; Israel hat sich nach der Andeutung Gen. 49, 6. 34, 30 nicht bewogen gefühlt für sie einzutreten und gemeinschaftliche Sache mit ihnen zu machen. So sind sie zersprengt und haben sich aufgelöst, und damit ist ihnen nach der Meinung ihres eigenen Volkes ganz recht geschehen. In den geschichtlichen Büchern ist von ihnen nie mehr die Rede[1]).

Es ist eine baare Unmöglichkeit, diesen Levi der Genesis, den Bruder Simeons, als einen blossen Reflex der Kaste anzusehen, welche gegen Ende der Königszeit aus den verschiedenen Priesterfamilien Judas zusammengewachsen ist. Der Spruch Gen. 49, 5—7 setzt die beiden Brüder völlig gleich und legt ihnen einen sehr weltlichen blutdürstigen Charakter bei. Keine Ahnung von dem heiligen Berufe Levis und seiner dadurch bedingten Zerstreuung, dieselbe ist ein Fluch und kein Segen, eine Vernichtung und keine Bestätigung seiner Besonderheit. Ebenso unmöglich aber ist es die Kaste aus dem Stamme abzuleiten, es existirt kein realer Zusammenhang zwischen beiden. Es fehlen alle Mittelglieder, der Stamm ist früh untergegangen und die Kaste sehr spät entstanden, nachweisbar aus freien Anfängen. Unter sotanen Umständen ist nun aber die Übereinstimmung des Namens höchst rätselhaft: Levi der dritte Sohn Jakobs, vielleicht einfach das Gentile seiner Mutter Lea, und Levi der Berufspriester. Wenn es anginge, den letzteren Sprachgebrauch aus der appellativischen Bedeutung der Wurzel herzuleiten, natürlich mit Evidenz, so würde man an Zufall glauben können; aber das ist nicht möglich. Man ist darum auf den Ausweg verfallen, die gewaltsame Auflösung des Stammes in der Richterzeit habe die einzelnen Leviten, die nun kein Land mehr hatten, dazu veranlasst, sich ihren Unterhalt durch Verwaltung des Opferdienstes zu erwerben; dies habe

[1]) Compos. des Hexat. (1889) p. 353 sqq.

sich ihnen darum nahe gelegt und sei ihnen deshalb gelungen, weil einst Moses der Mann Gottes zu ihnen gehört und ihnen ein gewisses Vorzugsrecht auf das heilige Amt vererbt habe. Aber es gab damals keine Menge von unbesetzten Priesterstellen, und ein solcher Massenübergang der Leviten zum Dienste Jahves in jener alten Zeit ist bei der Seltenheit grösserer Heiligtümer eine sehr schwierige Annahme. Richtig ist es vielleicht, dass Moses wirklich aus Levi stammt und dass von ihm aus die spätere Bedeutung des Namens Levit zu erklären ist. In der Tat scheint derselbe zunächst nur auf die Nachkommen und Verwandten Moses angewandt und erst später auf die Priester überhaupt übertragen zu sein, die dem Blute nach nichts mit ihm zu tun hatten, aber alle mit ihm als ihrem Haupte in Zusammenhang stehen wollten. Über Vermutungen wird man hier nie hinauskommen.

3. Während im Deuteronomium der geistliche Stamm des Leviten (10, 8sq. 18, 1. Jos. 13, 14. 33) noch bescheiden auftritt, wird im Priesterkodex massiver Ernst damit gemacht; der Stamm Levi (Num. 1, 47. 49. 3, 6. 17, 3. 18, 2) wird von den übrigen Stämmen dem Heiligtum übergeben, nach dem genealogischen System seiner Familien katalogisirt, zählt 22000 männliche Mitglieder und erhält sogar auch eine Art Stammgebiet, die 48 Levitenstädte (Jos. 21). Einen mit dieser Verbreiterung des Klerus zusammenhängenden, aber noch viel bedeutenderen Schritt vorwärts, den der Priesterkodex tut, haben wir bereits am Anfange des Kapitels besprochen: während es sich bisher immer nur erst um die Scheidung des Klerus von den Laien handelt, wird hier jene grosse innere Zwieteilung desselben eingeführt, in Aharoniden und Leviten. Nicht bloss im Deuteronomium, sondern überall im Alten Testament abgesehen von Esdrae Nehemiae und Chronik ist Levit der Ehrentitel des Priesters[1]) — Aharon selber wird in der öfters angeführten Stelle Exod. 4, 14 so genannt und zwar um dadurch seinen Beruf, nicht seine Familie zu bezeichnen, denn die letztere hat er mit Moses gemein, von dem er doch durch das

[1]) Exod. 4, 14. Deut. 33, 8. Jud. 17sq. — Exod. 32, 26—28. Deut. 10, 8sq. 12, 12. 18sq. 14, 27. 29. 16, 11. 14. 17, 9. 18. 18, 1—8. 24, 8. 27, 9. 14. 31, 9. 25. Jos. 3, 3. 13, 14. 33. 14, 3sq. 18, 7. Jud. 19sq. 1. Sam. 6, 15. 1. Reg. 12, 31. Hier. 33, 17—22. Ezech. 44, 8sqq. Isa. 66, 21. Zach. 12, 13. Mal. 2, 4. 8. 3, 3. — Nur die Glossen 2. Sam. 15, 24 und 1. Reg. 8, 4 (vgl. jedoch 2. Chron. 5, 5) mögen auf dem Priesterkodex beruhen.

Beiwort dein Bruder der Levit unterschieden werden soll. Im Deuteronomium aber fällt es auf, dass mit einer absichtlichen Emphase die gleiche Berechtigung aller Leviten zum Opferdienste in Jerusalem statuirt wird: „die Priester die Leviten, der ganze Stamm Levi, sollen nicht Teil noch Erbe haben mit Israel, die Opfer Jahves und sein Erbteil sollen sie essen — und wenn ein Levit aus irgend einer Stadt von ganz Israel, wo er wohnt, kommt zu dem Orte, den Jahve erwählen wird, so darf er im Namen Jahves seines Gottes fungiren so gut wie die Leviten, die daselbst vor Jahve stehen" (18, 1. 6. 7). Der Gesetzgeber hat hiebei seine Hauptmaassregel vor Augen, nämlich die Abschaffung aller Kultusstätten bis auf den Tempel Salomos; die bisherigen Priester derselben durften damit nicht brotlos werden. Darum legt er es auch so oft und dringend den Provinzialen ans Herz, sie sollten bei ihren Opferwallfahrten nach Jerusalem den Leviten ihres Orts nicht vergessen und ihn mitnehmen. Dies ist nun für das Verständnis der folgenden Entwickelung insofern sehr wichtig, als man sieht, wie durch die Centralisirung des Gottesdienstes die nichtjerusalemischen Leviten in ihrer Stellung bedroht waren. Tatsächlich erwies sich die gute Absicht des Deuteronomikers als undurchführbar, mit den Bamoth fielen auch die Priester der Bamoth. Sofern sie überhaupt noch am heiligen Dienste teilnahmen, mussten sie sich eine Unterordnung unter die Söhne Sadoks gefallen lassen (2. Reg. 23, 9). Mit Recht vielleicht hat hierauf Graf die Weissagung 1. Sam. 2, 36 bezogen, dass dermaleinst zu dem festgegründeten königlichen Priester die Nachkommen des gestürzten Hauses Eli kommen würden, ihn um ein Almosen anzugehen oder zu sagen: füge mich ein in eine der Priesterschaften, um ein Stück Brot zu essen; dass geschichtlich die abgesetzten Leviten mit jenen alten Schicksalsgenossen nicht allzu nahe zusammenhingen, kann gegen diese Deutung bei einem nachdeuteronomischen Schriftsteller keine Bedenken erregen. Auf diesem Wege entstand, als eine gesetzwidrige Folge der Reformation Josias, der Unterschied von Priestern und Leviten[1]). Für Ezechiel ist derselbe noch eine Neuerung, die gerechtfertigt und sanktionirt zu werden bedarf; für den Priesterkodex „eine ewige Satzung",

[1]) Bezeichnend sind die Namen Libni, Hebroni, Korhi für die abgesetzten Priester der jüdischen Landschaft; vgl. Compos. des Hexat. p. 185 n. 1.

obwohl doch noch nicht so ganz unangefochten, wie aus der letzten Bearbeitung der Erzählung von der Rotte Korah erhellt. Für das Judentum seit Ezra und dadurch für die christliche Tradition ist auch hier der Priesterkodex maassgebend geworden. Statt der deuteronomischen Formel die Priester die Leviten heisst es fortab die Priester und die Leviten, namentlich in der Chronik; und in den Übersetzungen wird der alte Sprachgebrauch mehrfach korrigirt[1]).

Es ist lehrreich für unseren Zweck und darum nicht ungehörig an dieser Stelle, die Durchführung der neuen Organisation des Tempelpersonals nach dem Exil zu verfolgen. Mit Zerubabel und Josua kehrten a. 538 vier Priestergeschlechter aus Babylon zurück, zusammen 4289 Köpfe stark (Esdr. 2, 36—39), mit Ezra kamen a. 458 noch zwei Geschlechter hinzu, deren Zahl nicht angegeben wird (8, 2). Von Leviten zogen das erstemal 74 mit (2, 40), das zweitemal befand sich unter den 1500 Männern, die sich auf dem von Ezra bestimmten Sammelplatz eingefunden hatten um die Reise durch die Wüste anzutreten, anfangs kein einziger Levit, und erst auf dringende Vorstellungen des Schriftgelehrten wurden endlich noch einige dreissig bewogen sich anzuschliessen (8, 15—20). Wie ist dies Übergewicht der Priester über die Leviten zu erklären, das auch dann noch auffallend bleibt, wenn man die Posten nicht für genau vergleichbar hält? Sicherlich nicht auf grund eines tausendjährigen Bestehens der Verhältnisse, wie sie im Priesterkodex und in der Chronik erscheinen. Dahingegen verschwindet das Rätselhafte, wenn die Leviten die degradirten Priester der judäischen Bamoth waren. Diese waren wohl überhaupt nicht zahlreicher als das jerusalemische Kollegium, und auf keinen Fall konnte die Aussicht, in der Heimat fortab nicht mehr opfern, sondern nur schlachten und waschen zu sollen, für sie sehr verlockend sein; man kann es ihnen nicht verdenken, dass sie keine Lust hatten, sich freiwillig zu Handlangern der Söhne Sadoks zu erniedrigen. Ausserdem wird man annehmen dürfen (p. 122), dass doch auch manche ursprünglich nicht dazu gehörige (namentlich levitische) Elemente es damals verstanden sich in die salomonische Priesterschaft einzudrängen; dass es nicht allen gelang (Esdr. 2, 62), beweist, dass

[1]) Z. B. Septuag. Jos. 3, 3. Isa. 66, 21; Hieron. Deut. 18, 1. Jud. 17, 13; Syr. an vielen Stellen.

es manche versuchten, und bei der Leichtigkeit, mit der man damals altersgraue Stammbäume schuf und anerkannte, wird auch nicht jeder Versuch misglückt sein.

Wodurch ist es denn aber nun gekommen, dass in der Folgezeit, wie man aus den Angaben der Chronik schliessen muss, das Verhältnis der Leviten zu den Priestern der gesetzlichen Proportion wenn auch nicht ganz, so doch mehr entsprach? Einfach durch Levitisirung fremder Geschlechter. Zu Anfang wurden in der Gemeinde des zweiten Tempels die Leviten noch unterschieden von den Sängern Torwächtern und Nethinim (Esdr. 2, 41—58), Innungen, die schon von vornherein weit zahlreicher waren und schnell wuchsen (Neh. 11, 17. 19. 36. 12, 28sq. 1. Chr. 9, 16. 22. 25). Aber der Unterschied hatte in der Gegenwart keine faktische Basis mehr, nachdem einmal die Leviten auch zu Tempeldienern degradirt und zu Nethinim der Priester geworden waren (Num. 3, 9). Wo daher der Chronist, der zugleich der Verfasser der Bücher Esdrae und Nehemiae ist, nicht ältere Quellen wiedergibt, sondern frei schreibt, da betrachtet er auch die Sänger und die Torwächter als Leviten. Durch künstliche Genealogieen sind die drei Sängergeschlechter Heman Asaph und Ethan von den alten levitischen Geschlechtern Kehath Gerson und Merari abgeleitet (1. Chron. 6, 1sqq,), wobei mit dem Material nicht gerade wählerisch verfahren wird, s. Graf a. O. p. 231, Ewald III p. 380sq. Inwieweit der Unterschied der Nethinim gegen die Leviten späterhin aufrecht erhalten wurde (Jos. 9, 21. 3. Esdr. 1, 3. Esdr. 8, 20), ist nicht klar. Es wäre nicht übel, wenn die Absicht Ezechiels, die Ausländer aus dem Tempel zu verbannen, in der Weise erfüllt wäre, dass diese heidnischen Hierodulen, die Meunäer Nephisäer Salmäer und wie die fremdartigen Namen Esdr. 2, 43 sqq. sonst noch lauten, auf dem beliebten genealogischen Wege in den Stamm Levi Aufnahme gefunden hätten. Ein eigentümliches Schlaglicht auf die Richtung, in der sich die Dinge entwickelten, wirft die Tatsache, dass die Sänger, die zur Zeit Ezras noch nicht einmal Leviten waren, später sich schämten es zu sein und wenigstens äusserlich den Priestern gleichgestellt werden wollten. Sie baten den König Agrippa II., ihnen vom Synedrium die Befugnis zu erwirken, dass sie das weisse Priestergewand tragen dürften[1]).

[1]) Vatke p. 568, Graf in Merx' Archiv I p. 225sqq., Kuenen, Godsdienst II p. 104sq.

4. Der Schlussstein des heiligen Gebäudes, welches die Gesetzgebung des mittleren Pentateuchs aufrichtet, ist der Hohepriester. Wie über den Leviten die Aharoniden, so erhebt sich Aharon selber über seinen Söhnen; in seiner Person gipfelt die einheitliche Ausgestaltung des Kultus, wie sie durch das Deuteronomium und Josias angebahnt worden ist. Eine Figur von so unvergleichlicher Bedeutung ist dem übrigen Alten Testamente fremd, selbst Ezechiel kennt noch keinen Hohenpriester mit eminenter Heiligkeit. Schon vor dem Exil war allerdings der Tempeldienst zu Jerusalem so grossartig und das Personal so zahlreich, dass eine geregelte Ämterteilung und abgestufte Rangordnung eine Notwendigkeit war. Zur Zeit Jeremias bildeten die Priester eine in Klassen oder Geschlechter eingeteilte Genossenschaft, mit Ältesten als Vorstehern; der oberste Priester hatte in der Anstellung seiner niederen Kollegen einen bedeutenden Einfluss (1. Sam. 2, 36); neben ihm standen der zweite Priester, der Schwellenhüter, der Wachtoberst als vornehme Chargen [1]). Aber im Gesetz nimmt Aharon keine bloss oberste, sondern eine einzigartige Stellung ein, wie der römische Pontifex gegenüber den Bischöfen; seine Söhne fungiren unter seiner Aufsicht (Num. 3, 4), der einzige vollberechtigte Priester ist nur er, die Koncentration des Heiligen in Israel. Er allein trägt die Urim und Thummim und das Ephod: der Priesterkodex weiss zwar nicht mehr was es damit für eine Bewandtnis hat und er konfundirt das Ephod Zahab mit dem Ephod Bad, das überzogene Gottesbild mit dem Priesterüberzieher; aber die trüben Reminiscenzen dienen dazu, Aharons majestätischen Ornat noch magischer zu gestalten. Er allein darf in das Allerheiligste eindringen und dort das Räucheropfer bringen; der sonst unnahbare Zugang (Neh. 6, 10. 11) steht ihm am grossen Versöhnungstage offen. Nur in ihm berührt sich Israel unmittelbar, in *einem* Punkte und in *einem* Momente, mit Jahve, die Spitze der Pyramide ragt an den Himmel.

Der Hohepriester erscheint auf seinem Gebiete völlig sou-

[1]) Der Kohen ha-Rosch findet sich zuerst 2. Sam. 15, 27, aber hier stammt הראש (so statt הרואה) von dem Interpolator des v. 24. Sodann 'הכ הגדול 2. Reg. 12, 11, aber 2. Reg. 12 stammt vom Verfasser von 2. Reg. 16, 10sqq. und Kap. 22sq. Sonst einfach *der Priester*. — Vgl. übrigens 2. Reg. 19, 2. Hier. 19, 1. 2. Reg. 23, 4. 25, 18. Hier. 20, 1. 29, 25. 26. In 1. Sam. 2, 36 muss כהנה *Priesterschaft, Priesterorden* bedeuten, wegen ספחני *gliedre mich ein*.

veräu. Bis auf das Exil, haben wir gesehen, war das Heiligtum Besitz des Königs und der Priester sein Diener; sogar bei Ezechiel, der im übrigen auf Emancipation hinarbeitet, hat doch der Fürst noch eine sehr grosse Bedeutung für den Tempel, an ihn werden die Abgaben des Volkes entrichtet und er unterhält dafür den Opferdienst. Dagegen im Priesterkodex werden die Abgaben direkt an das Heiligtum entrichtet, der Kultus ist vollkommen autonom und gibt sich seine eigene Spitze von Gottes Gnaden. Und nicht bloss die Autonomie des Heiligen repräsentirt der Hohepriester, sondern auch die Herrschaft desselben über Israel. Das Scepter und das Schwert führt er nicht, nirgends, wie Vatke p. 539 treffend bemerkt, wird ein Versuch gemacht, ihm weltliche Macht zu vindiciren. Aber eben nach seiner geistlichen Würde, als oberster Priester, ist er das Oberhaupt der Theokratie, und so sehr, dass ein anderes neben ihm nicht Platz hat, ein theokratischer König ihm zur seite nicht denkbar ist (Num. 27, 21). Er allein ist der verantwortliche Vertreter der Gesamtheit, die Namen der zwölf Stämme sind ihm auf Herz und Schultern geschrieben; sein Fehltritt zieht Verschuldung des ganzen Volkes nach sich und wird gesühnt wie der des ganzen Volkes, während die Fürsten durch ihre Sündopfer sich ihm gegenüber als Privatleute charakterisiren (Lev. 4, 3. 13. 22. 9, 7. 16, 6). Sein Tod begründet eine Epoche; nicht wenn der König stirbt, sondern wenn der Hohepriester stirbt, tritt für den Flüchtigen Amnestie ein (Num. 35, 28). Er empfängt bei der Investitur die Salbung wie ein König und heisst darnach der gesalbte Priester, er ist mit Diadem und Tiara geschmückt wie ein König (Ezech. 21, 31), er trägt wie ein König den Purpur[1]). Was bedeutet es nun, das die Spitze des Kultus — eben als solche und nur als solche, ohne daneben mit politischen Befugnissen ausgestattet zu sein und in die Regierung einzugreifen — zugleich die Spitze der Nation ist? Was anders, als dass die weltliche Herrschaft dieser Nation genommen und nicht mehr ihre eigene Sache ist, dass sie nur noch eine geistliche kirchliche Existenz führt! Vor der Anschauung des Priesterkodex steht Israel in der Tat nicht als Volk, sondern als Gemeinde;

[1]) Clem. Recogn. I 46: Aaron chrismatis compositione perunctus .... princeps populi fuit et tamquam rex primitias et tributum per capita accepit a populo. Ibid. I 48; chrisma per quod pontificatus praebebatur vel prophetia vel regnum.

weltliche Angelegenheiten liegen derselben fern und werden von dieser Gesetzgebung nie berührt, ihr Leben geht auf im Dienste des Heiligen. Es ist die Gemeinde des zweiten Tempels, es ist die jüdische Hierokratie, mit der Fremdherrschaft als Voraussetzung ihrer Möglichkeit, die uns hier entgegen tritt. Zwar pflegt man, was man in der geschichtlichen Realität Hierarchie nennt, im Gesetz mit dem idealen d. h. blinden Namen Theokratie zu bezeichnen: aber wer damit einen Unterschied der Sache gewonnen zu haben glaubt, der belügt sich selber. Wer das fertig bringt, dem gelingt es dann auch weiter, die hierokratische Gemeindeverfassung in die mosaische Zeit zu versetzen, weil sie das Königtum ausschliesst, und dann entweder die Geheimhaltung derselben während der ganzen Richter- und Königszeit zu behaupten oder mit dem Hebel der Fiktion die gesamte überlieferte Geschichte aus den Angeln zu heben.

Für einen einigermaassen mit der Geschichte Vertrauten ist es nicht nötig nachzuweisen, dass die sogenannte mosaische Theokratie, die in die Verhältnisse der früheren Zeit nirgends hinein passt und von der die Propheten, auch in ihren idealsten Schilderungen des israelitischen Staates wie er sein soll, nicht die leiseste Spur einer Vorstellung haben, dem nachexilischen Judentum so zu sagen auf den Leib geschnitten ist und nur da Wirklichkeit gehabt hat. Damals hatten die fremden Herrscher den Juden die Sorge für die weltlichen Geschäfte abgenommen, sie konnten und mussten sich rein den heiligen widmen, in denen man ihnen volle Freiheit liess. So wurde der Tempel der ausschliessliche Mittelpunkt des Lebens und der Tempelfürst das Haupt des geistlichen Gemeinwesens, dem auch die Verwaltung der politischen Angelegenheiten, so weit solche etwa noch der Nation überlassen wurden, von selbst zufiel, weil es überhaupt keine andere Spitze gab [1]. Der Chronist lässt den zwei mal zwölf Generationen zu vierzig Jahren, welche man von der Befreiung aus Ägypten bis zum Tempelbau Salomos und von da wiederum bis zur Befreiung aus Babylonien annahm, ebenso viele Hohepriester zur seite gehen; die Amtsdauer dieser Hohenpriester, von denen die Geschichte freilich nichts weiss, ist an die Stelle der Regierung der Richter und Könige getreten, wonach ehedem gerechnet wurde (1. Chron.

[1]) Vgl. übrigens Israel. und Jüd. Geschichte p. 149 sq.

5, 29sq.)[1]. Wie man in dem Ornate Aharons, an dem übrigens die Urim und Thummim fehlten (Neh, 7, 65), gewissermaassen die dem Volke Gottes zum Trost für die verlorene irdische Hoheit gebliebene transcendente Majestät verehrte, erhellt aus Sirac. 50 und aus mehreren Angaben des Josephus, z. B. Antiq. 18, 90sqq. 20, 6sqq. (Hekat. bei Diodor 40, 3). Unter der griechischen Herrschaft wurde der Hohepriester Ethnarch und Präsident des Synedriums; nur durch das Pontifikat konnten die Hasmonäer zur Herrschaft gelangen, aber indem sie dasselbe mit der vollen weltlichen Souveränetät verbanden, schufen sie ein Dilemma, an dessen Folgen sie untergingen.

Fünftes Kapitel.

Die Ausstattung des Klerus.

Die Macht und Unabhängigkeit des Klerus läuft parallel mit seiner materiellen Ausstattung, hier wie dort lässt sich daher die gleiche Entwickelung verfolgen. Ihre Stufen spiegeln sich in der Sprache ab, in der graduellen Abstumpfung des eigentlichen Sinnes der Formel die Hand füllen, welche zu allen Zeiten für die Ordination gebraucht worden ist. Ursprünglich kann dieselbe nichts anderes bedeutet haben als die Hand mit Gelde oder Gute füllen; wir haben gesehen, dass der Priester einst von dem Besitzer des Heiligtums gegen Lohn angestellt wurde und nicht unabhängig von einem bestimmten Herrn seine Existenz auf die Gefälle gründen konnte, die von seinen Opferkunden eingingen. Als nun aber in dem jüdischen Reich der späteren Zeit das levitische Erbpriestertum aufkam, da füllte ihnen nicht mehr ein anderer die Hand, der das Recht hatte sie ein- und abzusetzen, sondern sie füllten sich auf Gottes Geheiss selber die Hand;

[1]) Marc. 2, 26: ἐπὶ Ἀβιάθαρ ἀρχιερέως. Das ist keine Verwechslung mit Ahimelech, sondern bedeutet: in dem nach Abiathars Pontifikat benannten Zeitraume.

oder vielmehr sie hatten das zur Zeit Moses ein für alle mal getan, wie in dem mit dem Deuteronomium gleichstehenden Einsatze Exod. 32, 26—29 gesagt wird. Dass dies bei Lichte besehen, trotz 2. Reg. 9, 24, ein Widersinn ist, sich aber erklärt aus dem Streben, das Eingreifen des fremden Subjekts zu entfernen, liegt auf der Hand. Hier indessen wird doch noch immer die Etymologie insoweit empfunden, dass sie unwillkürlichen Anstoss erregt und zur Abänderung der Konstruktion führt; zuletzt aber ist sie vollständig abgeblasst und verschwunden: die Hand anfüllen bedeutet dann einfach einweihen. Bei Ezechiel wird nicht nur dem Priester, sondern sogar dem Altare die Hand gefüllt (43, 26); im Priesterkodex ist hauptsächlich das Abstractum milluim in Gebrauch, mit ausgelassenem Subjekt und Objekt, als Name einer blossen Inaugurationsceremonie, die mehrere Tage dauert (Lev. 8, 33. Exod. 29, 35), wesentlich in der Darbringung eines Opfers von Seiten des Einzuweihenden besteht und mit der wirklichen Handfüllung auch nicht im losesten Zusammenhange mehr steht (2. Chr. 13, 9 vgl. 29, 31). Das Verbum bedeutet dann nicht mehr und nicht weniger als diese Ceremonie vollziehen, und das Subjekt ist dabei ganz gleichgiltig (Lev. 16, 32. 21, 10. Num. 3, 3); nicht von der den Ritus ausführenden Person hängt die Einsetzung ab, sondern von dem Ritus selber, von der Salbung Investitur und den übrigen Formalitäten (Exod. 29, 29).

Dieser Wandel im Sprachgebrauch ist das Echo der realen Veränderungen in der äusseren Lage des Klerus, die nunmehr näher ins Auge zu fassen sein werden.

I.

1. Von den Opfern widmete man in alter Zeit einiges der Gottheit, das meiste verwandte man zu heiligen Mahlzeiten, an denen man, wenn ein Priester vorhanden war, natürlich auch diesen in irgend einer Weise teilnehmen liess. Aber einen gesetzlichen Anspruch auf bestimmte Fleischabgaben scheint derselbe nicht gehabt zu haben. „Elis Söhne waren nichtsnutzige Leute und kümmerten sich nicht um Jahve noch um Recht und Pflicht der Priester gegen das Volk; so oft jemand opferte, so kam der Knecht des Priesters — das sind hier die 22 000 Leviten —, wenn das Fleisch kochte, mit einer dreizinkigen Gabel in der Hand und stach in den Kessel oder in den Topf, und alles

was die Gabel heraufbrachte, nahm der Priester. So taten sie allen Israeliten, die dort nach Silo hinkamen. Sogar bevor das Fett geräuchert war, kam der Knecht des Priesters und sprach zu dem Opfernden: gib Fleisch zum Braten her für den Priester, er will kein gekochtes von dir haben, sondern rohes, und sagte jener dann zu ihm: erst soll das Fett geräuchert werden und dann nimm dir wie du willst, so sprach er: nein, jetzt gleich sollst du es geben, sonst nehme ich es mit Gewalt" (1. Sam. 2, 12—16). Die Abgabe roher Fleischstücke vor der Räucherung des Fettes gilt hier als eine unverschämte Forderung, welche geeignet ist das Opfer Jahves in Verachtung zu bringen (v. 17) und den Untergang der Söhne Elis zur verdienten Folge hat. Erträglicher ist es, aber auch schon ein Misbrauch, dass sich die Priester gekochtes Fleisch aus dem Topfe holen lassen, dabei nicht einmal das beste sich aussuchend sondern die Wahl dem Zufall überlassend; sie sollen abwarten, was man ihnen gibt, oder sich damit begnügen, dass man sie zur Mahlzeit einlade. Dagegen ist es nun im Deuteronomium „das Recht der Priester an das Volk" (18, 3 = 1. Sam. 2, 13), dass ihnen ein Vorderbein die Kinnladen und der Magen des Opfertieres zukommen; und nach dem Priesterkodex haben sie Anspruch auf die Brust und auf das rechte Hinterbein[1]). Wohin der Lauf geht, sieht man; für das Judentum ist der Priesterkodex maassgebend geworden. Bei den Opfern wenigstens galt seine Forderung; jedoch um alle Gerechtigkeit zu erfüllen, hielt man daneben auch die des Deuteronomiums aufrecht, indem man sie, gegen die klare Meinung und also gewiss erst infolge späterer schriftgelehrter Rigorosität, nicht auf die Opfer, sondern auf die profanen Schlachtungen bezog und

[1]) שוק ist im Gegensatz zu זרוע jedenfalls das Hinterbein, allerdings ursprünglich wie im Aramäischen und Arabischen nicht femur, sondern crus, aber dann im Hebräischen (wie crus) wohl auf das ganze Bein erweitert und als Abgabe an die Priester in diesem weiteren Sinne zu verstehen, obgleich Josephus die engere Bedeutung (κνήμη) fest hält. Die falsche Übersetzung βραχίων in der Septuaginta, bei Philo, und in der Vulgata erklärt sich aus der Absicht, die Differenz gegen das Deuteronomium auszugleichen. Es fällt auf, dass der Ritus des Webens (ausgen. Lev. 9, 21) nur mit der Brust vollzogen wird, nicht mit der Keule, die einfach Theruma, d. i. Abgabe heisst; vgl. Benzinger, Archäologie p. 459. Die Brust ist die ältere Forderung, sie ist an die Stelle des deuteronomischen Vorderbeins getreten, obgleich beim Opfer des Naziräers (Num. 6, 19s.) der Priester beides mit einander bekommt. Es zeigt sich eine gewisse Unsicherheit der Praxis auf diesem Gebiete.

auch von diesen den Priestern einen Teil gab, die Kinnladen (nach Hieronymus zu Mal. 2, 3) einschliesslich der Zunge: also harmonistische Verdoppelung der Leistung[1]). In einer älteren Zeit bekamen die Priester zu Jerusalem Geld von ihren Kunden (Deut. 18, 8), hatten dafür aber die Pflicht den Tempel in Stand zu halten; man sieht daraus, dass dies Geld eigentlich an das Heiligtum gezahlt und nur bedingungsweise dessen Dienern überlassen wurde. Da sie die Bedingung nicht hielten, wurde ihnen von König Joas auch das Geld entzogen (2. Reg. 12, 7sqq.).

Die Mahlopfer sind im Priesterkodex Nebensache, und was den Priestern hievon zufällt, ist geringfügig im Vergleich zu ihrer Einnahme aus den übrigen Opfern. Das Mehl, wovon nur eine Handvoll auf den Altar gestreut wird, die Gebäcke und überhaupt die Minha bekommen sie ganz, ebenso die so häufig geforderten Sünd- und Schuldopfer (Ezech. 44, 29), von denen Gott nur das Blut und Fett, der Darbringer aber gar nichts erhält; vom Brandopfer fällt wenigstens das Fell für sie ab. Diese Gefälle jedoch, in ihrer bestimmten Form allesamt nicht als alt nachzuweisen und zum Teil nachweislich nicht alt, werden schon in der früheren Zeit Analoga gehabt haben, so dass sie nicht schlechthin als Steigerung des Einkommens betrachtet werden dürfen. Zur Zeit Josias waren die Massoth eine Hauptnahrung der Priester (2. Reg. 23, 9): sie rührten doch wohl grossenteils von der Minha her. Statt der Sünd- und Schuldopfer, die noch dem Deuteronomium unbekannt sind, gab es früher Sünd- und Schuldbussen als Geldzahlungen an die Priester, die freilich gewiss nicht so regelmässig gewesen sein werden (2. Reg. 12, 17). Es ist als ob die blossen Geldzahlungen dem Gesetze zu profan seien, es muss bei der Sühne Blut vergossen werden. Dass von der Ola die nicht opferbare Haut dem Priester zufällt, ist eine so natürliche Sitte, dass man sie für neu zu halten nicht geneigt sein wird, obwohl Ezechiel von dieser doch nicht wertlosen Gebühr schweigt (44, 28—31).

Soweit sich also in den Opfergefällen des Priesterkodex Abweichungen gegen den früheren Gebrauch erkennen lassen, sind sie zwar keinesfalls für bloss lokale Verschiedenheiten auszugeben, aber auch im ganzen und grossen nicht gerade für eine bedeutende

[1]) Philo de praemiis sacerdotum § 3. Joseph. Ant. 3, 229. 4, 74.

Erhöhung der Taxe. Indessen, die Opfergefälle sind hier auch nur ein ziemlich untergeordneter Teil des Einkommens der Priester. Im Deuteronomium sind die letzteren darauf angewiesen, sie leben vom Opfer (18, 1) und von der Einladung zu den heiligen Mahlzeiten (12, 12. 18sq.); sie müssen hungern, wenn sie nicht fungiren (1. Sam. 2, 36). Dahingegen die Aharoniden des Priesterkodex brauchen gar nicht zu opfern und haben doch ihr Brot, denn ihre Haupteinnahme besteht in den reichen Naturalsteuern, welche ihnen geleistet werden müssen.

2. Die Abgaben, welche nach dem Gesetze an die Priester fallen, waren allesamt ursprünglich Opfer, nämlich die regelmässigen Opfer, welche zu den Festen gebracht werden mussten (קדשים); und allesamt dienten sie ursprünglich zu heiligen Mahlzeiten, von denen die Priester den auch sonst üblichen Anteil bekamen. Dies gilt zunächst von den männlichen Erstgeburten des Viehs. Wie wir in dem Kapitel über die Feste gesehen haben, werden sie in dem jehovistischen Gesetze ebenso wie in der jehovistischen Erzählung (über den Auszug und über Abel) geopfert und zwar als Mahlopfer, wie alle von Privaten dargebrachten Opfer in alter Zeit. Wenn es Exod. 22, 29 heisst, sie sollen dem Jahve gegeben werden, so bedeutet das nicht, sie sollen den Priestern gegeben werden; von solchen wird im Bundesbuch nirgend etwas erwähnt. Ebenso stehen die Sachen im wesentlichen auch noch im Deuteronomium: „du sollst sie dem Jahve heiligen und nicht pflügen mit der Erstgeburt deines Rindes noch die Erstgeburt deines Schafes scheren, vor Jahve sollst du sie verzehren alle Jahre an dem Ort den er erwählt; wenn aber ein Fehl daran ist, so sollst du sie nicht opfern dem Jahve deinem Gott“ (15, 19—21). Dem Jahve heiligen, vor Jahve essen, dem Jahve opfern — sind hier ganz gleichwertige Begriffe. Wenn nun nach Num. 18, 15sqq. aller erste Wurf ohne Umschweife dem Priester zugesprochen und daneben dann noch ein besonderes Paschaopfer eingesetzt wird, so kann das nur als die letzte Phase der Entwickelung verstanden werden, teils weil überhaupt der Begriff der Abgabe im Vergleich zu dem des Opfers etwas abgeleitetes ist, teils weil der gewaltige Zuwachs in der Einnahme der Priester auf hierokratische Machtentfaltung hinweist. Ezechiel zählt die Erstgeburten noch nicht unter den Einkünften des Klerus auf (44, 28—31); dagegen richtet sich die Praxis des

Judentums wie gewöhnlich nach der Norm des Priesterkodex; seit Nehem. 10, 37.

Auch der Zehnte ist ursprünglich Gott gegeben und ebenso wie die anderen Opfer behandelt, d. h. nicht von den Priestern, sondern von den Darbringern in heiligen Mahlzeiten verzehrt. In der jehovistischen Gesetzgebung kommt er nicht vor, aber Jakob widmet ihn (Gen. 28, 22) dem Gott von Bethel, wobei trotzdem dass das Ganze Projektion aus späterer Zeit ist, es doch schwerlich im Sinne des Erzählers sein würde, an Priester daselbst zu denken. Der Prophet Amos, der in gleiche Linie gestellt werden darf, sagt: „kommt nach Bethel zu sündigen, nach Gilgal noch mehr zu sündigen, und bringt am Morgen eure Opfer, am dritten Tage eure Zehnten, und bringt auf Brot Fleischstücke dar zur Flamme und rufet Freigaben laut aus — so liebt ihr es ja, Haus Israel!“ (4, 4sq.). Man sieht, dass der Zehnte hier in einer Reihe mit Zebah Thoda und Nedaba steht; er ist ein Freudenopfer und ein glanzvolles Stück des öffentlichen Kultus, keine blosse Abgabe an die Priester. Auch in diesem Punkte nun hat das Deuteronomium die alte Sitte im ganzen unverändert gelassen. Nach 14, 22—29 soll der Zehnte des Feldwuchses, oder auch der Erlös desselben in Gelde, von Jahr zu Jahr zum Heiligtume gebracht und daselbst vor Jahve, also als Mahlopfer, verzehrt werden; nur in jedem dritten Jahre soll er nicht in Jerusalem geopfert, sondern als Almosen an die des Grundbesitzes entbehrenden Ortsangehörigen gespendet werden, zu denen namentlich die Leviten gehören. Die letztere Verwendung ist eine Neuerung, die einerseits mit der Abschaffung der lokalen Kultusstätten zusammenhängt, andererseits mit der Tendenz des Deuteronomikers, die Festfreude zu humanen Zwecken zu benutzen. Das ist aber noch nichts dagegen, dass nun im Priesterkodex endlich der ganze Zehnte zu einer blossen von den Leviten einzusammelnden (Neh. 10, 38) Steuer an den Klerus geworden ist, dessen Ausstattung dadurch wiederum sehr beträchtlich verbessert wird. Ezechiel schweigt auch hierüber (44, 28—31), aber so wie der Zehnte im Buche Numeri (18, 21 sqq.) gefordert wird, hat ihn seit Nehemia (10, 38sq.) die Gemeinde des zweiten Tempels gegeben. Späterhin fügte man dazu dann noch, um der abweichenden Forderung des Deuteronomiums zu genügen, den sogenannten zweiten Zehnten hinzu, der für gewöhnlich zu Jerusalem verzehrt und im dritten

Jahr an die Armen gegeben wurde (so Sept. zu Deut. 26, 12), und am Ende entrichtete man sogar den Armenzehnten als dritten zu dem ersten und zweiten obendrauf (Tobith 1, 7. 8. Jos. Ant. 4, 240).

Wahrhaft unerhört ist es, dass der Zehnte, der sich der Natur der Sache nach nur von Gegenständen festen Maasses, von Korn Most und Öl versteht (Deut. 14, 23), im Priesterkodex auch auf das Vieh ausgedehnt wird, so dass neben den männlichen Erstgeburten auch noch das zehnte Stück von Rindern und Schafen an die Priester gezahlt werden muss. Jedoch findet sich diese Forderung noch nicht Num. 18 und ebenfalls noch nicht Neh. 10, 38. 39, sondern erst in der Novelle Lev. 27, 32 (1. Sam. 8, 17). Ob sie in der Praxis des Judentums durchgedrungen ist, erscheint fraglich; 2. Chron. 31, 6 wird der Viehzehnte zwar erwähnt, aber dafür die Erstgeburten nicht; in der vorrabbinischen Literatur sind keine Spuren zu entdecken, insbesondere nicht bei Philo, der nur den an die Leviten zu entrichtenden gewöhnlichen, aber nicht den an die Priester zu entrichtenden Viehzehnten kennt (de praem. sacerd. § 6).

Mit dem Fruchtzehnten sind die Erstlinge in der Wurzel identisch, sie sind durch ersteren nur nachträglich auf ein bestimmtes Maass gebracht. Dies wird der Grund sein, warum in der jehovistischen Gesetzgebung nicht beides neben einander gefordert wird, sondern nur eine dem freien Ermessen anheimgestellte Gabe des Ersten und Besten von Korn Most und Öl, welche mit der Erstgeburt der Rinder und Schafe zusammengestellt wird (Exod. 32, 28. 34, 26. 23, 19). In ganz gleicher Bedeutung steht im Deuteronomium neben den Erstgeburten des Viehs der *Zehnte* des Feldes (14, 22sq. 15, 19sqq.). Aber auch die Reschith, die man durch Erstlinge zu verdeutschen pflegt, kommt im Deuteronomium vor, sie zwar als Abgabe an die Priester von Korn Most Öl und Wolle (18, 4); eine Kleinigkeit, ein Korb voll, wird davon vor den Altar gebracht und mit einer sinnvollen Liturgie übergeben (26, 1sqq.). Es scheint, dass sie von dem Zehnten abgenommen wird, wie aus 26, 12sqq. als Fortsetzung von v. 1—11 gefolgert werden könnte; ausnahmsweise bricht 26, 2 der allgemeinere Sprachgebrauch durch, wonach die Reschith die geheiligte Frucht überhaupt bedeutet, welche im ganzen von den Darbringern vor Jahve verzehrt wird und von welcher die Priester nur einen Teil erhalten. Im Priesterkodex aber wird nicht nur der ganze Zehnte als Abgabe an den Klerus gefordert, sondern ebenso daneben noch die Reschith (Num. 18, 12), und dieselbe wird dadurch vervielfacht, dass sie nicht bloss von der Tenne, sondern auch vom Backtrog gefordert wird: bei jeder Säuerung gebührt die Halla dem Jahve (15, 20). Damit aber nicht genug, kommen zu der Reschith (18, 12) noch die Bikkurim (18, 13) als etwas besonderes hinzu. Sonst findet sich der Unterschied nicht (Exod. 34, 26); es handelt sich immer bloss um präparirte Früchte, um den Ertrag der Tenne und Kelter, wovon man den Vorlauf weihen sollte, „die Fülle und den Überfluss“. Das Fett von Öl Most und Korn ist auch in Num. 18 die Hauptsache und heisst Reschith (v. 12) oder Theruma (v. 27); aber die Bikkurim (v. 13) scheinen doch davon getrennt zu werden, und wenn dies wirklich der Fall ist, so müssen diejenigen rohen Früchte damit gemeint sein, die am frühesten reif geworden sind. Das Judentum, welches sich hier abermals im wesentlichen durchaus nach der Vorschrift des Priesterkodex richtet, hat in der Tat diese Distinktion gemacht; seit der Publikation des Gesetzes durch Ezra verpflichtete sich die Gemeinde, die Bikkurim jährlich hinaufzubringen zum Hause Jahves, die Reschith aber in die Tempelzellen abzuliefern (Neh. 10, 36. 38). Jenes war eine mit Processionen verbundene religiöse Feier, bei der man Deut. 26 als Ritual benützte, dieses mehr eine simple Naturalsteuer — ein Unterschied, der vielleicht mit den verschiedenen Ausdrücken sie sollen bringen (Num. 18, 13) und sie sollen geben (18, 12) zusammenhängt. Die Septuaginta hält ἀπαρχαί und πρωτογεννήματα genau auseinander, ebenso Philo de praem. sac. § 1. 2 und Josephus Ant. 4, 70. 241[1]).

3. Es ist unglaublich, was am Ende alles abgegeben werden muss. Was ursprünglich neben einander hergelaufen war, wird zusammengehäuft, was frei und unbestimmt gewesen, wird auf Maass gebracht und vorgeschrieben. Die Priester bekommen alle

[1]) Das Verhältnis von מעשר, ראשית, בכורים, תרומת יד zu einander bedürfte einer genauen Untersuchung, mit sorgsamer Unterscheidung der verschiedenen Quellen und Zeiten, bis zur Mischna herunter. Ich leugne nicht, dass mir die Unterschiede unklarer geworden sind: die Richtung der Entwicklung indessen, dass die Kodaschim d. i. die regelmässigen Opfer (im Gegensatz zu Nedarim und Nedaboth) allmählich zu blossen Abgaben an die Priester herabsanken, unterliegt keinem Zweifel.

Sünd- und Schuldopfer, den grössten Teil der vegetabilischen Zugaben, die Haut vom Brand-, Keule und Brust vom Mahlopfer. Ausserdem die Erstgeburten, sodann Zehnten und Erstlinge in doppelter Form, kurz alle Kodaschim, die früher bloss als regelmässige Mahlopfer gefordert (Deut. 12, 26 = v. 6. 7 u. a.) und freilich an heiliger Stätte und von geheiligten Gästen, aber nicht von dem Priester verzehrt wurden. Trotzdem wird dafür nicht etwa dem Klerus (wie von Ezechiel dem Fürsten, der dort die Abgaben bezieht 45, 13sqq.) zugemutet den öffentlichen Gottesdienst auf seine Kosten zu bestreiten, sondern dazu dient die Kopfsteuer, die im Kern des Priesterkodex noch nicht angeordnet, aber seit Neh. 10, 33 in der Höhe eines drittel Sekel, in einer Novelle des Gesetzes (Exod. 30, 16) in der Höhe eines halben gefordert und schliesslich in der Höhe eines ganzen geleistet ist.

II.

1. Zu der Ausstattung des Klerus im Priesterkodex gehören endlich noch die achtundvierzig Städte, welche ihm nach Moses Anordnung von Josua zugewiesen worden sind (Num. 35. Jos. 21). Die Stämme geben sie gutwillig her, der kleine wenig, der grosse mehr (Num. 35, 8). In vier Abteilungen losen die Aharoniden und die drei Geschlechter der Leviten darum, jene treffen 13 Städte in Juda, diese 10 in Ephraim-Manasse, 13 in Galiläa und 12 im Ostjordanlande. Nicht etwa bloss die Wohnberechtigung, sondern, trotz allem apologetischen Rationalismus, den vollen Besitz erhalten sie an denselben (Jos. 21, 12), einschliesslich einer als Gemeindeanger dienenden Feldmark von 2000 Ellen im Quadrat — Quadrat in ganz eigentlichem Sinne gefasst (Num. 35, 5).

Die sachliche Unmöglichkeit dieser Einrichtung hat nach Grambergs Vorgange Graf mit schlagenden Gründen erwiesen (Merx Archiv I p. 83). Die 4 × 12 oder statt dessen 13 + 10 + 13 + 12 Städte, von denen trotz Num. 35, 8 gewöhnlich vier auf je einen der zwölf Stämme fallen, reichen schon hin den Verdacht künstlicher Mache zu begründen; vollends die Bestimmung, dass ein quadratischer Bezirk von 2000 Ellen Seitenlänge rings um die Stadt, die dabei (Num. 35, 4) rein als Punkt betrachtet wird, zur Viehtrift für die Leviten abgemessen werden solle, liesse sich, um mit Graf zu reden, wohl etwa in einer südrussischen Steppe oder bei neu zu gründenden Städten im Westen Nordamerikas. nicht aber in dem gebirgigen Palästina ausführen, wo ein solcher geometrisch abzumessender Raum gar nicht vorhanden ist und es keineswegs von willkürlichen Gesetzesbestimmungen abhängt, welche Grundstücke sich zu Viehweiden und welche sich zu Feld- und Gartenbau eignen, wo auch die Städte schon bestanden und das Land schon bebaut war, als die Israeliten es im Laufe der Jahrhunderte eroberten. Geschichtliche Spuren von dem Vorhandensein der Levitenstädte finden sich denn auch seit Josua nirgend. Eine ganze Anzahl derselben war noch in den Tagen der Richter und bis in die erste Königszeit im Besitz der Kanaaniten, so Gibeon Sichem Gezer Thaanach, einige mögen sogar stets darin verblieben sein. Die aber in die Hand der Israeliten übergingen, gehörten zu keiner Zeit den Leviten. Sichem Hebron Ramath waren die Metropolen von Ephraim Juda und Gilead, ebenso Gibeon Gezer Hesbon wichtige und keineswegs geistliche Städte. In der deuteronomischen Periode lebten die Leviten in der Weise über Juda verstreut, dass jeder Ort die seinigen und den seinigen hatte, nirgends wohnten sie abgeschlossen in kompakten Massen zusammen, da sie sich ja vom Opfern für andere nährten und ohne Gemeinde ihren Beruf nicht ausüben konnten. Einzelne hatten wohl Land und Erbe; wie einst die silonische Familie zu Gibeath-Pinehas, Amasia zu Bethel und Abiathar zu Anathoth, so in späterer Zeit Jeremias gleichfalls zu Anathoth. Aber eine Priesterstadt im Sinne von Jos. 21 war z. B. Anathoth darum noch nicht, Jeremias hatte dort sein Grundstück als Bürger und nicht als Priester und teilte nicht mit den Priestern, sondern mit dem Volke (37, 12). Als Stamm unterschied sich Levi eben dadurch von den anderen Stämmen, dass er kein Land hatte und seine Glieder meist nur als Inquilinen den angesessenen Bürgern und Bauern sich anschlossen (Deut. 10, 9. 18, 1).

Auch nach dem Exil wurde es freilich in dieser Beziehung nicht anders als es vorher gewesen war. Ab excidio templi prioris sublatum est Levitis ius suburbiorum, sagt R. Nachman (b. Sota 48[b]), und das Schweigen von Neh. 10 gibt ihm Recht. Man verschob die Ausführung des Gesetzes wahrscheinlich auf die Zeit des Messias, sie stand in der Tat nicht in der Menschen Macht und kann vom Priesterkodex selbst nicht im Ernst gefordert sein, da er ein rein ideales Israel mit idealen Grenzen dabei vor Augen hat und von der Wirklichkeit so weit abstrahirt, dass er Jerusalem, den geschichtlichen Hauptsitz der Priester, aus archaistischen Gründen gar nicht mit aufführt.

Dieser Umstand nun, dass nämlich diese Städte in partibus infidelium lagen, scheint sie als Handhabe für die Altersbestimmung des Priesterkodex unbrauchbar zu machen. Man kann wie Bleek die geschichtliche Transcendenz als Mosaicität auslegen, dagegen ist nicht anzukämpfen. Man kann aber auch in der Weise Nöldekes geltend machen, eine so kühne Erfindung lasse sich dem Geiste der exilischen und nachexilischen Zeit nicht zutrauen, der überall nur ängstlich an das Alte sich anzuklammern und es zu restauriren beflissen sei; dies verdient und gestattet eher eine Widerlegung. Es ist nämlich nicht an dem, dass die Juden der Restauration vor ihrer alten Geschichte Respekt gehabt hätten, sie verurteilten vielmehr die ganze frühere Entwickelung und liessen nur die mosaische Zeit nebst ihrem davidischen Abglanz gelten, d. h. also nicht die Geschichte, sondern die Idee. Die theokratische Idee stand seit dem Exil im Mittelpunkt alles Denkens und Strebens, und sie vernichtete den objektiven Wahrheitssinn, die Achtung und das Interesse für den überlieferten Sachverhalt. Es ist bekannt, dass es nie dreistere Geschichtsmacher gegeben hat als die Rabbinen. Die Chronik aber liefert hinreichende Proben, dass diese schlimme Disposition in sehr frühe Zeit hinaufreicht, wie denn ihre Wurzel, der dominirende Einfluss des Gesetzes, die Wurzel des Judaismus selber ist. Der Judaismus also ist für ein solches Kunstgewächs, wie die achtundvierzig Priester und Levitenstädte sind, gerade der geeignete Boden. Einem Autor, der in der Königszeit, noch in der Kontinuität der alten Geschichte lebte, würde es schwer gefallen sein, so gänzlich von allen Bedingungen der damaligen Wirklichkeit zu abstrahiren, er würde dadurch auf seine Zeitgenossen keinen anderen Eindruck gemacht haben als dass sie ihn für nicht recht klug gehalten hätten. Nachdem aber durch das Exil das alte Israel vernichtet und der natürliche Zusammenhang mit den Zuständen des Altertums gewaltsam und gründlich durchschnitten war, stand nichts im wege, die tabula rasa in Gedanken beliebig anzupflanzen und auszustaffiren, etwa so wie es die Geographen mit den Landkarten zu machen pflegen, so lange die Gegenden unbekannt sind.

Weiter nun ist bekanntlich keine Phantasie reine Phantasie, einer jeden liegen irgendwelche reale Elemente zu grunde, bei denen sie sich fassen lässt, seien es auch nur gewisse herrschende Vorstellungen eines Zeitalters. Es ist klar, wenn dem Klerus ein eigenes Gebiet zugesprochen wird, so ist die Vorstellung von dem geistlichen Stamm, die im Deuteronomium eben anfängt Wurzel zu schlagen, hier bis zu dem Grade ausgewachsen und erstarkt, dass auch der letzte und ausschlaggebende Unterschied wegfällt, welcher die wirklichen Stämme gegenüber den Leviten auszeichnet, die kommunale Selbständigkeit und die Dichtigkeit der Konsistenz, welche in abgeschlossenen Sitzen zum Ausdruck gelangt. Denn dass es trotzdem im Priesterkodex heisst, Aharon und Levi sollen kein Teil und Erbe haben in Israel (Num. 18, 20. 23), das ist nur eine aus dem Deuteronomium beibehaltene Redensart und zugleich eine unwillkürliche Koncession an die Wirklichkeit[1]): was sollen denn diese achtundvierzig Städte, hätte es sie wirklch gegeben, anders sein als ein Los, als ein Landgebiet und zwar ein vergleichsweise sehr bedeutendes? Lässt sich insoweit die allgemeine Basis erkennen, welche der historischen Fiktion zur Voraussetzung dient, so kann man auch einen näheren Einblick in das konkrete Material derselben gewinnen. Die Priester- und Levitenstädte hängen mit den sogenannten Freistätten zusammen. Diese werden nun auch im Deuteronomium angeordnet (Kap. 19), nur noch nicht namentlich aufgeführt — denn Deut. 4, 41—43 kann nicht als genuin in Betracht kommen. Ursprünglich waren die Altäre Asyle (Exod. 21, 14. 1. Reg. 2, 28), einige in höherem Grade als andere (Exod. 21, 13). Um nun nicht mit den Altären zugleich auch die Asyle abzuschaffen, wollte der deuteronomische Gesetzgeber einzelne heilige Orte als Zufluchtsstädte fortbestehen lassen, vorläufig drei für Juda, zu denen wenn sich das Gebiet des Reichs erweiterte noch drei andere hinzukommen sollten. Der Priesterkodex nimmt diese Einrichtung herüber und nennt drei bestimmte Städte diesseit und drei jenseit des Jordans (Num. 35. Jos. 20) — vier davon sind nachweislich berühmte alte Kultusstätten, nämlich die sämtlichen drei westlichen und von den östlichen Ramath d. i. Mispa (Gen. 31. Jud. 11, 11). Alle diese Asyle sind nun aber zugleich Priester- und Leviten-

[1]) Es ist vielmehr zu sagen, dass Num. 18 der Grundschrift des Priesterkodex angehört, welche die Levitenstädte noch nicht kennt (p. 119 n. 1).

städte; die Vermutung liegt nahe, dass diesen auf eine ähnliche Weise alte Heiligtümer mögen zu grunde gelegen haben. Es soll damit nur das Nachklingen einer allgemeinen Erinnerung behauptet werden, dass es einst in Israel viele heilige Orte und Sitze von Priesterschaften gegeben hatte, nicht gerade, dass jeder einzelnen der Jos. 21 aufgeführten Städte wirklich ein altes Heiligtum entspreche. Vielfach lässt sich dies jedoch allerdings nachweisen[1]), obwohl einige der berühmtesten oder für den späteren Standpunkt berüchtigtsten Bamoth, wie Bethel Dan Gilgal und Beerseba, wahrscheinlich mit Absicht übergangen sind.

Indessen ist vielleicht der nächste Ausgangspunkt für diese Gebietsabgabe an die Leviten bei dem Propheten Ezechiel zu suchen, in dem Bilde, welches er zum Schluss von dem zukünftigen Israel entwirft. Ausführlich beschäftigt er sich da auch mit der Absteckung der Grenzen des Volkes und der Stämme, wobei er ganz frei zu Werke geht und gewissermaassen nach der Elle zuschneidet. Während er das Land östlich vom Jordan den Bne Kedem überlässt, teilt er das westliche in 13 parallele Querstreifen; in der Mitte des (übrigens dem Fürsten zugewiesenen) dreizehnten, der zwischen Juda und Benjamin sich erstreckt, treten die zwölf Stämme ein Quadrat von 25 000 Ellen als heilige Abgabe an Jahve ab. Dieses wird in drei von West nach Ost laufende und somit in dieser Richtung 25 000 Ellen lange Oblonga zerlegt, davon umfasst das südliche, 5000 Ellen breit, die Reichsstadt nebst Gemarkung, das mittlere, 10 000 Ellen breit, den Tempel und das Gebiet der Priester, das nördliche, gleichfalls 10 000 Ellen breit, das Erbe und die Städte der Leviten[2]). Also ebenfalls eine Landabgabe von Seiten der Stämme

[1]) Bei Hebron Gibeon Sichem Ramath Mahanaim und Thabor (Os. 5, 1) durch geschichtliche Nachrichten, bei Bethsemes Astharoth Kedes, vielleicht auch Rimmona, durch die Namen. Konsequente historische Treue wird man freilich auch hier dem Priesterkodex nicht zutrauen dürfen. Was Os. 5, 1. 2 angeht, so scheint der ursprüngliche Sinn zu sein: „ein Fallstrick seid ihr geworden für Mispa und ein ausgebreitetes Netz auf dem Thabor, und die Fallgrube von Sittim (שחת השטים) haben sie tief gemacht". Sittim ist als Lagerstätte unter Moses und Josua sicher ein Heiligtum, so gut wie Kades Gilgal und Silo; der Prophet führt solche Stätten an, an denen nach seiner Meinung der Kultus besonders verlockend und seelenmörderisch ist; den Vorwurf macht er den Priestern, die das Subjekt der Aussagen sind.

[2]) Für עשרים לשכת 45, 5 lies mit der Septuaginta שערים לשבת. Tore zu wohnen. Vgl. Sept. 42, 3 die gleiche Umstellung der Buch-

an den Klerus; die Vergleichung mit Jos. 21 ist nicht abzuweisen, um so weniger, da sonst im Alten Testament sich nirgend Ähnliches findet. Ezechiel nun ist ganz durchsichtig und aus sich zu verstehen. Damit der Tempel in seiner Heiligkeit auf das beste geschützt werde, kommt er in die Mitte des Priestergebietes zu liegen, welches seinerseits wieder von der Stadt im Süden und von den Leviten im Norden gedeckt wird. Zugleich soll auch das Kultuspersonal selber möglichst abgeschieden auf eigenem Grund und Boden wohnen, derselbe soll ihnen dienen zu abgesonderten Häusern sie zu heiligen, wie es für die Priester 45, 4 ausdrücklich bemerkt wird und in abgestuftem Maass natürlich auch für die Leviten ihnen zur seite gilt. Vom Tempel geht hier alles aus und erklärt sich alles. Sein Original ist unverkennbar der salomonische; er liegt bei der Hauptstadt, im Centrum der heiligen Mitte des Landes zwischen Juda und Benjamin, dort haben die Söhne Sadoks ihren Sitz und daneben die Leviten, welche Josias aus dem ganzen Lande nach Jerusalem übergeführt hatte. Man sieht, hier liegen die Motive auf der Hand. Dahingegen im Priesterkodex, der nicht in der Lage war die Zukunft frei von der Gegenwart aus zu gestalten, sondern gezwungen, sich archaistisch zu verbrämen, sind dieselben historisch verdeckt und fast paralysirt. Die Wirkung ist geblieben, nämlich der abgeschlossene Landbesitz des Klerus, aber die Ursache oder der Zweck, durch die Abstraktion vom Heiligtum, nicht mehr zu erkennen. Jerusalem und der Tempel, die eigentlich treibende Kraft der ganzen Einrichtung, werden mit einer höchst auffallenden Geflissentlichkeit in Stillschweigen begraben, und dagegen, in Reminiscenz der früher überall an den israelitischen Bamoth zerstreuten Priesterschaften, achtundvierzig anderweitige Levitenstädte kreirt, denen aber ihr eigentlicher Mittelpunkt, nämlich ein Heiligtum, entzogen ist. Nur darin, dass die Aharoniden sich zufällig gerade die dreizehn jüdisch-benjaminitischen Städte erlosen, bricht denn doch unwillkürlich der Einfluss Jerusalems durch.

2. Abgesehen von dieser historischen Fiktion sind die übrigen Ansprüche betreffs der Ausstattung des Klerus, so exorbitant sie sind, doch ausführbar und ernst gemeint. Man steht ihnen

staben. Der Ausdruck Tore (d. i. Märkte, Gerichtsstätten) für Städte ist durch das Deuteronomium veranlasst.

gegenüber, was die Umstände ihrer Genesis betrifft, vor zwei Möglichkeiten. Entweder die Priester forderten, was sie zu erlangen hoffen konnten; dann hatten sie tatsächlich die Herrschaft über das Volk. Oder sie stellten Forderungen, die zu ihrer Zeit weder berechtigt noch überhaupt möglich waren: dann waren sie zwar nicht bei Sinnen, zugleich aber doch so prophetisch nüchtern, dass Jahrhunderte später ihre geträumten Einkünfte in wirkliche sich verwandelten. Soll etwa Moses seinem in der Wüste notdürftig das Leben fristenden Volke zugemutet haben, für eine übermässig reiche Dotirung des Klerus zu sorgen? oder glaubt man, in der Richterperiode, wo die einzelnen israelitischen Stämme und Geschlechter, nachdem sie sich zwischen die Kanaaniter eingedrängt, Mühe hatten ihre Position zu behaupten und sich in den neuen Wohnsitzern und Verhältnissen einigermaassen einzuwurzeln, sei der Gedanke aufgetaucht, dergleichen Steuern zu erheben von einem Volke, das erst zusammenwuchs, zu einem Zweck, der ihm durchaus ferne lag? welche Gewalt hätte denn damals, wo jeder tat was ihm recht schien, den einzelnen vermögen sollen zu bezahlen? Als aber wirklich unter dem Druck der Umstände eine politische Organisation, welche die sämtlichen Stämme umfasste, zu stande gekommen war, auch da konnten die Priester schwerlich darauf verfallen, den weltlichen Arm als Mittel zu benutzen, um sich selber eine souveräne Stellung zu geben; und ohne den König konnten sie, bei ihrer völligen Abhängigkeit von ihm, noch weniger die Rechnung machen. Kurzum die Ansprüche, welche sie im Gesetz erheben, würden sich in der vorexilischen Zeit im eigentlichen Sinne utopisch ausgenommen haben: sie erklären sich nur aus den Verhältnissen, wie sie seit der chaldäischen und noch mehr seit der persischen Fremdherrschaft sich anliessen zur Ausbildung einer Hierokratie, der das Volk als der wahrhaft nationalen und dazu auch göttlichen Obrigkeit freiwilligen Gehorsam entgegenbrachte und der auch die Perser Rechte einräumten, die sie der Familie Davids nicht verstatten mochten. Gleich im Anfange des Exils beginnt Ezechiel die Einkünfte der Priester zu steigern (44, 28—30); doch hält er sich im ganzen noch an das Maass des Deuteronomiums und erwähnt nichts von Zehnten und Erstgeburten. Von den Forderungen des Priesterkodex im vollen Umfange hören wir geschichtlich zum ersten male in Neh. 10; da wird berichtet, dass sie von Männern, welche die Autorität des Artaxerxes hinter sich hatten, durchgesetzt wurden. Es ist dies mit das schwerste und zugleich wichtigste Stück in der Arbeit, welche Ezra und Nehemia bei der Einführung des Pentateuchs als Gesetzes der jüdischen Gemeinde hatten; darum ist so speciell und so ausführlich davon die Rede. Hier liegt offenbar die materielle Basis der Hierokratie, von wo aus ihr Haupt schliesslich auf den Königsthron gelangte.

Denn alle diese Abgaben, abgesehen von den Opfergefällen, flossen in eine gemeinsame Kasse und kamen denen zu gut, die über letztere zu verfügen hatten, d. h. dem Priesteradel zu Jerusalem, dem sie zu einer wahrhaft fürstlichen Stellung verhalfen, Die gewöhnlichen Priester und gar die Leviten hatten nichts davon. Die letzteren sollten zwar nach dem Gesetz den Zehnten bekommen und davon nur wiederum den Zehnten an die Aharoniden abtreten, aber wie überhaupt die Richtung der Zeit dahin ging sie herabzudrücken, so wurde ihnen allmählich auch dieses gesetzliche Einkommen entzogen und von den Priestern angeeignet. Weiterhin nahmen dann die Erzpriester den Zehnten für sich allein in Beschlag, während ihre niederen Standesgenossen bitteren Mangel und selbst Hunger litten (Jos. Ant. 20, 181. 206).

Zum Schluss sei noch ein Einwurf erwähnt, der neuerdings auf grund der eben angegebenen Differenz der späteren Praxis vom Gesetz gegen die Ansetzung desselben in der babylonisch-persischen Periode gemacht worden ist. „Ein anderes Zeugnis der Überlieferung schliesst Abfassung der elohistischen Thora (d. h. des Priesterkodex) durch Ezra geradezu aus. Es ist bekanntlich die elohistische Thora, welche das Verhältnis der Priester und Leviten zu einander geflissentlich ordnet, während das Deuteronomium beides ohne den Unterschied hervorzuheben zusammenfasst. Jene ist es, welche den Leviten den Zehnten zuweist, sie jedoch verpflichtend den Zehnten von ihrem Dienstzehnten als Hebe an die Priester abzugeben. So war auch bald nach dem Exil [d. h. 100 Jahre später Neh. 7, 5] die Praxis . . . (Neh. 10, 38 sqq.). Weiterhin aber kam die Entrichtung des Zehnten an die Leviten ganz ausser Brauch, man entrichtete den Zehnten unmittelbar und nur an die Priester, so dass Jose ben Chanina geradezu bekennt: wir geben den Zehnten nicht nach Gottes Anordnung (Sota 47[b]). Überall aber führt der Thalmud diese Praxis auf Ezra zurück. Ezra soll es gewesen sein, welcher die Leviten durch Entziehung des Zehnten strafte und zwar weil sie nicht aus Babel heimgekehrt waren (Jebam. 86[b]. Chullin 131[b]). Wir konstatiren, dass Ezra eine Vorschrift der elohistischen Thora nach traditonellem Zeugnis antiquirt hat, indem er sich dabei vielleicht auf die deuteronomische Thora stützte.“ So Delitzsch in der Zeitschr. für luth. Theol. 1877 p. 448sq. Dass Ezra nicht der Verfasser des Priesterkodex ist, soll bereitwilligst zugestanden werden — nur nicht auf dies Argument hin. Wenn die Überlieferung, die mit Recht diesen edlen Namen verdient, den Ezra ausdrücklich als Einführer des Levitenzehntens gerade nach der Vorschrift des Gesetzes nennt (Neh. 10, 38sqq.), welcher gewissenhafte Mensch darf dann etwas darauf geben, dass der Thalmud es besser weiss?

Aber nehmen wir an, die von der geschichtlichen Vorschrift differirende Praxis reiche wirklich bis auf Ezra zurück, was würde daraus gegen den nachexilischen Ursprung des Priesterkodex folgen? denn auf diesen kommt es an, nicht auf die Abfassung durch Ezra, die nur von der durchsichtigen Angriffstaktik jenes Theologen zur Hauptsache gemacht wird. Die Forderungen des Priesterkodex, die vor dem Exil nachweislich weder gestellt noch irgendwie erfüllt worden sind, erlangten 100 Jahre nach der Rückkehr aus Babylon Gesetzeskraft (Neh. 10), das ganze Abgabensystem des Judentums basirte allezeit darauf — soll das gar nichts besagen in Vergleich zu der Kleinigkeit, dass der Zehnte zwar auch durchaus in Übereinstimmung mit dem Priesterkodex und im Widerspruch zu der alten Sitte an den Klerus abgegeben wurde, aber nicht dem niederen, sondern dem höheren zu gute kam?

Besser in der Tat als diese hätte jede andere Differenz der jüdischen Praxis vom Gesetz gegen die Thesis Grafs geltend gemacht werden können, z. B. das Fehlen der Urim und Thummim (Neh. 7, 65) oder der achtundvierzig Levitenstädte, die Gemeinde der zurückgekehrten Exulanten statt der Gemeinde der zwölf Stämme Israels, der zweite Tempel statt der Stiftshütte, Ezra statt Moses, die Söhne Sadoks statt der Söhne Aharons, item die Abwesenheit der übrigen Merkmale der Mosaicität. Denn mit jenem Punkte wird gerade die Achillesferse des Priesterkodex berührt.

Wenn die Leviten späterhin noch weiter unter die Priester herabgedrückt und gegen sie benachteiligt werden, so setzt das doch den Unterschied zwischen beiden voraus: weise man also erst nach, dass dieser dem genuinen Alten Testament bekannt ist und dass insonderheit Ezechiel ihn nicht als neu, sondern als uranfänglich gegeben behandelt. Oder bedeutet die primäre Tatsache, dass die Kluft zwischen Priestern und Leviten nur im Priesterkodex und im Judentum aufgerichtet und in ihrer Genesis seit Josias mit Sicherheit verfolgbar ist, weniger als die sekundäre, dass dieselbe in der weiteren Entwickelung des Judentums sich noch etwas verbreitert hat? ist denn nicht die Konsequenz Folge des Princips? Aber — ganz zutraulich stellt Delitzsch den Satz an die Spitze: „es ist bekanntlich die elohistische Thora, welche das Verhältnis der Priester und Leviten zu einander geflissentlich ordnet, während das Deuteronomium beides ohne den Unterschied hervorzuheben zusammenfasst“, und auf dem Grunde dieser vorsichtigen Harmlosigkeit wirbelt er dann, in der Meinung den Baum an der Wurzel zu treffen, einen Stein in den Wipfel, der auf ihn selber zurück fällt.

II.

Geschichte der Tradition.

Πλέον ἥμισυ παντός.

Sechstes Kapitel.

Die Chronik.

Unter dem Einfluss des Zeitgeistes ist der gleiche, ursprünglich aus Einer Quelle geflossene Überlieferungsstoff sehr verschieden aufgefasst und geformt worden, anders im neunten und achten Jahrhundert, anders im siebenten und sechsten, anders im fünften und vierten. In der selben Ordnung nun, wie die Schichten der Gesetzgebung, folgen sich auch die Schichten der Tradition. Dabei macht es keinen Unterschied, ob die Tradition sagenhaft oder historisch ist, ob sie vorgeschichtliche oder geschichtliche Zeiten betrifft: der Wechsel der herrschenden Ideen prägt sich gleichmässig hier wie dort aus. Dies für den Hexateuch nachzuweisen ist allerdings unsere Hauptabsicht; aber den Anfang machen wir vielmehr mit den eigentlich historischen Büchern. Denn aus verschiedenen Gründen können wir hier mit grösserer Gewissheit behaupten: dies Ansehen hatte die Geschichte in dieser, jenes in jener Periode, diese und jene Einflüsse herrschten hier und dort.

Wo die Sache am klarsten liegt, setzt die Untersuchung ein, nämlich bei der Chronik. Die Chronik, mit den Büchern Esdrae und Nehemiae eigentlich zusammengehörig, geht im Stoff vollkommen den Büchern Samuelis und der Könige parallel, und wir sind hier in der günstigen Lage, die Vergleichungsobjekte nicht erst wie gewöhnlich durch Quellenscheidung gewinnen zu müssen, sondern sie von vornherein, sicher begrenzt, vor uns zu haben. Was aber mehr ist, wir können sie auch ziemlich sicher datiren. Die Bücher Samuelis und der Könige sind im babylonischen Exil redigirt, die Chronik dagegen ist wohl 300 Jahre später verfasst, nach dem Untergange des persischen Reichs, schon mitten aus dem Judaismus heraus. Es soll nun gezeigt werden, dass es lediglich der Zeitunterschied ist, welcher die abweichende Darstellung des selben Gegenstandes auf der früheren und auf der späteren Stufe erklärt, und dass der Unterschied im Geist der Zeiten beruht auf dem inzwischen eingetretenen Einfluss des Priesterkodex. Ich fusse durchgehens auf de Wettes kritischem Versuch über die Glaubwürdigkeit der Bücher der Chronik (Beiträge I 1806); diese Abhandlung ist von Graf (Gesch. Bücher des Alt. Test. p. 114 sqq.) nicht verbessert, denn die Schwierigkeit ist hier nicht, die Einzelheiten aufzutreiben, sondern einen Gesamteindruck zu geben und des überreichen Stoffes Herr zu werden. Und das hat de Wette viel besser verstanden.

I.

1. Nachdem Jahve den Saul getötet hatte, so beginnt die Erzählung der Chronik, wandte er das Königreich dem David ben Isai zu; ganz Israel versammelte sich zu ihm nach Hebron und salbte ihn zum Könige nach dem Worte Jahves durch Samuel (1. Chron. 10, 1—11, 3). Wie einfach und glatt, wie ganz ohne menschliches Zutun hat sich darnach die Sache gemacht! Anders in der Relation des Buches Samuelis. Diese enthält zwar wörtlich auch den Bericht der Chronik, aber noch einiges mehr, wodurch die Sache ein ganz anderes Aussehen gewinnt. Auf der untersten Stufe zum Königtum ist David hier der Bandenführer in der Wüste Juda, der schliesslich durch Sauls Verfolgungen gezwungen wird auf philisthäisches Gebiet überzutreten und dort unter dem Schutz der Feinde seines Volks sein Freibeuterleben fortsetzt. Nach der Schlacht von Gilboa benutzt er die Auflösung des Reichs, um als Vasall der Philister im Süden ein Partikularfürstentum zu errichten, er wird nicht erwählt, sondern mit sechshundert Mann hinter sich kommt er und trägt sich den Ältesten Judas an, die er schon früher durch allerlei Gefälligkeiten und Geschenke sich verbunden hat. Inzwischen rettet Sauls Vetter, Abner, vom Reich was zu retten ist, nicht für sich, sondern für den rechtmässigen Erben Isbaal; von Gilead aus, wohin er nach der grossen Katastrophe die Regierung verlegt hat, erobert er allmählich das Westjordanland zurück und trachtet darnach, auch

das losgerissene Juda wieder zu gewinnen. So kommt es zu langwierigen Kämpfen zwischen Abner und David, worin das Glück mehr auf seiten des letzteren ist, doch tritt er nicht aus der Defensive heraus und erwirbt nicht etwa im Kampfe die Herrschaft über Israel. Sie wird ihm vielmehr durch Verrat in die Hände gespielt. Abner selbst, über den Undank seines königlichen Neffen erzürnt, bietet dem Nebenbuhler die Krone an und tritt deshalb mit ihm in Unterhandlung, aber da er gleich darauf der Blutrache zum Opfer fällt, so wird nichts daraus, bis Isbaal heimtückisch im Schlaf von zweien seiner Hauptleute ermordet wird: da erst kommen die Ältesten von Israel nach Hebron und da erst wird David König über das Reich Sauls. Wie viel Zeit gebrauchen die Dinge, wie natürlich entwickeln sie sich, wie viel menschliches läuft mit unter, List und Verrat und Krieg und Mord! Der Chronik ist das alles zwar wohl bekannt, wie aus gelegentlichen Äusserungen in Kap. 11 und Kap. 12 erhellt, aber es wird verschwiegen. Unmittelbar nach seines Vorgängers Tode wird der Sohn Isais von ganz Israel aus freien Stücken zum Könige gemacht, nach dem Worte Jahves durch Samuel. Anders lässt sich die Folge von 10, 13. 14. 11, 1 nicht verstehen, anders ist sie auch nicht verstanden — denn es ist dadurch wirklich gelungen, wenigstens das Königtum Isbaals aus der traditionellen biblischen Geschichte so ziemlich herauszubringen: auf Saul, sagt man, folgt David. Es liegt also eine beabsichtigte und in ihren Gründen sehr durchsichtige Verstümmlung der originalen Relation vor, die uns im Buche Samuelis erhalten ist.

Wie ganz Israel den David zum Nachfolger Sauls gemacht hat und ganz Israel dann mit ihm auf die Eroberung Jerusalems ausgezogen ist (11, 4) — in 2. Sam. 5, 6 ist bloss von den Männern Davids die Rede —, so werden nun alsbald die edelsten Repräsentanten aus allen Stämmen Israels, die schon bevor er König geworden, mit dem Herzen und auch mit der Tat auf seiner Seite gestanden haben, an dieser Stelle mit Namen und Zahlen aufgeführt, in drei Verzeichnissen (11, 10—12, 40), welche zwischen die Mitteilung von 2. Sam. 5, 1—10 und 5, 11sqq. eingeschoben sind. Das erste (11, 10—47: dies sind die Helden, die ihm beistanden in Gemeinschaft mit ganz Israel ihn zum Könige zu machen) ist das von 2. Sam. 23, welches der Chronist, wie er in Kapitel 20. 21 verrät, an jener Stelle gekannt hat und hier höchst verfrüht mitteilt; denn es sind meistens Krieger aus Davids späteren Kämpfen, die aufgezählt werden[1]). Das zweite Verzeichnis (12, 1—22: dies sind die nach Siklag zu David Gekommenen, als er noch verbannt war vor Saul) ist nicht aus dem B. Samuelis entnommen, man merkt aber auch den Unterschied: neben alten und echten höchst gewöhnliche Namen, kaum ein einziger nur hier vorkommender; die in Kap. 11 so specielle Angabe der Herkunft mangelt fast immer, und statt vor unseren Augen volkstümliche Taten zu verrichten, ein Gerstenfeld vor dem Feind zu retten, einen Trunk Wasser mit Blut zu bezahlen, einen Löwen im Brunnen zu erlegen, bekommen die Helden allerlei Epitheta ornantia (12, 1—3) und Ehrentitel (12, 14. 20) und führen gelegentlich eine recht geistliche Sprache (12, 17. 18). Was vollens die historische Situation betrifft, welche Unmöglichkeit, dass zu David als philisthäischem Lehnsmanne in Siklag sich ein grosses israelitisches Heer gesammelt haben soll (12, 22), mit einer Menge von Hauptleuten über Hunderte und über Tausende! Offenbar ist der verbannte Flüchtling für diese Vorstellung der glänzende König und der erlauchte Ahnherr der legitimen Dynastie; daher auch die naive Bemerkung v. 29. Nicht besser steht es mit dem dritten Verzeichnis (12, 23—40: dies sind die Häupter der Gerüsteten, welche zu David nach Hebron kamen). Man beachte die regelrechte Aufzählung der zwölf Stämme, die in den älteren geschichtlichen Büchern nirgend vorkommt und überall künstlich ist, sodann die ungeheuren Zahlen, die hier nichts gleichgiltiges, sondern die Hauptsache sind und den ganzen Inhalt ausmachen, endlich die 4000 Leviten und 3700 Priester, die auch mit in dem kriegerischen Zuge auftreten und fortab die eigentliche Garde des Königs bilden: der Chronik ist der Unterschied zwischen weltlichen und geistlichen Soldaten nicht ganz klar. Specialia kommen wenig vor; die Bemerkung 12, 32 hängt vielleicht mit 2. Sam. 20, 18 zusammen, Jojada der Fürst des Hauses Aharon d. h. der Hohepriester, eine neben der histo-

[1]) Die durch Textverderbnisse in 2. Sam. 23 verwischte Einteilung in eine Gruppe von drei und in eine andere von dreissig Helden (Text der Bb. Sam. p. 213—216) hat der Chronist nicht verstanden und ganz unkenntlich gemacht. Darum hat er am Schluss (11, 42—47) noch eine Reihe anderer Namen hinzufügen können, die über die Zahl Dreissig hinausschiessen. In v. 42 verrät sich deutlich sein Stil, die Elemente wird er irgendwo vorgefunden haben.

risch gesicherten Folge Eli Pinehas Ahitub (Ahimelech) Abiathar vollkommen unmögliche Person, ist ein Reflex des Jojada von 2. Reg. 11. 12, und die Angabe, Sadok an der Spitze von 22 Erzpriestern sei damals zu David gestossen, ist ein wenig glaubwürdiger Ersatz der Nachricht des B. Samuelis, wonach Abiathar, dessen ältere Ansprüche den Bne Sadok und den Späteren nicht genehm waren, derjenige Priester gewesen ist, der es von vornherein mit David gehalten; die 22 Erzpriester scheinen den Häuptern der 22 nachexilischen Priesterfamilien zu entsprechen (Neh. 12, 1—7. 12—21. 10, 3—9. 1. Chron. 24, 7—18). Doch es bedarf kaum so weitläufiger Untersuchungen des Inhalts dieser Verzeichnisse, da die Absicht, in welcher sie hier stehen, zum Schlusse ohne Umschweif angegeben wird v. 38: „alle diese Kriegsleute, in Heeresordnung, kamen von ganzem Herzen gen Hebron, David zum König über ganz Israel zu machen, und auch alles andere Israel war eines Herzens, dass man David zum Könige machte; und waren daselbst bei David drei Tage, assen und tranken — denn es war eine Freude in Israel“.

Nach dieser an recht verkehrter Stelle eingeschobenen Explicirung des Begriffs Gesamt-Israel wird mit der Wiedergabe von 2. Sam. 5—7 fortgefahren. Davids erste Tat, nach der Eroberung der Feste Jebus, ist in der Chronik die, dass er sie, durch Überführung der Lade Jahves, zur heiligen Stadt macht (13, 1sqq.). Es hat den Anschein, als solle der Palastbau und der Philisterkrieg 2. Sam. 5, 11—25 ausgelassen werden, aber nachdem die Erzählung 2. Sam. 6, 1sqq. bis zu dem Punkte und die Lade Gottes blieb im Hause Obed-edoms drei Monate (1. Chron. 13, 14 = 2. Sam. 6, 11) wiedergegeben ist, wird diese vierteljährige Pause benutzt, um das Übergangene nachzuholen (14, 1—17 = 2. Sam. 5, 11—25), und dann der Bericht über die Lade zu Ende gebracht. Dadurch wird zwar das Zusammengehörige auseinandergerissen, aber zugleich das weltliche Geschäft, welches nach der älteren Relation das nächste und angelegenste ist, zu einer blossen Episode des heiligen herabgedrückt. Dass Hausbau und Philisterkrieg in den drei Monaten, die so praktisch zu ihrer Einschaltung dienen, keinen Platz haben, ist Nebensache.

Was nun näher die heilige Angelegenheit betrifft, die Überführung der Lade auf den Sion, so findet sich beinahe alles, was 2. Sam. 6 steht, wörtlich auch 1. Chron. 13. 15. 16. 17, 1. Zwei

Züge nur fehlen in der Chronik, aber beidemal nicht zum besten des Zusammenhanges. Davids Weib Michal, heisst es 2. Sam. 6, 16. 20—23, da sie den König in der Procession tanzen und springen sah, verachtete ihn in ihrem Herzen; hinterher als er zu Hause kam, sagte sie ihm über sein unwürdiges Benehmen die Meinung. Die erstere Bemerkung findet sich auch in der Chronik (15, 29), aber die letztere ist (bis auf den abgerissenen Ansatz 16, 43 = 2. Sam. 6, 20) ausgelassen, obwohl sie die Hauptsache enthält, denn die Äusserung der Verachtung ist das historische Ereignis, nicht die psychologische Motivirung derselben — ein Weib durfte dem David nicht so etwas bieten. Ganz ähnlich steht es mit dem anderen Fall. Wegen des Unglücks, das den Führer der Lade betroffen hat, wagt David zuerst nicht sie in seine Burg zu nehmen, sondern bringt sie unter im Hause seines Hauptmanns Obed-edom; da aber Jahve das Haus Obed-edoms segnet, so fasst er Mut, sie zu sich zu holen (2. Sam. 6, 10—12). Dass Jahve Obed-edoms Haus gesegnet habe, teilt auch die Chronik mit (13, 14), aber dem wird keine Folge gegeben, wir haben wieder die Ursache ohne die Wirkung. Statt dessen wird ein anderer Pragmatismus beliebt: David erkannte, dass jener Unfall beim Transport der Lade davon gekommen sei, weil sie nicht, nach der Vorschrift des Gesetzes, von den Leviten getragen wurde; nun sollten die Leviten sie tragen, dann sei keine Gefahr dabei (15, 1. 13—15). Dass dies dem älteren Berichte völlig widerspricht, liegt auf der Hand; und da die Chronik in Kap. 13 denselben copirt, so widerspricht sie sich auch selber (13, 10), und zwar in um so auffallenderem Maasse, als sie durch den Zusatz 13, 2 die Fahrt der Lade auf dem Kuhwagen von den nebenherziehenden Klerikern stillschweigend approbiren lässt. Nachdem ihnen so ihre gebührende Beteiligung an dem heiligen Zuge gesichert ist, wird 1. Chr. 15 in Priestern und Leviten, von denen 2. Sam. 6 kein Wörtlein zu lesen ist, förmlich geschwelgt, auch alsbald eine Art musikalischer Gottesdienst von David höchstselber vor der Lade eingerichtet und eine von ihm aus nachexilischen Psalmen zusammengesetzte Festkantate aufgeführt (Kap. 16). Aus der ursprünglichen Relation, deren zerrissene Glieder sich nun sehr sonderbar in dem neuen Zusammenhange ausnehmen, ist dadurch etwas ganz anderes geworden. „Dort ist alles frei, bloss Sache des Königs und des Volks, hier ist es

Priesterceremoniell, dort jauchzet und tanzet fröhlich das Volk mit seinem Könige vor der Lade her, hier sind die Leviten Musiker und Sänger in festgesetzter Ordnung. Beide Erzählungen vereinigen zu wollen, ist ganz gegen die Gesetze historischer Interpretation. Wäre die erste kurz und gedrängt, so wäre eine Vereinigung eher möglich, allein specieller und anschaulicher kann nicht erzählt werden, und nur von den Leviten, wenn sie eine so wichtige Rolle gespielt hätten, sollte nichts gesagt sein? Der Verfasser der Chronik konnte sie nur hineinbringen, indem er sein Original entstellte und verstümmelte und mit sich selbst in Widerspruch geriet. Er kann nichts ohne Leviten geschehen lassen, und die Bundeslade sollte ohne sie nach Jerusalem geschafft worden sein? Das Gesetz sollte auch das zweitemal unter dem frommen König David unterlassen worden sein? Dies schien ihm unmöglich. Veranlassung mag ihm gegeben haben, dass Uzza bei der ersten Abholung der Lade umkam, und dass 2. Sam. 6, 13 die Lade das zweitemal — wo es sich um einen ganz kurzen Weg handelt — getragen wird. Der kombinationsreiche Verfasser benutzte diesen Wink.“ So sagt mit Recht de Wette, Beiträge I, 88—91.

Nachdem der Bericht 2. Sam. 6 mit der ersten Hälfte von v. 19 (1. Chron. 16, 3) abgebrochen ist, wird nach Einschiebung von 16, 4—42 die andere Hälfte des Verses und der Anfang des folgenden nachgebracht (16, 43) und dann das Kapitel 2. Sam. 7 angeschlossen, welches 1. Chron. 17 im ganzen wörtlich wiedergegeben wird: der Entschluss Davids, der Lade ein Haus zu bauen, und was für einen Bescheid darauf ihm Jahve durch Nathan gegeben. Der Sinn der Rede des Propheten hängt 2. Sam. 7 an dem Gegensatze: „du willst mir ein Haus bauen? vielmehr ich will dir ein Haus bauen“; das Haus Davids ist natürlich die Dynastie der Davididen. Aber schon in den Samuelistext ist eine Interpolation eingedrungen 7, 13, welche die Antithese so fasst; du willst mir ein Haus bauen? nein, dein Sohn soll mir ein Haus bauen. Die Chronik nun, der David lediglich als der eigentliche Gründer des salomonischen Tempels in Betracht kommt, nimmt gerade wegen dieser Interpolation die Erzählung 2. Sam. 7 auf, wie aus 22, 9. 10 erhellt; sie erweitert das Misverständnis, indem sie in einem Zusatze (17, 14) darauf zurückkommt, und verdirbt von vornherein den originalen Gegensatz durch die unschuldige Änderung: „du sollst mir das Haus nicht bauen“ (17, 4) statt: du willst mir ein Haus bauen? Das Haus kann hier nur heissen das notwendige und längst von Gott und Menschen in das Auge gefasste, das jedenfalls gebaut werden muss, nur nicht von David, sondern von Salomo; es ist unzweideutig der Tempel und enthält nicht wie ein Haus die Möglichkeit des Doppelsinns, worauf die ursprüngliche Pointe beruht. Interessant ist auch der Vergleich von 2. Sam. 7, 14 mit 1. Chron. 17, 13. „Ich will deinem Samen Vater und er soll mir Sohn sein; wenn er fehlt, so will ich ihn mit Menschenrute züchtigen und mit menschlichen Schlägen, aber meine Gnade soll nicht von ihm weichen.“ Die gesperrten Worte fehlen in der Chronik, der Sinn, dass Jahve der judäischen Dynastie im ganzen seine Gnade nicht entziehen wolle, wenn auch einzelne ihrer Glieder Strafe verdienen würden, wird dadurch zerstört und in einen abstrakten Idealismus verflüchtigt, welcher zeigt, dass dem Verfasser das davidische Königsgeschlecht nur als Nebelbild bekannt ist und nicht aus historischer Erfahrung wie dem Verfasser von 2. Sam. 7.

In Kap. 18—20 scheint sich die Chronik an einer kleinen Abwechselung zu erholen, indem sie die äusseren Kriege Davids erzählt, nach der Reihenfolge von 2. Sam. 8. 10. 11, 1. 12, 30. 31. 21, 18—22. Aber sie hat dabei doch ihren Zweck im Auge, der auf David als Stifter des jerusalemischen Gottesdienstes gerichtet ist; diese Kriege brachten ihm das viele Geld ein, das zum Tempelbau nötig war. Alles dagegen, was über die inneren Vorgänge jener Zeit im Buche Samuelis so ausführlich und schön erzählt ist, wird weggelassen, da es doch nicht viel zur Verherrlichung des Königs beiträgt. So die Geschichte von Meribaal und Siba Kap. 9, von Bathseba und Uria Kap. 11. 12, von Thamar und Amnon Kap. 13. 14, vom Aufstande Absaloms Kap. 15—20 und von der Opferung der Söhne Sauls 21, 1—14. Wie mechanisch und roh dabei die Angaben über äussere Kriege aus dem Zusammenhange mit häuslichen Begebenheiten, worin sie in der älteren Relation stehen, herausgerissen werden, zeigt 1. Chron. 20, 1. 2 verglichen mit 2. Sam. 11, 1. 12, 30. Die Notiz David blieb in Jerusalem als das Heer gegen Rabba ausrückte bereitet 2. Sam. 11 den Ehebruch mit dem Weibe eines im Felde stehenden Hauptmanns vor, hat aber 1. Chron. 20, 1 keinen Sinn und verwickelt in Widerspruch mit v. 2, wo David dennoch im Lager zu Rabba erscheint, obwohl der Übergang, dass er dem Heere nachgezogen, zusammen mit dem ganzen Zwischenspiel von Bathseba und Uria ausgelassen ist (de Wette p. 18. 20. 60). Wie weit das Zudecken der Schande der Heiligen getrieben wird, möge noch daraus abgenommen werden, dass auch von den äusseren Kämpfen Duvids, die sonst allesamt mitgeteilt sind, einer verschwiegen wird, den David nicht ganz mit Ehren bestanden haben soll, der mit dem Riesen Jisbobenob (2. Sam. 21, 15—17). Bemerkenswert ist endlich noch die Änderung 1. Chron. 20, 5. Elhanan, der Sohn Jairs von Bethlehem, heisst es 2. Sam. 21, 19, habe den Goliath von Gath getötet, dessen Speerschaft so dick gewesen sei wie ein Webebaum. Aber David von Bethlehem hatte doch nach 1. Sam. 17 den Riesen Goliath erlegt, dessen Speerschaft so dick war wie ein Webebaum? Also erschlägt Elhanan in der Chronik den Bruder des veritablen Goliath.

2. Die letzten Kapitel des B. Samuelis II 21—24 sind bekanntlich ein Nachtrag von sehr eigentümlicher Struktur. Der Faden von 21, 1—14 wird mit 24, 1—25 fortgesetzt, in die Mitte aber ist 21, 15—23, 39 geraten, auf eine sehr irrationelle und vielleicht rein zufällige Weise. In diesem Zwichenstücke selber gehören wiederum die ganz gleichartigen Verzeichnisse 21, 15—22 und 23, 8—39 eng zusammen; die beiden Lieder also 22, 1—51. 23, 1—7 sind ein Einschiebsel im Einschiebsel. Dieser Unordnung folgt nun auch der Verfasser der Chronik, indem er 2. Sam. 23, 8—39 gesondert von 21, 15—22 behandelt und 2. Sam. 24 an der letzten Stelle mitteilt, welche es nicht aus sachlichen Gründen einnimmt, sondern nur deshalb, weil es nachträglich angehängt und noch dazu von seiner ursprünglichen Verbindung mit 21, 1—14 durch eine grosse Interpolation losgerissen ist.

Im ganzen ist 1. Chron. 21 (die Pest als Strafe für Davids Volkszählung und die Theophanie als Veranlassung des Altarbaues auf der Tenne Arauna) eine Kopie von 2. Sam. 24, jedoch mit Auslassung der genauen und interessanten geographischen Angaben v. 5sqq. und mit Anbringung mehrfacher Verbesserungen. So 21, 1: und der Satan stand auf wider Israel und reizte David — statt: und Jahve zürnte nochmals auf Israel und reizte David (2. Sam. 24, 1). Desgleichen 21, 6: Levi und Benjamin zählte Joab nicht mit, da des Königs Befehl ihm ein Greuel war — ein

Zusatz, der sich einesteils aus Num. 1, 49 und andernteils daraus erklärt, dass im Gebiete Bejamins die heilige Stadt lag. Sodann 21, 16. 27: David sah den Engel stehen zwischen Himmel und Erde und sein Schwert gezückt in seiner Hand, ausgereckt gegen Jerusalem — verglichen mit 2. Sam. 24, 16. (1. Chr. 21, 15): der Engel streckte seinen Arm aus Jerusalem zu verderben und er war bei der Tenne Arauna; nach der älteren Anschauung haben die Engel keine Flügel (Gen. 28). Ferner 21, 25: David gab dem Arauna für seine Tenne 600 Sekel Goldes — dagegen 2. Sam. 24, 24: nur 50 Sekel Silber; dem Verfasser der Chronik kostete es nichts den König königlich bezahlen zu lassen. Seine bedeutsamste Zutat endlich ist das Feuer vom Himmel, welches das Opfer verzehrt (21, 26); dadurch soll der Altar auf der Tenne Arauna, d. h. der des jerusalemischen Heiligtums, dem Altar der Stiftshütte, seinem Vorgänger, gleichgestellt werden, dessen Feuer ebenfalls vom Himmel entzündet wurde (Lev. 9, 24). Wer die Geschichten von den Altarbauten der Erzväter, Josuas (5, 15) Gideons und Manoahs begriffen hat, wird zugeben, dass der Verfasser der Chronik die Meinung von 2. Sam. 24, der zufolge hier die göttliche Inauguration der jerusalemischen Kultusstätte berichtet werden soll, ganz richtig verstanden hat; aber was dort, ebenso wie in den ähnlichen älteren Sagen von Anzeigung geweihter Stätten durch eine Theophanie, für geistesverwandte Zeitgenossen nur angedeutet wird, das muss er stark herausstreichen, damit die Epigonen es merken; und doch hat er die Pointe dadurch halb verdorben, dass er den Engel nicht bei der Tenne Arauna auf dem heiligen Boden stehen, sondern ihn in der Luft schweben lässt.

2. Sam. 24 = 1. Chron. 21 dient nun weiter zum Ausgangspunkte für die freie Ausführung 1. Chr. 22—29. Dass im letzten Kapitel des Buchs Samuelis David den Altar zu Jerusalem gründet, wird dahin erweitert, dass er im letzten Jahre seiner Regierung den salomonischen Tempelbau in allen Stücken bis auf das kleinste vorbereitet habe. Unbeengt von der historischen Überlieferung bewegt sich hier der Verfasser in freien Regionen, in seinem richtigen Fahrwasser. Was bis dahin an der Hand der älteren Quelle über den König gesagt ist, das alles ist durch Zusätze und Auslassungen zugestutzt zu einer blossen Einleitung für das eigentliche Werk seines Lebens, welches jetzt recht con amore

beschrieben wird. Er selber hat leider dem Jahve das Haus nicht bauen dürfen, weil er viel Blut vergossen und grosse Kriege geführt hat (22, 8. 28, 3), aber das Verdienst an der Sache nimmt er doch noch im letzten Jahre seiner Regierung (23, 1. 26, 31) seinem Nachfolger vorweg. Mein Sohn Salomo, sagt er, ist jung und schwach, das Haus aber, das dem Jahve gebaut werden soll, muss gross und herrlich werden, da will ich es ihm vorbereiten (22, 5). So beschafft er denn zum voraus die Handwerker und Künstler, wozu er namentlich die nichtisraelitische Bevölkerung aufbietet, er beschafft das Material, Steine und Holz und Erz und Eisen und Gold und Silber und Juwelen ohne Zahl, er liefert auch den Plan oder erhält ihn vielmehr direkt von Jahve, und zwar schriftlich, schwarz auf weiss (28, 19), während Moses die Stiftshütte doch nur nach der Erinnerung an das himmlische Urbild baut, welches er auf dem Sinai hat schauen dürfen. Vor allem aber bestellt er das Personal für den Dienst des Tempels, die Priester Leviten Torwächter und Sänger, teilt ihre Tausende in Klassen ein und weist ihnen durch das Los ihre Ämter zu; mit besonderer Vorliebe nimmt er sich dabei natürlich der Musik an, indem er die Instrumente erfindet (23, 5) und selber als oberster Dirigent waltet (25, 2. 6). Und da er doch nun einmal König ist, so nimmt er zum Schluss auch noch ein Inventar seines weltlichen Staates auf, nachdem er zuvor den geistlichen geordnet. Dies alles tut er für die Zukunft, für seinen Sohn und Nachfolger; nicht in Wirklichkeit, sondern bloss nach dem Plane werden z. B. die Torwächter auf ihre Posten gestellt (26, 12 sqq.), nichtsdestoweniger mit genauester Angabe und Benennung der Lokalitäten des dereinstigen Tempels — und zwar des zweiten! Wie er fertig ist mit den Vorbereitungen, beruft David eine grosse Versammlung der Prälaten und Notabeln (23, 2. 28, 1), lässt Salomo zum Könige und Sadok zum Priester salben (29, 22), und übergiebt in langer Predigt dem ersteren mit dem Reich zugleich die Aufgabe seiner Regierung, nämlich die Ausführung dessen, was er selber vorbereitet und angeordnet hat; bei dieser Gelegenheit werden dann noch mehr köstliche Steine und edle Metalle, darunter Gold von Ophir und persische Dariken, von David und von den Fürsten zum heiligen Bau gespendet. Der ganze Abschnitt 1. Chron. 22—29 ist ein abschreckendes Beispiel der statistischen Phantasie der Juden, die sich ergötzt an ungeheuren Geldsummen auf dem Papier (22, 14), an künstlich eingeteilten Regimentern von Namen und Zahlen (Kap. 23—27), an der Aufzählung von lauter Subjekten ohne Prädikat, die in Parade neben einanderstehen und nichts zu tun und zu bedeuten haben. Nur durch gesalbte Reden wird zuweilen die Monotonie unterbrochen, aber keineswegs in erquicklicher Weise. Man lese die Kapitel durch, wenn man es fertig bringt.

Nach 1. Reg. 1. 2 war der König David in seinen alten Tagen krank und schwach an Leib und Seele, und durchaus nicht in der Verfassung, kurz vor seinem Tode seinem Nachfolger in dieser Weise vorzuarbeiten, ihm das Brot so weit fertig zu machen, das jener es nur in den Ofen zu schieben brauchte. Von seiner Absicht, dem Jahve ein Haus zu bauen, ist allerdings auch 2. Sam. 7, in Anlass von 6, 17, die Rede; sie wird aber in folge der Ablehnung Jahves, nicht der Mensch baue der Gottheit, sondern die Gottheit dem Menschen ein Haus, definitiv aufgegeben. Wunderlich kontrastirt gegen diese Motivirung die der Chronik, David sei ein Kriegsmann und habe viel Blut vergossen, darum dürfe er den Tempel nicht errichten: dass er die Kriege Jahves geführt, dass Jahve durch seine Hand Sieg gegeben, wäre der älteren kriegsgewohnten Zeit wahrhaftig nicht als Grund wider, sondern nur als Grund für seine Würdigkeit zu diesem Werke erschienen. Am schlimmsten stösst sich jedoch die feierliche in allen Formen des Rechts und der Öffentlichkeit geschehende Einsetzung Salomos zum Könige und Sadoks zum Priester, wie sie 1. Chron. 28. 29 vgl. Kap. 22. 23, 1 erzählt wird, mit der älteren Relation 1. Reg. 1. 2. Nach der letzteren war es vielmehr eine gewöhnliche Palastintrigue, durch die es einer Partei am Hofe gelang, dem altersschwachen Könige die Sanktion der Nachfolge Salomos abzulocken. Bis dahin hatte Adonia als präsumtiver Thronerbe gegolten, bei David selbst, bei ganz Israel und bei den Hauptwürdenträgern des Reichs, Joab und Abiathar; zu der Entscheidung für Salomo trug vor allen Dingen das Gewicht der 600 Prätorianer Benajas bei, einer furchtbaren Macht unter den Umständen der damaligen Zeit. Ganz harmlos glaubt der Verfasser der Chronik allen Schwierigkeiten zu entgehen, indem er die von ihm berichtete Krönung Salomos für die zweite ausgiebt (29, 22); eine Bezugnahme auf 1. Reg. 1. 2, die den Widerspruch nicht beseitigt, sondern nur verrät.

Doch dies besagt nichts gegenüber der Disharmonie des Gesamtbildes. Was hat die Chronik aus David gemacht! Der Gründer des Reichs ist zum Gründer des Tempels und des Gottesdienstes geworden, der König und Held an der Spitze seiner Waffengenossen zum Kantor und Liturgen an der Spitze eines Schwarmes von Priestern und Leviten, seine so scharf gezeichnete Figur zu einem matten Heiligenbilde, umnebelt von einer Wolke von Weihrauch. Dass es vergeblich ist, die grundverschiedenen Bilder stereoskopisch zusammenzuschauen, leuchtet ein; historischen Wert hat nur die Tradition der älteren Quelle. In der Chronik ist dieselbe dem Geschmack der nachexischen Zeit gemäss vergeistlicht, welche für nichts mehr Sinn hatte als für den Kultus und die Thora, welche daher der alten Geschichte, die doch die heilige sein sollte, fremd gegenüber stand, wenn sie sie nicht ihren Begriffen assimilirte und zur Kirchengeschichte umgestaltete. So wie das Gesetz als das Werk Moses angesehen wurde, so wurde die heilige Musik und die Ordnung des Tempelpersonals auf den König David zurückgeführt, den lieblichen Sänger Israels, der nun seine Muse in den Dienst des Kultus stellen und in Gemeinschaft mit Asaph Heman und Jeduthun, den levitischen Sängergeschlechtern, Psalmen dichten musste[1]).

3. Bei Salomo entfernt sich die Chronik (II Kap. 1—9) nirgend sehr weit von dem Leitfaden des Buches der Könige. Da die Erzählung 1. Reg. 1. 2, die nicht erbaulich ist und dem Berichte 1. Chron. 22—29 unbarmherzig ins Gesicht schlägt, ausgelassen werden muss, so wird mit 1. Reg. 3 angefangen, mit dem Antrittsopfer Salomos auf der grossen Bama zu Gibeon und der Offenbarung Jahves, die ihm darauf im Traume zu teil wurde. Die letztere ist mit geringen Änderungen abgeschrieben, aber am Anfang findet sich eine charakteristische Differenz. „Salomo liebte den Jahve zu wandeln in den Sitten seines Vaters David, nur opferte und räucherte er auf den Höhen (denn es war bis dahin dem Namen Jahves noch kein Haus gebaut); und der König ging nach Gibeon, dort zu opfern, denn da ist die grosse Bama, tausend Brandopfer opferte er auf jenem Altare, und Jahve erschien ihm im Traume: bitte was ich dir geben soll." So 1. Reg. 3, 3sqq. Die Chronik umgibt den König zunächst in ihrer Weise mit einer

[1]) Isr. und Jüd. Geschichte p. 151.

grossen Versammlung von Hauptleuten über Hunderte und Tausende, von Richtern und Fürsten und Familienhäuptern, mit lauter pentateuchischen Grössen, und fährt dann fort: „und Salomo und die ganze Gemeinde mit ihm gingen zur Höhe in Gibeon, denn dort war die Stiftshütte Gottes, die Moses der Knecht Jahves in der Wüste gemacht hatte; aber die Lade Gottes hatte David aus Kiriathjearim heraufgeholt dahin, wo er ihr die Stätte bereitet hatte, denn er hatte ihr ein Zelt aufgeschlagen in Jerusalem; und der eherne Altar, den Besaleel ben Uri ben Hur gemacht hatte, stand dort vor der Wohnung Jahves, den besuchte Salomo und die Gemeinde; und Salomo opferte dort auf dem ehernen Altar vor Jahve, bei der Stiftshütte opferte er tausend Brandopfer und Gott erschien ihm im Traume: bitte was ich dir geben soll" 2. Chron. 1, 3sqq. In der älteren Relation steht nichts von der Stiftshütte; unter der Voraussetzung derselben würde die Entschuldigung dafür, dass Salomo auf einer Höhe geopfert habe, weder nötig noch möglich sein. Die Chronik, in ihren Vorstellungen vom Altertum durch den Priesterkodex beherrscht, hat sie vermisst und nach jener Norm ergänzt; der junge fromme König konnte doch unmöglich sein feierliches Antrittsopfer, wozu er sich express von Jerusalem wegbegab, an einem anderen als dem gesetzlich vorgeschriebenen Orte dargebracht, widrigenfalls noch unmöglicher Jahve ihm dazu seinen Segen gegeben haben. Es kennzeichnet die Gebundenheit und die Kühnheit des Verfassers, dass er den 1. Reg. 3, 3 gebrauchten Ausdruck Höhe beibehält und mit S t i f t s h ü t t e gleichsetzt, obwohl derselbe das gerade Gegenteil davon bedeutet. Lehrreich aber ist es zu sehen, wie hinderlich ihm nun bei anderen Gelegenheiten sein ad hoc in die Geschichte eingeführtes mosaisches Centralheiligtum zu Gibeon wird. Nach 1. Chron. 16 ist David im besten Zuge, bei der Lade Jahves, die er auf den Sion übergeführt hat, auch einen Opferdienst einzurichten; aber er darf nicht, denn der mosaische Altar steht zu Gibeon, und muss sich mit einem musikalischen Surrogat begnügen (v. 37—42). Ähnlich wird die Erzählung 1. Chron. 21, dass David durch die Theophanie auf der Tenne Arauna veranlasst sei, dort einen Altar zu bauen und darauf ein vom Himmel acceptirtes Opfer zu bringen, zum Schluss noch geknickt und verdorben durch die auf 2. Chron. 1 vorblickende Bemerkung: freilich sei das mosaische Heiligtum und der Brandopferaltar damals noch auf der Höhe zu Gibeon gewesen, aber der König habe nicht die Kraft gehabt sich dorthin zum Opfer zu begeben, weil ihm der Schrecken vor dem Engel mit dem gezückten Schwert in die Glieder gefahren. So muss denn auch das Opfer, welches Salomo gleich nach der Rückkehr von Gibeon vor der Bundeslade zu Jerusalem dargebracht haben soll, ebenfalls ignorirt werden (2. Chron. 1, 13), weil es den Zweck der vorangegangenen Interpretation der Bama zu Gibeon vernichten würde. Also der Schatten raubt dem Körper die Luft. An anderen Stellen wird bezeichnender Weise die Stiftshütte mit dem jerusalemischen Tempel verwirrt (Graf p. 56), im ganzen ist sie jedoch eine ziemlich wirkungslose Vorstellung geblieben, die nur an unserer Stelle (2. Chron. 1) gewissermaassen ex machina benutzt wird, um den Salomo von schwerem Vorwurf zu reinigen.

Auf den letzten feierlichen Gottesdienst bei dem mosaischen Heiligtum folgt nun, mit Übergehung von 1. Reg. 3, 16 — 5, 14, gleich der Tempelbau (1, 18 — 7, 11). Doch werden inzwischen ein paar kurze Züge zur Schilderung des Reichtums Salomos gegeben (1, 14 — 17), die im Buche der Könige erst 10, 26 — 29 stehen und an dieser weit schicklicheren Stelle auch in der Chronik wiederholt werden (9, 25sqq.); vgl. die Septuaginta zu 1. Reg. 3. Die Vorbereitungen zum heiligen Bau hat zwar eigentlich David dem Nachfolger abgenommen, aber letzterer scheint davon nicht befriedigt (2, 16) und besorgt sie noch einmal (1, 18 — 2, 17). Ein Vergleich mit Esdr. 3 (Zurüstung des zweiten Tempels) lehrt, dass die Erzählung ein Elaborat unseres Verfassers ist, jedoch nach Motiven von 1. Reg. 5, 16sqq. und mit Beibehaltung mancher wörtlichen Reminiscenzen. Während Hirom und Salomo nach dem älteren Bericht sich gleichstehen und einen Kontrakt machen, der auf Leistung und Gegenleistung beruht, ist hier der tyrische König der untertänige Diener des israelitischen und liefert ihm, was er verlangt, als Tribut; statt sich wie dort mündlich bereit zu erklären, schreibt er hier einen Brief, worin er nicht bloss offen seinen Glauben an Jahve den Gott Israels, der Himmel und Erde gemacht hat, bekennt, sondern auch eine seltsame Kenntnis des pentateuchischen Priesterkodex verrät. Der Erzgiesser, den Salomo aus Tyrus kommen lässt (1. Reg. 7, 13. 14), wird 2, 13 als ein wahrer Dädalus und Tausendkünstler beschrieben, ganz in der Weise Besaleels (Exod. 31, 2sqq.); dass derselbe zum Sohne eines Weibes von Dan statt einer Witwe von Naphthali gemacht wird, gibt den Auslegern Stoff zur Ausspinnung eines kleinen Familienromans [1]), hat aber nicht mehr auf sich, als dass das Sandelholz (2, 7) vom Libanon bezogen wird. Die Angabe 1. Reg. 5, 27 (11, 28. 12, 4), dass Israel in starkem Maasse zum Frondienste des Königs herangezogen sei, ersetzt der Chronist durch die an einem anderen Orte (1. Reg. 9, 21) vorkommende, dass nur die kanaanitischen Hörigen dazu benutzt seien: die Summe derselben berechnet er gleichwohl aus den 1. Reg. 5, 29sq. aufgeführten Zahlen. Charakteristisch ist endlich noch, wie Salomo (2, 3) dem Hirom versichert, er werde den Gottesdienst in dem neuen Hause ganz legitim nach der Ordnung des Priesterkodex einrichten; solche Bemerkungen, aus denen die ununterbrochene Ausübung des mosaischen Kultus nach den Regeln des Gesetzes erhellt, werden dann von Zeit zu Zeit wiederholt (8, 12—16. 13, 11).

In Kap. 3. 4 gibt der Verfasser die Beschreibung des Tempels 1. Reg. 6. 7 wieder, mit Auslassung dessen, was sich auf Profanbauten bezieht. Den gegenwärtig sehr verderbten Text hat er vielleicht an einer Stelle (1. Reg. 7, 23) noch besser vorgefunden, im übrigen ihn entweder liederlich ausgezogen oder wörtlich abgeschrieben, mit Zutat einiger Extravaganzen und späterer Einrichtungen, z. B. der Specifikation des Goldes (3, 4sqq. 8. 9), der zehn goldenen Tische und hundert goldenen Schalen (4, 8), der erzüberzogenen Türen der Aussentore (4, 9), des Vorhofs der Priester (4, 9), des Vorhangs zwischen Heiligem und Allerheiligstem (3, 14). Zu leugnen, dass in 1. Reg. 6. 7 das Original erhalten sei, auf das an manchen Stellen zum Verständnis zurückgegangen werden muss, dazu gehört ein übel angebrachter Mut, zumal da geradeso wie 1. Reg. 7, 40—51 auch 2. Chr. 4, 11—5, 1 das summarische Verzeichnis auf die Beschreibung des einzelnen folgt.

Während die konkreten und sachlichen Angaben von 1. Reg. 6. 7 nur unvollständig und flüchtig mitgeteilt werden, wird dagegen der Aktus der Einweihung und die dabei von Salomo gehaltenene Rede genau und ausführlich nach 1. Reg. 8 wieder-

[1]) „Sie war von Geburt eine Danitin, heiratete in den Stamm Naphthali, wurde Witwe, als Witwe aus dem Stamme Naphthali wurde sie das Weib des tyrischen Mannes." So Bertheau z. d. St.

gegeben (5, 2—7, 10); die vorkommenden Zusätze und Auslassungen sind allesamt geflissentlich. Die Priester und Leviten spielen 1. Reg. 8 bei einer Gelegenheit, die sie so nahe anging, nicht die ihnen gebührende Rolle und machen namentlieh gar nicht die bei einer solchen Feier doch ganz unentbehrliche Musik. Also schiebt der Chronist ad vocem Priester in der Mitte der auseinander gerissenen Glieder von 1. Reg. 8, 10. 11 folgendes ein: „denn alle Priester, so viel ihrer waren, hatten sich geheiligt ohne Unterschied der Klassen, und die Leviten, die Sänger, allesamt standen in weissen Kleidern mit Cymbeln und Harfen und Zithern östlich vom Altare und bei ihnen hundertundzwanzig Priester mit Posaunen; und wie auf einmal die Posaunenbläser und Sänger zusammen den Lobgesang Jahves anstimmten und die Musik begann mit Posaunen und Cymbeln und Begleitinstrumenten und dem Lobgesang: Preis sei Jahve, denn er ist freundlich und seine Güte währet ewiglich, da füllte sich das Haus mit Rauch" (5, 11—13). Weiterhin wird die Angabe 1. Reg. 8, 22, Salomo sei vor den Altar getreten und habe dort gebetet, zwar zunächst kopirt (6, 12), sodann aber einer authentischen Interpretation unterworfen, der König habe nämlich nicht etwa wirklich vor dem Altar gestanden (was nur die Priester durften), sondern auf einer improvisirten Kanzel im inneren Vorhof, auf einem umgestülpten ehernen Kessel (6, 13) — ein ausgezeichneter Gedanke, der denn auch die verdiente Approbation der Ausleger gefunden hat. Der Schluss von Salomos Gebet (1. Reg. 8, 49—53) wird, vielleicht um 8, 50 los zu werden, verkürzt (6, 39. 40) und dafür ein Epilog eigener Fabrik gegeben (6, 41. 42), der an nachexilische Psalmen erinnert. Darauf folgt eine grössere Auslassung, nämlich von 1. Reg. 8, 54—61, die sich aus dem Anstoss erklärt, dass der König hier doch nicht auf dem Kessel, sondern vor dem Altare kniet und steht und segnet wie ein Priester; als Ersatz wird dann in 7, 1—3 berichtet, wie der Altar durch Feuer vom Himmel eingeweiht sei, das zwar schon einmal auf ihn herabgefallen (I. 21, 26), aber wie es scheint unverantwortlicher Weise ausgegangen ist. Mit 7, 4 erreicht der Verfasser wieder den Anschluss an 1. Reg. 8, 62sqq., spickt indessen auch hier seine Vorlage, wo sie ihm zu mager dünkt, mit posaunenden Priestern und musicirenden Leviten (7, 6) und lässt zum Schluss die Entlassung des Volks statt am achten Tage des Laubhüttenfestes (1. Reg.

8, 66) vielmehr erst am neunten geschehen (7, 10) auf grund der Vorschrift Num. 29, 35.

Der Rest der Geschichte Salomos (7, 11—9, 28) ist aus 1. Reg. 9. 10. übertragen. Dabei ist die Nachricht 1. Reg. 9, 10—18, dass Salomo dem Hirom zwanzig galiläische Städte verhandelte, in ihr Gegenteil umgedichtet, dass nämlich Hirom dem Salomo die Städte abgetreten und dieser darin Israeliten angesiedelt habe (8, 1. 2), und ähnlich ist die schon 1. Reg. 9, 24 verdunkelte Notiz von der Übersiedelung der ägyptischen Gemahlin Salomos aus der Burg Davids in seinen neuen Palast[1]), verändert und in ein ganz falsches Licht gesetzt: „die Tochter Pharaos brachte Salomo aus der Burg Davids in das Haus, welches er ihr hatte bauen lassen, denn er sprach: im Hause Davids soll mir kein Weib wohnen, denn es ist heilig, weil dort die Lade Jahves hingebracht ist“ (8, 11). Über 8, 12—16 (1. Reg. 9, 25) tut nicht weiter not zu reden; mehr gleichgiltiger Art sind der Zusatz 7, 12—15, aus lauter Reminiscenzen zusammengesetzt, die Ausschmückung 8, 3—6, entsponnen aus 1. Reg. 9, 17—19, die Variationen 8, 17sq. 9, 21, misverstanden aus 1. Reg. 9, 26 sqq. 10, 22. Das Schlusskapitel über Salomos Regierung (1. Reg. 11), worin der König sich nicht von der glänzenden Seite zeigt, wird aus den selben Gründen mit Stillschweigen übergangen wie die beiden Anfangskapitel.

Nach dem selben Plan und mit gleichen Mitteln wie die Geschichte des Vaters ist also auch die Geschichte des Sohnes bearbeitet, nur fügt sich hier der Gegenstand leichter der Absicht der Bearbeitung. Das alte Bild ist in der Weise retouchirt, dass alle dunklen und hässlichen Züge getilgt und dafür neue und glänzende Farben aufgesetzt sind, nicht im Stil des Originals sondern im Geschmack der Zeit: Priester und Leviten und Feuer vom Himmel und Erfüllung aller Gerechtigkeit des Gesetzes und viel Musik, dazu noch allerlei harmlose legendarische Anachronismen und Übertreibungen. Der überlieferte Stoff erscheint gebrochen durch ein fremdartiges Medium, den Geist des nachexilischen Judentums.

[1]) Vgl. 1. Reg. 3, 1. In 9, 24 ist mindestens zu sprechen bêtô ascher bana lô, aber vielleicht kommt man damit nicht aus.

II.

1. Seit Salomos Tode wird die Geschichte Israels in der Chronik nur durch das Reich Jahves in der Hand der Söhne Davids fortgesetzt und alles beiseite gelassen, was sich auf die Zehn Stämme bezieht. Denn nach den Begriffen der judaistischen Periode ist Israel die Gemeinde des rechtmässigen Gottesdienstes, dieser aber ist an den Tempel zu Jerusalem geknüpft und am Tempel zu Jerusalem haben natürlich die Samarier keinen Anteil. Abia von Juda macht dem Könige Jerobeam I und seinem Heere diesen Standpunkt klar, in einer Rede vom Berge Semaraim herab, womit er die Schlacht eröffnet. „Ihr denkt zu bestehen vor dem Reiche Jahves in der Hand der Söhne Davids, da ihr ein grosser Haufe seid und die goldenen Kälber auf eurer Seite habt, die euch Jerobeam zu Göttern gemacht hat? habt ihr nicht die Priester Jahves, die Söhne Aharons, und die Leviten vertrieben und wie die Heiden euch selber Priester gemacht, so dass jeder, der kommt seine Hand zu füllen mit einem Farren und sieben Widdern, Priester wird für die Götzen? Wir aber haben den Jahve unsern Gott nicht verlassen und unsere Priester dienen dem Jahve, die Söhne Aharons und die Leviten zur Dienstleistung, und räuchern dem Jahve Brandopfer alle Morgen und Abend und bringen Weihrauch dar und Schaubrote auf den reinen Tisch; denn wir haben den Dienst Jahves unseres Gottes bewahrt und ihr habt ihn verlassen. Und siehe mit uns sind an der Spitze Gott und seine Priester und die Lärmposaunen zu lärmen gegen euch: Israeliten, kämpft nicht gegen Jahve den Gott eurer Väter, denn es wird euch nicht gelingen!" (13, 8—12, vgl. 11, 13—17).

In Wahrheit war das Reich, welches den Namen Israel führte, in alter Zeit auch tatsächlich das eigentliche Israel, und Juda eine Art Anhang dazu. Als Amasia von Juda nach der Bezwingung der Edomiter den König Joas von Samarien zum Kampfe herausforderte, dessen Land damals durch die ewigen Syrerkriege aufs äusserste gelitten hatte, liess der ihm sagen: „die Distel auf dem Libanon sandte zur Ceder auf dem Libanon: gib deine Tochter meinem Sohne zum Weibe — da lief das Wild darüber hin und zertrat die Distel; du hast Edom geschlagen und bist stolz geworden, geniesse deinen Ruhm und bleib zu Hause" (2. Reg. 14, 9);

und da der andere nicht hören wollte, strafte er ihn wie einen unartigen Knaben und liess ihn laufen. Dem Verhältnis der politischen und historischen entsprach so ziemlich das der religiösen Bedeutung. Israel war die Wiege des Prophetentums, Samuel Elias und Elisa wirkten dort; welche ähnliche Gestalt wäre ihnen gleichzeitig aus Juda an die Seite zu setzen? sicher würde sie der Verfasser des Buchs der Könige nicht vergessen haben, der von ganzem Herzen Jude ist und doch durch den Stoff selber gezwungen wird, sich vorzugsweise für das Nordreich zu interessiren. Noch zum Schluss war es der drohenden Untergang Samariens, welcher eine neue Phase der Prophetie erweckte; ihr Eröffner, der Judäer Amos von Thekoa, wurde nicht an Juda, sondern an Israel gesandt, dessen Geschichte als die des Volkes Jahves von ihm in tiefster Seele mit- und vorausempfunden wurde. Erst Jesaias stellte Jerusalem in den Mittelpunkt seiner Schau und wandte sich von Israel ab; denn als er zuerst auftrat, brannte der Krieg zwischen den Brudervölkern, und als er auf der Höhe seiner Wirksamkeit stand, war es aus mit dem Nordreiche und alle Hoffnung musste sich an den Rest halten, an die verfallene Hütte Davids. Hinsichtlich des Kultus allerdings mochten die Dinge, wenigstens in dem letzten Jahrhundert vor der assyrischen Gefangenschaft, in Israel etwas ungünstiger liegen als in Juda, aber von vornherein bestand kein wesentlicher Unterschied. Hüben und drüben wurde Jahve als der eigentliche Gott des Volks an zahlreichen Stätten verehrt, dem Höhendienste mangelte es weder hier noch dort an heiligen Bäumen Pfählen und Steinen, an goldenen und silbernen Bildern (Isa. 2, 8sqq. 17, 8. 30, 22. Micha 5, 12). Ob in der Zeit vor Hizkia der Reichskultus zu Jerusalem sich so sehr vor dem zu Bethel und Dan ausgezeichnet habe, ist die Frage — den goldenen Kälbern Jerobeams steht die eherne Schlange Moses und die Lade Jahves selber gegenüber, die im Altertum ein Idol war (1. Sam. 4—6) und zu einer Lade des Bundes d. i. Gesetzes erst idealisirt wurde, als sie wahrscheinlich gar nicht mehr vorhanden war. Was aber die prophetische Reaktion gegen den volkstümlichen Kultus betrifft, so beweist das Beispiel Hoseas, dass sie sich gerade so früh und so stark innerhalb Israels regte wie innerhalb Judas. Sogar noch nach der Reformation Josias klagt Jeremias, die bis dahin verschonte Schwester sei um nichts besser als die vor hundert Jahren dem Assyrer zum Opfer gefallene

(3, 6—10), und der Verfasser des Buches der Könige, obwohl er, auf dem Deuteronomium fussend, grundsätzlich Juda und Jerusalem vorzieht, verändert doch nicht seinem Urteil zu lieb die Tatsachen, welche beweisen, dass das alte Israel den Anforderungen jenes Gesetzes nicht eben schlechter entsprochen hat als das alte Juda.

Die Chronik dagegen legt das Gesetz — und zwar im vollen Umfange das ganze pentateuchische Gesetz, namentlich aber den darin dominirenden Priesterkodex — nicht bloss ihrem Urteil über die Vergangenheit zu grunde, sondern dichtet auch die Tatsachen in jene von jeher giltige Norm um und denkt sich das alte hebräische Volk genau nach dem Muster der späteren jüdischen Gemeinde, als einheitlich gegliederte Hierokratie, mit einem streng centralisirten Kultus von genau vorgeschriebener Form an der heiligen Stätte zu Jerusalem. Wenn also die Zehn Stämme alle die Kennzeichen des Reiches Gottes vermissen lassen, so bedeutet das ihren Abfall vom wahren Israel; sie haben die Böcke und Kälber zu ihren Göttern gemacht, die Priester und Leviten verjagt, überhaupt sich losgesagt von den Einrichtungen, die in Juda seit Josias sich ausbildeten und durch Ezra ihren Abschluss gewannen [1]). Sie kommen darum wie andere Heiden nur so weit für die heilige Geschichte in betracht, als sie mit dem eigentlichen Volke Jahves, dem Israel im Lande Juda (2. Chron. 23, 2), in freundliche oder feindliche Berührung treten, wobei dann immer in geflissentlichster und unverholenster Weise für Juda Partei genommen wird, sogar von den Bewohnern des Nordreichs selber [2]). Macht man Ernst mit dem Pentateuch als mosaischem Gesetze, so ist diese Ausschliessung der Zehn Stämme in der Tat eine notwendige Konsequenz, denn die blosse Tatsache ihrer Zugehörigkeit zum Volke Jahves zerstört dessen Grundvoraussetzung, die Einheit und Legitimität des Gottesdienstes als Basis der Theokratie, die Priester und Leviten als ihre wichtigsten Organe „als die Sehnen und Muskeln des Volksleibes, welche den Glieder-

[1]) Freilich kann der Verfasser der Chronik auch bei diesen Schismatikern nicht von seinen gesetzlichen Vorstellungen abkommen, wie es sich in einer fast komischen Weise darin zeigt, dass die Priester Jerobeams ihre Ketzereien ganz nach Vorschrift des Priesterkodex begehen und ihre Handfüllung mittelst eines grossen Opfers besorgen (13, 9).

[2]) Vgl. 11, 16. 15, 9. 30, 11. 19, 2. 20, 35sqq. 25, 7. 28, 9sqq.

bau zu einem lebenskräftigen und beweglichen Ganzen zusammenhalten".

2. Die Kehrseite ist natürlich die Idealisirung Judas vom legitimen Kultus aus, in einer Weise, die man sich nach den bei David und Salomo abgelegten Proben vorstellen kann. Die Priester und Leviten, die aus Israel ausgewandert sind, haben das südliche Reich gestärkt (11, 17) und bilden hier das eigentlich herrschende, die Geschichte tragende Element. Um ihretwillen sind die Könige da, als die Schirmherren und Vögte des Kultus, in dessen innere Angelegenheiten sie sich aber nicht mischen dürfen (26, 16 sqq.); Predigten zu halten und geistliche Feste — welche als die Höhenpunkte der Historie erscheinen — zu ordnen gehört zu den Hauptpflichten ihres Regiments[1]). Die guten unter ihnen begreifen ihre Aufgabe und sind unzertrennlich von den heiligen Dienern Jahves, so namentlich Josaphat Hizkia und Josias. Von dem ersteren wird berichtet, er habe im dritten Jahr seines Königreichs eine Kommission von Notabeln Priestern und Leviten abgeordnet um mit dem Gesetzbuch umherzuziehen und zu lehren in den Ortschaften Judas (17, 7—9); in den grösseren Orten, in den Festungen, habe er demnächst Richterkollegien bestellt und über ihnen ein höchstes Tribunal zu Jerusalem eingesetzt, gleichfalls bestehend aus Priestern und Leviten und Notabeln, unter dem Vorsitz des Hohenpriesters für die geistlichen und des Fürsten von Juda für die weltlichen Sachen (19, 5—11). Im Buche der Könige steht davon nichts, obwohl weniger Wichtiges bemerkt wird (I. 22, 47); der Verfasser der Chronik meldet es in seiner eigenen Sprache, die namentlich in den frommen Reden unverkennbar ist. Wahrscheinlich ist es die Justizorganisation seiner Gegenwart, die hier auf Josaphat zurückgeführt wird, so dass wir hier wohl das älteste Zeugnis für das Synedrium zu Jerusalem als oberste Instanz über den provincialen Synedrien, sowie für dessen Zusammensetzug und Präsidium haben. Die Unmöglichkeit einer solchen Gerichtsverfassung im Altertum erhellt aus der Voraussetzung des Gesetzbuches als ihrer Grundlage, aus der Koordination von Priestern und Leviten, und auch aus dem tatsächlichen Widerspruch gelegentlicher Angaben namentlich bei Jesaias und den älteren Propheten (bis auf Hie-

[1]) 13, 7 sqq. 15, 10 sqq. 20, 6 sqq. 29, 5 sqq. 30, 1 sqq. 35, 1 sqq.

rem. 26), in denen es überall als selbstverständlich gilt, dass die Machthaber zugleich auch die geborenen Richter sind. Schon von David weiss übrigens die Chronik Ähnliches zu erzählen wie von Josaphat (I. 23, 4. 26, 29—32): der Grund, warum vorzugsweise der letztere zu diesem Werke ausersehen wird, liegt einfach in seinem Namen Jahve ist Richter, wie er selbst mehrfach andeuten muss (19, 5—11 vgl. Joel 4, 12). Aber nicht bloss in diesen inneren Angelegenheiten, sondern auch zum Kriege stärken die Priester und Leviten den König von Juda. Wie die Posaunen der Priester dem Abia Mut und Sieg wider Jerobeam von Israel verleihen, so die Musik der Leviten dem Josaphat gegen Moab und Ammon. Nachdem er zuvor gefastet und die tröstliche Verheissung des Sängers Schauegott anbetend entgegen genommen hat, rückt er am anderen Morgen mit dem Heere gegen die Feinde aus, die Leviten voran, die im heiligen Schmuck vor den Gerüsteten herziehen und singen: danket dem Jahve, denn seine Güte währet ewiglich. Er findet darnach die Kampfesarbeit von den Feinden selbst getan, die sich auf das Signal jenes Lobesgesanges hin einander angefallen und allesamt aufgerieben haben, teilt drei Tage den Raub aus und kehrt dann um wie er gekommen ist, die levitische Musik voran, mit Psaltern Harfen und Drommeten zum Hause Jahves (20, 1—28). In ähnlicher Weise wird Hizkia verherrlicht. Von der assyrischen Belagerung Jerusalems und der denkwürdigen Befreiung der Stadt wird verhältnismässig wenig Aufhebens gemacht (32, 1sqq. vgl. de Wette I p. 75); nach der Chronik ist seine Haupttat, dass er, sobald er auf den Thron gelangt, im ersten Monat des Jahres und seiner Regierung (Exod. 40, 2. Lev. 9, 1), durch die Priester und Leviten, die er ganz väterlich als seine Kinder anredet (29, 11), ein grosses Weihfest des angeblich von Ahaz verschlossenen und verwüsteten Tempels veranstaltet, darauf im zweiten Monat das Pascha in grossartigster Weise nachfeiert, und endlich vom dritten bis zum siebenten Monat für das genaue Eingehen der Abgaben an den Klerus Sorge trägt; wie das alles in dem gewohnten Stile durch drei lange Kapitel beschrieben wird, aus denen wir für die Zeit Hizkias nichts, wohl aber manches für die Zeit des Verfasser lernen können besonders für die damalige Darbringungsweise der heiligen Abgaben (29, 1—31, 21). Auch bei Josias wird zwar der Bericht über seine epochemachende Kultusreformation im ganzen nur verstümmelt in der Chronik wiedergegeben, aber die kurze Notiz 2. Reg. 23, 21—23 wird zu der ausführlichsten Schilderung eines glänzenden Paschafestes erweitert, wobei wie immer die Priester und vor allem die Leviten die Hauptrolle spielen. In letzterer Beziehung ist noch ein einzelner kleiner Zug mitteilenswert, dass nämlich die grosse Versammlung, worin der König das Gesetzbuch beschwören lässt, zwar im übrigen 2. Chron. 34, 29sq. genau so zusammengesetzt ist wie 2. Reg. 23, 1. 2, aber statt der Priester und Propheten die Priester und Leviten daran teilnehmen. Was das zu bedeuten habe, lehrt am besten der Vergleich des Targum, wo die Priester und Propheten in Priester und Schriftgelehrte übersetzt werden.

In einen eigentümlichen Konflikt gerät nun aber der Chronist durch diese Projektion des im Gesetz vorgeschriebenen und im Judaismus verwirklichten legitimen Kultus mit den Angaben seiner Quelle, aus denen hervorgeht, dass derselbe nicht fertig aller Geschichte vorangegangen, sondern allmählich im Laufe der Geschichte geworden ist; er wickelt sich heraus so gut es geht, ohne jedoch einem wunderlichen Schaukeln zwischen der zeitlosen Anschauung, die ihm Natur ist, und der historischen Tradition, die er benutzt und aufnimmt, zu entgehen. Die Verse 1. Reg. 14, 22. 23 die Judäer (nicht bloss Rehabeam) taten was Jahve übel gefällt und ärgerten ihn wie ihre Väter und errichteten ebenfalls Höhen und Malsteine und heilige Pfähle u. s. w., welche ebenso wie die parallelen über Israel 12, 26sqq. an dieser Stelle von principieller Bedeutung sind und einen derben Strich durch den angeblichen Unterschied der Kulte des levitischen und des nichtlevitischen Reiches ziehen, werden als gar zu unmöglich ausgelassen, obwohl der ganze übrige Zusammenhang mitgeteilt ist (12, 1—16). Desgleichen ist das ungünstige Urteil über Rehabeams Nachfolger Abia 1. Reg. 15, 3—5 nicht aufgenommen, weil die ersten jüdischen Könige, da sie ja den rechten Gottesdienst bewahren, gegenüber den israelitischen, die davon abgefallen sind, notwendig gut sein müssen. Aber wenn der Chronist zur Ehre Judas das Schlimme verschweigt, so mag er doch nicht die nach 1. Reg. 15, 12sqq. mit Asa eintretende Besserung übergehen, obgleich man nun gar nicht weiss, wozu es derselben bedarf, da ja schon vorher alles in bester Ordnung gewesen ist. Ja er übertreibt noch diese Besserung und macht den Asa zu einem andern

Josias (15, 1—15), lässt ihn auch (14, 4) die Höhen abschaffen und wiederholt dann doch (15, 17) die Angabe 1. Reg. 15, 14, die Höhen seien nicht abgetan. Ähnlich heisst es über Josaphat zunächst, er habe in den anfänglichen Wegen seines Vaters gewandelt und die Höhen abgeschafft in Juda (17, 3. 6. 19, 3), in falscher Verallgemeinerung von 1. Reg. 22, 43. 47, und hinterdrein dennoch, die Höhen seien geblieben (20, 32. 33), wörtlich nach 1. Reg. 22, 43. 44. Es dünkt dem Verfasser einerseits eine Unmöglichkeit, dass der Höhendienst, der ihm trotz 33, 17 im grunde Abgötterei ist, auch von den frommen d. i. gesetzestreuen Königen nicht unterdrückt sein sollte, und auf der anderen Seite copirt er doch mechanisch seine Vorlage.

Bei den notorisch misfälligen Herrschern hilft er sich damit, dass er sie einfach zu Heiden und zu Verfolgern der Bundesreligion macht; denn innerhalb des Jahvismus, der ja zu allen Zeiten nach dem Gesetz normirt und mit dem exclusiven Mosaismus des Judentums gleichbedeutend gewesen ist, sind sie für ihn undenkbar. So zuerst bei Joram: er macht Höhen auf den Bergen Judas und verführt die Bewohner Jerusalems zur Hurerei und Juda zum Abfall (21, 11), erwürgt dazu alle seine Brüder mit dem Schwert (v. 4) — eins ergiebt sich aus dem anderen. Seine Witwe Athalia verwüstet, durch ihre ermordeten aber zu diesem Zweck wieder auflebenden Söhne, den Tempel Jahves und macht Baalsbilder aus dem geweihten Metall (24, 7); nichtsdestoweniger geht der öffentliche Jahvedienst unter Leitung des Priesters Jojada ununterbrochen fort. Am unbarmherzigsten wird Ahaz zugerichtet. Nach 2. Reg. 16, 10sqq. hat derselbe zu Damaskus einen Altar gesehen der ihm gefiel, und nach dessen Muster einen ähnlichen zu Jerusalem errichten lassen, während der eherne Altar Salomos wahrscheinlich in die Schmelze wanderte; Uria der Priester hat die Ausführung der betreffenden Befehle des Königs besorgt. Man sieht, von Autonomie, von unantastbarem göttlichen Recht des Heiligtums ist keine Rede, der König befiehlt und der Priester tut es. Dem Chronisten ist also die Geschichte vollkommen unfassbar; was macht er daraus? Ahaz hat den damascenischen Götzendienst eingeführt, den Jahvedienst abgeschafft und den Tempel zugeschlossen (28, 23sq.). An der Person eines Menschen liegt ihm nichts, an der unbeugsamen Einheit des mosaischen Kultus alles, und dessen Legitimität wäre ja dahin, wenn ein rechtgläubiger

Priester, ein Freund des Propheten Jesaias, die Hand dazu geboten hätte, einen fremden Altar einzuführen. Um Manasse und Amon zu reinen Götzendienern zu machen, war eine Steigerung der Angaben 2. Reg. 21 kaum von nöten; ausserdem lagen hier besondere Gründe vor, die es verboten zu schwarz zu zeichnen. Wunderbar ist, wie auch das Volk, welches stets von Eifer und Freudigkeit für das Gesetz beseelt ist und den frommen Herrschern ihre Bundestreue belohnt (15, 15. 17, 5. 24, 10. 31, 20), diese bösen Könige dadurch censirt. dass es ihnen die Ehre des königlichen Begräbnisses versagt oder verkümmert (21, 19. 20. 28, 27. 33, 20) — in Widerspruch gegen 2. Reg. 9, 28. 16, 20. 21, 26.

Die periodischen Anfälle des Heidentums dienen zugleich dazu, die darauf folgenden Besserungen zu verstehen, die sonst das Begriffsvermögen des jüdischen Schriftgelehrten übersteigen. Nach dem Buche der Könige trafen die Könige Joas Hizkia und Josias lobenswerte Neuerungen im Tempelkultus, beseitigten tief eingewurzelte und von jeher geübte Gewohnheiten und reformirten den officiellen Dienst Jahves. Aus diesen Fortschritten innerhalb des Jahvismus, die allerdings seiner mosaischen Stabilität recht unbequem widersprechen, macht die Chronik vielmehr einfache Herstellungen des reinen Gottesdienstes, welche auf vorübergehende gewalttätige Abschaffung desselben folgen. Am gründlichsten bei Hizkia. Nachdem sein Vorgänger die heiligen Tore geschlossen, die Leuchter gelöscht und den Gottesdienst sistirt hat, bringt er, durch die wieder eingesetzten Priester und Leviten, alles wieder in Gang; seine erste und wichtigste Regierungstat ist die Tempelweihe (Kap. 29), daran schliesst sich (Kap. 30. 31) die Wiedereröffnung des Pascha und die Eintreibung der Temporalien an den bisher, wie es scheint, gesperrten Klerus. Dass die freilich ganz anderes besagenden Angaben 2. Reg. 18, 1—7 der Ausgangspunkt zu diesen Extravaganzen gewesen sind, lehrt der Vergleich von 29, 1. 2. 31, 1. 20. 21. 32, 22. Nur dass der König die eherne Schlange Nehustan zerstörte (2. Reg. 18, 4), wird mit Stillschweigen übergangen, als sei es unglaublich, dass man ein solches Abbild, im Glauben es rühre von Moses her, bis dahin sollte verehrt haben; der nicht geringere Anstoss dagegen, dass er die Aschera umhieb, worunter man nur die des Tempelaltars verstehen kann (Deut. 16, 21), wird durch Umsetzung des Singulars in den Plural geebnet: er hieb die Ascheren um (31, 1), die sich hie und da in Juda vorfanden, natürlich bei heidnischen Altären.

Bei Joas und Josias stehen die nicht bloss kurz das Resultat berichtenden sondern speciell in den Hergang eingehenden Erzählungen der Vorlage, an die der Chronist gebunden ist, 2. Reg. 11. 12. Kap. 22. 23, dem freien Fluge seiner gesetzesseligen Phantasie entgegen. Gerade solche Geschichten, fast die einzigen ausführlichen über das Reich Juda im Buche der Könige, die ihrer Natur nach der Vorliebe unseres Verfassers für den Kultus am meisten entsprechen, bringen ihn durch ihr Detail in die grösste Verlegenheit, welches nach seinen Begriffen total ungesetzlich ist und doch nicht anders als im günstigsten Lichte dargestellt werden darf.

Dass die im Tempel spielenden und den Tempel betreffenden Perikopen über Joas 2. Reg. 11, 1—12, 17 eigentlich identisch sind mit 2. Chron. 22, 10—24, 14, steht ausser Zweifel. Was zunächst 2. Reg. 11 betrifft, so kehrt der Anfang und Schluss v. 1—3. v. 13—20 in 2. Chron. 22, 10—12. 23, 12—21 wörtlich wieder, von kleinen Alterationen abgesehen. Aber auch in der Mitte finden sich Stellen aus 2. Reg. 11 in 2. Chron. 23 unverändert aufgenommen, nur sind sie hier im Zusammenhange ungereimt, während dort verständlich. Denn die Meinung und Farbe des Ganzen ist in der Chronik völlig verändert, wie folgende Nebeneinanderstellung der Hauptpartie lehren mag, zu deren Verständnis man wissen muss, dass die Regentin Athalia alle dem Blutbade Jehus entronnenen Glieder der davidischen Familie gemordet hat bis auf den kleinen Joas, welcher mit Wissen des Priesters Jojada im Tempel Versteck und Schutz gefunden hat.

2. Reg. 11, 4. Im siebenten Jahre beschied Jojada und nahm die Hauptleute der Karer und Trabanten	2. Chron. 23, 1. Im siebenten Jahre ermannte sich Jojada und nahm die Hauptleute Azaria ben Jeroham, Ismael ben Johanan, Azaria ben Obed, Maaseja ben Adaja und Elisaphat ben Zikri mit sich in Bund, 2 und sie zogen in Juda umher und sammelten die Leviten aus allen Städten Judas und die Familienhäupter Israels
und liess sie zu sich ins Haus Jahves kommen und machte mit ihnen einen Bund und Verschwörung im Hause	und kamen gen Jerusalem, 3 und die ganze Gemeinde schloss einen Bund im Hause Gottes mit dem Könige.

Jahves und zeigte ihnen den Königssohn 5 und befahl ihnen: dies ist es was ihr tun sollt: das Drittel von euch, das am Sabbath heimgeht und den Dienst im Königshause versieht [6 und das Drittel im Tore Jesod und das Drittel im Tore hinter den Trabanten und ihr sollt den Dienst im Hause versehen ....] 7 und die zwei anderen Drittel von euch, die Sabbaths aufziehen und den Dienst im Jahvehause haben bei dem Könige:

8 ihr sollt den König rings umgeben, jeder mit gezogener Waffe, und wer eindringt in die Reihen, soll getötet werden, und ihr sollt mit dem Könige sein, wo immer er sich hinwendet.

9 Und die Hauptleute taten genau wie ihnen der Priester Jojada gesagt hatte und nahmen jeder seine Mannschaft, die am Sabbath Heimgehenden und die am Sabbath Aufziehenden, und kamen zum Priester Jojada.

10 Und der Priester gab den Hauptleuten die Speere und Rüstungen des Königs David, die im Hause Jahves waren.

11 Und die Trabanten standen, männiglich mit der Waffe in der Hand, von der Südseite des Tempels herum bis zur Nordseite um Altar und Tempel, rings um den König.

12 Und er führte den Königssohn heraus und legte ihm das Diadem und die Armspangen an, und sie machten ihn zum König und salbten ihn und klatschten in die Hand und riefen: es lebe der König!

Und er sprach zu ihnen: siehe der Königssohn soll herrschen wie Jahve geredet hat über die Söhne Davids, 4 dies ist es, was ihr tun sollt: das Drittel von euch, das am Sabbath kommt, von Priestern und von Leviten, soll die Schwellen hüten, 5 und das Drittel von euch soll sein im Hause des Königs und das Drittel im Tore Jesod und alles Volk in den Höfen des Hauses Jahves: 6 und niemand soll ins Haus Jahves dringen als die Priester und die Diensthabenden von den Leviten, sie sollen hinein, denn sie sind heilig, aber alles Volk soll die Ordnung Jahves einhalten; 7 und die Leviten sollen den König rings umgeben, jeder mit gezogener Waffe, und wer in den Tempel dringt, soll getötet werden, und sie sollen mit dem Könige sein, wo immer er sich hinwendet. 8 Und die Leviten und das ganze Juda taten genau wie ihnen der Priester Jojada befohlen hatte und nahmen jeder seine Mannschaft, die am Sabbath Kommenden mit den am Sabbath Gehenden, denn der Priester Jojada entliess die Abteilungen nicht. 9 Und der Priester Jojada gab den Hauptleuten die Speere und Schilder und Rüstungen des Königs David die im Hause Gottes waren, 10 und er stellte das ganze Volk, männiglich mit der Waffe in der Hand, von der Südseite des Tempels herum bis zur Nordseite um Altar und Tempel, rings um den König. 11 Und sie führten den Königssohn heraus und legten ihm das Diadem und die Armspangen an und machten ihn zum Könige, und es salbten ihn Jojada und seine Söhne und sprachen: es lebe der König!

Die Ihthronisation des Joas soll, ähnlich wie einst die Salomos, durch die Leibwache der jüdischen Könige geschehen sein? der Hohepriester soll mit den Hauptleuten im Hause Jahves eine Verschwörung gemacht und selbst die Anregung gegeben haben, jene halbheidnischen Söldlinge in den Tempelraum einzuführen? das wäre ja ein Greuel gegen das Gesetz, der einem solchen heiligen Mann nicht zuzutrauen. Warum brauchte Jojada denn nicht seine eigene Garde, die Myriaden von Leviten, die ihm zu gebote standen? Das war doch das einzig richtige und also auch das wirkliche Verfahren. „Niemand soll ins Haus Jahves dringen als die Priester und die Diensthabenden von den Leviten", nach diesem von ihm selbst angegebenen Grundsatze (23, 6; vgl. v. 7 in den Tempel statt in die Reihen) setzt unser frommer Geschichtsschreiber an die Stelle der Karer und Trabanten seine Priester und Leviten. Dadurch rückt nun auch Jojada in die ihm gebührende Stelle als Souverän des Heiligtums und der Gemeinde. Er braucht nun nicht mehr insgeheim mit den Befehlshabern der Leibwache eine Verschwörung anzustiften, sondern beruft durch seine geistlichen Officiere die Leviten und Familienhäupter aus allen Städten Judas in den Tempel und lässt dort die ganze Versammlung einen Bund mit dem jungen Könige schliessen. Die schreienden Disharmonieen, die durch derartige Übermalungen einzelner Partien des alten Bildes unvermeidlich entstehen, muss man in den Kauf nehmen. Wenn Jojada unbeschränkt über eine solche Macht gebietet und bei seiner Revolution mit der grössten Öffentlichkeit verfährt, so hat er und nicht Athalia die eigentliche Herrschaft — wozu macht er aber dann so viel Wesens um die Tyrannin abzusetzen? aus blosser Lust an levitischem Pomp und solennem Verfahren? Was soll man ferner mit den Hauptleuten, die 23, 1. 9 beibehalten und v. 14 sogar wie 2. Reg. 11, 15 Officiere des Kriegsvolks genannt werden, anfangen, nachdem ihnen ihre Soldaten genommen oder verwandelt sind? Waren die Leviten militärisch organisirt und lösten sie sich, in drei Kompagnien eingeteilt, allwöchentlich im Tempeldienste ab? Die Ausleger sind geneigt, solche Hilfsannahmen hinzuzudichten; damit können sie ins unendliche fortfahren ohne zum Ziel zu gelangen, denn der Irrtum ist fruchtbar. Als ein besonders auffallendes Beispiel, wie sich das Verfahren der Chronik rächt, möge noch 23, 8 erwähnt werden: und sie nahmen jeder seine Mannschaft u. s. w. Die

Worte sind aus 2. Reg. 11, 9 entlehnt, haben aber dort die Hauptleute zum Subjekt, dagegen hier die Leviten und alle Judäer, als ob ein jeder von diesen letzteren seine Mannschaft gehabt hätte, die des Sabbaths an und abtrat.

Nicht viel weniger lehrreich ist der Vergleich von 2. Reg. 12, 5—17 mit 2. Chron. 24, 4—14. Nach 2. Reg. 12 traf Joas die Anordnung, dass alle dem Tempel geweihten Geldgaben künftig an die Priester fallen, diese aber dafür die Pflicht haben sollten, das Gebäude in gutem Stande zu halten. Aber sie nahmen das Geld nnd vernachlässigten doch die Reparatur, und als sie und insonderheit Jojada darum vom Könige gescholten wurden, verzichteten sie auf die Einnahme, um die Last nicht zu tragen. Darauf stellte der König eine Art Gotteskasten, eine Truhe mit einem Loch, neben dem Altare auf, „rechts wenn man in den Tempel will“, dahinein sollten die Priester das einlaufende Geld werfen, mit Ausnahme der Straf- und Schuldgelder, die ihnen verblieben. Und so oft die Truhe voll war, schütteten der Schreiber des Königs und der oberste Priester das Geld aus, wogen es und übergaben es den Werkführern zur Löhnung der Arbeiter: zur Anschaffung heiliger Geräte sollte nichts davon verwandt werden, wie ausdrücklich (v. 14) gesagt wird. Diese Einrichtung des Königs Joas war eine dauernde und bestand noch zur Zeit Josias (2. Reg. 22, 3sqq.).

In die autonome Hierokratie von Gottes Gnaden passte das eigenmächtige Verfahren des Joas nicht. Nach dem Gesetze fielen die laufenden Geldabgaben an die Priester; kein König durfte sie ihnen nehmen und nach Gutdünken darüber befinden. Wie konnte Jojada auf sein göttliches Recht verzichten und eine solche Majestätsbeleidigung des Heiligen dulden! wie konnte er für seinen anfänglichen passiven Widerstand gegen die gesetzwidrige Zumutung getadelt, wie konnte überhaupt der Priester in seinem eigenen Departement vom Könige zur Rede gestellt werden! Die Chronik weiss es besser. Athalia, die schlimme, hatte den Tempel verwüstet und ausgeraubt; so beschloss Joas ihn zu restauriren und zu dem Zweck durch die Leviten aus ganz Israel Geld sammeln zu lassen. Da aber diese damit keine Eile hatten, so machte er eine Truhe und setzte sie draussen in das Tor zum Heiligtum: da strömte das Volk herbei und freudigen Herzens taten Vornehme und Geringe ihre Gaben in die Truhe, bis sie ganz voll war. Als nun die Torwache dies gemeldet hatte, kamen die Schreiber des Königs und der Delegirte des Hohenpriesters, das Geld auszuschütten, und der König und der Hohepriester lohnten damit die Arbeiter; was übrig blieb, wurde zu kostbaren Geräten verarbeitet (2. Chron. 24, 5—14). Hiernach trifft Joas nicht über die heiligen Abgaben irgend welche Verfügung, sondern er veranstaltet eine ausserordentliche Sammlung wie einst Moses zum Bau der Stiftshütte (24, 6. 9): in folge dessen erscheint auch alles andere, was 2. Reg. 12 dauernde Einrichtung ist, hier als einmalige Begebenheit; statt von den immer wieder nötigen Reparaturen des Tempels ist von einer ausserordentlichen Restauration desselben die Rede, und nur zu diesem vorübergehenden Zweck wird der Gotteskasten aufgestellt, jedoch nicht bei dem Altare sondern am Tore (24, 8 vgl. 2. Reg. 12, 10). An den Klerus, und zwar an die Leviten, ist nur die Zumutung gestellt worden, die Sammlung zu betreiben, nicht selbst von den heiligen Einkünften den Bau zu bezahlen; in folge dessen wird ihnen auch nicht vorgeworfen, dass sie das Geld für sich behalten, sondern dass sie nicht recht an die Sammlung heran wollen. Es erweist sich aber, dass sie mit diesem Widerstreben ganz Recht gehabt haben, denn der König braucht nur den Gotteskasten auszustellen, so fliesst er auch über von freiwilligen Gaben des sich herzudrängenden Volkes, so dass davon auch noch zu anderen, freilich nach 2. Reg. 12, 14 ausdrücklich ausgeschlossenen Zwecken etwas übrig bleibt (v. 14). Den Priestern erteilt Joas überhaupt keine Befehle, und namentlich Jojada steht ihm ganz gleichberechtigt gegenüber: schickt der König seinen Schreiber, so erscheint auch der Hohepriester nicht persönlich, sondern lässt sich durch seinen Abgesandten vertreten (24, 11 vgl. 2. Reg. 12, 11). Auch hier passt mancher neue Lappe nicht zum alten Kleide, wie de Wette I p. 100 zeigt; stillschweigend gibt die Chronik selber dem älteren Bericht die Ehre, indem sie den Joas schliesslich vom Mosaismus abfallen und die dankbare Ehrerbietung, welche er dem Hohenpriester schuldig war, verleugnen lässt: das ist die Nachwirkung des unangenehmen Eindrucks, den sie nicht aus ihrer eigenen Erzählung, sondern nur aus der des Buches der Könige über das unangemessene Auftreten des dennoch frommen Königs in Angelegenheiten des Heiligtums und der Priester gewinnen konnte.

Die Früchte für ihre Entstellung von 2. Reg. 12 erntet die Chronik bei der Wiedergabe der damit nahe verwandten und eng zusammenhangenden Perikope 2. Reg. 22, 3—10. Es ist der Mühe wert, die Parallelen noch einmal zusammenzustellen.

2. Reg. 22, 3. Und im 18. Jahre des Königs Josia sandte der König den Saphan ben Asalia ben Mesullam ins Haus Jahves sprechend: 4 geht zu Hilkia dem Hohenpriester, und schüttet das Silber aus, das eingegangen ist im Hause Jahves, welches die Schwellenhüter eingenommen haben von dem Volk, 5 und gebet es den Werkführern im Hause Jahves, dass sie es den Arbeitsleuten geben, welche im Hause Jahves mit der Reparatur beschäftigt sind, 6 den Schmieden Zimmerleuten und Maurern, und zum Kauf von Holz und Bausteinen zur Ausbesserung des Hauses, 7 doch soll über das ihnen übergebene Geld nicht mit ihnen abgerechnet werden, auf Treu und Glauben verfahren sie.

8 Hilkia aber, der Hohepriester, sprach zu dem Schreiber Saphan also: das

2. Chron. 34, 8. Und in seinem 18. Regierungsjahre, zu reinigen das Land und den Tempel, sandte er den Saphan ben Asalia und Maaseja den Burgemeister und Joah ben Joahaz den Kanzler, zu restauriren das Haus Jahves seines Gottes. 9 Und sie kamen zum Hohenpriester Hilkia, und sie gaben das im Hause Gottes eingegangene Silber, welches die Leviten, die Schwellenhüter, gesammelt hatten von Ephraim und Manasse und dem übrigen Israel und von ganz Juda und Benjamin und damit heimgekehrt waren nach Jerusalem, 10 das gaben sie den Arbeitern bestellt im Hause Jahves, und die Arbeiter, welche an der Restauration im Hause Jahves schafften, 11 die gaben es den Handwerkern und Bauleuten, zu kaufen Hausteine und Hölzer zu Decken und Balken der Häuser, welche die Könige Judas verderbt hatten. 12 Und die Männer verfuhren mit Treu und Glauben bei dem Werke, und es waren ihnen vorgesetzt Jahath und Obadia die Leviten von den Söhnen Meraris und Zacharia und Mesullam von den Kehathiten, zu dirigiren, und die Leviten, alle die sich auf Musikinstrumente verstanden, 13 waren über die Lastträger und leiteten alle Arbeit bei jedem Werk, und andere Leviten waren Schreiber und Aufseher und Torwächter. 14 Und da sie das im Hause Jahves eingegangene Geld ausschütteten, fand der Priester Hilkia das Buch der Thora Jahves durch Moses, 15 und Hilkia hub an und sprach zu Saphan dem Schreiber: das Buch der Thora Jahves habe

Buch der Thora habe ich im Hause Jahves gefunden, und er gab es dem Saphan und der las es. 9 Und Saphan der Schreiber kam zum Könige und erstattete ihm Bericht und sagte: deine Knechte haben das im Tempel vorhandene Geld ausgeschüttet und es den Werkführern im Hause Jahves übergeben. 10 Und der Schreiber Saphan erzählte dem Könige also: ein Buch hat mir der Priester Hilkia gegeben, und er las es dem Könige vor.

ich gefunden im Hause Jahves; und Hilkia gab das Buch dem Saphan. 16 Und Saphan brachte das Buch dem Könige und erstattete ausserdem dem Könige Bericht also: alles was deinen Knechten aufgetragen ist, tun sie, 17 und sie haben das im Hause Jahves vorhandene Geld ausgeschüttet und es den Vorstehern und den Arbeitsleuten übergeben. 18 Und der Schreiber Saphan erzählte dem König also: ein Buch hat mir der Priester Hilkia gegeben, und Saphan las daraus dem Könige vor.

Die in der Einrichtung des Joas liegenden Voraussetzungen des Anlasses, bei dem der Priester dem Saphan das Gesetzbuch insinuirt, hat die Chronik zerstört und dafür andere ergänzt: unter den Vorgängern Josias sei der Tempel verderbt, unter ihm selber aber durch umherziehende Leviten aus ganz Israel Geld zur Restauration gesammelt und zunächst im Gotteskasten niedergelegt. Beim Ausschütten dieses Kasten soll dann der Priester das Buch gefunden haben (v. 14, nach Deut. 31, 26), ungeachtet bei dieser Gelegenheit auch Saphan und die beiden v. 8 hinzugefügten Statisten zugegen waren und den Fund hätten mitmachen müssen, was durch v. 15 (= 2. Reg. 22, 8) ausgeschlossen ist. Andere Misverständnisse kommen hinzu, namentlich sind die Werkführer (muphkadim), denen nach dem ursprünglichen Bericht das Geld zur Löhnung übergeben wird, zu einfachen Arbeitern herabgesetzt, von denen sie dann doch wieder unterschieden werden; während sie 2. Reg. 22, 7 bei der Auszahlung des Geldes auf Treu und Glauben verfahren, verfahren sie 2. Chron. 34, 12 bei dem Werke mit Treu und Glauben. Vielleicht ist dies indessen kein reines Misverständnis, sondern hängt zusammen mit dem Bestreben, die profanen Hände tunlichst vom Heiligen ferne zu halten und besonders die Leitung des Baues den Leviten zu übergeben (v. 12. 13). Wie weit die Ängstlichkeit der Späteren in diesem Punkte ging, ersieht man aus der Angabe (Joseph. Ant. 15, 390), dass Herodes zum Bau seines Tempels tausend Priester zu Maurern und Zimmerleuten ausbilden liess. Die zwei interessantesten Änderungen der Chronik sind ganz unscheinbar. In

v. 18 sind die Worte: er las das Buch dem Könige vor, umgewandelt zu: er las daraus dem Könige vor, und hinter: und Hilkia gab das Buch dem Saphan (v. 15), ist der Satz: und er las es ausgelassen. Nach 2. Reg. erscheint das Gesetzbuch als sehr mässigen Umfanges, aber der Verfasser der Chronik stellt sich den ganzen Pentateuch darunter vor.

Im weiteren wird zwar 2. Reg. 22, 11—23, 3 wörtlich wiederholt 2. Chron. 34, 19—32, aber der sich anschliessende unverhältnismässig wichtigere Abschnitt 23, 4—20, der eine genaue Schilderung der gewaltsamen Reformation Josias enthält, wird übergangen und mit der nichtssagenden Bemerkung ersetzt, der König habe alle Greuel aus Israel entfernt (34, 33); desto ausführlicher wird dafür sein Paschafest beschrieben (Kap. 35). Wenn die Chronik auch den Bericht von der Auffindung und Veröffentlichung des Gesetzes mitteilt, so begreift sie doch nicht, dass dasselbe erst seit diesem Augenblicke geschichtlich wirksam und plötzlich von so grosser Bedeutung geworden sein sollte. Es war ja seit Moses die Grundlage der Gemeinde und bestand zu allen normalen Zeiten in Kraft und Geltung; nur zeitweilig konnte dies Lebensprincip der Theokratie von schlechten Königen niedergehalten werden, um nach dem Aufhören des Druckes sofort wieder wirksam und mächtig zu werden. Sobald Ahaz die Augen geschlossen hat, stellt Hiskia im ersten Monat seines ersten Jahres den mosaischen Kultus wieder her; und sobald Josias zu verständigen Jahren gekommen ist, macht er gut was seine Väter gesündigt. Weil er bei seinem Antritt noch zu jung ist, wird Anstands halber statt des achten Jahrs seines Alters das achte Jahr seiner Regierung gewählt und dahin die grosse Reformatien verlegt, die er tatsächlich viel später unternahm (34, 3—7 = 2. Reg. 23, 4—20). So verliert dieselbe denn glücklich den geschichtlichen Anlass und den Charakter der Neuerung, erscheint vielmehr als einfaches Emporschnellen der Feder nach Beseitigung der ihr angetanen Gewalt. Das Gewölk weicht vor der Sonne des Gesetzes und sie scheint wieder wie zuvor — ihr Licht macht keine Phasen durch, sie leuchtet von Anfang an in gleicher Stärke. Was Josias getan hat, hat ganz ebenso vor ihm schon Asa getan, darnach Josaphat, darnach Hizkia; die Reformen sind keine Stufen einer fortschreitenden Entwickelung, sondern haben alle den gleichen, ewigen Inhalt. Das ist der Einfluss des transscendenten, allem Werden und Wachsen enthobenen Mosaismus auf die historische Anschauung, spürbar schon im Buche der Könige, aber in der Chronik ungleich handgreiflicher.

3. Abgesehen davon, dass sie die Kontinuität des legitimen Kultus zu Jerusalem darstellt, hat die Geschichte Judas in der Chronik noch einen anderen lehrhaften Zweck. In dem Reiche Jahves wirkt nicht ein natürlicher und menschlicher, sondern der göttliche Pragmatismus. Ihn zum Ausdruck zu bringen, dazu sind die Propheten da, die in ununterbrochener Folge den Königen und Hohenpriestern zur seite gehen; sie verknüpfen die Taten der Menschen mit den Ereignissen des Weltlaufs und benutzen die heilige Geschichte als Thema für ihre Predigt, als Beispielsammlung für die prompteste Wirksamkeit der Gerechtigkeit Jahves. Neues und Freies verkündigen sie dabei nicht, sondern handhaben nur, ebenso wie Jahve selber, die Thora Moses, indem sie nach der Schablone Glück oder Unglück in Aussicht stellen, je nachdem das Gesetz treulich erfüllt oder vernachlässigt worden ist. Natürlich treffen ihre Weissagungen immer genau ein, und es ergiebt sich somit ein ganz wunderbarer Einklang zwischen innerem Wert und äusserem Ergehen. Nie bleibt auf die Sünde die Strafe aus und nie mangelt dem Unglück die Schuld.

Im 5. Jahr Rehabeams ward Juda und Jerusalem von Pharao Sisak ausgeplündert (1. Reg. 14, 25). Nämlich drei Jahre lang wandelten sie in den Wegen Davids und Salomos, denn drei Jahre lang wurden sie gestärkt und gekräftigt von den aus dem Nordreich zugezogenen Priestern und Leviten und übrigen Frommen (2. Chron. 11, 17); darnach aber im 4. Jahr, da das Königreich Rehabeams gestärkt und gekräftigt war, verliess er das Gesetz und ganz Israel mit ihm (12, 1) — und es folgte im 5. Jahre der Überfall Sisaks. Ein Prophet kündigt denselben an, in folge dessen demütigt sich der König mit seinem Volk und kommt mit blauem Auge davon — weil er gewürdigt worden, noch zwölf weitere Jahre zu regieren.

Asa litt im Alter an den Füssen (1. Reg. 15, 23). Nach 2. Chron. 16, 12 starb er an der als sehr gefährlich geschilderten Krankheit im 41. Jahre seines Königtums, nachdem er schon vorher in der späteren Zeit seiner Regierung Unglück gehabt hatte. Was war die Schuld? Er hatte gegen Baesa von Israel auswärtige Hilfe statt der göttlichen angerufen. Nun lebte Baesa nur bis zum 26. Jahre Asas, jene böse Tat müsste also vorher begangen sein. Aber dann wäre ihr Zusammenhang mit der Strafe nicht klar geworden, die den König erst gegen Ende seines Lebens traf. Also wird Baesas Zug gegen Jerusalem und der in folge dessen von Asa veranlasste Einfall der Syrer in Israel von der Chronik ins 36. Jahr des letzteren verlegt (16, 1). Man hat die treffende Beobachtung gemacht, dass Baesa damals eigentlich längst tot war, und darum die Zahl 36 in 16 verbessern wollen — ohne zu bedenken, dass die erste Hälfte der Regierungszeit Asas ausdrücklich als glücklich bezeichnet wird, dass schon 15, 19 das 35. Jahr erreicht ist und dass jene Korrektur den Zusammenhang mit dem Folgenden (16, 7 sqq.) zerstört. Nämlich in Anlass jener frevelhaften Herbeirufung der Syrer tritt nun der übliche Prophet auf (16, 7) und verkündet die übliche Drohung. Es ist Hanani, ein Nordisraelit (1. Reg. 16, 7), aber Asa behandelt ihn wie seinen eigenen Untertan, lässt ihn hart an und setzt ihn in das Stockhaus. Dadurch vergrössert und beschleunigt er die Strafe und erliegt ihr im 41. Jahr seiner Regierung.

Josaphat, der fromme König, beteiligte sich nach 1. Reg. 22 an dem Feldzuge des gottlosen Ahab von Israel gegen die Damascener. Ungeahndet kann ihm das die Chronik nicht hingehen lassen, also sagt ihm, da er in Frieden heimkehrt, selbiger Hanani eine jedoch gnädige Strafe an (19, 1—3). Und in der Tat, sie ist gnädig; die Moabiter und Ammoniter fallen in das Land, aber Josaphat trägt ohne sein Zutun einen glänzenden Sieg davon und macht unermessliche Beute (20, 1 sqq.). Man kann es ihm darnach nicht verdenken, dass er sich noch einmal mit Ahabs Nachfolger verbindet, zu einer gemeinschaftlich zu betreibenden Schiffahrt, die von einem Hafen des Roten Meeres aus, wahrscheinlich um Afrika herum, nach Tarsis (Spanien 2. Chron. 9, 21) gehen soll. Diesmal aber wird er ernstlicher gestraft: wie Eliezer ben Dodija geweissagt, scheitern die Schiffe. Damit vergleiche man 1. Reg. 22, 49. 59; „Josaphat baute Tarsisschiffe nach Ophir zu fahren um Gold, aber die Fahrt kam nicht zu Stande, denn die Schiffe zerbrachen im Hafen am Roten Meere; damals hatte Ahazia ben Ahab um Beteiligung seiner Knechte an der Fahrt gebeten, aber Josaphat es abgeschlagen“. So der Originalbericht.

Aber in der Chronik muss das Unglück moralisch begründet sein und darum Josaphat sündige Gemeinschaft mit dem Samarier machen, den er in Wahrheit abgewiesen hat, freilich keineswegs aus religiösen Bedenken.

Joram ben Josaphat habe es sehr schlimm getrieben, heisst es 2. Reg. 8, 18; die Chronik steigert seine Frevel und ergänzt vor allem den verdienten Lohn (21, 4sqq.). Elias, obwohl damals längst gen Himmel gefahren (2. Reg. 3, 11sqq.), muss dem Sünder einen Brief schreiben, dessen Drohungen Jahve dann pflichtschuldig in Erfüllung gehen lässt. Nachdem zuvor die Philister und Araber ihn bedrängt haben, verfällt Joram in eine unheilbare Krankheit der Eingeweide, die ihn Jahre lang quält und endlich in furchtbarster Weise sein Ende herbeiführt (21, 12sqq.). Dem Gottesurteil beifallend versagt das Volk dem Toten die königlichen Ehren und begräbt ihn nicht bei seinen Vätern: trotz 2. Reg. 8, 24.

Joas war nach 2. Reg. 12 ein frommer Herrscher, aber er hatte Unglück; den Syrer Hazael, der Jerusalem belagerte, musste er durch schweres Geld zum Abzuge bewegen, zuletzt fiel er durch Meuchelmord. Womit er dies Schicksal verdient hat, weiss die Chronik. In dem Satze: „er tat was Jahve wohlgefällt alle seine Tage, weil ihn der Priester Jojada unterwiesen hatte“ (2. Reg. 12, 3), verändert sie den Schluss dahin: alle die Tage Jojadas des Priesters (24, 2). Nämlich nach dem Tode seines Wohltäters ist er abgefallen und hat ihm an seiner Familie mit schnödestem Undank gelohnt: am Ende des selbigen Jahres überfallen ihn die Syrer, bei ihrem Abzug verfällt er in eine schreckliche Krankheit, um die sein Unglück hier noch verschlimmert wird; und in der Krankheit wird er ermordet (24, 17sqq.).

Amasia wurde von dem samarischen Könige Jehoas, den er übermütig herausgefordert hatte, geschlagen, gefangen und empfindlich gestraft (2. Reg. 14, 8sqq.). Warum? weil er erbeutete edomitische Götzen in Jerusalem aufgestellt hatte und ihnen diente (2. Chron. 25, 14). Erbeutete Götzen eines überwundenen Volkes zieht er in dem Augenblicke dem Jahve vor, als letzterer jene besiegt hat! Seit diesem in der Tat nicht genug zu strafenden Abfall sollen dann auch seine Knechte sich gegen ihn verschworen und ihn umgebracht haben (25, 27) — und doch wird v. 25 nach

2. Reg. 14, 17 versichert, Amasia habe seinen Gegner Jehoas um 15 Jahre überlebt.

Uzzia, einer der besten Könige Judas, wurde aussätzig und musste die Regentschaft seinem Sohne Jotham übergeben (2. Reg. 15, 5). Nämlich, fügt die Chronik hinzu, er war sehr mächtig geworden und da erhub sich sein Herz zum Verderben, so dass er sich an Jahve seinem Gott vergriff und in den Tempel einging, um auf dem Räucheraltar zu räuchern. Und da der Priester Azaria und achtzig seiner Genossen sich ihm widersetzten und sprachen: es gebührt dir nicht zu räuchern, sondern allein den Söhnen Aharons, die dazu geheiligt sind, so wurde er zornig und liess das Räucherfass nicht aus der Hand. Da fuhr der Aussatz aus an seiner Stirne und die Priester scheuchten ihn von dannen" (26, 16—20). Nun ist die Sache kein Rätsel mehr.

Ahaz taugte wenig und half sich doch ganz leidlich aus der Bedrängnis, in die er durch den Einfall der verbündeten Syrer und Israeliten geraten war, indem er sein Reich dem Assyrer Thiglathpileser zu Lehen antrug (2. Reg. 16, 1sqq.). So billigen Kaufs konnte ihn die Chronik unmöglich davon kommen lassen. Hier wird er dahingegeben in die Hand der Feinde, alleine die Israeliten erschlagen 120000 Juden, darunter den Sohn des Königs und seine vornehmsten Diener, und schleppen 200000 Weiber und Kinder nebst anderweitiger grosser Beute fort nach Samarien. Auch die Edomiter und Philister fallen über Ahaz her; die Assyrer aber, die er zu Hilfe gerufen hat, misverstehen ihn und rücken in feindlicher Absicht vor Jerusalem; sie erobern freilich die Stadt nicht, gewinnen jedoch mühelos ihre Schätze, die ihnen der König selber ausliefert (28, 1—21).

Keinen schlimmeren Herrscher kennt das Buch der Könige als Manasse; dennoch hat er, länger als irgend ein anderer, durch 55 Jahre ungestört die Regierung geführt (2. Reg. 21, 1—18). Diesen Stein des Anstosses muss die Chronik aus dem Wege schaffen. Sie erzählt, Manasse sei von den Assyrern in Ketten nach Babel gebracht, dort aber habe er zu Jahve gefleht, sei von diesem wieder in sein Reich eingesetzt und habe nun den Götzendienst aus Juda beseitigt (33, 11—20). So entgeht er einerseits nicht der Strafe und andererseits erklärt sich doch die lange Dauer seiner Regierung. Freilich ist man neuerdings der Glaubwürdigkeit dieser Angaben mit einer assyrischen Inschrift zu Hilfe gekommen, aus der hervorgeht, dass Manasse dem Esarhaddon Tribut geleistet hat. Also, sagt man, ist er von den Assyrern vergewaltigt, und aber also ist er gefesselt von ihnen fortgeschleppt. Weniger geschwinde aber vielleicht eben so richtig wäre die Folgerung, dass er als Tributzahler auf dem Thron von Juda und nicht im Kerker zu Babylon gesessen haben müsse. In Wahrheit steht die zeitweilige Absetzung Manasses ganz auf gleicher Linie mit Nabokodrossors zeitweiligem Grasfressen. Die Ungeschichtlichkeit des in seinen Motiven vollkommen durchsichtigen Intermezzo folgt nicht allein aus dem Stillschweigen des Buches der Könige, welches wahrhaftig in dieser Sache nicht leicht wiegt, sondern auch z. B. aus Hierem. 15, 4. Denn wenn es an letzterer Stelle heisst, um der Schuld Manasses willen solle ganz Juda und Jerusalem der Vernichtung preis gegeben werden, so ist die Voraussetzung nicht, dass sie bereits von ihm selber gebüsst und gesühnt sei.

Dem Josia wird, um zu rechtfertigen, dass er bei Megiddo Schlacht und Leben verlor, die Schuld angeheftet, dass er den Worten Nechos aus dem Munde Gottes nicht gehorcht habe, der ihn vom Kampf abmahnte (35, 21. 22). Umgekehrt wird dem gottlosen Jojakim die Strafe vergrössert; er soll von dem Chaldäer in Ketten geschlagen und nach Babel geführt worden sein (36, 3) — freilich war das vor der Einnahme Jerusalems nicht wohl möglich, die erst im dritten Monat seines Nachfolgers gelang. Der letzte Davidide Sedekia, weil er Schwereres als alle seine Vorgänger erlitt, muss halsstarrig und verstockt gewesen sein (36, 12. 13), Eigenschaften, auf die er nach dem authentischen Zeugnisse des Propheten Jeremias in Wahrheit am wenigsten Anspruch erheben konnte.

Man sieht, die allerkonkretesten Produkte sind aus dem Plan dieser Geschichtsschreibung, wie man sich euphemistisch auszudrücken pflegt, hervorgegangen. Man wird darum überhaupt die Bestimmtheit der Angaben, mit denen die Chronik allein steht, nicht für einen Beweis ihrer Tatsächlichkeit halten dürfen. Die Erzählung von den Äthiopen Zerah (2. Chron. 14, 7sqq.) ist ebenso apokryph wie die von Kusan Risathaim (Jud. 3, 10). Schon des Vignoles hat zwar den ersteren mit dem Osorthon Manethos gleichgesetzt, der als Osorkon Sohn des Sisak, jedoch nicht als Erneuerer des Feldzugs gegen Palästina, auf den ägyptischen Monumenten wiedergefunden ist; aber Osorkon war ein Ägypter, Zerah ein Äthiop, und die Ähnlichkeit ihrer Namen ist doch auch nicht allzu schlagend. Ausserdem — wäre Zerah in der Tat eine historische Person, was hülfe dies zur Rettung des unhistorischen Zusammenhangs? Mit einer Million zieht der König der Mohren und Libyer, Ägypten überspringend, gegen Juda aus, Asa rückt mit 580000 Mann, dem Aufgebot eines Landes von ungefähr sechzig Quadratmeilen, den Feinden entgegen und schlägt sie auf der Ebene nördlich von Maresa so, dass kein einziger am Leben bleibt. Das soll, der genau angegebenen Lokalität wegen (wobei jedoch Maresa statt Gath nicht eben nach alter Quelle schmeckt) glaubhaft sein, wenigstens nach Abzug der Unglaublichkeiten? Vielmehr nach Abzug der Unglaublichkeiten ist der Rest gleich Null. Der Einfall des Baesa von Israel in Juda und Asas Benehmen ihm gegenüber (1. Reg. 15, 17sqq.) ist eine vernichtende Kritik des grossen Sieges, den er vorher über die Äthiopen davon geragen haben soll. Mit Josaphats Siege gegen die Ammoniter und Moabiter steht es um kein Haar besser (2. Chron. 20), es liegt hier wahrscheinlich ein Echo von 2. Reg. 3 vor, wo von der Beteiligung Josaphats an einem Feldzuge gegen Moab erzählt wird und ebenfalls der charakteristische Zug von der gegenseitigen Aufreibung der Feinde vorkommt, so dass dem Widerpart nur die Arbeit des Beutemachens übrig bleibt (3, 23. 2. Chr. 20, 23). Feinde stehen dem Chronisten immer zu Gebote, wenn er sie nötig hat, Araber zur Seite der Kuschiten (17, 11. 21, 16. 22, 1. 26, 7), Meunäer (26, 7), Philister 17, 11. 21, 16. 26, 6sq. 28, 48), Ammoniter (20, 1. 26, 8. 27, 5), die sich zum teil schon durch ihre Namen für die alte Zeit unmöglich machen. Nachrichten wie die, dass die Ammoniter den Königen Uzzia und Jotham unterworfen gewesen seien (26, 8. 27, 5), werden, bei dem vollkommenen Schweigen der glaubwürdigen Quellen, einfach durch ihre innere Unmöglichkeit gerichtet; denn zu Ammon war Moab die Brücke, und dieses Land war jener Zeit keinesfalls im judäischen Besitze, wie übrigens auch nicht behauptet wird. Die Philister sind (21, 16. 28, 18) durch den Plan der Geschichtschreibung als rachgierige Feinde benötigt; schon das flösst Mistrauen ein gegen die vorhergehenden Angaben (17, 11. 26, 6sq.), dass sie von Josaphat zur Tributleistung gezwungen und von Uzzia niedergekämpft seien; vollens unglaublich ist es, dass der letztere die Mauer von Asdod (Amos 1, 7) gebrochen und Festungen in Philisthäa angelegt haben soll. Nach dem Buche der Könige hat er Edom wieder unterworfen; Edom ist hier das einzige Land, worauf die Davididen Ansprüche machen und wogegen sie Kriege führen, während Moab und Philisthäa — letzteres jedoch mit Ausnahme der bedeutendsten Städte — virtuell zum Gebiete Israels gehören.

Die Triumphe, welche die Chronik ihren Lieblingen gönnt, haben allesamt keine geschichtliche Wirkung, sondern nur die momentane Bedeutung den Glanz ihrer Regierung zu steigern. Der Erfolg ist nämlich stets die Kehrseite des Verdienstes. Joram Joas Ahaz, die als verworfen geschildert werden, bauen keine Festungen, halten keine grossen Heere, haben nicht eine Fülle von Weibern und Kindern; nur bei den frommen Königen, zu denen ja auch Rehabeam und Abia gehören, äussert sich in diesen Zeichen der Segen Gottes. Die Macht ist der Gradmesser der Frömmigkeit und steigt und fällt mit dieser. Weiter hat es keinen Sinn, wenn z. B. Josaphat über elf mal hundert tausend Soldaten hat (17, 14sqq.); denn zu Kriegen werden sie nicht gebraucht, der Sieg kommt von Gott und von der Musik der Leviten (Kap. 20). Bei den Nachrichten über Festungsbauten, die sich regelmässig bei den guten Herrschern wiederholen[1]), sind allgemeine Angaben, wie Os. 8, 14. 2. Reg. 18, 13, in konkreter Weise exemplificirt, unter Benutzung einzelner traditioneller Elemente (Lachis). Es ist nicht möglich, aber auch wahrhaftig nicht nötig, überall die Erdichtung nachzuweisen; nach 19, 5 scheint es, als ob einfach alle einigermaassen beträchtlichen Städte als Festungen angesehen werden, in dem Verzeichnis 11, 6sqq. trifft man vorzugsweise Namen, die auch in der nachexilischen Zeit bekannt waren. Dass Abia dem Jerobeam unter anderem Bethel abgenommen und dass Josaphat in die von seinem Vater Asa eroberten ephraimitischen Städte Statthalter gesetzt habe (13, 19. 17, 2), würde Verwunderung erregen, wenn es nicht in der Chronik stünde. Zur Beurteilung der Familiengeschichte der Davididen leistet besonders die Mitteilung 13, 21 nach Form und Inhalt gute Dienste: „und Abia stärkte sich und nahm sich vierzehn Weiber und zeugte zweiundzwanzig Söhne und sechzehn Töchter". Man

[1]) 8, 3—6. 11, 5—12. 13, 19. 14, 5. 6. 17, 12. 19, 5. 26, 9. 10. 27, 4. 32, 5. 33, 14.

muss meinen, dies falle in das Königtum Abias und zwar nach dem angeblichen Siege über Jerobeam; er regierte aber alles in allem nur drei Jahre und binnen dieser Zeit soll einer seiner Söhne sogar zum Manne gereift sein? In Wahrheit hat Abia nun überhaupt keinen Sohn gehabt, denn sein Bruder ist ihm gefolgt. Selbstverständlich ist doch auf die bestimmte und zweifelsohne quellenmässige Nachricht, Maacha, die Frau Rehabeams, sei die Mutter sowohl Abias als Asas gewesen und letzterer habe sie aus ihrer Stellung am Hofe entfernt (1. Reg. 15, 2. 10. 13), mehr zu geben als auf die andere verhältnismässig leicht zu erklärende, wonach der Nachfolger für des Vorgängers Sohn ausgegeben wird (v. 8). Nach Josaphats Tode soll zunächst Joram alle seine Brüder (21, 4) gemordet haben, sodann die Araber alle Söhne Jorams mit Ausnahme eines einzigen (22, 1): wer von den Davididen bleibt denn da noch für Jehu übrig, der auch ihrer zweiundvierzig abschlachtete (2. Reg. 10, 14)? Kurz die Familiengeschichte des Hauses Davids ist von dem selben historischen Werte, wie alles andere, was die Chronik mehr und besser weiss als die älteren kanonischen Geschichtsbücher. Auch die Namen und Zahlen können an diesem Urteil nicht irre machen; denn um solche Kleinigkeiten, die den Schein der Genauigkeit erwecken, ist der Verfasser nie verlegen.

4. Die Grundlage des Buches der Könige schimmert auch in diesem das nachsalomonische Juda behandelnden Teile der Chronik allenthalben durch. Wo dort genau und ausführlich erzählt wird, da gebietet auch unser Verfasser über reicheres und interessanteres Material; so bei den judäisch-israelitischen und bei den den Tempel betreffenden Geschichten (Kap. 10. 18. 23 sq. 25, 17—23. 33 sq.). Sonst ist er an die Regesten gebunden, die das Skelett des Buches der Könige bilden; darnach richtet er sich sowohl in den Verdikten über den allgemeinen Wert der Herrscher als auch in den chronologischen Angaben, jedoch seinem Plane gemäss die Synchronismen für gewöhnlich (13, 1. 25, 25) auslassend. Auch die positiven Data der Regesten über die von diesem und jenem Könige getroffenen Kultusmaassregeln finden sich grösstenteils wörtlich wieder und schwimmen brockenweise und sofort unterscheidbar in dem Aufguss von Festfeiern, Predigten, Levitenchören, Gesetz und Propheten. Denn das ist eine wichtige Gegenprobe alles dessen, was sich bisher ergeben hat:

was in der Chronik nicht aus den Büchern Samuelis und der Könige herrührt, gleicht sich nicht bloss in der inneren Art, sondern auch in der unbeholfenen und häufig unverständlichen Sprache, die offenbar einer Zeit angehört, wo das Hebräische im Aussterben begriffen war, und in der manirirten Darstellungsweise, die ganz von Reminiscenzen lebt. Es gehört nicht hierher, dies nachzuweisen; vergl. aber Stähelin, specielle Einleitung (1862) p. 139sq., Bertheau p. XIVsqq., Graf p. 116.

III.

1. Wo die Chronik mit den älteren kanonischen Geschichtsbüchern parallel geht, da enthält sie keine Bereicherung, sondern nur eine Verfärbung der Tradition durch zeitgenössische Motive. In dem Gesamtbilde, welches sie malt, spiegelt sich ihre eigene Gegenwart, nicht das Altertum wieder. Nicht viel anders verhält es sich nun aber auch mit den Geschlechtsverzeichnissen, welche 1. Chron. 1—9 zur Einleitung vorangeschickt sind; auch sie haben im ganzen nur für die Abfassungszeit Geltung, sei es für deren wirkliche Verhältnisse oder für ihre Vorstellungen über die Vergangenheit.

Die Vorliebe für Stammbäume und Geschlechtsregister, gemischt aus genealogisch-historischen und ethnologisch-statistischen Elementen, ist bezeichnend für den Judaismus; mit der Sache ist auch das Wort jaches erst in späteren Zeiten aufgekommen. Man schreibt kompendiarische Geschichte in der Form von Tholedoth und Juchasin. Der Faden ist dünn, unanschaulich, und doch scheinbar fest und zusammenhangend; man behauptet nicht viel und hat doch Gelegenheit allerlei Bemerkenswertes anzubringen. Material findet sich; hat man erst Anfang und Ende, so ist die Brücke leicht geschlagen. Eine andere Äusserung des selben Triebes ist die Neigung, alle Verbindungen und Beziehungen der menschlichen Gesellschaft auf einen genealogischen Ausdruck zu bringen, überall künstlich Familien zu schaffen und sie in Verwandtschaft zu setzen. Wir hören von den Geschlechtern der Schriftgelehrten zu Jabes, der Töpfer und Gärtner und Byssusarbeiter, von Söhnen der Goldschmiede Salbenhändler und Walker, welche Korporationen ganz auf gleicher Linie mit wirklichen Familien aufgeführt werden. Die Gliederung des Kultuspersonals ist nur die konsequenteste Ausbildung dieses künstlichen Natursystems, welches ebenso auf alle anderen socialen Verhältnisse ausgedehnt wurde.

Um nun näher auf den Inhalt von 1. Chron. 1—9 (und anderer damit zusammenhangender Verzeichnisse) einzugehen, so liegt hier, abgesehen von dem nicht weiter berücksichtigenswerten ersten Kapitel, eine ethno-genealogische Uebersicht über die zwölf Stämme Israels vor, welche meist an die Data des Priesterkodex (Gen. 46. Num. 26) anknüpft und sie bald mehr bald minder beträchtlich erweitert. Nur sollen die Angaben des Priesterkodex für die mosaische, jedoch die der Chronik zugleich für die folgende Zeit gelten, z. B. Sauls und Davids, Thiglathpilesers und Hizkias. Aber schon in der Richterzeit waren in diesen Verhältnissen sehr bedeutende Veränderungen eingetreten. Während Dan mit Mühe sich hielt, lösten Simeon und Levi sich gänzlich auf (Gen. 49, 7): im Segen Moses bedeutet letzterer bereits etwas ganz anderes als einen Stamm, und ersterer wird gar nicht erwähnt, obwohl die Aufzählung vollständig sein soll; schon zur Zeit Davids war er in der Gegend, wo er einst Fuss gefasst hatte, von judäisch-edomitischen Geschlechtern aufgesogen. Östlich vom Jordan hatte, allerdings in etwas späterer Zeit, Leas Erstgeborener ein ähnliches Schicksal. Nachdem er Gen. 49 des Primats verlustig gesprochen und Jud. 5 wegen seiner anspruchsvollen Worte, denen keine Taten entsprachen, verspottet ist, wird Deut. 33, 6 der kleinmütige hoffnungslose Wunsch geäussert: „es lebe Ruben und sterbe nicht“, und König Mesa weiss nicht anders, als dass der Mann von Gad seit je in dem Lande wohnte, welches eigentlich rubenitisches Erbe war. Aber in der Chronik tauchen diese verschollenen Stämme — und zwar nicht bloss Levi, mit dem es ja eine besondere Bewandtnis hat, sondern auch Simeon und Ruben, die hier vorerst allein in betracht kommen — wieder auf und existiren als selbständige Zwölfteile Israels so gut wie Ephraim und Manasse durch die ganze Königszeit hindurch bis zur Zerstörung des Reichs durch die Assyrer[1]). Diametral widerspricht dies aller beglaubigten Tradition; denn dass es sich bloss um ein Jahrhunderte langes Fortbestehen einzelner simeonitischer und rubenitischer

[1]) Vergleiche für Ruben ausser I. 5, 1—10 noch 5, 18. 11, 42. 12, 37. 26, 32. 27, 16, für Simeon ausser I. 4, 24—43 noch 12, 25. II. 15, 9. 34, 6 und beachte, dass in den beiden letzten Stellen Simeon zum Nordreich gerechnet wird, damit die zehn Stämme voll werden.

Geschlechter innerhalb anderer Stämme handle, ist eine harmonistische Verlegenheitsannahme, und ebenso verbietet sich auch jede andere Abschwächung der Tatsache, dass jene untergegangenen und halb mythischen Tribus in der Chronik den übrigen ganz unterschiedslos an die Seite gesetzt werden. Der historische Wert, welcher durch diese Gleichstellung dem Ganzen genommen wird, kann nicht durch die scheinbar objektiven Einzelheiten wieder hergestellt werden. Oder sollen wirklich die Kriege der Simeoniten und Rubeniten gegen die Araber mehr zu bedeuten haben als die überall aus dem Ärmel geschüttelten Kriege der jüdischen Könige gegen diese Wüstenvölker? wenn nur wenigstens die Namen nicht wären, Söhne Hams und Meunäer und Hagarener (4, 40sq. 5, 10)! Was ferner die Geschlechtsregister und Stammbäume betrifft, sind sie deshalb historisch, weil ihre Elemente für uns undurchsichtig sind und unserer Kritik sich entziehen? Die Sprache lässt keineswegs vermuten, dass man hier Excerpte aus uralten Dokumenten vor sich hat (4, 33. 38. 41. 5, 1sq. 7. 9sq.), und Eigennamen, wie z. B. Eljoenai und andere (4, 35sq.), bestechen nicht durch altertümliches Aussehen.

Von den übrigen Stämmen, soweit sie zu Israel und nicht zu Juda gehören, kommen im Anschluss an Ruben zunächst die transjordanischen an die Reihe (5, 11—26). Sie seien verzeichnet in den Tagen Jothams von Juda und Jerobeams von Israel, wobei sich ihre Zahl auf 44 760 Krieger belaufen habe; sie seien zu Felde gezogen gegen die Hagarener Ituräer Naphisäer und Nabatäer und haben Sieg und viele Beute gewonnen, „denn zu Gott schrieen sie und er liess sich von ihnen erbitten weil sie auf ihn trauten“. Darnach aber seien sie abgefallen vom Gott ihrer Väter und zur Strafe durch Phul und Tiglathpileser nach Armenien geschleppt an den Chabor und an den Fluss Gozans. Abgesehen von der spätjüdischen Sprache im erbaulichen Tone und von der Aufzählung Ruben Gad und halb Manasse sind hier die wunderlichen und höchst dubiosen Koordinationen bezeichnend: Phul und Thiglathpileser, Chabor und der Fluss Gozans sind schwerlich von einander verschieden, Jotham und Jerobeam dagegen ein so unmöglicher Synchronismus, dass die Advokaten der Chronik behaupten, es solle gar keiner sein; freilich ohne an Os. 1, 2 zu denken und ohne anzugeben, was dann Jotham von Juda hier sonst überhaupt zu tun habe. Auch die Hagarener und Ituräer, statt etwa der

Moabiter und Ammoniter, geben zu denken, desgleichen die geographischen Angaben, dass Gad in Basan und Manasse am und im Libanon gewohnt habe. Was aber die Eigennamen der Geschlechter und Häupter betrifft, so entziehen sie sich allerdings unserer Beurteilung; jedoch sind die Ausdrücke des Schemas, worin sie stehen (ansche schemoth rasche l'beth abotham, migrasch, jaches) dem Priesterkodex und der Chronik eigen, und neben alten und anderweit bezeugten Elementen kommen andere sehr neuen Gepräges vor, z. B. 5, 24 Eliel Azriel Hoduja Jahdiel.

Die galiläischen Stämme nehmen in der Einleitung keine bedeutende Stelle ein, aber in der übrigen Chronik treten sie günstig hervor, namentlich I 12, 32—34. 40 und II 30, 10. 11. 18: es liegt nahe, besonders bei der letzteren Stelle, an die spätere Judaisirung Galiläas zu denken. In Issachar soll es zur Zeit Davids 87 000 Mann gegeben haben (misparam l'tholedotham l'beth abotham 7, 1—5), aus Zebulon und Naphthali sollen wiederum genau 87 000 Mann zu David nach Hebron gekommen sein, um ihn zu salben und sich drei Tage bewirten zu lassen; doch heisst es vorsorglich 12, 40, sie brachten die Lebensmittel selber mit. — Der eigentliche Kern Israels, Ephraim und Manasse, ist 7, 14—29 im vergleich zu Simeon Ruben Gad Issachar Aser sehr stiefmütterlich behandelt — ein sehr verdächtiges Zeichen. Das Verzeichnis der manassitischen Geschlechter ist eine künstliche Neukomposition aus irgendwo aufgelesenen verwitterten Elementen; Maacha, welche vielleicht mit Molecheth gleichbedeutend ist, gilt sowohl als Weib wie als Schwester Machirs, gehört aber als Gileaditin (Beth-Maacha) gar nicht hierher, da vom cisjordanischen Manasse die Rede ist: zur Ausfüllung der Lücken wird kein Material verschmäht. Bei Ephraim ist bloss eine lange und dünne Genealogie gegeben, die v. 20. 21 beginnend und v. 25 sich fortsetzend, immer die gleichen Namen (Thachath Thachan 1. Sam. 1, 1, Elada Ladan, Schuthelah Thelah) wiederholt und schliesslich ihr Ziel und Ende mit Josua erreicht, von dem die älteren Quellen nur den Vater Nun kennen. In die Genealogie hinein hat sich eine wunderliche Nachricht über die Tötung der Söhne Ephraims durch die Männer von Gath (1. Sam. 4?) eingedrängt, die (wie 8, 6. 7) nach der herrschenden Meinung uralt sein soll. Doch soll auch die Notiz 4, 9 uralt sein, während sie sich offenbar auf das

Aufblühen der Schriftgelehrtenschulen bezieht, welche sich nach 2, 55 zu Jabes befanden.

Überall wird vorausgesetzt, dass Israel während der ganzen Königszeit nach den zwölf Stämmen organisirt gewesen sei (Kap. 2—9. Kap. 12. Kap. 27); bekanntlich ist diese Voraussetzung grundfalsch, wie z. B. aus 1. Reg. 4 zu erkennen. Ferner wird die statistische Neigung des späteren Judaismus auf die ältere Zeit übertragen, der Aufnahmen und Zählungen aufs äusserste zuwider waren. Unter David sollen trotz 2. Sam. 24 wieder und wieder Zählungen sowohl des geistlichen als der weltlichen Stämme vorgekommen sein; ebenso unter seinen Nachfolgern, wie teils ausdrücklich angegeben wird, teils aus den genauen Angaben über die kriegsfähige Mannschaft zu schliessen ist; immer ergeben sich dabei die ungeheuerlichsten Ziffern, die doch urkundlich und rechnungsmässig sein sollen. Wir haben es also bei den statistischen Verzeichnissen der Chronik, sofern sie sich auf das vorexilische Altertum beziehen, mit künstlichen Kompositionen zu tun. Es mag sein und ist mitunter nachweislich, dass dabei einzelne Elemente benutzt sind, die auf Überlieferung beruhen. Sicher eben so viele sind aber auch erdichtet, und die Verbindung der Elemente, auf die es vor allem ankommt, stammt, wie Form und Inhalt zeigen, aus spätester Zeit. Wer hier geschichtliche Erkenntnis über altisraelitische Verhältnisse sucht, muss sich darauf legen, das Gras wachsen zu hören.

2. Anders allerdings als mit den untergegangenen zehn Stämmen, von denen bisher die Rede war, steht es mit Juda und Benjamin und in gewisser Hinsicht mit Levi. Es lässt sich denken, dass hier eine lebendige ethno-genealogische Tradition die Gegenwart mit dem Altertum verbunden habe. Jedoch bei näherem Zusehen ergiebt sich, dass das meiste, was der Chronist hier mitteilt, auf die nachexilische Zeit sich bezieht, und dass die wenigen Fragmente, die höher hinaufweisen, einem Zusammenhange eingearbeitet sind, der im ganzen sehr jungen Datums ist. Am stärksten fällt es auf, dass das Verzeichnis der zu Jerusalem wohnenden Häupter des Volkes 9, 4—17 einfach mit Neh. 11, 3—19 identisch ist. Man erwartet an dieser Stelle, zur Einleitung der Königsgeschichte Kap. 10 sqq., keineswegs über die Verhältnisse der Gemeinde des zweiten Tempels etwas zu hören; aber unser Verfasser glaubt dadurch auch über die Verhältnisse des

alten Jerusalems aufzuklären; von David zu Nehemia ist für ihn kein Sprung, er weiss von keinem Unterschied der Zeiten. Auch für Kap. 8, wo eine ausführliche Aufzählung der benjaminitischen Familien gegeben wird mit besonderer Rücksicht auf die in der Hauptstadt sesshaften, hat Bertheau die nachexilische Beziehung nachgewiesen; interessant ist es, dass es im späteren Jerusalem eine ausgebreitete Familie gab, welche von Saul abstammen wollte und ihre Ansprüche durch einen langen Stammbaum begründete 8, 33—40[1]). Ohne Zweifel wird auf diese Weise für das hohe Alter des anderen Verzeichnisses der Benjaminiten (7, 6—11) kein allzu günstiges Vorurteil erweckt; um übrigens an dem angeblichen Zurückgehen desselben auf verblichene Urkunden zu zweifeln, braucht man nur auf die echt jüdischen Termini in den Versen 7. 9. 11, auf Eigennamen wie Eljoenai und auf die hier nicht leicht abtrennbaren, sondern sehr zur Sache gehörigen Zahlangaben (22034+20200+17200, zusammen 59434 Kriegsmänner) acht zu geben.

Am meisten historischen Wert haben die auf den Stamm Juda bezüglichen Register (2, 1—4, 23). Doch muss man den Stammbaum der Davididen Kap. 3 ausnehmen, der nur von Zerubabel abwärts Interesse hat, sonst aber eine äusserst liederliche Zusammenstellung des auch uns noch aus den älteren kanonischen Geschichtsbüchern und aus Jeremias zugänglichen Materials enthält. Die ersten vier der in Jerusalem geborenen Söhne Davids sollen nach 3, 5 alle von der Bathseba stammen, die anderen sieben werden durch ein Textversehen, welches auch in der Septuaginta 2. Sam. 5, 16 vorliegt, auf neun erhöht. Bei den Söhnen Josias (3, 15 sq.) wird Johanan d. i. Joahaz von Sallum (Hier. 22, 11) unterschieden und, weil er zuerst seinem Vater folgte, zum Erstgeborenen gemacht, während in Wahrheit Jojakim älter war (2. Reg. 23, 36. 31); Sedekia, Jojakims Bruder, wird für den Sohn Jechonias, des Sohnes Jojakims, ausgegeben, weil er der Nachfolger Jechonias, des Nachfolgers Jojakims, war. Ähnliche Dinge kommen auch im Buche Daniel vor, man erkennt sie nicht an, weil man in der Weise von Iobs Freunden für Gott Partei nehmen zu müssen meint. Wer Augen hat zu sehen, kann nur den beiden grossen jüdischen Geschlechtslisten in Kap. 2 und Kap. 4

[1]) = 9, 35—44, was vielleicht die spätere Einschaltung von 9, 1—34 beweist.

höheren Wert zugestehen. Doch finden sich auch hier die ungleichartigsten Elemente zusammengewürfelt und die Spreu mit dem Waizen vermischt [1]).

Das 2. Kapitel ist abgesehen von der Einleitung v. 1—8 ein Verzeichnis der Bne Hesron, einer Tribus, die zur Zeit Davids noch gar nicht völlig mit Juda verschmolzen war, aber schon damals die eigentliche Kraft dieses Stammes ausmachte und später völlig damit verschmolz. Aus der übrigen Umgebung tritt folgendes Schema hervor. „Die Bne Hesron sind Jerahmeel und Kelubai (Kaleb) (v. 9). Und die Bne Jerahmeel, des Erstgeborenen Hesrons, waren (v. 25) . . . Das waren die Bne Jerahmeel (v. 33). Und die Bne Kaleb des Bruders Jerahmeel waren (v. 42) . . . Das waren die Bne Kaleb (v. 50init.).“ Was in dieser Weise formell begrenzt und zusammengehalten wird (vgl. in letzterer Beziehung „Jerahmeel der Erstgeborene Hesrons“, „Kaleb der Bruder Jerahmeels“), zeichnet sich auch inhaltlich gegenüber allem anderen aus. Es ist der Kern des Ganzen und bezieht sich auf die vorexilische Zeit. Schon das ungewöhnliche et fuerunt (v. 25. 33. 50) leitet darauf hin, ausserdem bei Kaleb die positive Tatsache, dass die Städte v. 42—49 alle bei Hebron und im Negeb Juda liegen, wo nach dem Exil die Idumäer wohnten, und bei Jerahmeel der negative Umstand, dass hier überhaupt keine Städte unter den Geschlechtern erwähnt werden, vielleicht mit Ausnahme von Molad (v. 29), wodurch man in den tiefsten Süden gewiesen würde. Dieser Kern ist nun durch eine Reihe nachexilischer Zusätze erweitert. Zuerst findet sich bei Jerahmeel ein Anhang v. 34—41, der nicht ethnologischer, sondern rein genealogischer Natur ist und einen funfzehngliedrigen Stammbaum offenbar bis nahe zur Gegenwart des Chronisten herabführt, der ausserdem nur in scheinbarer Verbindung mit dem Vorhergehenden steht (vergl. v. 34 mit v. 31) und regelmässig die Hiphilform holid gebraucht, die v. 25—33 nie und v. 42—50 nur sporadisch vorkommt, an drei Stellen, die späterer Redaktion verdächtig sind. Ungleich wichtiger sind jedoch die Nachträge zu Kaleb, von denen sich der eine Teil vorgedrängt v. 18—24, der andere dazu gehörige aber passender an den Schluss gehängt hat v. 50—55 (anfangend mit: „und die Söhne Hurs, des Erstgeborenen der Ephrath“, Kalebs

[1]) Für alles Nähere verweise ich auf meine Dissertation De gentibus et familiis Judaeis. Gotting. 1870.

zweiter Frau v. 19). Hier erscheint Kaleb nicht mehr im tiefen Süden Judas und in der Nähe Jerahmeels (1. Sam. 25, 3. 27, 10. 30, 14. 29), wo er vor dem Exil gesessen hat, sondern seine Geschlechter, die allesamt von seinem Sohne Hur abstammen, bevölkern Bethlehem Kiriathjearim Sor'a Esthaol und andere im Norden belegene und in den Büchern Esdrae und Nehemiae viel genannte Städte. Die Kalibbäer haben also in folge des Exils ihre alten Wohnsitze verlassen und nach der Rückkehr andere eingenommen; diese Tatsache wird v. 19 so ausgedrückt, dem Kaleb sei sein erstes Weib Azuba bath Jerioth (Deserta filia Nomadum) verstorben und da habe er ein zweites genommen, die Ephrath, mit der er den Hur zeugte — Ephrath ist der Name der Landschaft, wo Bethlehem und Kiriathjearim liegen, und eigentlich eine blosse Nebenform von Ephraim, wie der Name Ephrati beweist. Ausser diesen Zusätzen zu Jerahmeel und Kaleb ist noch die Genealogie Davids hinzugekommen (v. 10—17). Das Buch Samuelis weiss nur von seinem Vater Isai, während dagegen Sauls Geschlecht höher hinauf verfolgt wird und kein Grund war dies bei David zu unterlassen, wenn die Mittel zu gebote standen. Hier aber wird wie im Buche Ruth über Isai Obed Boaz auf Salma zurückgegangen. Salma ist der Vater Bethlehems (2, 54), daher der Vater Davids. Aber Salma ist der Vater Bethlehems und benachbarter ganzer und halber Städte nach dem Exil; er gehört zu Kaleb Abi Hur[1]). Wenn nun irgend etwas gewiss ist, so ist es das, dass in der alten Zeit die Kalibbäer im Süden und nicht im Norden Judas wohnten und dass insonderheit David durch seine Geburt nicht zu ihnen, sondern vielmehr zu dem älteren Teile Judas gehörte, der gegen das eigentliche Israel zu gravitirte und mit Benjamin in nächster Verbindung stand. Von den drei ersten Gliedern der Genealogie sind Nahson und Amminadab die Fürsten Judas im Priesterkodex, die passend als die Ahnen ihrer Nachfolger angesehen werden; Ram aber ist der Erst-

[1]) Im Targum werden die mit Kaleb verwandten Keniter als Salmaner (Σαλσμιοι, Σαλμηνοι bei Steph. Byz.) bezeichnet, der Name kommt auch im Hohen Liede vor (1, 5: die Zelte von Kedar, die Decken von Salma), und mit den Nabatäern verbunden öfters auf den nabatäischen Inschriften (ed. Euting, 2, 7. 4, 4. 9, 3). Unter den Nehem. 7, 46—60 aufgezählten Familien der Nathinäer kommen auch die Bne Salma vor, neben mehreren anderen Namen, die deutlich den nichtisraelitischen und ausländischen (Ezech. 44) Ursprung dieser Tempelsklaven erkennen lassen, z. B. v. 48. 52. 53. 55. 57.

geborene des Erstgeborenen Hesrons (v. 25) und auch durch die Bedeutung seines Namens (der Hohe) wie Abram zum Ausgangspunkt der fürstlichen Linie geeignet.

Während man also in Kap. 2 in der Tat auf einen alten und notwendig auf gute Tradition zurückgehenden Kern stösst, der freilich nur um der späteren Zusätze willen erhalten zu sein scheint, so charakterisirt sich das 4, 1—23 enthaltene ganz unabhängige und parallele Verzeichnis durch viele und deutliche Zeichen für jeden Sachverständigen als eine späte und auf nachexilische Verhältnisse abzweckende Komposition, worin vielleicht einzelne ältere Elemente aufgenommen sein mögen, die aber nicht mit irgend welcher Sicherheit zu erkennen sind[1]).

Am ausführlichsten wird selbstverständlich Levi behandelt (I 5, 27—6, 66. 9, 10sqq. Kap. 15sq. Kap. 23—27 u. s. w.). Wir wissen, dass dieser geistliche Stamm ein Kunstprodukt ist und seine hierarchische Gliederung, wie sie im Priesterkodex ausgebildet vorliegt, die Folge der Centralisation des Kultus in Jerusalem. Ferner ist oben nachgewiesen, dass in der Geschichtsschreibung der Chronik das Streben am auffallendsten ist, die Aharoniden und Leviten überall da, wo sie in den älteren historischen Büchern des Kanons vermisst werden, diejenige Rolle spielen zu lassen, auf welche sie nach dem Priesterkodex Anspruch haben. Wie unmittelbar an dieses Gesetz angeknüpft wird, wie die Chronik in gewisser Hinsicht dasselbe fortbildet, ersieht man z. B. daraus, dass dort Moses (Num. 4, 3sqq. 8, 23sqq.) den Anfang des Dienstalters der Leviten von 30 Jahren in einer Novelle auf 25 Jahre, hier David (1. Chron. 23, 3. 24) von 30 Jahren noch weiter auf 20 Jahre herabsetzt; die Dinge sind noch einigermaassen im Fluss, und die Ordnung des Tempelkultus durch David setzt die Gründung des Gottesdienstes der Stiftshütte durch Moses fort. Sofern nun die Statistik des Klerus auf Wirklichkeit zurückgeht, ist diese Wirklichkeit nachexilisch. Es ist längst aufgefallen, wie viele der unter David und seinen Nachfolgern auftretenden Personen (z. B.

[1]) Peres Hesron Karmi Hur Schobal 4, 1 ist eine genealogische absteigende Reihe: man muss also notwendig Kelubai lesen statt Karmi, um so notwendiger, da in der folgenden Ausfüllung Kelub und nicht Karmi an dritter Stelle erscheint; denn diese, von unten aufsteigend, handelt zunächst von Schobal (v. 2), sodann (v. 3—10) von Hur, der zu As-hur in demselben Verhältnis steht wie Tob zu Is-tob, zu dritt (v. 11—15) von Kelub oder Kaleb.

Asaph Heman Jeduthun) mit Familien oder Innungen der späteren Zeit gleichnamig sind, wie sogar beides beständig in einander fliesst und man häufig schwankt, ob mit dem Ausdruck Haupt ein einzelner oder ein Geschlecht gemeint ist. Aber da der Chronist doch nicht seine eigene, sondern die alte Zeit schildern will, so hält er sich keineswegs streng an die Statistik der Gegenwart, sondern lässt zugleich seiner Phantasie freien Raum: daher kommt es, dass man trotz der zahlreichen und scheinbar genauen Angaben sich dennoch von der Organisation des Klerus, der Ordnung der Familien und Geschlechter, der Verteilung der Ämter durchaus kein Bild machen kann, vielmehr sich in einem Wirrwarr von Widersprüchen verwickelt findet. Obed-edom Jeduthun Salomith Korah stehen in den verschiedensten Verbindungen, gehören bald zu dieser bald zu jener levitischen Abteilung und bekleiden bald das bald jenes Amt. Natürlich sind die Ausleger schnell bei der Hand, gleiche Namen zu unterscheiden und ungleiche zu verselbigen.

Einige charakteristische Einzelheiten mögen hier noch eine Stelle finden. Die Namen der sechs Levitenklassen Giddalthi V'romamthi-Ezer Joschebkascha Mallothi Hothir Mahazioth sind nach 25, 4 die zerstückten Glieder eines zusammenhangenden Satzes: ich habe gross | und herrlich gemacht | die Hülfe dessen |, der in Not sass, | habe Weissagungen | geredet in Fülle. Der Wächter oder Sänger Obed-edom, der zur Zeit Davids und Amasias fungirt haben soll, ist kein anderer als der Hauptmann, dem David drei Monate lang die Obhut der Lade anvertraute, ein Philister von Gath. In höchst durchsichtiger Weise sind die Stammbäume der Sänger komponirt, namentlich der des Heman (1. Chr. 6, 7—12 = v. 18—23). Ausser Exod. 6, 16—19 sind vorzugsweise dabei die Angaben über Samuels Familie (1. Sam. 1, 1. 8, 2) benutzt, der weil ihn seine Mutter zum Dienste am Heiligtum weihte, natürlich levitischer Abstammung gewesen sein muss. Heman ist der Sohn Joels ben Samuel b. Elkana b. Jeroham b. Eliab b. Thahath b. Suph — nur wird nicht wie 1. Sam. 1, 1 (Sept.) mit Ephraim geschlossen, weil ja auf Levi gekommen werden soll; aber Suph ist eine ephraimitische Landschaft und Thahath (Thohu Thoah Thahan Nahath) ein ephraimitisches Geschlecht (7, 20). Weiter hinauf wiederholen sich die gleichen Elemente vereinzelt noch öfters, Elkana im ganzen viermal: einmal kommt er schon Exod. 6, 24 vor, ohne Zweifel auch hier aus 1. Sam. 1 entlehnt. Das Schönste ist, dass, entgegen der Absicht der 1. Chron. 6 mitgeteilten Genealogien, wodurch die Sängerinnungen als Leviten erwiesen werden, sich daneben (2, 6) die Notiz findet, Heman und Ethan stammen von Zerah b. Peres b. Juda ab. Die Ausleger in ihrem Bemühen, die Homonyme zu differenziren, werden zwar begünstigt durch ihre Unkenntnis des Umstandes, dass noch z. Z. Nehemias die Sänger nicht für Leviten gelten, scheitern aber daran, dass nicht bloss die Söhne, sondern auch die Väter gleichnamig sind (Ps. 88, 1. 89, 1. Ewald III 380sq.). Historisch stammen natürlich diese Musiker des zweiten Tempels weder von Levi noch von den Söhnen Machols (1. Reg. 5, 11) ab, aber von den letzteren haben sie in der Tat wenigstens ihre Namen hergenommen. Allenthalben finden sich solche künstliche Namen bei den Leviten. Einer heisst Issachar; man würde sich nicht wundern, einem Naphthali Hirsch oder Juda ben Jakob zu begegnen. Jeduthun ist eigentlich Bezeichnung einer Singweise (Ps. 39, 1. 62, 1. 77, 1), daher denn auch eines darauf eingeübten Chores. Besonders interessant sind einige heidnische Namen, z. B. Henadad (Gnadengabe Hadads) und mehrere andere, die ursprünglich bei den Hierodulen (Neh. 7, 46sqq.) heimisch, ohne Zweifel aber mit diesen hinterher zu den Leviten übergegangen sind.

Mit den Priestern, deren so manche aus allen Zeiten der israelitischen Geschichte namhaft gemacht werden, steht es, soweit sie nicht aus den Büchern Samuelis und der Könige entlehnt sind, nicht besser als mit den niederen Leviten. Insbesondere sind die 24 Priesterklassen keine Einrichtung des Königs David, sondern der nachexilischen Zeit. Wenn Hitzig zu Ezech. 8, 16 bemerkt, dass die 25 Männer, welche zwischen dem Tempel und dem Altar stehend ihr Gesicht gen Osten wenden und die Sonne anbeten, die Vorsteher der 24 Priesterklassen mit dem Hohenpriester an der Spitze gewesen seien (weil nämlich niemand anders das Recht gehabt zwischen Tempel und Altar im inneren Vorhof zu stehen), so ist das für ihn selber und für die ganze weiland historisch-kritische Schule charakteristisch, die ihren Scharfsinn immer von Fall zu Fall anstrengte, aber sich nicht Zeit liess über die Sachen im Zusammenhang nachzudenken, vielmehr einfach die Gesamtanschauung der Tradition beibehielt und sich nur zum Vergnügen eine Menge Ketzereien erlaubte. Es ist beinah nicht möglich anzunehmen, dass Hitzig, als er Ezech. 8 kommentirte, die Stellen Ezech. 43, 7sq. 44, 6sqq. gelesen hatte, aus denen auf das unzweideutigste hervorgeht, dass der vorexilischen Zeit die nachmalige Absperrung des Heiligen für die Laien völlig unbekannt war. Wie viel die Chronik über die vorexilische Priesterschaft wusste, verrät am deutlichsten das Verzeichnis der 22 Hohenpriester I 5, 29—41. Vom 9. bis 18. Gliede lautet die Reihe: Amaria Ahitub Sadok Ahimaas Azaria Johanan Azaria Amaria Ahitub Sadok. Was die ersten fünf angeht, so war Azaria nicht der Sohn, sondern der Bruder des Ahimaas und letzterer dem Anschein nach nicht Priester (1. Reg. 4, 2); Ahitub aber der angebliche Vater Sadoks war vielmehr der Grossvater von dessen Rivalen Abiathar aus der Familie Eli (1. Sam. 14, 3. 22, 20): die ganze altberühmte Linie Eli, Pinehas Ahitub Ahimelech Abiathar, welche seit den Tagen der Richter und noch unter David das Priestertum der Lade inne hatte, wird totgeschwiegen, und die erst unter Salomo (1. Reg. 2, 35) an stelle jener getretene Linie Sadok als die seit Moses im Besitz des vornehmsten Priestertums befindliche dargestellt. Was ferner die vier letzten Namen der oben aufgezählten Liste betrifft, so wiederholen sie einfach die früheren. Im Buch der Könige kommen Azaria II Amaria Ahitub Sadok nicht vor, dagegen aber gleichzeitige andere Hohepriester, Jojada und Uria, die im Verzeichnis der Chronik fehlen. Gleichwohl kann das letztere nicht für lückenhaft erklärt werden. Denn in der jüdischen Chronologie wird die alte Geschichte in zwei 480jährige Perioden eingeteilt, deren eine vom Auszuge aus Ägypten bis zum Tempelbau und die andere von da bis zur Gründung der zweiten Theokratie läuft. Nun sind 480 Jahre 12 vierzigjährige Generationen; und 1. Chron. 5 werden 12 Hohepriester auf die tempellose Zeit gerechnet (v. 36b hinter v. 35a), von da aber noch 11 bis aufs Exil, d. h. inclusive des Exils 12 Generationen. Man kann also nicht umhin über den historischen Wert der Genealogie 5, 29—41 den Stab zu brechen. Wusste aber die Chronik von den Priesterfürsten der älteren Zeit nichts, so ist ihren Angaben über die gewöhnlichen Priester erst recht nicht zu trauen.

3. Von einer Tradition aus vorexilischer Zeit kann also in der Chronik nicht die Rede sein, weder in I. 1—9 noch in

I. 10 — II. 36. Schon im Jahre 1806 hatte dies der damals 26 jährige de Wette bündig dargetan. Aber seitdem hat sich mancher theologische Sisyphus bemüht, den Stein auf halbe oder ganze Höhe wieder bergauf zu wälzen, mit besonderem Erfolge namentlich der dem nüchternen evangelischen Kritiker an Geist scheinbar überlegene Movers. Dieser Gelehrte verwirrte die Frage nach dem historischen Wert der für uns kontrolirbaren Nachrichten der Chronik mit der nach den mutmaasslichen Quellen ihrer Abweichungen von den älteren kanonischen Geschichtsbüchern. Vergebens hatte de Wette im voraus gegen ein solches Verfahren protestirt: es sei möglich und zuzugeben, dass die Chronik, wo sie variire oder widerspreche, älteren Vorgängern folge, aber die Frage bleibe nach wie vor die gleiche, auf welche Weise sich die totale Verschiedenheit der Gesamtanschauung und die Menge der partiellen Differenzen erkläre; die Quellenhypothese, wie sie vor Movers von Eichhorn vertreten war, helfe zur Entscheidung dieser Frage nichts, man müsse eben doch bei der kritischen Vergleichung der beiden Relationen und der Prüfung ihres geschichtlichen Charakters sich halten an das was vorliege (Beiträge I. p. 24. 29. 38). Solche Grundsätze waren einer geistreichen Zeit zu simpel; Movers imponirte, zumal da er nicht so naiv war, sich auf authentische Urkunden wie den Brief Hirams und Elias zu berufen, sondern sehr kritisch verfuhr. Gegenwärtig erkennt natürlich auch Dillmann (Herzogs RE. II[1] p. 693. III[2] p. 223) an, „dass der Chronist überall nach Quellen gearbeitet hat und von absichtlicher Erdichtung oder Entstellung der Geschichte bei ihm keine Rede sein kann“. Und von der Höhe der Wissenschaft herab sieht der Verfasser des 5. Teiles des biblischen Kommentars über das A. T. mitleidig auf K. H. Graf herab, „der so weit hinter dem gegenwärtigen Standpunkt der ATlichen Forschung zurückgeblieben ist, dass er die de Wette'schen Ansichten zu repristiniren versucht hat“; ja um die Chronik völlig auf eigene Füsse und den Büchern Samuelis und der Könige gleich zu stellen, leugnet er überhaupt ihre Abhängigkeit von denselben und lässt sie auch da, wo sie wörtlich daraus abschreibt, anderweitige selbständige Quellen benutzen: eine unnötige Übertreibung der Wissenschaftlichkeit, denn z. B. das Gebet Salomos und die Regesten hat doch der Verfasser des Buchs der Könige selber geschrieben, der Chronist kann sie also, direkt oder indirekt, nur aus seinem Werke haben.

Hiegegen kann man nur wiederholen was de Wette gesagt hat. Es kann sein, dass die Chronik nicht lediglich auf eigene Rechnung und Gefahr, sondern auf grund schriftlicher Vorlagen ein von der echten Tradition in Farbe und Zeichnung so ganz abweichendes Bild des alten Israel entwirft. Dadurch verändert sich aber ihr geschichtlicher Charakter nicht um ein Haar, sie teilt ihn nun bloss mit ihren s. g. Quellen. Das 2. Makkabäerbuch und eine Menge ähnlicher Schriften haben auch Quellen benutzt, was hilft das zur Verbesserung des Wertes ihrer Mitteilungen? Der muss doch aus dem Inhalt derselben erkannt werden, welcher nicht nach den verloren gegangenen primären, sondern nur nach den erhaltenen sekundären literarischen Produkten beurteilt werden kann. Auf die Prüfung des historischen Gehaltes läuft mithin alles hinaus — wir haben schon gesehen, zu welchen Ergebnissen diese führt. Die Änderungen und Supplemente der Chronik fliessen schliesslich alle aus dem selben Brunnen: es ist die Judaisirung der Vergangenheit, in welcher sonst die Epigonen ihr Ideal nicht wieder erkennen konnten. Das Gesetz und die Hierokratie, und der deus ex machina als einzig wirksamer Faktor der heiligen Geschichte sind nicht in der Überlieferung vorgefunden, sondern sie sind darin vermisst worden und darum hinzugesetzt. Wenn die Auslassungen aus „dem Plane" erklärt werden, warum nicht aus der gleichen Rücksicht die Zutaten? Die Entrüstung, mit der sich Ewald (Jahrbb. X 361) über die Ansicht äussert, dass die Gefangenschaft Manasses auf jüdischer Dogmatik beruhe, „sie sei ein verzweifelt schlechter Gedanke und zugleich ein grosses Unrecht gegen die biblische Chronik", erinnert an Bernhard Schäfers denkwürdiges Wort über den Prediger Salomo, dass Gott der Herr keinen Lügner brauche, um ein kanonisches Buch zu schreiben. Was sagt denn Ewald zu den Erzählungen im Daniel oder im Jona? Warum muss die Umdichtung der Geschichte Manasses anders beurteilt werden, als die der Geschichte des Ahaz, die eben so dreist ist, und als die übrigen p. 203 sqq. aufgeführten analogen Beispiele? Mit welchem Rechte gilt überhaupt der Chronist, nachdem ihm so und so oft die Unglaubwürdigkeit nachgewiesen ist, in einem beliebigen Einzelfalle immer wieder für einen unverdächtigen Erzähler? Mindestens da, wo die Beziehung zum „Plane" deutlich ist, sollte man doch seinem Zeugnisse gegenüber mistrauisch sein; man sollte aber zugleich bedenken, dass solche Beziehungen viel häufiger vorkommen werden als sie für uns, namentlich für die Blinden unter uns, erkennbar sind. Es ist ja möglich, dass sich irgend ein gutes Korn unter der Spreu befände, aber gewissenhafter weise muss man von der Möglichkeit der Ausnahme absehen und der Wahrscheinlichkeit der Regel die Ehre geben. Denn in dem Ausheben einer gesunden Einzelheit aus einem inficirten Ganzen täuscht man sich gar zu leicht. Zu 2. Sam. 5, 9: und David wohnte in der Burg und nannte sie die Stadt Davids und baute sie rings von der Mauerböschung nach innen zu — findet sich 1. Chr. 11, 8 der Zusatz: Joab aber stellte den Rest der Stadt (Jerusalem) wieder her. Die Notiz sieht unverdächtig aus und findet allgemeinen Glauben. Aber das Wort חיה statt בנה beweist ihre Jugend, und bei näherer Überlegung findet man auch, dass die Neustadt erst nach David entstanden ist, mithin nicht von Joab wieder aufgebaut werden konnte; das Interesse für den letzteren erklärt sich aus Neh. 7, 11. Vielfach pflegt man solche Angaben anzusehen als aus einem noch besseren Texte der Bücher Samuelis und der Könige geflossen, welcher der Chronik vorgelegen habe; und das ist jedenfalls die zulässigste Form, sie einzuführen. Aber die Textkritiker des exegetischen Handbuches sind dem Chronisten nur allzu kongenial und greifen immer mit beiden Händen nach seinen Glasperlen und nach den verwandten Erscheinungen in der Septuaginta.

Zuzugestehen ist, dass die Chronik nicht der Willkür eines einzelnen, sondern einer allgemeinen Zeitrichtung ihre Entstehung verdankt. Sie ist das notwendige Produkt der Überzeugung, dass das mosaische Gesetz der Ausgangspunkt der israelitischen Geschichte sei und dass in ihr ein aller Analogie entnommenes heiliges Kräftespiel wirke; diese Überzeugung musste zu einer völligen Umgestaltung der alten Tradition führen. Von gleicher Voraussetzung ausgehend könnte ein Mann wie C. F. Keil noch heute die Chronik schreiben, wenn sie nicht schon vorhanden wäre. In dieser Hinsicht nun, um die Chronik als den Typus der Geschichtsauffassung der Schriftgelehrten zu würdigen, ist die Frage nach ihren „Quellen“ in der Tat wichtig und interessant. Verweisungen auf anderweitige Schriften, aus denen man sich des näheren unterrichten könne, folgen in der Regel am Schlusse der Regierung jedes Königs, ausgenommen Joram Ahazia Athalia Amon Joahaz

Jojachin Sedekia. Die dabei angegebenen Titel lassen sich in zwei Gruppen bringen: a) das Buch der Könige von Israel und Juda oder von Juda und Israel (bei Asa Amasia Jotham Ahaz Josia und Jojakim), womit das Buch der Könige von Israel (Josaphat Manasse vgl. I 9, 1) identisch ist, da es sich ja nur um Juda handelt; b) die Worte Samuels des Sehers, Nathans des Propheten und Gads des Spähers (David I 29, 29 vgl. 27, 24. Sir. 46, 13. 47, 1), die Worte Nathans des Propheten, die Prophetie Ahias von Silo und das Gesicht Iddos des Spähers über Jerobeam ben Nebat (Salomo II 9, 29), die Worte Semaias des Propheten und Iddos des Spähers (Rehabeam 12, 15), die Worte Jehus ben Hanani, welche ins Buch der Könige von Israel übertragen sind (Josaphat 20, 34), eine Schrift Jesaias des Propheten (Uzzia 26, 22), näher bezeichnet als das Gesicht des Propheten Jesaia ben Amos in dem Buche der Könige von Juda und Israel (Hizkia 32, 32), die Worte der Seher in den Geschichten der Könige Israels (Manasse 33, 18 vgl. auch v. 19). Nach Movers Vorgange haben Bertheau und andere die Richtigkeit der alten Annahme z. B. Carpzovs erwiesen, dass mit diesen verschiedenartigen Citaten immer nur ein und das selbe Buch bezeichnet ist, entweder nach seinem Gesamttitel oder nach den konventionellen Einzeltiteln seiner Abschnitte[1]. Bertheau macht darauf aufmerksam, dass für gewöhnlich entweder die eine oder die andere Verweisung vorkomme, und, wenn ausnahmsweise zwei zugleich, dann regelmässig die prophetische Schrift als ein Stück aus dem Geschichtsbuche der Könige bezeichnet werde (20, 34. 32, 32 und ganz allgemein 33, 18). Die eigentümliche Benennung der einzelnen Abschnitte[2] — in einer Zeit, welche keine Kapitel und Verse kennt, — geht davon aus, dass jede Periode der heiligen Geschichte ihren leitenden Propheten hat (ἀκριβὴς τῶν προφητῶν διαδοχή contra Apion. 1, 41), sie involvirt aber wohl auch (nach 26, 22 trotz 9, 29. 12, 15. 13, 22 I 29, 29) die Meinung, dass jeder Prophet seine Periode selbst beschrieben habe. Offenbar ist

[1] Auch in den Büchern Esdrae und Nehemiae hat der Chronist nicht so viel Quellen benutzt als man annimmt. Die Klagelieder 2. Chron. 35, 25 nicht für unsere Klagelieder Hieremiae zu halten hat man keinen Grund; wenigstens kann die falsche Beziehung derselben auf den Tod Josias (Joseph. Ant. 10, 78) nicht als ein solcher gelten.

[2] Rom. 11, 2: ἐν Ἡλίᾳ τί λέγει ἡ γραφή; das heisst: wie steht in dem Abschnitte über Elias geschrieben?

dies der Grund des Namens prophetae priores, den die Bücher Josua Richter Samuelis und Könige im jüdischen Kanon tragen, und auch der Gesichtspunkt, aus dem die Übertragung von 2. Reg. 18sqq. in das Buch Jesaias zu beurteilen ist. Bei geringen historischen Ansprüchen wurde es leicht, für jeden Abschnitt den nötigen propheta eponymus zu finden. Jehu ben Hanani, ein Nordisraelit aus der Zeit Baesas, muss wie für Asa so noch für Josaphat herhalten. Iddo der Späher, der gegen Jerobeam ben Nebat geweissagt hat, ist der anonyme Prophet von 1. Reg. 13 (Jos. Ant. 8, 231. Hieron. zu Zachar. 1, 1); in der damaligen Zeit wusste man auch die Namen der Weiber Kains und der Urväter anzugeben.

Anlangend die nähere Bestimmung des der Chronik zu grunde liegenden Buches der Könige, so kann eine Zusammenarbeitung der Königsreihen von Israel und Juda erst nach dem Abschluss beider erfolgt sein, also erst im babylonischen Exil. Im babylonischen Exil ist nun das kanonische Buch der Könige wirklich entstanden, und dessen Verfasser hat zum ersten mal die Jahrbücher von Israel und die Jahrbücher von Juda zusammengearbeitet; wenigstens beruft er sich nur auf die getrennten Werke und kennt noch keine ältere Verschmelzung derselben. Es läge also am nächsten, die von der Chronik gemeinte Schrift für unser im Titel gleichlautendes und im Inhalt entsprechendes kanonisches Buch zu halten. Aber das geht nicht an, weil in jenem Dinge gestanden haben, von denen hier nichts zu finden ist, z. B. nach 1. Chron. 9, 1 eine Familien- und Zahlenstatistik des gesamten Israels in der Weise von 1. Chron. 1—9 — welche Kapitel zumeist daraus entnommen sein werden — und nach 2. Chron. 33, 19 das Gebet Manasses. Aus diesen beiden Angaben sowie auch aus der Art der übrigen mutmaasslich grossenteils aus dieser Quelle geflossenen Nachrichten muss man schliessen, dass das von der Chronik citirte Buch der Könige ein der wirklichen Tradition fern stehendes und spätes Machwerk ist, und sein Verhältnis zum kanonischen Buch der Könige so erklären, dass es eine apokryphe Aufputzung und Erweiterung desselben ist, nach der Weise der Behandlung der heiligen Geschichte durch die Schriftgelehrten. Diesem Schlusse aus dem Inhalt kommt nun ein wichtiges positives Datum zu Hilfe, nämlich die Anführung II. 24, 27: der Midrasch des Buchs der Könige und 13, 22: der Midrasch des Propheten Iddo. Ohne Zweifel hat Ewald Recht, hierin den wahren Titel der sonst einfach das Buch der Könige genannten Schrift zu erkennen. Nun versteht es sich zwar von selbst, dass die Ausleger behaupten, das Wort Midrasch, das nur an diesen beiden Stellen in die Bibel hineinragt, heisse hier etwas ganz anderes als was es sonst immer heisst — aber die wirkliche Bedeutung passt ausgezeichnet und wir stehen mit der Chronik mitten im Zeitalter der Schriftgelehrten inne (1. Chron. 2, 55). Der Midrasch ist die Folge der Heilighaltung der Reliquien der Vergangenheit, eine ganz eigene Wiedererweckung der toten Gebeine, auf künstlichem und zunächst auf schriftlichem Wege, wie die Vorliebe für Listen von Namen und Zahlen zeigt. Wie Efeu umgrünt derselbe den abgestorbenen Stamm mit fremdartigem Leben, Altes und Neues in sonderbarer Vereinigung mischend. Es ist Hochschätzung der Überlieferung, welche sich in ihrer Modernisirung äussert; aber dabei wird sie auf das willkürlichste umgedeutet, verrenkt und mit fremdartigen Zutaten versetzt. Im Zusammenhang mit dieser Widerspiegelung der Gegenwart im Altertum stehen sowohl Jona wie Daniel und eine Menge von Apokryphen (2. Macc. 2, 13); das Gebet des Manasse, das jetzt nur griechisch erhalten ist, scheint in der Tat, wie Ewald vermutet, direkt aus dem Buche entlehnt zu sein, welches 2. Chron. 33, 19 angeführt wird. In dieser Sphäre, in der das ganze Judentum sich bewegt, ist auch die Chronik entstanden. Ob man Chronik sagt oder Midrasch des Buchs der Könige, ist dabei ziemlich gleichgiltig, sie sind Kinder desselben Schoosses und nach Geist und Sprache auf keine Weise zu unterscheiden, während dagegen die wörtlich aus dem kanonischen Buche der Könige beibehaltenen Stücke in beider Hinsicht sofort auffallen.

Siebentes Kapitel.

Richter Samuelis und Könige.

In der an Unglücksfällen reichen Geschichte der hebräischen Literatur ist auch ein glückliches Ereignis zu verzeichnen. Die Chronik hat die ihr zu grunde liegenden Geschichtsbücher nicht verdrängt, sondern neben der jüngeren ist uns die ältere Darstellung erhalten. Jedoch auch in den Büchern der Richter Samuelis und der Könige liegt die Überlieferung nicht rein in ihrer ursprünglichen Fassung vor, sondern schon hier überwuchert von späteren Trieben. Neben einer älteren Relation hat sich eine neue gebildet, formell unabhängig und für sich verständlich, manchmal freilich dennoch sich vorhandenem Zusammenhange anschmiegend. Häufiger haben die neuen Säfte nicht einen ganzen Stamm aus der alten Wurzel noch auch einen ganzen Ast am alten Stamme hervorgetrieben, sondern nur parasitische Bildungen angesetzt; kleinere unselbständige Stücke sind einer älteren Erzählung angewachsen. Über das ganze Geschiebe der Tradition ist endlich gleichförmig ein letztes Sediment gelagert, welches die Gestalt der Oberfläche bedingt. Um dies letztere handelt es sich uns zuvörderst; seine Art festzustellen, die zeugenden Kräfte zu erkennen, die darin wirken. Darnach erst können wir versuchen, auch in der dahinter liegenden älteren Schichtung den Stimmungswechsel der Zeiten zu verfolgen.

I.

1. Zur Beurteilung der Richterperiode wird man durch folgendes Prooemium auf den richtigen Standpunkt gesetzt. „Nach dem Tode Josuas taten die Kinder Israel was böse ist vor Jahve und verliessen den Gott ihrer Väter, der sie aus Ägyptenland geführt hatte, und dienten den Göttern der Völker ringsum, den Baalen und Astarten. Und Jahves Zorn entbrannte über sie und er übergab sie in die Hand von Räubern, die sie ausraubten, und verkaufte sie in die Hand ihrer Feinde ringsum; bei all ihrem Unternehmen war Jahves Hand gegen sie zum Bösen, wie er geredet und wie er ihnen geschworen hatte; und sie kamen sehr in die Enge. Dann erweckte ihnen Jahve Richter und war mit dem

Richter und rettete sie aus der Hand ihrer Feinde alle Tage des Richters, weil er sich erweichen liess durch ihr Geschrei vor ihren Drängern und Peinigern. Wenn aber der Richter starb, trieben sie es wieder schlimmer als ihre Väter, fremden Göttern nachzuwandeln; sie blieben nicht zurück hinter deren Taten und ihrem verstockten Wandel, so dass Jahve über Israel ergrimmte" u. s. w. Jud. 2.

Das ist der Text, es folgen die Exempel. „Und die Kinder Israel taten was böse ist vor Jahve und vergassen Jahve ihren Gott und dienten den Baalen und Astarten, und Jahves Zorn entbrannte über Israel und er verkaufte sie in die Hand des Königs Kusan Risathaim von Aram und sie dienten ihm acht Jahre. Und die Kinder Israel schrien zu Jahve, und Jahve erweckte ihnen einen Helfer, Othniel ben Kenaz, und gab den König von Aram in seine Hand, und das Land hatte vierzig Jahre Ruhe, da starb Othniel ben Kenaz." Die gleichen Gesichtspunkte und auch ziemlich wörtlich die Ausdrücke, die bei Othniel das ganze Cadre ausfüllen, kehren bei Ehud Debora Gideon Jephthah und Simson wieder, bilden hier aber nur am Anfang und am Ende der Erzählungen einen Rahmen, um anderweitigen und reicheren Inhalt einzufassen; selten schwellen sie zu ausführlicheren Betrachtungen an, wie 6, 7. 10, 6. Auf diese Weise entsteht das regelmässige Fachwerk von Jud. 2—16. Es sind jedoch bloss die sechs grossen Richter die darin untergebracht sind; die sechs kleinen stehen ausserhalb und haben ein besonderes Schema für sich, sie werden erst nachträglich hinzugefügt sein, um die Zwölfzahl voll zu machen.

Es sind wenige und markante Züge, welche diese historische Methodik charakterisiren. Ein fortlaufende Chronologie reiht die Ruhezeiten und die Unterbrechungen an einander und sorgt für die Kontinuität der Periode. Um dieselbe richtig zu würdigen, muss man etwas über die Grenzen des Richterbuches hinausgehen. Der Schlüssel zu ihrem Verständnis liegt in 1. Reg. 6, 1: „im 480. Jahre des Auszugs der Kinder Israel aus Ägyptenland, im 4. Jahre der Regierung Salomos baute er das Haus Jahves". Wie Bertheau erkannt und Nöldeke weiter verfolgt hat, entsprechen diese 480 Jahre 12 Generationen zu je 40 Jahren. Analog werden 1. Chron. 5, 29—34 in diesem Zeitraum von Aharon bis Ahimaas 12 Hohepriester angenommen, nach deren Successionen man in der späteren Zeit die Geschlechterfolge auszumessen suchte (Num. 35, 28). Es ist nun allerdings nicht sofort klar, wie diese Gesamtsumme mit den Einzelposten in Harmonie zu bringen ist. Jedoch dass die Vierzig die Grundzahl der Rechnung sei, lassen auch die Einzelposten zur Genüge erkennen. Vierzig Jahr lang dauert der Wüstenzug, während des die ägyptische Generation ausstirbt; je 40 Jahre hat das Land Ruhe unter Othniel Debora und Gideon, 80 unter Ehud; 40 Jahre währt die Herrschaft der Philister, ebensolange die Herrschaft Davids. Nach der notwendigen Annahme, dass die Periode der Philister (Jud. 13, 1), die das gewöhnliche Maass der Fremdherrschaften weit überschreitet, sich mit der Elis (1. Sam. 4, 18) deckt und gleichermaassen die sich ergänzenden 20 Jahre Simsons (Jud. 16, 31) und 20 des Interregnums vor Samuel (1. Sam. 7, 2) umfasst, sind hiemit 8×40 Jahre untergebracht, und es bleiben noch 4×40. Davon müssen einmal die beiden Generationen bedacht werden, für die keine Zahlen angegeben sind, nämlich die Josuas und der ihn überlebenden Zeitgenossen (Jud. 2, 7), und die Samuel-Sauls, vermutlich jede mit den normalen 40, beide zusammen sicher mit 80 Jahren. Von den übrigen 80 wären hauptsächlich zu bestreiten die 71 Jahre der Interregna oder Fremdherrschaften und die 70 der kleinen Richter. Man sieht, diese beiden Abschnitte haben neben einander nicht Platz — es sind Äquivalente, die sich gegenseitig ausschliessen. Ich ziehe vor, die Interregna festzuhalten, weil gegenwärtig nur sie dem eigentlichen Schema des Richterbuches eingeordnet sind. Der noch verfügbare Rest von 9 oder 10 Jahren verteilt sich auf Jephthah mit 6 und auf Salomo (bis zum Tempelbau) mit 3 oder 4 Jahren, resp. wenn man die letzteren nicht mitrechnet, auf Abimelech mit 3 Jahren.

Aber die Hauptsache ist nicht die Chronologie, sondern die religiöse Verknüpfung der Begebenheiten. Beides hängt eng zusammen, formell, wie aus dem Schema zu ersehen, und auch durch eine innerliche Beziehung. Denn es handelt sich hier wie dort um Zusammenfassung grosser Zeiträume, um einen fortgesetzten Überblick über die Folge und die Verkettung der Geschlechter, wobei von dem näheren Inhalt der Ereignisse abgesehen wird; die geschichtlichen Faktoren mit denen der religiöse Pragmatismus rechnet, sind so gleichartig, dass die einzelnen Perioden in der Tat bloss mit Jahreszahlen ausgefüllt zu werden brauchen. Man wird an Satz Gegensatz und Vermittlung erinnert, wenn man sich den einförmigen Takt ins Ohr klingen lässt, nach dem hier die Geschichte fortschreitet oder sich im Kreise dreht. Abfall Drangsal Bekehrung Ruhe, Abfall Drangsal Bekehrung Ruhe. Die einzigen Subjekte aller Aussagen sind Jahve und Israel, ihr Verhältnis allein ist es, was den Weltlauf in Bewegung setzt; je nachdem in entgegengesetzter Richtung, so dass er schliesslich immer auf dem selben Flecke bleibt.

„Sie taten was böse ist vor Jahve, sie hurten den Götzen nach" — das ist der durchklingende Grundton. Trotzdem die Monolatrie Jahves auch äusserlich so wirksam sich empfiehlt, schlägt sie doch keine festen Wurzeln, verwächst nicht mit dem Volke, sondern bleibt ihm eine transcendente Forderung. Jahrzehende hindurch lassen sie sich dabei festhalten, dann aber macht sich ihr götzendienerischer Hang Luft, der nur durch die Scheu vor dem Richter bei dessen Lebzeiten zurückgehalten ist; sie müssen Veränderung haben. Nun ist der Abfall zwar für die Pragmatik ganz notwendig, weil sonst überhaupt nichts geschieht; es ist die Unruhe in der Uhr, wovon alle Bewegung abhängt. Indessen das ist natürlich kein Milderungsgrund, das Betragen des Volkes erscheint vielmehr überaus unentschuldbar. Die Hauptaktionen, die Taten der Richter, sind für diese geschichtliche Betrachtungsweise immer nur Beweise von Israels Sünde und von Jahves beschämender Gnade.

Dass dies alles nicht zum eigentlichen Inhalte der Tradition gehört sondern eine darüber gezogene Uniform ist, wird anerkannt. Numero deus impare gaudet. Man pflegt diese nachträgliche Bearbeitung deuteronomistisch zu nennen. Das Gesetz, das Jahve den Vätern befohlen und dessen Bruch er schwer zu ahnden gedroht hat 2, 15. 20, wird zwar seiner Art nach nicht näher bestimmt, man kann jedoch nicht daran zweifeln, dass die Quintessenz davon ist, Jahve allein und keinen anderen Gott zu verehren. Somit kann wenigstens an den Priesterkodex dabei nicht gedacht werden, denn hier wird jene Forderung gar nicht ausdrücklich geltend gemacht, sondern als selbstverständlich angesehen. Dagegen das Deuteronomium spricht in der Tat keinen Satz mit grösserem Nachdruck aus als das Höre Israel, dass Jahve der einzige Gott sei und fremder Dienst die Sünde aller Sünde. Diesen Satz haben vor allem die Zeitgenossen weit lauter daraus vernommen, als die moralischen Gebote der Menschlichkeit und Milde, die auch darin eingeschärft werden, die aber nicht neu sind, sondern älteren Spruchsammlungen entnommen; nur nach dieser Seite, sofern es den prophetischen Monotheismus auf dem Gebiete der Volksreligion in seine praktischen Konsequenzen verfolgt, hat das Gesetzbuch Josias seine geschichtliche Bedeutung gehabt, nach dieser Seite in Ezechiel und den Epigonen fortgewirkt. Wenn demnach überhaupt die Norm des theokratischen Verhältnisses, die in der Bearbeitung des Richterbuches vorausgesetzt wird, in einer schriftlichen Thora zu suchen ist, so kann diese allerdings nur die deuteronomische sein. Die endgiltige Entscheidung der Frage hängt von der Vergleichung des Buches der Könige ab und muss bis dahin verschoben werden.

2. Was das Verhältnis dieses Daches zum Unterbau betrifft, so ist es in erheblich verschiedenem Stile aufgeführt. Die Bearbeitung, worin das Richterbuch Aufnahme in den Kanon gefunden hat, ist ohne Frage judäischen Ursprungs; aber die Geschichten selber sind nicht judäisch, ja im Liede der Debora wird Juda gar nicht mit zu Israel gerechnet. Der einzige judäische Richter ist Othniel; er ist aber keine Person, sondern ein Geschlecht. Was von ihm berichtet wird, ist vollkommen inhaltsleer und besteht lediglich aus den schematischen Wendungen des Bearbeiters, der also hier selbst ans Schaffen gegangen ist, damit die Reihe durch einen Judäer eröffnet werde; die Wahl Othniels wurde durch Jud. 1, 12—15 an die Hand gegeben. Also eine Ausnahme, welche die Regel bestätigt. Wichtiger sind innere Differenzen, die hervortreten. Um mit dem Allgemeinsten anzufangen, so ist die geschichtliche Kontinuität, auf welche das Schema so viel Gewicht legt, in den einzelnen Erzählungen des Richterbuchs mit nichts angezeigt. Ohne Rücksicht auf Zusammenhang und Folge stehen dieselben lose und unverbunden neben einander, wie einzelne lichte Punkte, die hie und da aus dem Nebel der Erinnerungslosigkeit auftauchen. Einen längeren Zeitraum wirklich auszufüllen machen sie keinen Anspruch, für eine Chronologie geben sie keine Anhaltspunkte. Es ist in Wahrheit kaum der blasse Schein eines fortlaufenden Zusammenhangs, der durch die leeren Zeitmaasse des Schemas über den Inhalt der Tradition geworfen wird. Ferne liegt der letzteren überhaupt die Vorstellung einer zwischen Josua und Saul liegenden Periode der Richter, in

der diese über Israel geherrscht und einander annähernd so regelmässig wie später die Könige succedirt haben. Man kann nicht zweifeln, dass Jud. 1 und Jud. 17. 18 das beste Recht haben zum ursprünglichen Stock gerechnet zu werden; von der Aufnahme in das Schema sind diese Stücke nur deshalb ausgeschlossen, weil darin von Richtern nichts zu lesen steht und von den allgemeinen Verhältnissen ein Bild entworfen wird, das sehr wenig zum Plane stimmt[1]).

Der falschen Kontinuität liegt eine falsche Verallgemeinerung zu grunde. Aus lokalem Nebeneinander entsteht ein zeitliches Nacheinander, indem auf das Ganze bezogen wird, was vom Teile gilt, indem immer die Kinder Israel in corpore auf den Schauplatz treten, von den Feinden bedrückt und von den Richtern gerichtet werden. In Wirklichkeit treten nur die einzelnen Stämme handelnd auf; die Richter sind Stammhelden, Ehud von Benjamin, Barak und Debora von Issachar, Gideon von Joseph, Jephthah von Gilead, Simson von Dan. Nur zum Kampfe gegen Sisera haben sich mehrere Stämme vereinigt, und empfangen darob ausserordentliches Lob im Liede der Debora. Es heisst nirgends: zur Zeit da die Richter regierten, es heisst: zur Zeit da noch kein König war über Israel und jeder tat was er wollte; die regelmässige Verfassung der Periode ist die patriarchalische Anarchie der Familien- und Geschlechterherrschaft. Und als die Ursache, warum es lange nicht glückte die Kanaaniter aus den grösseren Städten zu verdrängen, scheint in Kap. 1 nicht undeutlich die Zersplitterung und Vereinzelung hindurch; erst als Israel stark wurde,

[1]) Die Bearbeitung erstreckt sich bekanntlich nur über 2, 6—16, 31 und schliesst 1, 1 — 2, 5 ebenso wie 17, 1 — 21, 25 aus. Aber man sieht leicht, wie vorzüglich das erste Stück als allgemeine Einleitung in die Periode zwischen Moses und dem Königtum an seine Stelle passt, und wie viel gehaltvoller und lehrreicher es in dieser Beziehung ist als der folgende Leitartikel 2, 6sqq. Ausserdem existirt eine formelle Beziehung zwischen 1, 16 und 4, 11. Was ferner Kap. 17. 18 betrifft, so schliesst sich diese Geschichte über den Aufbruch Dans nach Norden sichtlich an die nächst vorhergehende an, wo sich der Stamm noch „im Lager Dans“ befindet, aber arg bedrängt wird und auch durch Simson keine Hilfe findet. Bei Kap. 19—21 freilich kann es zweifelhaft sein, ob sie von der Bearbeitung ausgeschlossen oder noch gar nicht vorgefunden sind; indessen ist es beachtenswert, dass auch hier die Kapp. 17. 18 als vorangegangen vorausgesetzt werden. Der Levit von Bethlehem Juda zeugt davon und namentlich die Reminiscenz 19, 1, die wie wir sehen werden in Kap. 19—21 gar keinen Boden hat. Vgl. noch 20, 18 mit 1, 1sq.

d. h. als seine Kraft durch das Königtum zusammengefasst wurde, da wurde es anders.

Die Einheit Israels ist nun aber die Voraussetzung für das theokratische Verhältnis, für den Gegensatz von Israel und Jahve, wodurch nach dem Schema der Verlauf der Geschichte einzig und allein bedingt wird. In der echten Überlieferung fällt die Voraussetzung fort, und im Zusammenhange damit bekommt der ganze geschichtliche Process ein wesentlich anderes und zwar natürlicheres Aussehen. Das Volk wird nicht immer insgesamt in den gleichen inneren und äusseren Schwingungen hin- und hergezogen, und es hängt nicht alles Geschehen lediglich an der Attraktion und Repulsion, die Jahve ausübt. Statt des periodischen Schaukelspiels von absoluter Ruhe und absoluter Drangsal herrscht durch die ganze Zeit relative Unruhe; hier Friede, dort Kampf und Streit. Mislingen und Gelingen wechseln ab, aber nicht als obligate Folgen von Bundestreue und Ungehorsam. Wenn der anonyme Prophet, der in dem Einsatze der letzten Bearbeitung 6, 7—10 ebenso plötzlich auftritt wie er abrupt verschwindet, die Midianiterplage zu einer Strafpredigt für Israel benutzt, so wird unmittelbar darauf die Sache mit ganz anderen Augen angesehen. Denn auf den Gruss der Gotteserscheinung: „Jahve ist mit dir, du streitbarer Held", antwortet Gideon: „und ist Jahve mit uns, warum hat uns denn alles dieses betroffen? wo sind seine Wunder, von denen unsere Väter uns berichtet haben?" — ihm ist von einer Schuld Israels nichts bewusst. Somit treten nun auch die Heldengestalten der Richter aus dem Zusammenhange der Sünde und des Abfalls heraus; sie sind der Stolz ihrer Landsleute und nicht demütigende Erinnerungen daran, dass Jahve unverdienter maassen immer wieder gut gemacht, was die Menschen verdorben haben. Wie künstlich endlich die nötige Sünde erzeugt wird, erhellt gelegentlich recht deutlich. Nachdem Gideon gestorben war, heisst es 8, 33, hurten die Kinder Israel den Baalen nach und machten sich Baal Berith zum Gott. Indessen aus dem folgenden Kapitel erhellt, dass Baal oder El Berith nur der Schutzgott Sichems und einiger anderer damals noch kanaanitischer Städte gewesen ist: der Bearbeiter verwandelt den kanaanitischen Lokalkult in Götzendienst des ganzen Israels. In anderen Fällen verfährt er noch einfacher; z. B. 10, 6sqq., wo die Siebenzahl der Götter der Siebenzahl der hinterher aufgezählten Völkerschaften entspricht. Für gewöhnlich begnügt er sich mit Baalen und Astarten oder Ascheren, bei denen schon der Plural zeigt, wie wenig Individuelles, Positives zu grunde liegt — davon zu geschweigen, dass Ascheren gar keine Gottheiten sind.

Kurz, was man so eigentlich für das Theokratische in der Geschichte Israels ausgiebt, dass ist durch die Bearbeitung hineingebracht. Da greifen Gnade und Sünde wie die mechanischsten Kräfte in das Getriebe der Ereignisse ein, der Lauf der Welt wird methodisch der Analogie entzogen, die Wunder sind nichts ausserordentliches, sondern die regelmässige Form des Geschehens, verstehen sich von selbst und machen gar keinen Eindruck. Dieser pedantische Supranaturalismus, die heilige Geschichte nach dem Recept, findet sich in den ursprünglichen Erzählungen nicht. Israel ist da ein Volk wie andere Völker, und auch sein Verhältnis zu Jahve wird nicht anders aufgefasst als z. B. Moabs Verhältnis zu Kamos (11, 24). An Erscheinungen und Zeichen der Gottheit fehlt es nicht; aber die Wunder sind so, dass man sich wirklich darüber wundert. Sie durchbrechen hin und wieder den irdischen Nexus, bilden jedoch kein zusammenhangendes System: sie sind Poesie, nicht Prosa und Dogmatik. Im ganzen aber wird der geschichtliche Process, obwohl scheinbar krauser und verworrener, in Wirklichkeit doch viel begreiflicher, und obwohl scheinbar zerrissener, schreitet er in Wirklichkeit zusammenhangender fort. Es geht bergauf auf das Königtum zu, nicht bergab von der Glanzzeit Moses und Josuas (Jud. 1, 28. 35. 13, 5. 18, 1).

Nur eine Erzählung allerdings, abgesehen von der nicht zu rechnenden über Othniel, entspricht ganz den Anforderungen an die heilige Geschichte, wie sie sein müsste, um in das Schema hineinzupassen. Es ist Jud. 19—21. Um sie recht zu würdigen, ist es angebracht, zuvor einen Blick auf den vorhergehenden Bericht zu werfen, über den Wanderzug des Stammes Dan nach Norden. Die Daniten, 600 Mann stark, überfallen die kanaanitische Stadt Lais, nicht weil sie innerhalb der dem Volke Gottes zugewiesenen Grenzen belegen und ihre Eroberung Pflicht ist — wenn sie auch das Orakel befragen, so liegt es ihnen doch ferne sich auf das aus dem Buche Josua bekannte göttliche Recht zu berufen —, sondern weil ein friedliches und nichtsahnendes Völkchen darin wohnt, das gegenüber solchen verzweifelten Gesellen wehrlos ist; gegen Israeliten, wie Micha, mit der selben Treulosigkeit zu verfahren, gilt ihnen gleich. Sie nehmen das Recht zu sein wie man ist unverkümmert in Anspruch und kennen keine Rücksicht, weshalb sie sich Zwang antun sollten; die Natürlichkeit ihres Benehmens grenzt ans Unverschämte. Dabei sind sie fromm auf ihre Art; wie viel ihnen Jahve wert ist, beweisen sie dadurch, dass sie sein Bild aus dem Gotteshause stehlen und den Priester dazu, der es hütet. Was von gottesdienstlichen Bräuchen in den beiden Kapiteln vorkommt, lässt es kaum an einem Greuel fehlen, den das Gesetz verbietet: das Privatheiligtum im Besitze des Ephraimiten Micha, der Enkel Moses als Priester in dessen Dienst und Sold, Ephod und Theraphim als notwendige Requisiten des Jahvekultus; und doch wird dies alles auch von dem Erzähler so vorgetragen, als ob es ganz in der Ordnung und unanstössig sei, wie er denn damit nicht zeitweilige Regelwidrigkeiten, sondern die Entstehung bleibender Einrichtungen an einem Hauptheiligtum des alten Israel zu berichten beabsichtigt. Man wird in eine andere Welt versetzt, wenn man von hier aus zu der folgenden Erzählung kommt, über die Schandtat der Benjaminiten und deren exemplarische Bestrafung; es gibt kaum einen grösseren und lehrreicheren religionsgeschichtlichen Gegensatz im Alten Testamente. In Jud. 19—21 sind es nicht, wie sonst überall, die einzelnen Stämme, welche agiren, nicht einmal das Volk Israel, sondern die Gemeinde des Bundes, die auf der Einheit des Kultus basirt. Was sie zum Handeln veranlasst, ist eine in ihrer Mitte begangene Sünde, die fortgeschafft werden muss; die Heiligkeit der Theokratie bringt diese vier mal hunderttausend Mann in Harnisch und erfüllt sie zugleich mit Salbung und mit blutiger Energie. Dieser uniformen Masse sind die geistlichen Instinkte ganz in Fleisch und Blut übergegangen und machen sie zu einem einheitlichen Automaten, so dass alles was geschieht immer von allen zugleich getan wird. Individuen treten nicht hervor, nicht mit Namen, geschweige mit Heldentaten; die Moral ist nichts weniger als heroisch. Da die gottlosen Buben von Gibea dem dort übernachtenden Leviten an den Leib wollen, liefert er ihnen sein Weib aus, um sich zu retten — und ganz Israel findet an dieser empörenden Feigheit nichts auszusetzen; vermutlich ist die Meinung, der heilige Mann habe durch sein Verhalten die Frevler vor noch schlimmerer Schuld bewahrt. „Vom mosaischen Gesetze kommt in diesen Kapiteln nichts vor, aber wer könnte es verkennen, dass der Geist, welcher seinen Ausdruck im Gesetz gefunden hat, die so handelnde Gemeinde erfüllte! Hätten wir mehrere Erzählungen ähnlichen Inhalts, manches Rätsel des Pentateuchs würden wir lösen. Wo fänden wir unter den Königen ein so einiges kräftiges ernstes, für die höchsten Güter den schwersten Kampf so willig übernehmendes Israel!" So urteilt Bertheau, richtig empfindend, dass diese Erzählung eine völlige Ausnahmestellung einnimmt und allem widerspricht, was wir sonst über die Richter- und sogar noch über die Königszeit hören. Nur kann es nicht für einen Beweis ihres historischen Wertes gelten, wenn sie der anderweitigen Überlieferung in den Büchern der Richter Samuelis und der Könige in das Gesicht schlägt und dafür dem Gesetze homogen ist. Dagegen ist es ein verräterischer Selbstwiderspruch, wenn der Verfasser, in unwillkürlicher Erinnerung an die vorangehenden Kapitel, über die Zerfahrenheit der damaligen Zeit klagt (19, 1. 21, 25), und uns faktisch dann doch Israel in einer geistigen Centralisation vorführt, wie sie im Altertum nachweislich nie bestanden hat, sondern erst in folge des Exils aufgekommen ist und das Judentum kennzeichnet.

Da diese Erzählung nicht in das deuteronomistische Schema des Richterbuches aufgenommen ist, so kann gefragt werden, ob sie bloss das deuteronomische oder auch das priesterliche Gesetz voraussetze. Die meisten sprachlichen Berührungen hat sie mit dem Deuteronomium, aber ein vorzugsweise wichtiger Ausdruck und Begriff, der der Gemeinde der Kinder Israel, weist eher auf den Priesterkodex; desgleichen auch Pinehas ben Eleazar ben Aharon (20, 27). Indessen kommt der letztere nur einmal vor und zwar in einer Glosse, die sich zwischen und die Kinder Israel fragten Jahve und das eng dazugehörige folgender maassen sehr störend eindrängt. Im übrigen verdient es Beachtung, dass mit der Stiftshütte, die neben Mispa keinen Platz hat (p. 259), das Hauptwahrzeichen des Priesterkodex fehlt. Derselbe bereitet sich also nur vor, ist aber noch nicht erschienen; wir stehen noch auf dem Boden des Deuteronomiums, aber der Übergang bahnt sich an.

3. Gehen wir von der letzten Bearbeitung einen Schritt weiter zurück, so treffen wir auf eine weniger systematische Vorstufe derselben in gewissen Ergänzungen und Verbesserungen, die

hie und da den ursprünglichen Erzählungen angeflickt worden sind. Sofern dieselben aus einfacher Freude an der Weiterung oder am Reden entstanden sind, gehen sie uns hier nicht weiter an. Teilweise aber haben sie ihren Grund darin, dass die spätere Zeit in die religiösen Bräuche und Vorstellungen der Väter sich nicht mehr schicken konnte. Von dieser Art kommen in der Geschichte Gideons zwei Beispiele vor. Es heisst 6, 25—32, auf Jahves Geheiss habe Gideon in der Nacht nach seiner Berufung den Altar Baals in seiner Vaterstadt Ophra nebst der dabei stehenden Aschera zerstört, dagegen dem Jahve einen Altar gebaut und darauf ein jähriges Rind verbrannt, mit dem Holz der Aschera als Feuerung. Als dann am andern Morgen die Leute von Ophra empört die Auslieferung des Frevlers verlangten um ihn zu töten, habe sein Vater sie verweigert und gesprochen: „wollt ihr für Baal streiten oder ihr ihm beistehen? wenn er Gott ist, streite Baal (hebräisch Jareb Baal) für sich selber“. Und in folge dieser Äusserung sei Gideon Jerubbaal zubenannt. Dies widerspricht dem Vorhergehenden. Da hat bereits Gideon den grossen Stein unter der Eiche von Ophra, wo er Jahve sitzen sah, zum Altar gemacht und darauf das erste Opfer gebracht, welches durch spontan herausschlagendes Feuer verzehrt wird, so dass in der Lohe die Gottheit selber zum Himmel fährt. Wozu die zwei Altäre und die zwei Stiftungsgeschichten dazu, um ihren Ursprung auf den Patron von Ophra zurückzuführen? Sie vertragen sich nicht neben einander, aber man sieht wohl, warum die zweite der ersten nachgeschickt ist. Der Altar aus Einem Steine, die daraus hervorbrechende Lohe, der immergrüne Baum, der schon durch seinen Namen Ela eine natürliche Verwandtschaft mit El anzudeuten scheint[1]), alles dies gilt den Späteren nicht mehr für korrekt, ja für Baalswerk. Aus dem Streben nun, auf Gideons Frömmigkeit keinen Zweifel sitzen zu lassen, ist der Nachtrag entstanden, worin er einen Altar Jahves an die Stelle des bisherigen Altar Baals setzt. Wie dies Streben gelungen ist, beurteilen

[1]) אלון אלה, im Aramäischen der Baum schlechthin, im Hebräischen gewöhnlich der heilige Baum (Isa. 1, 29sq.), meist ohne Unterscheidung der Arten. Nicht bloss Eiche und Terebinthe, sondern auch Palme wird einbegriffen. Denn der אלון דבורה bei Bethel heisst anderswo אלים, חמר hat seinen Namen von den 70 Palmen, und von אילת am Roten Meere gilt vielleicht ein gleiches.

wir am besten aus dem damit zusammenhangenden Versuch, noch einen anderen Anstoss zu beseitigen, der in dem Namen Jerubbaal liegt. Auf grund des oben berichteten Anlasses wird derselbe erklärt als bedeute er Streitebaal. Sprachlich ist diese Erklärung an den Haaren herbeigezogen, und unmöglich in jedem Betracht; nach einem Gott nennen sich nur Personen, die ihn verehren. Im hebräischen Altertum wechselt Baal unterschiedslos mit El, und es herrscht kein Bedenken, Jahve selber als den Baal, d. h. den Herrn, zu bezeichnen. Das bezeugen vor allem eine Reihe Eigennamen aus der Familie Sauls und Davids, Isbaal Meribaal Baaljada, zu denen nun auch der Name Jerubbaal für den Midianiterkämpfer hinzukommt. Wenn also der Baal an sich noch in der israelitischen Königszeit keineswegs schlechthin der Antipode Jahves gewesen ist, woher denn der feindliche Gegensatz zwischen den Gottheiten, den Jerubbaal durch sein praktisches Verhalten voraussetzt, obwohl er durch seinen Namen den grossen Baal preist? Auch die Meinung, dass die Aschera sich mit dem Jahvedienste nicht vertrage, entspricht nicht dem Glauben des Altertums; nach Deut. 16, 21 müssen diese künstlichen Bäume häufig genug neben den Altären Jahves gestanden haben. Merkwürdigerweise verrät sich sogar innerhalb des eingelegten Abschnittes selber das Bewusstsein, dass diese Art Eifer für den legitimen Gottesdienst das historische Niveau überschreite. Man hat den Eindruck, dass die Bewohner von Ophra von der Unrechtmässigkeit ihres Baalskultus nichts wissen, dass Gideon denselben auch seinerseits im guten Glauben mitgemacht und dass es bisher einen Altar Jahves überhaupt dort nicht gegeben hat.

Von etwas anderer Form ist eine Korrektur, die sich am Schlusse der Geschichte Gideons findet (8, 22sqq.). Nach dem Siege über die Midianiter habe er das ihm angetragene Königtum mit Rücksicht auf Jahve den alleinigen Herrscher abgelehnt, sich aber die goldenen Nasenringe, die man den Feinden abgenommen, erbeten, daraus ein Jahvebild, ein Ephod, gemacht und es in Ophra zur Anbetung aufgestellt. „Und ganz Israel hurte dahinter her und es ward Gideon und seinem Hause zum Fallstrick.“ Aber nicht bloss ist faktisch die Handlungsweise eines solchen Mannes in einem solchen Augenblick völlig maassgebend für den dermaligen Stand des israelitischen Gottesdienstes überhaupt, sondern auch dem ursprünglichen Erzähler kann es nicht zugetraut werden, dass er seinen Helden durch den unmotivirtesten Abfall der Gottheit habe danken, durch Götzendienst dem Siege habe die Krone aufsetzen lassen. Es wird dies um so unmöglicher, wenn man bedenkt, dass nach dem Zeugnisse von Hosea Jesaias und Micha dergleichen Bildwerke noch während der assyrischen Periode nicht bloss in Samarien, sondern auch in Juda zum regelmässigen Zubehör der Gotteshäuser gehörten. Hinzu kommt, dass der Gegensatz der göttlichen gegen die menschliche Herrschaft, wie er in diesen Versen hervortritt, auf späterer Abstraktion beruht; worüber demnächst mehr zu sagen sein wird[1]). Studer wird also Recht behalten mit der Behauptung, der alten Überlieferung habe es nur als ein schöner Zug von Uneigennützigkeit und Frömmigkeit gelten können, dass Gideon das Gold nicht für sich behält, sondern Gott weiht; wir haben in 8, 22—27 sekundäres Produkt vor uns, worin die ursprünglichen Züge nach späterem Geschmack entstellt sind. Leider hat in diesem Falle die zweite Hand die Arbeit der ersten verdrängt. Die ältere Erzählung bricht 8, 21 mit den Worten ab: „Gideon nahm die Zierrate am Halse der Kamele der Könige". Was er damit angefangen, erfahren wir nicht mehr; aber natürlich müssen wir annehmen, dass er aus ihnen das Ephod gefertigt habe. Nach dem Auswuchse, der unmittelbar hinter 8, 21 einsetzt, werden dazu verwandt die von ganz Israel erbeuteten goldenen Nasenringe der sämtlichen Midianiter, im Gewichte von 1700 Sekeln, abgesehen vom Schmucke der Könige und ihrer Kamele. Ein ähnliches Verhältnis, wie das der 600 Daniten in Kap. 18 zu den 25700 Benjaminiten in Kap. 20, oder der 40000 Männer von Israel in 5, 8 zu den 400000 in 20, 2.

4. Gewisse Unterschiede der geistigen Haltung, die in der Entwicklung der Tradition schon leise die Richtung andeuten, welche in der bisher charakterisirten Überarbeitung und Ausputzung ihr Ziel gefunden hat, lassen sich endlich auch innerhalb der originalen Erzählungen selber verfolgen, namentlich bei

[1]) „Die Worte Gideons erhalten erst durch die Voraussetzung Sinn, dass Jehovas Herrschaft anderweit, durch Propheten oder Priester, repräsentirt sei, was aber in der Richterperiode nicht der Fall war und wogegen die eigene Geschichte Gideons zeugt" — Vatke p. 263. Übrigens ist nach 9, 1sqq. Gideon in der Tat Herrscher von Ephraim und Manasse gewesen; den Königstitel hat er vielleicht nicht getragen, aber der wird ihm auch 9, 22. 23 gar nicht angeboten.

denen, die uns in doppelter Version erhalten sind. Letztere sind im Richterbuch nicht häufig, doch kommen sie vor. Als einen sehr einfachen derartigen Fall kann man Jud. 4 im Verhältnis zu Jud. 5 betrachten.

Gegen die Kanaaniter, die unter ihrem Oberkönige Sisera wieder ihr Haupt erheben und von ihren Städten in der Ebene aus die Bergdörfer der neuen Ansiedler beunruhigen, vereinigt Debora die hebräischen Stämme zum Kampfe. Von Nord und Süd steigen die Kriegsscharen Jahves vor unseren Augen gen Jezreel hinab, die Seherin Debora an der Spitze, der Kriegsmann Barak ihr zur seite. Am Bache Kison erfolgt der Zusammenstoss und endet mit der Niederlage der Könige Kanaans, Sisera selbst wird auf der Flucht von Jael, dem Weibe eines nomadischen Keniters, erschlagen. Das der Inhalt des Liedes Jud. 5. In der voraufgeschickten Erzählung Jud. 4 sollte man einen historischen Kommentar dazu erwarten, man findet aber nur eine Reproduktion, die die speciellen Züge verwischt und verfälscht. Aus den Königen Kanaans wird der König von Kanaan, als sei Kanaan ein Reich gewesen; aus Sisera ihrem Oberhaupt wird ein blosser Feldhauptmann; die Unterdrückung der Hebräer wird ins unbestimmte verallgemeinert. Jael mordet den Sisera, während er in tiefem Schlafe liegt, indem sie einen Zeltpflock ihm durch die Schläfe und in den Boden treibt — im Liede steht davon nichts, er trinkt als sie den Schlag führt und ist dabei stehend gedacht, denn sonst könnte er nicht vor ihr zusammenbrechen, zu Boden stürzen und erschlagen liegen bleiben, wo er hingesunken (5, 27).

Im Liede wird das Unternehmen mit menschlichen Mitteln vorbereitet; Verhandlungen werden geführt zwischen den Stämmen, bei denen Unterschiede hervortreten; die Lauheit oder die grossen Worte der einen werden getadelt, der tatkräftige Gemeinsinn und der Kriegsmut der anderen gelobt. In der Erzählung ist dagegen die Befreiung rein Sache Jahves, die israelitischen Mannen sind Statisten, denen kein Verdienst und kein Dank gebührt. Dafür koncentrirt sich das Interesse auf die Tat der Jael, die aus einer Episode zur Pointe des Ganzen anschwillt. Als solche wird sie angekündigt, indem Debora dem Barak voraussagt, nicht sein werde der Ruhm sein, sondern eines Weibes, in dessen Hand der Feind werde verkauft werden: der Held, die Menschenkraft tut es nicht, sondern in der Schwachheit ist Jahve mächtig. Noch sonst wird gerade dem Barak sein Anteil am Werk verkümmert. Er wird von Debora aufgefordert, nicht etwa in den Kampf sondern auf den heiligen Berg Thabor zu ziehen, wo Jahve das weitere veranlassen werde; er macht aber Umstände und bedingt sich aus, dass die Prophetin auch selber mitziehe. Das wird deshalb als eine Laune des Unglaubens angesehen, weil die Aufgabe der letzteren damit für erschöpft gilt, dass sie den Befehl der Gottheit an das Werkzeug befördert hat; sie ist bloss dazu da, damit man aus ihrer Vorhersagung erkenne, wie Jahve der einzige Efficient der Geschichte sei. Im Liede ist das anders. Da wird Barak nicht wider seinen Willen aufgerufen, sondern er hat einen persönlichen Anlass zum Losbrechen: „auf, Barak, und fange deine Fänger, Sohn Abinoams!" Und die Seherin hat nicht bloss zu prophezeien, sondern sie wirkt psychologischer; sie gehört hinein in den Kampf und befeuert durch ihren Gesang den Mut der streitenden Scharen: „auf, Debora, singe das Lied!" [1]). Überall in den Varianten der prosaischen Reproduktion macht es sich fühlbar, dass das bunte Getriebe des wirklichen Hergangs verblasst vor der einen allgemeinen Endursache, Jahve. Wohl rauscht Jahve auch durch das Lied, in dem Enthusiasmus, der die hebräischen Krieger erfüllt, in dem panischen Schrecken, der die reisige Macht der Feinde verwirrt. Aber in der Erzählung ist der Gottheit das Mysterium abgestreift, vermittelst mechanischer Prophetie gelingt es, ihren Anteil an der Geschichte fest und nüchtern umgrenzt darzulegen. Je specieller sie eingreift, desto ferner tritt sie; je bestimmter die Aussagen über sie lauten, desto weniger spürt man sie.

Es gibt noch ein anderes Beispiel im Buche der Richter, wo uns der gleiche historische Stoff in zwei verschiedenen Formen ausgeprägt vorliegt; das ist die Geschichte von Gideon aus dem manassitischen Hause Abiezer. Studer hat den Einschnitt zwischen 8, 3 und 8, 4 erkannt, der zwei für sich zu verstehende Erzählungen trennt. Mit 8, 1—3 ist die erste abgeschlossen. Vorher ist gesagt worden, wie Gideon, nachdem der erste Überfall der Midianiter gelungen, den Heerbann Israels zur Verfolgung aufge-

[1]) V. 12 ist eine Aufforderung den Kampf anzufangen: da kann Debora doch nicht das Triumphlied singen, welches den glücklichen Ausgang desselben feiert. Aus ähnlichem Grunde ist auch die oben gegebene Übersetzung: „fange deine Fänger" die natürlichere und richtigere.

boten, wie dann namentlich die Ephraimiten den flüchtigen Nomaden die Furten des Jordans verlegt und bei der Gelegenheit ihre beiden Anführer in die Gewalt bekommen haben. Nun hören wir zum Schluss (8, 1—3). dass die Ephraimiten im Übermute des Erfolgs mit Gideon zu zanken anfingen; er aber habe ihren Zorn beschwichtigt und gesagt: „was habe ich denn jetzt getan im vergleich mit euch? ist nicht die Nachlese Ephraims besser als die Ernte Abiezers? in eure Hand hat Gott die Fürsten Midians gegeben und was habe ich dagegen zu tun vermocht!" Zu einem solchen häuslichen Zwist über den Anteil am Verdienst ist doch erst Zeit gewesen, nachdem das Verdienst selber erworben, nachdem der Streit mit den Feinden ausgefochten war, wie denn auch das Bild von der Ernte und Nachlese voraussetzt, dass der Sieg vollständig und alle seine Früchte gepflückt waren. Mit 8, 1—3 ist die Sache abgetan; die folgende Erzählung ist keine Fortsetzung der vorhergehenden, sondern eine zweite Version, die von ganz anderen Voraussetzungen ausgeht. Während nach 7, 23 sq. ein grosses Heer auf den Beinen ist, hat Gideon 8, 4 sqq. nur seine 300 Leute bei sich. Während nach 8, 1—3 schon Lese und Nachlese gehalten und der Kampf am Ziel ist, setzt Gideon 8, 4 sqq. unaufhaltsam den Feinden nach, und da er die Bürger von Sukkoth und Peniel um Brod für seine müde und hungrige Mannschaft bittet, fragen ihn die höhnisch, ob er denn etwa schon des Erfolges sicher sei, so dass man Ursach habe für ihn Partei zu nehmen. Die beiden Häuptlinge, welche dort die Fürsten Zeeb und Oreb heissen und bereits gefangen sind, werden hier die Könige Zebah und Salmuna genannt und sind noch nicht gefangen. Leider ist der Anfang von 8, 4 sqq. nicht erhalten; in folge dessen lässt sich nicht ausmachen, ob der Verfolgung, auf der wir Gideon hier treffen, schon eine Begegnung mit den Feinden voraufgegangen sei. Unmöglich ist eine solche Annahme gerade nicht, doch lässt der weite Vorsprung der Nomaden und ihre Sorglosigkeit im Lager die Sachlage eher so erscheinen wie in 1. Sam. 30. Wie dem auch sei, das Gewicht der die beiden Versionen trennenden Momente bleibt sich gleich.

Worin liegt nun die Wurzel des Unterschiedes? Das lehrt am besten eine Vergleichung der Eingänge des einen und des anderen Berichtes. Wie gesagt mangelt zwar dem zweiten jetzt der Anfang, aber einigermaassen lässt er sich aus dem weiteren Verlaufe ergänzen. Nach 8, 4 sqq. hat Gideon es ganz speciell auf die beiden Könige der Midianiter abgesehen, diese erscheinen stets als seine eigentlichen Feinde, hinter denen er her ist; die übrigen Midianiter sind ihm mehr oder weniger gleichgiltig. Nämlich Zebah und Salmuna, erfahren wir aus 8, 10sq., hatten am Thabor seine leiblichen Brüder erwürgt; um dafür Rache zu nehmen setzt er den Schuldigen nach und ruht nicht, bis sie in seiner Hand sind. Es ist die Pflicht der Blutrache, um deren willen er mit seiner Hausmacht sich aufmacht, unbekümmert um das Misverhältnis gegen die Überzahl; es ist die Gewalt des Familiensinns, die ihn in Bewegung setzt und ihn beiläufig zum Retter Israels vor den Räubern macht. In dem ersten Berichte (6, 11—8, 3) sind diese natürlichen Motive völlig verschwunden und andere an die Stelle getreten, von ungefähr entgegengesetzter Beschaffenheit. Im voraus, ehe noch die Midianiter ihren diesjährigen Einfall gemacht haben, wird der nichtsahnende Gideon durch eine Theophanie zum Kampf gegen sie berufen. Wie sie nun wirklich kommen, da ergreift ihn der Geist und er zieht ihnen entgegen. Was an ihm Menschliches ist, hat nichts mit der Tat zu tun: Fleisch und Blut sträuben sich dagegen. Es ist der direkte Einfluss Jahves, der ihn treibt; natürlich dann auch im allgemeinen Interesse Israels gegen die Midianiter, nicht gegen die Person ihrer Fürsten. Im Zusammenhange damit wird weiter auf alle weise dafür gesorgt, dass der Mensch hinter der Gottheit in den Schatten tritt. Gideon, nach dem zweiten Berichte ein vornehmer und königlicher Mann, ist im ersten aus unansehnlichem Hause und Geschlechte; während ihn dort eine unaufhaltsame Energie kennzeichnet, erscheint er hier bis zum letzten Augenblick zaghaft und zögernd und wird durch immer neue Wunder ermutigt und gekräftigt. Die 32 000 Mann, mit denen er ins Feld rückt, muss er auf Jahves Geheiss bis auf 10 000 und aber bis auf 300 entlassen, „damit Israel sich nicht gegen mich rühme und sage, seine eigene Hand habe ihm geholfen!“ Die Waffen, womit die Dreihundert den nächtlichen Überfall ausführen, sind Fackeln Krüge und Posaunen; für Schwerter haben sie dann keine Hand mehr (7, 20), und demgemäss muss das feindliche Heer sich selber aufreiben (7, 22).

Unter den Abweichungen der religiösen Version von der natürlichen gibt es wenige undurchsichtige, wozu man namentlich die rechnen kann, dass der Schauplatz diesseit des Jordans verlegt wird. Die meisten sind sofort erkennbar als Produkte einer verklärenden Beseelung der Tradition, die ihren Körper verflüchtigt und sie in luftige Regionen hebt. Z. B. bilden nicht bloss in Kap. 8, sondern auch in Kap. 7 die 300 Mann das alleinige Gefolge Gideons bei der Hauptaktion, beim Überfall des feindlichen Lagers; aber um die Bedeutsamkeit dieser geringen Anzahl zum Eindruck zu bringen, werden sie im Kap. 7 zum letzten Residuum eines anfangs ganz ansehnlichen Heeres gemacht und daraus entspinnt sich eine weitläufige Erzählung. Auch das darf man wohl vergleichen, dass wie das 6. Kapitel mit der Beziehung dieses Richters zum Heiligtume seiner Vaterstadt anhebt, so das 8. Kapitel damit schliesst: hier entdeckt er durch eine Theophanie, wie die Patriarchen der Genesis, die Heiligkeit des Altarsteines unter der Eiche; dort stiftet er, weit realistischer, das Ephod aus dem goldenen Schmucke der Midianiterkönige. Historisch kommt vorzugsweise, wenn nicht ausschliesslich, die natürliche Version in Betracht, die in trockenem Tone die Sachen reden lässt und in die Einfachheit des Hergangs nichts von der Bedeutung seiner Folgen einmischt. Das Verhältnis ist jedoch etwas anders als wie wir es zwischen Jud. 5 und 4 gefunden haben. Kap. 6sq. basirt nicht direkt auf Kap. 8, sondern wohl auf selbständiger mündlicher Grundlage. Mit den historischen Erinnerungen, über deren Unbestimmtheit die lebhafte Lokalfärbung nicht täuschen darf, schalten die wuchernden Triebe hier viel freier und bringen weit plastischere und naivere Gebilde hervor. Offenbar aber ist im Gebiete des Wunders die Poesie älter als die Prosa.

Drängt sich bei den Geschichten, die uns in doppelter Fassung aufbewahrt sind, der innere Abstand von selber auf, so lässt sich ein solcher nun auch da wahrnehmen, wo keine eigentlichen Parallelen verglichen werden können. Wie fühlbar unterscheidet sich die Erzählung über Abimelech, etwa von der folgenden über Jephthah, durch den Reichtum des sachlichen Gehalts, durch das objektive Interesse für die Mittel- und Nebenglieder in der Folge der Begebenheiten! Ohne Vergoldung durch übernatürlichen Nimbus werden die Dinge schlecht und recht vorgetragen, die Moral ergiebt sich aus ihrem Verlauf von selber. In den Sagen von Simson hinwiederum stellen sich uns so zu sagen zwei Seelen in einem Körper vereinigt dar. So eng hier auch der derb volkstümliche Stoff und die besonders am Anfange und am Ende hervortretende religiös-nationale Form verwachsen sind, so stehen sie doch in einem innerlichen Widerstreit, und schwerlich sind die Streiche dieses absonderlichen Gottesmanns ursprünglich im Geiste Jahves koncipirt, aus dem sie jetzt geboren werden. Vielmehr wird der religiösen Darstellung ein ziemlich profane zu grunde liegen, aber gegenwärtig kann man die ältere Stufe nicht mehr von der jüngeren sondern. Es versteht sich übrigens, dass in diesem Falle der Gegensatz von historisch und unhistorisch nicht angewandt werden darf, der indessen für unsere Absicht auch nicht wesentlich ist. Nur das gilt allgemein: je näher die Geschichtsschreibung ihrem Ursprung ist, desto profaner ist sie. In der Art der Frömmigkeit gibt sich in den vordeuteronomischen Erzählungen der Unterschied weniger zu erkennen als im Grade.

II.

1. Die umfassende Bearbeitung, die wir im Richterbuche wahrgenommen haben, hat auch dem Buche Samuelis ihr Siegel aufgedrückt. Da aber hier die Periode kurz, dagegen ihr Inhalt überaus reich und wirklich zusammenhangend ist, so kann sich das künstliche Fach- und Netzwerk nicht so sehr bemerklich machen. Doch fehlt es keineswegs, wie zunächst die Zeitangaben lehren, die wir schon oben in das System der Chronologie eingeordnet haben. Es verdient Beachtung, wie lose dieselben in den Kontext eingefügt sind. In 1. Sam. 4, 18sq.: „und da der Bote die Schreckensnachricht erzählte, fiel Eli hinterrücks vom Stuhle und brach den Hals und starb, denn er war alt und unbeholfen und er richtete Israel vierzig Jahre; da aber seine Schnur, die hochschwangere Frau des Pinehas, die Kunde vernahm u. s. w." — ist der Satz mit dem Datum zwar bei halbwegs passender Gelegenheit, aber doch eben deutlich bei Gelegenheit eingeschoben. In 2. Sam. 2, 8—13 heisst es: „Abner der Feldhauptmann nahm den Sohn Sauls Isbaal und brachte ihn über den Jordan nach Mahanaim und unterwarf ihm Gilead und Gesur und Jezreel und Ephraim und Benjamin und ganz Israel, vierzig Jahre war Isbaal als er König wurde und zwei Jahre regierte er, nur Juda hielt es mit David, und die Zeit die David König war über Juda in Hebron ist sieben Jahr und sechs Mo-

nat, und Abner mit den Kriegern Isbaals zog aus von Mahanaim nach Gibeon und Joab mit den Kriegern Davids zog ihm entgegen". Es liegt auf der Hand, dass die gesperrten Worte den Zusammenhang sprengen; in bezug auf die Daten über Isbaal ist ausserdem zu bemerken, dass er nach allen übrigen Angaben einesteils in noch ganz unmündigem Alter gestanden, anderenteils eben so lange zu Mahanaim wie David zu Hebron geherrscht haben muss. Die Zweizahl der Regierungsjahre erklärt sich bei ihm eben so wie bei Saul 1. Sam. 13, 1: . . . Jahre alt war Saul als er König wurde, und zwei Jahre herrschte er über Israel. Wie in diesem letzteren Verse, der der Septuaginta mangelt, die Zahl für die Lebensjahre noch gegenwärtig fehlt, so war ursprünglich auch die Zahl für die Regierungsjahre ausgelassen; die ganz absurde Zwei ist aus dem folgenden Worte für Jahr herausgewachsen, das im Hebräischen ziemlich gleich aussieht.

Hand in Hand mit der chronologischen Schematik finden wir 1. Sam. 7, 2—4 die religiöse wieder. „Seitdem die Lade in Kiriathjearim wohnte, vergingen zwanzig Jahre, da sammelte sich das ganze Haus Israel hinter Jahve her. Und Samuel sprach zum ganzen Hause Israel: wenn ihr euch von ganzem Herzen zu Jahve bekehrt, so schafft die fremden Götter und die Astarten aus eurer Mitte und richtet euer Herz auf Jahve und dient ihm allein, so wird er euch von den Philistern befreien. Und die Kinder Israel schafften die Baale und Astarten ab und dienten dem Jahve allein." Im Vorhergehenden wird zwar von einem Abfall nichts berichtet, und an Vertrauen auf Jahve haben es die Israeliten nach Kap. 4 in der unglücklichen Schlacht gegen die Philister wahrlich nicht fehlen lassen; aber die selbstverständliche Annahme, dass das Joch der Fremdherrschaft zur Strafe der Sünde auferlegt sei und dass die Sünde im Götzendienst bestehe, ist bezeichnend für diese Betrachtungsweise. Eine weitere Probe derselben haben wir in der Rede Samuels 1. Sam. 12, die als Einleitung in die Königszeit mit Jud. 2 als Prooemium der Richtergeschichte zu vergleichen ist. „Stellt euch her, dass ich euch vor Jahve vorhalte alle die Taten Jahves, durch die er euch und euren Vätern Recht geschafft hat! Wie Jakob nach Ägypten gekommen war, schrieen eure Väter zu Jahve, und er sandte Moses und Aharon und führte eure Väter aus Ägypten und gab ihnen Wohnung in diesem Lande.

Aber sie vergassen Jahve ihren Gott, und er verkaufte sie in die Hand Siseras des Feldhauptmanns zu Hasor und in die Hand der Philister und Moabiter, die stritten wider sie. Da schrieen sie zu Jahve und sprachen: wir haben gesündigt, dass wir Jahve verlassen und dem Baal und der Astarte gedient haben, nun errette uns vor unsern Feinden, so wollen wir dir dienen. Und Jahve sandte Jerubbaal Barak Jephthah und Samuel und rettete euch vor euren Feinden ringsum, dass ihr sicher wohntet. Als ihr aber sahet, dass Nahas der Ammoniterkönig gegen euch anzog, spracht ihr zu mir: nein, ein König muss über uns herrschen — da doch Jahve, euer Gott, euer König ist. Nun siehe da ist der König, den ihr gefordert habt, siehe Jahve hat einen König üker euch gesetzt. Wenn ihr Jahve fürchtet und ihm dient und auf seine Stimme hört und seinem Befehle nicht widerstrebt, gut! wenn ihr aber der Stimme Jahves ungehorsam seid und seinem Geheiss wiederstrebt, so wird Jahves Hand gegen euch sein wie gegen eure Väter.“ Es ist die bekannte Weise: Abfall Drangsal Bekehrung Ruhe; Jahve der Grundton der Melodie, das erste Wort und das letzte. Am stofflichen Detail haftet der Blick nicht, die Lücken der Tradition werden ebenso positiv verwertet, als ihr auf so wenige Punkte koncentrirter Inhalt. Das Einzelne kommt nur als Moment des Ganzen in betracht; in grossartiger Revue werden die Perioden überblickt uud das Gesetz dargelegt, das sie verkettet. Dabei kann Samuel eine bestimmt geformte Kenntnis der biblischen Geschichte bei seinen Zuhörern voraussetzen, ja sogar ohne Bedenken über seine eigene historische Bedeutung reden; auf einen Zeitraum, in dessen lebendiger Bewegung sie selber mitten drin stehen, müssen sie zurückblicken wie auf eine tote Vergangenheit. Indem sie so zur Höhe objektiver Betrachtung über sich und ihre Väter emporgehoben werden, tritt zum Schluss das zu erwartende Resultat ein; sie werden sich ihrer schweren Sünde bewusst, immer haben sie der Gottheit gegenüber das ängstliche Gefühl Strafe verdient zu haben.

2. Die deuteronomische Bearbeitung macht sich zwar nur an diesen beiden oder besser an dieser einen Stelle geltend, aber dies ist eben die Hauptepoche in unserem Buche, der Übergang zum Königtum, der mit dem Namen Samuels verknüpft ist. Und hier tritt sie um so intensiver auf, nicht bloss als geschmackgebende Zutat zur älteren Überlieferung, sondern dieselbe von

Grund aus umgestaltend. Denn was wir so eben daraus angeführt haben, sind nur Fragmente eines bedeutenden geschichtlichen Zusammenhanges, dessen erstes Stück 7, 2—17 uns zunächst in Anspruch nehmen wird. Nach der Aufforderung zur Bekehrung 7, 2—4 beruft Samuel 7, 5 eine Versammlung der Kinder Israel nach Mispa bei Jerusalem, um für sie um Abwendung der Philisterplage zu beten; die Maassregel steht natürlich im engsten Zusammenhange mit der vorher berichteten Abschaffung des Götzendienstes, denn nachdem die Schuld beseitigt ist, muss auch die Strafe aufgehoben werden. Man kommt zusammen, schöpft Wasser um es auszugiessen vor Jahve, fastet und bekennt seine Sünden zu Mispa. Als das die Philister hören, sind sie gleich am selbigen Tage zur Stelle und überfallen die betende Gemeinde. Aber Samuel opfert ein Milchlamm und schreit zu Jahve um Hilfe; und wie nun während dessen der Zusammenstoss erfolgt, da donnert Jahve gewaltig über die Philister und setzt sie in Verwirrung, dass sie weichen müssen und bis weit hin verfolgt werden. Die Philister aber, so lautet das Ende, wurden gedemütigt und drangen nicht wieder in das israelitische Land ein, und die Hand Jahves war wider die Philister, so lange Samuel lebte; und die Städte, welche die Philister den Israeliten abgenommen hatten, wurden wiedergewonnen, Ekron und Gath und ihr Gebiet entriss Israel den Phlilistern, uud es war Friede zwischen Israel und dem Amoriter.

Es genügt den Inhalt dieser Geschichte zu referiren, um ihre geistliche Mache und ihre innere Unmöglichkeit sofort zur Empfindung zu bringen: was drängt sich alles in den Raum dieses einen Tages zusammen! Nun aber beachte man noch den vollendeten Widerspruch gegen alles sonst Überlieferte. In der Folge finden wir die Herrschaft der Philister keineswegs beseitigt, nicht bloss dringen sie, noch bei Samuels Lebzeiten, mehrfach über die Grenze, sondern sie sind im Besitz des israelitischen Landes, einer ihrer Statthalter wohnt zu Gibea mitten in Benjamin. Der Kampf gegen sie ist recht eigentlich der Entstehungsgrund und die Aufgabe des Königtums, kein Gedanke daran, dass Samuel diesem Arbeit und Verdienst vorweg genommen und sogar Ekron und Gath „zurückerobert“ habe. Grade zu seiner Zeit hat vielmehr das Philisterjoch am schwersten auf Israel gelastet.

An der ganzen Erzählung kann kein wahres Wort sein.

Ihre Motive aber lassen sich leicht durchschauen. Samuel ist ein Heiliger ersten Ranges (Hier. 15, 1), einem solchen Manne gebührt in der Theokratie, d. h. in dem religiösen Gemeinwesen, als welches das alte Israel nach dem Muster des Judentums vorgestellt wird, die Stelle an der Spitze des Ganzen. Natürlich muss dann sein Einfluss weit genug gereicht haben, um Götzendienst und Untreue gegen Jahve im Volke auszuschliessen; im ganzen muss der Gemeincharakter der Zeit seinem eigenen Vorbilde entsprochen haben. Nun aber erhebt sich ein hässlicher Anstoss. Wenn Samuels Leitung dafür bürgt, dass im Innern alles war wie es sein muss, wie soll dann zugleich von aussen her so grosse Not geherrscht und sogar der Existenz des Volkes Gefahr gedroht haben! Wenn die Menschen das ihrige tun, wie kann es dann Jahve an sich fehlen lassen! Man hat vielmehr zu glauben, dass der inneren Gerechtigkeit auch die äussere Rechtschaffung entsprochen habe. Schon unter Samuel sind die Philister mit Gottes Hilfe zu den Grenzen hinausgetrieben und haben sich sein Lebetag nicht wieder sehen lassen. Der Frömmigkeit einer betenden Versammlung hat Jahve einen Erfolg in den Schooss fallen lassen, an dessen Erringung sich hinterher das Schwert kriegerischer Könige lange vergeblich gemüht hat.

Aber diese Geschichtskorrektur steht nicht für sich und wird erst durch den folgenden Zusammenhang vollkommen begreiflich; 1. Sam. 7 wird durch Kap. 8, und Kap. 8 weiter durch 10, 15 bis 12, 25 fortgesetzt. Nachdem Samuel das Land von der Fremdherrschaft befreit, führt er bis in sein Alter ein ruhiges und glückliches Regiment. Da aber seine Söhne, die er sich beigeordnet hat, nicht in seinem Wege gehen, so nehmen die Ältesten Israels das zum Anlass, sich von ihm einen König zu erbitten; es ist aber nur ein Vorwand für ihr Gelüste, die göttliche Herrschaft abzuschütteln und zu werden wie die Heiden. Samuel ist höchst aufgebracht über diese Undankbarkeit, wird aber von Jahve angewiesen, der Forderung zu willfahren. „Sie haben nicht deine, sondern meine Herrschaft verworfen, grade so wie sie, seit ich sie aus Ägypten geführt, es gemacht, mich verlassen und anderen Göttern gedient haben, so handeln sie nun auch gegen dich." Vergebens hält ihnen Samuel ein abschreckendes Verzeichnis der Rechte des Königs vor, sie geben von ihrem Entschluss nicht ab, und so beruft er (8, 22. 10, 17) eine allgemeine Versammlung des

Volkes nach Mispa. Dort wird, nachdem die einleitende Strafpredigt gehalten ist, um den König gelost und Saul getroffen, worauf Samuel noch das Königsgesetz schreibt und es vor Jahve niederlegt. Dann wird das Volk entlassen, „und auch Saul ging nach Hause gen Gibea und mit ihm die Kriegsleute, denen Gott das Herz rührte, aber die nichtsnutzigen Buben verachteten ihn und sagten: was wird der uns helfen!"

Nur de iure soll damit Saul zum König gemacht sein, de facto wird er es erst, nachdem er sich erprobt hat, Kap. 11. Nämlich etwa nach einem Monat (10, 27 Sept.) schicken die Bürger von Jabes, von den Ammonitern belagert und schwer bedrängt, Boten durch ganz Israel mit der Bitte um schleunige Hilfe, denn binnen sieben Tagen müssen sie sich den Feinden ergeben und sich ein jeder das rechte Auge ausstechen lassen. Die Boten kommen auch nach der Stadt Sauls, Gibea in Benjamin, und reden ihre Worte vor den Leuten; die heben ihre Stimme auf und weinen. Indem kommt Saul mit einem Joch Rinder vom Felde, und da er das allgemeine Weinen bemerkt, fragt er was geschehen sei. Man erzählt es ihm, da überfällt ihn der Geist Gottes und er gerät in sehr grossen Zorn; er zerstückt seine Rinder und schickt die Teile durch ganz Israel mit dem Entbieten: wer nicht ausziehe in den Kampf, des Rindern solle also geschehen! Und der Schrecken Jahves fällt auf das Volk, sie ziehen aus wie ein Mann und entsetzen die belagerte Stadt. Darauf wird dem Saul zu Gilgal „das Königtum erneuert"; und nun erst tritt Samuel ihm die Regierung ab, in der langen Rede Kap. 12, aus der oben ein grösseres Stück mitgeteilt ist.

Dass das 11. Kapitel in diese Version aufgenommen ist, erhellt aus 12, 12 und auch aus 11, 12—14. Aber ursprünglich ist es nicht für diesen Zusammenhang berechnet. Denn von den Kriegsmännern, die Saul nach 10, 26 begleiten, merkt man hier nichts, und die Boten von Jabes kommen nicht seinetwegen nach Gibea. Wie der vermeintliche König vom Pflügen zu Hause kommt, wird nicht getan, als gehe ihn die Botschaft näher an, niemand teilt sie ihm mit, er muss sich nach der Ursache des allgemeinen Weinens erst erkundigen. Nicht kraft seines Amtes als König, sondern in der Autorität des Geistes bietet er den Heerbann Israels auf und findet begeisterten Gehorsam. Erst nachdem er seine Kraft gezeigt und die Ammoniter geschlagen hat, wird er 11, 15 vom Volke zum Könige gemacht: die Renovation des Königtums 11, 14 — nach einem Monat — ist ein durchsichtiger Kunstgriff des Verfassers von Kap. 8. 10, 17sqq., womit er das anderswoher entlehnte Stück seiner eigenen Relation einverleibt; die Verse 11, 12—14 rühren von ihm her.

Der Zusammenhang, worin 1. Sam. 11 ursprünglich stand, ist die andere Erzählung über Sauls Erhebung 9, 1 — 10, 16. Hier wird er uns zu Anfang vorgeführt, wie er entlaufenen Eselinnen nachgeht. Auf mehrtägiger vergeblicher Suche bis gen Rama gelangt wendet er sich auf den Rat seines Knechtes an einen Seher daselbst um Auskunft, eben an Samuel. Dem ist er schon tags zuvor durch Jahve angemeldet: „morgen werde ich dir einen Mann aus Benjamin zusenden, den salbe zum Fürsten über mein Volk, er soll es erretten von den Philistern" — er hat ihn also erwartet und zum voraus ein Opferfest auf der Bama für ihn veranstaltet. Jetzt ist Samuel, zwischen dem sakralen Akt und der daran sich schliessenden Mahlzeit, hinabgegangen zur Stadt, und wie er eben zurück will zu den Gästen, trifft er im Tore den nach ihm fragenden Saul und erkennt auf Jahves Zuraunen in ihm seinen Mann. Er nimmt ihn mit hinauf zur Bama, und nachdem er ihn über die Eselinnen beruhigt, deutet er ihm auf der Stelle an, zu wie hohen Dingen er berufen sei, und gibt ihm überzeugende Beweise, dass er auf ihn als Ehrengast beim Opfermahle gerechnet und ihm das beste Stück aufgehoben habe[1]). Darauf beherbergt er ihn noch die folgende Nacht und begleitet ihn am anderen Morgen auf den Weg. Nachdem der Knecht ein wenig voraufgeschickt ist, bleibt Samuel stehen, salbt den Saul, zum Zeichen dass er von Jahve zum Könige und Helfer Israels ausersehen sei, und weist ihn zum Schlusse an: wenn Gelegenheit zu handeln komme, so solle er sie in dem Bewusstsein brauchen, dass Gott mit ihm sei. Auf dem Heimwege durch das Eintreffen dreier ihm angekündigter Zeichen von der Zuverlässigkeit des Sehers versichert und dadurch im Herzen nach und nach bis zum Überschäumen umgewandelt, kommt Saul nach Gibea, und obwohl durch sein seltsames Wesen den Bekannten auffallend, verrät er zu Hause doch nicht einmal dem nächsten Freunde, was ihm Samuel gesagt, sondern wartet der Dinge, die da kommen sollen.

[1]) Vgl. Agh. 7, 76.

So weit sind wir 10, 16. Dass hiemit noch kein Abschluss erreicht ist, leuchtet ein; der Same muss doch aufgehen, der veränderte Geist zur Wirkung kommen. Dieser Forderung geschieht auf das vollkommenste Genüge, wenn Kap. 11 als unmittelbare Fortsetzung von 10, 16 betrachtet wird. Etwa nach einem Monate, da kommt für Saul die Gelegenheit zu handeln, auf die ihn Samuel verwiesen hat; während die anderen über die Schmach, die einer israelitischen Stadt von den Ammonitern droht, weinen, überfällt ihn der Geist und der Zorn; er hat von jener Unterredung her den Stachel im Herzen und tut nun, „was seine Hand findet". Der Erfolg ist überraschend, auf die natürlichste Weise von der Welt erfüllt sich das Seherwort.

Gehört Kap. 11 ursprünglich der Relation 9, 1—10, 16 an, so ergiebt sich daraus die Abhängigkeit und Posteriorität der anderen ohne weiteres. In welchem inneren Verhältnis stehen nun die beiden Versionen zu einander? Hie und da berühren sie sich in den Ideen. Dort sucht Saul die Eselinnen und findet die Krone, hier versteckt er sich unter den Geräten und wird als König hervorgezogen. Dort wird er vom Seher berufen, hier wird er durch das Los eingesetzt — beide mal wirkt die göttliche Kausalität. Aber wie wird der Gedanke auf der späteren Stufe übertrieben und wie plump tritt er hervor! Und weit stärker als diese Verwandtschaft in der Anschauungsweise ist auf der anderen Seite die Abweichung des Ablegers vom Original. Über die Richtung derselben sind wir durch das 7. Kapitel vorbereitet. Samuel hat seine Landsleute von den Feinden befreit und hinterher gerecht und glücklich über sie geherrscht — warum verlangen sie also nach einer Veränderung in der Regierungsform? Sie haben so viel und so wenig Grund dazu wie zum Abfall von Jahve, der ihnen ja auch nach einer Reihe ruhiger Jahre periodisch zum Bedürfnis wird; es ist der Ausfluss ihres innerlich heidnischen Wesens. So nach Kap. 8 nebst Zubehör. Ganz anders nach Kap. 9sqq. Da befindet sich Israel am Ende der Richterzeit nicht auf der Höhe von Macht und Glück, sondern im tiefsten Stande der Erniedrigung, und gerade im Königtum wird das Mittel der Rettung gesehen. Mit diesem Unterschiede hängt ein anderer eng zusammen, bestehend in der Auffassung der Autorität Samuels. In Kap. 8sqq. ist er wie in Kap. 7 der Reichsverweser Jahves, mit unbeschränkter Vollmacht. Er empfindet die Königsherrschaft als seine eigene Absetzung; jedoch rebelliren die Israeliten nicht etwa gegen ihn, sondern erbitten sich von ihm selber den König. Er hätte die Bitte verweigern, er hätte ihnen einen Herrscher nach seinem Gutdünken geben können, doch als korrekter Theokrat lässt er Jahve entscheiden. Zum Schluss legt er feierlich die bisher von ihm geführte Regierung nieder und übergiebt sie seinem Nachfolger, der nur den Titel, nicht aber die Fülle der Macht vor ihm voraus hat, eher in letzterer Beziehung, als bloss weltlicher Fürst (12, 23sq.), hinter ihm zurücksteht. Wie steht es dagegen in Kap. 9 sqq.? Hier ist Samuel dem Saul selber weder dem Namen noch dem Wohnorte nach bekannt, nur der Knecht hat von ihm sagen hören und in seiner Heimat steht er als Seher in grosser Achtung. Was man sich unter einem Seher von damals vorzustellen habe, wird mit einiger Absichtlichkeit klar gestellt, indem Samuel nach dem Verbleib entlaufener Eselinnen gefragt und ihm dafür ein viertel Silberling angeboten wird. Steht nun auch dieser Seher deutlich über der Masse seiner Standesgenossen, so bleibt doch sein geschichtliches Eingreifen völlig innerhalb der Schranken des auch etwa einem Kalchas Möglichen, und lässt von der legislativen und exekutiven Gewalt eines Regenten der Theokratie nicht das mindeste merken. Er bringt nicht die Hilfe, er ersieht nur die Hilfe und den Helfer. Gerade das Ereignis, wodurch Samuel nach Kap. 8sqq. von seiner Stellung verdrängt und in den Hintergrund geschoben wird, begründet hier einzig seine Bedeutung: das Königtum Sauls, das zwar nicht sein Werk, aber sein Gedanke ist. Er kündigt dem Benjaminiten seine Bestimmung an, als Interpret von dessen eigenen Herzensgedanken (9, 19). Damit ist seine Aufgabe erfüllt, seinen Nachfolger in der Regierung zu ernennen hat er keinen Auftrag und keine Gewalt. Alles weitere überlässt er dem Laufe der Dinge und dem Geiste Jahves, der Saul auf eigene Füsse stellen werde.

Im Hintergrunde der beiden verschiedenen Berichte erkennen wir den geistigen Abstand zweier Zeitalter. Dem vorexilischen Israel ist das Königtum der Höhepunkt der Geschichte und die grösste Segnung Jahves. Vorher ging eine Periode der Unruhe und Bedrängnis, wo jeder tat was er wollte und also die Feinde leichtes Spiel hatten. Nun wohnt man sicher, geachtet von den Nachbaren, und kann im Schutze staatlicher Ordnung seines Feigenbaumes und seines Weinstocks froh werden. Das ist das Verdienst der beiden ersten Könige, die Israel von seinen Räubern befreit, ihm Macht und Ruhe gegeben haben. Sie werden in dieser Hinsicht nicht verschieden beurteilt, der eine hat das Werk angefangen, der andere es vollendet (I. 9, 16. 14, 48. II. 3, 18. 19. 10). Während man früher in harter Kampfesarbeit nicht zu Atem kam, ist nun Zeit auch an anderes zu denken. Noch das Deuteronomium, das nicht lange vor dem Exil geschrieben ist, betrachtet die vorkönigliche Periode nur als eine vorbereitende und nicht für voll zu rechnende Übergangszeit: erst muss Israel selber zu festen Sitzen gelangt und eine gesicherte Existenz gewonnen haben, dann wird auch Jahve sich einen Sitz erwählen und Ansprüche in bezug auf den Kultus erheben. Nachdem aber David es dahin gebracht, dass das Volk Raum hat und festgewurzelt ist im Boden und nicht mehr zittert vor den Feinden, die es von Anfang an und alle Tage der Richter in Atem gehalten haben, ist dann unter seinem Nachfolger die Zeit gekommen, den Tempel zu bauen und sich höheren Aufgaben hinzugeben. Wie ferne dem hebräischen Altertum die Vorstellung eines feindlichen Gegensatzes zwischen dem himmlischen und dem irdischen Herrscher lag, ersieht man aus dem Namen des Gesalbten Jahves und aus der prophetischen Hoffnung, die auch für die ideale Zukunft den menschlichen König nicht entbehren kann. So lebendig wie je einem anderen Volke ist es den alten Israeliten im Bewusstsein geblieben, welcher Dank den Männern und der Institution gebühre, wodurch sie aus der Anarchie und Unterdrückung zu einem geordneten und wehrfähigen Gemeinwesen emporgehoben wurden; die Bücher Samuelis legen davon das beredteste Zeugnis ab[1]).

In schneidendem Gegensatz dazu nimmt die Version 1. Sam. 7. 8. 10, 17sqq. 12 ihren Standpunkt ein. Da ist die Errichtung des Königtums nur eine tiefere Stufe des Abfalls. Einen Fort-

[1]) In der Ausschau Bileams über die gesegnete Zukunft Israels Num. 23sq. haftet sein Blick besonders auf dem Königtum als einem Hauptsegen. Im allgemeinen 23, 21: „Jahve sein Gott ist mit ihm, und Königsjubel wird laut unter ihm“. Mit besonderer Beziehung auf Saul 24, 7: „und über Agag triumphirt sein König und sein Reich steigt empor“. Auf David 24, 17: „ich sehe ihn obwohl nicht jetzt, ich schaue ihn obwohl nicht nahe; aufgeht (וזרח) ein Stern aus Jakob und eine Rute aus Israel, und zerschmettert die Schläfen Moabs und den Scheitel aller Söhne ...., auch Edom wird Eroberung“. Die Thora und das Königtum sind nach Deut. 33, 4. 5 die beiden grössten Gnadengaben Gottes.

schritt über das mosaische Ideal hinaus kann es nicht geben; je weiter man sich davon entfernt, desto grösser ist der Rückschritt. Die kapitale Sünde, einen menschlichen Herrscher auf Jahves Thron zu setzen, dient sogar der Richterzeit, die sonst auch grau in grau gemalt wird, zur verklärenden Folie; selbige erscheint wegen ihres Festhaltens an der Urform der Theokratie in hellerem Lichte, ja gerade zuletzt noch, um den Kontrast zu erhöhen, in herrlichem Glanze. Unter Samuels Regimente war alles wie es sein sollte. Fragen wir nun, wie es denn da eigentlich war und was es mit der theokratischen Verfassung für eine Bewandtnis hat, so erhalten wir darauf freilich keine genügende Antwort. Man könnte vom Haupte auf den Körper zurückschliessen wollen, aber was für einen Begriff soll man sich von Samuels Stellung machen? So wie er in diesen Kapiteln erscheint, ist er in den Kategorien, die etwa in Frage kommen, durchaus nicht unterzubringen; er ist kein Richter, kein Priester, kein Prophet, wenn wir den Worten ihre historische Bedeutung lassen. Ein zweiter Moses ist er — nun ja, aber das macht uns nicht klüger. Deutlich ist nur, dass die Theokratie auf ganz anderem Fusse eingerichtet ist als die Reiche dieser Welt, und dass es als Abfall zum Heidentum gilt, wenn die Israeliten wie andere Völker einen König an ihre Spitze stellen, der Hofleute und Beamte, Officiere und Soldaten, Rosse und Wagen hält. Sie ist demnach ein geistliches Gemeinwesen, wie denn auch der geistliche Charakter des Regenten ausser Frage steht. Samuel mahnt das Volk vom Götzendienst zu lassen, er steht dem grossen Busstage zu Mispa vor, der in der heiligen Geschichte Epoche bildet, seinem Bitten und Schreien vermag Jahve nichts abzuschlagen (12, 17). „Es sei ferne von mir, sagt er noch zum Abschiede (12, 23), dass ich ablasse für euch einzutreten und euch auf den guten Weg zu weisen.“ Entsprechend haben die Bürger der Theokratie die Aufgabe, den Jahvekultus zu pflegen und sich der Leitung des Stellvertreters der Gottheit nicht zu entziehen. Auf Mittel sich wehrfähig zu machen brauchen sie nicht zu denken; wenn sie fasten und beten und von ihren Sünden lassen, so schlägt Jahve die Feinde durch seinen Blitz und Donner zurück, und so lange sie fromm sind, lässt er dieselben gar nicht in das Land kommen. All der Aufwand, wodurch ein Volk sonst seine Existenz sichert, ist dann natürlich überflüssig. Dass diese Vorstellung ungeschichtlich sei, versteht sich von selber;

dass sie der echten Tradition widerspricht, haben wir gesehen. Die alten Israeliten haben nicht von Anfang an eine Kirche, sondern zuerst ein Haus zum Wohnen gebaut; und sie sind überfroh gewesen, als sie es glücklich unter Dach hatten (11, 15). Aber noch das ist zum Schluss hinzuzufügen, dass jene Vorstellung nur in einer Zeit entstanden sein kann, welche Israel als Volk und Reich nicht mehr kannte und von den realen Bedingungen, die dazu gehören, keine Erfahrung hatte — dass dieselbe mit anderen Worten dem exilischen oder nachexilischen Judentume entstammt. Damals war aus der Nation eine religiöse Gemeinde geworden, deren Glieder sich um des willen auf die Hauptsache, den Gottesdienst und die Frömmigkeit, beschränken konnten, weil ihnen die Sorge für die weltlichen Angelegenheiten durch die Chaldäer oder die Perser abgenommen war. Damals existirte also die Theokratie, und von daher wird sie idealisirt auf die Vorzeit übertragen. Aber so, dass dabei der materielle Untergrund, worauf sie tatsächlich ruhte, nämlich die Fremdherrschaft, ignorirt und es hingegen den alten Israeliten als Heidentum angerechnet wird, dass sie selber für ihre äussere Existenzfähigkeit sorgen, dass sie ein Volk im vollen Sinne des Wortes sind und sich als solches mit den Mitteln, wie sie die gemeine Wirklichkeit erheischt, zu erhalten streben. Dass die durch das Königtum geschaffene politische Organisation und Centralisation die kultische erst begründet habe, dass ihre Kirche nur das verklärte Überbleibsel der Nation sei, der Gedanke kam begreiflicher weise den Epigonen nicht — was dem Moses gutgeschrieben wird, wird dem Königtum entzogen.

Noch eins ist hervorzuheben. Die Kapitel 7. 8. 10, 17sqq. 12 bekunden nicht bloss durch ihre allgemeine Haltung eine nahe Verwandtschaft mit Jud. 19—21, sondern auch durch einen speciellen Berührungspunkt. Nur hier kommt Mispa bei Jerusalem als Versammlungsstätte Gesamtisraels vor, sonst hören wir in der ganzen Richter- und Königszeit nichts von dem Orte. Erst nach der Zerstörung Jerusalems wird er erwähnt und zwar als Mittelpunkt des neuen von den Chaldäern eingerichteten jüdischen Gemeinwesens (Hier. 40sqq.), als Substitut der alten Hauptstadt. In ähnlicher Bedeutung erscheint er noch einmal 1. Makk. 3, 46sqq., in einer Zeit, wo der jerusalemische Tempel in den Händen der Syrer und den Juden unzugänglich war. Auf grund von Hier.

40sqq. ist Mispa vermutlich auch in Jud. 20. 1. Sam. 7. 10 bestimmt, die Stelle Jerusalems zu vertreten, des allein legitimen, damals aber noch nicht vorhandenen Heiligtums. Das ist ein weiterer Beweis des nachdeuteronomisch-jüdischen Ursprungs dieser Geschichten, zugleich aber auch ein Merkmal dafür, dass dieselben den Priesterkodex, bei aller Hinneigung zu dessen Anschauungen, doch tatsächlich noch nicht voraussetzen. Dort vollzieht sich nämlich die Projektion Jerusalems für die vorsalomonische Periode in ganz anderer Weise, die Stiftshütte macht Mispa überflüssig. Übrigens ist auch der Ritus des Wasserausgiessens 1. Sam. 7 dem Priesterkodex fremd.

3. Sauls Verhältnis zu Samuel, sehr geeignet zu verallgemeinernder Betrachtung, hat auch sonst der Entwicklung der Tradition zum Anhalt gedient. Gehen wir von der Auffassung in 1. Sam. 7. 8. 12 als unterer Grenze aus, so steht ihr am nächsten, was 1. Sam. 13 in einer Einlage von Samuel berichtet wird. Nachdem Saul in Gilgal von dem Volksheere, womit er Jabes entsetzt hat, zum Könige gemacht ist, sucht er sich darunter Männer aus, die mit ihm und Jonathan zu Gibea und dem benachbarten Michmas lagern; Jonathan gibt das Signal zum Kampfe gegen den Erzfeind, indem er den Vogt zu Gibea erschlägt. Die Philister rücken vor und machen nordwärts von Gibea Halt, nur durch ein tiefes Tal davon getrennt. Saul aber, heisst es nun plötzlich 13, 7 (vgl. 13, 4), war noch immer in Gilgal und wartete sieben Tage auf Samuel gemäss der Frist, die ihm dieser gesetzt hatte; aber Samuel kam nicht und die Kriegsleute zerstreuten sich. Wie er nun eben selber das Opfer brachte, ohne das kein Feldzug eröffnet werden konnte, da kam Samuel und fuhr ihn an. Saul rechtfertigte sich sehr triftig: das Volk habe sich verlaufen und Samuel sich nicht zur bestimmten Zeit eingestellt, die Philister aber seien schon bis dicht vor Gibea vorgerückt, so habe er nicht länger warten können das Opfer zu bringen und ihnen entgegenzugehen. Aber Samuel hatte darauf nur die Antwort: „du hast gefehlt, hättest du Jahves Gebot gehalten, so hätte er dein Königtum bestätigt in Ewigkeit, nun wird dein Königtum nicht bestehen; Jahve hat sich einen Mann nach seinem Herzen ausgesucht und ihn zum Fürsten über sein Volk bestimmt, denn du hast nicht gehalten, was Jahve dir befohlen hat“. Sprachs und entfernte sich, Saul aber zog mit dem Heere von Gilgal nach Gibea. Zu

Gibea — fährt der folgende Vers (13, 16) dann fort — sassen Saul und Jonathan und ihre Leute, als die Philister in Michmas sich lagerten.

Dass der ganze Passus über die Begegnung des Königs mit dem Propheten in Gilgal (13, 7—15) von späterer Hand eingesetzt ist, erhellt aus dem Ortswechsel. Im Anfange der Erzählung befindet sich Saul in Gibea (13, 2. 3) und eben dort suchen ihn die Philister auf, deshalb vor dem Orte Halt machend, weil sie hier auf die Gegenwehr treffen. Plötzlich wird 13, 7 stillschweigend vorausgesetzt, Saul habe sich seit der Königswahl noch immer in Gilgal aufgehalten und sei von da gegen die Philister gezogen, die vor Gibea auf ihn warteten. Aber in 13, 16 hat man wieder den Eindruck, dass Saul mit den Seinigen längst in Gibea gestanden habe, als die Feinde gegenüber Lager schlugen; nur so versteht sich der Gegensatz des zuständlichen Particips (sedentes) und des inchoativen Perfekts (castrametati sunt). Und weiterhin verrät sich in der triumphirenden Fortsetzung der Erzählung, namentlich in Kap. 14, keine Spur, dass jene ominöse Scene in Gilgal auf Sauls, des Volkes und des Schriftstellers Seele laste.

Mit den sieben Tagen, die Saul nach 13, 7—15 zu Gilgal auf Samuel warten soll, wird zurückgegriffen auf 10, 8, wo der Seher dem zukünftigen Könige sagt: „du sollst vor mir nach Gilgal hinabziehen und dort will ich dir nachkommen, um die Opfer zu bringen; sieben Tage sollst du auf mich warten, damit ich dir ansage, was du zu tun hast“. Diesem Verse spricht nicht bloss der Zusammenhang mit 13, 7—15 sein Urteil. Nach 10, 1—7 handelt es sich dem Samuel in diesem Augenblicke nur darum, das Mistrauen des seine Eselinnen suchenden Benjaminiten zu dem ihm geweissagten hohen Berufe zu überwinden, ihm Glauben und Zuversicht einzuflössen, aber nicht, ihm unverständliche Vorschriften darüber zu geben, was er, wenn er wirklich König geworden sei, zunächst tun und wie lange er in Gilgal auf ihn warten solle. Den schulmeisterlichen Ton von 10, 8 erwartet man am wenigsten gerade nach der unmittelbar vorangehenden Äusserung 10, 7: wenn die drei Bürgschaften eingetroffen seien, so solle Saul tun was seine Hand finde, denn Gott sei mit ihm. Hiermit wird ihm doch die volle Freiheit des Handelns gegeben, und zwar deshalb, weil Gottes Geist in ihm wirkt, der bekanntlich wehet wo er will und sich von keiner Autorität drein reden lässt[1]).

Die Einlage beruht auf einer älteren Relation über den Bruch zwischen Samuel und Saul 1. Sam. 15, in welcher aber auch das Opfer die Gelegenheit und Gilgal der Schauplatz ist: nur aus letzterem Umstande erklärt es sich, dass Gilgal auch in 13, 7—15 trotz aller Unmöglichkeit als der gegebene und notwendige Ort festgehalten wird. Jahve erteilt durch Samuel dem Könige Befehl, die Amalekiter zur Strafe für eine vor alters gegen Israel begangene Heimtücke zu bannen und nichts von ihnen übrig zu lassen. Demzufolge bekriegt Saul die Amalekiter und schlägt sie, führt aber den Bann nicht ganz streng aus, sondern schont des besten Viehs und des gefangenen Königs Agag. Darüber in Gilgal, wo man den Sieg vor Jahve feiert, von Samuel zur Rede gestellt gibt er vor, die Beute zum Opfer Jahves bestimmt zu haben. Damit macht er keinen Eindruck. „Siehe Gehorsam ist besser als Opfer, Aufmerken mehr wert als Widderfett; siehe wie Wahrsagerei ist das Widerstreben und wie Bilder- und Götzendienst der Ungehorsam: weil du Jahves Wort verschmäht hast, hat er dich als König verschmäht.“ Der König erkennt seine Schuld und will Samuel begütigen, der aber wendet sich erzürnt, und da ihn jener festhalten will, reisst der Mantel. „Jahve hat das Reich Israel heute von dir gerissen und es einem Besseren gegeben, auch lügt der Wahrhaftige Israels nicht und ändert seinen Sinn nicht, denn er ist kein Mensch, dass ihn etwas reue.“ Doch auf die Bitte Sauls ihm wenigstens nicht öffentlich vor dem Volke die Ehre zu versagen, nimmt Samuel am Opfer teil und eröffnet es selber damit, dass er den Agag vor Jahve zerhaut. Dann gehen sie auseinander um sich nie wiederzusehen, Samuel aber trägt Leid um ihn, dass Jahve es sich hatte reuen lassen, ihn zum Könige über Israel gemacht zu haben. Mit dieser Erzählung hängt eine andere, durch Gegenstand und Behandlung, Gedanken und Ausdruck, auf das engste zusammen; die von der Hexe von Endor. Als Saul kurz

[1]) Übrigens ist es klar, dass der Verfasser von 10, 8. 13, 7—15 unmöglich schon in Kap. 11 den Samuel in Gilgal vorgefunden haben kann, bevor er ihn in Kap. 13 dorthin kommen lässt. Dass 11, 12—14 Nachtrag ist, haben wir bereits gesehen; aber auch in 11, 7 muss der Name Samuels interpolirt sein. In der Tat handelt 11, 15 das Volk, d. i. das Heer, noch im jetzigen Text vollkommen auf eigene Hand. Daraus folgt zugleich, dass 10, 8. 13, 7—15 älter ist als Kap. 7. 8. 10, 17sqq. 12.

vor der Schlacht, in der er fiel, das Heer der Feinde überblickte, befiel ihn Angst und Schrecken. Er fragte Jahve, erhielt aber keine Antwort, weder durch Träume noch durch das Ephod noch durch Propheten, bis er durch die Not einer dunklen Zunft in die Arme getrieben wurde, die er sonst verfolgt und ausgerottet hatte. Verkleidet suchte er nachts mit zwei Begleitern eine Totenbeschwörerin in Endor auf, und nachdem er sie über die Todesgefahr beruhigt hatte, die ihr durch Ausübung ihrer Kunst drohte, hiess er sie den Samuel citiren. Wie sie den Geist heraufkommen sieht, erkennt sie, dass derjenige, dem er zu einer Unterredung entgegengehe, der König selber sei; sie schreit laut auf, lässt sich aber wieder beschwichtigen und beschreibt das Aussehen des Toten. Saul sieht ihn nicht, er hört ihn nur reden. „Warum hast du mich in Unruhe gesetzt und mich heraufholen lassen? Jahve tut wie er durch mich gesagt, reisst das Reich von dir und gibt es einem andern, weil du seiner Stimme nicht gehorcht und seinen grimmigen Zorn gegen Amalek nicht ausgerichtet hast; morgen wirst du mit deinen Söhnen bei mir sein und auch das Heer Israels wird Jahve in der Philister Hand übergeben.“ Bei den Worten schlägt Saul so lang wie er ist zu Boden, er hatte tags zuvor und auch die Nacht nichts gegessen. Mit Mühe wird er bewogen etwas zu sich zu nehmen; darauf erhebt er sich mit seinen Knechten, seinem Geschick entgegen zu gehen (1. Sam. 28, 3—25).

Vergleichen wir mit diesem Original die Kopie 13, 7—15, so fällt zuvörderst die Vorschiebung des Bruches auf. Kaum König geworden wird Saul sofort abgesetzt, gleich auf dem Fleck, zu Gilgal. Und auf was für Gründe hin? Samuel hat ihm ganz willkürlich eine Wartezeit gesetzt, erst nachdem sie verstrichen ist, trifft Saul Anstalten zum Abmarsch, zu dem die Not zwingt, und darum wird er verworfen! Offenbar ist jener von vornherein von der Stimmung gegen ihn beseelt, die der legitime Fürst dem Usurpator gegenüber hat; er hat es darauf angelegt einen Anlass zu finden, um sein Verhältnis zu ihm in das klare zu bringen. Genau genommen hat er freilich den Anlass doch nicht gefunden, da ja die Frist eingehalten ist; aber unausgesprochen steht die Meinung im Hintergrunde, dass der König nicht bloss vor Ablauf der sieben Tage, sondern überhaupt nicht opfern dürfe; sein Opfern wird als Raub am Heiligen angesehen. Da taucht die autonome

Theokratie vor unsern Augen auf, an die vor Ezechiel niemand gedacht hat; wir werden erinnert an die Erzählungen der Chronik über Joas und Uzzia. Bei aller Ähnlichkeit des Inhalts ist doch der Geist von 1. Sam. 15. 28 ein wesentlich anderer und älterer. Nicht mit so rasender Eile erfolgt hier die Verwerfung, man gewinnt nicht den Eindruck, dass Samuel sich freut, den König von der Hand schlenkern zu können. Er ehrt ihn vielmehr vor dem Volke, er trägt Leid, dass Jahve ihn verschmäht hat; Saul, der ihn im Leben nicht mehr schaut, wendet sich in der höchsten Not noch an den Toten: er hält ihn nicht für seinen bösen Feind. Während ferner dort der König sich versündigt, indem er die Heiligkeit des Opfers und die Unnahbarkeit des Altars für die Laien nicht gebührend achtet, so wird ihm hier vorgeworfen, dass er dem Opfer einen viel zu hohen Wert beilegt. Dort handelt endlich die Gottheit und ihr Stellvertreter mit absoluter Willkür, stellt sich mit unbegreiflichen kleinlichen Geboten schroff dem Menschen gegenüber, fordert ihn zum Widerspruch heraus; hier ist das Auftreten Samuels, wenn man den Bann als Volkssitte voraussetzt, motivirt, sein Wesen nicht von Geist entblösst, er beruft sich nicht auf seine Unverantwortlichkeit, sondern auf die moralische Evidenz, dass Gehorsam besser sei als Widderfett.

Freilich gehören auch die Kapitel 15 und 28 nicht zum Stock der Überlieferung. Bei 1. Sam. 28, 3—25 ist es leicht, die Einschiebung aufzuzeigen, denn der Faden von 28, 1. 2, herkommend von Kap. 27, wird 29, 1 fortgesetzt; nach 28, 4 sind die Philister schon zu Sunem in Jezreel, nach 29, 1 noch zu Aphek in Saron, von wo sie erst 29, 11 nach Jezreel aufbrechen. Um in bezug auf 1. Sam. 15 das gleiche zu zeigen, könnte man sich darauf berufen, dass zwischen 14, 52 und 16, 14 direkter Anschluss besteht — aber das ist etwas umständlich zu beweisen. Es genüge also, dass in der vorhergehenden Geschichte Sauls der Amalekiterkrieg in einem ganz anderen Lichte erscheint (9, 1 bis 10, 16. Kapp. 11. 13. 14 vgl. auch Num. 24). Die Veranlassung dazu ist nach 14, 48 den Bedürfnissen der Gegenwart entnommen und der Zweck der sehr praktische „Israel von seinen Räubern zu befreien“; keine Rede davon, dass der Feldzug um eines religiösen Gebotes willen unternommen sei, um die Amalekiter für eine längst verjährte Schuld zu strafen, über die man nur aus den Geschichtsbüchern über die mosaische Zeit Bescheid wusste.

Beide Erzählungen, Kap. 15 sowohl als Kap. 28, sind Vorspiele der folgenden Begebenheiten. Mit Kap. 16 tritt David auf den Schauplatz, ist sofort die Hauptperson und drängt Saul zur seite: in Kap. 15 wird diese Wendung prophetisch eingeleitet. Die Tatsache war überliefert, dass Saul von Jahve zum Könige ersehen war. Wie ist es denn möglich, dass seine Herrschaft trotzdem keinen Bestand hatte? Jahve, der sonst seinen Sinn nicht ändert, hat sich in ihm geirrt; Samuel, der den König berufen hat, muss zu seinem grossen Schmerz ihm nun auch das Urteil der Verwerfung sprechen. Die Gelegenheit, bei der er es tut, ist augenscheinlich historisch, nämlich die Siegesfeier zu Gilgal, wobei als vornehmstes Opfer der gefangene Führer der Amalekiter selber dargebracht wurde. Das Opfer Agags, der späteren Sitte völlig fremdartig, mag zu der Deutung Anlass gegeben haben, dass Saul den König geschont, Jahve aber seinen Tod verlangt und ihn durch Samuel am Altare habe zerhauen lassen. Daraus lässt sieh leicht das übrige entspinnen, näher auf das Wie einzugehen, ist überflüssig. Zu Kap. 15 verhält sich weiter Kap. 28, wie zur ersten Stufe die zweite. Es braucht nicht nachgewiesen zu werden, dass hier Sauls Fall im letzten Kampf gegen die Philister seinen prophetischen Schatten vorauswirft. Dass er sich an die Hexe wendet, um den abgeschiedenen Samuel zu beschwören, gibt einen höchst wirksamen Eindruck von der Gottverlassenheit, worin er sich befindet, seit jener von ihm sich abgewandt. Die allgemeine Färbung endlich wird dem Gegensatze zwischen Samuel und Saul hier verliehen durch das Verhältnis der Propheten zu den Königen, wie es sich besonders im Reiche Samarien (1. Reg. 14, 7) ausgebildet haben muss. Es ist klar, dass unsere Erzählungen in der Auffassung dieses Verhältnisses den prophetischen Standpunkt einnehmen, wie sie denn auch nach den lehrhaften Ideen, die darin ausgesprochen werden, als prophetische Konceptionen angesehen werden müssen.

4. David ist der erste judäische Held, dem wir begegnen: er stellt sogleich alle übrigen in den Schatten. Über seine Taten besitzen wir zwei ausführliche und zusammenhangende Schriften, die sich gegenseitig ergänzen. In 1. Sam. 14, 52 bis 2. Sam. 8, 18 wird zunächst umständlich erzählt, auf welche Weise David auf den Thron gelangt sei, sodann folgt seine Haupttat als König, die Demütigung der Philister und die Gründung Jerusalems, worauf

mit einer kurzen Übersicht über das sonst noch Bemerkenswerte abgeschlossen wird. Der Bericht ist uns vollständig erhalten, nur nicht in seiner reinen Form, sondern vielfach durchbrochen und überarbeitet. Die zweite Schrift 2. Sam. 9—1. Reg. 2 ist am Anfange verstümmelt, sonst jedoch fast völlig intakt, wenn man 2. Sam. 21—24 heraushebt. Sie erzählt vorzugsweise die Vorgänge am Hof zu Jerusalem aus den späteren Jahren des Königs und verfolgt dabei mit besonderem Interesse, wie Salomo, von dessen Geburt und deren Umständen gleich anfangs die Rede ist, über seine vor ihm stehenden Brüder Amnon Absalom Adonia hinweg auf den Thron gelangt. Beide Schriften zeichnen sich aus durch ihren wesentlich historischen Charakter. Die Darstellung ist weit eingehender und nicht von fern so poetisch wie in der Geschichte Sauls 1. Sam. 9sqq., Übertreibungen wie 14, 46sqq. kommen nicht vor. Den Vorzug verdient 2. Sam. 9sqq. In den Hergang der Begebenheiten, die natürlichen Anlässe und menschlichen Motive der Handlungen gewinnen wir da vielfach einen recht tiefen Einblick, wenngleich der Standpunkt ein beschränkt jerusalemischer ist und beispielsweise die eigentlichen Gründe des Aufstandes der Judäer unter Absalom kaum berührt werden. Die Begeisterung für David hat wohl auch hier die Feder geführt, aber seine Schwächen werden nicht verschwiegen, die wenig erbaulichen Verhältnisse seines Hofes getreu berichtet, die Palastintrigue, durch die Salomo auf den Thron gelangte, mit einer beinah boshaft scheinenden Unbefangenheit vorgetragen. Die erste Schrift 1. Sam. 16—2. Sam. 8 erzählt nicht so eingehend, gibt aber den Zusammenhang nicht minder strenge und beruht auf nicht viel schlechterer Information. Der Parteistandpunkt tritt dadurch stärker hervor, dass David in biographischer Weise seit seinem ersten Auftreten zum Helden der Geschichte gemacht wird, während doch noch König Saul sie eigentlich beherrscht und bewegt. Aber zur Umdichtung der Tatsachen hat die unvermeidliche judäische Sympathie schwerlich geführt, überhaupt nicht anders und nicht stärker eingewirkt, als sonst das lokale Interesse für den Stammhelden, von dem aus ursprünglich immer erzählt worden ist. Doch gilt dies Lob von 1. Sam. 16sqq. nur, sofern der ursprüngliche Bestand in Frage kommt. Anders steht es mit den gerade hier sehr zahlreichen Einsätzen, welche dem älteren Zusammenhange sich anschmiegen oder auch wohl eine Neubearbeitung an stelle eines echten Gliedes desselben treten lassen. Hier hat die Idealisirung des Gründers der judäischen Dynastie schöpferisch gewirkt, hier finden wir für die Geschichte der Tradition, in dem rohen Stil wie sie vor der Hand allein ausführbar ist, reiche Ausbeute. Vor allem den Anfang der ersten Schrift hat die spätere Sagenbildung überwuchert.

David, als tapferer kluger und redegewandter Mann bekannt, empfohlen zugleich durch sein Saitenspiel, kam an des Königs Hof und ward sein Waffenträger (16, 14—23). Im Kampfe gegen die Philister bewährte er sich so, dass Saul ihn von Stufe zu Stufe erhob und ihm seine Tochter zum Weibe gab (18, 6sqq.). Aber das Glück und der Ruhm des Judäers machten Saul eifersüchtig und in einem Anfall der Manie, der er auch nach 10, 10 ausgesetzt war, warf er nach David, der durch sein Saitenspiel den bösen Geist zu verscheuchen suchte, mit der Lanze (19, 9. 10). Da jener im Einverständnis mit Jonathan es für geraten hielt zu entweichen, so bestätigte das des Königs Argwohn, dem zunächst die Priester von Nob zum Opfer fielen, weil ihr Oberhaupt David mit Brod versorgt und das Orakel für ihn befragt hatte (21, 2—7. 22, 6—23). Den Flüchtigen selber bekam Saul nicht in die Hand, er scharte sein Geschlecht und andere verzweifelte Gesellen um sich und ward ihr Anführer in der Wüste Juda (22, 1—5. 23, 1—13. 25, 2sqq.). Um den sich wiederholenden Verfolgungen Sauls zu entgehen, trat er endlich auf das Gebiet der Philister über und erhielt von dem Fürsten Achis die judäische Stadt Siklag zu Lehen (27, 1sqq.).

Dies der Anfang der Geschichte Davids nach dem einfachen Faden der alten Erzählung. Zusatz ist zunächst die Legende von dem Kampfe des Hirtenknaben gegen Goliath 17, 1—18, 5, welche gleichmässig nach vorn und hinten anstösst. Denn nach 16, 14—23 war David, als er mit Saul in Berührung kam, nicht ein des Waffenhandwerks unkundiger Fant, sondern, „ein streitbarer Kriegsheld, verständiger Rede und von stattlichem Ansehen“, und nach 18, 6 sangen die Weiber bei der siegreichen Heimkehr des Heeres: Saul hat des Philisters Tausende geschlagen und David seine Myriaden — letzterer also war neben dem Könige der Führer Israels, ein erprobter und bekannter Mann. Augenscheinlich muss zwischen 16, 23 und 18, 6 ursprünglich etwas ganz anderes gestanden haben. Mit der Geschichte von Goliath 17, 1—18, 5 fällt nun aber aus ähnlichen Gründen auch die von der Salbung Davids 16, 1—13, die von jener abhängig (16, 12. 17, 42) ist; und auf diese Weise entsteht, da wir Kap. 15 bereits als sekundäres Erzeugnis kennen gelernt haben, der nötige Anschluss von 14, 52 mit 16, 14. In 18, 6sqq., wo über die Entstehung der Eifersucht Sauls gehandelt wird, fehlen mehrere der störendsten Erweiterungen noch der Septuaginta, namentlich der erste Speerwurf (18, 10. 11) und die Verlobung mit Merab (18, 17—19). Am buntesten kreuzen sich die Einschläge in dem Bericht über den Ausbruch der Feindschaft Sauls und über Davids Flucht, Kap. 19. 20. Das Stück 19, 1—7, sehr unmotivirtes Machwerk, verrät durch die Bekanntschaft mit Kap. 17 seinen späteren Ursprung; erst mit 19, 9 beginnt die Fortsetzung von 18, 29ª (Sept.). Nach Sauls Speerwurf 19, 8—10 entflieht David zum ersten mal, ist aber v. 11 doch noch zu Hause und entflieht mit Hilfe weiblicher List v. 12 zum zweiten male, zu Samuel gen Rama, um indessen in Kap. 20 nach wie vor in Gibea zu erscheinen. Es fällt dem Könige auf, dass er nicht zur Tafel kommt; Jonathan versichert ihn der Gewogenheit seines Vaters, an der David allerdings zweifelt ohne jedoch vom Gegenteil deutliche Beweise zu haben. Nachdem der tödliche Hass des Königs konstatirt ist, macht David nun endlich Ernst mit der Flucht; in Kap. 21sq. finden wir ihn auf dem Wege über Nob nach Juda, doch weicht er 21, 11 noch einmal von frischem von dem Angesichte Sauls. Es versteht sich von selbst, dass in der Wirklichkeit und in der ursprünglichen Erzählung die Flucht nur einmal geschehen und gleich von vornherein nach der Zuflucht, d. h. nach Juda, gerichtet gewesen sein muss. Das genügt, um über 19, 11—24 den Stab zu brechen; das 20. Kapitel ist wenigstens in seiner jetzigen Gestalt im Zusammenhang unmöglich; in Kap. 21 sind v. 8—10 und v. 11—16 auszuscheiden. Auch in dem Abschnitte über Davids Freibeuterleben Kap. 23—27 finden sich bedeutende Nachträge; nämlich ausser 27, 7—12 besonders die Begegnungen Davids mit seinen Verfolgern, in zwei Versionen, von denen die eine 26, 1—25 wegen v. 19 vor Kap. 27 eingesetzt ist, die andere 23, 14—24, 23 vor Kap. 25, um eine zu nahe Kollision zu vermeiden. Da beide vielerwärts wörtlich übereinstimmen, so wird man Recht haben, die kürzere und motivirtere Fassung Kap. 26 für die Grundlage anzusehen. Dass aber auch Kap. 26 nicht dem echten Stocke angehört, ergiebt schlagend die

Folge 26, 25. 27, 1. Die Einschiebung der Zusätze ist übrigens natürlich nicht ohne allerlei Redaktionsänderungen im älteren Stoffe abgegangen; vgl. z. B. 16, 14.

Obwohl von der selben Wurzel ausgehend, sind diese Wucherungen doch keineswegs gleichartig und gleichstufig. Zum teil sind es volkstümliche Sagen und unabsichtliche Dichtungen. So die Geschichte von der Michal, die es gegen ihren Vater mit ihrem Manne hält, ihn abends am Seile durch das Fenster lässt und die Häscher eine Weile hinhält, indem sie vorgiebt, David sei bettlägerig, und ihnen den Hausgott vorweist, den sie auf das Lager gepackt und unter die Decke gesteckt hat (19, 11—17). Von etwas anderer Farbe sind die Begegnungsscenen zwischen Saul und David; doch tut die Überzeugung, das letzterer der König der Zukunft sei, der Anerkennung des ersteren als des wirklichen Königs und Gesalbten Jahves keinen Eintrag; auch erscheint Saul nicht bösartig, sondern verblendet. In der sekundären Version 23, 14 sqq. kommt, abgesehen von der ganz posthumen Einschaltung zwischen 23, 15 und 23, 19, zu den rührenden Motiven ein gutmütiger Scherz hinzu, wie nämlich die beiden um einen Berg herum Haschen spielen, der davon den Namen hat. Als religionsgeschichtliches Kennzeichen für das Alter dieser Erzählungen kommt einerseits die unbefangene Erwähnung des Gottesbildes im Hause Davids in betracht, andererseits die Äusserung 26, 19: „wenn Jahve dich gegen mich reizt, so möge er Opfer riechen, wenn es aber Menschen sind, so seien sie verflucht vor Jahve, dass sie mich jetzt vertrieben haben aus der Gemeinschaft im Lande Jahves und mich zwingen, fremden Göttern zu dienen". Es ist vielleicht nicht zufällig, dass letztere Äusserung in dem Parallelbericht fehlt, und dafür eine förmliche Huldigung hinzugekommen ist, die Saul zum Schlusse seinem destinirten Nachfolger darbringt. Was die Erzählung von Goliath anlangt, so ist sie zwar auch harmlos, aber von einer viel specifischeren religiösen Färbung. Bezeichnend in dieser Hinsicht ist die Rede, mit der David dem Riesen entgegen geht 17, 45 sqq.: „du kommst zu mir mit Schwert und Speer, ich komme zu dir im Namen Jahves der Heerscharen, den du geschmäht; heute wird er dich in meine Hand übergeben, dass alle Welt erfahre, dass Israel einen Gott hat und dass diese Versammlung (הקהל = das Heer) wisse, dass nicht durch Schwert und Speer Jahve hilft, denn sein ist der Streit". Das nähert sich der geistlichen Sprache der nachdeuteronomischen Zeit. Nach 2. Sam. 21, 19 ist Goliath von Gath, dessen Speerschaft dick war wie ein Webebaum[1]), nicht in den Philisterkriegen Sauls, sondern seines Nachfolgers aufgetreten und nicht von einem Hirtenknaben, sondern von einem Krieger aus Bethlehem, namens Elhanan, erlegt worden.

Das Thema David und Jonathan hat ohne Zweifel geschichtlichen Grund, findet sich jetzt aber nur in sekundären Ausführungen behandelt. Als solche hat man auch die Erzählung über den Abschied Kap. 20 anzusehen. Jedoch scheint dieselbe auf eine ältere Grundlage zurückzugehen, welche wohl dem Zusammenhange der ursprünglichen Schrift angehört haben könnte. Nämlich der Pfeilschuss hat nur dann Bedeutung, wenn eine Unterredung zwischen den beiden Freunden nicht stattfinden kann. Da sie ja aber zusammenkommen und frei heraussagen was sie auf dem Herzen haben, so ist jenes stumme Zeichen nicht bloss überflüssig, sondern auch unverständlich und sinnlos. Wenn aber gerade der am meisten charakteristische Zug nicht in die gegenwärtige Physiognomie der Erzählung passt, so heisst das mit anderen Worten, dass sie nicht in der wahren Form erhalten ist. Ursprünglich hat Jonathan lediglich den Pfeil abgeschossen und seinem Knaben zugerufen, wo er liege; und David, in der Nähe des Schiessplatzes versteckt, hat aus dem Zuruf das verabredete Signal entnommen. Mit dem Zuruf, der Pfeil liege näher nach ihm zu oder weiter von ihm weg, forderte Jonathan scheinbar den Knaben, in Wahrheit den Freund auf, entweder zu ihm heranzukommen oder von ihm weg zu gehen. Zum Zwiegespräch sind die beiden in dem zweiten Fall, der bekanntlich in Wirklichkeit eintrat, nicht gekommen; der tränenreiche Abschied fällt also fort und mit ihm auch vorher die im gleichen Stil gehaltenen sentimentalen Reden, in denen Jonathan seinem Vater tatsächlich Recht gibt, doch aber auf das entschiedenste Partei nimmt für David, dessen nicht achtend, dass dieser ihn selber vom Erbe verdrängen wird[2]).

[1]) Dieser Ausdruck kommt 1. Sam. 17 wieder vor und beweist die Abhängigkeit dieser Legende von 2. Sam. 21. 23, einer Zusammenstellung von Heldenanekdoten aus den Philisterkriegen Davids im echten kurzen volkstümlichen Ton. Vgl. oben p. 177 zu 1. Chr. 20, 5.

[2]) Nur in einer Hinsicht legt er seiner Selbstverleugnung Schranken an; er lässt sich von dem künftigen Könige feierlich verbürgen, dass er

Tendenziös im schlimmen Sinne ist Kap. 18, 6sqq., auch abgesehen von den Zusätzen des masoretischen Textes. Hier wird die Feindschaft Sauls gegen David gleich in die ersten Anfänge ihres Verhältnisses zurückgetragen und die Freundschaft selber als heimlicher Hass dargestellt. Alle die Ehren, womit der König seinen Waffenträger überschüttet, werden als Mittel denselben zu beseitigen gedeutet; zu seinem Eidam soll er ihn nur deshalb gemacht haben, um durch den verlangten Preis für seine Tochter, die hundert Vorhäute der Philister, ihn tödlicher Gefahr auszusetzen. Für den Zusammenhang ist 18, 6sqq. nicht zu entbehren, aber zugleich steht fest, dass die giftige Betrachtungsweise Zeichen späterer Bearbeitung ist. Denn Saul begeht hier seine Perfidien im Einverständnis mit seinen Knechten, denen also dadurch seine Gesinnung gegen David bekannt geworden sein musste, aber der alte Erzähler nimmt im Gegenteil an, dass der Hass plötzlich zu tage gekommen sei und dass bis dahin David bei allen für den beliebtesten der Diener des Königs gegolten habe. Vgl. 21, 2. 22, 14sq., um von Kap. 20 abzusehen. Nur dies entspricht auch der Natur Sauls, wie sie sonst überall geschildert wird.

Auf der tiefsten Stufe der Korruption steht die Überlieferung charakteristischer weise in den beiden eingesetzten Erzählungen, in denen Samuel in das Leben Davids hineinragt. Nach 19, 18—24 flieht David zu dem Alten gen Rama in die Prophetenschule, Saul sendet ihm Häscher nach, aber wie diese in die Nähe Samuels kommen und ihn einen Haufen ekstatischer Enthusiasten kommandiren sehen, werden sie auch von der Raserei ergriffen, und den zweiten und dritten Boten, die Saul absendet, ergeht es

seine Familie schonen werde. Hier liegt ein Interesse aus der Gegenwart des Erzählers zu grunde. Die orientalische Sitte, dass der neue Regent die vorhergehende Dynastie ausmordet, hat David nicht systematisch befolgt und insonderheit zu gunsten eines hinterlassenen Sohnes des Jonathan eine Ausnahme gemacht. „Mein ganzes Geschlecht — sagt Meribaal II 19, 29 — war meinem Herrn Könige zu Tode verfallen, du aber hast mich an deinen Tisch gesetzt, was habe ich also für ein Recht, mich (auch über Ungerechtigkeiten) zu beklagen!“ Dieser Sohn Jonathans aber ist der Ahn einer jerusalemischen Familie geworden, die bis über das Exil hinaus geblüht hat. — Ältere Züge in 1. Sam. 20 sind die Wichtigkeit des Neumondes, das Familienopfer zu Bethlehem, vielleicht der Stein אבן אזל, mit dem es keine ganz legitime Bewandtnis zu haben scheint, da der Name zweimal so sonderbar verderbt ist.

nicht besser. Saul muss endlich selber kommen, aber auch er wird in den Wirbel gezogen, wirft die Kleider von sich und tanzt vor Samuel und David, die allein nüchtern der bacchantischen Gesellschaft zuschauen, bis er umfällt und nackt wie er ist einen ganzen Tag und eine ganze Nacht liegen bleibt — daher das Sprichwort: „ist auch Saul unter den Propheten?“ Aber dass David, wenn er floh, auch gleich im Ernst nach Juda und nicht erst zum Spass gen Norden nach Rama floh, liegt ebenso auf der Hand, wie dass es ein starker Misbrauch ist, den Geist der Prophetie fremden Zwecken dienstbar zu machen und ihn so bloss zum persönlichen Schutze Davids aufzubieten, der gar nicht nötig gehabt hätte, in Rama auf Saul zu warten und ihm dort ein Schnippchen zu schlagen. Unsere Erzählung, welche dem Verfasser von 15, 35 noch unbekannt ist, geht zurück auf das angeführte Sprichwort, dieses wird aber anderswo (10, 12) in einem weit edleren Sinne erklärt, und man kann sich des Verdachtes, hier mit einer frommen Karikatur zu tun zu haben, um so weniger erwehren, da ja die Pointe jedenfalls die ist, dass Samuel und David sich an der Schande des nackten Königs weiden. Für die allgemeine Geschichte der Tradition ist der Umstand am interessantesten, dass Samuel hier zum Haupt einer Prophetenschule geworden ist, deren Übungen er leitet. Nach der ursprünglichen Vorstellung (Kap. 9. 10) tritt er einzeln für sich auf und hat mit den Banden der Ekstatiker, der Nebiim, nichts zu tun. Er ist Roe, Seher, kein Nabi, Prophet. Zwar wird in der Glosse 9, 9 behauptet, beides laufe auf eins heraus, was gegenwärtig Nabi heisse, sei ehedem Roe genannt. Aber das ist nicht ganz richtig. Der Verfasser von Kap. 9. 10 kennt auch den Namen Nabi sehr wohl, aber er gebraucht denselben nie für Samuel, sondern nur pluralisch für die Haufen jahvetrunkener Derwische; in einer ganz anderen Bedeutung wie Roe und auch in ganz anderer Bedeutung als wie Jesaias und Jeremias den Titel Nabi führen[1]. Man kann nicht daran zweifeln, dass diese Unterschiede historisch begründet und erst hinterher allmählich zusammengeflossen sind, dass also Samuel als Seher nicht zu einem der Flagellanten zu erniedrigen ist.

Da Davids Flucht zu Samuel eine frühere Beziehung zu ihm

[1] Diese müssten allerdings nach dem Sprachgebrauche von 1. Sam. 9 sq. eher Roe heissen, und darin liegt die Berechtigung der Glosse 9, 9.

voraussetzt, so scheint 19, 18sq. auf 16, 1—13 zurückzusehen. In diesem Stück fängt David seine Laufbahn gleich damit an, dass er als Hirtenknabe, der in der Familie noch gar nicht mitgerechnet wird, von Jahves wegen an Sauls statt zum Könige gesalbt wird. Aber nachher ist davon keinem etwas bekannt; selbst in der Erzählung von Goliath, die sonst noch am ehesten mit 16, 1—13 auf gemeinsamem Boden steht, wissen die älteren Brüder — hier drei, nicht sieben — nichts von der Salbung des Jüngsten, obwohl sie dabei gewesen und selbst in Frage gekommen sein sollen (17, 28). Ebenso ist in den Verfolgungsgeschichten Kap. 24. 26 nur Saul die geheiligte Persönlichkeit, der Gesalbte Jahves, nicht David; der Glaube, dass letzterer von Jahve zu hohen Dingen ersehen sei, ist etwas anderes als die Tatsache seiner bereits vollzogenen Salbung. Wenn endlich die Folge bedingt ist von der Ursache, so zieht sich Samuel nach 15, 35 nicht bloss bis an seinen Tod von Saul zurück, sondern er trägt auch Leid um ihn bis an seinen Tod. Es ist ein harter Übergang, wenn es 15, 35 heisst: „Samuel sah Saul nie wieder bis an seinen Tod, weil er über ihn trauerte“, und dann 16, 1 fortgefahren wird: „und Jahve sprach zu ihm: wie lange willst du über Saul trauern, da ich ihn doch verworfen habe“. Deutlich aber erhellt, dass die Einsetzung des Nachfolgers eine ergänzende Konsequenz der Absetzung des Vorgängers ist.

Zugleich ist die Salbung Davids durch Samuel das Gegenstück zur Salbung Sauls durch Samuel, wie das besonders der Vergleich von 10, 6. 11, 6 „und der Geist Gottes sprang auf Saul“ und 16, 13. 14ᵃ „und Jahves Geist sprang auf David und von Saul wich er“ lehrt. Dort nun ist die Theopneustie ein momentanes Überschäumen, hier (trotz des Springens) eine ruhende Eigenschaft; schon allein dieser Unterschied lässt keinen Zweifel darüber, wo das Original und wo die Imitation zu suchen ist. Auf eine göttliche, d. h. überraschende und ideale Weise ist nach der alten Tradition bloss Saul König geworden, David auf einem recht langsamen menschlichen Wege und durch viele Zwischenstufen. Bloss von Saul erzählte man ursprünglich, dass der plötzliche Ausbruch des Geistes, wodurch er, unberufen wie er war, den Heerbann Israels aufbot, sich an die Spitze stellte, die Ammoniter schlug und König wurde, im stillen vorbereitet sei durch einen alten Seher, der seine grosse Bestimmung deutete und ihm Zuversicht zu sich selber einflösste, indem er ihn heimlich im Namen Jahves salbte. Von David wusste man nur, wie er sich durch eigene Kraft vom Kriegsmann zum Bandenführer, vom Bandenführer zum philisthäischen Lehnsfürsten von Siklag und Juda, vom Lehnsfürsten zum unabhängigen und mächtigen Könige Israels aufgeschwungen habe: gesalbt wurde auch er, aber nicht zum voraus von Gott, sondern hinterdrein von den Ältesten von Juda und Israel. Diesen seinen menschlichen Ursprung, seinen Abstand gerade in bezug auf göttliche Weihe von dem Vorgänger, dessen Reich Jahve hinterdrein faktisch doch nicht bestätigt hatte, konnte eine spätere Zeit nicht auf ihm sitzen lassen; er musste mindestens eben so gut wie jener die Salbung von Samuel empfangen haben. Dies ist denn also durch die Legende 16, 1—13 nachgeholt worden. Ein Schritt weiter auf der abschüssigen Bahn ist es, dass in der judaistischen Version 10, 17sqq. von Sauls Salbung stillgeschwiegen wird.

Wir kommen auf Samuel zurück, von dem das Buch Samuelis den Namen hat und der in der Tat zwar nicht für die Geschichte selber, wohl aber für die Geschichte der Tradition von solcher Bedeutung ist, dass seine Gestalt als Gradmesser für den Stand derselben benutzt werden kann. Vier Stufen lassen sich in seiner Auffassung unterscheiden. Ursprünglich (9, 1—10, 16) ist er ein einfacher Seher, jedoch zugleich ein patriotischer Israelit, dem die Not seines Volkes zu Herzen geht und der seine Autorität als Seher benutzt, um einem Manne, den er als geeignet erkennt, in das Ohr und in den Sinn zu setzen, er sei zum Helfer und Führer Israels bestimmt. Diese Beziehung zwischen Seher und Krieger ist, wenn überhaupt Samuel irgend etwas bedeuten soll, notwendig als historisch festzuhalten; ähnliche Beispiele hat man in Debora und Barak aus älterer, in Ahia und Jerobeam und namentlich in Elisa und Jehu aus späterer Zeit. Samuels Grösse ist, dass er den erweckt hat, der nach ihm kommt und grösser ist als er; er verlischt nachdem er das Licht entzündet, welches nun in hellem Glanze brennt. Sein meteorisches Auftauchen und Verschwinden hat aber Verwunderung erregt und früh zu einer Jugendgeschichte geführt, wo er schon als Knabe den Zusammenbruch des vorköniglichen Israels vorausverkündet (1. Sam. 1—3). Nachdem er das getan, schlägt jedoch das Dunkel wieder über ihm zusammen; schon in Kap. 4sqq. verlieren wir ihn völlig aus den Augen und erst als Greis treffen wir ihn wieder. Auf der anderen Seite hat der Umstand, dass wir auch nach der Begegnung mit Saul nichts mehr von dem Seher hören, der Meinung Vorschub geleistet, dass es sehr bald zu einem Bruch zwischen den beiden gekommen sei.

Dieser Meinung begegnen wir auf der zweiten Stufe, welche durch die prophetischen Erzählungen Kap. 15. 28 repräsentirt wird. Erzeugt ist sie aus dem Widerspruch, dass Jahve den, den er zum Könige ersehen, doch hinterher in seinem Königtume nicht bestätigt und seine Dynastie stürzt. Also muss Samuel, der Saul gesalbt hat, zu seinem Kummer ihn hinterher verwerfen. Er erscheint dabei schon nicht mehr als der einfache Seher, sondern als ein Prophet im Stile Elias und Elisas, der den Gesalbten Jahves als seiner Hände Werk betrachtet und ihm herrische Befehle gibt (15, 1), während er ihn dagegen nach 10, 7 ausdrücklich seiner eigenen Inspiration überlässt. Von der zweiten Stufe ist der Schritt zur dritten nicht gross. Hier überträgt Samuel die Salbung, gleich nachdem er sie Saul entzogen, auf David und setzt ihn als den nunmehrigen König von Gottes Gnaden dem verworfenen Vorgänger entgegen. Sein Ansehen hat sich inzwischen noch gesteigert; wie er nach Bethlehem kommt, zittern ihm die Ältesten entgegen (16, 1sqq.); in 19, 18sqq. hat er zauberische Gewalt über die Menschen. Noch immer aber gilt er bisher als der intellektuelle Urheber des Königtums. Erst der letzten exilischen oder nachexilischen Stufe in der Entwicklung der Tradition ist es vorbehalten, ihn umgekehrt als denjenigen darzustellen, der dem Verlangen des Volkes einen König zu haben, so viel an ihm ist, widerstrebt. Hier ist das vorkönigliche Israel zur Theokratie und Samuel zum Haupt der Theokratie emporgerückt; daher erklären sich seine Empfindungen.

Das moderne Urteil wird durch Samuels Fluch zu gunsten Sauls und durch Samuels Segen zu ungunsten Davids eingenommen, das Bild des einen hat unter der Verdunkelung nicht gelitten, wohl aber das Bild des anderen unter der Verklärung[1]). Gewisse in

[1]) Am übelsten hat übrigens das verherrlichende Streben der Späteren dem David mitgespielt in dem Testamente 1. Reg. 2, 1—12. Schon durch die Sprache verrät es sich (v. 2—4) als nachdeuteronomischen Einsatz, der Inhalt ist der nachfolgenden Erzählung entnommen. Aber in dieser wird Salomo bei seinem Verfahren gegen Adonia Abiathar Joab und Simei keineswegs durch jenes Testament geleitet, sondern durch andere Gründe; und die ausgesprochene Absicht des Erzählers ist die, zu zeigen, wie Salomos Thron durch Beseitigung der ihn gefährdenden Elemente

Vorurteil wie in Sachkenntnis gleich unbefangene Kritiker verehren in Saul den Bekämpfer und verabscheuen in David die Kreatur der geistlichen Herrschsucht, die sie in Samuel verkörpert sehen. Dem letzteren gibt man dabei eine Machtstellung dem Königtum gegenüber, die er nicht besessen haben kann, ohne breiten Grund unter den Füssen und einen organisirten Einfluss in weiten Kreisen zu haben. Soll er sich nun etwa auf die Nebiim gestützt haben? Aber diese entstanden damals eben erst aus einer formlosen Begeisterung, die sich noch nicht auf schulmässig abgeschlossene Kreise beschränkte; ausserdem stand nach der älteren Überlieferung wohl der König, aber nicht der Seher mit ihnen in näherer Verbindung — der Glaube, dass letzterer Gründer und Vorstand ihrer Gilde gewesen sei, gründet sich auf die wertlose anachronistische Anekdote 1. Sam. 19, 18sqq. Oder konspirirte Samuel mit den Priestern zusammen gegen Saul? Dafür beruft man sich auf 1. Samuelis 21. 22, wo Ahimelech von Nob den flüchtigen David mit Brot versieht und zur Strafe dafür samt dem ganzen Geschlechte Elis den Tod erleidet. Aber erstens stehen diese Priester mit Samuel in keiner Verbindung, zweitens lässt es sich mit nichts wahrscheinlich machen, dass sie mit David im Einverständnis waren und von dessen ehrgeizigen Plänen — angenommen er habe sie schon damals gehabt — etwas wussten, drittens steht das umgekehrt fest, dass sie dem Könige gegenüber gar keine Macht besassen, vielmehr auf Gnade und Ungnade von ihm abhingen und auf einen leisen Verdacht hin sämtlich hingerichtet wurden ohne dass Hund oder Hahn darnach krähten. Jene freisinnige Auffassung von Samuels Verhältnis zu Saul und David leidet an dem Fehler, dass sie dem Samuel die Hierokratie als Basis seines Auftretens gegen das Königtum unterlegt. Wer aber die Hierokratie in diese Zeiten zurückträgt, der hat zu einem historischen Verständnis des hebräischen Altertums noch nicht den Anfang gemacht.

III.

1. Am breitesten macht sich die letzte Bearbeitung im Buche der Könige. Chronologische und religiöse Elemente ver-

befestigt wurde. Zudem passt die raffinirte Überlegung gar nicht zu dem Eindruck, den man sonst aus 1. Reg. 1. 2 von dem altersschwachen Könige gewinnt.

binden sich auch hier zum Aufbau des Fachwerks; wir beginnen damit, die ersteren auf ihren systematischen Zusammenhang zu untersuchen.

Vom Auszuge aus Ägypten bis zum Anfange des Tempelbaues sind 480 Jahre verflossen, von da an bis zur Zerstörung Jerusalems, nach den Zahlen der Könige von Juda, 430, einschliesslich des Exils wiederum 480 Jahre. In der Chronik folgen sich von Azaria ben Ahimaas, der nach richtiger Lesart zuerst im salomonischen Tempel amtete, bis auf Josadak, der in die Gefangenschaft geführt wurde, 11 Hohepriester, einschliesslich des Exils also wiederum 12 Generationen zu je 40 Jahren. Die Einzelposten, aus denen sich die Gesamtsumme zusammensetzt, sind hier krauser, gewiss aus dem Grunde weil sich manche gegebene Daten darunter befinden.

Die israelitische Königsreihe ist in absicht auf die Chronologie von der judäischen abhängig. Nach den judäischen Zahlen sind seit der Spaltung des Reichs bis zur babylonischen Verbannung 393 Jahre verflossen; nimmt man nun mit Ezechiel (4, 4) an, dass Samarien 150 Jahre früher als Juda untergegangen ist, so bleiben 243 Jahre für die Dauer des nördlichen Königtumes — auf 242 beläuft sich in der Tat die Summe der angegebenen Posten. Freilich schiessen dann die von der Zerstörung Samariens bis zur Zerstörung Jerusalems angenommenen 150 israelitischen Jahre um 17 über die Summe der parallelen judäischen hinaus, und um etwa ebenso viel bleiben die israelitischen Jahre vom 1. Jerobeam bis 9. Hosea hinter den judäischen vom 1. Rehabeam bis 6. Hizkia zurück: synchronistische Rücksicht zwischen den einzelnen Regierungen aus beiden Reihen ist also ursprünglich nicht genommen. Die 242 Jahre des Nordreiches werden durch die mit 1. Jehu gemachte Epoche, in 98+144 zerlegt; rundet man sie auf 240, d. h. auf die Hälfte von 480, ab, so muss man die 98 in 96 verwandeln, die dann den gleichzeitigen 95 judäischen Jahren entsprechen, und zwar muss man den Abzug bei der Regierung Baesas machen. Denn dann entsteht folgendes Spiel: Jerobeam 22, Nadab 2, Baesa 22, Ela 2, Omri 12, Ahab 22, Ahazia 2, Joram 12. Das heisst: die acht Könige zusammen haben 96, die ersten vier und die letzten vier je 48 Jahre, zwei den Durchschnitt von 12; bei den übrigen sechs teilen sich drei Paare von Vater und Sohn so in die ihnen zukommenden 2×12 Jahre, dass der Vater 12+10, der Sohn 12—10 bekommt — offenbar weil der Vater für viel wichtiger gilt als der Sohn[1]).

Der grosse in dieser Weise abgesteckte und nach Maass und Zahl gegliederte Zeitraum wird bei allen bedeutenden Epochen in predigtartigen Betrachtungen überblickt und gewürdigt, die im Buche der Könige weit häufiger sind als in den Büchern der Richter und Samuelis. Es macht keinen Unterschied, ob der Schriftsteller dabei selbst das Wort führt oder einen anderen reden lässt; jenes tut er beim Rückblick auf die Vergangenheit II 17, dieses bei der Vorausschau auf die Zukunft I. 8. 9. Einige Proben sind unerlässlich, um eine Anschauung zu geben.

Bei der Hauptepoche, dem Tempelbau, hält König Salomo eine grosse Weihrede, worin er Jahve bittet das Gebet derer, die ihn an dieser Stätte aufsuchen, vom Himmel aus zu erhören, und schliesst dieselbe wie folgt. „Wenn sie an dir sündigen — denn niemand ist der nicht sündigt — und du auf sie zürnst und sie in Feindes Land nah oder fern gefangen führen lässt, wenn sie dann in sich gehen und zu dir beten: wir haben gefehlt gesündigt sind schuldig, und wenn sie sich von ganzem Herzen und von ganzer Seele zu dir bekehren im Lande ihrer Feinde wohin sie

[1]) Zahlen der Könige Judas vom 4. Salomos an: 37+17+3+41+25+8+1+6+40+29+52+16+29+55+2+31+11+11 = 430 Jahre. Dabei sind Joahaz und Jechonia nicht mitgerechnet, bringt man sie mit 1 Jahre in Anschlag, so muss man für Salomo 36 ansetzen. Zahlen der Könige Israels vom 1. Jerobeam: 22+2+24+2+12+22+2+12+28+17+16+41+1+10+2+20+9. Die künstlichen Zahlenverhältnisse, wie sie oben dargelegt sind, hat Ernst Krey mir mitgeteilt. Darüber dass die Synchronismen ursprünglich nicht dazu gehören, vgl. Jahrbb. für Deutsche Theol. 1875 p. 607 sqq. Über Ezech. 4 hat zuerst Bernhard Duhm (die Theol. der Proph. p. 253) das Richtige veröffentlicht. Die Zahl 390, die der MT in v. 5 für die Dauer der Gefangenschaft der Nordisraeliten angiebt, ist unmöglich. Denn Ezechiel kann nicht meinen, dass sie bereits seit 350 Jahren in der Fremde sich befinden, andererseits aber die Strafzeit, die sie noch vor sich haben, nicht höher anschlagen als auf 40 Jahre, denn so lange dauert das Exil der Judäer nach seiner Rechnung, und die Restitution erfolgt bei ihm gleichzeitig für Israel und Juda, ja selbst für Ägypten (29, 11—16) — offenbar weil bewirkt durch die gleiche Ursache, den nach 40 Jahren zu erwartenden Sturz der Chaldäer. Die Zahl 390 ist in v. 5 falsch eingedrungen aus v. 9, wo es sich um etwas ganz anderes handelt, nicht um die Jahre des Exils, sondern um die Tage der letzten Belagerung Jerusalems; auf einer ähnlichen Konfusion beruht die Glosse v. 13. Richtig gibt die Septuaginta für das israelitische Exil die Jahrsumme 150 resp. 190 an, exclusive resp. inclusive der letzten 40 gemeinschaftlich mit Juda abzubüssende Strafjahre. Bemerkenswert ist, dass 390 = 240+150. Vgl. noch Robertson Smith, im Journal of Philology, Vol. X p. 209. 213.

geschleppt sind, und zu dir beten in der Richtung auf ihr Land zu das du ihren Vätern gegeben hast, auf die Stadt die du erwählt und das Haus das du deinem Namen gebaut hast, so höre im Himmel ihr Gebet und Flehen und nimm dich ihrer Sache an und vergib deinem Volke seine Untreue und lass sie Mitleid finden bei ihren Gewalthabern, dass sie sich ihrer erbarmen. Denn sie sind dein Volk und Erbe, da du sie aus Ägypten, aus dem Schmelzofen, herausgeführt und sie dir aus allen Völkern der Erde ausgesondert hast, wie du durch deinen Knecht Moses geredet.“ Was Jahve darauf geantwortet habe, vernehmen wir in Kap. 9. „Ich habe dein Gebet und Flehen vor mir gehört, ich habe das Haus geheiligt, meinem Namen dort eine ewige Stätte zu geben, dass mein Auge und mein Herz allezeit dort seien. Wenn du nun vor mir wandelst wie dein Vater David aufrichtig und ehrlich, alles zu tun was ich dir befohlen habe, und meine Gesetze und Rechte hältst, so will ich den Thron deiner Herrschaft über Israel in Ewigkeit bestätigen, wie ich zu David gesagt habe: es soll dir nie fehlen an einem Nachfolger auf dem Throne Israels. Wenn ihr und eure Söhne aber von mir abweicht und meine Gesetze und Rechte die ich euch geschrieben nicht haltet und andere Götter verehrt, so vertilge ich Israel aus dem Lande das ich ihm verliehen habe, und das Haus welches ich meinem Namen geheiligt habe schlage ich mir aus dem Gesicht; Israel wird zu Spott und Schanden unter allen Völkern und dies Haus zu Trümmern. Und fragt man dann: warum hat Jahve diesem Lande und diesem Hause solches angetan? — so wird es heissen: weil sie Jahve ihren Gott, der ihre Väter aus Ägyptenland geführt, verlassen und sich an andere Götter gehängt und ihnen gehuldigt und gedient haben.“

Das gleichfalls sehr einschneidende Ereignis der Reichsspaltung wird durch eine Prophetie Ahias an den ersten Jerobeam eingeleitet. „Siehe ich reisse das Reich von Salomo und gebe dir die zehn Stämme, nur ein Stamm soll ihm bleiben wegen meines Knechtes David und wegen der Stadt Jerusalem die ich erwählt habe; weil er mich verlassen und die Astarte von Sidon und den Kamos von Moab und den Milkom von Ammon angebetet hat und nicht gewandelt ist in meinen Wegen, zu tun was mir gefällt, meine Rechte und Gebote, wie sein Vater David. Und wenn du hörst was ich dir befehle und in meinen Wegen gehst und tust was mir gefällt, meine Rechte und Gebote, wie mein Knecht David tat, so will ich mit dir sein und dir ein festes Haus bauen wie dem David und dir Israel geben. Und den Samen Davids will ich demütigen wie gesagt, doch nicht für alle Zeit.“

Eine Reihe regelmässig bei den Thronumwälzungen des Nordreiches eingefügter Prophetien ähnlichen Stiles übergehe ich und setze nur noch das Schlusswort her, womit der Sturz des Zehnstämmereichs (2. Reg. 17) begleitet wird. Derselbe sei erfolgt, „weil die Kinder Israel an Jahve ihrem Gott, der sie aus Ägyptenland befreit hatte, sündigten und andere Götter fürchteten und wandelten in den Satzungen der von ihnen vertriebenen Völker und in den Neuerungen der Könige Israels; und weil die Kinder Israel Dinge, die nicht so sind, ihrem Gott Jahve andichteten und sich Höhen bauten in all ihren Orten vom Wachtturm an bis zur ummauerten Stadt, und sich Malsteine und Holzsäulen aufrichteten auf jedem hohen Hügel und unter jedem grünen Baume und dort auf allen Höhen opferten, wie die Völker die Jahve vor ihnen vertrieben hatte, und böse Dinge verübten um Jahve zu reizen, und den Greueln dienten die Jahve verboten hatte. Zwar bezeugte Jahve ihnen durch alle Propheten und Seher: kehrt um von euren bösen Wegen und haltet meine Gebote und Satzungen nach all der Thora, die ich euren Vätern befohlen und durch meine Knechte, die Propheten, entboten habe; aber sie hörten nicht, sondern verhärteten ihren Nacken wie ihre Väter, weil sie Jahve ihrem Gott nicht glaubten, und sie verschmähten seine Satzungen und seinen Bund den er mit ihren Vätern geschlossen und seine Zeugnisse die er ihnen eingeschärft, und folgten dem Nichts und wurden zu nicht und wandelten den Völkern ringsum nach, denen es gleichzutun ihnen Jahve verboten hatte. Und sie verliessen alle Gebote ihres Gottes und machten sich Gussbilder und Holzsäulen und beteten das ganze Himmelsheer an und dienten dem Baal und liessen ihre Kinder durchs Feuer gehen und trieben Zauber und Wahrsagerei und waren versessen zu tun was böse ist vor Jahve, ihn zu reizen. Und Jahve zürnte sehr auf Israel und trieb sie fort von sich; nur der Mann von Juda allein blieb übrig. Aber auch die von Juda hielten die Gebote ihres Gottes nicht und wandelten in der Weise Israels; so verwarf Jahve das ganze Geschlecht Israel und demütigte sie und gab sie in die Hand von

Räubern, bis er sie fortgeworfen hatte von seinem Angesicht.“ Für Juda fehlt eine besondere Schlussbetrachtung, aber die für Israel gilt auch für Juda mit. Man erkennt das nicht bloss aus den letzten angeführten Worten, sondern auch daraus, dass zwei sehr charakteristische Greuel in dem obigen Verzeichnis, die Anbetung des Himmelsheeres und der Kinderopfer, nach dem allein maassgebenden Zeugnisse der Propheten noch nicht im achten, sondern erst im siebenten Jahrhundert, unter Manasse, eingerissen sind und also nicht Israel sondern Juda zur Last fallen.

Von solchen Sammelpunkten aus, wo sich, bei den wichtigeren Epochen, das Wasser gleichsam staut, verzweigt sich das Geäder nach allen Seiten[1]. Wie sich die Herrscher zum reinen Gottesdienst gestellt, ob sie was recht oder was böse ist in den Augen Jahves getan haben, ist die Frage die immer zuerst aufgeworfen und auch bei solchen die nur acht Tage regiert haben beantwortet wird. Gewöhnlich muss konstatirt werden, dass sie das Böse getan haben; παρὲξ Δαυὶδ καὶ ʼΕζεκίου καὶ ʼΙωσίου πάντες πλημμέλειαν ἐπλημμέλησαν, sagt Jesus Sirach (49, 4), nicht ganz genau allerdings, aber doch insofern mit Recht als auch an den frommen Königen immer noch etwas auszusetzen ist. Die Sünde aber ist hier nicht mehr, wenigstens nicht hauptsächlich, der Dienst fremder Götter, sondern der verkehrte Dienst Jahves. Es wird jetzt ein specieller und darum strengerer Maassstab angelegt — den Grund davon kennen wir: seit an dem Orte den Jahve sich erwählt hat der Tempel erbaut ist, hört die bisherige Gemütlichkeit auf (Deut. 12, 8) und vor allem tritt nun das Verbot der Bamoth in Kraft (1. Reg. 3, 2). Dass dieselben trotzdem fortbestanden, ist die eigentliche allgemeine und durchgehende Sünde der Zeit. Verschlimmert wird sie noch dadurch, dass mit den Bamoth sich auch allerlei ungesetzlicher Unfug im Jahvedienste einnistete, Masseben und Ascheren und immergrüne Bäume und die männ-

[1]) Zusätze wie מצות יהוה 1. Reg. 18, 18 (Sept. richtig יהוה ohne מצות), עזבו בריתך (Sept. richtig עזביך ohne ברית) und weitläufigere wie 1. Reg. 18, 31. 32a. 2. Sam. 6, 2 (אשר נקרא וגו) bringe ich nicht in Anrechnung, weil sie aus verschiedenen Zeiten stammen, grösstenteils jünger sind als die deuteronomistische Bearbeitung und weniger der literarischen als der Textkritik angehören. An sich ist es freilich sehr wichtig, diese Retouchen aufzudecken und zu beseitigen. Die ganze alte Überlieferung ist damit überzogen wie mit einem judaistischen Verdauungsschleim.

lichen und weiblichen Huren. Speciell für Israel, welches beständig mit Juda verglichen wird, kommt als zweite Hauptsünde hinzu die Sünde Jerobeams, d. h. die goldenen Kälber zu Bethel und zu Dan. Mit den chronologischen Daten verbindet sich die religiöse Würdigung zu jenem Schema, welches gleichmässig jede einzelne Regierung der Könige von Israel und Juda einfasst, zwar häufig mit reicherem Inhalt gefüllt, nicht selten aber auch fast leer ist an historischem Stoff. Am nacktesten tritt dasselbe hervor in Kapiteln wie I 15. 16. II 13. 14. 15.

Dass diese Bearbeitung unseres Buches mit derjenigen der beiden vorangehenden Geschichtsbücher im wesentlichen gleichartig ist, bedarf keines Nachweises. Nur hat sie hier einen wärmeren, lebhafteren Ton und ein weit näheres Verhältnis zu den Sachen. Es hängt damit zusammen, dass sie auch viel deutlicher den Standpunkt erkennen lässt, von dem sie ausgeht. Schon daraus dass der historische Stoff sich bis zur Zerstörung Jerusalems, ja bis zum Tode des gefangenen Königs Jechonia ausdehnt, ergiebt sich, dass mit der Abfassungszeit bis in das babylonische Exil, bis in dessen zweite Hälfte, hinabgegangen werden muss; die Chronologie, sofern sie das Exil selber mit 50 Jahren in die 480jährige Periode einrechnet, führt uns noch etwas tiefer; doch ist es nicht unmöglich, hier eine nachträgliche Modificirung anzunehmen, die den Gesamtcharakter nicht weiter verändert hat[1]). Vom Ende aus

[1]) Krey vermutet, dass das letzte erwähnte Datum, die Befreiung Jechonias aus dem Kerker im 37. Jahre nach seiner Thronbesteigung, die ursprünglich beabsichtigte untere Grenze der Chronologie gewesen sei, zumal die 40jährigen Perioden, worin sich nach seiner Annahme die judäischen Posten einteilen, gerade auf dies Datum auslaufen. Wenn dem so ist, so kann aber nicht das 4. oder 5. Salomos als die Anfangsepoche angesehen werden; denn die 37 oder 36 daraus resultirenden Jahre lassen sich, mit Absicht auf das 37. Jechonias als Ziel, nicht unterbringen. Jene Epoche ist nun auch durchaus unnatürlich, Salomos 40 Jahre dürfen nicht so zerrissen werden, und wenn man in jener Zeit überhaupt einen Einschnitt machen will, so muss man es bei der Spaltung des Reiches tun als dem gegebenen Ausgangspunkt der Reihen von Israel und von Juda. Beachtenswert ist, dass die 37 Jahre Jechonias am Schluss der älteren Rechnungsweise, die vielleicht nur 40jährige Generationen, vielleicht aber auch eine 500jährige Periode von David an ($40+40+20+41+40+40+81+38+80+79\frac{1}{4}$) herauszubringen suchte, den 37 Jahren Salomos am Anfang der jetzt durchgeführten entsprechen. Dass man auch späterhin an der Chronologie noch allerlei änderte und besserte, ergiebt sich aus den nachgetragenen Synchronismen der Könige Israels und Judas, aus den schwankenden und nebeneinander hergehenden Angaben im Buch der Richter (z. B.

wird hier auf die Königsperiode zurückgeschaut wie auf eine abgeschlossene Vergangenheit, über welche das Urteil gesprochen ist. Schon bei der Einweihung des Tempels lässt sich der Gedanke an seine Zerstörung nicht zurückhalten, auch sonst steht überall die Vernichtung der Nation und ihrer beiden Reiche im Hintergrunde. Das gibt dem Ganzen die Beleuchtung: es wird gezeigt, warum es so kommen musste. Wegen der Untreue gegen Jahve, wegen der grundverkehrten Richtung, an der man trotz der Thora Jahves und seiner Propheten beharrlich festgehalten habe. Die Darstellung wird gewissermaassen zu einem grossen Sündenbekenntnis der exilirten Nation über ihre Vergangenheit. Es ist die Art, nicht bloss das gegenwärtige Geschlecht sondern die gesamte bisherige geschichtliche Entwicklung zu verurteilen, die wir zuerst bei Jeremias (2, 1sqq. 4, 3) antreffen, der sich auch schon die Frage nach den Gründen des Endes vorzulegen hatte[1]). Ezechiel hat diese negative Betrachtungsweise, mit besonderer Rücksicht auf die Greuel des älteren Kultus, weiter verfolgt (Kap. 16. 20. 23), man findet sie gleichfalls in Isa. 40—60 (42, 24. 43, 27), obwohl ihr hier eine positive und weit gehaltvollere ergänzend zur seite tritt, ferner in Deut. 28—30 und Lev. 26. Die ganze Vorzeit gilt als eine ungeheure Schuld, die im Exil abgebüsst wird (Hier. 32, 29. Ezech. 18, 2. 33, 10. Isa. 40, 1); es wird sogar die Dauer der Strafe nach der Dauer der Sünde berechnet (Lev. 26, 34). Auch nach der Befreiung schleppt sich diese Stimmung gegenüber dem Altertum noch fort (Zach. 7, 8sqq. Esdr. 9, 7sqq. Neh. 9, 7sqq.).

Die Bearbeitung steht naturgemäss auf judaistischem Standpunkte. Ausserhalb Jerusalems ist der Jahvedienst ketzerisch, so dass der politische Abfall der Nordisraeliten zugleich als kirchlicher

Interregna und kleine Richter, die dreifache Verrechnung der Philisterzeit) ja sogar noch aus den Varianten der Septuaginta. — Vgl. Aphraates 84sq.

[1]) Der Sturz Samariens hat schon die älteren Propheten in bezug auf das Nordreich zu ähnlichen Betrachtungen geführt, die aber doch in der Regel (Am. 5. Isa. 9) lange nicht so radikal und so weit hergeholt sind. Nur Hosea verfolgt allerdings die Schuld der Gegenwart hinauf bis in den Anfang — aber er exemplificirt (wie Mich. 6) vorzugsweise an der Urgeschichte Jakobs und Moses, in der eigentlich geschichtlichen Zeit steckt er doch noch zu sehr darin um sie von so hohem Standpunkte aus zu überschauen. Auch darin ist er der Vorläufer der Späteren, dass er das menschliche Königtum für einen Hauptschaden Israels ansieht: er hatte dazu in den Verhältnissen seiner Gegenwart allerdings sehr dringende Veranlassung.

erscheint. Doch werden sie darum nicht wie in der Chronik von der Gemeinschaft des Volkes Gottes ausgeschlossen, so völlig sind doch die alten Traditionen noch nicht über Bord geworfen: erst nach der assyrischeu Zerstörung Samariens setzt Juda allein die Geschichte fort. Nahezu die gleiche Verehrung wie der Stadt und dem Tempel Jahves wird dem David und seinem Hause dargebracht. Das letztere hat die Verheissung ewigen Bestandes, welche besonders gern mit den Worten Hier. 33, 17 ausgedrückt zu werden pflegt. Es ist ohne Zweifel kein Zufall, dass mit der Befreiung des Davididen Jechonia aus dem Kerker geschlossen wird; sie ist das Angeld des Grösseren, was zu erwarten steht. Auch in den Worten Ahias an Jerobeam, dass die Demütigung des Hauses David und die Abreissung der Zehn Stämme doch nicht für alle Zeit dauern solle, blitzt die messianische Hoffnung auf, die grade in und nach dem Exil in den Gemütern sehr lebendig gewesen ist, wie wir aus Haggai und Zacharia ersehen.

Lässt sich bei den Büchern der Richter und Samuelis vielleicht nicht mit völliger Bestimmtheit entscheiden, welches die Norm sei, wonach der letzte Verfasser die Vergangenheit beurteilt, so ist beim Buche der Könige kein Zweifel möglich. Hier wird nicht bloss in unbestimmten Andeutungen von dem Willen Jahves geredet, dem Israel gehorchen soll und widerstrebt, sondern auch hin und wieder (I 2, 3. II 14, 6. 17, 37) von der geschriebenen Thora, worin seine Rechte und Satzungen enthalten sind — eine Unterscheidung, worin sich immerhin ein geschichtliches Gefühl ausspricht. Das Gesetzbuch aber, das als Maassstab zu grunde gelegt wird, ist dasjenige, von dessen Auffindung unter Josia in 2. Reg. 22. 23 so ausführlich erzählt wird, das Deuteronomium. Darauf führt, wie allseitig anerkannt wird, sowohl die Phraseologie des Bearbeiters, als der Geist, in dem er richtet und insbesondere diejenigen Volkssünden verdammt, gegen welche das Deuteronomium und die Reformation des Königs Josia gerichtet sind. Auch das einzige wörtliche Citat aus dem Buche der Thora, welches vorkommt, ist eben dem Deuteronomium entnommen, 2. Reg. 14, 6. Deut. 24, 16. Dahingegen finden sich von der Unbekanntschaft mit dem Priesterkodex sehr deutliche Anzeichen in der Bearbeitung. Nirgend wird zwischen Leviten und Priestern ein Unterschied gemacht; von den Aharoniden ist keine Rede. Desgleichen wird durch 1. Reg. 3, 2 die Vorstellung eines vorsalomonischen Centralheiligtums ausgeschlossen. Nur in einem Abschnitt, der im hohen Grade allerhand Korrekturen und Interpolationen ausgesetzt gewesen ist, in der Beschreibung des Tempels und der Tempelweihe I 6—8, finden sich Spuren der Einwirkung auch des Priesterkodex, namentlich im masorethischen Texte, weniger in der Septuaginta. Was es damit für eine Bewandtnis hat, ist an dem wichtigsten Beispiel bereits oben p. 44—46 dargelegt worden.

Wenn man darnach in vollem Maasse berechtigt ist, die Bearbeitung deuteronomistisch zu nennen, so darf man damit doch keinen anderen Sinn verbinden als den, dass dieselbe unter dem Einfluss des Deuteronomiums entstanden ist, unter dem das ganze Jahrhundert des Exils steht. Zwischen deuteronomistisch und deuteronomisch ist ein nicht bloss zeitlicher sondern auch inhaltlicher Unterschied[1]); das Deuteronomium selber sieht im Kultus noch nicht so die Hauptaufgabe Israels und steht noch weit mehr innerhalb des Realismus eines wirklichen Volkslebens. Eine besonders greifbare einzelne Differenz liegt in der Datirungsweise. Statt mit ihren althebräischen Namen Ziv Bul Ethanim bezeichnet der letzte Verfasser die Monate mit Zahlen, die vom Frühling als Jahresanfang ausgehen. Dadurch unterscheidet er sich nicht nur von seinen älteren Quellen (I 6, 37sq. 8, 2), sondern auch vom Deuteronomium.

2. Es versteht sich, dass diese Bearbeitung dem überlieferten Stoffe fremd ist und ihm Gewalt antut. Insbesondere ist derselbe durch eine sehr einseitige Auswahl alterirt worden, welche von specifisch religiösen Gesichtspunkten ausgeht. Das Interesse für die Propheten mischt sich darin mit dem Interesse für den Kultus. Es ist freilich nicht gesagt, dass diese Auswahl erst vom letzten Verfasser herrühre, so gut sie auch zu seinem Geschmacke passt: es war ihm wahrscheinlich in dieser Richtung schon vorgearbeitet. Aber für uns ist es weder möglich noch wichtig, in dem Sichtungsprocess, den die Überlieferung über die Königszeit durchzumachen gehabt hat, verschiedene Phasen zu unterscheiden.

An der Spitze des ganzen Buches steht der Tempelbau, fast alles was von Salomo erzählt wird steht dazu in Beziehung. Damit ist zugleich der Gesichtspunkt angegeben, der auch die übrige judäische Geschichte beherrscht; sie ist mehr eine Geschichte

[1]) Nachdeuteronomisch, aber noch aus der Königszeit sind 1. Sam. 2, 27sqq. 2. Sam. 7, 1sqq. 2. Reg. 18, 13. 17sqq. 19, 1sqq. Kapp. 11. 12. 22. 23.

des Tempels als des Reiches. Die Geschicke des Heiligtums und seiner Schätze, die den Kultus betreffenden Einrichtungen und Maassregeln der Könige sind so ziemlich das einzige, worüber wir immer auf dem laufenden gehalten werden. Auch die wenigen ausgeführten Erzählungen (II 11sq. 16. 22sq.) spielen im Tempel und drehen sich um den Tempel; nur in II 18sq. wiegt das prophetische Interesse vor.

In bezug auf das Reich Israel sind die Angaben über den Kultus sehr mager und meist ziemlich vage; hier treten die prophetischen Erzählungen in den Vordergrund, in der Regel solche die vom prophetischen Standpunkte aus erzählt sind, oder doch solche in denen die Propheten handelnd auftreten. Hie und da wird auch über Berührungen des Nordreiches mit Juda näher berichtet: darin äussert sich das judäische Interesse der Auswahl. Das einfach Geschichtliche, das bloss Weltgeschichtliche so zu sagen, wird im allerdürftigsten Maasse mitgeteilt, häufig nur die Aufeinanderfolge der Königsnamen. Über König Omri, den Gründer der Stadt Samarien und Neubegründer des Reichs, der auch Juda in eine Art freundschaftlicher Abhängigkeit gebracht zu haben scheint, erfahren wir fast nichts, über Jerobeam II, den letzten grossen Herrscher, nicht mehr; in ein paar nichtssagenden Versen wird der Zusammenstoss mit den Assyrern und der Fall Samariens abgemacht. Zuweilen unterbricht ein blitzendes Juwel (II 9. 10) die umgebende Nacht, aber hinterher tappen wir wieder im Dunkeln. Die alte Überlieferung ist uns nur, soweit sie den Späteren von religiösem Werte schien, aufbewahrt worden, sie hat ihren angeborenen Schwerpunkt verloren und nunmehr eine Haltung angenommen, die sie ursprünglich gewiss nicht hatte. In Juda mag in der Tat der Tempel grössere Bedeutung gehabt haben als das Reich, aber die Geschichte Israels ist ohne Zweifel nicht bloss und nicht vorzugsweise Geschichte der Prophetie gewesen. Von den Verlusten, die wir zu beklagen haben, muss am stärksten die israelitische Überlieferung betroffen sein.

Nicht so unersetzlich ist der Schaden, den die Bearbeitung durch ihr positives Eingreifen in den quellenmässigen Stoff gestiftet hat; doch ist er auch nicht unerheblich. Am besten lässt sich die Verfärbung charakterisiren an den weittragenden Bemerkungen, womit die Königsreihe von Israel eröffnet wird. „Jerobeam sprach in seinem Herzen: nun wird das Reich wieder an

David fallen; wenn dies Volk hinaufzieht Opfer zu bringen im Hause Jahves zu Jerusalem, so werden die Leute sich im Herzen zu ihrem rechten Herrn zurückwenden und mich töten und wieder dem Rehabeam von Juda untertan werden. Da beriet sich der König und machte zwei goldene Kälber und sprach zu ihnen: hört nun auf nach Jerusalem zu ziehen; siehe da deine Götter, Israel, die dich aus Ägyptenland geführt haben. Und er stellte eins in Bethel und das andere in Dan auf. Und dies geriet zur Sünde und das Volk ging wie ein Mann sogar bis Dan. Und er machte Höhentempel und nahm Priester mitten aus dem Volk, die nicht aus den Söhnen Levis waren: wen er wollte, den stellte er an zum Höhenpriester" (I 12, 26—30. 13, 33). Nicht ganz so verkehrt wie in der Chronik, aber doch auch anachronistisch genug ist hier zunächst die Anschauungsweise, die in den Erwägungen Jerobeams durchschimmert, als sei das ephraimitische Königtum sich seines illegitimen Ursprungs bewusst und nur künstlich in seiner Sonderexistenz zu erhalten gewesen. Wie man in Wahrheit in dieser Hinsicht in Nordisrael gedacht hat, bezeugt der Segen Jakobs und der Segen Moses. Dort heisst Joseph der Gekrönte seiner Brüder, hier wird von ihm gesagt: „sein erstgeborner Stier voll Majestät (= der König) hat Hörner, mit denen er die Völker niederstösst, dass sind die Myriaden Ephraims und die Tausende Manasses". Woher auch sonst der Zauber des Namens Ephraim, als weil er der Königsstamm (Gen. 37, 8. 9) und der vornehmste Repräsentant des stolzen Namens Israel ist! Von Juda aber heisst es ebendaselbst: „Höre Jahve die Stimme Judas und bringe ihn zurück zu seinem Volke". Über das Volk, zu dem Juda gehört, kann man nicht im Zweifel sein; man wird Graf darin Recht geben müssen, dass dieser Stamm hier als das entfremdete Glied angesehen und seine Wiedervereinigung mit dem grösseren Reiche sogar als sein eigener Wunsch betrachtet wird — was nicht so sonderbar ist, wenn man bedenkt, dass der Teil zum Ganzen und nicht das Ganze zum Teile strebt. Erst durch lange Erfahrung lernte Juda den Segen einer festen Dynastie und Ephraim den Fluch der ewigen Thronwechsel kennen.

Da die Anziehungskraft Judas für die Bewohner des Nordreichs in dem Kultus des salomonischen Tempels gesehen wird, so soll Jerobeam ihr vorgebeugt haben, indem er neue Heiligtümer, eine neue Form Jahve zu verehren, und eine neue Art des

Priestertums geschaffen habe. Das wodurch sich der alte samarische Gottesdienst von dem judäischen Muster unterschied, wird für absichtliche Neuerung des ersten Königs ausgegeben, an dessen Sünde dann die Folgezeit festgehalten habe. Aber indem Jerobeam die Tempel von Bethel und Dan zu Reichstempeln erhob — dass er die Höhenhäuser überhaupt eingerichtet habe, verdient keine Berücksichtigung —, tat er weiter nichts als was Salomo vor ihm getan hatte. Nur hatte er dabei festeren Boden unter den Füssen als jener, denn Bethel und Dan waren alte Heiligtümer, Jerusalem nicht. Die goldenen Stierbilder ferner, die er aufstellte, unterschieden sich wohl durch ihr Gold aber nicht durch ihren Zweck von den Ephoden und anderweitigen Idolen, die überall in den Gotteshäusern wohnten, z. B. von der ehernen Schlange zu Jerusalem. Mit Fug und Recht hat schon Eichhorn erinnert, dass wenn Elias und Elisa gegen den eingedrungenen Dienst des tyrischen Baal eiferten, sie positiv für den Jahve von Bethel und Dan eintraten und nicht daran dachten gegen dessen bildliche Darstellung zu protestiren: noch Amos tut es nicht, sondern erst Hosea. Was endlich die nichtlevitischen Priester betrifft, die der König angestellt haben soll, so ist darüber schon oben (p. 130sqq.) das Nötige gesagt.

Eine merkwürdige Kritik dieses Urteils über den samarischen Gottesdienst wird durch das bald darauf folgende Zugeständnis geliefert, dass der judäische damals auch nicht anders, jedenfalls nicht besser gewesen sei. In dem Berichte über Rehabeams Regierung heisst es (I 14, 22sq.): „auch die Judäer errichteten sich Höhen und Malsteine auf jedem hohen Hügel und unter jedem grünen Baume, und auch Hurerei an geweihter Stätte wurde getrieben im Lande“ — damit wird ein Zustand beschrieben, der mit einigen Schwankungen bis gegen das Exil hin fortdauerte. Wenn nun die Norm, nach der Samarien gerichtet wird, auch nicht in Juda Realität besessen hat, so ist sie überhaupt im alten Israel nicht zu finden gewesen. Wir wissen, es ist das Gesetzbuch Josias; wir sehen aber, wie die Tatsachen darnach nicht bloss beurteilt, sondern auch gemodelt werden.

Noch ein einzelnes Beispiel ist in dieser Hinsicht erwähnenswert. König Salomo, heisst es, hatte ausser der Tochter Pharaos noch viele ausländische Weiber, aus Moab Ammon und anderen Völkern, deren Töchter zu ehelichen Jahve verboten hatte (Deut.

17, 17). Und da er alt wurde, verführten sie ihn zum Dienst ihrer Götter, und er baute auf dem Ölberge bei Jerusalem Höhen für Kamos von Moab und für Milkom von Ammon und für die Götter der übrigen Weiber. Zur Strafe dafür kündigte ihm Jahve an, dass sein Reich nach seinem Tode von ihm gerissen und seinem Knechte verliehen werden solle, und weiter erweckte er ihm Widersacher in dem Edomiten Hadad, der Edom befreite, und in dem Syrer Rezon ben Eljada, der Damaskus unabhängig machte. Zum künftigen Könige der Zehn Stämme aber liess er durch den Propheten Ahia von Silo den Ephraimiten Jerobeam designiren, der damals die Frohnarbeiten des Hauses Josephs bei der Befestigung der Burg Davids beaufsichtigte. So wird 1. Reg. 11, 1sqq. berichtet. Nun hat sich aber Edom und wie es scheint auch Damaskus gleich beim Thronwechsel vom Reiche Davids losgerissen (11, 21sq. 25); die Befestigung der Burg, wobei Jerobeam durch Ahia zum Aufstand angereizt wurde, fällt zwar später, aber auch noch in die erste Hälfte von Salomos Regierung, da sie mit den übrigen Bauten zusammenhängt (9, 15. 24). Da nun Salomo für eine Schuld, die er erst im Alter auf sich lud, nicht schon in seiner Jugend zum voraus gestraft worden sein kann, so widerspricht dieser moralische Pragmatismus der Zeitfolge und kann unmöglich dem ursprünglichen Erzähler zugeschrieben werden. In der Tat verrät sich die deuteronomistische Bearbeitung in 11, 1—13 an jedem Wort. Zur echten Überlieferung gehört nur die Erwähnung der vielen Weiber, jedoch ohne den daran geknüpften Tadel, und die Angabe über den Bau der Altäre des Kamos und Milkom und vielleicht der Astarte auf dem Ölberge, wo sie bis auf Josia standen (II 23, 13). Die ursächliche Verknüpfung beider Tatsachen aber gehört ebenso dem letzten Verfasser an wie die Verallgemeinerung, dass der König für alle unter seinen Weibern vertretenen Nationalitäten Altäre ihrer Götter errichtet habe.

Freilich wird die Überlieferung im Buche der Könige nicht in der Weise in das Gesetzliche umgedichtet, wie es in der Chronik geschieht. Was noch am meisten an die Chronik erinnert, ist, dass von Zeit zu Zeit ein Prophet eingelegt wird, der sich im Geiste des Deuteronomiums und in der Sprache Jeremias und Ezechiels äussert und dann verschwindet[1]. Dadurch wird das

[1] Vgl. Kuenen, de Profeten (Leiden 1875) II p. 143. Eine dieser deuteronomistischen Weissagungen ist oben p. 278sq. mitgeteilt. Zum teil

Gesetz lebendig in die Geschichte eingeführt, die Propheten erhalten es wirksam und wenden es an, nach dem auf Hier. 7,25. Deut. 18, 18 beruhenden Grundsatz II 17, 13: „Jahve bezeugte ihnen durch alle Propheten und Seher: kehrt um von euren bösen Wegen und haltet meine Gebote und Satzungen nach all der Thora, die ich euren Vätern befohlen und durch meine Knechte, die Propheten, entboten habe“. Das krasseste Beispiel dieser Art, an historischem Unwert mit Jud. 19—21 oder 1. Sam. 7sqq. zu vergleichen aber noch eine Stufe niedriger stehend, ist 1. Reg. 13. Ein Mann Gottes aus Juda bedroht hier den Altar von Bethel, vor dem gerade König Jerobeam opfert, also: Altar Altar, siehe ein Sohn wird dem Hause Davids geboren, mit Namen Josia, der wird die Höhenpriester auf dir opfern, die auf dir räuchern, und wird Menschengebeine auf dir verbrennen. Und zur Gewähr der Richtigkeit dieser erst nach drei Jahrhunderten sich erfüllenden Weissagung gibt er das Zeichen, dass der Altar zerbersten und die Opferasche sich verschütten werde — was denn auch auf der Stelle eintrifft. Diese Legende gehört indessen nicht eigentlich dem Deuteronomisten an, sondern ist ein noch späterer Zusatz, wie man leicht daraus erkennt, dass der jenem angehörige Satz 12, 31 erst 13, 33b vollendet wird. Es verdient Beachtung, dass in den beiden das 13. Kapitel einleitenden Versen 12, 32sqq. das Laubhüttenfest dem Priesterkodex gemäss auf den 15. des 7. Monats fixirt ist.

3. In den verarbeiteten Quellen lassen sich hier ebenfalls noch bedeutende Abstufungen und Schattirungen wahrnehmen. Im Buche der Könige begegnen wir zum ersten mal fortlaufenden kurzen Daten, die durch ihren streng faktischen Inhalt und ihre knappe Form sofort in der Umgebung auffallen und den Anschein gleichzeitiger Aufzeichnungen erwecken. Trotz ihrer losen Aufreihung sind sie es eigentlich, worauf unser zusammenhangendes Wissen über die Periode beruht; sie sind auch der regelmässige

sind sie anonym z. B. II 10, 30sqq. 21, 10sqq., z. T. alten Namen in den Mund gelegt z. B. I 16, 1sqq. Manchmal hat der Bearbeiter wohl in seinen Quellen Anfänge vorgefunden, die er dann in seiner Weise ausgeführt hat; so I 14, 7sqq. 21, 21sqq. II 9, 7sqq. In diesen Stellen treten zwar die denteronomistischen Gedanken und die jeremianisch-ezechielischen Wendungen (הנני מביא רעה) deutlich hervor, aber einzelne Ausdrücke originalen Gepräges finden sich eingestreut, die dann freilich immer wiederkehren, z. B. עצור ועזוב. Auch Namen wie Jehu ben Hanani sind gewiss nicht fingirt: so weit sind wir noch nicht wie in der Chronik. — Vgl. 1. Sam. 2, 27sqq. 2. Sam. 7, 1sqq.

Inhalt des religiös-chronologischen Schemas (z. B. I 14—16), wegen ihrer lockeren Fügung und neutralen Haltung vorzüglich zur Bearbeitung geeignet, die denn auch genugsam mit ihren Zutaten eingegriffen hat[1]). Schon bei Salomo beginnen diese wertvollen Notizen, hier freilich sind sie gegenwärtig stark mit anekdotenhafter Spreu untermischt. Hinterher finden sie sich vorzugsweise, ja fast ausschliesslich in der judäischen Reihe. Mehrere bestimmte Zeitangaben lassen auf annalistische Natur schliessen[2]), man könnte damit auch das charakteristische dazumal in Verbindung bringen, welches häufig die kurzen Sätze einleitet und im jetzigen Zusammenhang meist beziehungslos ist. In welchen Kreisen diese Aufzeichnungen gemacht sind, lässt sich kaum mutmassen. Wenn man sicher wäre, dass die hervorragende Berücksichtigung des judäischen Reichstempels nicht bloss auf späterer Auswahl, sondern auf einem ursprünglichen Interesse beruhte, so läge es nahe, an die jerusalemische Priesterschaft zu denken. Der gut königliche, vollkommen officielle Ton würde sich damit sehr wohl vertragen, denn die Söhne Sadoks waren bis auf Josia nichts weiter als die gehorsamen Diener der Nachkommen Davids und betrachteten das unbedingte Verfügungsrecht der letzteren über ihr Heiligtum als selbstverständlich (II 16, 10sq. Kap. 12. 22sq.). Indessen wie wir sie haben sind diese Notizen nicht aus den Akten selber geschöpft, sondern aus einer sekundären Zusammenstellung, vielleicht aus den jedesmal am Schluss einer Regierung citirten beiden Chroniken der Könige von Israel und von Juda, aus denen jedenfalls die Reihenfolge der Herrscher entnommen zu sein scheint. Dass diese Chroniken nicht mit den urkundlichen Annalen gleichgesetzt werden

[1]) Die oben besprochene Stelle 1. Reg. 11, 1sqq. gibt davon ein gutes Beispiel; man erkennt sofort den nackten Satz אז יבנה וגו aus der übrigen inhaltlosen Weitschweifigkeit heraus. Sonst vgl. II 16, 3sq. 18, 4.

[2]) 5. Rehabeams (I 14, 25), 23. Joas (II 12, 7), 14. Hizkias (II 18, 13), 18. Josias (II 22, 3), 4. u. 11. Salomos (I 6, 37. 38). Allerdings kommen diese Daten zum teil in ausgeführten judäischen Erzählungen vor, die aber im nächsten Verhältnis zu den kurzen Notizen stehen und auf ihnen zu beruhen scheinen. Es lässt sich denken, dass solche bestimmte Zahlen, einst in noch reicherer Fülle vorhanden, die Anhaltspunkte geliefert haben für eine ungefähre Schätzung der Summen, aus welchen die systematiche Chronologie aufgebaut ist. Jedenfalls stehen diese Einzeldaten selber ausserhalb des Systems. Das Gleiche gilt übrigens von den Altersangaben der judäischen Könige beim Regierungsantritt, die vielleicht auch auf die „Annalen“ zurückgehen. Das אז findet sich I 3, 16. 8, 1. 12. 9, 11. 11, 7. 16, 21. 22, 50. II 8, 22. 12, 18. 14, 8. 15, 16. 16, 5.

dürfen, leuchtet ein; das Buch der Dibre-hajamim muss von den Dibre-hajamim selber unterschieden werden. Ob die Chronik von Israel — aus welcher beinah nichts mitgeteilt wird — viel früher abgefasst ist als die (wie es scheint mit Jojakim abschliessende) Chronik von Juda, und ob sie und die Chronik Salomos (I 11, 41) ein ganz selbständiges Werk ist, möchte ich in Zweifel ziehen.

Die Excerpte aus den Annalen werden unterbrochen durch grössere Ausführungen, die damit zusammengearbeitet und ebenfalls in das deuteronomistische Schema aufgenommen sind. Unter ihnen sind die judäischen in der Minderzahl, die samarischen überwiegen, drängen sich indessen auf einen ganz kleinen Zeitraum zusammen. Als Beispiel, um die Stimmung und den Wechsel der Stimmung auch hier nachzuweisen, wähle ich die wundervolle Geschichte Elias.

Der Prophet Elias, aus Thisbe in Gilead, tritt vor König Ahab von Samarien und spricht: beim Leben Jahves des Gottes Israels, dem ich diene, es soll diese Jahre nicht tauen noch regnen ausser auf mein Wort. Der Anfang der Erzählung ist abgebrochen; wir müssen wissen, dass Ahab auf der Königin Izebel Betreiben die Verehrung des tyrischen Baals in Israel verbreitet und die Propheten Jahves zu hunderten getötet hat (18, 13. 22), und dass darum ihn und das Land die Strafe trifft. Plötzlich wie er aufgetaucht ist Elias verschwunden. Wir finden ihn wieder am Bache Krith der in den Jordan fliesst, dann im Lande des Baal zu Sarepta bei einer Witwe: indem sein Lebenslauf verfolgt wird, kommt zugleich auf einfache und schöne Weise die Schwere der Hungersnot zur Empfindung. Inzwischen hatte Ahab seine Häscher nach ihm ausgesandt und allen Reichen, wohin die vergebliche Suche ging, einen Eid abgenommen, dass er nicht zu finden sei. Nun jedoch zwang ihn die Not an andere Dinge zu denken, er selbst mit seinem Reichsverweser musste ausziehen um Futter zu suchen für die noch übrigen Kriegsrosse (Am. 7, 1). In dieser demütigenden Situation wurde er von dem Geächteten überrascht — er traute seinen Augen nicht. „Bist du es, Aufrührer Israels!“ „Ich rühre Israel nicht auf, sondern du, König, und deines Vaters Haus!“ Nach dieser Begrüssung forderte Elias den König auf, einen Zweikampf zwischen den 450 Propheten Baals und ihm, dem einzigen noch übrigen Propheten Jahves, zu veranstalten. Eine Opferprobe vor allem Volk fand auf dem Karmel statt; beide Parteien sollten einen Stier zubereitet auf den Altar legen, ohne das Holz anzuzünden: welcher Gott mit Feuer antworten werde, der sei der rechte. Die Baalspropheten, die zuerst an die Reihe kamen, suchten auf ihre Weise ihren Gott zu erweichen. Sie schrien und sprangen ungeberdig, verwundeten sich mit Schwertern und Lanzen bis sie mit Blut übergossen waren, rasten ekstatisch vom Morgen über Mittag bis gegen Abend. Derweil schaute Elias ihnen zu und spottete: ruft recht laut, denn er ist ein Gott, er ist wohl im Gespräch oder hat ein Geschäft, oder vielleicht schläft er, dass er aufwache! Endlich ging auch er an das Werk, stellte den zerstörten Altar Jahves her, schichtete darauf die Opferstücke und liess sie um das Wunder zu erhöhen zwei drei mal mit Wasser übergiessen. Dann betete er zu Jahve — und Feuer fiel vom Himmel und verzehrte das Opfer. Das Volk, bis dahin geteilten Herzens, trat nun auf die Seite des Eiferers, griff die Propheten Baals und schlachtete sie unten am Bache. Alsbald tränkte ein überraschender Platzregen das Land.

Dieser Triumph des Elias war nur ein Vorspiel. Wie Izebel erfuhr was geschehen, schwur sie ihm Rache, und er flüchtete um sein Leben nach dem judäischen Beerseba, dem Heiligtume Isaaks. Todmüde setzte er sich dort unter einem Ginsterbusch in der Wüste nieder, und mit der Bitte: es ist genug, nimm Jahve meine Seele! schlief er ein. Da wurde er von einem himmlischen Boten mit wunderbarer Speise gestärkt und auf den Berg Gottes Horeb beschieden. Wie er dort nach langer Reise angelangt in eine Höhle sich zurückgezogen hat, rauscht es an ihm vorüber: Sturm und Beben und Blitze sind Jahves Vorreiter, darnach kommt er selbst im leisen Säuseln hinter dem Gewitter. Verhüllten Hauptes tritt Elias aus der Höhle und hört eine Stimme fragen was ihm sei. Nachdem er sein Herz ausgeschüttet, wird ihm der göttliche Trost zu teil, dass seine Sache mit nichten verloren sei, dass die grimmigste Rache, deren Vollstrecker er selbst zu berufen habe, über alle Verehrer Baals ergehen solle, und dass diejenigen Siebentausend in Israel das Feld behaupten werden, die ihre Kniee dem Abgotte nicht gebeugt. „Du sollst Hazael zum Könige über Damaskus salben und Jehu ben Nimsi zum Könige über Israel und Elisa ben Saphat zum Propheten an deiner statt, und wer dem Schwerte Hazaels entrinnt, den wird Jehu, und wer dem Schwerte Jehus entrinnt, den wird Elisa töten." Der Bericht, wie Elias diese Befehle ausgerichtet habe, ist gegenwärtig ausgelassen; wir werden bald sehen aus welchem Grunde. Nur dass er den Elisa vom Pfluge weg aufgerufen habe ihm nachzufolgen, wird zum Schluss von Kap. 19 gemeldet. Auch von der Erfüllung des Gerichtes über die Baalsverehrer haben wir, in dieser Erzählungsgruppe, nur die Einleitung Kap. 21. Ahab wollte gern einen Weinberg haben, der in seiner Lieblingsresidenz Jezreel neben dem Palaste gelegen war; aber Naboth, der Besitzer, fand sich nicht bereit ihn zu verkaufen oder zu vertauschen. Ärgerlich glaubte der König dabei nichts weiter tun zu können, jedoch Izebel, die Tyrierin, hatte andere Begriffe von Macht und Recht und sagte: du willst die Herrschaft spielen in Israel? sei gutes Muts, ich verschaffe dir den Weinberg! Sie schrieb einen Brief an die Häupter der Stadt und liess den Naboth durch feile Richter aus dem Wege schaffen. Wie nun Ahab eben hinging den verfallenen Weinberg in Besitz zu nehmen, stiess der Feind auf ihn. Der Prophet Elias, immer im richtigen Moment zur Stelle, schleuderte ihm das Wort entgegen: „hast du gemordet und dich auch in Besitz gesetzt? fürwahr an dem Orte, wo die Hunde Naboths Blut geleckt haben, werden sie auch deines lecken". Damit bricht dieser Bericht ab; was folgt, ist nicht die wahre Fortsetzung.

Zugleich ist hier überhaupt der Faden der Erzählung von Kap. 17—19. 21 abgeschnitten, ohne zu dem richtigen Ende gelangt zu sein. Es fehlt der Sieg Jahves über den Baal, des Propheten über den König; die Geschichte Naboths wie gesagt leitet denselben nur ein. Der Sache nach sind wir zwar genügend darüber unterrichtet, aber der Form nach entsprechen die Berichte nicht der Ankündigung in Kap. 19 und 21; sie sind anderen Quellen entlehnt. Die Syrerkriege sollen nach 19, 17 zur Rache an den Baalsverehrern, d. h. vor allem an dem götzendienerischen Königshause, bestimmt sein; aber gar nicht nach diesem Gesichtspunkte werden sie in Kap. 20. 22. II 7. 9 erzählt. Vielmehr behaupten sich darnach Ahab und Joram mannhaft und ehrenvoll gegen die Übermacht von Damaskus, erst nach der Ausrottung des Baaldienstes unter Jehu begann die unglückliche Wendung; Hazael, der sie herbeiführte, wurde nicht schon von Elias, sondern erst von Elisa gesalbt (II 8, 7sqq.)[1]. Auch das Blutbad zu

[1]) Ebenso auch Jehu II 9, 1sqq. Dies der Grund der oben bemerkten Auslassung hinter I 19, 18; vgl. Thenius' Kommentar.

Jezreel, worauf die Drohung I 21, 19 geht, muss, um den literarischen Abschluss zur Geschichte Naboths zu bilden, in anderer Weise erzählt sein als es II 9. 10 geschieht. Nach 21, 19 soll Ahabs Blut zu Jezreel fliessen, nach II 9, 25 floss dort seines Sohnes Blut zur Rache für Naboth. Zwar wird 21, 27—29 die Bemerkung angehängt, da der König auf Elias Drohung in sich gegangen sei, so habe Jahve nachträglich dem Propheten mitgeteilt, er werde dieselbe erst nach seinem Tode an seinem Hause erfüllen — aber wer merkt hier nicht die Harmonistik [1])! Noch eine Reihe untergeordneter Differenzen kommen hinzu, die beweisen, dass in II 9. 10 nicht auf die Relation über den Mord Naboths zurückgesehen wird, wie sie I 21 lautet. Nach II 9, 25. 26 handelt es sich nicht um den Weinberg, sondern um den Acker Naboths, der eine Strecke vor der Stadt lag; mit ihm wurde auch seine Familie hingerichtet; am folgenden Tage, als Ahab in Begleitung Jehus und Ben Dekers hinausritt um den Acker einzuziehen, traf ihn das (nicht so speciell auf seine Person gemünzte) Wort des Propheten: „fürwahr das Blut Naboths und seiner Kinder habe ich gesehen, gestern, und zahle es dir heim auf diesem Acker!"

Mit Hilfe dieser anderweitigen Berichte, unter denen sich namentlich eine grössere gleichartige Gruppe volkstümlicher Erzählungen (I 20. 22. II 3. 6, 24—7, 20. 9, 1—10, 27) vorteilhaft auszeichnet, lässt sich nun an der Geschichte Elias eine Kritik üben, welche das für den Entwicklungsgang der Tradition lehrreiche Ergebnis liefert, dass der Einfluss des gewaltigen Propheten auf seine Gegenwart doch viel zu hoch angeschlagen ist. Das negative Fundament seiner Bedeutung ist die Verbreitung des Baalskultus in Israel: diese zunächst ist nicht wenig übertrieben.

[1]) Trotz 21, 27—29 ist in 22, 38 ein Versuch gemacht die Erfüllung von 21, 19 an Ahab selber nachzuweisen. Nachdem vorher berichtet, dass die Knechte des in seinem Wagen erschossenen Königs seine Leiche von Ramath Gilead nach Samarien gebracht haben um sie dort beizusetzen, heisst es 22, 38: und sie spülten den Wagen am Teiche von Samarien und die Hunde leckten sein Blut und die Huren badeten darin, nach dem Worte Jahves. Auf diese Weise erklärt es sich, wie die Hunde zu Samarien das seit der Schlacht natürlich längst eingetrocknete Blut haben lecken können! Leider ist dabei übersehen, dass nach dem Worte Jahves 21, 19 die Hunde nicht zu Samarien, sondern zu Jezreel, dem Orte Naboths, das Blut Ahabs lecken sollen. Der Vers 22, 38 ist eine Interpolation, die jüdischem Scharfsinne Ehre macht.

Von einer Unterdrückung des nationalen Gottesdienstes in damaliger Zeit kann keine Rede sein, es ist nichts mit der Angabe, dass die Propheten Jahves damals sämtlich ausgerottet seien und Elias allein übrig geblieben. Die Prophetenvereine zu Bethel Jericho und Gilgal haben ungestört fortbestanden, in den Syrerkriegen stehen Jahvepropheten dem Ahab zur Seite, vor seinem letzten Feldzuge sind ihrer vierhundert in der Hauptstadt versammelt, von denen wenigstens der eine dem Könige längst als Unglücksseher bekannt, aber weder früher erwürgt war noch jetzt erwürgt wurde, trotzdem er bei seiner misliebigen Art verharrte. Ahab nannte von den Söhnen, die ihm Izebel gebar, den einen Ahazjahu Jahve hält und den anderen Jehoram Jahve ist erhaben: er hielt an Jahve als dem Gotte Israels fest, trotzdem er seiner Gemahlin zu lieb der tyrischen Gottheit in Samarien einen Tempel und einen Gottesdienst stiftete. Ist dem nun so, so kann auch Elias Kampf gegen den Baal damals nicht die Wichtigkeit gehabt haben, die ihm im Lichte eines späteren Standpunktes beigelegt wurde. Wirklich merkt man in der oben bezeichneten Gruppe volkstümlicher Erzählungen nichts von einer religiösen Bewegung, die Israel innerlich zerrissen hätte; das Volk wird ganz durch die Syrerkriege in Anspruch genommen. Die Augen sind auf die Könige gerichtet, die ihre Pflicht und Schuldigkeit im Kampfe tun, Elias steht im Hintergrunde. Ohne viele Worte verrät sich mehrfach die Hochachtung, die Ahab bei Freund und Feind geniesst (20, 31. 22, 32. 34 sq.); auch Joram und selbst Izebel werden durchaus nicht unsympathisch geschildert (II 6, 30. 9, 31). Von Jehu dagegen, dem von den Propheten angestifteten Mörder des Hauses Ahab, kann man schwerlich das Gleiche behaupten (II 9. 10).

Tatsache ist allerdings, dass es dem Baalshass der Propheten am Ende gelungen ist die Dynastie Omris zu stürzen. Aber auf welche Weise! Während König Joram durch eine Wunde von seinem im Felde stehenden Heere fern gehalten wurde, ging ein Abgesandter Elisas ins Lager, rief den Feldhauptmann von einem Gelage, bei dem er ihn antraf, zu einer heimlichen Unterredung ab und salbte ihn zum Könige. Als Jehu zu den trinkenden Kameraden zurückkam, fragten ihn die, was jener Verrückte gewollt habe, und da er mit ausweichenden Antworten nicht auskam, sagte er ihnen die Wahrheit. Sofort erhoben sie ihn auf einen improvisirten Thron und liessen ihn als König ausposaunen: die Sache leuchtete ihnen ein, um „jenen Verrückten" scherten sie sich nicht. Mit einer unerhörten Meisterschaft in Verrat und Blutvergiessen rechtfertigte Jehu ihr Vertrauen, aber er verliess sich dabei lediglich auf die Hilfsmittel seines eigenen Mordgenies. Von einer allgemeineren Bewegung gegen die Dynastie wurde er nicht getragen, das Volk, das er misachtete (10, 9), stand starr und entsetzt vor den schlag auf schlag sich folgenden Greueln; noch nach hundert Jahren war der Schauder über die Bluttat von Jezreel lebendig (Os. 1, 4). Nachdem nun die Krone gewonnen war, erwies der verwegene Spieler den Fanatikern seinen Dank und schickte den Priestern Jahves, die er zusammen mit dem ganzen königlichen Anhange hingeschlachtet hatte (10, 11), die Priester und Verehrer Baals nach. Aus der Weise, wie er sie in die Falle lockte (10, 18sqq.), geht hervor, dass niemand bisher daran gedacht hatte in ihm den Vorkämpfer Jahves zu erblicken; offenbar war auch jetzt der Eifer nur ostensibel (10, 15sqq.), er kämpfte nicht für eine Idee. Also, das sieht man, der Baal ist es nicht gewesen, der das Haus Ahab zu Fall gebracht hat, sondern gemeiner Verrat; die Eiferer haben ein recht unheiliges Werkzeug zu ihren Zwecken aufgeboten, von dem sie dann selbst als heiliges Mittel zu seinen Zwecken benutzt wurden; das Volk zum Sturm gegen den Baal mit fortzureissen ist ihnen mit nichten gelungen. Grössere Entrüstung scheint die Hinrichtung Naboths hervorgerufen zu haben, ein moralischer, kein religiöser Frevel. In der Geschichte Elias selber wird zugestanden, dass sein Kampf gegen den Baal trotz des Opfersieges auf dem Karmel resultatlos verlaufen und dass erst mit jenem Justizmorde eine andere Wendung eingetreten sei. Aber nach II 9, 25 ist derselbe doch nicht etwa durch eine allgemeine Erregung, die er hervorrief, so verhängnisvoll geworden, sondern vielmehr durch den zufälligen Umstand, dass Jehu Zeuge des unvergesslichen Auftritts zwischen Ahab und Elias war und darum den Propheten zum Vollstrecker der Drohung geeignet schien.

Gewiss ist es richtig, dass diese grandiose Gestalt des Elias nicht hätte gezeichnet werden können ohne aus einem entsprechenden Eindrucke der Wirklichkeit concipirt zu sein[1]. Aber sie ist

[1]) Auch ist der zeitliche Abstand des Erzählers von den Sachen nicht allzu gross. Er ist Nordisraelit, wie sich aus אשר ליהודה 19, 3 ergiebt

zu sehr aus dem historischen Ensemble herausgerissen und dadurch ins kolossale vergrössert. Überhaupt sind in dieser Gattung von Erzählungen die Propheten zu stark in den Vordergrund gerückt, als wären sie schon in ihrer Gegenwart die Hauptmacht der israelitischen Geschichte gewesen, als hätte das was sie bewegte auch ihre Zeit beherrscht und ausgefüllt. Das war nicht der Fall, für die Zeitgenossen traten sie hinter den Königen völlig in den Schatten, erst den Späteren wurden sie die Hauptpersonen. Ihre ideale Bedeutung, wodurch sie mehr auf die Zukunft als auf die Gegenwart eingewirkt haben, ist ins Reale übersetzt worden. In der Zeit Ahabs und Jehus genossen die Nebiim, die sich damals sehr weit ausgebreitet und in eigenen Orden organisirt hatten, keiner grossen Achtung; durchschnittlich waren es armselige Gesellen, die dem Könige aus der Hand assen und in leitenden Kreisen wegwerfend behandelt wurden. Elias und Elisa ragten nun zwar über ihren Stand hervor; aber der erstere, dessen Hände rein geblieben sind, hat wohl gelegentlich durch sein kühnes Wort imponirt, tatsächlich aber nichts gegen den König ausgerichtet und auch das Volk keineswegs auf seine Seite gezogen; Elisa dagegen hat wohl etwas ausgerichtet, jedoch mit lichtscheuen Mitteln, die eher die Schwäche als die Macht des Prophetentums in Israel bezeugen.

4. Fassen wir zum Schluss zusammen, was wir auf unserer eklektischen Wanderung durch die historischen Bücher gelernt haben. Was der gewöhnlichen Vorstellung als der specifische Charakter der israelitischen Geschichte erscheint und derselben vorzugsweise den Namen der heiligen Geschichte eingetragen hat, beruht zumeist auf nachträglicher Übermalung des ursprünglichen Bildes. Schon früh beginnen die verfärbenden Einflüsse. Dazu rechne ich nicht das Eindringen sagenhafter Elemente, die schon in den ersten Anfängen zu denen wir die Tradition zurückverfolgen können nicht fehlen, auch nicht den unvermeidlichen Lokalton der mit Tendenz nichts gemein hat. Ich denke nur an das

und aus 19, 8 vgl. mit Deut. 1, 2: ein Judäer konnte sich in der Entfernung nicht so leicht und nicht so stark vergreifen, wenn man freilich auch bedenken muss, dass der Horeb für diesen Erzähler schwerlich da lag, wo wir seine Lage anzunehmen seit alters gewohnt sind. Ein Zeichen des Alters ist ferner die Unbefangenheit, womit Elias in Israel Baal bekämpft und doch im sidonischen Lande aufs freundschaftlichste mit den Baalsverehrern verkehrt (Ev. Luc. 4, 25sq.).

gleichförmige Gepräge, welches eine principielle Betrachtungsweise der Geschichte der Überlieferung aufdrückt. Da lässt sich nun zuvörderst ein religiöser Einfluss wahrnehmen, der sich in den Büchern Samuelis und der Könige näher als prophetischer herausstellt. Die Meinung scheint mir irrig, dass die Propheten dem hebräischen Volk seine Historie überhaupt erst gegeben haben. Das Lied Jud. 5, allerdings vielleicht das älteste geschichtliche Denkmal im Alten Testament, lässt sich nicht dafür anführen; denn selbst wenn es wirklich von Debora gedichtet wäre, so steht doch die Seherin in keinem Zusammenhange mit den Propheten. Am wenigsten werden die Kollegien der Bne Nebiim zu Gilgal und an anderen Orten als Pflanzschulen der Tradition zu betrachten sein; die Produkte, die aus diesen Kreisen stammen, verraten einen ziemlich beschränkten Gesichtskreis (2. Reg. 2, 1—25. 4, 1—6, 23). Die Propheten haben die Überlieferung nicht zuerst geformt, sondern sind mit ihrer eigentümlichen Beleuchtung hinterdrein gekommen. Ihr Interesse für den geschichtlichen Stoff war nicht so gross dass sie sich gedrungen fühlten ihn aufzuzeichnen; sie hauchten ihm nur nachträglich ihren Geist ein.

Aber systematisch überprägt ist die Überlieferung erst, seitdem man einen festeren Stempel hatte als die freien Ideen der Propheten, seitdem der Wille Gottes schriftlich formulirt war. Da ward man allgemein des Widerstreits inne, welcher zwischen dem idealen Anfang, den man jetzt herzustellen strebte wie er im Buche stand, und der nachfolgenden Entwicklung klaffte. Die alten Volksbücher, die harmlos an den verwerflichsten Sitten und Einrichtungen vorübergingen, bedurften einer gründlichen Aptirung nach der mosaischen Form, um sie für die neue Zeit verwertbar, verdaulich und erbaulich zu machen. Nicht erst durch die Chronik, im Anfange der griechischen Herrschaft, wurden sie demgemäss zusammenhangend überarbeitet, sondern, wie wir in diesem Kapitel gesehen haben, schon im babylonischen Exil. Aber in einer etwas anderen Weise. In der Chronik wird die Vergangenheit auf grund des Gesetzes umgedichtet; jeweilige Übertretungen kommen vor, aber nur als Ausnahmen von der Regel. In den Büchern der Richter Samuelis und der Könige wird die Tatsache des radikalen Abstandes der alten Praxis vom Gesetz im ganzen nicht in Abrede gestellt. In einzelnen Fällen zwar wird die Vergangenheit auch hier auf grund des Ideals umgedichtet, in der

Regel aber doch nur verurteilt. Das ist der eine Unterschied; ein anderer kommt hinzu, der ungleich wichtiger ist. In der Chronik ist es der Pentateuch, d. h. vor allem der Priesterkodex, nach dessen Muster die Geschichte des alten Israels dargestellt wird. In der Quelle der Chronik, in den älteren historischen Büchern, geht die Bearbeitung nicht vom Priesterkodex aus, der ihr vielmehr vollkommen unbekannt ist, sondern vom Deuteronomium. Die Geschichte der Tradition führt also, was die Reihenfolge der beiden grossen Gesetzeskörper betrifft, zu dem gleichen Ergebnis wie die Geschichte des Kultus.

Achtes Kapitel.

Die Erzählung des Hexateuchs.

In den geschichtlichen Büchern ist die Form, in der die Tradition weiter gebildet worden ist, die Ergänzung und Überarbeitung; doppelte Relationen kommen zwar hier und da vor, aber nicht grosse parallele Zusammenhänge neben einander. Im Hexateuch haben zwar auch Ergänzungen und Nachtragungen in umfangreichem Maasse stattgefunden, aber vorzugsweise sind hier fortlaufende Erzählungsfäden, die für sich selbst verstanden werden können und müssen, zu einer doppelten und dreifachen Schnur zusammengeflochten. Man ist nun wenn auch nicht grundsätzlich so doch tatsächlich geneigt, die formelle Selbständigkeit dieser s. g. Quellenschriften des Hexateuchs so zu deuten, als seien dieselben auch materiell unabhängig von und beziehungslos gegen einander. Dies ist nun von vornherein sehr unwahrscheinlich. Wenn selbst bei den Propheten, die doch ihr Wort von Jahve empfangen hatten, der Nachfolger den Vorgänger kennt und auf ihm fusst, wie viel mehr muss dies bei Erzählern der Fall sein, die es ausdrücklich mit der Überlieferung zu tun haben. Mit der mechanischen Zerlegung hat die Kritik ihr Werk nicht getan, sie muss darauf hinaus, die ermittelten Einzelschriften in gegenseitige

Beziehung zu setzen, sie als Phasen eines lebendigen Processes begreiflich und auf diese Weise eine stufenmässige Entwicklung der Tradition verfolgbar zu machen.

Um so dringender liegt diese Aufgabe vor, je auffallender die Einzelschriften nicht bloss im Stoffe, sondern auch in der Anordnung der Erzählungen übereinstimmen. Keine Ursage hat bekanntlich einen so geschlossenen Zusammenhang wie die biblische, so dass es in der Tat kein Wunder ist, dass sie der Rahmen für viele anderen wurde und sie verfärbte. Dieser Zusammenhang aber ist in allen Hauptzügen den Quellen gemeinsam. Der Priesterkodex läuft in seinem historischen Faden dem jehovistischen Geschichtsbuche durchaus parallel. Nur dadurch ist es möglich gewesen, diese beiden Schriften so in einander zu schieben, wie sie uns gegenwärtig im Pentateuche vorliegen. Dass es dabei nicht ohne alle Eingriffe abgegangen ist, ist weniger zu verwundern, als dass sich die Eingriffe in so engen Grenzen halten und insbesondere die Anlage der beiden Schriften fast ganz unangetastet lassen. Das begreift sich nur aus der weitgehenden Übereinstimmung derselben in diesem Punkte. Wo es sich nun nicht um Geschichte, sondern um Sagen über die Vorgeschichte handelt, da kann die Anordnung des Stoffes nicht mit dem Stoffe selber gegeben sein, sondern muss auf dem Plane eines Darstellers beruhen. Aus dem Volksmunde stammen bloss die losen und nur ganz ungefähr auf einander bezogenen Erzählungen; ihre Verbindung zu einer festen Einheit ist das Werk dichterischer oder schriftstellerischer Formung. Die Übereinstimmung der Quellen im Plane der Erzählung ist also nicht selbstverständlich, sondern höchst auffallend und nur aus litterarischer Abhängigkeit zu erklären. Die Frage, wie das Abhängigkeitsverhältnis zu bestimmen ist, drängt sich darum weit stärker auf, als wie man gemeiniglich annimmt[1]).

[1]) Die Übereinstimmung erstreckt sich auch weiter ins einzelne, bis auf die Ausdrücke. Von mabbul (Sündflut) und theba (Arche) sehe ich ab, aber folgende Beispiele haben mich frappirt. In P Gen. 6, 9 heisst Noah gerecht in seinen Geschlechtern, in JE 7, 1 gerecht in seinem Geschlechte — keine gewöhnliche Redeweise, die den Rabbinen and Hieronymus viel Kopfzerbrechens verursacht. Ebenso P Gen. 17, 21: der Sohn den dir Sara gebiert um diese Frist im künftigen Jahr und JE 18, 14: zur selben Frist will ich nächstes Jahr wieder zu dir kommen und dann hat Sara einen Sohn. Desgleichen P Exod. 6, 12. 7, 1: (Moses) ich bin unbeschnittener Lippen, (Jahve) siehe ich mache dich zum Gott für Pharao und dein Bruder Aharon soll dein Prophet sein

Es ist indessen hier nicht der Ort, eine Geschichte der Entwicklung der israelitischen Sage zu versuchen. Es soll vielmehr nur der Grund dazu gelegt werden durch eine Vergleichung der Erzählung des Priesterkodex mit der jehovistischen, wobei sich herausstellen wird, dass Buttmann (Mythologus I p. 122sqq.) gegen de Wette (Beiträge II) Recht hat mit der Behauptung, dass die jehovistische Gestalt der Sage die ursprünglichere sei.

I.

1. Mit dem Berichte des Priesterkodex über die Weltschöpfung beginnt die Bibel. Im Anfang ist das Chaos; Dunkel, Wasser, brütender Geist, der lebenzeugend die tote Masse befruchtet. Der Urstoff enthält unterschiedslos alle Einzelwesen in sich, aus ihm geht stufenweise die geordnete Welt hervor, und zwar durch Entmischung, durch Ausscheidung zunächst der grossen Elemente. Das chaotische Urdunkel weicht dem Gegensatze von Licht und Finsternis, das Urwasser wird durch das Himmelsgewölbe geteilt in das himmlische, woraus die unseren Blicken entzogene Welt jenseit des Firmaments konkrescirt, und in das irdische; die letztere endlich wird aus schlammiger Mischung zu Meer und Land geschieden, worauf alsbald das Land sein grünes Kleid anzieht. Die so entstandenen Elemente, Licht Himmel Wasser Land, werden darauf, etwa in der Ordnung wie sie geschaffen sind, mit Einzelwesen belebt; dem Licht entsprechen die Leuchten der Gestirne, dem Wasser die Fische, dem Himmel die Vögel des Himmels, dem Lande die übrigen Tiere. Der letzte Schöpfungsakt wird bedeutungsvoll hervorgehoben. „Und Gott sprach: lasset uns Menschen machen nach unserem Ebenbild, dass sie herrschen über die Fische des Meeres und die Vögel des Himmels und über das Vieh und alles Getier der Erde und alles Gekreuch, das auf Erden kriecht. Da schuf Gott den Menschen nach seinem Bilde, nach Gottes Bilde schuf er ihn, und er schuf sie männlich und weiblich. Und Gott segnete sie und sprach: seid fruchtbar und mehret euch und füllet die Erde und machet sie euch untertan, und herrschet über die Fische des Meeres und die Vögel des Himmels und alles Getier das auf Erden wimmelt. Und Gott sprach: siehe

verglichen mit JE 4, 10. 16: (Moses) ich bin schweren Mundes und schwerer Zunge, (Jahve) Aharon soll dir als Mund dienen und du sollst ihm für Gott sein.

ich gebe euch alle samentragenden Gräser auf der ganzen Erde und alle Bäume mit Samenfrüchten, dass sie euch zur Nahrung dienen; allen Tieren der Erde aber und allen Vögeln des Himmels und allem Gekreuch auf Erden, worin eine lebendige Seele ist, gebe ich das grüne Kraut zur Nahrung.“ So ward Himmel und Erde geschaffen und all ihr Heer, und Gott vollendete sein Werk am siebenten Tage und segnete den siebenten Tag und heiligte ihn (Gen. 1, 1—2, 4ᵃ).

Es geht die Rede, diese Erzählung verfolge nur fromme Zwecke. Gewiss verleugnet sich der Israelit darin nicht; der religiöse Geist womit sie durchdrungen ist tritt sogar gelegentlich in Widerspruch zu der Natur des Stoffs. Das Chaos ist seinem Begriffe nach die unerschaffene Materie, es ist ein merkwürdiger Gedanke, dass es hier im Anfang von Gott geschaffen wird. Vom Geist bebrütet ist es ferner angelegt auf Entwicklung aus sich heraus, und darin dass die Schöpfung überall als Scheidung des im Chaos schon gemischt Vorhandenen dargestellt wird, verrät sich noch jetzt die ursprüngliche Anlage; doch in der hebräischen Erzählung ist der immanente Geist dem transcendenten Gott gewichen und das Evolutionsprincip zurückgedrängt durch das befehlende Schöpferwort. Dennoch ist das Interesse des Erzählers nicht hauptsächlich ein religiöses. Hätte er bloss sagen wollen, Gott habe die Welt aus nichts geschaffen und er habe sie gut geschaffen, so hätte er das einfacher ausdrücken können und zugleich deutlicher. Er will ohne Zweifel den tatsächlichen Hergang der Entstehung der Welt naturgetreu schildern, er will eine kosmogonische Theorie geben. Wer das leugnet, verwechselt den Wert der Geschichte für uns und die Absicht des Schriftstellers. Während unsere religiösen Vorstellungen den seinigen konform sind oder vielmehr konform zu sein scheinen, haben wir über das Werden der Welt andere Begriffe, weil wir über die Welt selber andere Begriffe haben, im Himmel kein Gewölbe, in den Sternen keine Leuchten und in der Erde nicht das Fundament des Alls erblicken. Aber das darf uns nicht abhalten, das theoretische Streben des Verfassers von Gen. 1 anzuerkennen. Er sucht die Dinge so wie sie jetzt sind aus einander abzuleiten; er fragt sich wie sie wohl allmählich aus dem Urstoff hervorgegangen sein mögen, und hat dabei überall nicht eine mythische Welt, sondern die gegenwärtige gewöhnliche vor Augen.

Die blasse Farbe, welche ähnlichen Erzeugnissen der ältesten nichtmythischen Naturerklärung eigen zu sein pflegt, ist auch für Gen. 1 charakteristisch. Zwar ist man gewöhnt, dies erste Blatt der Bibel in all dem Zauber zu sehen, den die Vereinigung hohen Altertums tiefsinnigen Inhalts und kindlicher Form zu geben vermag. Es wäre vergeblich, die erhabene Ruhe und die einförmige Grösse zu leugnen, die der Erzählung ihren Typus gibt. Unvergleichlich vor allem ist der Anfang: „die Erde war wüst und ungestalt und Finsternis lag auf der Flut und der Geist Gottes brütete auf dem Wasser, da sprach Gott: werde Licht! und es ward Licht“. Nimmt man aber das Chaos als gegeben, so ist von hier aus das Ganze entsponnen; alles Folgende ist Reflexion, systematische Konstruktion, der man mit leichter Mühe nachrechnen kann. Es sind sehr einfache Erwägungen, welche dazu führen, erst das Grosse und dann das Kleine, erst das Fundament und dann das darauf Befindliche entstehen zu lassen, das Wasser vor den Fischen, den Himmel vor den Vögeln des Himmels, das Land und die Pfllanzen vor den Tieren. Die Anordnung der zu erklärenden Dinge gilt hier für die Erklärung selbst, über eine vom Einfachen zum Entwickelten fortschreitende Reihenfolge kommt es nicht hinaus, kein Versuch der Phantasie, den Hergang näher zu beschreiben, überall bedächtige Überlegung, die sich scheut, über das Allgemeinste hinauszugehen. Es wird eigentlich bloss das Fachwerk der Schöpfung gegeben, das aber unausgefüllt bleibt. Daher auch die Form des Ganzen, die durch ein Referat nicht wiederzugeben ist; das Schema überwuchert den Inhalt, statt anschaulicher Schilderungen bekommen wir logische Definitionen zu hören. Es ist die stufenmässige Ordnung in der Ausscheidung der Einzeldinge aus dem Chaos, womit hier des Erwachen einer „natürlichen“ Betrachtung der Natur und eines verständigen Nachdenkens über sie sich ankündigt, ebenso wie in den Versuchen des Thales und seiner Nachfolger, die auch als Anfänge der Theorie und eines objektiven Interesses für die Dinge der Aussenwelt merkwürdig, aber nicht dazu angetan sind Begeisterung zu erregen [1]).

Den ersten Satz des jehovistischen Berichtes über den Anfang

[1]) Dabei bleibt es auch dann, wenn Thales und der Verfasser von Gen. 1 aus der Weisheit der Chaldäer geschöpft haben — was sehr wohl möglich ist.

der Weltgeschichte hat der Redaktor abgeschnitten. [Es war alles trockene Wüste], als Jahve die Erde bildete, es gab noch kein Gewächs auf dem Felde und nirgends spross das Grün, denn Jahve hatte noch nicht regnen lassen auf die Erde und kein Mensch war da den Acker zu bauen. Ein Nebel (?) aber entstieg dem Boden, der tränkte die Fläche des Ackers. Und Jahve bildete den Menschen aus Staube vom Acker und hauchte ihm Lebensodem in die Nase. Dann pflanzte er einen Garten im Lande Eden fern im Osten, an der Stelle, wo die vier Hauptflüsse der Erde aus gemeinsamem Ursprunge sich teilen; da wachsen unter anderen schönen Bäumen der Baum des Lebens und der Erkenntnis. In diesen Garten setzte Jahve den Menschen, ihn zu bauen und zu pflegen und zu essen von allen Bäumen: nur die Frucht des Baumes der Erkenntnis verbot er ihm. Mutterseelenallein aber ist der Mensch in seinem Garten, er muss Gesellschaft haben die für ihn passt. Also bildet Jahve jetzt erst die Tiere, ob der Mensch vielleicht mit ihnen verkehren und sich befreunden könne. Er führt sie ihm nach einander vor, zu sehen, welchen Eindruck sie machen, wie der Mensch sie nennen würde. Er nennt sie beim rechten Namen, Ochs Esel Bär, gibt also der Empfindung Ausdruck, dass er nichts Verwandtes finde, und Jahve muss anderen Rat schaffen. Da bildet er das Weib aus der Rippe des schlafenden Mannes und lässt ihn erwachen. Der vergeblichen Experimente mit den Tieren wie überdrüssig ruft der Mensch nun entzückt beim Anblick des Weibes aus: das ist doch einmal Fleisch von meinem Fleisch und Bein von meinem Bein, die kann man Männin heissen. — Damit ist der Schauplatz gemalt, die auftretenden Personen eingeführt, eine Handlung insgeheim vorbereitet: nun spielt sich die Tragödie ab, die mit der Vertreibung des Menschen aus dem Garten endigt. Von der Schlange verführt streckt der Mensch die Hand aus nach dem verbotenen Gute um zu werden wie Gott, und isst vom Baume der Erkenntnis. Der Anfang der Bekleidung, die erste Stufe der Civilisation, ist die nächste Folge davon; traurigere schliessen sich alsbald an. Am Abend hören der Mensch und sein Weib Jahve im Garten sich ergehen, sie verstecken sich vor ihm und verraten sich eben dadurch. An Leugnung der Tat ist nicht mehr zu denken, und indem jeder die Schuld auf den anderen wälzt, geben sich die Beteiligten nach einander selber an. Der Richterspruch beschliesst die Untersuchung. Die Schlange soll auf dem Bauche kriechen, Staub fressen, und im ungleichen Kampfe mit dem Menschen zu grunde gehen. Das Weib soll mit Schmerzen viele Kinder gebären und nach dem Manne sich sehnen, der doch ihr Herr sein wird. Der Hauptfluch trifft den Menschen d. h. den Mann. „Verflucht sei der Acker um deinetwillen, mit Qual sollst du dich davon nähren dein Lebetag. Dorn und Distel wird er dir tragen und sollst das Gras des Feldes essen, bis du zum Acker zurückkehrst, davon du hergenommen bist; denn Staub bist du und Staub wirst du wieder." Nachdem so das Urteil gesprochen, bereitet Jahve die Menschen für ihre künftigen Lebensverhältnisse dadurch vor, dass er ihnen Röcke aus Fellen macht und anzieht. „Siehe — wendet er sich dann an seine himmlische Umgebung —, siehe der Mensch ist geworden wie unser ein zu erkennen Gut und Böse: nun dass er seine Hand nicht ausstrecke und nehme auch vom Baume des Lebens und esse und lebe ewiglich." Mit diesen Worten treibt er den Menschen aus dem Paradise und lagert davor die Cherube und das flammende Wandelschwert, zu bewahren den Weg zum Baume des Lebens (Gen. 2, 4^b — 3, 24).

Die schwermütigste Betrachtung des Lebens, wie es gegenwärtig ist, liegt dieser Erzählung zu grunde. Eitel Not und Arbeit, ein Frohndienst sind des Menschen Tage, aussichtsloser Frohndienst, denn der Lohn ist, dass man wieder zur Erde wird, davon man hergenommen. An ein Leben nach dem Tode kein Gedanke; als eine verscherzte Möglichkeit gilt das Leben ohne Tod — jetzt wehrt der Cherub den Zugang zum Baume des Lebens, von dem der Mensch im Paradis hätte essen können aber nicht gegessen hat. Dies gegenwärtige öde Erdenlos ist das eigentliche Problem der Erzählung. Es wird empfunden als klaffender Widerspruch gegen unsere wahre Bestimmung, es kann nicht das Ursprüngliche sein. Es ist vielmehr Verkehrung des Ursprünglichen, die Strafe einer uralten Schuld lastet darin auf uns allen. Zuerst führte der Mensch im vertrauten Umgange mit Jahve ein glückliches und menschenwürdiges Dasein im Paradise: das verbotene Streben nach der Erkenntnis von Gut und Böse hat ihn daraus vertrieben und all das Elend über ihn gebracht.

Was ist die Erkenntnis von Gut und Böse? Die Ausleger sagen, es sei das Vermögen der sittlichen Unterscheidung, also das Gewissen. Demgemäss nehmen sie an, der Mensch im Paradise sei moralisch indifferent gewesen, in einem Zustande, der ein bewusstes Handeln ausschloss und weder gut noch böse zu nennen war. Da nun ein solcher Zustand kein Ideal ist, so finden die einen, durch den Sündenfall sei mehr gewonnen als verloren, und die anderen gestehen, es könne nicht die göttliche Absicht gewesen sein, den Menschen immer auf dieser Stufe kindlicher Unzurechnungsfähigkeit zurückzuhalten, und auch der Erzähler könne das nicht meinen.

Aber es ist deutlich, der Erzähler redet nicht von relativem sondern von absolutem Verbot der Erkenntnis: er meint sie stehe nur Gott zu, und wenn der Mensch die Hand darnach ausstrecke, so überschreite er seine Schranken und wolle werden wie Gott. Auf der anderen Seite kann er allerdings nicht meinen, das Gewissen sei ein sehr zweifelhaftes Gut, dessen Besitz zu beklagen, sei etwas, was Gott dem Menschen eigentlich versagt und nur sich selber vorbehalten habe. Die Erkenntnis kann nicht die sittliche sein. Was soll es heissen, dass Gott allein den Unterschied zwischen Gut und Böse kennen und dem Menschen dies Wissen versagen will? Dürfte man doch meinen, das Gewissen sei eher etwas specifisch menschliches. Was soll es ferner heissen, dass Adam und Eva so neugierig sind zu erfahren was Sünde und Tugend sei? Darauf ist niemand neugierig und nie entsteht die Sünde auf dem Wege des ethischen Experiments, dadurch, dass man gerne wissen möchte was sie eigentlich sei. Offenbar wird doch auch vorausgesetzt, dass die Menschen im Paradise wussten, dass der Gehorsam gegen Jahve gut, der Ungehorsam böse sei. Es widerspricht endlich der gemeinsamen Tradition aller Völker, sich den ersten Menschen als eine Art Tier vorzustellen; nur hinsichtlich der äusseren Kultur wird er unentwickelt gedacht. Vielmehr die Erkenntnis, die hier verboten ist, ist die eigentliche, die allgemeine Erkenntnis, das Klugwerden wie es hinterdrein genannt wird. Das ist es, was nach des Verfassers Meinung über die Schranken unserer Natur hinausgeht, das Geheimnis der Dinge, das Geheimnis der Welt zu ergründen, Gott gleichsam in die Karten zu gucken, wie er es bei seinem lebendigen Wirken anfängt, um es etwa ihm abzusehen und nachzumachen. Denn Wissen ist der alten Welt immer zugleich auch Können, keine blosse Metaphysik. Dieses Erkennen im höchsten Sinne steht nur

Gott zu, der im schöpferischen Mittelpunkt der Dinge stehend das Ganze durchdringt und überschaut, es ist dem Menschen, der sich am Einzelnen abquält, verschlossen. Und dennoch hat das verbotene Gut den grössten Reiz für ihn, er brennt darauf es zu erlangen, und statt in Vertrauen und Ehrfurcht zu resigniren, versucht er das ihm neidisch vorenthaltene Kleinod zu rauben und dadurch Gott gleich zu werden — sich zum Schaden.

Diese Erklärung ist nicht neu, es ist die alte und populäre, darum auch von Goethe im Faust befolgte. Ein Einwand freilich erhebt sich dagegen: es steht doch da nicht bloss die Erkenntnis, sondern die Erkenntnis von Gut und Böse? Aber im Hebräischen bedeutet Gut und Böse zunächst immer nur heilsam und schädlich; auf Tugend und Sünde werden die Ausdrücke nur übertragen, sofern deren Wirkung frommt oder schadet. Mit Gut und Böse, wie es in Gen. 2. 3 gemeint ist, ist keine Entgegensetzung der Handlungen nach ihren sittlichen Unterschieden beabsichtigt, sondern eine Zusammenfassung der Dinge nach ihren zwei polaren Eigenschaften, wonach sie den Menschen interessiren, ihm nützen oder schaden: denn, wie gesagt, nicht wie die Dinge metaphysisch sind, sondern wozu sie gut sind, will er wissen. Neben dem ausführlichen Ausdruck kommt übrigens auch der einfache vor, Erkenntnis schlechthin (3, 6), und zu beachten ist noch das, dass es nicht heisst: erkennen das Gute und das Böse, sondern: erkennen Gutes und Böses.

Wir müssen nun aber weiter diese Erkenntnis nicht individuell, sondern geschichtlich auffassen; es ist das gemeint, was wir Kultur zu nennen pflegen. Wie das Menschengeschlecht in der Kultur vorwärts schreitet, schreitet es in der Gottesfurcht rückwärts. Die erste Stufe der Civilisation ist die Bekleidung; hier ist sie die nächste Folge des Sündenfalls. Unsere Erzählung setzt sich fort in Kap. 4: Adams Söhne fangen an Städte zu gründen, Jubal ist der erste Musiker, Kain erfindet die älteste und die wichtigste Kunst, das Schmieden — das Schwert entsteht dadurch und die blutige Rache. Weiter schliesst sich in der gleichen Richtung die Geschichte von der Stadt und dem Turme zu Babel an, worin die Gründung der grossen Weltreiche und Weltstädte vorgeführt wird, die die Menschenkraft zusammenfassen und damit bis zum Himmel vordringen wollen. In dem allen entwickelt sich die Emancipation des Menschen weiter, mit der steigenden Civilisation steigt die Entfremdung von dem höchsten Gute; und — das ist offenbar die stillschweigende Meinung — zum Ziel gelangt der unruhige Fortschritt doch nicht, es ist eine Sisyphusarbeit, der ewig unvollendete babylonische Turm ist das richtige Symbol dafür. Es ist das sehnsüchtige Lied, das durch alle Völker geht. Zu geschichtlicher Kultur gelangt empfinden sie den Wert der Güter, die sie dagegen aufgeopfert.

Es war nötig so ausführlich den Begriff der Erkenntnis zu erörtern, weil das Misverständnis der Philosophen und Theologen einen Schein des Modernen über unsere Geschichte geworfen hat, welcher auf das Urteil über ihr relatives Alter nicht ohne Einfluss gewesen ist. Nachdem zunächst dieser Schein beseitigt ist, wenden wir uns denjenigen Zügen von Gen. 2. 3 zu, welche positiv bei der Bestimmung des Verhältnisses zu Gen. 1 in die Wagschale fallen.

Was man von Gen. 1 mit Unrecht behauptet hat, das ist wahr von Gen. 2. 3; die jehovistische Erzählung glänzt in der Tat durch das Abwesen jegliches rationellen Erklärungsstrebens, durch die Verachtung jeglicher kosmologischen Spekulation. Die Erde wird zu Anfang nicht feucht und bildsam, sondern (wie Iob. 38, 8) hart und trocken gedacht; es muss erst regnen, damit die Wüste in eine grüne Wiese verwandelt wird, wie noch jetzt alle Jahr durch die Frühlingsschauer; der Acker bedarf obendrein der Bestellung durch den Menschen, damit die Saat spriesst. Auf eine natürliche Reihenfolge der Akte wird gar nicht Bedacht genommen; das bedürftigste Wesen, der Mann, entsteht zuerst und sieht sich auf die kahle Welt angewiesen, ohne Baum und Strauch, ohne Tiere, ohne das Weib. Unverholen ist der Mensch der ausschliessliche Gegenstand des Interesses, die übrigen Wesen werden erklärt durch ihre Bedeutung für ihn, als ob sie nur darin ihr Existenzrecht besässen. Die Idee erklärt den Stoff, nach der mechanischen Möglichkeit wird man nicht versucht zu fragen. Es ist der Abgrund der Geschmacklosigkeit, wenn dieser oder jener Gelehrte wegen Gen. 2, 21 seine Rippen nachzählt, oder auch schliesst, der ursprüngliche Mensch sei Mann und Weib zusammen gewesen.

Stehen wir bei dem ersten Bericht in den Anfängen nüchternen Nachdenkens über die Natur, so bei dem zweiten auf dem wunderbaren Boden des Mythus. Diesen hat nicht die verständige

Reflexion erzeugt — wenigstens so weit die Naturansicht in Frage kommt, um die es sich uns hier zunächst handelt — sondern die volkstümliche Phantasie. Wir befinden uns hier in dem Zaubergarten der Vorstellungen des echten Altertums, der frische antike Erdgeruch weht uns entgegen. Die Hebräer atmeten in der Luft die sie umgab; was sie sich am Jordan erzählten vom Lande Eden und vom Sündenfall, das erzählte man sich ganz ähnlich am Euphrat und Tigris, am Oxus und Arius. Das wahre Land der Erde, wo die Gottheit wohnt, das ist Eden. Es ist nicht etwa nach dem Sündenfall entrückt, sondern noch heute vorhanden; warum wären sonst die Cherube nötig den Eingang zu wahren? Es sind wirkliche Flüsse, die von dort ausgehen, dem Erzähler nach den Ländern, durch die sie fliessen, nach den Produkten, die von dort kommen, sämtlich wohlbekannt, drei davon auch uns nicht fremd, der Nil der Euphrat und der Tigris. Wüssten wir, wie der Verfasser sich den Lauf der vier Flüsse denkt, so wäre es leicht zu sagen, wo ihr gemeinschaftlicher Ursprung ist, wo also das Paradis liegt. Ähnlich bestimmen andere alte Völker die Lage ihres heiligen Landes; die Ströme heissen bei ihnen anders, aber die Namen tun nichts zur Sache. Auch an die beiden Wunderbäume im Garten zu Eden finden sich vielfache Anklänge, bis hinein in die germanische Mythologie. Ebenso ist der Glaube an die Cherube, die das Paradis hüten, weit verbreitet. Krub ist vielleicht der selbe Name[1]) und gewiss die selbe Vorstellung wie Gryp im Griechischen und Greif im Deutschen; überall sind diese wunderbar aus Löwe Adler und Mensch zusammengesetzten Wesen Wächter des Göttlichen und des Heiligen, dann auch des Goldes und der Schätze. Ein wenig von seiner ursprünglichen Farbe scheint allerdings der Stoff unserer Erzählung unter dem Einfluss des Monotheismus eingebüsst zu haben. Das hebräische Volk erzählte wohl nicht bloss vom Baume des Lebens, sondern nach der Ortsbestimmung in der Mitte des Gartens scheint es, er habe am Ausgangspunkt der vier Ströme gestanden, an der Quelle des Lebens, die im Glauben des Orients so grosse Bedeutung hatte und die zu suchen Alexander auszog. Gewiss war ferner das Paradis ursprünglich nicht für den Menschen ge-

[1]) Fränkel (Fremdwörter p. 274) stellt Krub mit abessinischem mek^{ue}rab zusammen; es wäre also ursemitisch. Ob sich dann der Zusammenhang des Namens mit Gryp noch festhalten lässt, weiss ich nicht.

pflanzt, sondern es war die Wohnung der Gottheit selbst [1]). Spuren davon sind noch erkennbar. Jahve fährt hier nicht vom Himmel hernieder, sondern lustwandelt abends im Garten als ob er da zu Hause wäre: im ganzen ist aber doch der Gottesgarten etwas naturalisirt. Eine ähnliche Abschwächung des Mythischen hat bei der Schlange stattgefunden; man merkt nicht mehr recht, dass sie ein Dämon ist. Doch ist durch die Abstreifung des Fremdartigen an Gehalt nichts verloren, an edler Einfalt nur gewonnen. Der mythische Hintergrund gibt der Erzählung ihren leuchtenden Schimmer, wir fühlen uns in der goldenen Zeit, wo noch der Himmel auf Erden war: dabei ist doch der unverständliche Zauber gemieden und nirgends die Grenze eines keuschen Helldunkels überschritten.

Bekanntlich hat das Sechstagewerk grundlegende Bedeutung für die Entwicklung der Kosmologie und der Geologie gehabt. Es ist kein Zufall, dass die Naturwissenschaft nicht an Gen. 2 und 3 angeknüpft hat: Natur gibt es da kaum. Aber die Poesie hat es zu allen Zeiten mit der Geschichte vom Paradise gehalten. Ob nun in der Betrachtung der Welt die mythische Poesie oder die verständige Prosa älter sei, braucht nicht mehr gefragt und nicht mehr entschieden zu werden.

Mit den aufgeklärten Vorstellungen über die Natur, die wir in Gen. 1 antreffen, hängt der „geläuterte“ Gottesbegriff eng zusammen. Das Wichtigste ist, dass es hier ein eigenes Wort gibt, um lediglich die göttliche Schöpfertätigkeit zu bezeichnen und sie dadurch aus der Ähnlichkeit menschlichen Tuns und Bildens herauszuheben, ein Wort, das in so enger Bedeutung weder im Griechischen, noch im Lateinischen oder im Deutschen wiederzugeben ist. In einem jugendlichen Volke ist eine solche theologische Abstraktion unerhört, wir finden denn auch bei den Hebräern Wort und Begriff erst seit dem babylonischen Exil mehr und mehr gebräuchlich werden: parallel mit der Hervorhebung der Schöpferallmacht Jahves in bezug auf die Natur, die beinah plötzlich in der exilischen Literatur auftritt, im Buche Iob einen grossen Raum einnimmt und in Isa. 40—66 vielfach in lyrischen Intermezzi ein-

[1]) Dem Garten Gottes kann sehr wohl der heilige Hain (arab. Himà) zu grunde liegen, wo sich Wasser und Grün vereinigen, wo die Früchte der heiligen Bäume Tabu (vgl. Bedjans Acta Mart. I 65) und die wilden Tiere anis sind, d. h. mit dem Menschen zutraulich umgehen, da sie nicht gescheucht werden dürfen.

gestreut wird[1]). In Gen. 2. 3 ist nicht die Natur, sondern der Mensch der Anfang der Welt und der Geschichte; ob da überhaupt eine Schöpfung aus nichts angenommen wird, ist eine Frage, deren Bejahung nur wegen der Verstümmelung des Anfangs (vor 2, 4^b) nicht ganz unmöglich ist. Jedenfalls regt hier nicht der Befehl des Schöpfers die Dinge an, dass sie sich aus dem allgemeinen Chaos zu besonderen Arten entwickeln, sondern Jahve legt überall selber Hand an und setzt dabei das Bestehen der Welt im grossen und ganzen voraus. Er pflanzt und wässert den Garten, er formt den Menschen und haucht ihm Atem in die Nase, er baut das Weib aus des Mannes Rippe, nachdem er vorher in dem Streben ihm Gesellschaft zu verschaffen nicht das Rechte getroffen: die Tiere sind lebendige Zeugen seiner mislungenen Experimente. Auch sonst verfährt er wie ein Mensch. Er geht abends wie es kühl wird im Garten spazieren, dabei entdeckt er zufällig die Übertretung und führt eine Untersuchung, in welcher er von seiner Allwissenheit nicht den mindesten Gebrauch macht. Und wenn er sagt: „siehe der Mensch ist geworden wie unser ein zu erkennen Gut und Böse: und nun — dass er seine Hand nicht ausstrecke und nehme auch vom Baume des Lebens und esse und lebe ewiglich“, so ist das eben so wenig Ironie als wenn er in Anlass des Baues von Babel äussert: „siehe ein Volk und alle haben sie eine Sprache, und dies ist nur der Anfang ihres Tuns, und nun — es wird ihnen nichts zu schwer sein was sie sich unterfangen; auf lasst uns herniederfahren und ihre Sprache verwirren!“ Dass mit alle dem gleichwohl der Majestät Jahves nichts vergeben wird, ist das Geheimnis des Geistes. Wie würde sich der blasse Gott der Abstraktion hier ausnehmen!

Was endlich den Mikrokosmus betrifft, so spiegelt sich in dessen Auffassung der allgemeine Unterschied wider. In Kap. 1 wird dem Menschen von Anfang an der Boden zugewiesen auf dem er sich noch gegenwärtig bewegt: „füllet die Erde und machet sie euch untertan“ — die Aufgabe ist eine völlig natürliche. In Kap. 2. 3 wird er in das Paradis gesetzt und hat darin, vom Mutterschooss der Gottheit gleichsam noch umfangen, einen sehr beschränkten Wirkungskreis — seine gegenwärtigen Lebensverhältnisse, die Feldarbeit des Mannes, das Kindergebären des Weibes,

[1]) Vgl. Amos 4, 12. 13. 5, 8. 9. 9, 5. 6. Os. 13, 4 Sept. Merkwürdig 1. Reg. 8, 53 Sept.: שמש הכין בשמים.

entsprechen nicht seiner ursprünglichen Bestimmung, sind kein Segen, sondern ein Fluch. In der jehovistischen Erzählung ist der Mensch sich selbst so wunderbar wie die Aussenwelt, in der anderen ist er sich selbst so alltäglich wie jene. Dort sieht er staunenswerte Geheimnisse in der Geschlechtsverschiedenheit, in der Ehe, in der Geburt (4, 1); hier sind das physiologische Tatsachen, die nichts zu fragen und zu denken geben: „er schuf sie männlich und weiblich und sprach: seid fruchtbar und mehret euch!“ Dort steht er den Tieren vertraut und doch befangen gegenüber, er weiss nicht recht was er aus ihnen machen soll, sie sind ihm verwandt und passen doch nicht recht in seine Gesellschaft — hier sind sie neutrale Wesen, über die er herrscht.

Der Hauptpunkt, worin der Gegensatz zusammenläuft und sich zuspitzt, ist folgender. In Gen. 2. 3 ist es dem Menschen eigentlich verboten, den Schleier der Dinge abzuheben und die Welt, repräsentirt im Baume des Wissens, zu erkennen; in Gen. 1 ist dies die ihm von Anfang an gestellte Aufgabe, zu herrschen über die ganze Erde: Herrschaft und Wissen bedeutet gleichviel, bedeutet Civilisation. Dort ist ihm die Natur ein geweihtes Mysterium, hier ist sie ihm Sache, Objekt: er steht ihr nicht mehr befangen, sondern frei und überlegen gegenüber. Dort gilt es für einen Raub des Menschen Gott gleich sein zu wollen, hier hat Gott ihn von vornherein in seinem Bilde und nach seiner Ähnlichkeit geschaffen und ihn zu seinem Stellvertreter auf Erden bestimmt. Es kann nicht für zufällig gelten, dass Gen. 1 in diesem Punkte das Gegenteil von Gen. 2. 3 behauptet; die mit solchem Nachdruck ausgesprochenen und wiederholten Worte 1, 27. 5, 1. 9, 6 klingen geradezu wie ein Protest gegen die Grundanschauung von Gen. 2. 3, ein Protest, der teilweise zusammenhängt mit der entwickelteren religiösen und moralischen Bildung, teilweise aber wohl auch mit dem krampfhaften Streben des späteren Judentums, die sicherste aller geschichtlichen Erfahrungen zu leugnen, nämlich dass die Söhne büssen müssen für die Sünden der Väter[1]).

[1]) Ein gröberes Gegenstück zu Gen. 2. 3, auch eine Art Sündenfall, ist Gen. 6, 1—4: die Verrückung der Grenze zwischen göttlichem und menschlichem Geschlecht. In Gen. 1 wird die Kluft zwischen Geist als göttlicher und Fleisch als menschlicher Substanz durch die Ebenbildlichkeit des Menschen mit Gott überbrückt. Mit Gen. 1 stimmt Ps. 8.

Was man als Vorzüge von Gen. 1 gegen Gen. 2. 3 anzuführen pflegt, das sind sicher Anzeichen eines Fortschrittes der äusseren Kultur. Die geistige Individualität der beiden Erzähler darf man nicht vergleichen, denn die gibt keinen Maasstab der Zeiten ab; was aber die allgemeinen Vorstellungen über Gott Natur und Mensch betrifft, so steht darin der erste auf einer höheren, jedenfalls auf einer späteren Stufe. Dieselben sind, für unseren Standpunkt, verständiger einfacher natürlicher. Freilich hat man sie gerade darum für älter gehalten. Man hat da einerseits die Begriffe natürlich und ursprünglich gleichgesetzt — das ist bekanntlich eine arge Verwechslung. Andererseits hat man an die vorgeschichtliche Tradition einen Maasstab gelegt, der nur für die geschichtliche berechtigt ist — der letzteren gereicht das Fehlen des Wunders und des Mythus zur Empfehlung, aber nicht der ersteren. Die geheime Wurzel aber der sichtlichen Vorliebe, welche die weiland historisch-kritische Theologie für Gen. 1 gehegt hat, scheint da zu liegen, das man sich selber für das was die Bibel sagt verantwortlich fühlt und sich darum freut, wenn sie möglichst wenig behauptet, was gegen die allgemeine Bildung verstösst[1]).

[1]) Ich behaupte nur die Priorität von Gen. 2. 3 vor Gen. 1, glaube aber nicht, dass die Erzählung vom Paradise und vom Sündenfalle bei den Israeliten sehr alt ist. Darnach sieht es nicht aus, dass der Mensch und das Weib an der Spitze der Genealogie des Menschengeschlechtes stehen; man sollte an dieser Stelle viel eher die (nach ursprünglichem semitischen Glauben keineswegs widergöttliche) Schlange erwarten, wie im Chronicon Edessenum und in der abessynischen Sage, und vielleicht hat sich davon in dem Namen der Eva eine Spur erhalten, wie Nöldeke meint: sicher ist, dass dieser Name bei Philo (de agric. Noe § 21), bei Clemens Al. (Protrept. p. 9) und im Midrasch Rabba zu Gen. 3, 20 als Schlange gedeutet und dass im paläst. Dialekt des Aramäischen חויא für חיויא gesagt wird, z. B. Ev. Hier. Mt 7, 10. In der syr. Schatzhöhle p. 24 heisst es: „Satan verkleidete sich in eine Schlange, um ebenso auszusehen wie Eva und sie dadurch kirre zu machen; sowie jemand, um einen Papagei sprechen zu lehren, hinter einem Spiegel spricht, damit der Papagei glaube, sein Ebenbild im Spiegel spreche". Vgl. noch Compos. des Hexat. (1889) p. 343. — Ferner war der echt hebräische Gottessitz der Berg Sinai, der echt hebräische Lebensberuf der nomadische der Patriarchen, nicht der Garten- und der Ackerbau. Endlich ist nicht zu glauben, dass sich Barbaren über Segen und Unsegen der Civilisation Gedanken sollten gemacht haben. Vor Salomo ist der Stoff von Gen. 2. 3 schwerlich eingewandert. Woher er stammt, lässt sich kaum raten: am nächsten läge es, an die Phönicier oder die Kanaaniter überhaupt zu denken, was auch durch Gen. 4 empfohlen wird. Da jedoch in JE Babel als die letzte Urheimat des Menschengeschlechtes gilt, nach Eden und Nod, so werden die Hebräer die Ursage letzlich wohl von

2. Auf den Anfang der Weltgeschichte folgt in Gen. 1—11 sowohl im Priesterkodex (P) als im Jehovisten (JE) zunächst der Übergang von Adam auf Noah (Kap. 4. 5), sodann die Sündflut (Kap. 6—9), endlich der Übergang von Noah auf Abraham (Kap. 10. 11).

In den trockenen Namen, die in Gen. 5 und in Gen. 4 an einander gereiht werden, hat Buttmann Reste eines aus uralten Erzählungen einst gewobenen geschichtlichen Zusammenhanges erkannt. Zerstört ist der ursprüngliche Gehalt dieser augenscheinlich mythologischen Elemente sowohl in Gen. 5 (P) als in Gen. 4 (JE), aber nur die jehovistische Liste macht noch den Eindruck der Ruine, während dagegen in der anderen die Trümmer zu einem künstlichen Neubau benutzt worden sind, in welchem sie sich nun eben nicht mehr wie Trümmer ausnehmen. Sie dienen hier nämlich zu Trägern einer Chronologie, die von Adam bis auf Moses herabgeht und den zwischenliegenden Zeitraum auf 2666 Jahre berechnet. Diese 2666 Jahre entsprechen $26^2/_3$ Generationen zu je hundert Jahren, nämlich 1—20 Adam bis Abraham, 21 Isaak, 22 Jakob, 23 Levi, 24 Kehath, 25 Amram, 26 Aharon; das letzte unvollständige Glied ist Eleazar, der beim Auszuge schon ein gereifter Mann war[1]). Es versteht sich, dass eine solche Zeitrechnung zu der Einfalt der Sage passt wie die Faust aufs Auge. „Die genauen chronologischen Angaben sind das sichere Gepräge späterer Ausführung alter poetischer Sagen“ sagt Buttmann mit Recht (I p. 183). Es versteht sich ferner, dass wenn die systematische Chronologie sogar bei den historischen Büchern erst aus der Zeit des Exils stammt, sie beim Pentateuch noch späteren Ursprungs sein muss. Denn für die geschichtliche Zeit hat sie wirkliche Anhaltspunkte gehabt; sie kann nicht von den Patriarchen auf die Könige, sondern nur von den Königen auf die Patriarchen übertragen, sie muss von unten ausgegangen sein, wo sie allein ein Fundament hat. Der Glaube an das hohe Alter der Urmenschen ist zwar gewiss alt, aber die geschlossene Zeitrechnung, die sich auf die Zeugungsjahre stützt, ist eine Künstelei, wodurch die ge-

dorther bekommen haben. Auf etwaige Gleichungen der Assyriologen soll darum aber kein Gewicht gelegt werden.

[1]) So Nöldeke in den Jahrbb. für protest. Theol. 1875. p. 344. Dass die Generation in dieser Periode zu 100 Jahren gerechnet wird, wird Gen. 15, 13—16 ausdrücklich angegeben.

lehrte Behandlung, wie sie sich für die Historie der späteren Zeit auszubilden anfing, nun sogar auf die Ursage übertragen wurde. Nur nachdem der lebendige Gehalt der Sage völlig entwichen war, konnte ihr Gerippe als Gerüst der Chronologie benutzt werden.

Buttmann hat ebenfalls erwiesen, dass die Elemente der zehngliedrigen Genealogie von P (Gen. 5) und der siebengliedrigen von JE (Gen. 4) gleich sind. In P ist am Schlusse Noah noch hinter Lamech getreten und am Anfange hat sich Adam Kain verdoppelt zu Adam Seth Enos Kainan. Da Adam und Enos sich decken, so läuft das hinaus auf Adam Seth Adam Kainan; d. h. Adam Seth ist vorgesetzt, und mit Enos Kainan fängt die Reihe von vorne an und zwar ebenso wie in JE. Der grösseren Ursprünglichkeit der jehovistischen Genealogie stellt der Priesterkodex selber ein merkwürdiges Zeugnis aus, dadurch dass er dem Lamech, der nach ihm der neunte in der Reihe ist, ein Alter von 777 Jahren gibt. Das erklärt sich nur aus JE, wo er der siebente in der Reihe ist und ausserdem seine besondere Beziehung zur Siebenzahl noch durch die Äusserung hervorhebt: sieben mal rächt sich Kain und Lamech siebenundsiebenzig mal. Auch darin zeigt sich die Posteriorität von P, dass hier der erste Mensch nicht wie in JE haAdam, sondern stets Adam ohne Artikel heisst (5, 1—5), ein Unterschied, den Kuenen treffend mit ὁ χριστός und Χριστός vergleicht. Nun ist aber gerade nach den Voraussetzungen von P (Gen. 1) der erste Mensch bis jetzt nur der Gattungsmensch; wenn er trotzdem 5, 1 einfach Adam genannt wird, als sei dies sein Eigenname, so kann das nur aus Reminiscenz an Gen. 2. 3 erklärt werden, obwohl sich dort die Personificirung noch nicht auf den Namen erstreckt.

Wir kommen zur Erzählung von der Sündflut Gen. 6—9. In JE ist die Sündflut wohl vorbereitet; in P würden wir verwundert fragen, woher denn die Erde auf einmal so verderbt sein soll, nachdem bisher alles in bester Ordnung gewesen, wenn wir es nicht eben aus JE wüssten. Mit dem Sündenfalle, dem Brudermorde Kains, dem Schwertliede Lamechs, der Vermischung der Gottessöhne mit den Menschentöchtern, überhaupt mit der ganzen bestimmten und zwar düsteren Färbung der Urgeschichte der Menschheit in JE ist im Priesterkodex auch die Motivirung der Sündflut fortgefallen; dieselbe erscheint hier nun völlig unvorbereitet und abrupt. Im Stoffe der Erzählung stimmt die priesterliche Version hier in aussergewöhnlichem Maasse mit der jehovistischen überein; sie unterscheidet sich von ihr hauptsächlich durch die künstliche, technisch-mathematische Regulirung der Form. Die Flut dauert 12 Monat und 10 Tage, d. h. genau ein Sonnenjahr; im Jahr 600 Noahs am 17. des 2. Monats tritt sie ein, 150 Tage steigt sie, seit dem 17. des 7. Monats fällt sie wieder, am 1. des 10. werden die Spitzen der Berge sichtbar, im Jahre 601 am 1. des 1. Monats hat sich das Wasser verlaufen, am 27. des 2. ist die Erde trocken. Zum Bau der Arche gibt Gott, ebenso wie zur Stiftshütte, selber die Anweisung und die Maasse: dreistöckig soll sie werden, und in lauter kleine Fächer abgeteilt, 300 Ellen lang, 50 Ellen breit, 30 Ellen hoch; und genau nach der Elle soll Noah sie machen. Beim höchsten Wasserstande, am 17. des 7. Monats, steht die Flut 15 Ellen hoch über den höchsten Bergen: bei all seiner Angst hat Noah augenscheinlich doch nicht vergessen, das Senkblei auszuwerfen und sich das Datum im Kalender anzumerken. Es ist klar, dass durch dieses altkluge Ausmessen und Nachrechnen nicht die Anschaulichkeit der Erzählung erhöht, sondern nur die Illusion zerstört wird. Überall wird der Sage das Idyllische und Naive nach Kräften abgestreift. Wie die Dauer der Flut von 40 Tagen (JE) auf ein ganzes Jahr erhöht wird, so wird auch ihre Ausdehnung unermesslich gesteigert. Mit besonderem Nachdrucke betont es der Priesterkodex, dass sie ganz allgemein gewesen und über alle die höchsten Berge gegangen sei — wozu er freilich durch die Annahme gezwungen ist, dass das Menschengeschlecht von vornherein über die ganze Erde sich ausgebreitet habe. Züge wie die von dem Zuschliessen der Arche durch Jahve, von den ausgesandten Vögeln und dem abgebrochenen Olivenblatt werden übergangen, die dichterische Sage wird zur historischen Prosa abgeflacht. Gerade auf solchen kleinen Zügen beruht nun aber der Wert und der Reiz der Erzählung, sie sind nicht Nebensache, sondern für die Poesie Hauptsache. Gerade sie kehren denn auch ganz ähnlich in der babylonischen Version der Sündflutgeschichte wieder; wenn der Jehovist sich mit dieser näher berührt als der Priesterkodex, so ist das ein Zeichen davon, dass sich bei ihm der internationale Charakter dieser Ursagen noch treuer erhalten hat. Am stärksten schimmert derselbe bei ihm durch in der Motivirung der Sündflut durch die Verrückung der Grenzen zwischen Geist und Fleisch, durch die Vermischung der Gottessöhne mit den Menschentöchtern; hier haben wir in JE noch ein ziemlich unverfälschtes Stück mythischen Heidentums, welches in P ganz undenkbar wäre.

Den Regenbogen hat allerdings der Priesterkodex gegenwärtig vor dem Jehovisten voraus. Es ist aber zu bedenken, dass uns in Gen. 6—9 der jehovistische Bericht nur verstümmelt, der priesterliche dagegen vollständig erhalten ist. Wenn der Regenbogen sowohl in JE als in P vorkam, so musste er notwendig einmal gestrichen werden, und zwar in JE, gemäss dem sonst befolgten Verfahren des Redaktors. Es ist also leicht möglich, dass er ursprünglich auch in JE nicht gefehlt hat; er passt sogar besser zu dem simplen Regen, der hier die Flut herbeiführt, als zu den geöffneten Schleusen des Himmels und Brunnen der Tiefe, welche sie in P bewirken, und er hat hinter 8, 21. 22 eine weit schicklichere Stelle als hinter 9, 1—7. Im Priesterkodex ist zudem die Bedeutung des Regenbogens halb verwischt, teilweise durch ungeschickte Vergeschichtlichung, wodurch man den Eindruck bekommt, als sei er entweder nur diesmal, nach der Sündflut, am Himmel erschienen, oder als stehe er seitdem beständig da; teilweise durch seine Verwendung als Zeichen des Bundes zwischen Elohim und Noah, wobei man nach dem sonstigen Sprachgebrauch und nach der Analogie von Gen. 17 an den Bund denkt, dessen Inhalt in 9, 1—7 dargelegt wird: der Regenbogen würde dann zum Gegenstücke der Beschneidung[1]). Der Bund d. h. das Gesetz 9, 1—7, eine Modifikation der ersten, dem Adam gegebenen Ordnung (1, 29. 30) für die nachsündflutliche, noch gegenwärtig fortdauernde Weltperiode, ist für den Priesterkodex der krönende Schluss und die Hauptsache der ganzen Erzählung, wie denn überhaupt bei

[1]) Der Himmelsbogen ist ursprünglich das Werkzeug des pfeilschiessenden Gottes und darum Symbol seiner Feindschaft; er legt ihn aber aus der Hand zum Zeichen des abgelegten Zornes, der nunmehrigen Versöhnung und Huld. Wenn es gewettert hat, dass man vor einer abermaligen Sündflut in Angst sein könnte, erscheint der Regenbogen dann am Himmel, wenn die Sonne und die Gnade wieder durchbricht. Den Begriff der blossen Wölbung hat קשת im A. T. nicht, es bedeutet stets den Kriegsbogen. Und was vor allem wichtig ist, auch die Araber fassen die Iris durchaus als Kriegsbogen Gottes auf: Kuzah schiesst Pfeile von seinem Bogen und hängt ihn dann in den Wolken auf. Bei Juden und Judengenossen hat der Regenbogen bis tief in christliche Zeiten hinein eine merkwürdig nahe Beziehung zur Gottheit behalten. Seltsam ist der edomitische Gottesname Kaus neben Kuzah.

ihm das Interesse am Gesetz das einfache Interesse am Stoffe gänzlich verschlingt. Sehr merkwürdig ist dabei, dass die Rache für das vergossene Blut nicht Sache der Verwandten, sondern Sache Gottes ist, und dass sie gefordert wird für den Menschen schlechthin, sei er Herr oder Knecht, mit Ausschluss der Geldsühne. So einfach und ernst die Worte lauten: „wer Menschenblut vergiesst, des Blut soll durch Menschen vergossen werden, denn nach seinem Bilde hat Gott den Menschen gemacht", so ist doch der religiöse Begriff des Menschentums, der in den noachischen Geboten hervortritt, auch bei den Hebräern nicht alt; man vergleiche als Gegensatz Gen. 4, 15. 24 und Exod. 21, 20sq.

Die Arche landet nach P auf dem Gebirge von Ararat. In JE ist gegenwärtig überhaupt kein Landungsplatz angegeben. Das ist indessen um so weniger ursprünglich, als sonst die mythische Geographie überall jehovistisches Characteristicum ist. In P wird die Urgeschichte nirgend lokalisirt, gleich von Anfang an wird die ganze Erde dem Menschen zur Wohnung angewiesen. In JE dagegen wohnen sie zuerst im Lande Eden, weit im Osten und wohl auch hoch im Norden; von da vertrieben kommen sie ins Land Nod, wo Kain die Stadt Hanoch baut; und von dieser ebenfalls noch sehr östlichen Gegend aufbrechend lassen sie sich im Lande Sinear nieder, an der Mündung des Euphrat und Tigris, wo sie die Stadt Babel bauen. Sinear ist der Ausgangspunkt der nicht mehr bloss mythischen Weltgeschichte, die Heimat der gegenwärtigen Menschheit: in diesem Punkte namentlich springt der Gegensatz der lokalen Bestimmtheit der jehovistischen Sage, die ihr den Charakter des Idyllischen verleiht, gegen die vage Allgemeinheit der anderen ins Auge. In Sinear sind nach JE Gen. 11, 1—9 noch alle Menschen beisammen und wollen dort auch beisammen bleiben. Um nicht zerstreut zu werden, bauen sie sich eine grosse Stadt die sie alle umfassen soll, und um sich einen Namen zu machen, fügen sie einen hohen Turm hinzu der an den Himmel reichen soll: Jahve, aus solchen Anfängen die Gefahr eines weiteren Fortschrittes in dieser Richtung erkennend, fährt hernieder ihre Sprache zu verwirren und führt dadurch, auf gewaltsamem Wege, die Zerstreuung der ihm in ihrer Einheit furchtbaren Menschheit herbei. In P versteht es sich von selbst, dass sich die Menschen auf der ganzen Erde zerstreuen; sie werden nie als an einem Punkte wohnhaft vorgestellt — weshalb denn auch die

Sündflut hier mit Absicht und Nachdruck als ganz allgemein beschrieben wird. Die Zerteilung der Völker geht einfach auf genealogischem Wege vor sich und hat die Zerteilung der Sprachen nicht zur Ursache, sondern zur Folge. Als begleitende Erscheinung finden wir wiederum den merkwürdigen Unterschied der geistigen Stimmung: was in JE als Unnatur, als nur begreiflich aus gewaltsamer Verkehrung des Ursprünglichen empfunden wird, das ist in P das natürlichste von der Welt.

Den Zeitraum zwischen der Sündflut und Abraham füllt in P noch einmal eine zehngliedrige Genealogie aus, die in JE, wo sie nicht gefehlt haben kann, nach Analogie von Gen. 4 wahrscheinlich siebengliedrig war, indem sie von Sem gleich auf Eber überging und den Grossvater Nahor ausliess (10, 21. 24. 24, 15. 29, 5); der letztere unterscheidet sich in der Tat von seinem gleichnamigen Enkel noch weniger als Adam von Enos. Der ursprüngliche Wohnort der Therahiden ist nach P nicht wie in JE (12, 1. 24, 4) Haran, sondern Ur Kasdim, was nichts anderes bedeuten kann als Ur der Chaldäer. Von da soll Therah, der Vater Abrahams Nahors und Harans, mit Abraham und mit Lot, dem Sohne des bereits verstorbenen Haran, ausgewandert sein. Nahor müsste dann in Ur Kasdim geblieben und Haran daselbst gestorben sein. Beides ist vollkommen gegen die Meinung der Sachen. Es ist trotz der verschiedenen Aspirata schwerlich sachgemäss, den Mann Haran von der Stadt Haran zu scheiden und ihn wo anders sterben zu lassen. Es ist ebenso unmöglich, Ur in Chaldäa für den Wohnsitz Nahors — einerlei ob des Grossvaters oder des gleichnamigen Enkels — anzusehen; es ist offenbar auf Verhältnisse der Wirklichkeit gegründet, dass der jedenfalls syrische Ort, wo die Nahoriden Laban und Rebekka wohnen, in J die Stadt Nahors und in E Haran heisst; in P selber wohnen Laban und Rebekka, trotzdem dass Nahor in Ur bleibt, nicht in Chaldäa, sondern in Paddan Aram, d. h. im mesopotamischen Syrien. Zum Beweise, dass Ur Kasdim nicht in die urspsüngliche Gestalt der Tradition hineingehört, kommt noch hinzu, dass wir bereits mit Serug, dem Vater Nahors, weit von Babylon weg nach Westen gerückt sind. Serug ist der Name einer nördlich an Haran grenzenden Landschaft; wie soll nun der Sohn Serugs plötzlich nach Ur Kasdim zurückspringen! Welche Gründe dazu bewogen haben, Babylonien zum Ausgangspunkte Abrahams zu machen, sei dahin gestellt; nachdem er aber mit Therah von Ur Kasdim aufgebrochen ist, kommt er seltsam genug doch vorerst nur bis Haran und bleibt dort bis zu seines Vaters Tode; nach Palästina wandert er auch in P erst von Haran aus ein. Wenn diese Verdoppelung des Ausgangspunktes nicht aus der Absicht den Anschluss an JE zu erreichen entsprungen ist, so gibt es überhaupt keine Harmonistik.

3. Mehr und mehr gewinnt jetzt glücklicherweise die Ansicht Boden, dass in der mythischen Universalgeschichte der Menschheit Gen. 1—11 die jehovistische Version altertümlicher sei als die priesterliche. Zu dieser Ansicht wird man in der Tat genötigt, wenn man einsieht, dass der Stoff hier nicht israelitischen, sondern allgemein ethnischen Ursprunges ist. Von diesem Ursprunge hat der Jehovist die Spuren weit deutlicher bewahrt, darum hat sich auch die vergleichende Mythologie unwillkürlich vorzugsweise an seine Berichte gehalten. Veränderungen hat die Urgeschichte allerdings auch bei ihm erlitten; der mythische Charakter ist stark verwischt, allerlei israelitische Elemente sind eingedrungen. Schon der aus religiöser Eifersucht begangene Brudermord Kains, mit dem Hintergrunde des Gegensatzes zwischen dem friedlichen Leben der Hebräer im Lande Kanaan und dem unruhigen Schweifen der Kainiten in der angrenzenden Wüste, fällt ganz aus dem allgemeinen geschichtlichen und geographischen Rahmen hinaus. Noch mehr die Verfluchung Kanaans; hier ist der augenscheinlich alte Zug, dass Noah den Weinbau eingeführt hat, zu einem nebensächlichen Ingrediens einer ausgesprochen national-israelitischen Erzählung geworden. Aber im Jehovisten ist doch die Entleerung der Ursage von ihrem eigentlichen Sinn und Gehalt bei weitem nicht so weit vorgeschritten wie im Priesterkodex, wo es geradezu auffällt, wenn noch einmal etwas Mythisches durchschimmert, wie bei Henoch und bei dem Regenbogen.

Der mythische Stoff der ältesten Weltgeschichte ist beim Jehovisten mit einem eigenartigen, düsteren Ernste erfüllt. Es steckt eine Art antiker Geschichtsphilosophie darin, die nahe an Pessimismus streift: als seufzte die Menschheit unter einem ungeheuren Druck, nicht sowohl der Sünde, als der Kreatürlichkeit (6, 1—4). Es herrscht eine scheue heidnische Stimmung; das gelegentliche Rasseln an den Ketten verschlimmert nur die Gebundenheit der menschlichen Natur, die entfremdende Kluft zwischen Mensch und

Gottheit lässt sich nicht ausfüllen. Jahve steht nicht hoch genug, fühlt sich nicht sicher genug, um den Erdbewohnern eine allzu grosse Annäherung zu verstatten; der Gedanke vom Neide der Gottheit wird gestreift. Wenn auch schon vielfach gemildert liegt diese Stimmung dennoch erkennbar genug in Gen. 2. 3, in 6, 1—4 und 11, 1—9 zu grunde. Im Priesterkodex ist sie vollständig verschwunden; hier fühlt sich der Mensch nicht mehr unter geheimem Bann, sondern gottverwandt und frei, als Herr der Natur. Wohl erkennt auch der Priesterkodex, wie wir in dem Kapitel über die Opfer gesehen haben, die Macht der Sünde in seiner Weise an; aber die Sünde, als erklärende und ausrottbare Wurzel des Verderbens, steht im Gegensatz zu dem dumpfen unabwendbaren Verhängnis; die Sündenknechtschaft und die Freiheit der Kinder Gottes sind im Evangelium Correlata. Mit der Zerstörung der mythischen Anschauungsweise durch die Autonomie der Moral hängt enge zusammen die verständige Naturbetrachtung, deren Anfänge wir im Priesterkodex finden; ihre Voraussetzung ist, dass der Mensch sich selber als Person über und ausser die Natur stellt und die letztere schlechtweg als Sache betrachtet. Man darf vielleicht behaupten, dass ohne diesen Dualismus des Judentums die mechanische Naturwissenschaft nicht vorhanden wäre.

Die Entfärbung der Mythen ist gleichbedeutend mit Hebraisirung. Scheinbar hebraisirt der Priesterkodex weniger als der Jehovist, er hütet sich grundsätzlich vor Vermischung der Zeiten und Sitten. In Wahrheit hebraisirt er viel stärker; indem er den ganzen Stoff nach dem Maasse zuschneidet, dass er als Vorstufe der mosaischen Gesetzgebung dienen kann. Schon der Jehovist hat allerdings diese ethnischen Sagen an die Schwelle seiner heiligen Sage gesetzt und sie vielleicht unter dem Gesichtspunkte, dass sie als Einleitung dazu passen, ausgewählt; denn sie sind durchweg ethischen und geschichtlichen Inhalts, sie betreffen die Probleme der Menschenwelt, nicht die der Natur. Aber beim Jehovisten kommt doch die Individualität der einzelnen Geschichten noch einigermaassen zu ihrem Rechte; im Priesterkodex ist dieselbe durch den Zweck des Ganzen nicht bloss modificirt, sondern vollkommen zerstört. Der auf die Thora Moses abzielende Zusammenhang ist alles; die einzelnen Glieder bedeuten nichts mehr. Natürlich wird dadurch auch der Zusammenhang selber vollkommen leer; er besteht abgesehen von den Bundschliessungen nur in

Genealogie und Chronologie. De Wette findet das alles schön, weil symmetrisch, durchsichtig und zweckvoll konstruirt. Indessen ist das nicht jedermanns Geschmack; es gibt auch eine ungemachte Poesie des Stoffs, und sie verdient auf diesem Gebiete den Vorzug.

II.

1. Auch in der Patriarchengeschichte ist der Grundriss der gleiche in P und JE: Abrahams Einwanderung in Kanaan mit Sara und Lot, seine Trennung von Lot, Ismaels Geburt von der Hagar, Erscheinung Gottes zur Verheissung Isaaks, Isaaks Geburt, Tod Saras und Abrahams, Ismael, Isaaks Heirat mit Rebekka, Jakob und Esau, Jakobs Reise nach Mesopotamien und seine Familiengründung daselbst, seine Heimkehr, Esau, Joseph in Ägypten, Jakob in Ägypten, Jakobs Segen über Joseph und seine übrigen Söhne, sein Tod und sein Begräbnis. Der Stoff ist hier nicht mythisch, sondern national; darum durchsichtiger und in gewissem Sinne historischer. Freilich über die Patriarchen ist hier kein historisches Wissen zu gewinnen, sondern nur über die Zeit, in welcher die Erzählungen über sie im israelitischen Volke entstanden; diese spätere Zeit wird hier, nach ihren inneren und äusseren Grundzügen, absichtslos ins graue Altertum projicirt und spiegelt sich darin wie ein verklärtes Luftbild ab. Das Knochengerüst der Erzvätersage bildet bekanntlich die ethnographische Genealogie. Die Leastämme werden mit den Rahelstämmen unter dem gemeinsamen Vater Jakob-Israel zusammengefasst, demnächst das ganze Israel mit dem Volke Edom unter dem alten Namen Isaak (Amos 7, 9. 16), weiter Isaak mit Lot, dem Vater von Moab und Ammon, unter Abraham; zusammen werden diese nah verwandten und einst eng verbundenen hebräischen Völkerschaften in enge Beziehung gesetzt zu den Bewohnern der mesopotamischen Wüste und in scharfen Gegensatz zu den Kanaaniten, in deren Lande sie wohnten. Das historische Nacheinander und Nebeneinander ist in Wahrheit nur statistische Subordination und Koordination; in Wirklichkeit sind gewöhnlich die Elemente älter als die Gruppen und die kleineren Gruppen älter als die grösseren. Die etwaigen Wanderungen der Völker und Stämme sind notwendige Folgen des angenommenen Verwandtschaftsverhältnisses. Ganz ähnlich liesse sich noch jetzt in jedem Augenblick die Sta-

tistik eines beliebigen Volkes in der Form einer genealogischen Urgeschichte darstellen. Eine unmittelbare Wiedergabe der bestehenden Verhältnisse ist allerdings die Genealogie nicht. Ob ein Stamm der Vetter oder der Bruder oder der Zwillingsbruder eines anderen, ob er überhaupt mit ihm verwandt oder nicht verwandt ist, lässt sich nicht so objektiv feststellen; die Verwandtschaft kann verschieden aufgefasst und gedeutet werden, die Gruppirung hängt immer etwas ab von dem Standpunkte des Genealogen, sogar von seinen Zuneigungen und Abneigungen. Die nahe Beziehung, in welche die Aramäer zu den Israeliten gesetzt werden, wird sich wohl daraus erklären, dass die Patriarchensage im mittleren und nördlichen Israel ihren eigentlichen Boden hat, wie das aus der ausgesprochenen Vorliebe für Rahel und Joseph klar erhellt. Wäre sie judäischen Ursprungs, so würden wahrscheinlich die jetzt ungebührlich in den Hintergrund gedrängten kainitischen Tribus der Sinaihalbinsel viel stärker hervortreten, da sie zweifelsohne für die älteste Geschichte Israels keine geringe Bedeutung gehabt haben. Auch an scheinbaren Widersprüchen mangelt es in der ethnographischen Genealogie nicht; Ismael, Edom, und die eben erwähnten kainitischen Tribus stossen sich mehrfach miteinander: das erklärt sich ganz natürlich aus verschiedener Auffassung und Gliederung der Verwandtschaftsverhältnisse. Hinzuzufügen ist endlich noch, dass die Form der Genealogie an sich sehr bunten Inhalt aufzunehmen verträgt. In der Patriarchensage wiegt jedoch das ethnographische Element durchaus vor. Nur Abraham ist gewiss kein Volksname wie Isaak und Lot; er ist überhaupt ziemlich undurchsichtig. Natürlich wird man ihn in diesem Zusammenhange darum doch nicht für eine geschichtliche Person halten dürfen; eher noch könnte er eine freie Schöpfung unwillkürlicher Dichtung sein. Er ist wohl die jüngste Figur in dieser Gesellschaft und wahrscheinlich erst verhältnismässig spät seinem Sohne Isaak vorgesetzt[1]).

[1]) Die Erzählungen über Abraham und über Isaak sind sich so ähnlich, dass an gegenseitige Unabhängigkeit nicht zu denken ist; die über Isaak aber sind ursprünglicher, wie das besonders schlagend aus einem Vergleich von Gen. 20, 2—16 mit 26, 6—12 sich ergiebt: die kurze und profane Version, worin Isaak der Held ist, ist die lebendigere und motivirtere, die lange und erbauliche, wo Abraham an seine Stelle tritt, steigert die mögliche Gefahr zur wirklichen, macht dadurch das Eingreifen der Gottheit notwendig und erreicht auf diese Weise eine Verherrlichung des Patriarchen, die er sehr wenig verdient hat. Freilich

Dieses Gerippe der ethnographischen Genealogie findet sich nun beim Jehovisten überall mit Fleisch und Blut belebt. Die Erzväter Abraham Isaak und Jakob sind nicht blosse Namen, sondern lebendige Gestalten, Vorbilder des rechten Israeliters. Alle sind sie friedliebende Hirten, zu ruhigem Wohnen bei den Zelten geneigt, bemüht dem Streit und Zank aus dem Wege zu gehen, unter keinen Umständen bereit Gewalt gegen Gewalt zu setzen und Unrecht mit dem Schwerte abzuweisen. Mutig und mannhaft sind sie nicht, aber gute Hauswirte, ein wenig unter der Herrschaft ihrer mit mehr Temperament ausgestatteten Ehefrauen. Sie dienen dem Jahve wesentlich in der selben Weise wie in geschichtlichen Zeiten ihre Nachkommen; ihre Frömmigkeit besteht nicht bloss in Opfern, sondern in rechtschaffenem Wandel und in gläubiger Ergebung in Gottes Fügung. Jakob ist realistischer gezeichnet als die beiden anderen; List und Gewinnsucht zeichnen ihn aus, und diese Eigenschaften führen ihn schliesslich immer zum Ziele. Aus jeder Fährlichkeit und schwierigen Lage kommt er nicht bloss mit heiler Haut, sondern mit Gewinn davon; Jahve hilft ihm, aber vor allem hilft er sich doch selber, ohne in seinen Mitteln nach unserem Geschmacke sehr wählerisch zu sein. Die Erzählungen über ihn machen am wenigsten ein moralisches Gesicht, im Grunde leuchtet aus ihnen nur die helle Freude über alle gelungenen Künste und Griffe des Erzschelms. Unter den Nebenfiguren ist besonders Esau mit Vorliebe gezeich-

finden sämtliche Erklärer der Genesis in Kap. 20 das Original von Kap. 26, aber sie stützen ihr Urteil nicht auf die Vergleichung der Parallelen, sondern weil der Vater älter ist als der Sohn, halten sie auch die Erzählungen über den Vater für älter als die entsprechenden über den Sohn und sehen überhaupt in Isaak lediglich einen Abklatsch Abrahams. Gegen diesen beinah zu nahe liegenden Grundsatz erhebt sich jedoch das Bedenken, dass sich in der späteren Entwicklung der Sage deutlich die Richtung verfolgen lässt, Abraham zum Erzvater par excellence zu machen und die anderen zu verdunkeln. In der älteren Literatur dagegen kommt Isaak schon bei Amos, Abraham aber zuerst bei dem Verfasser von Isa. 40—66 vor — Micha 7, 20 ist nachexilisch und in Isa. 29, 23 sind die Worte der Abraham erlöste unecht, sie haben keine mögliche Stelle im Satze und die Vorstellung von der Erlösung Abrahams (aus dem Feuer der Chaldäer) kommt erst sehr spät vor. Es fällt mir übrigens nicht ein zu behaupten, dass zur Zeit des Amos Abraham noch unbekannt gewesen wäre; nur stand er schwerlich schon mit Isaak und Jakob auf gleicher Stufe. Als Heiliger von Hebron könnte er kalibbäischen Ursprunges sein und mit Ram (1. Chron. 2) zusammenhängen: Abram für Abiram ist ebenso wie Abner für Abiner und Ahab für Ahiab.

net, dann Laban und der gebrechliche Heilige Lot; Ismael wird als das Urbild des Beduinen geschildert, als ein Waldesel von Mensch, dessen Hand gegen jedermann ist und jedermanns Hand gegen ihn, und der allen seinen Brüdern auf der Nase sitzt. Auffallend ist es, dass die Helden der israelitischen Sage so wenig kriegerisch sich zeigen, insofern scheinen sie nicht gerade der geschichtlichen Art des israelitischen Volkes zu entsprechen. Indessen ist es doch nicht so unbegreiflich, dass ein Volk, welchem in der Gegenwart ewiger Krieg aufgezwungen wurde, nicht bloss von einem ewigen Frieden der Zukunft träumte, sondern auch seines Herzens Wünsche in diesen friedlichen Gestalten der goldenen Vorzeit verkörperte. Daneben muss man bedenken, dass das friedliche Hirtenleben der Patriarchen durch die idyllische Form der Vorgeschichte des Volkes veranlasst ist; Kriege können nur Völker oder Stämme führen, aber nicht einzelne Männer[1]). Daraus wird man es erklären müssen, dass im persönlichen Charakter der Patriarchen das Selbstbewusstsein der Nation so wenig zum Ausdruck kommt. Dasselbe macht sich nur Luft in den eingelegten Weissagungen über die Zukunft; hier spüren wir den nationalen Stolz, der die Frucht von Davids Taten gewesen ist, aber immer schon verklärt zu religiöser Gehobenheit.

Viel lebhafter als in den persönlichen Charakterzügen der Patriarchen, in denen sich wesentlich nur der einzelne Israelit nach seinem Wesen und nach seinen Wünschen abspiegelt, zeigen sich die historisch-nationalen Bezüge in den Verhältnissen derselben zu ihren Brüdern, Vettern und übrigen Verwandten. Da blickt überall der Hintergrund, bricht überall die Stimmung der israelitischen Königszeit durch. Am deutlichsten geschieht das vielleicht in der Erzählung über Jakob und Esau. Schon im Mutterleibe stossen sich die Zwillinge, schon bei der Geburt will der jüngere dem älteren nicht den Vortritt lassen und versucht ihn an der Ferse zurückzuhalten. Das wird der besorgten Mutter von dem Orakel zu Beerseba also erklärt: zwei Nationen sind in deinem Leibe und zwei Völker scheiden sich aus deinem Schoosse,

[1]) Diese Erwägung ist allerdings weniger durchschlagend als die vorangehende. Nicht bloss der idyllischen Form wegen ist Jakob ein friedlicher Hirt, sondern er ist es seinem innersten Wesen nach, im ausgesprochenen Gegensatz zu seinem Bruder Esau, der trotz der idyllischen Form kriegerisch ist. Ausnahmen wie Gen. 14 und 48, 22 (Kap. 34) bestätigen nur die Regel.

das eine wird das andere überflügeln und das ältere dem jüngeren dienen. Die Knaben entwickeln sich sehr verschieden, Esau schweift als rauher und gebräunter Jägersmann in der Wildnis und lebt unbekümmert in den Tag hinein; Jakob, ein frommer glatter Mann, bleibt daheim bei den Zelten und versteht den Wert der Dinge, die sein argloser Bruder nicht achtet. Jener ist der Liebling seines Vaters, des Autochthonen Isaak, dieser wird von seiner Mutter, der Aramäerin Rebekka bevorzugt; jener bleibt in der Heimat und nimmt sich seine Weiber aus der Urbevölkerung des südlichen Kanaans und der Sinaihalbinsel, dieser wandert aus und holt sie sich aus Mesopotamien. Deutlich wird damit der Gegensatz der späteren Völkertypen vorgespielt, des rohen urwüchsigen im Boden wurzelnden Edom, und des glatteren civilisirteren den Weltmächten näher stehenden Israel. Durch Trug und List gelingt es dem jüngeren Bruder, den älteren um den Segen des Vaters und um das Recht der Erstgeburt zu bringen; in folge dessen nimmt sich dieser vor ihn zu töten, und ihr Verhältnis wird sehr gespannt. Edom war früher als Israel ein Volk und Reich geworden, wurde aber dann von Israel überflügelt und schliesslich durch David auch unterworfen; in folge dessen entstand der wütende Hass zwischen den Brudervölkern, von dem bei Amos die Rede ist. Dass dies die geschichtliche Grundlage der Sage ist und als solche empfunden wird, erhellt ganz klar aus dem Wortlaut des Segens Isaak; hier wird sogar schon Bezug genommen auf öfters wiederholte Versuche der Edomiter, das israelitische Joch abzuschütteln, und diesen Versuchen wird schliesslich ein glücklicher Erfolg verheissen. Vor David können sich also die Erzählungen über Jakob und Esau nicht einmal in ihren Grundzügen gebildet haben; in ihrer jetzigen Gestalt (Gen. 27, 40) blicken sie sogar noch auf weit spätere Zeiten voraus. Bei diesem Wurzeln der Sage in der späteren Geschichte, das im Jehovisten so unverholen zu tage tritt, ist es denn auch nur eine scheinbare Sprengung des historischen Rahmens, wenn gelegentlich ein Verzeichnis der edomitischen Könige bis auf David hergesetzt wird, mit eingestreuten chronistischen Bemerkungen wie z. B., dass Hadad ben Bedad (etwa gleichzeitig mit Gideon) die Midianiter geschlagen habe auf dem Felde Moabs. Ein weiteres Beispiel, wo der zeitgenössische Hintergrund recht klar durch die Patriarchengeschichte hindurchschimmert, bietet die Erzählung von

Jakob und Laban dar. Dem von Aram nach dem Jordanlande auswandernden, halb flüchtigen Hebräer folgt der aramäische Schwiegervater auf dem Fusse und ereilt ihn in Gilead: dort vertragen sie sich mit einander und türmen einen Wall auf, welcher die Grenze zwischen ihnen bilden soll, welche sie sich verpflichten zu achten und nicht feindlich zu überschreiten. Das entspricht dem wirklichen Sachverhalte, dass der hebräischen Einwanderung in Kanaan die aramäische folgte und sie zu überfluten drohte, dass Gilead das Grenzland zwischen den beiden Völkern war und lange Zeit der Schauplatz der grimmigsten Kämpfe zwischen ihnen. Auf die Syrerkriege wird auch im Segen Jakobs, in dem Spruche über Joseph, Bezug genommen; die Pfeilschützen, die Joseph arg bedrängen, ihn aber nicht zu überwältigen vermögen, können nur die Aramäer von Damaskus sein, deren Angriffen er ein Jahrhundert lang ausgesetzt war; Joseph erscheint hier durchaus als der Träger des nordisraelitischen Königtums, als der Diademträger unter seinen Brüdern, wozu er ja auch schon durch seine frühesten Träume bestimmt wird. Sonst scheinen allerdings der Erzählung über Joseph, soweit sie überhaupt durchsichtig und nicht Produkt freier Poesie ist, weit ältere geschichtliche Tatsachen zu grunde zu liegen, aus einer Zeit wo sich die Vereinigung der beiden Hälften des nachmaligen Volkes Israel gerade erst vollzog, wenngleich in der Eifersucht der Brüder auf ihn ein späteres Motiv eingemischt sein mag[1]). Ebenso sind auch die geschichtlichen Beziehungen, die den Erzählungen von den übrigen Söhnen Jakobs zu grunde liegen, verhältnismässig sehr alt; sie liefern uns beinah die einzigen Nachrichten über die grosse Veränderung, welche bald nach Moses in dem Bunde der Stämme vor sich gegangen sein muss. Diese Veränderung hat besonders die zusammengehörige Gruppe der vier alten Leastämme betroffen. Ruben hat sich zu früh die Rechte des Vaters angemaasst und verliert

[1]) Es verdient Beachtung, dass Joseph ursprünglich allein in Ägypten ist und seine Brüder erst nach sich zieht. Vermutlich zog die Übertragung des Begriffes Gesamtisrael in die Urzeit die Folge nach sich, dass man die Geschicke des Teils nicht von den Geschicken des Ganzen trennen konnte; ähnlich ist es, dass wenn Rahel eine Aramäerin ist, auch Lea eine sein muss. Vielleicht ist die Verbindung von Rahel und Lea zu einer nationalen Einheit erst durch Moses zu Stande gekommen. Moses kam von der Sinaihalbinsel (Lea) herbei, um die Hebräer von Gosen (Joseph) dorthin überzuführen; die Bezeichnung Levi konnte er nicht in Lea, sondern nur in Joseph erhalten.

den Primat. Simeon und Levi unternehmen eigenmächtig einen treulosen Überfall gegen die Kanaaniter, Gesamtisrael lässt sie die Folgen allein tragen, sie erliegen der Rache ihrer Feinde und lösen sich als Stämme auf. Dadurch geht die Erstgeburt auf Juda über. Zwar wird auch Juda, ohne Zweifel in den Kämpfen, welche die Ansiedlung im Lande Kanaan begleitet haben, arg mitgenommen und auf einen kleinen Teil seines alten Bestandes herabgemindert, aber hier wird die Lücke ausgefüllt durch frischen Zuwachs von dem Mutterboden der Leastämme her, durch die Verbindung von Peres und Zerah, d. i. von Kaleb Kenaz Kain Jerahmeel, mit dem Reste des alten Juda. Sicher liegen den jehovistischen Erzählungen über Ruben Simeon Levi Juda Tatsachen aus der Zeit der Eroberung des heiligen Landes zu grunde; es ist indessen hier nicht der Ort die geschichtliche Deutung noch weiter auszuführen [1]). Ausdrücklich aber möge noch bemerkt werden, dass auch da, wo die historischen Motive ganz unzweideutig in der Patriarchensage sich verraten, doch nicht einfach die Wirklichkeit darin transcribirt ist. Edom kommt dem von Mesopotamien zurückkehrenden Bruder, der in grösster Angst vor ihm ist, mit rührender Versöhnlichkeit entgegen; es ist ein Zug, der der historischen Wirklichkeit nicht entspricht, der aber den alten Israeliten nicht geringe Ehre macht. Daneben ist auch ein Fall von offenbarer Gehässigkeit zu verzeichnen, nämlich Gen. 19, 30—38, wo insbesondere die auffallende Namenlosigkeit der Töchter Lots beweist, dass sie lediglich zum Zweck der Blutschande zwischen Lot und seine Söhne Moab und Ammon eingeschoben sind. Sympathien und Antipathien mischen sich überall ein, dabei wird durchgehens der nordisraelitische Standpunkt eingenommen, wie sich besonders klar daraus ergiebt, dass Rahel die schöne und geliebte Frau Jakobs ist, die er eigentlich allein haben wollte, Lea die hässliche und zurückgesetzte, die ihm nur untergeschoben ist [2]).

[1]) Vgl. Composition des Hexateuchs (Berlin 1889) p. 355. Eine ähnliche Stammgeschichte ist Gen. 4, 1—15. Der alte Stamm Kain, dessen Name auf Ansässigkeit und Kultur hinweist, scheint in sehr früher Zeit zerschmettert und in alle Winde (Jud. 5, 24) gestoben zu sein — ähnlich wie Levi, mit dem er auch das Priestertum geteilt zu haben scheint. Dass Gen. 4, 1—15 nur durch Interpolation in die Ursage gekommen ist, ist bereits gesagt.

[2]) Es ist daraus aber nur zu schliessen, dass die Sagen ursprünglich in Ephraim entstanden, nicht dass sie dort auch in ihrer uns vorliegenden Gestalt niedergeschrieben sind.

Im ganzen werden die Gegensätze der Wirklichkeit in dieser poetischen Verklärung eher ausgeglichen als verschärft, die verbindenden Momente treten stärker und absichtlicher hervor als die trennenden. Von eigentlichen Anspielungen detaillirter und persönlicher Art, z. B. auf die unsauberen Vorgänge am Hofe Davids, ist nichts zu bemerken, so wenig wie von gemachter und versteckter Tendenz.

Diese Geschichten würden nun aber in der Luft schweben, wenn nicht noch andere Elemente hinzukämen, durch die es bewirkt wird, dass sie an einer bestimmten Örtlichkeit haften. Vorzugsweise kommt es in dieser Hinsicht in betracht, dass die Patriarchen als die Begründer des volkstümlichen Kultus zu Sichem, Bethel, Beerseba und Hebron angesehen werden, wie wir bereits oben p. 30sqq. gesehen haben. Eine ganze Reihe von Erzählungen über sie sind Kultusmythen: sie entdecken darin durch eine Theophanie, dass ein bestimmter Fleck Landes heiliger Boden sei, errichten dort einen Altar und nennen ihn nach dem Namen des Ortes. Sie wohnen ausschliesslich an Stätten, die späterhin als uralte Heiligtümer galten, und inauguriren den Opferdienst daselbst. Die Bedeutung dieser Erzählungen hängt ganz und gar von dem Lokal ab; Interesse haben sie nur für diejenigen, die noch immer an dem selben Altare wie einst Abraham dem Jahve opfern, unter der selben heiligen Eiche More oder Mamre. Ähnlich finden oder graben die Patriarchen die Grabhöhlen, die Quellen oder Brunnen, pflanzen sie die Bäume, die ihre Nachkommen noch nach Jahrtausenden heilig oder doch in Ehren halten. Es kommt auch vor, dass auffallende oder bedeutungsvoll scheinende Formationen der Landschaft durch einen Vorgang aus der Patriarchenzeit legendarisch erklärt werden. Wäre die sonderbare Einsenkung nicht, in der das Tote Meer liegt, so würden Sodom und Gomorrha nicht untergegangen sein; wäre nicht die kleine flache Landzunge, welche von Südosten her in den Sumpf sich vorstreckt, so würde Lot alsbald auf die Berge seiner Söhne Moab und Ammon geflohen sein und nicht erst den Umweg über Soar gemacht haben, welcher bloss den Zweck hat zu erklären, warum dieser Zipfel vom „Einsturze“ ausgenommen ist, zu dessen Gebiet er doch eigentlich gehört. Die Salzsäule, zu der Lots Weib versteinert worden war, wurde noch zur Zeit des Josephus gezeigt; vielleicht hat auch der Ofenrauch, den Abraham am Morgen nach der Katastrophe vom judäischen Ufer aus aufsteigen sah, eine Beziehung zu einer dort gelegenen gleichnamigen Stadt[1]). Die Entstehung des Gebirges Gilead wird durch seine historische Bedeutung erklärt; es ist ein ungeheurer Wall, der einst von Laban und Jakob aufgetürmt wurde, um als Grenze zwischen Aram und Israel zu dienen. Manchmal haben die Namen der Orte Anlass zur Entstehung einer Legende gegeben, die nicht immer den wahren Grund der Benennung trifft. Letzteres ist zum Beispiel der Fall bei der Quelle von Lahai Roi, durch deren Entdeckung Hagar und Ismael vor dem Verschmachten gerettet werden. „Hagar nannte den Namen Jahves, der mit ihr redete, El Roi (Gott des Schauens), denn sie sprach: habe ich die Gottheit geschaut und bin am Leben erhalten nach meinem Schauen! Darum nennt man den Brunnen Beer Lahai Roi (lebendig ist wer mich schaut), er liegt zwischen Kades und Bared.“ Nach Jud. 15, 9—19, 2. Sam. 23, 11 wird Lahai Roi richtiger zu erklären sein: Kinnlade der Bergziege (oder eines anderen derartigen Tieres) — so heisst nach dem Aussehen eine Reihe neben einander stehender Felszähne[2]).

Der hiermit aufgezeigte reale Kern der Sage erscheint aber weiter im Jehovisten überall und immer überkleidet von dem bunten Gewebe der Phantasie. Die volkstümliche Phantasie spielt nun wohl wie sie will; doch macht sie nicht solche Sprünge, dass man ihr nicht nachgehen könnte. Wunder, Engel, Gotteserscheinungen, Träume fehlen nie auf der Palette. Ganz gewöhnlicher Aberglaube liegt zu grunde, wenn Rahel durch den Genuss der ihr von Lea abgetretenen Alraunen, die Ruben gefunden hat, fruchtbar und mit Joseph schwanger wird. Echt Mythisches findet sich vereinzelt in dem Ringen Jakobs mit der Gottheit an der Jabbokfurt. Sehr beliebt sind Etymologie und Spruch als Ausgangspunkte von oft sehr lebendigen bunten Erzählungen. Auch hinter dem, was man für individuelles Kunstprodukt halten möchte, stecken dennoch oft alte volkstümliche Motive. Ganz und gar aus solchen zusammengesetzt ist zum Beispiel die Geschichte Jakobs

[1]) הנבשן Jos. 15, 62 heisst wohl richtiger הכבשן, da der Name wegen des vorgesetzten Artikels eine klare Bedeutung erkennen lassen muss.

[2]) Vgl. Onugnathos und die Kamelskinnlade, Jakut IV. 353, 9 sqq. Statt הלם Gen. 16, 13 ist אלהים zu lesen (vgl. 1. Sam. 3, 13) und vor אחרי etwa ואחי einzuschieben. Barid (Kühleborn) ist ein Wasser der Balqain.

und Labans. Die Brautwerbung am Brunnen wiederholt sich ganz ähnlich noch zwei mal; dass der Schwiegervater die älteste Tochter zuerst los werden will und sie dem Eidam nach dem Hochzeitsgelage unterschiebt, ist ebenfalls schwerlich Erfindung eines einzelnen; die Hirtenkunststücke, wodurch Jakob die Schafe beliebig färbt, zeigen ganz die Art des Volksschwankes. Eine sehr beträchtliche Stelle nimmt gehaltene oder verletzte Gastfreundschaft in der jehovistischen Genesis ein; dass unerkannt die Gottheit selber von Lot bewirtet, von den Sodomiten freventlich angetastet wird, ist ein bekannter überall wieder auftauchender Zug. Psychologische Ausschmückung, eigentliche Mache ist sehr weniges; das meiste beruht auf der in einander greifenden unwillkürlichen Arbeit Unzähliger. Wie bildsam und lebendig der Stoff noch im neunten oder achten Jahrhundert gewesen sein muss, zeigen die vielfachen Varianten und Dubletten, die gleichwohl den Grundcharakter des Themas kaum verändern.

Noch einen Zug zur Charakteristik des Jehovisten muss ich hinzufügen. Seine Erzählungen sind jede für sich und einzeln zu verstehen; die Genealogie dient nur dazu sie aufzureihen, ihr Interesse und ihre Bedeutung bekommen sie aber keineswegs erst aus dem Zusammenhang. Die lokale Färbung so vieler unter ihnen beweist lokalen Ursprung, und wie manche stossen sich im grunde genommen und stehen nur gezwungen bei einander! In dem ganzen literarischen Charakter, in der lockeren Fügung der jehovistischen Patriarchengeschichte zeigt sich wie allmählich die Elemente zusammengebracht, wie wenig sie schon mit einander verwachsen sind. In diesem Punkt steht die Patriarchengeschichte der Ursage des Jehovisten, bei der das selbe zu konstatiren ist, ganz gleich.

2. Die jehovistische Gestalt der Erzväterlegenden beherrscht durchaus den Eindruck, den wir überhaupt davon haben. So lernen sie die Kinder in der Schule und so können sie sie behalten. Um die Parallele des Priesterkodex damit zu vergleichen, ist es unumgänglich dieselbe zunächst herzusetzen; denn wenige kennen den Eindruck, den sie macht.

„Und Abram war 5 Jahr und 70 Jahr als er aus Harran auszog. Und Abram nahm Sarai sein Weib und Lot seines Bruders Sohn und all ihren Erwerb, den sie erworben, und die Seelen, die sie erzielt hatten, und sie zogen aus zu gehen ins Land

Kanaan und kamen in das Land Kanaan (12, 4ᵇ. 5). Und das Land ertrug sie nicht beisammen zu wohnen, denn ihr Besitz war gross, und sie konnten nicht beisammen wohnen. Und sie trennten sich von einander, Abram wohnte im Lande Kanaan und Lot wohnte in den Städten des Kikkar[1]). Und da Gott die Städte des Kikkar verderbte, gedachte Gott an Abram und liess Lot heraus aus dem Umsturz, als er die Städte umstürzte, in denen Lot wohnte .... (13, 6. 11ᵇ. 12ᵃ·ᵇ· 19, 29). Und Sarai war unfruchtbar, hatte kein Kind. Da nahm Sarai, Abrams Weib, die Ägypterin Hagar, ihre Magd, nach 10 Jahren des Aufenthalts Abrams im Lande Kanaan, und gab sie Abram, ihrem Manne, ihm zum Weibe, und Hagar gebar dem Abram einen Sohn, und Abram nannte den Namen des Sohnes, den Hagar geboren hatte, Ismael; und Abram war 80 Jahr und 6 Jahr, da Hagar den Ismael dem Abram gebar (11, 30. 16, 3. 15. 16)." Folgt die Bundschliessung Gottes mit Abram, dessen Namen er jetzt in Abraham verwandelt, und die Anordnung der Beschneidung als Zeichen der Bundeszugehörigkeit; ferner die Ankündigung der Geburt Isaaks von der 90jährigen Sarai, die hinfort Sara heissen soll, und dessen Einsetzung zum Erben des Bundes an Ismaels Stelle (Kap. 17). „Und Sara gebar dem Abraham einen Sohn zu der Frist, die ihm Gott gesagt hatte. Und Abraham nannte den Namen seines Sohnes, der ihm geboren war, den ihm Sara geboren hatte, Isaak. Und Abraham beschnitt seinen Sohn Isaak nach acht Tagen, wie Gott ihm geboten hatte. Und Abraham war 100 Jahre alt, als ihm sein Sohn Isaak geboren wurde (21, 2—5). Und es war das Leben der Sara 100 Jahr und 20 Jahr und 7 Jahr, die Lebensjahre der Sara. Und Sara starb in Kiriath Arba, das ist Hebron im Lande Kanaan." Daran schliesst sich die juristisch genau aufgenommene Verhandlung Abrahams mit dem Hethiter Ephron, von dem er die Höhle von Makphela gegenüber Mamre zum Erbbegräbnis erwirbt (Kap. 23). „Und dies sind die Tage des Lebens Abrahams, die er lebte, 100 Jahr und 70 Jahr und 50 Jahr. Und Abraham verschied und starb in gutem Greisenalter, hochbetagt und lebenssatt, und ging ein zu seiner Verwandtschaft. Und Isaak und Ismael, seine Söhne begruben ihn in der Höhle Makphela auf dem Felde Ephrons

[1]) wo später das Tote Meer war.

ben Sohar des Hethiters gegenüber Mamre: das Feld, das Abraham von den Kindern Heth gekauft hatte, da ward Abraham begraben und sein Weib Sara. Und nachdem Abraham tot war, segnete Gott seinen Sohn Isaak (25, 7—11[a])." Folgen die Tholedoth (generationes) Ismaels, gemäss der regelmässigen Sitte, zuerst die Nebenlinien zu erledigen (25, 12—17). „Dies sind die Tholedoth Isaaks des Sohnes Abrahams. Abraham zeugte Isaak .... und Isaak war 40 Jahr alt, da er die Rebekka, die Tochter Bethuels des Aramäers aus Phaddan Aram, die Schwester Labans des Aramäers sich zum Weibe nahm .... und Isaak war 60 Jahr alt, da sie geboren wurden (25, 19. 20. 26[c]). Und Esau war 40 Jahr alt, da nahm er ein Weib, Judith, die Tochter Beeris des Hethiters, und Bosmath die Tochter Elons des Hethiters, und sie waren ein Herzenskummer für Isaak und Rebekka. Und Rebekka sagte zu Isaak: mich verdriesst zu leben wegen der Töchter Heths; wenn Jakob auch solche Weiber von den Töchtern Heths, von den Töchtern des Landes, nimmt, was soll mir das Leben! Da rief Isaak den Jakob und segnete ihn und befahl ihm und sprach zu ihm: du sollst dir kein Weib nehmen von den Töchtern Kanaans; auf geh nach Phaddan Aram zum Hause Bethuels, des Vaters deiner Mutter, und hol dir von dort ein Weib von den Töchtern Labans, des Bruders deiner Mutter, und El Schaddai wird dich segnen, dich mehren und ausbreiten, und er wird dir den Segen Abrahams geben, dir und deinem Samen mit dir, dass du das Land, wo du fremd bist, erbest, das Gott dem Abraham gegeben. Und Isaak entsandte Jakob, und er ging nach Phaddan Aram zu Laban ben Bethuel dem Aramäer, dem Bruder der Rebekka, der Mutter Jakobs und Esaus. Und Esau sah, dass Isaak den Jakob segnete und ihn nach Phaddan Aram sandte, um sich von dort ein Weib zu nehmen, indem er ihn segnete und ihm befahl: du sollst kein Weib von den Töchtern Kanaans nehmen. Jakob nun hörte auf seinen Vater und ging nach Phaddan Aram. Esau aber sah, dass die Töchter Kanaans seinem Vater Isaak misfielen, und Esau ging hin zu Ismael und nahm die Mahalath, die Schwester Nebajoths, zu seinen Weibern hinzu sich zum Weibe (26, 34sq. 27, 46. 28, 1—9) . . . und Laban gab ihr seine Magd Zilpha, seiner Tochter Lea zur Magd .... Und er gab ihm seine Tochter Rahel ihm zum Weibe, und Laban gab seiner Tochter Rahel seine Magd Bilha ihr zur Magd (29, 24. 28[b]. 29). Und die Söhne Jakobs waren zwölf. Die Söhne Leas: der Erstgeborene Jakobs Ruben, Simeon, Levi, Juda, Issachar, Zebulon. Die Söhne Rahels: Joseph und Benjamin. Die Söhne Bilhas Rahels Magd: Dan und Naphthali. Die Söhne Zilphas Leas Magd: Gad und Aser. Das sind die Söhne Jakobs, die ihm geboren wurden in Phaddan Aram (35, 23—26) . . . [Und Jakob nahm] all seinen Erwerb, den er erworben, die Habe seines Besitzes, den er in Phaddan Aram erworben, heimzugehen zu seinem Vater Isaak ins Land Kanaan (31, 18). Und Gott erschien dem Jakob als er heimkam aus Phaddan Aram, und segnete ihn, und Gott sprach zu ihm: dein Name ist Jakob, dein Name soll nicht mehr Jakob heissen, sondern Israel soll dein Name sein. Und Gott sprach zu ihm: ich bin El Schaddai, wachse und breite dich aus, ein Volk und ein Haufe von Völkern soll aus dir kommen und Könige sollen aus deinen Lenden hervorgehen; und das Land, das ich Abraham und Isaak gegeben habe, dir will ich es geben, und deinem Samen nach dir will ich das Land geben. Und Gott fuhr auf von ihm von dem Orte wo er mit ihm geredet hatte. Und Jakob nannte den Namen des Ortes, wo Gott mit ihm geredet hatte, Bethel (35, 9—13. 15). Und Jakob kam zu seinem Vater Isaak nach Mamre bei Kiriath Arba d. i. Hebron, wo Abraham und Isaak als Fremde wohnten. Und es waren die Tage Isaaks 100 Jahr und 80 Jahr. Und Isaak verschied und starb und ging ein zu seiner Verwandtschaft, hochbetagt und lebenssatt, und seine Söhne Esau und Jakob begruben ihn (35, 27—28).“ Folgen die Tholedoth Esaus in Kap. 36, welches Kapitel jedoch nur teilweise dem Priesterkodex angehört. „Und Esau nahm seine Weiber und seine Söhne und seine Töchter und alle Seelen seine Hauses und seine Habe und all sein Vieh und all seinen Besitz, den er erworben im Lande Kanaan, und ging ins Land Seir wegen seines Bruders Jakob. Denn ihr Besitz war zu gross um beisammen zu wohnen, und das Land ihres Aufenthalts vermochte nicht sie zu ertragen wegen ihres Besitzes. Und Esau wohnte auf dem Gebirge Seir, Esau das ist Edom. Und Jakob wohnte im Lande des Aufenthalts seines Vaters, im Lande Kanaan (36, 6—8. 37, 1). Dies sind die Tholedoth Jakobs . . . . (37, 2). Und sie nahmen ihr Vieh und ihren Erwerb, den sie erworben im Lande Kanaan und kamen nach Ägypten, Jakob und all sein Same mit ihm; seine Söhne und seiner Söhne Söhne und all seinen Samen brachte er mit sich nach Ägypten (45, 6. 7). Folgt die Aufzählung der 70 Seelen, welche damals seinen Samen ausmachten. „Und Jakob und seine Söhne kamen nach Ägypten zu Joseph, und Pharao, der König von Ägypten, hörte es. Und Pharao sagte zu Joseph: dein Vater und deine Brüder sind zu dir gekommen, siehe das Land Ägypten steht dir offen, im besten Teile des Landes lass deinen Vater und deine Brüder wohnen. Und Joseph brachte seinen Vater Jakob und stellte ihn vor Pharao, und Jakob segnete Pharao. Und Pharao sprach zu Jakob: wie viel sind die Tage deiner Lebensjahre? und Jakob sprach zu Pharao: die Tage der Jahre meines Aufenthalts in der Fremde sind 130 Jahre, wenig und böse sind die Tage meines Lebens gewesen und haben nicht erreicht die Tage der Jahre meiner Väter zur Zeit ihres Aufenthalts. Und Jakob segnete den Pharao und ging fort von Pharao. Und Joseph liess seinen Vater und seine Brüder wohnen und gab ihnen Grundbesitz im Lande Ägypten, im besten Teile des Landes, im Lande Rameses, wie ihm Pharao geboten hatte (47, 5^b. 6. Sept.; 47, 7—11). Und sie siedelten sich dort an und wuchsen und mehrten sich sehr. Und Jakob lebte im Lande Ägypten 17 Jahr, und es waren die Tage Jakobs, seine Lebensjahre, 7 Jahr und 140 Jahr (47, 27^b. 28) . . . Und Jakob sprach zu Joseph: El Schaddai erschien mir zu Luz im Lande Kanaan und segnete mich und sprach zu mir: siehe ich breite dich aus und mehre dich und mache dich zu einem Haufen von Völkern und gebe dieses Land deinem Samen nach dir zu ewigem Besitz. Und nun, deine beiden Söhne, die dir im Lande Ägypten geboren sind, ehe ich zu dir kam nach Ägypten, sind mein; Ephraim und Manasse sollen mein sein wie Ruben und Simeon. Und die Kinder, die du nach ihnen gezeugt hast, sollen dein sein; nach dem Namen ihrer Brüder sollen sie heissen in deren Erbe. Und als ich von Phaddan kam, starb mir Rahel im Lande Kanaan unterwegs als es noch eine kurze Strecke bis nach Ephrath war, und ich begrub sie am Wege nach Ephrath, das ist Bethlehem (48, 3—7, zu v. 7 vgl. 49, 31) . . . . [und auch die übrigen Söhne] segnete er und befahl ihnen und sprach zu ihnen: ich gehe ein zu meiner Verwandtschaft, begrabt mich bei meinen Vätern in der Höhle des Feldes Makphela gegenüber Mamre im Lande Kanaan, welches Feld Abraham von Ephron dem Hethiter zum Erbbegräbnis gekauft hat — dort haben sie Abraham begraben und Sara sein Weib, dort haben sie Isaak begraben und Rebekka sein Weib und dort habe ich Lea begraben — den Besitz des Feldes und der Höhle darauf von den Kindern Heth. Und Jakob hörte auf seinen Söhnen zu befehlen und zog seine Füsse zusammen auf dem Lager und verschied und ging ein zu seiner Verwandtschaft (49, 28^b—33). Und seine Söhne brachten ihn ins Land Kanaan und begruben ihn dort in der Höhle des Feldes Makphela, welches Feld Abraham gekauft hatte zum Erbbegräbnis, von Ephron dem Hethiter, gegenüber Mamre (50, 12. 13). Und dies sind die Namen der Kinder Israel, die nach Ägypten kamen, mit Jakob kamen sie, jeder mit seinem Hause: Ruben Simeon Levi Juda Issachar Zebulon Benjamin Dan Naphthali Gad Aser. Und die Summe der Seelen, die aus Jakobs Lenden hervorgegangen waren, war 70 Seelen, und Joseph war in Ägypten. Und die Kinder Israel wuchsen und wucherten gar sehr, und das Land ward voll von ihnen, und die Ägypter knechteten die Kinder Israel mit Härte, zu aller Arbeit, welche sie durch sie arbeiteten mit Härte, und verbitterten ihnen das Leben mit schwerer Arbeit (Exod. 1, 7. 13. 14). Und die Kinder Israel stöhnten wegen der Arbeit und schrien, und ihre Klage wegen der Arbeit drang zu Gott, und Gott hörte ihr Geschrei und Gott gedachte an seinen Bund mit Abraham Isaak und Jakob und Gott hatte ein Einsehen (2, 23—25). Und Gott redete zu Moses und sprach zu ihm: Ich bin Jahve. Dem Abraham Isaak und Jakob bin ich erschienen als El Schaddai, mit meinem Namen Jahve habe ich mich ihnen nicht kundgegeben, und ich habe einen Bund mit ihnen gemacht, ihnen das Land Kanaan zu geben, das Land ihres Aufenthalts, wo sie Fremdlinge waren. Und ich habe auch das Geschrei der Kinder Israel gehört, dass die Ägypter sie knechten, und habe meines Bundes gedacht u. s. w. (6, 2 sqq.)."

Das ist das Ganze. Im allgemeinen beschränkt sich die Darstellung darauf, bloss die Gliederung und Verkettung des Stoffes wiederzugeben. Es ist als ob P der rote Faden sei, an dem die Perlen von JE aufgereiht werden. Statt des noch ziemlich lockeren Gefüges des Jehovisten zeigt die Erzählung des Priesterkodex eine fest geschlossene literarische Form; ein sehr merkwürdiges Zeichen davon sind die regelmässigen Überschriften an der Spitze der einzelnen Abschnitte, die stehend mit den Worten אלה תולדות (hae sunt generationes), beginnen, von denen die Genesis den

Namen hat[1]) — in der übrigen historischen Literatur des Alten Testamentes findet sich dergleichen noch nicht. Dabei ist charakteristisch, dass jedesmal nach einer solchen Überschrift, die einen neuen Abschnitt eröffnet, zuerst ganz kurz der Inhalt des vorigen rekapitulirt wird, um das Glied der Kette einzureihen.

Auf den Inhalt der einzelnen Erzählungen geht der Priesterkodex so wenig wie möglich ein. Die Prädikate werden so weit es geht abgestreift und darnach die Subjekte ordentlich in ein Register, mit verbindendem Texte, zusammengestellt. Fast schrumpft die Darstellung auf diese Weise zusammen zu einer Art räsonnirender Genealogie; die Genealogie bildet jedenfalls den hauptsächlichen Inhalt der Geschichte und tritt hier so breit und systematisch auf wie nirgend sonst. Man hat nun wohl eben hierin einen Beweis gefunden, dass P einem älteren Entwicklungsstadium der hebräischen Geschichtsschreibung angehöre als JE; denn dass sich die älteste hebräische und überhaupt morgenländische Geschichtsschreibung aus den den Stammes- und Geschlechtsverzeichnissen eingefügten historischen Notizen und Überlieferungen herausgestaltet habe, könne doch wohl keinem Zweifel unterliegen[2]). Indessen wissen wir genau, dass in den Büchern der Richter Samuelis und der Könige von genealogischer Statistik nichts vorkommt, während die Chronik samt Zubehör voll davon ist; wir wissen ferner, dass Lieder wie Jos. 10, 12. 13. Jud. 5. 2. Sam. 1, 19sqq. 3, 33sqq. die ältesten historischen Denkmäler sind, und dass sich davon in JE eine Anzahl findet, in P kein einziges. Die Herdersche Theorie von der Entwicklung der Geschichte aus der Genealogie hält nicht stich[3]); ausserdem aber haben wir es hier überhaupt nicht mit eigentlicher Geschichte zu tun, sondern mit Volkssage.

Wohl liegt die Genealogie auch im Jehovisten als Skelett zu grunde. Sie ist das naturgemässe Band, um die Sagen aufzureihen. Auch in der Zeit, wo diese letzteren nur erst einzeln und mündlich umliefen, ist sie dem Volke nicht unbekannt ge-

[1]) Αὕτη ἡ βίβλος γενέσεως 2, 4 Sept. Daher Ewalds Name für den Priesterkodex: Buch der Ursprünge, liber originum.

[2]) Riehm, die s. g. Grundschrift des Pentateuchs, in den Studien und Kritiken 1872 p. 296.

[3]) auch bei den Arabern nicht, wie besonders Sprenger gegen Caussin de Perceval (Essai, préface p. IX) ausgeführt hat.

wesen. Aber sie hat nur als stillschweigende Voraussetzung zu grunde gelegen. Wenn von Isaak und Ismael und Lot und Esau erzählt wurde, so wusste man ohne weiteres, was man sich unter diesen Personen vorzustellen hatte, in welcher Beziehung sie zu Israel und zu einander standen. Das war nur das selbstverständliche Substrat, aber keineswegs das eigentliche Interesse der ursprünglichen Erzählungen. Dieses hängt vielmehr eben an den Zügen, die im Priesterkodex fortgefallen sind. Die Charakteristik der Völker nach ihrem wirklichen historischen Verhältnisse zu einander, nicht nach dem leeren genealogischen, nach ihrer Gesinnung gegen einander, nicht nach ihrer Verwandtschaft, ist das eigentlich Fesselnde dieser Art von Sagen; auf ihrer unbewussten Transparenz, auf dem Durchscheinen der geschichtlichen Stimmung ihrer Entstehungszeit beruht ihr Reiz und ihr Leben. Je mehr wir dabei von Liebe und Hass, von Furcht und Hoffnung, von Eifersucht und Schadenfreude spüren, desto näher stehen wir den treibenden Kräften der Überlieferung über die Vorzeit. Im Priesterkodex fehlen alle jene Geschichten, an denen man etwa einen moralischen Anstoss nehmen könnte, z. B. von der durch die Feigheit der Erzväter bewirkten Gefährdung der Ehre ihrer Weiber, von der grausamen Eifersucht der Sara auf die Hagar, von dem hässlichen Wettkampfe Leas und Rahels um Mann und Kinder, von der Blutschande der Töchter Lots, von der Schändung Dinas. Aller Hass und Streit und Betrug in der Erzväterfamilie fällt fort: Lot und Abraham, Isaak und Ismael, Jakob und Esau gehen friedlich schiedlich auseinander; von dem bösen Spiele Labans und Jakobs gegen einander, von der Treulosigkeit Simeons und Levis gegen Sichem, von der Feindschaft der Brüder gegen Joseph ist nichts im Priesterkodex zu lesen. Hiemit bleiben nun aber nicht bloss „psychologische Ausschmückungen", wie man es genannt hat, weg, sondern es wird den Sachen das Herz ausgeschnitten. Dass Moab und Ammon und Ismael und Edom hebräische Völkerschaften sind, sämtlich näher oder entfernter den Israeliten verwandt, dass auch die Aramäer zu den Hebräern in naher Beziehung stehen und mit ihnen vielfach verschwägert sind, dass die einen in diesem, die anderen in jenem Nachbarlande Palästinas wohnen — das durch eine trockene ethno- und geographische Statistik in genealogischer Form darzustellen, worin von nichts als von Heiraten und Geburten und Scheidungen der

Ahnherren in die verschiedenen Wohnsitze ihrer Völker die Rede ist, hat die Volkssage unmöglich im Sinne gehabt zu einer Zeit, wo alle diese Verhältnisse noch lebendig und jedem Kinde vertraut und geläufig waren.

Ebenso wie die historische ist auch die lokale Färbung der Erzvätersage im Priesterkodex abgestreift; sie werden von all den Orten ferngehalten, deren Heiligkeit sie im Jehovisten begründen[1]). Zum Verständnisse der Erzählung des Priesterkodex in der Genesis hat man keine historische Geographie nötig; das bedeutet aber, dass dieselbe dem Boden, woraus die mündliche Tradition erwächst, ganz fern steht. Imgleichen ist das Absehen von der Etymologie, vom Spruche und vom Liede, das Fehlen der Theophanien, der Wunder und Träume und weiter des ganzen bunten Zaubers der Poesie, mit dem die jehovistischen Erzählungen geschmückt sind, nicht etwa ursprüngliche Simplicität, sondern Verzichtleistung auf die Quelladern und auf die wesentlichen Züge der Sage[2]). Was übrig bleibt, ist mit nichten die historische Objektivität, sondern das Schema.

[1]) Einen wunderlichen Ausdruck hat Hupfeld dieser Beobachtung gegeben, indem er sagt, Abraham Isaak und Jakob siedelen im Priesterkodex weit fester. Es ist ja doch diese Schrift, welche geflissentlich so oft die Pilgerschaft, die Nichtansässigkeit der Patriarchen hervorhebt; sie redet immer nur davon, dass Abraham im Lande Kanaan geweilt habe, und nennt selbst für die Gotteserscheinung Kap. 17 keinen bestimmten Ort; erst als es sich darum handelt Sara und Abraham zu begraben, wird, aus diesem zwingenden Grunde, das Feld Makphela bei Hebron (wohl gemäss dem verloren gegangenen Berichte von JE) zum Grundbesitz der Erzväterfamilie erworben, wo sie nun weiterhin sich dauernd niederlässt. Das Wohnenbleiben Isaaks und Jakobs am Grabe Abrahams hat mehr negative als positive Bedeutung; und umgekehrt sollen die Kreuz- und Querzüge der Patriarchen in JE sie nicht als schweifende Nomaden darstellen, sondern sie mit all den heiligen Orten in Berührung bringen, zu denen sie eine besondere Beziehung hatten. Übrigens ist darin, dass die Erzväter ihre Wohnsitze vermischen (am wenigsten geschieht das in J), schon eine Kontamination der Sagen ersichtlich, die notwendig eintreten musste, sobald sich die literarische Komposition des zerstreuten Stoffes bemächtigte. Es scheint, dass ursprünglich Abraham in Hebron, Isaak in Beerseba, und Jakob in Sichem wohnte.

[2]) Riehm (a. O. p. 302sq.) hält es freilich für ausgemacht, dass die religiöse Überlieferung des höheren Altertums sich durch ihre „nüchterne Einfachheit" und ihre „dem erhabenen Gegenstande angemessene Haltung" auszeichne, dass sie erst im Laufe der Zeit von der Phantasie des Volkes, die aber nicht so leicht in die ernste Literatur (!) Eingang finde, mit allerlei Wunderbarem und Geheimnisvollem ausgeschmückt werde. Er beruft sich darauf, dass die Engelvorstellung, obwohl gewiss beim Volke

Was von der Ursage gilt, gilt auch von der Patriarchensage: die Individualität der einzelnen Erzählung ist das Wesentliche und das Ursprüngliche, der Zusammenhang ist Nebensache und erst durch die Sammlung und schriftliche Aufzeichnung hineingebracht. Die Individualität der einzelnen Erzählung ist nun aber im Priesterkodex durch die einseitige Hervorhebung des Zusammenhangs geradezu vernichtet. Was hat es für einen Sinn, dass Jakob plötzlich Israel d. i. Kämpfegott heissen soll (35, 10), wenn sein Ringkampf mit El, der Grund der Umnennung, verschwiegen wird? Kommt die Geschichte von Joseph im Priesterkodex auch nur im entferntesten zu ihrem Rechte? Kann das ursprüngliche Kürze sein, wenn die Zerstörung Sodoms und Gomorrhas in einem Nebensatze abgemacht wird, wie es 19, 29 ge-

längst ausgebildet, bei den älteren Propheten doch nur vereinzelt vorkomme, häufiger dagegen bei den jüngeren, wie Ezechiel Zacharia Daniel. Es ist schwer Wahrheit und Irrtum aus diesem Gemisch zu scheiden. Im Priesterkodex finden sich allerdings keine Engel, dagegen aber Azazel und Seirim (2. Chron. 11, 15. Isa. 13, 21. 34, 14 vgl. oben p. 53); denn wo die Götter nicht sind, da walten Gespenster. In der einen jehovistischen Hauptquelle (J) kommt vorzugsweise der Mal'ak Jahve (die Botschaft Jahves) vor, das ist Jahve selber, sofern er erscheint und sich offenbart, sei es in einem Naturvorgange, sei es in Menschengestalt; es scheint übrigens, dass der Mal'ak wenigstens zum teil auf jüdischer Korrektur (für Jahve) beruht; vgl. DMZ. 1878 p. 742 n. 1. Etwas anderes sind die Bne Elohim, Wesen von göttlicher Substanz, an welche man vielleicht bei der 1. Pluralis im Munde Jahves (Gen. 3, 22. 11, 7) zu denken hat. Beides ist ohne Zweifel sehr alt. In der anderen Hauptquelle (E) scheint eine Vermischung eingetreten zu sein; die himmlischen Scharen sind nicht bloss die Kinder und Begleiter der Gottheit (32, 2. 3), sondern auch deren Boten, Vermittler des Verkehrs zwischen Himmel und Erde (28, 12): hier haben wir die Mal'akim neben Gott und im Plural. Dass auch dies nicht gerade jung ist, erhellt aus der Vision Michas (1. Reg. 22, 19 sqq.). Was versteht Riehm unter höherem Altertum? eine Periode, aus der uns gar keine Denkmäler erhalten sind? Warum zieht er gerade die prophetische Literatur in betracht? Da er einräumt, dass die Engelvorstellung „in der Phantasie des Volkes“ früh vorhanden gewesen sei, sollte er sich doch auch zu dem weiteren Zugeständnis entschliessen, dass die Aufzeichner der Volkssage sich etwas anders zum Volksglauben verhalten haben als die prophetischen Bussprediger. Nicht einmal die historischen Bücher können in diesem Punkte mit dem gleichen Maasse gemessen werden wie die vorgeschichtliche Überlieferung. Was ist übrigens ursprünglicher, dass die Engel sich einer Leiter bedienen, wie in der Genesis, oder dass sie Flügel haben wie bei Jesaias? Betreffend endlich die Verweisung auf Ezechiel (?) Zacharia und Daniel, so scheint mir der Unterschied zwischen der systematischen, überall mit Zahlen und Namen operirenden Angelologie und dem kindlichen Engelglauben ziemlich klar zu sein. Jene rückt Gott in die Ferne, dieser bringt ihn nahe. Vgl. Ewald zur Apokal. (1828) 3, 14.

schieht? Man hat das bemerkenswerte Zugeständnis gemacht, es sei der summarischen Berichterstattung des Priesterkodex anzumerken, dass der Verfasser viel ausführlicher hätte erzählen können, wenn dies im Plane seines Werkes gelegen hätte, und dies setze allerdings eine ausführlichere Kunde voraus. Indessen die vorausgesetzte ausführlichere Kunde sei keineswegs notwendig eine schriftlich verzeichnete und am wenigsten die uns vorliegende jehovistische; vielmehr erkläre sich der Sachverhalt am befriedigendsten durch die Annahme, dass der Verfasser eine ausführliche Erzählung nicht für erforderlich gehalten habe, weil die im Volke lebendige mündliche Überlieferung die Grundlinien seiner chronikartigen Notizen noch überall zu lebensvollen farbenreichen Bildern auszumalen im stande gewesen sei. Dies ist indessen lediglich ein Versuch, der bestimmten Vergleichung zwischen Priesterkodex und Jehovisten, die doch unvermeidlich ist, aus dem Wege zu gehen. Die Frage ist, welche der beiden Schriften dem Ausgangspunkte am nächsten steht. Ist es diejenige, welche zur Hauptsache macht, was dem Wesen der mündlichen Überlieferung eigentlich fremd ist, was erst durch literarische Komposition hineinkommt? Es wäre doch seltsam, wenn der Anfang zur Aufzeichnung der Sage damit gemacht wäre, das aufzuzeichnen, was die Sage nicht enthielt. Was uns im Priesterkodex geboten wird, ist die Quintessenz nicht der mündlichen, sondern der bereits schriftlich gewordenen Überlieferung. Und zwar ist die schriftliche Fixirung der Vorgeschichte, welche benutzt wird, das jehovistische Erzählungsbuch. Die Anordnung, welche die volkstümlichen Legenden dort gefunden haben, ist hier zum Kern der Erzählung gemacht; der dort noch hinter der Ausführung versteckte Plan tritt hier scharf und markirt, freilich durchweg übereinstimmend, als die Hauptsache des Ganzen hervor.

3. Dem Geiste der Sage, in dem der Jehovist noch lebt, ist der Priesterkodex entfremdet; er tut ihr Zwang an, indem er sie von seinem Standpunkte aus behandelt, der ein ganz anderer geworden ist als der ihrige. Die sittliche und geistige Bildung ist fortgeschritten. Daher die Beseitigung von wirklichen oder anscheinenden Verstössen gegen die Moral, von allzu kindlichen, abergläubischen oder gar mythischen religiösen Vorstellungen. Wenn die Gottheit auftritt, so darf sie doch nicht in die Sinne fallen, wenigstens nicht in irgend einer Form gesehen werden.

Jahve redet mit Jakob, aber nicht im Traume von der Himmelsleiter, er offenbart sich dem Moses, aber nicht im feurigen Busch; der Begriff der Offenbarung wird festgehalten, aber die Ergänzungen, die hinzukommen müssen um aus dem Abstraktum ein Konkretum zu machen, werden abgestreift. Unter welchen Formen, durch welche Medien ein Mensch Offenbarung empfängt, ist gleichgiltig, wenn nur die Tatsache feststeht; mit anderen Worten ist die Offenbarung nicht mehr lebendige Realität in der Gegenwart, sondern totes Dogma für die Vergangenheit. Vor allem anderen zeigt sich der Fortschritt der Bildung beim Priesterkodex in der gelehrt historischen Behandlung, die er der Sage angedeihen lässt. Da ist zunächst die Chronologie, der wir schon bei der Ursage begegnet sind und die natürlich bei der Patriarchensage fortgeht. Gerade bei der Patriarchensage zeigt sich recht deutlich, wie fremd die gelehrte Rechnung dem poetischen Stoffe ist; in einigen Beispielen, in denen die Sachen zu einer ganz anderen Vorstellung führen als die Zahlen. Folgt man den Zahlen des Priesterkodex, so kann man mit den Rabbinen Sem und Eber als die greisen Häupter der Judenschule ansehen, bei denen der kleine Jakob die Buchstaben und die Thora lernte. Jakobs Aufenthalt in Mesopotamien dauert dann etwa 80 Jahr; während dieser Zeit liegt Isaak beständig auf dem Sterbebett; nachdem er für uns längst tot ist, taucht er unversehens noch einmal auf, freilich nur um zu sterben. Mit der Chronologie Hand in Hand geht die allgemeine Vorliebe des Priesterkodex für Zahlen und Namen, die sich schon in der Genesis, freilich noch weit stärker in den späteren Büchern des Pentateuchs äussert. Die mündliche Volkssage kann wohl runde Zahlen enthalten, wie die 12 Söhne und die 70 Seelen der Familie Jakobs, die 12 Brunnen und die 70 Palmen zu Elim, die 70 Ältesten und die 12 Kundschafter; aber ein chronologisches System, ganze Listen genauer und grosser Zahlen, nackte Verzeichnisse völlig bedeutungsloser Personennamen, Datirungen und Messungen wie sie der Sündflutsbericht des Priesterkodex gibt, setzen schon zu ihrer Entstehung, geschweige zu ihrer Überlieferung, die Schrift voraus. Diese Kunstprodukte der Pedanterie treten an Stelle des lebendigen poetischen Details der jehovistischen Erzählung; denn das episodische Element muss dem Ernste der trockenen Historie weichen. Historische Gelehrsamkeit ist es auch, wenn die Vermischung der Patriarchenzeit mit einer späteren Periode als anachronistisch vermieden wird. Der Jehovist lässt überall die Gegenwart durchschauen und verhehlt in keiner Weise sein eigenes Zeitalter; wir erfahren; dass Babylon die grosse Weltstadt ist, dass das assyrische Reich besteht, mit den Städten Nineve und Kelah und Resen, dass die Kanaaniter einst in Palästina wohnten, jetzt aber längst unter den Israeliten aufgegangen sind: vor alle dem hütet sich der Verfasser des Priesterkodex sorgfältig[1]). Er putzt die Sage nach den Regeln der Kunst zur Historie auf, tötet sie dadurch als Sage und beraubt sie auch des wirklichen Wertes, den sie zwar nicht für die Urzeit, wohl aber für die Königszeit besitzt.

Die Geschichte der Urmenschen und der Erzväter verläuft nach dem Priesterkodex in drei Perioden, deren jede durch einen Bund eröffnet wird. Der Bund mit Adam (Gen. 1, 28—2, 4) ist der einfachste; er wird noch nicht Bund genannt, doch ist er die Grundlage des zweiten Bundes mit Noah (9, 1—17), der ihn in wichtigen Punkten modificirt und dem gegenwärtigen Weltalter näher bringt. Der Bund mit Abraham (Gen. 17), welcher den folgenden Erzvätern lediglich bestätigt wird, gilt nicht mehr für die ganze Menschheit, sondern nur für die Abrahamiden und speciell für Israel. Das erste Bundeszeichen ist der Sabbath (Gen. 2, 3 vgl. Exod. 31, 12. Ezech. 20, 12. 20), das zweite der Regenbogen (Gen. 9, 12), das dritte die Beschneidung (17, 10). Der Urvater der Menschheit wird lediglich auf Pflanzennahrung angewiesen, der Vater der nachsündflutlichen Menschheit erhält Erlaubnis auch Tiere zu schlachten, wobei ihm jedoch eingeschärft wird, kein Blut zu essen und kein Menschenblut zu vergiessen. Was dem Noah gesagt ist, bleibt noch für Abraham in Kraft; diesem aber verspricht Gott für seine Nachkommen von Sara den Besitz des Landes Kanaan, der weiterhin verbürgt wird durch den in aller Form Rechtens, unter den weitläufigsten Verhandlungen, abgeschlossenen Kauf der Höhle Makphela zum Erbbegräbnis; ausserdem gibt er sich ihm näher zu erkennen als El Schaddai. Unter diesem Namen offenbart er sich auch dem Isaak (28, 3) und Jakob (35, 11) und wiederholt ihnen die Verheissung des Landbesitzes. Es wird Nachdruck darauf gelegt, dass Gott mit seinem israelitischen Namen der vormosaischen Zeit unbekannt gewesen sei, dass

[1]) Daher auch die Archaismen wie Kiriath-Arba, Luz, Ephrath. Vgl. die antiquarische Gelehrsamkeit in Deut. 1—4 und in Gen. 14.

er sich den Erzvätern nur als El Schaddai kund getan habe, als Jahve aber erst dem Moses (Exod. 6, 2. 3). Ebenso wird mit deutlicher Absicht die Patriarchenzeit auch von den übrigen mosaischen Formen des Gottesdienstes noch frei gehalten, daher hier noch keine Opfer und Altäre, kein Unterschied reiner und unreiner Tiere und dergleichen. Bis vor kurzem ist man nun sehr geneigt gewesen, — gegenwärtig will es allerdings keiner mehr gewesen sein — die Keuschheit und Treue des Priesterkodex zu bewundern, die sich in dieser Innehaltung des Unterschiedes der Religionsstufen kund gebe. In Wahrheit kann man an diesen Vorzügen nur Geschmack finden, wenn man glaubt, die Religion sei anfangs rationalistisch gewesen, dann sprungweise ein Stück positiver, und endlich im Jahre 1500 vor Christus ganz positiv geworden. Wie ist es möglich darin historische Treue zu erblicken, dass die Erzväter zwar wohl haben schlachten, aber nicht haben opfern dürfen, dass erst der Sabbath, dann der Regenbogen, dann die Beschneidung und zuletzt unter Moses der Opferdienst eingeführt sei! Natürlich ist es, dass Jakob zu Bethel den Zehnten gibt von allem was er erwirbt, unnatürlich dass der Heros Eponymus gerade im Gottesdienst den Seinen nicht mit gutem Beispiel vorangehen darf. Was ist es anders als Theorie, dass der Name Jahve erst dem Moses und durch ihn den Israeliten offenbart wird und vorher ganz unbekannt bleibt? eine Theorie, die ohne Zweifel nicht stichhält — denn Moses hätte nichts widersinnigeres tun können als für den Gott der Väter auf den er sein Volk verwies einen neuen Namen einführen —, die aber wegen der Korrelation zwischen Jahve dem Gotte Israels und Israel dem Volke Jahves sehr nahe liegt und auch dem Verfasser des Priesterkodex nicht ganz eigentümlich ist[1]). Er hat eine Vorlage gehabt, deren andeutende Linien er mit systematischer Schärfe nachzieht;

[1]) Exod. 6, 2. 3 (P) = 3, 13. 14 (JE). Dass die Priorität der Theophanie auf seiten des Jehovisten ist, ergiebt sich schon aus dem feurigen Busch, während ihr im Priesterkodex eigentlich der ganze Charakter der Theophanie abgestreift ist; namentlich aber ergiebt es sich aus der Vergleichung von Exod. 7, 1 (P) mit 4, 16 (JE). Der Ausdruck 7, 1: „siehe ich mache dich zum Gott für Pharao und dein Bruder Aharon soll dein Prophet sein“ ist eine Verschlechterung des entsprechenden 4, 16: „Aharon soll dir als Mund dienen und du sollst ihm für Gott sein“. Denn wenn Aharon der Prophet oder der Mund Moses ist, so ist, nach der ursprünglichen weil allein sachgemässen Konception, Moses der Gott eben für Aharon und nicht der Gott für Pharao. — Beiläufig: hat die Ähnlichkeit zwischen Senè und Sinai etwas zu bedeuten? Vgl.

darin so weit gehend, dass er sogar da wo er selber erzählt den Namen Jahve in der vormosaischen Zeit vermeidet, dass er auch in seiner eigenen Rede bis auf Exod. 6 nur Elohim sagt, nicht Jahve.

Die drei Perioden und die entsprechenden drei Bände der Vorzeit sind Vorstufen zur vierten Periode und zum vierten Bunde. Auf das mosaische Gesetz ist überall das Absehen des Erzählers gerichtet, nach dieser Rücksicht entwirft er den bei ihm so stark hervortretenden Plan seiner Darstellung der Ursprünge. Die Höhenpunkte derselben bilden die Haupt- und Staatsaktionen Elohims mit den Erzvätern. In diesen Haupt- und Staatsaktionen wird nichts erzählt, sondern nur geredet und verhandelt; es werden darin die präliminarischen Gesetze gegeben, welche stufenweise fortschreitend das Hauptgesetz vorbereiten, nämlich das mosaische. Das Kultusgesetz ist an die Stelle der Kultussage getreten. In der Kultussage entstehen die heiligen Sitten und Bräuche so zu sagen unwillkürlich, bei irgend einer motivirenden Gelegenheit die in die heilige Vorzeit verlegt wird. Jahve stellt nicht statutarisch fest, dass die Hüftsehne nicht gegessen werden darf, sondern er ringt mit Israel und verletzt ihm dabei die Hüftsehne, und aus diesem Grunde pflegen die Kinder Israel die Hüftsehne nicht zu essen[1]). Wie es gekommen ist, dass die jungen Knaben von den Israeliten beschnitten werden, wird folgendermaassen erzählt (Exod. 4, 25sq.): als Moses auf seiner Rückkehr von Midian nach Gosen unterwegs übernachtete, überfiel ihn Jahve in der Absicht ihn zu töten; sein Weib Sippora aber nahm einen Feuerstein und schnitt die Vorhaut ihres Sohnes ab und berührte damit die Scham Moses und sprach: du bist mir ein Blutbräutigam; da liess Jahve von ihm ab. Sippora beschneidet also ihren Sohn statt ihres Mannes, macht den letzteren dadurch symbolisch zum Blutbräutigam und löst ihn von dem Zorne Jahves, dem er verfallen ist, weil er eigentlich kein Blutbräutigam ist, d. h. weil er nicht die Beschneidung vor der Hochzeit an sich hat vollziehen lassen. Mit anderen Worten wird die Beschneidung der Knäblein hier geschichtlich erklärt als ein gemildertes Äquivalent für die ursprüngliche Beschneidung der jungen Männer vor

Deut. 33, 16, wo mit Senè doch wohl der Sinai gemeint ist, und 1. Sam. 14, 4, wo Senè Name eines Felsen ist.

[1]) Vgl. Mub. Kamil 552, 13. Syrisch נגשיא.

der Hochzeit[1]). Damit vergleiche man die Art und Weise, wie der Priesterkodex in Gen. 17 die Beschneidung der männlichen Kinder am achten Tage nach der Geburt statutarisch verordnet und durch die Verordnung die Erzählung, die ihr zum Anlass gedient hat, vollkommen in den Schatten stellt und verdirbt, nämlich die Erzählung von der Verheissung der Geburt Isaaks zum Lohn für die Gastfreundschaft, welche Abraham dem Jahve zu Hebron erwiesen hat. Es besteht aber nicht bloss ein formeller Unterschied, sondern auch ein materieller Gegensatz zwischen der jehovistischen Kultussage und dem priesterlichen Kultusgesetz. Die Kultussage wird durch das Kultusgesetz purificirt, das heisst in allen ihren Grundzügen und Trieben negirt. Wie wir bereits im ersten Kapitel gesehen haben, ist es bewusste Polemik, dass Abraham Isaak und Jakob im Priesterkodex keine Altäre errichten und keine gottesdienstliche Gebräuche ausüben, dass sie gelöst werden von den heiligen Orten mit denen sie in JE unzertrennlich verbunden sind. Das Volksreligionsbuch, welches uns in der jehovistischen Genesis noch so ziemlich, wenngleich auch nicht ganz unkorrigirt, erhalten ist, erzählt, wie die Ahnen und Repräsentanten Israels die alte volkstümliche Praxis des Kultus, an den Hauptorten wo derselbe gefeiert wurde, begründet haben. Das Gesetz des legitimen Kultus von Jerusalem, wie es uns im Priesterkodex vorliegt, reformirt und zerstört den alten volkstümlichen Gottesdienst auf grund mosaischer d. i. prophetischer Ideen. Die Stiftshütte verträgt sich nicht mit den Heiligtümern von Hebron Beerseba Sichem Kades Mahanaim Lahai-Roi Bethel; die Patriarchen wohnen in Hebron nur um sich dort begraben zu lassen, nicht um die Gottheit unter der Eiche Mamre zu bewirten und dort den Altar zu bauen. Die ketzerischen Malsteine Bäume und Brunnen verschwinden und mit ihnen die anstössigen Bräuche: dass Gott den Abraham sollte aufgefordert haben ihm seinen einzigen Sohn zu opfern, wäre im Priesterkodex ein unmöglicher Gedanke. Der ganze Stoff der Sage ist legislativen Zwecken

[1]) Dass dies in der Tat die ursprüngliche Sitte ist, geht aus dem Worte chatan hervor, welches sowohl die Beschneidung als den Bräutigam (resp. arabisch den Schwiegersohn) bedeutet, worauf in Exod. 4, 25 der Sinn von chatan damim (Blutbräutigam) beruht. Noch gegenwärtig soll die ursprüngliche Sitte bei einigen arabischen Stämmen herrschen, ebenso wie auch Sichem in Gen. 34 sich vor der Heirat beschneiden muss.

untergeordnet, überall tritt der umändernde Einfluss des Gesetzes auf die Erzählung hervor.

Im ganzen stellt sich der Judaismus negativ zu der alten Sage, einiges Positive aber hat er doch neu hineingebracht. Während die Patriarchen nicht opfern, sondern nur schlachten dürfen, haben sie dagegen den Sabbath[1]) und die Beschneidung. Sie gleichen darin den Juden in Babylonien, denen die fehlende Kultusfeier durch diese beiden vom jerusalemischen Tempel unabhängigen Verbindungs- und Erkennungszeichen der Religion ersetzt wurde. Im Exil, nach dem Aufhören des Altardienstes, haben der Sabbath und die Beschneidung die Bedeutung erlangt, die ihnen als Symbolen — in der eigentlichen alten Bedeutung des griechischen Wortes — und zwar als praktischen Symbolen des Judentums bis auf die Gegenwart geblieben ist. Merkwürdig ist es, mit welchem Nachdruck stets im Priesterkodex hervorgehoben wird, dass die Patriarchen ein Leben in der Fremde geführt haben, dass sie Gerim gewesen seien. Nimmt man hinzu, dass Abraham von Ur, aus Chaldäa, nach Palästina eingewandert sein soll, so ist in der Tat der Gedanke nicht abzuweisen, dass auf die priesterliche Gestaltung der Erzvätersage die Verhältnisse des babylonischen Exils eingewirkt haben. Trotz allem historischen Bestreben und allem archaistischen Schein würde dann dennoch die Gegenwart des Erzählers auch positiv in der Schilderung der Patriarchenzeit zum Ausdrucke gelangen.

III.

1. In dem jehovistischen Geschichtsbuche ist die Genesis eine grosse Hauptsache und nimmt mindestens die Hälfte vom Ganzen ein, im Priesterkodex verschwindet sie völlig gegen die späteren Bücher. Er kommt erst mit der mosaischen Gesetzgebung in sein eigentliches Fahrwasser und erdrückt alsbald die Erzählung durch die Last des legislativen Stoffes. In seinem dünnen historischen Faden läuft er zwar auch hier dem Jehovisten parallel, aber wir verlieren denselben bei ihm stets aus den Augen wegen der immer

[1]) Der Sabbath ist nach dem Priesterkodex keine mosaische Verordnung, er besteht nach Gen. 2, 3 seit Anfang der Welt. Bei den alten Israeliten trat der Sabbath an gottesdienstlicher Bedeutung völlig zurück hinter den Festen, im Judentum war es umgekehrt.

wiederkehrenden Unterbrechungen durch umfangreiche Ritualgesetze und statistische Aufnahmen.

„Durch eine höchst traurige, unbegreifliche Redaktion werden diese vier letzten Bücher Moses ganz ungeniessbar. Den Gang der Geschichte sehen wir überall gehemmt durch eingeschaltete zahllose Gesetze, von deren grösstem Teile man nicht einsehen kann, warum sie hier angeführt und eingeschaltet werden.“ Diese Sprengung der Glieder der Erzählung durch die ungeheuren Auswüchse gesetzlichen Inhalts, die indessen nicht wie Goethe meint erst Schuld der Redaktion, sondern schon des unredigirten Priesterkodex selber ist, ist in der Tat unerträglich; sie kann auch, rein formell und literarisch betrachtet, nichts ursprüngliches sein. Es lässt sich noch verfolgen, wie der gesetzliche Stoff in die Erzählung eindringt und sich dort allmählich immer breiter macht. Im Jehovisten scheint noch eine Form der Überlieferung durch, in welcher die Israeliten sofort nach dem Durchgange durchs Schilfsmeer auf Kades zogen und nicht erst den Abstecher zum Sinai machten. Während wir erst mit Exod. 19 zum Sinai gelangen, befinden wir uns schon in Exod. 17 zu Massa und Meriba, d. h. auf dem Boden von Kades. Dort spielt der Vorgang, wie Moses mit seinem Stabe Wasser aus dem Felsen schlägt; dort der Kampf mit den Amalekitern, die eben hier und nicht am Sinai wohnten; dort Jethros Besuch, der eine von seiner Heimat (am Sinai) ziemlich entfernte Örtlichkeit voraussetzt, wo nicht bloss ein vorübergehendes Wanderlager, sondern die dauernde Gerichtsstätte[1]) des Volkes sich befand. Darum kehren auch die Erzählungen, die vor der Anknnft am Sinai berichtet werden, nach dem Aufbruch von dort noch einmal wieder, weil das Lokal vorher und nachher das gleiche ist, nämlich die Wüste von Kades, der wahre Schauplatz der mosaischen Geschichte. Mit der Einsetzung von Richtern und Ältesten wird vor dem grossen Sinaiabschnitte abgeschlossen und nachher wieder angefangen (Exod. 18. Nu. 11); die Erzählung von dem durch Moses hervorgelockten Felsenquell zu Massa und Meriba begegnet nicht bloss Exod. 17, sondern auch Num. 20. Das besagt mit anderen Worten, dass die Israeliten nicht erst nach der Digression zum Sinai, sondern sofort nach dem Auszuge, in Kades, dem ursprünglichen Ziel ihrer Wanderung, anlangen

[1]) Kades heisst auch Meriba, die Gerichtsstätte, oder Meribat Kades, die Gerichtsstätte am heiligen Quell.

und dort die vierzig Jahre ihres Aufenthaltes in der Wüste verbleiben. Kades ist dann auch der ursprüngliche Ort der Gesetzgebung. „Dort setzte er ihnen Recht und Gericht, und dort versuchte er sie“, heisst es vor der Sinaiperikope in einem poetischen Fragmente (Exod. 15, 35), welches jetzt in die Erzählung von der Heilung des Brunnens zu Mara eingesetzt ist, dort aber ganz verloren und ohne Beziehung steht: die eigentümliche Verbindung von Gericht und Versuchung weist mit Entschiedenheit auf Massa und Meriba (d. i. Gerichts- und Versuchungsstätte), also auf Kades als den eigentlich gemeinten Ort. Die Gesetzgebung an der Gerichtsstätte von Kades wird jedoch nicht vorgestellt als ein einmaliger Akt, wodurch Moses den Israeliten ein für alle mal ein allgemeines umfassendes Gesetz verkündet, sondern sie dauert vierzig Jahre und besteht in der Rechtsprechung am Heiligtum, die er beginnt und die nach seinem vorbildlichen Anfange die Priester und Richter nach ihm fortsetzen. So ist die Vorstellung in der überaus lehrreichen Erzählung Exod. 18, welche zu Kades spielt. Und in dieser Weise gehört die Thora hinein in die Geschichtsdarstellung, nicht nach ihrem Stoff als Inhalt irgend eines Kodex, sondern nach ihrer Form als das berufsmässige Tun Moses, nicht nach ihrem Ergebnis als Summe der in Israel giltigen Gesetze und Bräuche, sondern nach ihrer Entstehung als begründender Anfang der noch immer in Israel fortwirkenden und lebendigen Institution der Thora.

Die wahre und alte Bedeutung des Sinai ist ganz unabhängig von der Gesetzgebung. Er war der Sitz der Gottheit, der heilige Berg, ohne Zweifel nicht bloss für die Israeliten, sondern allgemein für alle hebräischen und kainitischen Stämme der Umgegend. Von dem dortigen Priestertum wurde das Priestertum Moses und seiner Nachfolger abgeleitet; dort war Jahve ihm im brennenden Dornbusch erschienen, als er die Schafe des Priesters von Midian hütete; von dort hatte er ihn nach Ägypten entsandt. Dort blieb Jahve auch für die Israeliten noch wohnen, lange nachdem sie selber sich in Palästina niedergelassen hatten; im Liede der Debora muss er vom Sinai herkommen, um seinem bedrängten Volke zu helfen und sich an die Spitze seiner Krieger zu stellen. Nach der Meinung des Dichters von Deut. 33 haben sich nicht die Israeliten zu Jahve nach dem Sinai begeben, sondern umgekehrt ist dieser vom Sinai zu ihnen nach Kades gekommen: „Jahve kam vom Sinai und erglänzte von Seir, blitzte auf vom Berge Pharans und kam nach Meribath Kades"[1]). Es erklärt sich aber leicht genug, dass es für passender gehalten wurde, sich die Israeliten zu Jahve bemühen zu lassen. Das geschah zunächst nur in der Form, dass sie dort vor Jahves Antlitz erscheinen um ihm zu huldigen und zu opfern (Exod. 3, 12), und dass sie beim Abschiede die Lade erhalten zum Ersatze für Jahve selber, der auf dem Sinai wohnen bleibt (Exod. 33): denn die Lade ist die Repräsentation Jahves, darin besteht ihre Bedeutung und nicht in den Gesetzestafeln, die ursprünglich gar nicht darin liegen. Erst ein weiterer Schritt führte dazu, den Sinai zum Schauplatz der feierlichen Eröffnung des geschichtlichen Verhältnisses zwischen Jahve und Israel zu machen. Es waltete das poetische Bedürfnis, die Konstituirung des Volkes Jahves zu einem dramatischen Akte auf erhabener Bühne zuzuspitzen. Was nach der älteren Überlieferung auf stille und langsame Weise vor sich ging, den Inhalt der gesamten Periode Moses ausmachte, und ebenso begann wie es sich später noch immer fortsetzte, das wurde nun der Feierlichkeit und Anschaulichkeit wegen in einen eklatanten Anfang zusammengedrängt. Dann aber musste der Bund zwischen Jahve und Israel auch irgend wie positiv charakterisirt werden, das heisst, Jahve musste die Grundlagen und Bedingungen desselben dem Volke ankündigen. So entstand die Notwendigkeit, die Grundgesetze ihrem Inhalte nach hier mitzuteilen, so fand der legislative Stoff Eingang in die geschichtliche Darstellung.

Wie der Jehovist ursprünglich ein reines Geschichtsbuch, so war das Deuteronomium, als es zuerst aufgefunden wurde, ein reines Gesetzbuch[2]). Diese beiden Schriften, die geschichtliche und die gesetzliche, waren anfangs ganz unabhängig von einander; erst hinterdrein wurden sie verbunden, weil das neue Gesetz die Popularität des alten Volksbuches teilen und dasselbe zugleich mit seinem Geiste durchdringen sollte. Eine be-

[1]) Wo der Sinai gelegen hat, wissen wir nicht und die Bibel ist sich schwerlich einig darüber; das Streiten über die Frage ist bezeichnend für die Dilettanten. Den besten Anhalt gibt Midian Exod. 2, denn das ist doch wahrscheinlich Madian an der arabischen Küste des Roten Meeres. Nach unserer Stelle scheint der Sinai südöstlich von Edom zu liegen; der Weg vom Sinai nach Kades geht über Seir und Pharan. Dornbusch (Exod. 3) und Sinai sind wohl identisch; vgl. oben p. 344 n. 1.

[2]) Kap. 12—26. Die beiden historischen Einleitungen Kap. 1—4. Kap. 5—11 sind erst später hinzugekommen, ebenso die Anhänge Kap. 27sqq.

queme Handhabe dazu bot der Umstand, dass, wie wir eben gesehen haben, schon ein gesetzliches Stück in das jehovistische Geschichtsbuch aufgenommen war. Dem Dekaloge, am Anfang der vierzigjährigen Periode, wurde nun das Deuteronomium, am Schluss derselben, hinzugefügt. Die Situation — von der das Gesetz selber nichts weiss — ist sehr gut gewählt, nicht bloss weil Moses in seinem Testamente das Recht hat weissagend vorzugreifen und ein Gesetz für die Zukunft zu geben, sondern auch weil dadurch, dass das Gesetz an den Schluss seines Lebens zu stehen kommt, der Erzählungsfaden nicht weiter unterbrochen, sondern nur ein Einschnitt zwischen dem Pentateuch und dem Buche Josua gemacht wird. Durch diese Zusammenarbeitung des Deuteronomiums mit dem Jehovisten ist nun zuerst die Verbindung von Erzählung und Gesetz entstanden; und nur weil dem Priesterkodex dieses Muster vorgelegen hat, erklärt es sich, dass er, obwohl seine Absicht lediglich auf die Thora geht, doch gleich von vornherein darauf angelegt ist auch die Geschichte von der Weltschöpfung an zu umfassen, als wenn die auch zur Thora gehörte. In der Natur der Sache liegt diese Art der Darstellung der Thora in Form eines Geschichtsbuches ganz und gar nicht, sie bringt im Gegenteil die grössten Unzuträglichkeiten mit sich. Sie lässt sich nur auf die oben angegebene Weise begreifen, durch die Vermittlung eines vorausgegangenen literargeschichtlichen Processes [1]).

Wie vom literarischen Gesichtspunkt aus, so erscheint auch vom historischen der Moses des Jehovisten ursprünglicher als der des Priesterkodex. Dies zu beweisen ist nun allerdings eigentlich die Aufgabe des ganzen vorliegenden Buches: doch wird es deshalb nicht als ungehörig gelten können, wenn wir an dieser besonders geeigneten Stelle den Gegensatz der historischen Anschauung über Moses und sein Werk in den beiden Hauptquellen des Pentateuchs kurz darlegen und beurteilen. Nach dem Priesterkodex ist Moses Religionsstifter und Gesetzgeber, so wie wir ihn uns gewöhnlich vorstellen. Er empfängt und veröffentlicht die Thora, vielleicht nicht als Buch — obwohl man sich die Sache schliesslich doch kaum anders vorstellen kann —, wohl aber fix

[1]) Dass dem Priesterkodex die Sinaigesetzgebung des Jehovisten und das Deuteronomium bereits vereint vorlagen, zeigt sich auch darin, dass er sowohl eine Gesetzgebung am Berge Sinai, als auch eine Gesetzgebung in den Arboth Moab hat und dazwischen noch eine in der Wüste des Sinai.

und fertig als weitläufiges, fein ausgebildetes System, welches die heilige Konstitution der Gemeinde für alle Zeiten enthält. In dem Botendienste, den Moses als Mittler des Gesetzes leistet, besteht seine ganze Bedeutung; was er sonst noch tut, tritt zurück. Dass das Gesetz ein für alle mal gegeben wird, das ist das grosse Ereignis der Zeit, nicht, dass das Volk Israel anfängt auf die Weltbühne zu treten; das Volk ist des Gesetzes wegen da und nicht das Gesetz um des Volkes willen. Nach dem Jehovisten dagegen besteht Moses Werk darin, dass er sein Volk rettet vor den Ägyptern und in der Wüste in jeder Weise für es Sorge trägt; in dem Präludium aus seiner Jugend, wo er den Ägypter erschlägt und den Streit seiner Brüder zu schlichten sucht (Exod. 2, 11 sqq.), ist seine Geschichte vorgezeichnet. Zu seiner Fürsorge für die Israeliten gehört es ebenso wohl, dass er ihnen Unterhalt verschafft als dass er Friede und Ordnung unter ihnen stiftet und erhält (Num. 11). Die Thora ist nur ein Teil seiner Tätigkeit und fliesst aus dem allgemeineren Beruf, dass er der Wärter des jungen Volkes ist und dasselbe gewissermaassen auf die Beine setzen muss (Num. 11, 12). Sie ist nach Exod. 18 nichts anderes als ein Ratschaffen, ein Expediren aus den tatsächlich eingetretenen Verwicklungen und Verlegenheiten; indem er den Leuten in den bestimmten Fällen die sie vor ihn bringen Recht spricht oder Bescheid erteilt, lehrt er sie den Weg den sie gehen sollen. So wird er der Anfänger der nach ihm in Priestern und Propheten fortlebenden Unterweisung Jahves. Hier ist alles lebendig und im Fluss; wie Jahve selber, so arbeitet auch der Mann Gottes im lebendigen Stoff, praktisch, in keiner Weise theoretisch; geschichtlich, nicht literarisch. Es lässt sich wohl von seinem Tun und Wirken erzählen, aber der Inhalt desselben ist mehr als ein System und lässt sich nicht in ein Kompendium bringen; er ist nicht abgeschlossen, sondern nur der Anfang einer Reihe unendlicher Wirkungen. Im Priesterkodex hat man das Werk Moses reinlich und abgegrenzt vor sich liegen; wer tausend Jahre später lebt, kennt es so gut als wer dabei gewesen ist. Es hat sich losgelöst von seinem Urheber und seiner Zeit; selber unlebendig hat es das Leben auch aus Moses und aus dem Volke, ja aus der Gottheit selber ausgetrieben; das Residuum der Geschichte, indem es als Gesetz an den Anfang der Geschichte tritt, erdrückt und tötet die

Geschichte selber. Welche von den beiden Anschauungsweisen die historischere ist, ist darnach nicht schwer zu entscheiden. Es kommt hinzu, dass in der älteren hebräischen Literatur immer die Volksgründung und nicht die Gesetzgebung als die theokratische Schöpfertat Jahves angesehen wird. Es fehlt überhaupt der Begriff des Gesetzes; man kennt nur Verträge, wodurch die Vertreter des Volkes sich gegenseitig die feierliche Verpflichtung auferlegen, dies und jenes allgemein zu tun oder zu lassen.

Noch ein Unterschied muss hier hervorgehoben werden, der freilich uns schon öfters beschäftigt hat. Was im Priesterkodex der Inhalt der Thora Moses ist, nämlich die Einrichtung des Kultus, das geht nach dem Jehovisten zurück auf die Praxis der Patriarchen — eine weitere Konsequenz des Gegensatzes zwischen Kultusgesetz und Kultussage. Nicht bloss der Zukunft greift der Moses des Priesterkodex vor, sondern auch der Vergangenheit; er kollidirt mit der Geschichte nach allen Seiten. Offenbar ist die Vorstellung die einzig natürliche, wonach der Kultus nichts specifisch Israelitisches, nichts zufolge plötzlichen Befehles der Gottheit von Moses Eingeführtes, sondern uraltes Herkommen ist. Zur Zeit der Abfassung des Priesterkodex machte der Kultus allerdings das wahre Wesen der Israeliten aus. An die Stelle des Volkes tritt bei ihm schon in der mosaischen Zeit die Kirche, die einheitliche Kultusgemeinde — der Geschichte zum trotz, aber bezeichnend für seinen Standpunkt.

Autoritäten wie Bleek Hupfeld und Knobel haben sich nun freilich durch den Schein des Historischen täuschen lassen, den der Priesterkodex hier wie in der Patriarchengeschichte mittels gelehrter Kunst zu erwecken sucht, sie haben die vielen Zahlen und Namen, die genauen technischen Beschreibungen, das strenge Einhalten der Scenerie des Lagerlebens als Zeichen urkundlicher Objektivität angesehen. Nöldeke hat dieser Kritik für immer ein Ende gemacht, eigentlich aber gebührt Colenso das Verdienst, zuerst das Gespinnst zerrissen zu haben. Die Dreistigkeit der Zahlen und Namen, die Genauigkeit der Mitteilungen über gleichgiltige Äusserlichkeiten bürgt nicht für ihre Zuverlässigkeit; sie stammen nicht aus gleichzeitigen Aufnahmen, sondern lediglich aus der spätjüdischen Phantasie, einer Phantasie, die bekanntlich nicht malt und bildet, sondern rechnet und konstruirt und weiter nichts als öde Schemata zu wege bringt.

Wenn man die Beschreibung der Stiftshütte (Exod. 25sqq.) nicht wörtlich wiederholen will, so ist es schwer von ihrer Umständlichkeit einen Begriff zu geben; man muss sich an der Quelle überzeugen, was dieser „Erzähler“ darin leistet. Man sollte denken, er liefere Kalkulatoren das Material zu einem Kostenanschlage oder schreibe für Weber und Zimmerleute; aber die würden sich auch nicht daraus vernehmen, denn die unglaubliche Nüchternheit ist dennoch Phantasie, wie in Kap. 1 gezeigt ist. Die Beschreibung der Stiftshütte wird im Buche Numeri durch die des Lagers ergänzt; ist jene das Centrum, so ist dieses der Kreis dazu, der in einen äusseren Ring, die zwölf weltlichen Stämme, in einen mittleren, die Leviten, und in einen innersten, die Aharoniden, zerfällt: eine mathematische Darstellung der Theokratie in der Wüste. Die beiden ersten Kapitel enthalten die Zählung der zwölf Stämme und ihre Gliederung in vier Quartiere, lauter Namen und Zahlen. Zu dieser ersten Zählung kommt in Kap. 34 noch eine andere am Schluss der 40 Jahre hinzu, mit ganz verschiedenen Einzelposten aber nahezu der gleichen Gesamtsumme. Diese Gesamtsumme, 600000 Krieger, stammt aus der älteren Überlieferung; ihre Wertlosigkeit erhellt daraus, dass in einem wirklich authentischen Dokument der israelitische Heerbann zur Zeit Deboras auf die Stärke von 40000 Mann geschätzt wird. Dem Priesterkodex bleibt das Verdienst, die Gesamtsumme ein bischen weniger rund gemacht und sie in künstliche Einzelposten zerlegt zu haben. An die Musterung des Volkes schliesst sich in Num. 3. 4 die Weihung des Stammes Levi an das Heiligtum, zum Ersatz für die bis dahin nicht geopferten und auch nicht gelösten männlichen Erstgeborenen der Israeliten. Es sind 22273 männliche Erstgeborene und 22000 männliche Leviten über einen Monat alt vorhanden; die überschiessenden 273 Erstgeborenen werden mit fünf Sekel für den Kopf noch besonders gelöst. Wie genau! Aber was soll man dazu sagen, dass auf ein Volk von mindestens zwei Millionen nur 22273 männliche, also vielleicht 50000 männliche und weibliche Erstgeburten gekommen sein sollen? Dann entfallen ja durchschnittlich vierzig Kinder auf jedes Weib, denn Erstgeburt im Sinne des Gesetzes ist, was zum ersten die Mutter bricht: dazu hat schon Bleek den Kopf geschüttelt (Einl. [6] p. 117). Die Fortsetzung zu Num. 3. 4 liefert Kap. 8. Da die Leviten eine Abgabe an das Heiligtum von seiten des Volkes sind, welche jedoch nicht geopfert sondern den Priestern abgetreten werden soll, so wird auch der charakteristische Ritus dieser Art Abgaben mit ihnen vorgenommen, nämlich das scheinbare Werfen in die Altarflamme (Aristeas 31, 5) — man denke sich Aharon und Moses die 22 000 Menschen schwingen! Ein nicht minder starkes Beispiel dieser eigentümlichen Poesie ist die Geschichte Num. 31. Zwölftausend Israeliten, je tausend aus einem Stamme, ziehen gegen die Midianiter zu Felde, tilgen ohne Kampf — wenigstens ist von dieser Hauptsache nirgend die Rede — das ganze Volk aus, indem sie alle Männer und einen Teil der Weiber erwürgen und die unverheirateten Mädchen gefangen führen, und erleiden dabei selber keinen Verlust. Das letztere wird nicht bloss im allgemeinen behauptet. „Die Hauptleute über tausend und über hundert traten zu Moses und sprachen zu ihm: deine Knechte haben die Summe der Kriegsleute, die uns untergeben gewesen sind, aufgenommen, und es fehlt nicht einer.“ Von der unermesslichen Beute an Menschen und Vieh bestimmt Jahve die eine Hälfte denen, die ins Feld gezogen sind und die Schlacht geliefert haben, die andere Hälfte der Gemeinde; jene sollen den 500sten Teil an die Priester, diese soll den 50sten Teil an die Leviten abgeben. Die Ausführung dieser Verordnung wird in folgender speciellen Weise berichtet. „Es war die vorhandene Beute, die das Kriegsvolk geraubt hatte, 675 000 Schafe, 72 000 Rinder, 61 000 Esel, und 32 000 Weiber, die nicht beim Manne gelegen hatten. Und die Hälfte, welche den ins Feld Gezogenen zufiel, war 337 500 Schafe, davon Steuer an Jahve 675; 36 000 Rinder, davon Steuer an Jahve 72; 30 500 Esel, davon Steuer an Jahve 61; 16 000 Menschenseelen, davon Steuer an Jahve 32; und Moses gab die Abgabe an Jahve dem Priester Eleazar. Aber die andere Hälfte, die Moses den Kindern Israel zuteilte, die der Gemeinde zuständige Hälfte, war 337 500 Schafe, 36 000 Rinder, 30 500 Esel, 16 000 Menschenseelen; und Moses nahm von dieser Hälfte der Kinder Israel je ein Stück von fünfzig und gab es den Leviten.“ Mit der Berechnung der Abgabe an Jahve hat es Moses insofern bequem, als der 500ste von der Hälfte ebenso viel ist wie der 1000ste vom Ganzen; er braucht also von den Hauptsummen bloss die Tausende weg zu lassen. Zum Schlusse bringen noch die Hauptleute dem Jahve Geschenke von goldenen Geräten, Ketten Geschmeiden Ringen und

Spangen, zusammen 16 750 Sekel im Gewicht, zur Sühne ihrer Seelen. „Das war aber nur, was die Hauptleute an Gold erbeutet hatten, denn die Kriegsmänner hatten geraubet ein jeglicher für sich.“ Man darf sich vielleicht die Frage erlauben, in welchem Verhältnis diese 16 750 Sekel, welche hier allein die Hauptleute von dem Goldschmucke der Midianiter an die Stiftshütte spenden, zu den 1700 Sekeln stehen, welche in Jud. 8 das ganze Volk von dem Goldschmuck der Midianiter zur Errichtung eines Gottesbildes in Ophra weiht?

Weniger leicht als Verhältnisse und Zahlen scheinen sich die zahlreichen, oft registerweise zusammengestellten Namen aus blosser Fiktion zu erklären. Darüber wird allerdings kein Zweifel walten können, dass die vierzig Orte, welche in der Liste der Stationen der Wüstenwanderung (Num. 33) aufgeführt werden, wirklich in der Gegend, durch welche die Israeliten ihren Weg genommen haben sollen, vorhanden gewesen sind. Wer sich das zum Beweise, dass wir hier ein uraltes historisches Dokument vor uns haben, genügen lässt, dem wird keine Kritik die Freude stören. War es aber so schwer, für die vierzig Jahre des Wüstenzuges vierzig bestimmte Stationen in der Wüste auszusuchen? Wenn die Elemente nicht fingirt sind, so folgt daraus noch lange nicht, dass auch die Komposition nicht fingirt sei. Bei den Verzeichnissen der Personennamen sind übrigens auch die Elemente vielfach von überaus zweifelhafter Beschaffenheit, und man tut hier am besten, sich an den Grundsatz Vatkes (a. O. p. 675) zu halten, nämlich Subjekten ohne Prädikaten kein Vertrauen zu schenken und nicht an die Wirklichkeit von Personen zu glauben, die gar nichts zu wirken haben. Die Dutzendnamen in Num. 1. 8. 14 sind fast alle nach der selben Schablone gemacht und haben gar keine Ähnlichkeit mit den echten alten Eigennamen. Dass der Name Jahve nicht in ihrer Komposition vorkommt, beweist nur, dass der Komponist seiner religionsgeschichtlichen Theorie wohl eingedenk war.

Durch diese Vorliebe für unfruchtbare Namen und Zahlen und technische Beschreibungen kommt der Priesterkodex auf eine Linie zu stehen mit der Chronik und der übrigen Literatur des Judentums, welche mit der künstlichen Wiederbelebung der alten Tradition sich abgiebt (p. 179 sq. 215. 227 sq.). Nah verwandt mit dieser Vorliebe ist eine unbeschreibliche Pedanterie, die das innerste Wesen des Verfassers des Priesterkodex bildet. Für das Klassificiren und Schematisiren hat er eine wahre Leidenschaft; wenn er einmal ein Genus in verschiedene Species zerlegt hat, so müssen wir uns jedesmal alle Species einzeln wieder vorführen lassen, so oft vom Genus die Rede ist; der subsumirende Gebrauch der Präpositionen Lamed und Beth ist für ihn bezeichnend. Wo er kann, bevorzugt er den weitläufigen Ausdruck, das Selbstverständliche zum hundertsten male ausführlich zu wiederholen wird er nicht müde (Num. 8), er hasst die Pronomina und alle abkürzenden Substitute. Das Interessante wird übergangen, das Gleichgiltige genau beschrieben, vor lauter erschöpfender Deutlichkeit weiss man oft bei einer ohnehin deutlichen Sache mit den vielen Bestimmungen nicht aus noch ein. Dies ist es, was man im weiland historisch-kritischen Sprachgebrauche als epische Breite zu bezeichnen pflegte[1]).

2. Nachdem wir so den allgemeinen Gegensatz des Priesterkodex und des Jehovisten für die mosaische Periode darzustellen versucht haben, bleibt uns jetzt noch übrig, die einzelnen Erzählungen zu vergleichen. Als Anfang der israelitischen Geschichte wird überall der Auszug aus Ägypten betrachtet. Im Priesterkodex ist derselbe zur Epoche einer Ära gemacht (Exod. 12, 2), nach welcher künftighin datirt wird, und zwar nicht bloss in Jahren, sondern in Monaten und Tagen. Dass diese genaue Datirungsweise erst sehr spät unter den Hebräern aufgekommen ist, steht fest. In den historischen Büchern haben wir aus vorexilischer Zeit nur eine einzige Monatsangabe (1. Reg. 6, 38), aber ohne Hinzufügung des Tages. Eine gewisse Wichtigkeit hatte die Zeitbestimmung für die prophetischen Schriftsteller, und da lässt sich die Entwicklung der Sitte einigermaassen verfolgen. Amos ist aufgetreten „zwei Jahre vor dem Erdbeben". Bei Jesaias ist die bestimmteste Angabe „das Todesjahr des Königs Uzzia". Jahreszahlen finden sich zuerst bei Jeremias, „das 13. Jahr des Königs Josia" und wenige andere. Plötzlich aber tritt ein Umschwung ein;

[1]) Riehm a. O. p. 292: „Die Darstellung ist ruhig, einfach, frei von allem rednerischen und dichterischen Schmuck, und die Ausdrucksweise bei gleichartigen Objekten von epischer Gleichförmigkeit. So eindrucksvoll manche Stücke gerade in ihrer schlichten Einfachheit und objektiven Haltung sind, so bemerkt man doch nirgends ein Streben, durch die Mittel schriftstellerischer Kunst Effekt zu machen und das Interesse des Lesers zu spannen." Vgl. dagegen Lichtenberg, Werke II 162sq. (Göttingen 1844).

die im babylonischen Exil aufgewachsenen Propheten Haggai und Zacharia datiren fortwährend und geben dabei nicht bloss das Jahr und nicht bloss den Monat, sondern auch den Monatstag an. Im Priesterkodex wird diese Genauigkeit, welche die Juden offenbar von den Chaldäern gelernt haben, seit der Zeit Moses angewandt.

Im Jehovisten ist der ostensible Anlass des Auszuges ein Fest, welches die Kinder Israel ihrem Gotte in der Wüste feiern wollen. Im Priesterkodex fällt dieser Anlass weg, weil es keine vormosaischen Feste geben darf. Damit fällt aber zugleich der Grund weg, weshalb Jahve die Erstgeburten der Ägypter tötet: er tut es deshalb, weil ihm der Ägypterkönig die Erstgeburten der Israeliten vorenthält, welche ihm zum Feste dargebracht werden sollen; denn das Fest ist das Opferfest der Erstlinge des Viehs im Frühling. In der älteren Überlieferung ist das Fest das Prius, die Erklärung für die Umstände und die Jahreszeit des Auszugs; in der jüngeren hat sich das Verhältnis umgekehrt: die Tötung der Erstgeburten der Ägypter ist der Anlass der Opferung der israelitischen Erstgeburten, der Auszug im Frühlinge hat das Fest im Frühlinge zur Folge. Auf grund dieser jüngeren Überlieferung entfernt sich der Priesterkodex am allerweitesten vom Ursprünglichen dadurch, dnss nach ihm das Pascha, dessen Zusammenhang mit dem Erstgeburtsopfer er ganz verwischt, nicht zum Danke dafür, dass Jahve die Erstgeburt Ägyptens geschlagen hat, gefeiert, sondern im Momente des Auszuges gestiftet wird, damit er die Erstgeburt Israels verschone. Wie dies alles zu verstehen und zu beurteilen sei, ist im Kapitel über die Feste (p. 86sq. 99sqq.) ausführlicher dargelegt worden.

Über die Darstellung des Durchgangs durchs Schilfmeer in den beiden Quellen lässt sich nur das sagen, dass dieselbe im Jehovisten (J) komplicirter ist. Nach ihm kommen auch die Ägypter zunächst durch das von einem starken Winde trocken gelegte Meer hindurch und stossen dann nachts am östlichen Ufer mit den Hebräern zusammen. „Aber gegen die Morgenwache kehrte sich Jahve, in der Feuer- und Wolkensäule, gegen des Ägypters Heer und bestürzte des Ägypters Heer und hemmte das Rad seiner Wagen und liess ihn ins Unwegsame geraten. Da sprach der Ägypter: ich will fliehen vor Israel, denn Jahve streitet für sie gegen Ägypten. Aber das Meer kehrte zurück gegen Morgen zu seinem gewöhnlichen Stande, und die Ägypter flohen ihm entgegen, und Jahve schüttelte sie mitten ins Meer" (Exod. 14, 24. 25. 27). Nach dem Priesterkodex[1]) stürzen die Wellen über den Verfolgern zusammen, ehe sie noch ans jenseitige Ufer gelangen: die Vorstellung ist viel einfacher, aber ärmer an zufälligen Zügen.

Das Wunder des Manna (Exod. 16) wird im Priesterkodex als ein sehr zweckmässiges Mittel benutzt, die strenge Sabbathsheiligung dem Volke einzuschärfen: am siebenten Wochentage fällt keins, aber das am sechsten gesammelte hält sich zwei Tage, während es sonst nur ganz frisch gegessen werden kann. Dass dies gesetzliche Interesse die Erzählung verdirbt und ihren eigentlichen Sinn zurückdrängt, liegt auf der Hand. Ebensowenig ursprünglich ist es, vielmehr ein Zeichen von Greisenhaftigkeit, wenn im Priesterkodex das Manna nicht roh, sondern gekocht und gebacken genossen wird.

Auf dem Berge Sinai erhielt Moses nach dem Priesterkodex die Offenbarung — des Modells der Stiftshütte, nach dessen ihm vorschwebenden Muster er dann unten die wirkliche Stiftshütte bauen lässt. Alle inhaltliche Offenbarung erfolgt schon zur Zeit Moses soweit als möglich in der Stiftshütte, Exod. 25, 22. Denn auch der Sinai darf dem einzig legitimen Gottessitze nicht länger, als es unumgänglich nötig ist, zur Seite treten. Die Gesetzestafeln werden, wie es scheint, stillschweigend vorausgesetzt, ohne vorher eingeführt zu sein; natürlich auf grund der Annahme, dass die Sache den Lesern, nach der älteren Überlieferung, bekannt sein werde. Dafür wird dann aber das Äussere der Lade aufs verschwenderischste ausgestattet, mit einer Pracht, an welche die anderweitigen Nachrichten über den Akazienholzkasten nicht denken lassen, wie denn auch sonst die Lade im Priesterkodex anders aussieht, als sie nach 1. Reg. 7, 23sqq. ausgesehen hat. An die Haggada erinnert die Decke, welche Moses über sein vom Widerschein der Herrlichkeit Jahves strahlendes Antlitz legen muss, um die Leute nicht zu blenden (Exod. 34, 29—35), und die Verfertigung des ehernen Handfasses aus den Spiegeln der Tempelweiber (38, 8 vgl. Num. 17, 1sqq.); diese Züge gehören zwar nicht zum

[1]) und überhaupt nach der jüngeren Überlieferung; auch nach dem Liede Exod. 15, welches abgesehen von dem alten Anfange ein Psalm in der Weise der Psalmen ist und keine Ähnlichkeit hat mit den historischen Liedern Jud. 5. 2. Sam. 1. Num. 21.

ursprünglichen Bestande des Priesterkodex, fallen aber dennoch in seine Sphäre.

Vom Sinai gelangen wir nach der alten Überlieferung über diese und jene namentlich aufgeführten Stationen alsbald nach Kades, um hier die längste Zeit des vierzigjährigen Wüstenaufenthalts zu verbleiben: hier spielen, wie bereits gesagt, eigentlich alle Geschichten, die überhaupt von Moses erzählt werden. Im Priesterkodex kommen wir auch hier, gerade wie in der Patriarchensage, nicht an bestimmte Orte, sondern treiben in der Wüste des Sinai, in der Wüste Pharan, in der Wüste Sin um. Mit offenbarer Absicht wird namentlich Kades möglichst in den Hintergrund gedrängt, jedenfalls wegen der grossen Heiligkeit, welche dieser Ort als langjähriges Standlager der Israeliten unter Moses ursprünglich gehabt hat.

Von Kades gehen nach dem Jehovisten die Kundschafter aus, nach dem Priesterkodex von der Wüste Pharan. Nach jenem gelangen sie bis nach Hebron, bringen von dort die schönen Trauben mit, finden aber das Land, wo sie wachsen, uneinnehmbar; nach diesem gelangen sie ohne weiteres gleich durch ganz Palästina hindurch his zum Libanon, haben aber nichts mitzubringen und raten deshalb vom Angriff auf das Land ab, weil sie es nicht besonders begehrenswert finden: gerade als ob nur dem Glauben die Vorzüge desselben zugänglich, für ungläubige Augen aber nicht zu entdecken seien, wie es zur Zeit Haggais und Zacharias und zur Zeit Ezras nnd Nehemias wirklich der Fall war, während dem alten echten Israeliten die Herrlichkeit seiner geliebten Heimat kein blosser Glaubenssatz war, an dem er hätte auch zweifeln können. Dort wird (nach Dt. 1, 23) nur die Zahl der Kundschafter angegeben sein, hier werden sie alle zwölf mit Namen benannt. Dort macht alleine Kaleb die gute Ausnahme, hier Kaleb und Josua. Ursprünglich gehörten wohl beide nicht in diese Erzählung, aber Kaleb als Ausnahme zu nennen lag nahe, weil er in der Tat gerade die Gegend von Kades bis Hebron eroberte, welche die Kundschafter als uneinnehmbar geschildert und die durch sie eingeschüchterten Israeliten nicht anzugreifen gewagt hatten. Josua dagegen ist hinzugefügt worden von der Erwägung aus, dass nach dem Num. 14, 23. 24 ausgesprochenen Grundsatze auch er das Verdienst Kalebs geteilt haben müsse, da er gleichen ausnahmsweisen Lohnes teilhaft geworden sei.

Auftraggeber der Kundschafter, zu dem sie ihre Meldung zurückbringen, ist nach dem Jehovisten Moses allein, nach dem Priesterkodex Moses und Aharon. In der ältesten Quelle des Jehovisten (J) kommt Aharon überhaupt noch nicht vor, im Priesterkodex darf Moses öffentlich nichts ohne ihn tun[1]). Moses ist zwar auch hier die Seele, aber Aharon der Repräsentant der Theokratie; und es wird streng darauf gehalten, dass derselbe nirgend fehle, wo es auf diese Repräsentation, der Gemeinde gegenüber, ankommt. Die auffallendsten Früchte hat der Trieb, den Vertreter der Hierokratie und damit überhaupt die Hierokratie in die mosaische Geschichte einzuführen, getragen in der sogenannten Erzählung vom Aufruhr der Rotte Korah. Nach der jehovistischen Überlieferung sind es die Rubeniten Dathan und Abiram, vornehme Männer des erstgeborenen Stammes in Israel, von denen der Aufruhr ausgeht, und derselbe richtet sich gegen Moses als Führer und Richter des Volkes. Nach der Version der Grundschrift des Priesterkodex ist ein judäischer Stammfürst mit Namen Korah der Rädelsführer, und er empört sich nicht gegen Moses allein, sondern gegen Moses und Aharon als Vertreter des Priestertums. In einem späteren Nachtrage, welcher seiner Art nach ebenfalls zum Priesterkodex, aber nicht zu dessen ursprünglichem Bestande gehört, erscheint der Levit Korah an der Spitze eines Aufstandes der Leviten gegen Aharon als Oberpriester und verlangt die Gleichstellung des niederen Klerus mit dem höheren. Nehmen wir die jehovistische Version, als deren geschichtliche Grundlage das Herabsinken Rubens von seiner alten Stellung an der Spitze der Bruderstämme durchschimmert, zum Ausgangspunkte, so lässt sich mit Händen greifen, wie die zweite daraus entstanden ist. Nachdem das Volk der Gemeinde, d. h. der Kirche, Platz gemacht hat, treten statt des volkstümlichen Führers Moses die geistlichen Spitzen Moses und Aharon ein, und die Eifersucht der weltlichen Grossen richtet sich nun gegen den Stand der Erbpriester, statt gegen den ausserordentlichen Einfluss eines gottgesandten Heroen auf das Gemeinwesen: alle diese Veränderungen ergeben sich naturgemäss aus der Übertragung der Hierokratie in die mosaische Zeit. Vom Boden der zweiten Version lässt sich nun ferner die Entstehung

[1]) Ebenso handelt dort Josua allein, hier immer nur zur Seite des Priesters Eleazar. Vgl. oben die Anmerkung auf p. 139.

der dritten begreifen. Nachdem zunächst dort die ursprünglich rubenitischen Stammfürsten zeitgemäss einem judäischen gewichen sind, ist hier, gemäss dem weiteren Fortschritte der Zeit, an die Stelle des judäischen Stammfürsten Korah der gleichnamige Eponymus einer nachexilischen Levitenfamilie getreten, und der Streit zwischen Klerus und Adel hat sich in einen häuslichen Streit zwischen höherem und niederem Klerus verwandelt, der ohne Zweifel in der Gegenwart des Erzählers brennender war. So entwickeln sich die drei Versionen, deren Zusammenschweissung unter jedem anderen Gesichtspunkte als ein reines Rätsel erscheint, in geradliniger Descendenz auseinander; unter dem Einfluss uns vollkommen bekannter, grosser historischer Wendungen haben sich die Metamorphosen vollzogen und im Lichte der judäischen Geschichte seit Josia sind sie uns durchaus nicht unverständlich[1]).

Es folgt der Aufbruch der Israeliten ins Ostjordanland. Nach dem Jehovisten legen ihnen die Nachbarvölker dabei Schwierigkeiten in den Weg, und das Land, wo sie sich ansiedeln wollen, müssen sie sich mit dem Schwerte erobern. Der Priesterkodex berichtet davon so wenig wie früher vom Amalekiterkriege; nach ihm sieht es so aus, als ob die Israeliten geradeswegs auf ihr Ziel losgesteuert wären und es sich dort bequem gemacht hätten; der Besitz des herrenlosen Landes wird (Num. 32) von Moses und Eleazar den beiden Stämmen Ruben und Gad zugestanden. Damit es aber nicht gänzlich an einem Kriege unter Moses fehle, wird hinterher der Krieg mit den Midianitern, über den wir bereits referirt haben, erzählt (Num. 31); erzählt wird freilich dabei nicht viel, sondern nur gezählt und verordnet; in dem Verse 31, 27 scheint 1. Sam. 30, 24 als Grundlage des Ganzen durchzuschimmern. Für die Anschauung vom Kriegswesen, wie sie die ganz kriegsentwöhnten Juden der späteren Zeit hatten, ist der Bericht äusserst bezeichnend. Sehr merkwürdig ist auch der Anlass des Krieges: nicht etwa um Land zu erwerben oder aus irgend welcher anderen praktischen Ursache wird er begonnen, sondern bloss zur Rache dafür, dass die Midianiter einzelne Israeliten zum Huren verführt haben.

Die Ältesten von Midian sind nämlich hingegangen zum Wahrsager Bileam, um sich bei ihm Rats zu erholen, was gegen die israelitischen Eindringlinge zu machen sei. Er hat ein Mittel

[1]) Composition des Hexateuchs (1889) p. 105 sqq. 339 sq.; Leidener Theol. Tijdschrift 1878 p. 139 sqq.

angegeben, der Gefahr die Spitze abzubrechen: die Midianiter sollen den Israeliten ihre Töchter zu Weibern geben und so das heilige Volk seiner Stärke berauben, deren Geheimnis seine Absonderung ist. Die Midianiter sind Bileams Rate gefolgt, es ist ihnen gelungen, manche Israeliten durch die Reize ihrer Weiber zu bestricken, ein schwere Plage ist in folge dessen von Jahve über das untreue Volk verhängt. Bis so weit lässt sich die Erzählung des Priesterkodex nur aus Num. 31, 8. 16. Jos. 13, 22 und aus den Prämissen der Fortsetzung erraten; erst an diesem Punkte setzt das uns erhaltene Stück (Num. 25, 6 sqq.) ein und zwar mit dem Bericht, auf welche Weise der Plage endlich Einhalt getan worden sei. Ein Mann bringt ganz dreist eine Midianitin ins Lager, vor den Augen Moses und der weinenden Kinder Israel; da nimmt der jugendliche Erbpriester Phinehas einen Speer, durchsticht das gottlose Paar, und wendet durch diesen seinen Eifer den Zorn Jahves ab. Diese Erzählung gründet sich auf die uns gleichfalls nur fragmentarisch erhaltene jehovistische (Num. 25, 1—5), über den Abfall der Israeliten im Lager zu Sittim zum Dienste des Baal Pheor, wozu sie sich verführen lassen durch die Töchter Moabs: der Götzendienst ist im Priesterkodex, bis auf einige unwillkürliche Reminiscenzen, ganz fortgefallen und statt dessen die Hurerei, die ursprünglich nur den Anlass zu der eigentlichen Hauptschuld bildet, ausschliesslich hervorgehoben, offenbar in dem Gedanken, dass das Heiraten fremder Frauen schon an sich ein Abfall von Jahve, ein Bundesbruch sei. Diese Abwandlung war für das exilische und nachexilische Judentum höchst zeitgemäss, denn damals lag die Gefahr groben Götzendiestes nicht nahe, wohl aber kostete es grosse Mühe, dem drohenden Eindringen des Heidentums in die Gemeinde unter der freundlichen Form der Mischehen entgegenzutreten. Zu der jehovistischen Erzählung von Baal Pheor ist nun aber in der Version des Priesterkodex noch die Figur des Bileam hinzugekommen, die gleichfalls dem Jehovisten entlehnt, aber freilich ganz umgestaltet ist. So wie er in der alten Geschichte erscheint, verstösst er gegen alle Begriffe des Priesterkodex. Ein aramäischer Seher, der für Geld gedungen wird und allerhand heidnische Vorbereitungen trifft um zu weissagen, aber dabei doch kein Betrüger ist sondern ein wahrer Prophet so gut wie irgend ein israelitischer, der mit Jahve in den vertrautesten Beziehungen steht trotzdem er eigentlich die Absicht hat Jahves Volk zu verfluchen — das ist dem exklusiven Judentum zu stark. Die Korrektur wird einfach dadurch bewirkt, dass Bileam mit der folgenden Perikope in Verbindung gebracht und zum intellektuellen Urheber der Teufelei der midianitischen Weiber gemacht wird; in dieser Neuschöpfung des Priesterkodex lebt er dann in der Haggada fort. Unklar bleibt es, warum die Moabiter in Midianiter umgesetzt werden; es steht jedoch fest, dass die Midianiter nie in jener Gegend gewohnt haben.

Mehr und mehr nehmen im Buche Numeri auch die erzählenden Partieen, welche im übrigen die Art und Farbe des Priesterkodex an sich tragen, den Charakter blosser Ergänzungen und redaktioneller Nachträge zu einem bereits vorhandenen anderweitigen Zusammenhange an; die selbständige Grundschrift des Priesterkodex tritt immer stärker gegen die jüngeren Zusätze zurück und hört wie es scheint mit dem Tode Moses ganz auf. Wenigstens lässt sie sich in der ersten Hälfte des Buches Josua nirgend verspüren, und dann kann man auch die ausführlichen dem Priesterkodex angehörigen Stücke der zweiten Hälfte, die von der Verteilung des Landes handeln, nicht zu ihr rechnen, da dieselben ohne vorhergehende Erzählung über die Eroberung des Landes in der Luft schweben und keinen eigenen Zusammenhang mehr darstellen, sondern das jehovistisch-deuteronomistische Werk voraussetzen.

Eine Vergleichung der Versionen über die Weise, wie die israelitischen Stämme von dem eroberten Lande Besitz ergriffen haben, möge den Reigen beschliessen. Der Priesterkodex lässt, in Einklang mit der deuteronomistischen Bearbeitung, ganz Kanaan zur tabula rasa machen und es dann herrenlos und menschenleer der Verlosung unterbreiten. Zuerst fällt dem Stamme Juda sein Los, sodann Manasse und Ephraim, darauf den beiden Stämmen, die sich an Ephraim und Juda anschmiegten, Benjamin und Simeon, endlich den fünf nördlichen Stämmen Zebulon Issachar Aser Naphthali Dan. „Das sind die Stammländer, welche Eleazar der Priester und Josua ben Nun und die Stammhäupter der Kinder Israel zuteilten nach dem Lose zu Silo vor Jahve vor der Stiftshütte.“

Nach dem Jehovisten scheinen Juda und Joseph ihr Gebiet schon zu Gilgal (14, 6), und zwar nicht durch das Los, zugeteilt erhalten und es von dort aus in Besitz genommen zu haben. Geraume Zeit später wird das übrige Land unter die säumigen sieben kleinen Stämme verlost, von Silo oder vielleicht ursprünglich von Sichem aus (18, 2—10); Josua alleine wirft das Los und weist an, Eleazar der Priester nicht mit ihm. Schon hier wird die unterschiedslose Allgemeinheit der Anschauungsweise des Priesterkodex etwas eingeschränkt, viel stärker aber widerspricht derselben das wichtige Kapitel Jud. 1.

Dasselbe ist in Wahrheit keine Fortsetzung des Buches Josua, sondern eine Parallele dazu, die wohl die Eroberung des ostjordaschen, aber nicht die des westjordanischen Landes voraussetzt, diese vielmehr erst selber erzählt und zwar erheblich abweichend. Von Gilgal, wo der Mal'ak Jahve zuerst sein Lager aufgeschlagen hat, ziehen die Stämme einzeln aus um sich ihr „Los" zu erkämpfen, zuerst Juda, dann Joseph. Bloss von diesen wird eigentlich erzählt, indessen von Joseph auch nur der erste Anfang der Eroberung seines Landes. Von Josua ist keine Rede; als Befehlshaber Israels passt er auch nicht in die Gesamtanschauung, während es sich wohl damit vertragen würde ihn als Führer seines Stammes anzusehen. Rückhaltlos wird die Unvollständigkeit der Eroberung zugestanden, dass die Kanaaniter in den Städten der Ebene ruhig fortgewohnt haben und erst in der Königszeit, als Israel stark geworden, unterworfen und zinsbar gemacht seien. Dass dies Kapitel, sowie überhaupt der Stock des Richterbuchs, der jehovistischen Traditionsschicht entspricht, zu der auch die gleichlautenden oder ähnlichen Stellen im Josua (15, 13—19 u. a.) unbestritten gerechnet werden, lehrt schon der Mal'ak Jahve. Die Verschiedenheit von der jehovistischen Hauptversion im Buche Josua erklärt sich grössten Teils daraus, dass diese ephraimitischen Ursprungs ist und in folge dessen dem Helden Ephraims oder Josephs die Eroberung des ganzen Landes zuschreibt, während Jud. 1 den Stamm Juda mehr berücksichtigt. Es findet sich übrigens im Buche Josua selber der Rest einer Version (9, 4—7. 12—14), worin ebenso wie in Jud. 1 „der israelitische Mann" handelt und „den Mund Jahves befragen" muss, während sonst Josua allein zu sagen hat und als Nachfolger Moses die Entscheidung lediglich der Vollmacht seines eigenen Geistes entnimmt. Endlich ist auf Exod. 23, 20sqq. aufmerksam zu machen, wo gleichfalls die Übereinstimmung mit Jud. 1 darin hervortritt, dass nicht Josua, sondern der Mal'ak Jahves (Jud. 5, 23) Israels Führer ist, und dass das gelobte Land nicht auf einmal, sondern sehr allmählich im Laufe der Zeit erobert wird.

Die Anachronismen und Anekdoten in Jud. 1 hindern nicht anzuerkennen, dass die zu grunde liegende Gesamtanschauung von dem Hergange der Eroberung, nach dem was wir von der Folgezeit wissen, eine ungleich historischere ist als die im Buche Josua herrschende, wonach alles mit systematischer Gründlichkeit zugegangen, das ganze Land erst entvölkert, sodann unter die einzelnen Stämme ausgelost sein soll. Sofern die letztere Vorstellung, welche einerseits ermöglicht wird durch die wörtliche Deutung des von den Familienäckern auf das Stammgebiet übertragenen Ausdruckes Los (Jud. 18, 1), andererseits durch die übliche Zusammendrängung einer langen Entwicklung in den ersten Hauptakt, am konsequentesten im Priesterkodex ausgebildet ist, so steht dieser dem Ursprunge der Tradition am fernsten[1]). Das Gleiche zeigt sich auch darin, dass der Stamm Joseph nie erwähnt wird, sondern statt seiner immer nur die beiden Stämme Ephraim und Manasse, und dass diese beiden Stämme fast ganz gegen Juda verschwinden, obwohl trotzdem der Führer Ephraims, Josua, als Führer Gesamtisraels aus der alten ursprünglich ephraimitischen, Tradition beibehalten wird.

Es ist kein Widerspruch, bei der Vergleichung der Überlieferungsschichten den geschichtlichen Maassstab für die Ursage und die Patriarchenlegende abzulehnen und ihn für die epische Zeit Moses und Josuas in gewissen Grenzen anzuwenden. Die epische Überlieferung enthält doch Elemente, die sich nicht anders erklären lassen als dadurch dass geschichtliche Fakta zu grunde gelegen haben müssen; sie geht doch von der Zeit aus von der sie handelt, während die Patriarchenlegende mit der Zeit der Patriarchen in durchaus keiner Verbindung steht[2]). Darin liegt das Recht

[1]) In der deuteronomistischen Bearbeitung (Jos. 21, 43—45) zeigt sich doch noch ein Schwanken, ein gewisses Unvermögen sich loszureissen vom Alten (Deut. 7, 22. Jud. 3, 1. 2), ausserdem sind hier die Motive der Neuerung weit deutlicher: die Kanaaniten werden ausgerottet um die Ansteckung der neuen Ansiedler mit ihrem Götzendienst zu verhüten.

[2]) Bei vereinzelten Angaben lässt sich wohl auch hier der historische Maassstab anlegen. Man kann es eine richtigere Vorstellung nennen, dass Hebron zur Zeit Abrahams von den Kanaanitern und Pherezitern, als dass es von den Hethitern bewohnt gewesen sei, die letzteren wohnten nach 2. Sam. 24, 6 (Sept.) in Coelesyrien und nach 2. Reg. 7, 6 in der Nähe der Aramäer von Damaskus. Die Angabe, dass die Israeliten als Hirten von Pharao das Weideland Gosen an der Nordostgrenze Ägyptens erhalten und dort für sich gewohnt haben, verdient den Vorzug vor der, dass sie unter den Ägyptern im besten Teile des Landes angesiedelt seien.

der verschiedenen Behandlung. Das letzte Ergebnis ist das gleiche: sowohl mit dem Maasse der Poesie als mit dem Maasse der Historie gemessen steht der Priesterkodex nach Wert und nach Zeit beträchtlich unter dem Jehovisten.

3. Ich habe in groben Zügen den Gegensatz zwischen den Endpunkten der Überlieferung des Hexateuchs zur Anschauung zu bringen gesucht. Es wäre nicht unmöglich, der inneren Entwicklung der Überlieferung durch die Mittelglieder nachzugehen, unter Benutzung der feineren Ergebnisse der Quellenscheidung und mit Heranziehung der nicht gerade zahlreichen aber wichtigen Anspielungen, die im Deuteronomium, in den historischen und in den prophetischen Büchern, namentlich bei Hosea, vorkommen. Es würde sich herausstellen, dass die Sage ihrer Natur nach dazu auffordert sie zu variiren, dass sie sich objektiv gar nicht darstellen lässt. Schon bei der ersten Aufzeichnung spielen die verfärbenden Einflüsse ein, ohne dass darum doch dem einwohnenden Sinne des Stoffes Gewalt geschähe. Nachweisbar ist zuerst die Einwirkung jenes specifischen Prophetismus, den wir von Amos ab verfolgen können. Am wenigsten lässt er sich in der alten Hauptquelle des Jehovisten, in J, merken, doch ist es auffallend, dass die Ascheren im Patriarchenkultus nirgend vorkommen. Weit stärker prophetisch angehaucht ist die zweite jehovistische Quelle, E; sie lässt eine fortgeschrittenere und grundsätzlichere Religiosität erkennen. Bedeutsam in dieser Hinsicht ist die Einführung Abrahams als Nabi, das Vergraben der Theraphim durch Jakob, die Auffassung der Masseba bei Sichem (Jos. 24, 27), vor allen Dingen die Geschichte vom goldenen Kalbe. Die Gottheit wird weniger urwüchsig vorgestellt als in J, sie tritt nicht leibhaftig zum Menschen hin, sondern ruft vom Himmel oder offenbart sich im Traume. Indem sich das religiöse Element verfeinert hat, ist es zugleich energischer geworden und hat auch das Heterogene durchdrungen, gelegentlich so wunderliche Mischungen erzeugend wie in Gen. 31, 10—13. Dann tritt das Gesetz ein und durchsäuert die jehovistische Erzählung; zuerst das deuteronomische, schon in der Genesis, dann sehr stark im Exodus und im Josua. Zuletzt wird im Priesterkodex, unter dem Einfluss der Gesetzgebung der nachexilischen Restauration, eine völlige Umgestaltung der alten Tradition bewirkt. Das Gesetz ist der Schlüssel zum Verständnis auch der Erzählung des Priester-

kodex. Mit der Einwirkung des Gesetzes hängen alle unterschei denden Eigentümlichkeiten derselben zusammen; überall macht sich die Theorie, die Regel, das Urteil geltend. Was oben vom Kultus gesagt ist, lässt sich wörtlich von der Sage wiederholen: in der alten Zeit ist sie dem grünen Baume zu vergleichen, der aus dem Boden wächst wie er will und kann, hinterher ist sie dürres Holz, das mit Zirkel und Winkelmaass regelrecht zubehauen wird. Es ist ein wunderlicher Einwurf zu sagen, die nachexilische Zeit habe zu Produktionen, wie die Stiftshütte oder die Chronologie es sind, nicht das Zeug gehabt. Originell war sie freilich nicht, aber der Stoff war ja schriftlich gegeben und brauchte nicht mehr erfunden zu werden. Was gehörte denn gross dazu, um den Tempel in ein tragbares Zelt zu verwandeln? Was ist das für eine Schöpferkraft, die lauter Zahlen und Namen hervorbringt! Von Jugendfrische wenigstens kann da nicht die Rede sein. Mit ungleich grösserem Rechte wird sich behaupten lassen, dass die theoretische Modelung und Aptirung der Sage, wie sie im Priesterkodex geübt wird, erst hat eintreten können, nachdem dieselbe aus dem Gedächtnis und dem Herzen des Volks herausgerissen und in ihren Wurzeln abgestorben war.

Die Geschichte der vorhistorischen und der epischen Tradition hat also ganz die selben Phasen durchlaufen wie die der historischen; und der Priesterkodex entspricht in dieser Parallele in all und jeder Hinsicht der Chronik. Das Mittelglied aber zwischen Alt und Neu, zwischen Israel und dem Judentum, ist überall das Deuteronomium.

Der Antar-roman sagt von sich selber, er habe ein Alter von 670 Jahren erreicht und davon 400 Jahre im Zeitalter der Unwissenheit (d. h. des altarabischen Heidentums), die übrigen 270 im Islam verlebt. Etwas ähnliches könnten die biblischen Geschichtsbücher von sich aussagen, wenn sie personificirt, ihr Leben begönnen mit der Aufzeichnung des ältesten Kernes und es abschlössen mit der letzten grossen Umarbeitung. Die Zeit der Unwissenheit würde dauern bis zum Erscheinen „des Buchs“, welches allerdings im Alten Testament nicht so auf einmal wie der Koran, sondern während einer längeren Periode und in mehreren Phasen herniedergekommen ist.

III.

Israel und das Judentum.

Das Gesetz ist zwischenein getreten.

Neuntes Kapitel.

Abschluss der Kritik des Gesetzes.

Gegen die allgemeine Art der Begründung der Grafschen Hypothese ist Einspruch erhoben worden. Es soll eine unerlaubte Argumentation ex silentio sein, wenn daraus, dass die priesterliche Gesetzgebung noch bei Ezechiel latent ist wo sie wirksam, unbekannt wo sie bekannt sein sollte, geschlossen wird, dass sie damals noch nicht vorhanden gewesen sei. Was verlangt man denn aber? Soll die Nichtexistenz des Nichtvorhandenen etwa auch noch vorher bezeugt werden? Ist es verständiger, ex silentio positiv den Beweis der Existenz zu erbringen? zu sagen: in der Richter- und Königszeit gibt es keine Spuren der Hierokratie, also stammt sie aus dem höchsten Altertum, von Moses her? Das Problem bliebe dann das selbe, nämlich zu erklären, wie es kommt, dass mit und nach dem Exil die Hierokratie des Priesterkodex praktisch zu werden beginnt. Was die Gegner der Grafschen Hypothese Argumentation ex silentio nennen, ist weiter nichts als die allenthalben giltige Methode historischer Forschung.

Ein etwas anderes Aussehen gewinnt der Protest gegen die Argumentation ex silentio, wenn darauf hingewiesen wird, dass Gesetze manchmal Theorien sind und dass es kein Beweis gegen die Existenz einer Theorie ist, wenn sie in der Praxis nicht durchdringt. Wer wird zum Beispiel daraus, dass das Deuteronomium während der vorexilischen Zeit wesentlich Theorie blieb, schliessen wollen, es sei nicht vorhanden gewesen? Wenn Gesetze nicht gehalten werden, so sind sie darum doch da — vorausgesetzt nämlich, dass man dafür anderweitige genügende Beweise hat. Aber diese Beweise wollen sich eben für den Priesterkodex ganz und gar nicht finden lassen. Ausserdem ist selten alles bei einem Gesetze Theorie; die Möglichkeit, dass etwas Theorie sein kann, darf nicht allgemein, sondern immer nur im einzelnen Falle geltend gemacht werden. Und nicht alles, was in der Tat Theorie ist, entzieht sich darum der geschichtlichen Ansetzung. Auch die gesetzliche Phantasie geht immer von irgend welchen gegebenen Voraussetzungen aus; eben an diese Voraussetzungen, nicht an die Gesetze selber, hat sich die geschichtliche Kritik zu halten [1]).

Gerade umgekehrt pocht man nun freilich auch darauf, dass die Gesetze des Priesterkodex sich doch überall in der Praxis der historischen Zeit bezeugen, dass es immer Opfer und Feste und Priester und Reinigungsbräuche und was dergleichen mehr ist im alten Israel gegeben habe. Dem liegt wo möglich die Meinung zu grunde, dass nach der Grafschen Hypothese der ganze Kultus erst durch den Priesterkodex erfunden und erst nach dem Exil eingeführt worden wäre. Die Vertreter der Grafschen Hypothese glauben wirklich nicht, dass der israelitische Kultus plötzlich in die Welt getreten sei, so wenig durch Ezechiel oder durch Ezra als durch Moses — wozu würden sie auch sonst des Darwinismus bezichtigt? Sie finden nur, dass des Gesetzes Werke vor dem Gesetze geschehen sind, dass ein Unterschied besteht zwischen hergebrachtem Brauche und formulirtem Gesetze, und dass dieser Unterschied auch da, wo er bloss formell scheint, doch einen materiellen Hintergrund hat, indem er zusammenhängt mit der Centralisirung des Gottesdienstes und der darauf gegründeten Hierokratie. Es kommt auch hier nicht bloss auf den Stoff an, sondern auf den Geist, der dahinter steckt und sich überall als Zeitgeist charakterisirt [2]).

Inzwischen leiden alle diese Einwürfe an dem Fehler, dass sie ausser acht lassen, um was es sich eigentlich handelt. Es handelt sich nicht darum zu erweisen, dass das mosaische Gesetz in der vorexilischen Zeit nicht bestanden habe. Es gibt drei Gesetzes- und Traditionsschichten im Pentateuch, und die Aufgabe ist, diese Schichten in historische Folge zu bringen. Beim Jeho-

[1]) Vgl. p. 51. 147 sq. 159 sq. 256 sq. Darum ist auch die Vergleichung der Traditionsgeschichten ebenso wichtig als die der Gesetzesschichten.
[2]) Vgl. p. 75 sqq. 101 sqq.

visten und beim Deuteronomium hat diese Aufgabe eine Lösung gefunden, die als allgemein anerkannt gelten kann; es handelt sich nun bloss darum, das Verfahren, wodurch die Reihenfolge und die Zeit dieser beiden Schriften ermittelt worden ist, auch auf den Priesterkodex anzuwenden, nämlich die innere Vergleichung der Schichten unter einander und die historische Vergleichung derselben mit den sicher überlieferten Tatsachen der israelitischen Geschichte[1]). Man sollte nicht denken, dass hiegegen Widerspruch erhoben werden könnte. Aber dies ist dennoch der Fall; das selbe Verfahren, welches auf das Deuteronomium angewandt historisch-kritische Methode heisst, heisst auf den Priesterkodex übertragen Geschichtskonstruktion. Konstruiren muss man bekanntlich die Geschichte immer; die Reihe Priesterkodex Jehovist Deuteronomium ist auch nichts durch die Überlieferung oder durch die Natur der Dinge Gegebenes, sondern eine nur wenige Decennien alte Hypothese, von der man jedoch die freilich etwas unfassbaren Gründe vergessen hat und die dadurch in den Augen ihrer Anhänger den Schein des Objektiven, d. h. den Charakter des Dogmas, bekommt. Der Unterschied ist nur, ob man gut oder schlecht konstruirt. Es ist mit Recht erinnert worden, dass die logische Auseinanderfolge der Gesetze nicht die historische Aufeinanderfolge derselben zu sein brauche. Um des logischen Fortschritts willen geschieht es aber auch nicht, wenn wir die von den Propheten ausgehende Entwicklung schliesslich auf das Kultusgesetz auslaufen lassen; von dem gesunden Menschenverstande ausgehend hat man gewöhnlich der Geschichte, trotz des Widerstrebens ihrer auf uns gelangten Spuren, den umgekehrten Gang aufgedrängt. Wenn wir von der israelitischen Kultusgeschichte nach mühsam gesammelten Daten der historischen und prophetischen Bücher einen Aufriss machen, darnach den Pentateuch damit vergleichen, und auf solche Weise bestimmte Beziehungen der einen Schicht des Pentateuchs mit dieser historischen Phase, der anderen mit jener erkennen, so heisst das nicht die Logik an stelle der historischen Untersuchung setzen. So weit darf doch gewiss die Lehre von der Unvernünftigkeit des Wirklichen nicht getrieben werden, dass man die Korrespondenz

[1]) Die Methode ist in der Einleitung (p. 1 sqq.) angegeben; ich habe mich besonders im ersten Kapitel, über den Ort des Gottesdienstes, bemüht, sie deutlich hervortreten zu lassen.

zwischen Gesetzesschicht und betreffender Geschichtsphase als Grund ansieht, beides möglichst weit auseinander zu reissen. Wenigstens müsste man dann diesen Grundsatz auch auf den Jehovisten und das Deuteronomium anwenden, nicht bloss auf den Priesterkodex. Denn was dem einen recht ist, ist dem anderen billig.

Dass nicht alles, was ich in der Geschichte des Kultus und der Tradition vorgebracht habe, Beweis der Hypothese, vielmehr gar manches nur Erklärung auf grund der Hypothese ist, die nicht dazu dienen kann sie selber zu stützen, das versteht sich von selbst. Im Gegensatz zu Graf bin ich absichtlich so verfahren. Graf hat seine Argumente ziemlich unverbunden vorgetragen und nicht versucht, die historische Gesamtbetrachtung der Geschichte Israels zu ändern. Eben darum hat er keinen Eindruck bei der Mehrzahl seiner Fachgenossen gemacht; sie sahen nicht hinein in die Wurzel der Sache, konnten das System für unerschüttert halten und darum die einzelnen Anstösse für untergeordnete Kleinigkeiten ansehen. Mein Unterschied von Graf besteht zunächst darin, dass ich immer auf die Centralisirung des Kultus zurückgehe und daraus die einzelnen Differenzen ableite. Meine ganze Position ist im ersten Kapitel enthalten; dort ist namentlich auch der historisch sehr wichtige Anteil der prophetischen Partei an der grossen Metamorphose des Kultuswesens klar gelegt, die sich keineswegs bloss spontan vollzog. Weiter lege ich weit mehr als Graf entscheidendes Gewicht auf den Wechsel der herrschenden Ideen, der mit der Änderung in den Einrichtungen und Bräuchen des Kultus parallel läuft, wie das besonders der zweite Teil des vorliegenden Buches aufweist. Fast wichtiger als die Erscheinungen selber sind mir die dahinter liegenden Voraussetzungen.

Wenn nicht alles, was bisher zur Sprache gekommen ist, Beweis für die Grafsche Hypothese ist noch sein soll, so gibt es andererseits auch Beweismaterial genug, welches noch nicht berücksichtigt ist[1]). Dasselbe ausführlich zu erörtern, würde abermals ein

[1]) Der Priesterkodex kennt nicht bloss die Ausiten (עוץ), sondern auch die Ituräer. In der Ausschliessung zu naher Verwandtschaftsgrade von der Ehe geht er sehr weit über das Deuteronomium hinaus. Im Gegensatz zu dem noch rein auf dem Blut beruhenden Qahal (politisch und sacral vollberechtigte Bürger) des Deuteronomiums ist die Eda des Priesterkodex schon eine beinah ganz religiöse Grösse; Jude ist, wer sich zur Religion des Gesetzes bekennt, die Gerim sind von den Sacra nicht ausgeschlossen; der Menschheitsbegriff durchbricht die Blutrache in dem

Buch erfordern; es kann hier nur in Auswahl und in andeutender Kürze vorgeführt werden, wenn die Grenzen nicht überschritten werden sollen, welche der wesentlich historische Charakter dieser Prolegomena steckt. Grösstenteils wird sich dabei das Pro an die Widerlegung des Contra anschliessen.

I.

1. Eberhard Schrader erwähnt zwar in seinem Lehrbuch der Einleitung (1869, p. 266), dass Graf die Gesetzgebung der mittleren Bücher des Pentateuchs der nachexilischen Zeit zuweise, gibt jedoch nicht den mindesten Begriff von der Begründung dieser Thesis, sondern weist sie kurzer Hand damit ab, dass dagegen „schon die kritische Analyse ihr Veto“ einlege. Schon die kritische Analyse! Wie fängt sie das an? Wie kann sie beweisen, dass die nach allen Seiten ausgebildete Kultuseinheit, die Denaturalisirung der Opfer und der Feste, der Unterschied von Priestern und Leviten, die autonome Hierarchie älter seien als die deuteronomische Reform? Schrader meint vielleicht, dass die aus der kultusgeschichtlichen Vergleichung der Quellen entnommenen Merkmale, wonach Jehovist Deuteronomium Priesterkodex, in dieser Ordnung, auf einander folgen, durch andere mehr formale und literarische aufgewogen werden, wonach der Priesterkodex an die Spitze oder doch nicht ans Ende der Reihe gehört. Dann stünde gleich gegen gleich, und die Frage müsste in der Schwebe bleiben. Dieser ungünstige Fall würde jedoch nur dann eintreten, wenn die literarischen Gegeninstanzen den mehr realistischen Gründen für die Grafsche Hypothese wirklich das Gleichgewicht hielten. In der Untersuchung über die Komposition des Hexateuchs habe ich nach dem Vorgange anderer gezeigt, wie wenig dies der Fall ist: die Hauptpunkte will ich der Vollständigkeit halber wiederholen.

2. Man sagt, das Deuteronomium gründe seine historischen Anschauungen nicht bloss auf die jehovistische, sondern auch auf die priesterliche Erzählung. Das eigentliche Deuteronomium (Kap. 12—26) enthält zwar kaum historischen Stoff, aber bevor

Spruch: wer **Menschenblut** vergiesst, des Blut soll wieder vergossen werden. Merkwürdig insonderheit ist die Vergeistlichung solcher Begriffe und Dinge wie צבא, שופר, תרועה; siehe meine Bemerkung zu Amos 3, 6.

Moses zur Sache kommt, schickt er zwei Einleitungen voraus Kap. 5—11. Kap. 1—4, und klärt uns darin über die Situation auf, worin er kurz vor seinem Tode „diese Thora" veröffentlicht. Wir befinden uns in dem zuerst eroberten Amoriterreich östlich vom Jordan, am Ende der vierzigjährigen Wanderung; der Übergang ins Land Kanaan, für welches diese Gesetzgebung berechnet ist, steht nahe bevor. Bisher, heisst es nun in Kap. 5. 9. 10, ist nur das unter allen Verhältnissen giltige und darum von Gott selbst am Horeb verkündigte Grundgesetz der zehn Worte gegeben worden. Damals verbat sich das Volk weitere direkte Offenbarung von Jahve und beauftragte Moses mit der Vermittlung, der sich demgemäss auf den heiligen Berg begab, dort vierzig Tage und Nächte verweilte und die zwei Tafeln des Dekalogs empfing, ausserdem aber die Satzungen und Rechte, welche er erst jetzt nach vierzig Jahren zu publiciren im Begriff steht, da sie erst mit der Ansiedelung praktisch werden. Nachdem inzwischen unten das goldene Kalb gegossen worden, stieg Moses vom Berge herab, zerschmetterte im Zorn die Tafeln und zerstörte das Idol. Darauf begab er sich zum zweiten mal wiederum vierzig Tage und vierzig Nächte auf den Berg, bat um Gnade für das Volk und für Aharon, und nachdem er nach göttlichem Geheiss zwei neue Tafeln und eine hölzerne Lade für sie gemacht hatte, schrieb Jahve den Wortlaut der zerbrochenen noch einmal auf. Bei jener Gelegenheit, wird 10, 8sq. bemerkt, wurden auch die Leviten zu Priestern bestellt.

Dass dies eine Reproduktion des jehovistischen Berichtes Exod. 19. 20. 24. 32—34 ist, liegt auf der Hand. Hingegen wird der Priesterkodex vollkommen ignorirt. Nur zwei Gesetze kennt das Deuteronomium, den Dekalog, den das Volk, die Satzungen und Rechte, die Moses am Horeb empfing; beide sind zu gleicher Zeit unmittelbar hinter einander offenbart, aber nur der Dekalog bisher publicirt. Wo bleibt die gesamte Wüstengesetzgebung von der Stiftshütte aus? ist es doch geradezu eine Negation ihres Begriffs, wenn Moses die Thora erst verkündet beim Übergang in das heilige Land, weil sie eben nur für das Land, nicht für die Wüste passt und Geltung hat. Kann der Deuteronomiker, ganz abgesehen davon, dass ihm nach Kap. 12 von einem mosaischen Centralheiligtum nichts bekannt gewesen ist, zwischen Exod. 24 und 32 das gefunden haben, was wir dort jetzt lesen? Er überschlägt ja alles, was aus dem Priesterkodex eingesetzt ist! Freilich findet Nöldeke[1]) eine Reminiscenz an denselben in der Lade aus Akazienholz (Deut. 10, 3). Aber die Lade kommt hier in einem Zusammenhange vor, der dem jehovistischen (Exod. 32. 33) genau entspricht und dem priesterlichen (Exod. 25 sqq.) widerspricht. Sie wird erst nach der Aufrichtung des goldenen Kalbes gestiftet, nicht gleich zu Anfang der göttlichen Offenbarung als der Grundstein der Theokratie. Es ist wahr, wir finden gegenwärtig in JE Exod. 33 die Lade nicht erwähnt, aber in dem nächsten jehovistischen Stücke (Num. 10, 33) ist sie plötzlich da, und es musste doch ursprünglich gesagt sein, woher? Wie die Herrichtung des Zeltes, welches 33, 7 gleichfalls unvorbereitet vorhanden ist, muss auch die der Lade einst zwischen 33, 6 und 7 erzählt und dann vom Redaktor des gegenwärtigen Pentateuchs wegen der notwendigen Rücksicht auf P Exod. 25 ausgelassen worden sein: dafür sprechen auch noch andere Gründe[2]). Dass der deuteronomische Erzähler JE vor der Verarbeitung mit P noch vollständiger vorgefunden hat als diese Schrift uns nach der Verarbeitung vorliegt, ist doch keine so schwierige Annahme, dass man um sie zu vermeiden lieber zu den allerunmöglichsten zu greifen hätte. Nach Nöldeke nämlich hat der Verfasser von Deut. 5—11 entweder den jetzigen Pentateuch vor sich gehabt und es dann rätselhaft gut verstanden JE heraus zu schälen, oder er hat zwar JE als selbständige Schrift benutzt, aber doch auch P gelesen, so aber dass seine Gesamtanschauung nicht im mindesten von der priesterlichen beeinflusst ist, sondern derselben total und doch unbewusst widerspricht, da sie für eine ausser dem Dekalog erfolgte Kultusgesetzgebung, d. h. für den ganzen wesentlichen Inhalt von P, keinen Platz offen lässt. Zu diesem Dilemma sollte man sich deshalb verstehen, weil ein oder der andere Zug der deuteronomischen Darstellung in der gegenwärtigen Gestalt von JE nicht nachweisbar, dagegen in P erhalten ist? ist denn, unter sotanen Umständen, damit bewiesen, dass er dorther stamme?

[1]) Jahrbb. für prot. Theologie 1875 p. 350.

[2]) Ohne die Lade hat der in Exod. 33 so wichtige Gegensatz von Repräsentation (Mal'ak) Jahves und Jahve selber keinen Sinn. Durch das Gusswerk, das sie sich gemacht, haben die Israeliten den Beweis gegeben, dass sie ohne eine sinnliche Vergegenwärtigung der Gottheit nicht auskommen, darum gibt ihnen Jahve die Lade statt des Kalbes. Composition des Hexateuchs (1889) p. 95 sq.

muss man nicht billigerweise einige Rücksicht auf das Ensemble nehmen?

Übrigens hat Vatke richtig bemerkt, dass die hölzerne Lade Deut. 10, 1 gar nicht so sehr an die von Exod. 25 erinnere, die nach Analogie des goldenen Tisches und Altars viel eher eine goldene zu nennen war. Noch mehr guter Wille gehört dazu, die Angabe über Aharons Tod und Begräbnis in Mosera und über Eleazars Einsetzung an seiner statt (Deut. 10, 6) für eine Reminiscenz an P (Num. 20, 22 sqq.) anzusehen, wo Aharon auf dem Berge Hor stirbt und begraben wird. Aharon und Eleazar stehen auch in JE als Priester zur Seite Moses und Josuas; vgl. Jos. 24, 33. Allerdings ist in JE jetzt der Tod und das Begräbnis Aharons nicht erhalten; aber man kann doch vom Redaktor des Pentateuchs nicht verlangen, dass er eine Person zwei mal sterben lasse, einmal nach P und einmal nach JE. Noch dazu ist Deut. 10, 6. 7 eine Interpolation, denn die folgenden Verse 10, 8 sqq., in denen nicht bloss Aharon und Eleazar, sondern alle Leviten das Priestertum besitzen, schliessen sich an 10, 5 und beruhen auf Exod. 32: wir befinden uns noch am Horeb, nicht schon in Mosera.

Der historische Faden, der in Deut. 5. 9. 10 angesponnen wird, lässt sich in Kap. 1—4 weiter verfolgen. Von Horeb aufbrechend kommen die Israeliten direkt nach Kades Barnea und schicken von hier, bevor sie den befohlenen Einfall in das judäische Bergland wagen, aus eigener Vorsicht, die aber von Moses gebilligt wird, zwölf Kundschafter zur Rekognoscirung aus, unter ihnen Kaleb, aber nicht Josua. Nachdem diese bis zum Bache Eskol vorgedrungen sind, kehren sie zurück, und obwohl sie die Güte des Landes preisen, wird doch das Volk durch ihren Bericht so entmutigt, dass es murrt und nicht angreifen mag. Zornig darüber heisst Jahve sie wieder umkehren in die Wüste, da sollen sie sich so lange umhertreiben, bis die alte Generation ausgestorben und eine neue herangewachsen sei. Als sie nun doch aus falscher Scham nachträglich vordringen, werden sie mit blutigen Köpfen heimgeschickt. Nunmehr wenden sie sich zurück zur Wüste, wo sie lange Jahre in der Gegend des Gebirges Seir hin und her ziehen, bis sie endlich, achtunddreissig Jahre nach dem Aufbruch von Kades, Befehl erhalten nach Norden vorzugehen, jedoch der verwandten Völker Moab und Ammon zu schonen. Sie erobern das Land der Amoriterkönige Sihon von Hesbon und Og von Basan, Moses gibt es den Stämmen Ruben Gad und Halbmanasse, unter der Bedingung, dass ihr Heerbann noch ferner am Kriege teilnehmen müsse. Mit der Designation Josuas zum künftigen Führer des Volks wird der fortlaufende Bericht abgeschlossen.

Man kann denselben, wenn man die hie und da im Deuteronomium zerstreuten Einzelheiten hinzunimmt[1]), geradezu als Leitfaden zur Ermittlung von JE benutzen. Was dagegen der Priesterkodex Eigentümliches hat, wird mit tiefem Stillschweigen übergangen und von Exod. 34 direkt auf Num. 10 übergesprungen. Während nicht wenige Geschichten, auf die im Deuteronomium zurückgekommen oder angespielt wird, sich bloss in JE und nicht in P finden, kommt der umgekehrte Fall nicht vor. Und bei den Erzählungen, welche sowohl in JE als auch in P vorhanden sind, befolgt das Deuteronomium in allen Fällen, wo man eine deutliche Differenz erkennen kann, immer die Version von JE. Die Kundschafter gehen von Kades aus, nicht von der Wüste Pharan, sie gelangen bis nach Hebron, nicht bis beinah nach Hamath, Kaleb gehört zu ihnen, nicht aber Josua. Die Meuterer von Num. 16 sind die Rubeniten Dathan und Abiram, nicht Korah und die Leviten. Nach der Niederlassung im Ostjordanlande hat das Volk es mit Moab und Ammon zu tun, nicht mit Midian; mit jenen und nicht mit diesem steht Bileam in Beziehung und ebenso auch Baal Pheor, Deut. 4, 3 stimmt mit JE (Num. 25, 1—5), nicht mit P (Num. 25, 6sqq.). Da die Sachen so stehen, so kann man nicht mit Nöldeke in der Zwölfzahl der Kundschafter (Deut. 1, 23) eine sichere Spur des Einflusses von P (Num. 13, 2) sehen. Hätte der Verfasser die Erzählung so gelesen, wie sie uns jetzt Num. 13. 14 vorliegt, so wäre es unverständlich, dass, wie wir eben gesehen haben, nur die jehovistische Version auf ihn Eindruck gemacht hat. Er müsste also P als besondere Schrift gekannt haben, aber es ist doch überhaupt höchst bedenklich,

[1]) Einsetzung von Richtern und Pflegern (שוטרים = Friedensbeamte, welche nach 20, 9 im Kriege den Hauptleuten Platz machen) 1, 9—18. Thabera, Massa, Kibroth Thaawa 9, 22. Dathan und Abiram 11, 6. Bileam 23, 5. Baal Peor 4, 3. Bloss auf die jehovistische Erzählung Num. 12 scheint nirgends Bezug genommen zu sein. Deut. 1, 9—18 spielt noch am Horeb, lässt aber auch Bekanntschaft mit Num. 11 durchblicken und benutzt beide Versionen zu einer neuen und etwas andersartigen.

aus einer solchen Einzelheit auf die Benutzung einer Quelle zu schliessen, deren Einflusslosigkeit und Unbekanntheit übrigens eine vollständige ist, zumal die Priorität dieser Quelle keineswegs an sich fest steht, sondern erst aus dieser Benutzung erwiesen wird. Wäre eine Differenz zwischen JE und P in diesem Punkte nachweisbar, könnte man sagen, nur P lässt zwölf, JE dagegen drei Männer aussenden, so stünde es schon anders; aber der Anfang des Berichts von JE ist Num. 13 durch den von P verdrängt und uns also unbekannt, man weiss nicht, ob und wie die Zahl angegeben worden ist. In diesem Falle ist es doch das einzig Rationelle, aus dem Deuteronomium, welches sonst lediglich dem Jehovisten folgt, das Verlorene in JE zu ergänzen und zu schliessen, dass auch hier der Kundschafter zwölf gewesen. — Mit dem meisten Rechte lässt sich noch die Bekanntschaft des Deuteronomiums mit der Erzählung des Priesterkodex aus 10, 22 beweisen. Denn die siebzig Seelen, die den Bestand Israels bei der Einwanderung in Ägypten ausmachen, werden in JE nicht erwähnt, und eine Lücke in dieser Beziehung macht sich in der jehovistischen Tradition nicht fühlbar. Aber sie widersprechen ihr doch auch keineswegs, und wenn man Deut. 10, 22 nicht für einen Beweis halten will, dass sie ursprünglich auch in dieser einen Platz hatten, so muss man mindestens zugeben, dass jene Stelle entfernt nicht ausreicht die Evidenz zu entkräften, dass die priesterliche Gesetzgebung von der deuteronomischen ausgeht[1]).

3. Gegen die Grafsche Hypothese wird ferner die deuteronomistische Redaktion des Hexateuchs eingewandt, die am klarsten in den Teilen hervortritt, welche auf die deuteronomische Thora folgen und zurücksehen. Man hat als selbstverständlich

[1]) Nöldeke verwertet solche Zahlen wie 12 und 70 manchmal so als kämen sie ausschliesslich in P vor. Dem ist nicht so. Wie P im Anfang der Genesis nach der Zehn, so gruppirt JE nach der Sieben; die Zwölf und die Vierzig kommen in JE ebenso oft vor wie in P, die Siebzig nicht minder. Es ist darum wunderlich, die Erzählung von den 12 Wasserquellen und 70 Palmbäumen zu Elim bloss wegen 12 und 70 zu P zu rechnen. Nicht einmal die Angaben über das Alter der Patriarchen — soweit sie nicht dem chronologischen System dienen — sind ein sicheres Merkmal von P; vgl. Gen. 31, 38. 37, 2. 41, 26. 50, 26. Deut. 34, 7. Jos. 24, 29. — Nur die Namen der 70 Seelen und der 12 Kundschafter sind unanfechtbares Eigentum des Priesterkodex; es hält aber auch nicht schwer (namentlich bei Gen. 46, 8—27) nachzuweisen, dass sie weit weniger ursprünglich sind als die Summen, die als runde eigentlich gar nicht eine solche Herzählung der einzelnen Posten vertragen.

angenommen, dass dieselbe sich ebenso wie über die jehovistischen auch über die priesterlichen Stücke erstrecke; seit man Ursach hatte genauer zuzusehen, zeigte sich, dass dies nicht in der selben Weise der Fall ist. Denn die Spuren, die Nöldeke a. O. zusammengebracht hat, sind geringfügig und bestehen zudem die Probe nicht. Er sagt, der deuteronomistische Bericht über den Tod Moses (Deut. 32, 48sqq. 34, 1sqq.) sei nicht anders aufzufassen wie als eine Erweiterung des fast noch im genauen Wortlaute erhaltenen Berichtes der Grundschrift (P): aber Deut. 34, 1^{b}—7 enthält nichts von P, und 32, 48—52 ist nicht deuteronomistisch überarbeitet. Er verweisst ferner auf Jos. 9, 27: „Josua machte die Gibeoniten damals zu Holzhauern und Wasserschöpfern für die Gemeinde, und für den Altar Jahves bis auf diesen Tag an dem Orte den er erwählen würde.“ Die zweite Hälfte des Satzes sei hier ein deuteronomistischer Zusatz zu der ersten, welche der Grundschrift angehöre. Aber, wie Nöldeke selber zugiebt, sind die deuteronomistisch überarbeiteten Verse 9, 22sqq. nicht die Fortsetzung der priesterlichen Version 15^{c}. 17—21, sondern der jehovistischen $15^{a.b}$. 16; es fehlt zwischen v. 16 und 22 nur die Nachricht, auf die v. 26 sich bezieht. Den 27. Vers von v. 22—26 zu trennen, dazu berechtigt der Ausdruck Holzhauer und Wasserschöpfer an sich nicht, da er nicht bloss in v. 21, sondern auch in JE v. 23 vorkommt. Dem Zusatz für die Gemeinde aber, der allerdings auf den Priesterkodex zurückweist, hält der folgende für den Altar Jahves, welcher der jehovistischen Anschauung folgt, das Gleichgewicht. Das Ursprüngliche ist nun jedenfalls, dass die Gibeoniter dem Altare oder dem Hause Jahves zugewiesen werden. Aber nach Ez. 44 sollten die Hierodulendienste im Tempel nicht mehr durch Ausländer besorgt werden, sondern durch Leviten — aus diesem Grunde sind im Priesterkodex aus Knechten des Altares Knechte der Gemeinde geworden. Es erhellt daraus, dass לעדה ו in v. 27 gegen למזבח den kürzeren zieht und eine nachträgliche Korrektur ist. Als solche aber beweist sie, dass die letzte Redaktion des Hexateuchs vom Priesterkodex und nicht vom Deuteronomium ausgeht. Über Jos. 18, 3—10, worin Nöldeke ebenfalls einen deuteronomischen Zusatz zum Berichte der Grundschrift über die Landverteilung erblickt, habe ich meine Ansicht oben p. 364sq. angedeutet: es ist ein jehovistisches Stück, und wenn die

Meinung, dass Josua zuerst Juda und Ephraim und dann nach geraumer Zeit den übrigen sieben Stämmen ihr Gebiet zugewiesen habe, überhaupt die Meinung des Priesterkodex wäre, so wäre sie dort ein Erbteil von JE, wo sie allein ihre Wurzeln hat [1]). Wenn schliesslich Nöldeke ganz besonders Jos. 22 für seine Meinung entscheidend findet, so ist zu bemerken, dass in der Erzählung des Priesterkodex 22, 9—34, zu der die Verse 1—8 nicht gehören, von deuteronomistischer Überarbeitung nichts zu finden ist [2]).

Eine ernstere Schwierigkeit entsteht bloss bei dem kurzen Kapitel Jos. 20, welches dem Kerne nach zum Priesterkodex gehört, jedoch allerhand Zusätze enthält, welche stark an die deuteronomistische Bearbeitung erinnern. Kayser hat diese unbequemen Zusätze für ganz späte Glossen erklärt. Das scheint die reine Tendenzkritik zu sein, aber es fügt sich, dass ihre Ergebnisse durch die Septuaginta bestätigt werden, welche die sämtlichen angeblich deuteronomistischen Ergänzungen an dieser Stelle noch nicht vorgefunden hat [3]).

Gesetzt übrigens, es liessen sich wirklich einige probable Spuren deuteronomistischer Bearbeitung im Priesterkodex aufweisen, so muss doch erklärt werden, warum sie so unverhältnismässig viel mehr in JE vorkommen — warum z. B. überhaupt nicht in der Gesetzesmasse der mittleren Bücher des Hexateuchs. Diese sichere und durchgehende Erscheinung muss gegen einzelne Gegeninstanzen von vornherein mistrauisch machen, um so mehr, da Jos. 20 zeigt, dass die späteren Retouchen des kanonischen Textes manchmal den Ton des Deuteronomisten nachahmen. Die eigentliche deuteronomistische Redaktion, an der mehr als eine Hand beteiligt gewesen ist, erstreckt sich nicht über den Priesterkodex, aber „die frühe Hochstellung des deuteronomischen Gesetzes hat eine Menge von Wendungen, Manieren, Gedanken in den Sprachgebrauch eingeführt, so dass wir dieselben bis in die spätesten Erzeugnisse der hebräischen Literatur hinein immer wieder finden und uns gar nicht wundern dürfen ihnen auch in dem so viel verbesserten, erweiterten, überarbeiteten Priesterkodex zu begegnen“ [4]).

[1]) Composition des Hexateuchs (1889) p. 130sq.
[2]) Joh. Hollenberg in den Stud. und Krit. 1874 p. 462sqq.
[3]) Aug. Kayser, das vorexilische Buch der Urgeschichte Israels (Strassb. 1874) p. 147sq. — Joh. Hollenberg, der Charakter der alex. Übersetzung des B. Josua (Programm des Gymn. zu Mörs 1876) p. 15.
[4]) Ad. Jülicher in den Gött. gel. Anz. 1883 p. 1458.

II.

1. Ich habe vorhin in ו לעדה Jos. 9, 27 den Zusatz einer priesterlichen Endredaktion gesehen. Eine solche muss natürlich angenommen werden, wenn der Priesterkodex jünger als das Deuteronomium ist. Aber nicht bloss auf Deduktion beruht die Annahme; Kuenen hat sie auf induktivem Wege begründet, noch ehe er ein Anhänger der Grafschen Hypothese geworden war[1]). Zur Demonstration eignen sich am besten die Kapitel Lev. 17—26. Sie sind gegenwärtig dem Priesterkodex einverleibt, durch eine entsprechende Bearbeitung, die an manchen Stellen nur weniges, an anderen bedeutendes zugefügt hat. Ursprünglich aber bilden sie ein eigenes und abgeschlossenes Ganzes, durchzogen von einem ziemlich manirirten religiös-paränetischen Tone, der nur wenig mit dem Priesterkodex stimmt. Der Verfasser hat vielfach nach älteren Vorlagen gearbeitet, wodurch sich z. B. die Nebeneinanderstellung von Kap. 18 und Kap. 20 erklärt. Für die Erkenntnis der literarischen Verhältnisse ist Lev. 17—26 unvergleichlich lehrreich, ein wahres Kompendium der Literaturgeschichte des Pentateuchs[2]).

Wie dem Deuteronomium, so merkt man es dieser Gesetzgebung noch deutlich an, dass sie zuletzt in der jehovistischen vom Sinai (Exod. 20—23) wurzelt. Sie soll gleichfalls auf dem Berge Sinai gegeben sein 25, 1. 26, 46. Sie ergeht an das Volk und ist auch dem Inhalte nach volkstümlich, zum grossen Teile bürgerlich und moralisch. Sie will nur für das Land und das ansässige Leben, nicht auch für die Wüste gelten. Die Feste, drei an der Zahl, haben ihren Charakter als Erntefeste noch nicht ganz eingebüsst; unter den Opfern fehlen die Sünd- und Schuldopfer. Der Kultus tritt zwar schon unverhältnismässig stark als

[1]) Historisch-kritisch Onderzoek I (Leiden 1861) p. 165: der Redaktor des Pentateuchs muss in den selben Kreisen gesucht werden, wo das Buch der Ursprünge entstand und allmählich erweitert und modificirt wurde, d. h. unter den jerusalemischen Priestern; p. 194: nach der gewöhnlichen Meinung ist der Deuteronomist Redaktor des ganzen B. Josua, aber seine Hand zeigt sich nicht überall, z. B. nicht in den priesterlichen Stücken; der letzte Redaktor ist vom Deuteronomisten zu unterscheiden.

[2]) Vgl. die Composition des Hexateuchs p. 151—175, namentlich über die Ausscheidung der Redaktionszusätze, von denen ich in der folgenden Erörterung zunächst absehen muss. Ich ziehe z. B. bei Kap. 23 nur v. 9—22. 39—44 in betracht, bei Kap. 24 nur v. 15—22.

Gegenstand der Legislation hervor, aber die Verordnungen darüber gehen doch noch nicht in das eigentlich Technische ein und richten sich noch durchaus an das Volk: selbst in den die Priester betreffenden wird das Volk angeredet, während von jenen in dritter Person gehandelt wird. Es fehlt auch nicht an greifbareren Berührungen. Man kann Lev. 19, 2—8. 9—10 als Analogon zur ersten und zweiten Tafel des Dekalogs betrachten. Der Spruch „du sollst nicht Partei nehmen für den Armen und dich nicht scheuen vor dem Grossen“ 19, 15 ist eine Fortbildung der Regel Exod. 23, 3, eine Reihe anderer Sprüche in Lev. 19 könnten ebenso gut in Exod. 22, 17sqq. stehen. Die Verordnungen Lev. 22, 27—29 lehnen sich an Exod. 22, 29. 23, 18. 19. Ebenso fussen die von Lev. 24, 15—22 nach Inhalt und Form auf Exod. 21, 12[1]); bei 24, 22 merkt man die polemische Beziehung auf Exod. 21, 20sq. 26sq. In 25, 1—7 wiederholen sich die sämtlichen Ausdrücke von Exod. 23, 10. 11. In 20, 24 findet sich die jehovistische Phrase „ein Land fliessend von Milch und Honig“.

Jedoch nimmt Lev. 17—26 nur den Ausgang von der jehovistischen Gesetzgebung, modificirt sie aber sehr bedeutend und zwar etwa in der Weise des Deuteronomiums. Sowohl in den Ideen als in den Ausdrücken lässt sich die Verwandtschaft des Abschnittes mit dem Deuteronomium nachweisen. Beiden gemeinsam ist die Sorge für die Armen und Rechtlosen, beiden ist die Humanität ein Hauptzweck der Gesetzgebung. „Wenn ein Fremdling in eurem Lande bei euch wohnt, sollt ihr ihn nicht bedrücken; er soll euch sein wie ein Eingeborener von euch, und du sollst ihn lieb haben wie dich selber, denn ihr selbst seid Fremdlinge gewesen im Lande Ägypten“ (19, 3. 4). Auf die örtliche Einheit des Opferdienstes wird auch in Lev. 17sqq. starkes Gewicht gelegt. Sie wird noch gefordert, nicht vorausgesetzt (17, 8sq. 19, 30. 26, 2); ihr Motiv, die Abwehr heidnischer Einflüsse und die Durchführung des bildlosen Monotheismus[2]), leuchtet noch erkennbar durch: wichtige Punkte der Berührung mit dem Deuteronomium. Dergleichen lassen sich ferner nachweisen in dem Trauerverbot (19, 27sq.), in der Zählung der Pentekoste vom

[1]) Vgl. 24, 15sq. mit Exod. 22, 27 (21, 17); 24, 18 mit Exod. 21, 28sqq.; 24, 19. 20 mit Exod. 21, 33. 34; 24, 21 mit Exod. 21, 28sqq.

[2]) 17, 7 (vgl. 2. Chron. 11, 15) 18, 21. 19, 4. 19, 26. 29. 31. 20, 2sqq. 6. 26, 1. 30. Für die Datirung ist besonders wichtig das scharfe Verbot des Molochdienstes. Über Lev. 17 vgl. oben p. 51sqq.

Anfange des Gerstenschnittes (23, 15), in der siebentägigen Dauer des Laubhüttenfestes und in den fröhlichen Mahlopfern, womit dasselbe begangen werden soll (23, 40sq.). Hinzukommt eine nicht unbeträchtliche Ähnlichkeit in der Farbe der Rede, z. B. in 18, 1—5. 24—30. 19, 33—37. 20, 22sqq. 25, 35sqq. Von einzelnen Wendungen sind hervorzuheben: „wenn ihr in das Land kommt, das ich euch geben werde", „ihr sollt euch freuen vor Jahve", „Jahve der ich euch aus Ägyptenland geführt habe", „ihr sollt meine Gebote Satzungen und Rechte halten und tun".

Aber auch über die deuteronomische Stufe ist hier die Gesetzgebung hinaus. Schon überwiegt bei den Festen das Gesamtopfer der Gemeinde (23, 9—22), Priester sind nicht die Leviten, sondern die Söhne oder Brüder Aharons, ihr Einkommen hat beträchtlich zugenommen, ihre abgesonderte Heiligkeit sich gesteigert. Auch an die leibliche Heiligkeit der Laien werden strengere Anforderungen gestellt, namentlich hinsichtlich der Enthaltung von Fleischessünden und von der Verwandtenheirat (Lev. 18. 20). Demgemäss wird die Schwagerehe verboten (18, 14. 20, 20), die im Deuteronomium noch zu Rechte besteht. In eine Zeit, wo man mit dem Exil gar wohl vertraut war, führt 18, 24sqq.: „gebet acht, meine Satzungen und Rechte zu tun und solche Greuel zu vermeiden, denn die Leute, welche vor euch im Lande wohnten, haben dergleichen getan und das Land hat sie ausgespieen — hütet euch, dass das Land nicht auch euch ausspeie, wie es das Volk vor euch ausgespieen hat". Ähnlich 20, 23sq.; in der Gesetzgebung will so etwas mehr besagen als in der Prophetie. In dem Grade nun, wie sich unser Abschnitt vom Deuteronomium entfernt, nähert er sich dem Propheten Ezechiel. Diese Verwandtschaft ist die nächste, sie ist auch am meisten aufgefallen. Sie zeigt sich in der eigentümlichen Durchdringung von Kultus und Moral, in der ziemlich materialistisch gefassten Heiligkeit als Grundforderung der Religion, in der Begründung dieser Forderung auf das Wohnen beim Heiligtum und im heiligen Lande[1]). Noch bemerklicher macht sie sich indessen in der Sprache, viele seltsame Redeweisen, ja ganze Sätze aus Ezechiel wiederholen sich in Lev. 17sqq.[2]). Am 10. des

[1]) Zu Lev. 22, 24. 25 vgl. Kuenen, Weltreligion und Volksreligion (Berlin 1883) p. 326sqq.

[2]) Vgl. Colenso, Pentateuch and Joshua VI p. 3—23; Kayser a. O. p. 177 bis 179; Smend zu Ezechiel p. XXV.

7. Monats ist Lev. 25, 9 Neujahr wie bei Ezechiel (40, 1), nicht grosser Versöhnungstag wie im Priesterkodex. Graf hat darum jenen exilischen Propheten selber für den Verfasser dieser Gesetzsammlung des Leviticus angesehen, Colenso und Kayser sind ihm darin gefolgt. Daran ist indessen nicht zu denken; trotz der vielen sprachlichen und sachlichen Berührungen ist doch die Übereinstimmung keine vollständige. Ezechiel kennt keinen Samen Aharons und keinen Wein beim Opfer (Lev. 23, 13), seine Festgesetzgebung weicht erheblich ab und steht im Geiste der des Priesterkodex näher. Er würde ausserdem über die Stellung, die den Leviten und dem Fürsten im Kultus gebühre, etwas haben sagen müssen.

Von Ezechiel neigt sich unser Korpus, welchem Klostermann den nicht unpassenden Namen des Heiligkeitsgesetzes gegeben hat, dem Priesterkodex zu; bei Stücken wie Kap. 17. 21. 22 bedarf es einiger Aufmerksamkeit um der (in der Tat freilich nicht unbeträchtlichen) Differenzen von jenem inne zu werden. Es steht zwischen beiden; allerdings dem Ezechiel etwas näher. Wie ist diese Tatsache zu verstehen? Jehovist Deuteronomium Ezechiel sind eine historische Reihenfolge; Ezechiel Heiligkeitsgesetz Priesterkodex müssen gleichfalls als historische Stufen begriffen werden, und zwar so dass dabei zugleich die Abhängigkeit des Heiligkeitsgesetzes vom Jehovisten und vom Deuteronomium ihre Erklärung findet. Durch die Annahme, dass Ezechiel eine besondere Vorliebe gerade für dieses Stück des ihm übrigens im selben Umfange wie uns bekannten Pentateuchs gehabt und es sich für die Bildung seiner Denk- und Schreibweise zum Muster genommen habe, kann man sich der Forderung historischer Anordnung nicht entziehen und den Ezechiel aus der anzuordnenden Reihe nicht herausbringen; ein solcher Zufall muss überhaupt ausser Rechnung bleiben. Die Antwort nun auf die Frage, ob das Heiligkeitsgesetz vom Priesterkodex auf Ezechiel überleite oder von Ezechiel auf den Priesterkodex, wird sehr bündig dadurch gegeben, dass dasselbe einer letzten Redaktion unterworfen ist, welche nicht von Ezechiel, sondern vom Priesterkodex ausgeht und wodurch es in den Priesterkodex aufgenommen wird. Nicht überall hat die Bearbeitung gleich stark eingegriffen, zum teil sind ihre Supplemente und Korrekturen höchst umfangreich z. B. 23, 1—8. 23—38. 24, 1—14. 23, zum teil nur geringfügig z. B. die Eintragung des

Ohel Moed (für das Mikdasch oder das Mischkan) 17, 4. 6. 9. 19, 21 sq., des Schuldopfers 19, 21 sq., des Kodesch Kodaschim 21, 22. Die Ausscheidung der Zusätze gelingt nur in 25, 8sqq. nicht vollständig. Die Tatsache aber, dass die letzte Redaktion des Heiligkeitsgesetzes vom Priesterkodex ausgeht, wird allgemein erkannt. Ihre literargeschichtliche Bedeutung kann nicht hoch genug angeschlagen werden[1]).

2. Eine besondere Beachtung verdient die Schlussrede Lev. 26, 3—46. Das Stück, dessen Zugehörigkeit zu Lev. 17, 1—26, 2 vorher stillschweigens angenommen worden ist, wird von manchen Forschern, z. B. von Nöldeke, als eine fremdartige Interpolation im Leviticus betrachtet. Jedenfalls ist diese Rede mit specieller Absicht auf das Nächstvorhergehende geschrieben. Fasst man sie nicht als Schlussrede auf, wie Exod. 23, 20—33. Deut. 28, so ist ihre Stellung, an einem beliebigen Orte des Priesterkodex, ganz unbegreiflich. Sie knüpft denn auch sichtlich an die Gesetze Kap. 17—25 an. Das Land und der Ackerbau haben hier die selbe Bedeutung für die Religion wie in Kap. 19. 23. 25, die Drohung des Ausspeiens (18, 25sqq. 20, 22) wird hier ausführlicher wiederholt, das einzige namhaft gemachte Gebot ist die Brache des siebenten Jahres (26, 34. 25, 1—7). Mit der für den Verfasser von Kap. 17sqq. so charakteristischen Wendung „wenn ihr in meinen Satzungen wandelt und meine Gebote haltet“ beginnt das Stück, etwas abgewandelt kehrt dieselbe in v. 15. 43 wieder. Der Schluss (26, 46) lautet: „dies sind die Satzungen Rechte und Weisungen, welche Jahve zur Regelung des Verhältnisses zwischen sich und Israel gab, auf dem Berge Sinai, durch Moses“. Das ist augenscheinlich die Unterschrift zu einem vorhergegangenen Korpus von „Satzungen und Rechten“, wie es in Kap. 17, 1—26, 2 vorliegt. Der Berg Sinai wird auch 25, 1 als die Offenbarungsstätte genannt.

Wenn die Absicht von Lev. 26, zu Kap. 17—25 den Schluss zu bilden, unbestreitbar ist, so liegt es am nächsten, den Ver-

[1]) L. Horst hat in seiner Abhandlung über Lev. 17—26 und Hesekiel (Kolmar 1881) zwar schlagend erwiesen, dass die mechanische Kritik, in welcher Dillmann seinen Vorgänger Knobel noch überbietet, dem literarischen Problem, welches das Heiligkeitsgesetz stellt, in keiner Weise gewachsen ist, aber mit dem Versuch, die alte Strassburger These, dass Ezechiel der Verfasser sei, durch eine Modificirung zu retten, scheitert er an Lev. 26, wie Kuenen richtig bemerkt (Leidener Th. Tijdschr. 1882 p. 646); vgl. p. 391 Anm. 1.

fasser jener Sammlung auch für den Verfasser der Rede anzusehen. Nun meint aber Nöldeke, die Sprache weiche zu sehr von Kap. 17—25 ab. Jedoch muss er selber mehrere und zwar gewichtige Ähnlichkeiten zugeben, einige Differenzen, die er anführt (Bamoth, Gillulim, Hammanim 26, 30), sind gleichfalls in Wahrheit eher Berührungen. Seltene und originelle Worte lassen sich auch bei den früheren Kapiteln zusammenstellen. In Kap. 26 mögen sie verhältnismässig häufiger vorkommen; doch ist es irrig, darnach die Sprache überhaupt für sehr originell zu halten, die sich vielmehr überall an Reminiscenzen anlehnt. Was wirklich von sprachlichen Unterschieden bleibt, erklärt sich genügend aus der Verschiedenheit des Stoffs: bisher Gesetze in sachgemäss trockener, jetzt Prophetie in poetisch-pathetischer Rede. Dort tritt die Subjektivität des Verfassers meistens hinter dem Objekt zurück, das er öfters sogar geformt vorgefunden hat; hier kann sie sich frei äussern. Es ist billig, das nicht zu übersehen.

Die Gegengründe, welche Nöldeke gegen die Wahrscheinlichkeit, dass Lev. 26 nicht bloss an Kap. 17—25 angeleimt ist, sondern dazu gehört, vorgebracht hat, verschwinden vollkommen bei näherer Vergleichung des beiderseitigen literarischen Charakters. Aufs stärkste werden wir zunächst durch Kap. 26 an die Denk- und Redeweise Ezechiels erinnert. Die signifikanteste Stelle ist Lev. 26, 39. Nachdem vorher gedroht worden ist, dass Israel als Volk werde vernichtet und der dem mörderischen Schwert der Feinde entgangene Rest ins Exil geführt werden, um unter dem Druck des vergangenen Unglücks und der gegenwärtigen Leiden zu verschmachten, wird in diesem Zusammenhange fortgefahren mit den Worten: „und die übrigen von euch verfaulen in ihrer Sündenschuld in den Ländern eurer Feinde und auch in der Sündenschuld ihrer Väter verfaulen sie — dann gestehen sie ihre und ihrer Väter Sünde ein“. Bei Ezechiel erfolgt dies Eingeständnis wirklich von seiten seiner Mitverbannten; sie sprechen (33, 10): „unsere Missetaten und Sünden lasten auf uns und wir verfaulen darin und können nicht aufleben“. Ähnlich sagt der Prophet (24, 23), er werde in seiner dumpfen Trauer über den Tod seines Weibes das Vorbild des Volkes sein: „ihr werdet nicht weinen und klagen, ihr werdet verfaulen in eurer Sündenschuld“.

Auch die begleitenden Erscheinungen, die wir neben der

ezechielischen Färbung bei den vorhergehenden Gesetzen konstatirt haben, fehlen in unserer Rede nicht. Wenn sich von einem Einfluss der jehovistischen Gesetzgebung (abgesehen davon, dass Exod. 23, 20sqq. das Muster wie zu Deut. 28 so zu Lev. 26 gewesen ist) natürlich hier nichts spüren lässt, so wird dies dadurch ausgeglichen, dass der Einfluss der Propheten um so deutlicher ist, auch der älteren, wie des Amos (v. 31). So wenig wie das Buch Ezechiels, ist unser Kapitel denkbar ohne die Grundlage der vorhergehenden prophetischen Literatur.

Was das Verhältnis zum Deuteronomium betrifft, so ist die Ähnlichkeit von Lev. 26 mit Deut. 28 sehr gross, nicht bloss im Stoff, sondern auch in der Anlage. Lexikalische Berührungen gibt es zwar nicht viele, aber die wenigen sind gewichtig. Die Ausdrücke 26, 16 kehren im Alten Testamente nur Deut. 28, 22. 65 wieder, ebenso auch ראשנים v. 45 in dieser Bedeutng nur Deut. 19, 14 und in der späteren Literatur (Isa. 61, 4). Der Tropus vom unbeschnittenen Herzen (v. 41) kommt im Gesetz gleichfalls nur an einer Stelle des Deuteronomiums noch einmal vor, ausserdem in der gleichzeitigen oder etwas späteren prophetischen Literatur (Hierem. 4, 4. 9, 24. 25. Ezech. 44, 7. 9). Anklänge an Jeremias finden sich noch mehrere, meist jedoch unbestimmtere. Hervorzuheben ist die Beziehung von Hier. 16, 18 einerseits zu v. 30, andererseits zu v. 18 unseres Kapitels. Hier wird die Sünde siebenfach, bei Jeremias wird sie doppelt bestraft. So auch bei Isa. 40, 2. 61, 7: mit diesem Propheten hat Lev. 26 ferner den auffallenden Gebrauch von רצה (mit Sünde oder Schuld als Objekt) gemeinsam. Stünde unser Kapitel nicht im Leviticus, so würde man es ohne Zweifel für eine Reproduktion zum geringsten Teil der älteren, zum grössten Teil der jeremianisch-ezechielischen Weissagungen halten, wie denn Lev. 26, 34 wirklich in 2. Chron. 36, 22 als ein Wort des Propheten Jeremias angeführt wird.

Mit dem Priesterkodex endlich berührt sich Lev. 26 in פרה ורבה, הקים ברית, התודה, אני (nie אנכי), in der übertriebenen Anwendung der Akkusativpartikel und Vermeidung der Verbalsuffixe, in der Vorliebe für das farblose נתן statt speciellerer Verba.

Das Motiv, Lev. 26 von Kap. 17—25 zu trennen, ist nur der Umstand, dass der exilische oder nachexilische Ursprung dieser

Mahn- und Drohrede mit Händen zu greifen ist. Für uns ist dieser Umstand nur ein Beweis der Zugehörigkeit zu Kap. 17—25 und eine wertvolle Bestätigung des Urteils, das uns ohnehin über die Entstehungszeit dieser Gesetze feststeht. „Wenn ihr trotzdem mir nicht gehorcht, sondern in Feindschaft gegen mich angeht, so gehe ich in bitterer Feindschaft gegen euch an und züchtige euch siebenfach für eure Sünden. Ihr sollt das Fleisch eurer Söhne und Töchter essen, und ich zerstöre eure Höhen und fälle eure Sonnensäulen und werfe eure Rümpfe über die Rümpfe eurer Götzen, und meine Seele wird sich euer ekeln. Und ich mache eure Städte zu Trümmerhaufen und verwüste eure Heiligtümer und rieche nicht an euren Opferduft. Und ich verwüste das Land, dass eure Feinde die sich darin ansiedeln darob erstarren, und euch streue ich unter die Völker und zücke das Schwert hinter euch her, und euer Land soll Einöde und eure Städte sollen Trümmerhaufen werden. Dann wird das Land seine Sabbathe bezahlen all die Jahre der Verödung wo ihr im Lande eurer Feinde seid, dann wird das Land feiern und seine Sabbathe bezahlen; alle Jahre der Verödung wird es die Sabbathe nachfeiern die es nicht gefeiert hat so lange ihr darin wohntet. Die aber von euch übrig bleiben, in deren Herz bringe ich Verzagen in dem Lande ihrer Feinde, das Rauschen eines verwehenden Blattes wird sie scheuchen, dass sie fliehen wie vor dem Schwerte und fallen ohne dass sie jemand verfolgt; sie werden über einander straucheln wie in der Furcht vor dem Schwerte und ist doch niemand der sie verfolgt und es wird euch kein Haltens sein auf der Flucht vor euren Feinden. Und ihr werdet euch verlieren unter den Völkern und das Land eurer Feinde wird euch fressen. Und die von euch übrig bleiben, verfaulen in ihrer Schuld in den Ländern eurer Feinde, und auch in der Schuld ihrer Väter verfaulen sie. Und sie werden ihre und ihrer Väter Schuld eingestehen, in Betreff der Untreue die sie an mir begangen, und dass, weil sie gegen mich angegangen sind, ich auch gegen sie angehe und sie ins Land ihrer Feinde bringe. Dann beugt sich ihr unbeschnittenes Herz und dann bezahlen sie ihre Schuld, und ich gedenke an meinen Bund mit Jakob, und an meinen Bund mit Isaak und an meinen Bund mit Abraham gedenke ich und des Landes gedenke ich. Und das Land, von ihnen verlassen, bezahlt seine Sabbathe, indem es bewohnerlos und öde daliegt, und sie selbst bezahlen ihre Schuld, sintemal und alldieweil sie meine Rechte verworfen und meine Satzungen verschmäht haben. Doch bei alledem, wenn sie auch im Lande ihrer Feinde sind, habe ich sie nicht verworfen und verschmäht, sie gänzlich zu vernichten und meinen Bund mit ihnen zu brechen, denn ich bin Jahve ihr Gott. Und ich gedenke ihnen an den Bund mit den Vorfahren, welche ich vor den Augen der Völker herausgeführt habe aus dem Lande Ägypten, um ihnen Gott zu sein, ich Jahve.“ (26, 27—45.)

Dass so nicht vor dem babylonischen Exil geschrieben worden ist, unterliegt keinem Zweifel. Man hofft freilich mit der assyrischen Gefangenschaft auszukommen, aber wo steckt die Verwandtschaft unserer Rede mit dem alten echten Jesaias? Während zu Ezechiels Zeit nachweislich solche Gedanken Gefühle und Ausdrücke herrschten, wie sie hier vorliegen, wird es schwierig sein zu zeigen, dass Samariens Fall diese Art von Depression in Jerusalem hervorgebracht habe — denn im Nordreich kann Lev. 26 nicht geschrieben sein, da die Einheit des Kultus vorausgesetzt wird. Wie in Deut. 29. 30 werden auch hier die Judäer angeredet, und sie hatten kein so lebhaftes Bewusstsein von ihrer Solidarität mit den fortgeschleppten Israeliten, dass sie bei solchen Drohungen an diese denken konnten. Mir scheint es sogar gewiss, dass unser Verfasser entweder gegen Ende des babylonischen Exils oder nach demselben lebte, weil er nämlich zum Schluss die Restitution in Aussicht nimmt. Bei Propheten wie Jeremias und Ezechiel hat eine solche Ausschau in die fröhliche Zukunft Sinn, hier aber widerspricht sie der historischen Einkleidung ebenso wie dem Zwecke der Drohung und scheint am natürlichsten durch den Zufall, d. h. durch die Wirklichkeit sich zu erklären. Dass im Vergleich mit Jeremias und Ezechiel die Priorität nicht auf Seiten von Lev. 26 ist, zeigt sich darin, dass das unbeschnittene Herz seine Genesis bei Jeremias hat (4, 4. 9, 24sq.), hier aber als fertiger und bekannter Terminus übernommen ist, und darin, dass die Phrase verfaulen in der Sündenschuld von Ezechiel aus der Leute Mund wiederholt, also bei ihm literarisch ursprünglich und hier entlehnt ist[1]).

[1]) Horsts Versuch, die Rede Lev. 26 in den letzten Jahren des Königs Sedekia unterzubringen (a. O. p. 65. 66) ist bloss die Konsequenz seiner Annahme, das der jugendliche Ezechiel der Autor sei — einer An-

Die Kritik von Lev. 17sqq. führt zu dem Ergebnis, dass eine selbst erst im Exil entstandene Gesetzsammlung im Priesterkodex recipirt und verjüngt worden ist. Vor Schraders Drohung mit der „kritischen Analyse" braucht uns also nicht zu grauen, die Grafsche Hypothese fällt davon nicht um.

3. Noch zwei oder drei andere wichtige Spuren der priesterlichen Schlussbearbeitung des Hexateuchs mögen hier Erwähnung finden. In der Erzählung von der Sündflut sind die Verse 7, 6—9 ein redaktioneller Einsatz, der sich mit der Beseitigung eines Widerspruchs zwischen JE und P beschäftigt; derselbe teilt die Vorstellungen und redet die Sprache des Priesterkodex. In der Überschrift des Deuteronomiums gehört der Vers „es geschah im vierzigsten Jahre, im elften (עשתי) Monat, am ersten des Monats, redete Moses zu den Kindern Israel gemäss allem was ihm Jahve an sie aufgetragen hatte" (Deut. 1, 3) nach den unzweideutigsten Merkmalen dem Priesterkodex an und hat den Zweck, das Deuteronomium in denselben aufzunehmen. Dass im Buche Josua der Priesterkodex weiter nichts ist als Ergänzung der jehovistisch-deuteronomistischen Erzählung, ist bereits früher nachgewiesen.

Dass der Priesterkodex aus zweierlei Elementen bestehe, erstens aus einem selbständigen Kern, dem Vierbundesbuche, zweitens aus zahllosen Nachträgen und Ergänzungen, die zwar vorzugsweise dem Vierbundesbuche, aber nicht diesem allein, sondern dem ganzen Hexateuche sich anschmiegen — diese Behauptung hat auffallenderweise nicht den Widerspruch erfahren, der zu erwarten gewesen wäre. Ryssel hat sogar in der zwieschlechtigen Natur des Priesterkodex das Mittel gefunden, das Vierbundesbuch vor der Exilirung zu retten, indem er es nämlich von den Ergänzungen, welche er preisgiebt, durch einen beliebig langen Zeitraum trennt. Die sehr enge Verwandtschaft beider Teile mit einander hält er dadurch für erklärt, dass sie aus dem selben Kreise stammen, aus dem Kreise der Priesterschaft von Jerusalem. Wenn der Tempel von Jerusalem zur Zeit Salomos ebenso autonom und einzig legitim gewesen wäre, wie zur Zeit der Fremdherrschaft, wenn die Priester unter Ahaz und Hizkia und Josia ebensoviel zu sagen gehabt

nahme, die eben durch diese Konsequenz gerichtet wird. Dass ich aus Ezech. 33, 10 herauslese, was darin steht, scheint Delitzsch für eine grosse Dreistigkeit zu halten (Zeitschr. f. kirchl. Wiss. 1880 p. 619). Über Deut. 10, 16. 30, 6 und überhaupt über den color Hieremianus des Deuteronomiums vgl. Composition des Hexateuchs p. 195.

hätten, wie nach dem Exil, wenn es erlaubt wäre, sie sich zu denken, wie es einem gerade passt und nicht wie sie historisch bezeugt sind, kurz wenn es überhaupt keine israelitische Geschichte gäbe, so könnte eine solche Erklärung hingehen. Sie wäre freilich auch dann Willkür und weiter nichts als Willkür. Der sekundäre Teil des Priesterkodex zieht mit Notwendigkeit den primären zu sich herab. Die formelle und materielle Gleichartigkeit, die völlige Übereinstimmung in Tendenzen und Vorstellungen, in Manieren und Ausdrücken zwingen dazu, das Ganze, wenngleich es keine literarische Einheit ist, dennoch als eine geschichtliche Einheit zu betrachten.

III.

1. Als unüberwindliches Bollwerk wird neuerdings den Umsturzversuchen der Tendenzkritik die Sprache des Priesterkodex entgegengesetzt. Leider wird das Veto der Sprache von Riehm Delitzsch und Dillmann so wenig näher begründet wie das Veto der kritischen Analyse von Schrader, und einer nicht begründeten Behauptung mit Gründen zu begegnen, ist nicht erforderlich. Aber ich benutze den Anlass, um einige zerstreute Beobachtungen mitzuteilen, die sich mir zuerst, wie ich vielleicht bemerken darf, gar nicht im Zusammenhange mit der Untersuchung des Pentateuchs, sondern bei ganz anderer Gelegenheit ergeben haben. An der Stelle 2. Sam. 16, 13 befremdete mich לעמת aufs äusserste, nicht weniger ברא an den beiden Stellen Isa. 4, 5. Am. 4, 13; und indem ich der sprachlichen Verbreitung dieser beiden Worte nachging, kam ich auch analogen Erscheinungen auf die Spur.

Der Sprache der vorexilischen Geschichtsbücher ist im allgemeinen die der jehovistischen Schrift nahe verwandt, dagegen die des Priesterkodex vollkommen fremdartig. Man kann dies, nach bewährter Praxis, so deuten, dass letzterer einer früheren Periode entstamme. Aber abgesehen davon, dass er dann gar keinen Einfluss ausgeübt hätte, stimmt es dazu schlecht, dass wenn man auf die ältesten Dokumente, die uns aus der historischen Literatur der Hebräer erhalten sind, zurückgeht, der Abstand eher grösser als geringer wird. Mit Jud. 5 und 2. Sam. 1 können wohl die poetischen Stücke in JE verglichen werden, in P findet sich nichts Ähnliches. Umgekehrt aber lassen die sehr spät eingeschobenen Erzählungen Jud. 19—21. 1. Sam. 7. 8. 10, 17sqq. 12. 1. Reg. 13

und die apokryphen Zusätze in 1. Reg. 6—8 noch am ehesten eine sprachliche Hinneigung zum Priesterkodex erkennen. Gerade so wie bei der historischen, stellt sich das Verhältnis auch bei der prophetischen Literatur. Die Redeweise von Amos Jesaias Micha ist im ganzen der des Jehovisten entsprechend, nicht der des priesterlichen Schriftstellers.

In einzelnen wichtigen Ausdrücken stimmen zuerst das Deuteronomium und das nach dem Propheten Jeremias benannte Buch mit dem Priesterkodex, in weit zahlreicheren sodann der Prophet Ezechiel, und zwar keineswegs bloss mit Lev. 17—26[1]). Bei den folgenden nachexilischen Propheten bis auf Maleachi beschränken sich die Berührungspunkte auf Einzelheiten, hören aber nicht auf; ebenso finden sie sich in den Psalmen und im Prediger. Reminiscenzen an den Priesterkodex kommen einzig und allein in der Chronik und in einigen Psalmen vor. Denn dass Am. 4, 11 aus Gen. 19, 29 entlehnt sei, ist gerade so klar, wie dass zu Am. 1, 2 das Original in Jo. 4, 19 gesucht werden müsse.

Seine sprachliche Absonderlichkeit behauptet der Priesterkodex auch gegenüber der späteren Literatur. Dieselbe beruht teils auf den vielen technischen Worten, teils auf der steten Wiederholung der selben Formeln, auf der grossen Spracharmut. Rechnet man aber die starr ausgeprägte Individualität des Schriftstellers ab, so steht das fest, dass eine ganze Reihe sehr charakteristischer Ausdrücke, die er anwendet, sich vor dem Exil nicht finden, erst seit dem Exil allmählich auftauchen und gebräuchlich werden. Die Tatsache wird auch nicht geleugnet, man geht nur um sie herum. Damit sie mehr Eindruck mache, möge hier eine kurze Statistik des sprachgeschichtlich interessanten Materials von Gen. 1 einen Platz finden.

Gen. 1, 1 ראשית heisst im älteren Hebräisch nicht der Anfang eines zeitausfüllenden Geschehens, sondern der erste (und gewöhnlich der beste) Teil einer Sache. In der Bedeutung des zeitlichen Anfangs, als Gegensatz zu אחרית findet es sich zuerst in einer Stelle des Deuteronomiums 11, 12 (vgl. dagegen

[1]) Bemerkenswert ist namentlich פאת נגב תימנה bei Ezechiel und im Priesterkodex. In der letztgenannten Schrift wird Negeb, selbst wenn es auf den wirklichen Negeb sich bezieht, dennoch in der Bedeutung Süden gebraucht (Num. 34, 3. Jos. 15, 2—4), d. h. es hat seinen eigentlichen Sinn völlig verloren.

13, 10), ferner in den Überschriften Hierem. 26, 1. 27, 1. 28, 1. 49, 34 und in Isa. 46, 10, endlich in den Hagiographen Iob. 8, 7. 42, 12. Prov. 17, 14. Eccles. 7, 8. In Gen. 10, 10 ist ראשית ממלכתו ganz etwas anderes wie in Hier. 26, 1, nämlich dort der erste Teil des Reichs, hier der Beginn der Regierung. Für im Anfang sagt man in der früheren Zeit absolut בַּתְּחִלָּה, בָּרִאשֹׁנָה relativ בתחלת תחלת [1]).

Über das wegen seiner specifisch theologischen Bedeutung so merkwürdige Wort ברא ist schon oben (p. 310) gehandelt worden. Abgesehen von Am. 4, 13 und Isa. 4, 5 findet es sich ausserhalb des Priesterkodex zuerst beim Deuteronomisten Exod. 34, 10. Num. 16, 30 (?) Deut. 4, 32 und Hierem. 31, 22, ferner in Ezech. 21, 35. 28, 13. 15. Mal. 2, 10, in Ps. 51, 12. 89, 13. 48. 102, 19. 104, 30. 148, 5. Eccl. 12, 1 — am häufigsten aber, zwanzig mal, in Isa. 40—66, auffallenderweise gar nicht in Iob, wo man es erwarten sollte. Mit בֵּרֵא (abholzen) und בריא (= מריא feist) hat es nichts zu tun.

Gen. 1, 2 תהו ובהו kommt noch vor Hier. 4, 23. Isa. 34, 11; תהו allein findet sich häufiger, jedoch abgesehen von Isa. 29, 21 ebenfalls nur in der späteren Literatur Deut. 32, 10. 1. Sam. 12, 21. Isa. 24, 10. 40, 17. 23. 41, 29. 44, 9. 45, 18 sq. 49, 4. 59, 4. Iob 6, 18. 12, 24. 26, 7. Ps. 107, 40. — Das Verbum רַחֵף (brüten), welches im Aramäischen gewöhnlich ist, begegnet im Alten Testament nur an einer einzigen und zwar späten Stelle Deut. 32, 11; indessen muss man die Möglichkeit einräumen, dass zu häufigerer Anwendung desselben keine Gelegenheit gewesen sei.

Gen. 1, 4 הבדיל und נבדל (scheiden und sich scheiden), im Priesterkodex gewöhnlich, wird zuerst gebraucht vom Deuteronomiker und Deuteronomisten (Deut. 4, 41. 10, 8. 19, 7. 29, 20. 1. Reg. 8, 53), dann von Ezechiel (22, 26. 39, 14. 42, 20) und dem

[1]) Sehr auffallend ist die Vokalisirung בְּרֵאשִׁית, für die man erwarten würde בָּרֵאשִׁית. Man hat ihr zwar gerecht zu werden versucht durch die Übersetzung: „im Anfange als Gott Himmel und Erde schuf — die Erde aber war wüst und leer und Finsternis lag auf der Tiefe und der Geist Gottes brütete über dem Wasser — da sprach Gott: es werde Licht!“ Aber diese Konstruktion ist verzweifelt, und jedenfalls nicht die von der Punktation befolgte, denn die jüdische Überlieferung (Septuaginta Aquila Onkelos) übersetzt einstimmig: „im Anfang schuf Gott Himmel und Erde“. Bekanntlich findet sich dagegen im Aramäischen בראשית, nicht als Emphaticus, sondern als Absolutus in der Form des Constructus, für: im Anfang.

Verfasser von Isa. 40sqq. (56, 3. 59, 2), am meisten vom Chronisten (1. Chr. 12, 8. 23, 13. 25, 1. 2. Chr. 25, 10. Esdr. 6, 21. 8, 24. 9, 1. 10, 8. 11. 16. Neh. 9, 2. 10, 29. 13, 3). — Über יום אחד [1]) Gen. 1, 5 vgl. Josephus Antiq. 1, 29: „das wäre nun der erste Tag, Moses aber sagt ein Tag; die Ursache könnte ich wohl hier angeben, da ich aber (in der Einleitung) versprochen habe eine Gesamterklärung in einem besonderen Buche zu geben, schiebe ich es bis dahin auf". Auch die Rabbinen in der Genesis Rabba nehmen Anstoss an dem Ausdruck, der übrigens seines gleichen hat an dem späterer Redeweise angehörigen אחד לחדש. Im Syrischen sagt man regelmässig חד בשבא, daher im Neuen Testamente μία σαββάτων für den ersten Tag der Woche.

Gen. 1, 6 רקיע (Firmament) findet sich ausserhalb des Priesterkodex nur bei Ezechiel (1, 22—26. 10, 1) und bei noch späteren Schriftstellern Ps. 19, 2. 150, 1. Dan. 12, 3 vgl. Iob 37, 18[2]). — Gen. 1, 10 ימים (das Meer sing., vgl. 1, 22. Lev. 11, 9. 10) ist in älterer Zeit selten und hochpoetisch, gewöhnlich dagegen bei Ezechiel (zehn mal) und in den Psalmen (sieben mal), ferner Iob 6, 3. Neh. 9, 6. Jon. 2, 4. Dan. 11, 45. — Gen. 1, 11 מין (Art), ein namentlich in der Form leminehu sehr eigentümliches Wort, findet sich abgesehen von Gen. 1. Lev. 14. Gen. 6, 20. 7, 14 nur noch Deut. 14 und Ezech. 47, 10.

Gen. 1, 26 דמות (Ähnlichkeit 5, 1. 3) kommt in der älteren Literatur nicht vor. Es erscheint zuerst 2. Reg. 16, 10, in einer nachdeuteronomischen Stelle, denn der Schriftsteller ist der von Kap. 11sq. 21sqq. Sodann bei Ezechiel (15 mal), Isa. 13, 4. 40, 18. 2. Chr. 4, 3. Ps. 58, 5. Dan. 10, 16. Es ist ein aramäisches Lehn-

[1]) יום ist Status constr.; vgl. Agg. 1, 1. Jos. Styl. 46, 10. 11. 48, 12.

[2]) Es heisst nicht, wie gewöhnlich angenommen wird, das Dünngeschlagene, Ausgereckte. Denn erstens wird der Himmel nirgend als Blech vorgestellt, zweitens kommt die betreffende Bedeutung nur dem Piel zu, und das davon abgeleitete Substantiv lautet רִקֻּעַ. Das Kal, womit רקיע zusammen zu bringen ist, findet sich Isa. 42, 5. 44, 24. Ps. 136, 6. Es wird gemeiniglich ausbreiten übersetzt ohne etwelche Berechtigung. Parallel damit steht יסד und כונן (vgl. Ps. 24, 2 mit 136, 6); die Septuaginta überträgt es an allen drei Stellen mit στερεοῦν und gibt darnach רקיע mit στερέωμα (firmamentum) wieder. Diese allein überlieferte und sehr passende Bedeutung wird bestätigt durch das Syrische, wo das Verbum רקע gebräuchlich ist im Sinne von befestigen.

wort; auch das entsprechende Verbum wird erst in der Zeit, wo das Aramäische einzudringen beginnt, gebräuchlich.

Gen. 1, 27 זָכָר (männlich) heisst in der früheren Zeit זָכוּר; denn wenn diese Vokalisation Exod. 23, 17. 34, 23. Deut. 16, 16. 20, 13 im Rechte ist — und daran lässt sich nicht zweifeln —, so wird man sie auch Exod. 34, 19. Deut. 15, 19. 1. Reg. 11, 15sq. durchführen müssen. Im Priesterkodex findet sich זָכָר ungemein häufig, sonst aber nur in der späteren Literatur Deut. 4, 16. Hier. 20, 15. 30, 6. Ezech. 16, 17. Isa. 66, 7. Mal. 1, 14. Jud. 21, 11. 12. 2. Chr. 31, 16. Esdr. 8. Noch ungünstiger steht die Sache für נקבה (weiblich), ausserhalb des Priesterkodex findet es sich nur im Buch Hierem. (31, 22) und beim Deuteronomisten (4, 16). Der Jehovist sagt bekanntlich immer איש ואשה, auch von Tieren; wohingegen der Redaktor des Hexateuchs dem Sprachgebrauch des Priesterkodex folgt.

Gen. 1, 28 חיה הרמשת fällt auf dadurch dass der Artikel beim Substantiv ausgelassen und bloss dem folgenden Adjectiv präfigirt ist, als wollte man im Griechischen sagen ἀνὴρ ὁ ἀγαθός für ὁ ἀνὴρ ὁ ἀγαθός. Ebenso 1, 31 יום הששי und 2, 3 יום השביעי. Das führt herunter in jene Periode, wo man חרב היונה und כנסת הגדולה zu sagen pflegte. — כבש und רדה sind Aramaismen. In כבשוה erscheint in Gen. 1 das einzige Verbalsuffix, übrigens immer die Formen אתם אתו; ähnlich ist das Verhältnis auch sonst im Priesterkodex. In der jehovistischen Hauptschrift, in J, werden diese Substitute mit את nur zuweilen und aus besonderen Gründen gesetzt; man kann allgemein behaupten, dass dieselben je später je beliebter werden. Dem geht parallel der Gebrauch von אנכי in J, von אני im Priesterkodex; die letztere Form wird in der späteren Zeit immer häufiger.

Diese Bemerkungen greifen schon über Gen. 1 hinaus; für den Priesterkodex im allgemeinen kann ich jetzt auf F. Giesebrechts Abhandlung zur Hexateuchkritik verweisen. Wörter wie קרבן, עצם, לעמת, עשתי fallen jedes einzelne für sich schwer in die Wage für die Annahme einer späten Abfassungszeit des Priesterkodex. Man kann nicht glauben, dass so alltägliche Wörter bis aufs Exil in der übrigen Literatur nicht sollten zur Anwendung gekommen sein, wenn sie vorhanden waren. Man kann sie auch nicht zu den technischen Terminis rechnen; קרבן im Hebräischen für Opfer und Gaben gesagt ist nicht anders als prière im Deutschen statt Gebet gesetzt. Im übrigen ist bei der Vergleichung des Lexikons immer zu bedenken, dass erstens die allenthalben eingreifende Überarbeitung und Redaktion der biblischen Bücher, zweitens die Willkür der Schreiber (bei scheinbaren Kleinigkeiten wie אנכי und אני, besonders ausserhalb des Pentateuchs) den ursprünglichen Tatbestand so zerrüttet haben, dass man sich im allgemeinen nur an Proportionen halten kann und sich mit dem Nachweise begnügen muss, dass ein Wort in der älteren Literatur drei mal, in der jüngeren siebenundzwanzig mal auf gleichem Raume vorkommt[1]).

2. Die sprachgeschichtliche Forschung steht im Hebräischen noch sehr in den Anfängen. Auf lexikalischem Gebiete müsste sie auch auf die Eigennamen ausgedehnt werden; es würde sich wohl herausstellen, dass nicht bloss Pharnak (Num. 34, 25), sondern auch Kompositionen wie Pheda-sur Pheda-el Nathana-el Phag'i-el Eli-asaph weniger auf die mosaische, als auf die persische Zeit hinweisen und in der Chronik ihre Analoga haben. Andererseits müssten auch die Zahlwörter und ihre Stellung, Präpositionen und Partikeln in die Untersuchung gezogen werden. Der Gebrauch der Präpositionen Beth und Lamed im Priesterkodex ist sehr eigentümlich. Das würde weiter hinüberführen auf die Syntax oder besser die Rhetorik und Stilistik — ein sehr schwieriges und wenig angebautes, aber ungemein wichtiges und für vergleichende Behandlung sehr wohl geeignetes Gebiet. Am allerweitesten gelangt man mit der Vergleichung solcher Parallelen, die in unzweifelhafter, direkter Beziehung zu einander stehen. Schlagender

[1]) Es handelt sich zum teil um echt hebräisches Sprachgut; um späthebräische Wörter, die in der lebenden Sprache und dialektisch längst dagewesen, aber in der älteren Literatur nicht gebräuchlich sind (wie sich in den Hagiographen und in der Mischna viele finden), oder um späthebräische Bildungen, die früher vereinzelt vorkommen (Jud. 9, 27) und dann plötzlich beliebt werden (so milluim, kippurim, piqqudim). Zum teil aber auch um Aramaismen. Zwar finden sich schon früh auffallende Erscheinungen wie נדר statt נזר, נטר (Am. 1, 11 ?) statt נצר, ferner אחידה (Rätsel), und im Deuteronomium עבט (s. meine Bemerkung zu Jo. 2, 7) und vielleicht, allerdings höchst fraglich, מסת. Aber Aramaismen wie קרבן als gewöhnliches Wort für Opfer, מחה (für מחץ Num. 34, 11), רבע (für רבץ Lev. 19 und 20) im Priesterkodex sind doch sehr beherzigenswert. Vgl. noch דוב (für זוב Lev. 26, 16), אזכרה (Inf. Aphel allerdings von hebräischer Wurzel), חסד (Schande), קטל (statt קתל), בת שנתה (Num. 15, 27). Wer suchen wollte würde leicht mehr finden.

kann die Abhängigkeit des Priesterkodex vom Jehovisten nicht erwiesen werden, als durch sein צדיק בדרתיו Gen. 6, 9 im Vergleich zu צדיק בדור הזה Gen. 7, 1 (JE). Der Plural דרת steht ganz mit den מינים und den עמי הארץ der Rabbiner und mit den σπέρματα von Gal. 3, 15 auf gleicher Linie; denn er bedeutet nicht die successiven Geschlechter, sondern die Zeitgenossen, die gleichzeitigen Individuen eines und des selben Geschlechtes.

Von den Worten wird man dadurch wieder auf die Sachen gebracht werden, dass in manchen Fällen das Alter der Worte abhängt von der Einführung der Sache. Der Name בתר im Hohenliede z. B. setzt den Anbau des Malobathron in Syrien und Palästina voraus. Der Priesterkodex führt Farben, Gewebe, Goldarbeiten, Edelsteinarten auf, die in der älteren Literatur nirgend vorkommen; er bildet zusammen mit Ezechiel die Hauptfundgrube im Alten Testament für die Geschichte der technischen Kultur, und das wird um so weniger Zufall sein, da die beiden auch in ihrem geographischen Horizonte sich decken. Eine Berührung findet ebenfalls, wenngleich in geringerem Maasse, in dieser Hinsicht statt zwischen dem Priesterkodex und Isa. 40—66; sie muss also ohne Zweifel historisch, durch das babylonische Zeitalter, erklärt werden[1]).

Zehntes Kapitel.

Die mündliche und die schriftliche Thora.

Welche Bedeutung bei den Juden die Schrift, das Buch des Gesetzes hatte, wissen wir alle aus dem Neuen Testamente. Vom alten Israel dagegen heisst es im Eingangsgedicht des Westöstlichen Divan, dass das Wort so wichtig dort war, weil es ein ge-

[1]) Zum Hoheliede vgl. Schürers Theol. LZ. 1879 p. 31; es ist durch seine Pflanzennamen und Ähnliches ebenfalls eine wichtige Quelle der äusseren Kulturgeschichte.

sprochen Wort war. Der Gegensatz, den Goethe offenbar empfunden hat, ist wirklich charakteristisch und einer eingehenderen Würdigung wert.

I.

1. Wenngleich das Deuteronomium und der Priesterkodex erst in sehr später Zeit aufgezeichnet worden sind, so bleibt doch noch die jehovistische Gesetzgebung (Exod. 20—23. Kap. 34), die als schriftlicher Ausgangspunkt der israelitischen Religionsgeschichte betrachtet werden könnte. Dieselbe wird in der Tat so verwertet, freilich gewöhnlich nicht im ganzen Umfange. Denn von dem sinaitischen Bundesbuche (Exod. 20, 22—23, 19) pflegt man einzusehen, dass es einem sesshaften und in den Ackerbau vollkommen eingelebten Volke gegeben ist, welches auch in der Geldwirtschaft schon ziemlich weit über die ersten Anfänge hinaus war[1]). Als mosaisch im eigentlichen Sinne wird in der Regel nur der Dekalog festgehalten. Und zwar hauptsächlich aus dem Grunde, weil bezeugt wird, er sei auf den zwei Steintafeln der heiligen Lade verzeichnet gewesen. Indessen auch vom Deuteronomium wird bezeugt, einerseits es sei auf zwölf Steinen eingeschrieben, andererseits es sei in die heilige Lade gelegt worden (Deut. 31, 26). Unbedingter Verlass ist also nicht auf solche Angaben. Die über den Dekalog scheint nun freilich gestützt zu werden durch 1. Reg. 8, 9. Aber das Gewicht dieser Aussage wird dadurch abgeschwächt, dass sie in einem deuteronomistisch bearbeiteten und ausserdem noch interpolirten Zusammenhange steht. Um so grössere Bedeutung wird man demgegenüber dem Umstande beizumessen haben, dass der Name „die Lade des Bundes“ (d. h. der Kasten des Gesetzes)[2]) den späteren Schriftstellern eigen ist, und wo er in älteren Erzählungen vorkommt, sich durch sein sporadisches Auftreten sowie durch die Vergleichung der Septuaginta mit dem massorethischen Texte als Korrektur erweist. In alter Zeit war die Lade kein blosser Behälter des Gesetzes, son-

[1]) Exod. 21, 35; vgl. 21, 32 mit Jud. 9, 4.

[2]) Vgl. 1. Reg. 8, 21 „die Lade worin der Bund Jahves lag“; 8, 9 „es waren in der Lade nur die beiden Steintafeln, die Moses am Horeb hineingelegt hatte, die Tafeln des Bundes, den Jahve mit den Kindern Israel gemacht hatte“. Mit dem deuter. Ausdruck „Tafeln des Bundes“ wechselt im Priesterkodex der Ausdruck „Tafeln des Zeugnisses“, d. h. ebenfalls des Gesetzes. Für העדות 2. Reg. 11, 12 lies הצעדות nach 2. Sam. 1, 10.

dern als „Lade Jahves“ hatte sie ihre Bedeutung für sich, wie man aus 1. Sam. 4—6 klar genug erkennen kann. Gleichwie die zwölf Masseboth, welche den Altar auf dem heiligen Berge von Sichem umgaben, erst nachträglich zu Gesetzesmonumenten geworden sind, so wird auch die Lade des Bundes erst durch Umdeutung aus dem alten Idol entstanden sein. Wenn überhaupt Steine darin lagen, so dienten sie schwerlich als Schreibmaterial, zumal sie ja dann nicht als Mysterium im Dunkel des Heiligtums hätten verborgen, sondern öffentlich ausgestellt werden müssen. Es kommt hinzu, dass über den Inhalt der zehn Worte, die auf den zwei Tafeln gestanden haben sollen, die Tradition mit sich selbst in Zwiespalt ist, indem zwei ganz verschiedene Dekaloge, Exod. 20 und Exod. 34, überliefert werden. Daraus folgt, dass es ein wirkliches und festes Wissen darüber, was auf den Tafeln gestanden habe, nicht gegeben hat, und weiter, dass wenn solche Steine — was wohl wahrscheinlich ist — überhaupt in der Lade gelegen haben, nichts darauf geschrieben gewesen ist. Zu entscheiden, welcher der beiden Versionen die Priorität zukomme, gehört nicht hierher; für unseren Zweck genügt das negative Resultat, das wir gewonnen haben.

2. Wohl fehlte es auch im alten Israel nicht an gottgegebenen Grundlagen für die Ordnung des menschlichen Lebens, nur waren sie nicht schriftlich fixirt. Im weiten Umfang wurden Brauch und Herkommen als Stiftung der Gottheit angesehen. So zum Beispiel die Weise und Regel des Ackerbaus. Jahve hat den Landmann unterwiesen und ihm das Rechte gelehrt. Er ist es namentlich, dessen Autorität den ungeschriebenen Gesetzen der Sitte die verpflichtende Kraft gibt. „So pflegt man nicht zu tun in Israel“, „das ist eine Torheit in Israel“ und dergleichen Äusserungen des verletzten Volksgewissens kehren häufig wieder und bezeugen die Macht der Sitte; als das Motiv sich ihr zu fügen erscheint die Gottesfurcht. „Gewiss ist keine Gottesfurcht an diesem Orte und man wird mich töten wegen meines Weibes“, denkt Abraham in Gerar. „Wie sollte ich so grosses Unrecht tun und wider Gott sündigen“, sagt Joseph zur Ägypterin. „Die Leute von Sodom waren böse und sündigten schwer gegen Jahve“, heisst es Gen. 13, 13. Desgleichen Deut. 25, 18: „die Amalekiter griffen Israel auf dem Marsch an und mordeten die Nachzügler, die nicht recht weiter konnten, und fürchteten Gott nicht“. Man sieht,

dass diese Forderungen der Gottheit nicht bloss den Israeliten, sondern aller Welt bekannt sind und gelten, also nicht auf besondere Gebote zurückgehen — wie denn auch schon lange vor Moses die Erzväter ihnen nachkommen. „Ich kenne Abraham — sagt Jahve Gen. 18, 19 — darin dass er seinen Nachkommen befehlen wird den Weg Jahves einzuhalten, Recht und Gerechtigkeit zu üben.“

Viel grösseres Gewicht wird aber auf die besondere Thora Jahves gelegt, die nicht allgemein giltige Gesetze des Handelns aufstellt, sondern dem Menschen in bestimmten schwierigen Fällen, wo er selbst sich nicht Rat weiss, den Weg zeigt. Sie gehört zur eigentümlichen Begabung Israels (Deut. 33, 4) und zwar ist sie den Priestern anvertraut, deren Einfluss sich, während der hebräischen Königszeit, von der wir hier reden, viel mehr auf diesen Besitz als auf das Opferprivileg gründete. Das Verbum, von dem Thora hergeleitet ist, bedeutet in der ältesten Anwendung Bescheid, Entscheid geben. Das Participium heisst der Orakelerteiler in den beiden Beispielen gibeath more und allon more, der letztere Ausdruck wird durch einen damit wechselnden erklärt als „Eiche der Weissager“. Da wir nun wissen, dass die Priester in den Tagen Sauls und Davids durch das Ephod und die damit verbundenen Lose, die auf eine bestimmt gestellte Doppelfrage so oder so entschieden, Gottessprüche erteilten, so wird sich hieraus ihre Thora entwickelt haben[1]). Die Urim und Thummim gelten noch Deut. 33, 8 als das wahre und allgemeine Insigne des Priesterstandes; das Ephod wird in den historischen Büchern zum letzten mal 1. Reg. 2, 26 erwähnt[2]), scheint sich aber noch bis auf Jesaias Zeit in Gebrauch erhalten zu haben (Os. 3, 4. Isa. 30, 22). Mit der Zeit befreite sich, dem allgemeinen Zuge des Geistes folgend, die Thora von solchen heidnischen Medien und Vehikeln (Amb. 2, 19). Aber sie blieb ein mündliches Entscheiden und Bescheiden. Als Ganzes ist sie immer nur Potenz und zwar Gottes, beziehungsweise der Priester — von diesem Subjekt kann nicht abstrahirt werden, die Lehre ist nur als Aktion des Lehrers gedacht. Es gibt keine Thora, als fertiges, ohne den Urheber bestehendes, jedem zugängliches System; aktuell wird sie

[1]) 1. Sam. 14. Kap. 23. Kap. 30.

[2]) Hier ist האפוד zu lesen statt ארון אדני, ebenso 1. Sam. 14, 18; vgl. 1. Sam. 7, 1. 23, 6. 2. Sam. 6, 1 sqq.

bloss in den einzelnen Sprüchen, die natürlich allmählich eine feste Tradition begründen. „Sie bewahren dein Wort und hüten dein Gesetz, sie lehren Jakob deine Rechte und Israel deine Weisungen."

Die Thora der Priester scheint zuvörderst einen rechtlichen Charakter gehabt zu haben. In Fällen, wo es eine zuständige Gewalt nicht gab oder die für menschliche Entscheidung zu schwierig waren, wurde die Sache in letzter Instanz vor Gott, d. h. vor das Heiligtum oder vor die Priester gebracht (Exod. 18, 25sq.). Die Priester bildeten also eine Art höchster Gerichtsbarkeit, die jedoch rein auf freiwilliger Anerkennung ihrer moralischen Autorität beruhte und nicht im stande war den Sprüchen durch Zwang Nachdruck zu geben: „wenn ein Mensch gegen den andern fehlt, so ist Gott Schiedsrichter", heisst es 1. Sam. 2, 25 sehr unbestimmt. Auch gewisse besonders feierliche Rechtsgeschäfte wurden vor Gott vollzogen (Exod. 21, 6). Je mehr nun aber mit dem Königtum die bürgerliche Justiz erstarkte, desto mehr musste das Fas das Jus aus seinem Schoosse entlassen. Die Gotteskenntnis, welche Hosea (Kap. 4) als den Inhalt der Thora betrachtet, hängt zwar noch immer näher mit der Jurisprudenz als mit der Theologie zusammen; aber da sie darauf hinausläuft, dass Gott von den Menschen Gerechtigkeit und Treue und Wohlwollen verlangt, so ist sie doch im Grunde Moral, wenngleich die Moral zu jener Zeit ihre Forderungen weniger an das Gewissen als an die Gesellschaft stellt. Natürlich hat sich auch eine rituale Tradition schon vor dem Exil ausgebildet (2. Reg. 17, 27. 28). Aber nur diejenigen Riten werden unter Thora mit einbegriffen, welche die Priester andere zu lehren haben, nicht die, welche sie selber ausüben; selbst im Leviticus lässt dieser Unterschied sich noch spüren, wo vorzugsweise die Anweisungen über essbare und nicht essbare Tiere, über reine und unreine Zustände, über den Aussatz und seine Kennzeichen als Thoroth bezeichnet werden; vgl. Deut. 24, 8.

So war es in Israel, wofür bis dahin die Zeugnisse beigebracht worden sind; so war es auch in Juda. Das Sprichwort: „die Thora wird dem Priester nicht ausgehen noch der Rat dem Ältesten noch das Wort dem Propheten", welches zur Zeit Jeremias und Ezechiels gäng und gäbe war, wird nicht erst damals entstanden sein und jedenfalls tatsächlich auch auf die frühere Zeit passen. Nicht sofern sie opfern, sondern sofern sie weisen, erscheinen hier die Priester als Grundpfeiler der geistigen Ordnung der Dinge; und zwar ist ihre Thora lebendige Kraft, die dem Anlass entspricht und nicht versagt. Von Micha wird ihnen vorgeworfen, dass sie für Geld bescheiden (3, 11), was gleichfalls bezeugt, dass ihre Weisheit auf einer nur ihnen zugänglichen Tradition beruhte; das selbe folgt aus einigen Äusserungen des Deuteronomiums (17, 10sq. 24, 8). Wie das Gegenstück zu dem oben angeführten Spruche (Hier. 18, 18. Ezech. 7, 26) lautet die Klage (Lam. 2, 9): „Jerusalem ist zerstört, König und Fürsten unter den Heiden, die Thora ist dahin, die Propheten erlangen kein Gesicht von Jahve"; nachdem das Heiligtum und die Priester zu grunde gegangen, gibt es auch keine Thora mehr, und damit ist dem Volksleben die Axt an die Wurzel gelegt. Bei den nachexilischen Propheten bekommt die Thora, die noch im Deuteronomium (17, 11) wesentlich rechtlichen Inhalts ist, einen stark ritualen Beigeschmack, den man früher nicht verspürt; doch ist sie selbst hier noch ein mündliches Lehren der Priester (Agg. 2, 11).

Die Priester leiteten ihre Thora von Moses ab, sie wollten nur bewahren und behüten, was Moses hinterlassen hatte (Deut. 33, 4. 9sq.). Er galt als ihr Ahnherr (33, 8. Jud. 18, 30), sein Schwäher ist der Priester von Midian am Sinai, sowie auch Jahve gewissermaassen von dem älteren Gott des Sinai abstammt. Aber zugleich galt Moses als der unvergleichliche Anfänger der Prophetie (Num. 12, 6sqq. Deut. 34, 10. Os. 12, 14), wie denn sein Bruder Aharon gleichfalls nicht bloss Levit (Ex. 4, 14), sondern auch Prophet ist (4, 15. Num. 12, 2). Es besteht also eine nahe Beziehung zwischen Priestern und Propheten d. h. Sehern: wie bei anderen Völkern (1. Sam. 6, 2. 1. Reg. 18, 19 vgl. mit 2. Reg. 10, 19), so auch bei den Hebräern. Nicht die Technik des Kultus kennen, die noch sehr einfach und unausgebildet ist, sondern ein Mann Gottes sein, mit Gott auf vertrautem Fusse stehen, das ist es, was in ältester Zeit den Priester macht, d. h. den Mann, der für andere den Verkehr mit dem Himmel besorgt; der Seher ist vor anderen dazu befähigt (2. Reg. 18, 30sqq.). Der Unterschied ist in der frühesten Zeit fliessend, noch Samuel wird 1. Sam. 1—3 als angehender Priester, 1. Sam. 9. 10 als Seher angesehen.

Auch als sich später die Priester und Propheten sonderten und abschlossen, blieben sie doch in Zusammenhang, sowohl im

Reiche Israel (Os. 4, 5), als auch namentlich im Reiche Juda (2. Reg. 23, 2. Hier. 26, 7sq. 5, 31. Deut. 18, 1—8. 9—22. Zach. 7, 3). Was sie verband, war die Offenbarung Jahves, die durch sie beide fortging und lebendig erhalten wurde. Jahve ist es, von dem die Thora der Priester und das Wort der Propheten ausgeht; er ist der eigentliche Weiser, wie ihn Jesaias in der Stelle 30, 20sq. nennt, wo er von der messianischen Zeit zum Volke sagt: „nicht mehr verhüllt sich dann dein Weiser (מוריך), sondern deine Augen sehen deinen Weiser und deine Ohren hören die Worte eines der hinter dir ruft: dies ist der Weg, hier gehet! — wenn ihr links oder rechts abweichen wollt". Thora und Wort sind verwandte Begriffe, die sich vertauschen lassen (Deut. 33, 9. Isa. 1, 10. 2, 3. 5, 24. 8, 16. 20). Daher erklärt es sich auch, dass Priester und Propheten gemeinsame Ansprüche erhoben auf Moses: als Begründer des Kultus wurde derselbe dabei nicht angesehen.

Den Unterschied kann man, in der Periode wo er sich vollkommen ausgebildet hatte, so bezeichnen, dass die Thora der Priester einer stetig fortlaufenden, die der Propheten einer intermittirenden Quelle gleicht, die aber wenn sie sich öffnet um so gewaltiger sprudelt. Die Priester gehen den Propheten voran, wenn sie zusammen genannt werden; sie haben sich offenbar früher und fester konsolidirt. Ihnen ist der Stand und die innerhalb des Standes sich fortpflanzende Tradition wesentlich; sie bewahren und hüten die Thora (Deut. 33, 9). Eben deshalb, weil sie sich so ganz auf die Tradition stützen und von ihr abhängen, ist ihr Anspruch auf Moses als ihren Vater, als den Anfänger und Gründer ihrer Tradition, in sich berechtigter[1]), wie denn auch im gewöhnlichen Sprachgebrauch unter Thora überall zunächst und hauptsächlich die priesterliche Thora verstanden wird. Die Propheten haben bekanntlich keinen Vater (1. Sam. 10, 12), ihre Bedeutung beruht auf den Individuen; es ist bezeichnend, dass uns nur von ihnen Namen und Lebensbilder erhalten

[1]) Er ist auch historisch begründeter; denn wenn Moses irgend etwas getan hat, so hat er das Heiligtum zu Kades und die Thora daselbst begründet, welche die Priester der Lade nach ihm fortsetzten — darin den Faden der Geschichte Israels fortspinnend, der durch das Königtum kräftig wieder aufgenommen wurde. Die Propheten sind erst zur Zeit Samuels bei den Hebräern aufgekommen; die Seher aber waren älter als Moses und standen schwerlich seiner Tradition so nahe wie die Priester am Heiligtum der Lade Jahves.

sind. Dem Zuge der Zeit folgend gliedern sie sich zwar auch zu Korporationen, aber eigentlich heben sie dadurch ihr Wesen auf: die Koryphäen stehen immer einzeln, auf sich selber. Der Überlieferung eines Standes, welche den Anlässen des gewöhnlichen Lebens genügt, tritt hier die Inspiration einzelner Erweckter gegenüber, angeregt durch ausserordentliche Anlässe. Nachdem der Geist der ältesten Männer Gottes, Moses an der Spitze, in Institutionen gewissermaassen gebannt war, suchte und fand er ein neues Ventil in den Propheten: das alte Feuer brach vulkanisch hindurch durch die Schichten, die einst auch flüssig aus der Tiefe gestiegen, nun aber erstarrt und abgelagert waren.

Das Lebenselement der Propheten ist der Sturm der Weltgeschichte, der die Ordnungen der Menschen hinwegfegt, in dem der Schutt der Geschlechter mitsamt den Häusern darauf ins Wanken gerät und nur ein Grund fest bleibt, der selbst keiner Begründung bedarf. Wenn die Erde in Beben vergeht, dann triumphiren sie, dass Jahve allein hoch bleibe. Sie predigen nicht über gegebene Texte, sie reden aus dem Geist, der alles richtet und von niemand gerichtet wird. Wo stützen sie sich jemals auf eine andere Autorität als die moralische Evidenz, wo auf ein anderes Fundament als ihre eigene Gewissheit? Das gehört zum Begriffe der prophetischen, der echten Offenbarung, dass Jahve, über alle ordnungsmässige Vermittlung hinweg, sich dem Individuum mitteilt, dem Berufenen, in welchem der geheimnisvolle und unzergliederbare Rapport energisch wird, worin die Gottheit mit dem Menschen steht. Losgetrennt vom Propheten, in abstracto, gibt es keine Offenbarung; sie lebt in seinem gottmenschlichen Ich. Eine Synthese scheinbarer Widersprüche entsteht dadurch: das Subjektive im höchsten Sinn, erhaben über alle Satzungen, ist das in Wahrheit Objektive, das Göttliche. Es bewährt sich als solches durch die Zustimmung des allgemeinen Gewissens, worauf die Propheten, gerade wie Jesus im Evangelium Johannis, bei all ihrer Polemik gegen den hergebrachten Gottesdienst rechnen: sie wollen nichts neues, nur alte Wahrheit verkündigen. In der schöpferischsten Aktion haben sie das Gefühl vollkommener Passivität; das homo tantum et audacia, welches man mit vollem Recht auf Menschen wie Elias Amos Jesaias anwenden könnte, bedeutet bei ihnen das selbe wie deus tantum et servitus. Aber ihr Credo steht in keinem Buche. Es ist eine

Barbarei, einer solchen Erscheinung mit dem Gesetz die Physiognomie zu verderben.

3. Es ist ein leerer Wahn, dass die Propheten das Gesetz erklärt und angewandt haben sollen. Maleachi (± 450) sagt allerdings 3, 22: „gedenket der Thora Moses meines Knechtes“, aber wo fände sich sonst ein Analogon dazu! Viel richtiger als die Neueren urteilen die Männer, die am Ausgange der vorexilischen Geschichte zurückschauten auf ihre bewegenden Kräfte, die göttlichen sowohl als die ungöttlichen. Ihnen erscheinen die Propheten nicht als die Ausleger, sondern als die ebenbürtigen Fortsetzer Moses; das Gotteswort ist in ihrem Munde nicht geringer als im Munde Moses; sie sind so gut wie er Organe des Geistes Jahves, durch die er in Israel gegenwärtig ist. Die unmittelbare Offenbarung an das Volk, heisst es Deut. 18, hat mit den zehn Geboten aufgehört; fortab bedient sich Jahve der Propheten als seines Mundes: „einen Propheten wie du bist“, sagt er zu Moses, „werde ich ihnen erwecken aus ihren Brüdern und meine Worte in seinen Mund legen, dass er zu ihnen rede was ich ihm auftrage, und wer auf meine Worte, die er in meinem Namen redet, nicht hört, an dem werde ich es ahnden“. Ähnlich nimmt bei Jeremias die stets rechtzeitig erschallende Stimme der Propheten die gleiche Stelle ein, die nach der herrschenden Meinung dem Gesetz zukommen müsste; nur dies lebendige Befehlen Jahves kennt er, kein ein für alle mal gegebenes Testament. „Ich habe euren Vätern, als ich sie aus Ägypten führte, nur das befohlen: hört auf meine Stimme und wandelt in den Wegen, die ich euch immer weisen werde. Von dem Tage an, wo eure Väter aus Ägypten gezogen sind, habe ich alle meine Knechte, die Propheten, zu euch gesandt, immer frühzeitig sie entbietend, aber ihr hörtet nicht.“ Noch nach dem Exil bei Zacharia (520 v. Chr.) begegnen wir dieser Anschauung über die Bedeutung der Propheten. „So sprach Jahve Sebaoth (vor dem Exil zu den Vätern): sprecht wahrhaftiges Recht und übt unter einander Güte und Barmherzigkeit, Waisen und Witwen und Fremdlinge und Arme bedrücket nicht, und sinnet im Herzen nichts arges gegen irgend welchen Bruder! Aber sie wollten nicht acht geben und machten ihren Hals starr und ihre Ohren taub und ihre Herzen kieselhart, so dass sie nicht hörten die Thora und die Worte, welche Jahve Sebaoth durch seinen Geist durch die alten Propheten sagen liess,

und es kam ein grosser Zorn von Jahve Sebaoth. Und wie er rief und sie nicht hörten, so sollen nun auch sie, sprach er, rufen und ich will nicht hören, und ich will sie verwehen unter die Völker ...... So spricht Jahve Sebaoth (nach dem Exil zu der Gegenwart): wie ich beschlossen hatte euch erbarmungslos zu strafen, weil mich eure Väter erzürnt hatten, so habe ich wieder in diesen Tagen beschlossen dem Hause Juda wohl zu tun, fürchtet euch nicht! Dies ist es was ihr tun sollt: redet unter einander die Wahrheit, Wahrheit und heilsames Recht sprecht auf euren Gerichtsstätten; und sinnet nichts arges gegen einander und lasset die Lügenschwüre; denn all so etwas hasse ich, spricht Jahve" (Zach. 7, 9—14. 8, 14—17). Sowohl der Inhalt der Thora, auf deren Befolgung hier die Theokratie gegründet wird, gibt zu denken, als auch ihre Herleitung von den „alten" d. h. vorexilischen Propheten. Selbst Ezra kann noch sagen (9, 10. 11): „wir haben deine Gebote vergessen, die du durch deine Knechte die Propheten befohlen hast und gesprochen: das Land wohin ihr kommt es einzunehmen ist ein durch die Greuel der einheimischen Völker beflecktes Land, das sie von Rand zu Rand mit ihrer Unreinigkeit angefüllt haben". Er hat das Deuteronomium, Ezechiel, Lev. 17—26 im Auge.

Unter denen, die vom Ende aus über den Sinn der abgelaufenen Entwicklung nachdenken, nimmt der Verfasser von Isa. 40sqq. die erste Stelle ein. Die Thora, die er auch das Mischpat (das Recht d. h. die Wahrheit nennt), erscheint ihm als das Göttliche und Unvergängliche in Israel. Sie ist ihm aber unzertrennlich von ihrem Verkündiger, dem Knechte Jahves (42, 1—4. 49, 1—6. 50, 4—9. 52, 13—53, 12). Der Name bezeichnet den Propheten, hier wird darunter Israel verstanden, ein Prophet im grossen Stil. Der Beruf Israels ist nicht der der Weltreiche, Aufsehen und Lärm zu machen auf den Gassen (42, 1—4), sondern der stille, die Thora zu verkündigen und zur Anerkennung zu bringen. Und zwar sowohl in Israel selbst als auch unter den Heiden. Prophet ist ja Israel nicht nach seiner eigenen inneren Qualität, sondern durch sein Verhältnis zu Jahve nach seinem Beruf als Träger der göttlichen Wahrheit; darum ist es kein Widerspruch, dass der Knecht bei Israel selbst die Arbeit anfängt[1]).

[1]) Ähnlich könnte man sich ausdrücken, dass noch viel fehle, bis wir Evangelischen evangelisch geworden seien. Die Unterscheidung, wie sie

Bisher hat er sich nur innerhalb des eigenen Volkes abgemüht, das immer geneigt ist, von Jahve und von sich selber abzufallen: der Schmach und der Leiden nicht achtend hat er unermüdlich den Aufträgen seines Meisters sich unterzogen und dessen Wort verkündigt. Aber vergeblich. Er hat es nicht vermocht, den Sieg des Heidentums in Israel abzuwenden, dem nun auch sein Sieg über Israel gefolgt. Jetzt im Exil hat Jahve das Verhältnis zu seinem Volke abgebrochen; die einzelnen Hebräer leben noch, der Knecht, das Volk Jahves ist tot. Aber die Thora würde ja mit ihm sterben, die Wahrheit selber der Lüge, dem Heidentum unterliegen. Das kann nicht sein, die Wahrheit muss zu Rechte, muss an das Licht kommen. Wie dem Apostel Paulus der Geist die Bürgschaft der Auferstehung des Wiedergeborenen ist, so unserem Autor die Thora das Unterpfand der Auferstehung Israels, der Rechtfertigung des Knechtes Jahves. Der endliche Triumph der Sache, die Gottes Sache ist, wird alle Erwartungen übertreffen. Nicht bloss in Israel selbst wird die Thora, wird der Knecht Jahves durchdringen und die Neugeburt des Volkes bewirken, sondern die Wahrheit wird nun von Israel aus leuchten in alle Welt und unter allen Heiden zum Siege kommen (49, 6). Dann ergiebt sich, dass die Arbeit des Knechtes, so vergeblich sie bis zum Exil geschienen hat, doch nicht umsonst gewesen ist.

Ich brauche wohl nicht noch auseinanderzusetzen, wie ungemein lebendig, ich möchte sagen wie ungemein geschichtlich hier der Begriff der Thora gefasst ist, wie gänzlich imkompatibel er ist mit dem „der Thora Moses“. Sie wäre am ersten zu vergleichen mit dem Logos des johanneischen Prologs, wenn man denselben nach Joh. 10, 35 und nicht nach Philo versteht. Wie Jesus die Mensch gewordene, so ist der Knecht Jahves die Volk gewordene Offenbarung Gottes. Die Ähnlichkeit ihres Wesens und ihrer Bedeutung bringt die Ähnlichkeit ihres Wirkens und Leidens mit sich, so dass in der Tat die messianische Deutung von Isa. 52, 13—53, 12 nahe genug liegt[1]).

in Isa. 40sqq. durchgeführt ist, ist freilich darum doch sehr merkwürdig und bekundet einen auffallenden Grad von tiefsinniger Meditation, die allerdings durch die geschichtliche Entwicklung geleitet wurde.

[1]) Wenn übrigens auch für die an dieser Stelle weiter als sonst getriebene Personifikation die Farben der Schilderung von einem bestimmten Beispiele eines prophetischen Märtyrers entlehnt sein mögen, so ist es doch unmöglich, dass hier etwas anderes unter dem Ebed Jahve sollte ver-

II.

1. Im 18. Jahre des Königs Josia (621 v. Chr.) wurde das Deuteronomium gefunden und veröffentlicht. Es wird nun in dem Fundberichte 2. Reg. 22. 23 immer das Buch der Thora schlechthin genannt: es war also das erste und seiner Zeit das einzige. Schon früher freilich hatten nicht bloss die Propheten ihre Reden, sondern wohl auch die Priester manche von ihren Sprüchen aufgezeichnet; es wäre möglich, wie Vatke vermutet, dass wir z. B. in dem sinaitischen Bundesbuche ein Denkmal ihres Geistes besitzen. Das Deuteronomium aber, welches solche ältere Aufsätze voraussetzt und vielfach das Material daraus entnimmt, unterscheidet sich von ihnen nicht bloss durch seinen weit grösseren Umfang, sondern auch durch seine weit höheren Ansprüche. Es ist mit der deutlichen Absicht verfasst, nicht Privataufzeichnung zu bleiben, sondern als Buch öffentliche Geltung zu erlangen. Der Gedanke, eine bestimmt formulirte schriftliche Thora zum Reichsgesetz zu machen, ist das Wichtige[1]); es war ein erster Versuch und er gelang zunächst über alles Erwarten. Freilich trat dann wieder eine Reaktion ein, aber das babylonische Exil vollendete den Sieg des Gesetzes. Einer ungeheuren Aufregung war damals die tiefste Depression gefolgt (Am. 8, 11sqq.). In einer solchen Zeit klammerten sich die, welche an der Zukunft nicht verzagten, an den geistigen Erwerb der Vergangenheit. Zur rechten Zeit war derselbe, mit Rücksicht auf die praktische Anwendung im bürgerlichen und religiösen Leben des Volkes, im Deuteronomium gebucht worden. In dem allgemeinen Ruin ging das Buch der Thora nicht unter, sondern blieb bestehen und ward der Kompass für die, die auf ein neues Israel hinsteuerten. Wie sehr man es als Norm zu benutzen entschlossen war, zeigt die im Exil unternommene Bearbeitung des Hexateuchs und der historischen Bücher.

standen sein wie überall sonst. Man beachte, dass Leiden und Tod des Knechtes Vergangenheit, die Verherrlichung Zukunft ist, zwischen beidem aber in der Gegenwart eine lange Pause liegt. An eine Auferstehung des Individuums hat der Verfasser von Isa. 40sqq. noch nicht denken können, auch passt dazu die nähere Beschreibung 53, 12 durchaus nicht. Zudem ist es klar, dass Kap. 54, 1—56, 8 gewissermaassen eine Predigt über den Text 52, 13—53, 12 ist: da aber wird die Weissagung über die Verherrlichung des Knechtes auf Sion bezogen. Vgl. Vatke p. 528sqq.

[1]) Duhm a. O. p. 201.

Mit dem Erscheinen des Gesetzes hörte die alte Freiheit auf, nicht bloss auf dem Gebiete des Kultus, der nun auf Jerusalem beschränkt wurde, sondern auch auf dem Gebiete des religiösen Geistes. Es war jetzt eine höchste objektive Autorität vorhanden: das war der Tod der Prophetie. Denn für diese war es notwendig, dass das Unkraut zwischen dem Weizen aufwachsen durfte. Mögen auch die Merkmale, welche das Deuteronomium aufstellt um den wahren Propheten vom falschen zu unterscheiden, recht allgemein und recht unpraktisch sein, so spricht sich die Tendenz der Kontrolirung und Uniformirung doch klar darin aus, und sie ist das epochemachende. Es war freilich nicht die Absicht des Gesetzgebers, die mündliche Thora oder das freie Wort zu beeinträchtigen. Aber diese Konsequenz, durch die äusseren Umstände begünstigt, war nicht zu vermeiden; die Empfindung, dass es mit den Propheten aus sei, hat nicht erst in den makkabäischen Kriegen begonnen. Wir hören im Exil die Klage, dass die Weisung der Priester und das Wort der Propheten verstumme (Lam. 2, 9); es wird gefragt, wo der geblieben sei der in der Vorzeit seinen Geist in Israel hineingelegt habe (Isa. 63, 11); in der Zeit Nehemias wird eine zweifelhafte Frage wenigstens theoretisch in der Schwebe gelassen, bis „der Priester mit Urim und Thummim“ d. h. ein mit zuverlässiger Weissagung Betrauter erscheine (Neh. 7, 65). Man darf Jeremias den letzten der Propheten nennen[1]); die nach ihm kamen, waren es nur dem Namen nach. Ezechiel hatte ein Buch verschlungen (3, 1—3) und gab es wieder von sich. Wie Zacharia so nennt auch er schon die vorexilischen Propheten, im Bewusstsein seines Epigonentums, die alten Propheten; er sinnt über ihre Worte nach wie Daniel und kommentirt sie durch seine eigene Weissagung (38, 17. 39, 8). Viel eher verdient der Verfasser von Isa. 40 sqq. ein Prophet zu heissen, aber er will keiner sein, seine offenbar beabsichtigte Anonymität lässt darüber nicht in Zweifel. Er ist in der Tat mehr Theologe, er reflektirt vorzugsweise über die Resultate der vorhergegangenen Entwicklung, deren Sauerteig die Prophetie war, wie über gewonnene feste Güter, er heimst die Ernte ein. Was die nach-

[1]) Jeremias, der in seinen jüngeren Jahren an seinem Teile beigetragen hatte zur Einführung des Gesetzes, zeigt sich später über dessen Wirkung wenig erbaut: zur Lüge habe geschrieben der Lügengriffel der Schreiber. Die Leute verschmähten das prophetische Wort, da sie die Thora schwarz auf weiss besassen (8, 7—9).

exilischen Propheten betrifft, so haben wir schon gesehen, dass Zacharia von den alten Propheten als von einer abgeschlossenen Reihe redet, zu der er sich selbst und seinesgleichen nicht rechnet. In der seinem Buche angehängten Schrift eines späteren Anonymus findet sich folgende merkwürdige Äusserung: „in jener (erhofften) Zeit, spricht Jahve, tilge ich die Namen der Götzen aus dem Lande, dass sie nicht mehr erwähnt werden, und auch die Propheten und den unreinen Geist lasse ich aufhören; und wenn ein Mensch noch weissagen will, so werden seine Eltern zu ihm sagen: du bist des Todes weil du Lüge redest im Namen Jahves, und seine Eltern werden ihn durchbohren, wenn er weissagt“.

2. Das Deuteronomium indessen war ein Programm für eine Reformation, nicht für eine Restauration. Es setzte das Bestehen des Kultus voraus und korrigirte ihn nur in gewissen allgemeinen Punkten. Aber nun war der Tempel zerstört und der Gottesdienst unterbrochen, die Praxis von ehemals musste aufgezeichnet werden wenn sie nicht untergehen sollte. So kam es, dass im Exil das Kultusverfahren Gegenstand der Thora wurde, wobei natürlich neben dem restaurirenden der reformatorische Gesichtspunkt fortwirkte. Wir haben gesehen (p. 60s.), dass Ezechiel der erste war, der diesen durch die Umstände indicirten Schritt tat. In dem letzten Teile seiner Schrift hat er den Anfang gemacht mit der Aufzeichnung des im Tempel von Jerusalem üblich gewesenen Rituals. Andere Priester schlossen sich ihm an (Lev. 17—26), und so entstand aus diesem Stande im Exil eine Art Schule von Leuten, die was sie früher praktisch betrieben hatten, jetzt auf Schrift und in ein System brachten. Nachdem der Tempel wieder hergestellt war, hielt sich doch der theoretische Eifer und bildete in Wechselwirkung mit der erneuerten Praxis das Ritual noch weiter aus; die in Babylon verbliebenen Priester nahmen aus der Ferne nicht weniger Anteil am heiligen Dienste als ihre mit der Ausübung desselben beschäftigten Brüder zu Jerusalem, die unter widrigen Umständen lebend es mit der peinlichen Befolgung der festgestellten Observanzen nicht so genau gehalten zu haben scheinen. Das letzte Resultat dieser langjährigen Arbeit ist der Priesterkodex. Man hat zwar gesagt, die Schöpfung eines solchen Werkes könne einer Zeit nicht zugetraut werden, die nur zu repristiniren suche. Zugegeben, dass das letztere Urteil richtig wäre. — zum

künstlichen Systematisiren vorhandenen Materials ist gerade eine solche Zeit durchaus geeignet, und wesentlich darin besteht die Originalität des Priesterkodex [1]).

Der Priesterkodex, eingearbeitet in den Pentateuch als dessen maassgebender legislativer Bestandteil wurde das definitive „mosaische Gesetz“. Als solches wurde er publicirt und eingeführt während der Statthalterschaft Nehemias, in der zweiten Hälfte der Regierung des Königs Artaxerxes Longimanus, durch den babylonischen Schriftgelehrten Ezra [2]). Ein genauer Bericht darüber, dessen Anfang und damit auch die Jahresangabe leider abgeschnitten ist, ist uns erhalten in Neh. 8—10. Am 1. Tage des 7. Monats versammelte sich alles Volk wie ein Mann auf dem Markt vor dem Wassertore, und Ezra wurde aufgefordert das Buch des Gesetzes Moses vorzubringen, das Jahve Israel geboten. Der Schriftgelehrte bestieg eine hölzerne Kanzel, je sieben Priester traten ihm rechts und links zur Seite. Wie er das Buch aufschlug, erhoben sich die Anwesenden, Männer und Weiber; mit lautem Amen stimmten sie in den Eingangssegen ein, erhoben die Hände und warfen sich zu Boden. Darauf las er vor, vom frühen Morgen bis zum Mittag, in kleinen Absätzen, welche von einer Anzahl unter der Menge zerstreuter Leviten wiederholt und erklärt wurden. Die Wirkung war, dass ein allgemeines Weinen sich erhob, weil man sich bewusst war bis dahin die Gebote Gottes nicht befolgt zu haben; Nehemia und Ezra und die Leviten mussten die Aufregung dämpfen und sprachen: der heutige Tag ist Jahve eurem Gott geweiht, trauert nicht und weint nicht, geht hin, esst was fett ist und trinkt was süss ist, und gebt denen ab die nichts mitge-

[1]) Dillmann findet, es sei die natürlichste Annahme von der Welt und aus ACD (!) noch zu erweisen, dass die Priesterschaft des Centralheiligtumes schon in alter Zeit ihre Thoroth aufschrieb; dass man erst im Exil und in Babylonien, wo man gar keinen Gottesdienst hatte, die priesterlichen und gottesdienstlichen Gesetze aufgeschrieben oder sogar erst gemacht habe, sei widersinnig. Widersinnig immerhin, wenn nur wahr. Ein Fortschritt ist es nicht, gleichwohl ein Faktum, dass auf die Könige die Hohenpriester folgten und auf die Propheten die Rabbinen. Es soll übrigens doch öfter vorkommen, dass die traditionelle Praxis erst aufgeschrieben wird, wenn sie auszusterben droht, und dass ein Buch so zu sagen Revenant eines abgeschiedenen Lebens ist.

[2]) Über die sehr schwierige Chronologie vgl. meine Kritik von W. H. Kosters' Herstel van Israel (Leiden 1894) in dem Aufsatze über die Rückkehr der Juden aus dem Exil (Gött. Gel. Nachrichten, Sitzung vom 9. März 1895).

bracht haben! Da zerstreuten sich die Versammelten und veranstalteten „eine grosse Freude“, weil sie die Worte verstanden hatten, die ihnen mitgeteilt waren. Am anderen Tage wurde die Verlesung fortgesetzt, aber bloss vor den Familienhäuptern, und zwar kam ein zeitgemässes Stück an die Reihe, nämlich die Verordnungen über die Feste, insbesondere über das unter grünen Zweiglauben zu feiernde Hüttenfest am 15. Tage des 7. Monats, desjenigen, in dessen Anfang man gerade stand. Mit grossem Eifer ging man daran, die seit den Tagen Josuas ben Nun nicht rite begangene Feier nun nach der Vorschrift des Gesetzes Lev. 23 zu rüsten, und mit allgemeiner freudiger Beteiligung beging man sie vom 15.—22. des Monats[1]). Am 24. aber ward in Sack und Asche ein grosser Busstag gehalten. Mit der Gesetzeslektion wurde auch jetzt begonnen, darauf folgte ein Sündenbekenntnis, das im Namen des Volkes von den Leviten gesprochen wurde und mit der Bitte um Gnade und Erbarmen schloss. Das war die Vorbereitung zu dem Haupt- und Schlussakte, worin die weltlichen und geistlichen Beamten und Ältesten der Gemeinde, fünfundachtzig an der Zahl, sich schriftlich auf das durch Ezra veröffentlichte Gesetzbuch verpflichteten, alle übrigen aber sich mit Eid und Fluch verbindlich machten zu wandeln in der Thora Gottes, gegeben durch seinen Diener Moses und zu halten alle Gebote Jahves und seine Satzungen und Rechte. Besonders zur Nachachtung hervorgehoben wurden die Bestimmungen des Pentateuchs, welche direkte Bedeutung für das Volk hatten — der grösste Teil bezieht sich ja auf das Ritual der Priester — und darunter namentlich diejenigen, welche die Abgaben der Laien an die Priester betrafen, auf denen die Existenz der Hierokratie ruhte[2]).

Verwunderlicher Weise haben die Alttestamentlichen Kritiker bis auf Kuenen dieser merkwürdigen Erzählung wenig Wichtigkeit beigelegt: erst Kuenen hat sie nach ihrem vollen Wert gewür-

[1]) Acht Tage lang, nach Lev. 23, 39 gegen Deut. 16, 13—15.

[2]) Die innere Glaubwürdigkeit der Erzählung bezeugt sich selber auf das entschiedenste. Dass der Chronist sie nicht selber verfasst, sondern aus seiner Hauptquelle entlehnt hat, aus der auch die Fragmente der Memoiren Ezras und Nehemias mitgeteilt sind, ergiebt sich daraus, dass er, indem er in Esdr. 2 das Kap. Neh. 7 abschreibt, unwillkürlich auch noch den Anfang von Neh. 8 (= Esdr. 3, 1) hinzunimmt. Also fand er schon Neh. 7 und 8 in der jetzigen Verbindung vor und schrieb nicht etwa die Kap. 8 sqq. selber.

digt. Es liegt auf der Hand, dass wir in Neh. 8—10 eine genaue Parallele zu 2. Reg. 22. 23 haben. Insbesondere zu 23, 1—3: Josia liess alle Ältesten von Juda und Jerusalem zusammenkommen und zog mit den Männern Judas und den Bewohnern Jerusalems, mit den Priestern und Propheten und allem Volke hoch und niedrig, hinauf zum Hause Jahves; dort las er der Versammlung alle Worte des Gesetzbuchs vor und verpflichtete sich mit allem Volke vor Jahve, zu halten alle Worte dieses Buches. Gleichwie bezeugt wird, dass das Deuteronomium im Jahr 621 bekannt geworden, bis dahin unbekannt gewesen ist, geradeso wird bezeugt, dass die anderweitige Thora des Pentateuchs — denn dass das Gesetz Ezras der ganze Pentateuch gewesen ist, unterliegt nach Neh. 9 und 10, 30sqq. keinem Zweifel — in der zweiten Hälfte des fünften Jahrhunderts bekannt geworden, bis dahin unbekannt gewesen ist. Es erhellt zunächst unwidersprechlich, dass das Deuteronomium die erste, die priesterliche Thora die zweite Stufe der Gesetzgebung ist. Weiter aber wird man den selben Schluss, den man für die Abfassungszeit des Deuteronomiums aus der Publicirung und Einführung durch Josia zu ziehen pflegt, für die Abfassungszeit des Priesterkodex aus der Publicirung und Einführung durch Ezra und Nehemia zu ziehen haben. Es bedarf sehr gewichtiger innerer Gründe, um die auf einer höchst positiven Nachricht beruhenden Wahrscheinlichkeit zu entkräften, dass die Kodificirung des Rituals erst in der nachexilischen Periode vor sich gegangen ist. Wie es mit solchen inneren Gründen beschaffen ist, haben wir gesehen.

3. Ezra und Nehemia, und die fünfundachtzig Männer der Grossen Versammlung (Neh. 8sqq.), die als Unterzeichner des Bundes genannt werden, gelten der späteren Tradition als die Begründer des Kanons. Nicht mit Unrecht, nur müsste mit noch grösserem Rechte der König Josia dafür angesehen werden. Die Einführung des Gesetzes, zunächst des Deuteronomiums, sodann des ganzen Pentateuchs, war in der Tat der entscheidende Schritt, wodurch die Schrift an Stelle der Rede trat und das Volk des Wortes ein Volk des Buches wurde. Dem Buche haben sich die Bücher mit der Zeit angeschlossen; jenes wurde in zwei auf einander folgenden Akten, förmlich und feierlich eingeführt, diese gewannen unter der Hand eine ähnliche öffentliche Geltung für die jüdische Gemeinde. Der Begriff des Kanons geht durch-

aus von dem der schriftlichen Thora aus; auch die Propheten und Hagiographen heissen bei den Juden Thora, wenn auch nicht Thora Moses.

Über die Entstehung des Kanons, welche dank den beiden Erzählungen 2. Reg. 22. 23. Neh. 8—10 vollständig im Licht der Geschichte liegt, ist sich die herkömmliche Einleitungswissenschaft höchst unklar. Josia, pflegt man sich etwa vorzustellen, hat zwar das Gesetz aber nicht den Kanon eingeführt, Ezra umgekehrt zwar den Kanon aber nicht das Gesetz. Eine Analogie, die von dem sekundären Teil des Kanons, von Propheten und Hagiographen, hergenommen ist, überträgt man ohne Besinnen auf den primären, auf die Thora Moses. Wie die historischen und prophetischen Bücher zum teil lange existirt haben ehe sie kanonisch wurden, so, glaubt man, werde es auch mit dem Gesetze gegangen sein. Indessen beim Gesetze liegt die Sache wesentlich anders. Das Gesetz will gesetzliche Geltung haben, will Gemeindebuch sein: ein Unterschied zwischen Gesetz und Kanon ist nicht vorhanden. Es ist darum leicht zu begreifen, dass die Thora, obwohl als schriftstellerisches Produkt jünger als die geschichtlichen und prophetischen Bücher, dennoch als Gesetz älter ist als jene Schriften, die ja ursprünglich und ihrem Wesen nach gar keinen gesetzlichen Charakter tragen, sondern denselben accessorisch erlangt haben, im Anschluss an ein vorhandenes eigentliches Gesetz.

Erkennt man an, dass der Kanon das Judentum vom alten Israel unterscheidet, so erkennt man auch an, dass die schriftliche Thora das Judentum vom alten Israel unterscheidet. Das Wasser, das in der Vergangenheit gequollen war, fassten die Epigonen in Cisternen.

Elftes Kapitel.

Die Theokratie als Idee und als Anstalt.

Mit den Ausdrücken Theokratie und theokratisch spielen die Neueren, ohne über ihren Sinn und die Berechtigung ihrer Anwendung sich Rechenschaft zu geben. Man weiss aber, dass erst Josephus das Wort θεοκρατία gebildet hat[1]), und es ist bekannt, dass diesem Schriftsteller, wenn er von der mosaischen Verfassung redet, das heilige Gemeinwesen seiner Zeit vor Augen schwebt, wie es bis zum Jahre 70 nach Chr. beschaffen gewesen ist. Im alten Israel hat in der Tat eine Theokratie als Verfassungsform nie bestanden. Die Herrschaft Jahves ist hier eine ideale Vorstellung; erst seit dem Exil werden Versuche gemacht, sie als Herrschaft des Heiligen mit äusserlichen Mitteln zu realisiren. Es ist vielleicht das Hauptverdienst von Vatkes Biblischer Theologie, die Entstehung der Theokratie und die Metamorphose der Idee zu einer Anstalt durch die Jahrhunderte verfolgt zu haben.

I.

1. Dass Moses den Pentateuch geschrieben habe, wird von den Vertretern der herrschenden Meinung geleugnet, desto bestimmter aber festgehalten, dass er die Gemeinde der Stiftshütte in der Weise organisirt habe, wie es im Priesterkodex beschrieben ist. Es scheint dabei die Ansicht zu grunde zu liegen, dass er ja sonst überhaupt keine Bedeutung gehabt habe: als ob es nicht auch etwas wäre, einen Samen in den Acker der Zeit zu streuen, den das daraus entspringende Spiel der Wirkungen und Gegenwirkungen in einer Ewigkeit zur Reife bringt (Marc. 4, 26sqq.). In Wahrheit ist Moses etwa in dem gleichen Sinne der Urheber der „mosaischen Verfassung“, wie Petrus der Stifter der Römischen Hierarchie. Von der angeblich uralten heiligen Organisation ist in der Zeit der Richter und der Könige nichts zu merken. Sie

[1]) Οὐκοῦν ἄπειροι μὲν αἱ κατὰ μέρος τῶν ἐθῶν καὶ τῶν νόμων παρὰ τοῖς ἅπασιν ἀνθρώποις διαφοραί· οἱ μὲν γὰρ μοναρχίαις, οἱ δε ταῖς ὀλίγων δυναστείαις, ἄλλοι δὲ τοῖς πλήθεσιν ἐπέτρεψαν τὴν ἐξουσίαν τῶν πολιτευμάτων. Ὁ δ' ἡμέτερος νομοθέτης εἰς μὲν τούτων οὐδ' ὁτιοῦν ἀπεῖδεν, ὡς δ' ἄν τις εἴποι βιασάμενος τὸν λόγον, θεοκρατίαν ἀπέδειξε τὸ πολίτευμα, θεῷ τὴν ἀρχὴν καὶ τὸ κράτος ἀναθείς (contra Apion. 2, 164).

soll eine Art pädagogischer Zwangsjacke gewesen sein, um den ungebändigten Eigenwillen der Hebräer zu brechen und sie vor schlechten Einflüssen von aussen her zu bewahren. Wollte man aber auch zugeben, dass eine Verfassung des Altertums so ausser allem Verhältnis zu dem eigenen inneren Leben des Volks entstanden sein könne, so tritt doch an der Geschichte des alten Israels nichts mehr hervor als die ungemeine Frische und Natürlichkeit ihrer Triebe. Die handelnden Personen treten durchweg mit so einem Muss ihrer Natur auf, die Männer Gottes nicht minder wie die Mörder und Ehebrecher; es sind Gestalten, die nur in freier Luft geraten. Das Judentum, welches die mosaische Verfassung verwirklicht und konsequent fortgebildet hatte, liess für die Individualität keinen Spielraum: im alten Israel war das göttliche Recht nicht bei der Institution, sondern bei dem Creator Spiritus, bei den Individuen. Sie redeten nicht bloss, wie die Propheten, sondern sie handelten auch, wie die Richter und Könige, aus freier Initiative, nicht nach einer äusseren Norm, und dennoch und gerade darum im Geiste Jahves. Höchst charakteristisch zeigt sich der Unterschied der Zeiten in der Auffassung Sauls nach den beiden, oben (p. 249sqq.) gesonderten und verglichenen Versionen.

2. Es ist eine einfache aber sehr wichtige Bemerkung Vatkes, dass die im Priesterkodex so weitläufig beschriebene heilige Verfassung der Gemeinde durchaus unvollständig sei und dasjenige voraussetze, was zu gründen zur Zeit Moses die Hauptsache gewesen wäre, nämlich den Staat, ohne den doch auch die Kirche nicht bestehen kann. Um einen reichen und kostspieligen Kultus und einen ungeheuren Schwarm von Klerikern zu unterhalten, waren erhebliche Steuern und Abgaben nötig; um selbige einzutreiben, um ferner das Ansehen der heiligen Personen und Einrichtungen, um namentlich die strenge Centralisirung und Uniformirung des legitimen Gottesdienstes bei einem immerhin rohen Volke aufrecht zu erhalten, dazu bedurfte es einer exekutiven Gewalt, die das ganze Volk umspannte und in der Macht hatte. Wo aber ist die einheitliche Gewalt in der Richterperiode? Die Hauptbefugnisse wohnten damals den kleinsten Kreisen bei, den Familien und Geschlechtern; sie waren wenig beschränkt, wie es scheint, durch die übergeordnete Macht des Stammes, und den Begriff des Staates oder Reiches gab es überhaupt noch nicht.

Zuweilen vereinigten sich die verwandten Geschlechter, wohl auch die benachbarten Stämme, zu gemeinschaftlichen Unternehmungen; aber nicht auf grund irgend welcher verfassungsmässigen Ordnung, sondern in der Not, vorausgesetzt dass ein hervorragender Mann sich fand, der an die Spitze trat und ein erfolgreiches Aufgebot erliess. Diese vorübergehenden Verbindungen unter Herzögen waren die Vorstufe einer dauernden Vereinigung unter einem Könige; schon zur Zeit des Midianiterkriegs scheint ein Ansatz dazu gemacht worden zu sein, der aber nicht recht einschlug. In dem schwierigen und langwierigen Kampf gegen die Philister trat das Bedürfnis nach einer festen Einigung der Stämme unabweislich hervor, und es fand sich auch der Mann für die Zeit. Saul, ein vornehmer Benjaminit aus Gibea, ward vom Zorn überwältigt wegen der höhnischen Herausforderung, welche sich damals sogar die Ammoniter den Hebräern gegenüber erlaubten; nicht durch irgend ein Amt, nur durch den eigenen Drang berechtigt rief er seine Landsleute zum Kampfe auf: sein Enthusiasmus wirkte ansteckend, Scheu erregend. Ganz wie einer der früheren Richter begann er seine Laufbahn, aber als er zum Siege geführt hatte, da wurde er nicht wieder los gelassen. Der Gesuchte, der König war gefunden.

Aus so natürlichen Anfängen entstand damals der Staat, ohne jede Anlehnung an die Form der „mosaischen Theokratie"; er trägt alle Merkmale einer neuen Schöpfung an sich. Saul und David haben aus den hebräischen Stämmen erst ein wirkliches Volk im politischen Sinne gemacht (Deut. 33, 5). David blieb auch den Späteren unzertrennlich von der Idee Israels, er war der König schlechthin; Saul wurde verdunkelt, aber beide zusammen sind die Gründer des Reichs und haben insofern eine viel allgemeinere Bedeutung als alle ihre Nachfolger. Sie sind es gewesen, die dem öffentlichen Leben Mittelpunkt und Inhalt gegeben haben, ihnen verdankt die Nation ihr geschichtliches Selbstbewusstsein. Auf dem Königtum gründet alle weitere Ordnung, auf diesem Boden wachsen die übrigen Institutionen hervor. In der Richterzeit, heisst es, tat jeder was er wollte, nicht weil damals die mosaische Verfassung nicht in Kraft, sondern weil kein König im Lande war. Auch auf religiösem Gebiete sind die Folgen sehr wichtig gewesen, sofern durch den politischen Aufschwung des Volkes auch das historisch-nationale Wesen Jahves wieder in den Vordergrund trat, nachdem der alte Gott der Wüste, durch die während der Richterzeit erfolgende (übrigens völlig notwendige) Übernahme des kanaanitischen Festkultus in seinen Dienst, eine Zeit lang in Gefahr geschwebt hatte ein Gott des Ackerbaus und der Viehzucht zu werden wie Baal-Dionysus. Der Festkultus blieb zwar noch lange die Quelle des Heidentums, wurde aber doch immer mehr seines Naturcharakters entkleidet und musste schliesslich eine Beziehung zur Nation und ihrer Geschichte annehmen, um sich überhaupt zu halten. Die Beziehung Jahves zu Volk und Reich stand felsenfest; auch dem schlimmsten Götzendiener war er der Gott Israels; im Kriege fiel es keinem ein, von einem anderen als Jahve Sieg und Heil zu erwarten. Das war die Frucht davon dass Israel ein Reich geworden war; das Königtum Jahves, in der politischen Bestimmtheit wie es gedacht wird, ist der religiöse Ausdruck der Staatsgründung durch Saul und David. Die Theokratie war eben der Staat selber; den bürgerlichen Staat sahen die alten Israeliten als ein Wunder oder, wie sie sich ausdrückten, als eine Hilfe Gottes an. Die späteren Juden setzten bei ihrer Anschauung von Theokratie den Staat immer schon als bestehend voraus und konnten darum die Theokratie als ein besonderes geistliches Wesen darüber zimmern.

3. Das Reich Sauls und Davids hielt sich nicht lange auf seiner Höhe. Schon mit der Spaltung begann der Verfall; seit die Assyrer ans Tor klopften, brach er unaufhaltsam herein. Aber um so lebhafter hielt man die Zeit der Blüte und Macht in Erinnerung, man hoffte auf ihre Wiederkehr. Durch den Kontrast der trüben Gegenwart gegen die glänzende Vergangenheit entstand das Bild des Staates wie er sein sollte; dem Zustande innerer Anarchie und äusserer Zertrümmung, worin er damals sich befand, setzten die Propheten das Muster der Theokratie entgegen. Die Theokratie, wie die Propheten sie sich vorstellen, ist nicht artverschieden von dem politischen Gemeinwesen, etwa wie eine geistliche von einer weltlichen Grösse; sie beruht vielmehr auf den selben Grundlagen wie jenes und ist eben nur die Idee desselben. Ihre klassische Ausbildung hat Jesaias dieser Idee gegeben, in den Zukunftsbildern, die man messianische Weissagungen zu nennen sich gewöhnt hat. Es werden hier nämlich nicht zufällige Dinge vorausverkündet, sondern Ziele aufge-

stellt, deren Verwirklichung zwar erst von der Zukunft erwartet wird, die aber schon in der Gegenwart Geltung haben oder haben sollten, zu denen das Gemeinwesen seiner wahren Natur nach hinstrebt.

Die Austreibung der Assyrer ist der Zug, mit dem die messianischen Schilderungen beginnen; aber der Hauptnachdruck wird gelegt auf die Herstellung der inneren Grundlagen des Staates, deren Morschheit auch die äussere Krisis herbeigeführt und notwendig gemacht hat. Die Zerrüttung des Regiments, das Darniederliegen des Gerichtes, die Ausbeutung der Schwachen durch die Mächtigen sind die Schäden, die reparirt werden müssen. „Wie ist die ehrbare Stadt zur Hure geworden, sie war voller Gericht, Gerechtigkeit wohnte in ihr — und nun Mörder! Deine Amtleute sind Schurken und Diebesgesellen, alle lieben sie Geschenk und jagen nach Bestechung, der Waise schaffen sie nicht Recht, und einer Witwe Sache kommt nicht vor sie. Darum spricht der Herr: o ich will mich letzen an meinen Widersachern und an meinen Feinden mich rächen! und will meine Hand gegen dich kehren, Sion, und wie mit Lauge ausschmelzen deine Schlacken, und will deine Richter machen wie zuerst und deine Ratsleute wie zu Anfang; darnach wird man dich eine gerechte ehrbare Stadt nennen. Sion wird durch Gericht erlöst werden und ihre Einwohner durch Gerechtigkeit“ (1, 21—27). Immer hat der Prophet das vorhandene natürliche, nie ein durch absonderliche Heiligkeit seiner Organisation ausgezeichnetes Gemeinwesen vor Augen. Das Reich Jahves ist ihm vollkommen identisch mit dem Reiche Davids; die Aufgaben, die er an dasselbe stellt, sind politischer Natur, etwa solche wie man sie gegenwärtig an das Türkenreich stellen müsste. Von Unterschied zwischen menschlichem und göttlichem Recht ist ihm nichts bewusst; das Recht an sich, das eigentliche juristische Recht, ist göttlich, die Autorität des Heiligen Israels steht dahinter. „Jenes Tages wird Jahve Sebaoth eine werte Krone und ein herrliches Diadem sein für den Rest seines Volkes, und ein Geist des Rechtes dem der da sitzet zu Gericht, und ein Geist der Stärke denen die den Krieg über die Marken zurücktreiben“ (28, 5. 6). Jahve ist ein wirklicher voller König, darum Gerechtigkeit seine Haupteigenschaft und seine Hauptforderung. Und diese Gerechtigkeit ist lediglich ein forenser oder socialer Begriff; die Gerechtigkeit der Bergpredigt kann erst an die Reihe kommen, wenn die bürgerliche Rechtsordnung selbstverständlich ist — was damals durchaus nicht der Fall war.

Der Verweser Jahves ist der menschliche König. Dem himmlischen Herrscher steht der irdische so wenig im wege, dass er auch für das herrliche Reich der Zukunft nicht entbehrt werden kann. „Dann herrschet nach dem Recht der König und die Fürsten regieren nach Gerechtigkeit; jeder wird wie ein Obdach vor dem Sturm, wie ein Schirm vor dem Wetter sein; gleich Wasserbächen in der Dürre, wie Schatten eines wuchtigen Felsen im lechzenden Lande“ (32, 1. 2). Da der vorhandene König gemeiniglich nicht genügt, so hofft Jesaias auf einen neuen, der dem Vorbilde des alten David entspreche, den Messias. „Dann spriesst ein Reis aus Isais Stumpfe und ein Keim erwächst aus seiner Wurzel, auf den wird Jahves Geist sich senken, ein Geist der Weisheit und Einsicht, ein Geist des Rats und des Kriegsmutes, ein Geist der Furcht und der Kenntnis Gottes: sein Atmen geschieht in Jahves Furcht. Nicht nach dem Schein der Augen wird er richten und nicht nach Hörensagen entscheiden; er wird mit Gerechtigkeit die Geringen richten und mit Billigkeit bescheiden die Niederen im Lande, aber den Frevler trifft er mit der Rute seines Mundes und mit dem Hauch seiner Lippen tötet er den Schuldigen, so dass Gerechtigkeit der Gurt seiner Lenden und Verlässigkeit der Gurt seiner Hüften ist. Dann kehrt der Wolf beim Lamme ein und der Pardel lagert beim Böcklein, Kalb und Löwenkatze fressen zusammen, ein kleiner Knabe hütet sie. Dann weidet Kuh und Bärin, bei einander lagern ihre Jungen, und der Löwe frisst Stroh wie das Rind; der Säugling streichelt der Natter Fühlhorn und nach des Basilisken Leuchte streckt ein Entwöhnter die Hand: kein Frevel geschieht und kein Unrecht auf meinem ganzen heiligen Berge“ 11, 1—9. Man glaubt gewöhnlich, es sei hier ein allgemeines goldenes Zeitalter auf Erden geweissagt, aber Jesaias redet bloss von dem heiligen Berge als Schauplatz, worunter er die ganze Stadt Davids als Mittelpunkt seines Reiches versteht. In folge des gerechten und strengen Regiments des Davididen küssen sich Gerechtigkeit und Treue, kein Mächtiger wagt den Schwächeren zu beleidigen. Die Scheu vor der Strenge des Rechts bewirkt allgemeines Vertrauen, das Lamm fürchtet sich nicht vor dem Wolfe. Der Gegensatz zu diesem Ideal ist die innere Rechtlosigkeit und Anarchie, nicht der äussere Krieg; die Hoffnung richtet sich nicht auf internationalen Frieden, wie sowohl aus v. 1—5 als auch aus v. 9 erhellt. Einfache Regententugenden sind es, die den Messias schmücken; das ist wiederum bezeichnend für die Natur des Reiches, an dessen Spitze er steht, für den Begriff der Theokratie.

Die anderen Propheten dieser Periode stimmen mit Jesaias überein (Lament. 4, 20), nur Hosea bewährt auch hier seine Eigentümlichkeit. Er scheint das Königtum als solches für ein Übel anzusehen, in mehr als einer Äusserung setzt er es in Gegensatz zur Herrschaft Jahves. Aber man beachte, dass er sein Urteil durchaus auf geschichtliche Erfahrung gründet. Im Zehnstämmereich ward die oberste Gewalt immer wieder von Usurpatoren angemaasst: statt der Hort der Ordnung und des Rechtes zu sein wurde sie ein Spielball der Parteien, die Ursache einer ewigen Aufregung. Eben dies nordisraelitische Königtum hat Hosea vor Augen; und er bricht den Stab darüber aus keinem anderen Grunde als weil es sich in den dreihundert Jahren seines Bestehens nicht erprobt hat und auch in der gegenwärtigen Not sich nicht erprobt. Von einer apriorischen Theorie geht er nicht aus, ein vor aller geschichtlichen Entwicklung gegebenes Muster der theokratischen Verfassung legt er nicht als Maass an. Ohne Zweifel hat auch er noch keine Ahnung davon, dass die gottgewollte Form des Gemeinwesens am Sinai offenbart sei, nicht nach den Umständen sich richte.

4. Auch in der späterhin so sehr beliebt gewordenen Form des Bundes hat die Theokratie nicht seit Moses existirt. Das Verhältnis Jahves zu Israel war von Haus aus ein natürliches; kein zum Nachdenken geeignetes Zwischen trennte ihn von seinem Volke. Erst seitdem durch Syrer und Assyrer die Existenz Israels bedroht wurde, hoben Propheten wie Elias und Amos die Gottheit hoch über das Volk hinaus, zerschnitten das natürliche Band zwischen ihnen und setzten ein bedingtes und zwar sittlich bedingtes Verhältnis an die Stelle. Zu oberst war ihnen Jahve der Gott der Gerechtigkeit, Gott Israels erst in zweiter Linie und nur insofern, als Israel seinen Gerechtigkeitsansprüchen entsprach die er ihm aus Gnade offenbart hatte: sie drehten die hergebrachte Anordnung dieser beiden Fundamentalartikel des Glaubens um. „Wenn eure Sünden wie Scharlach sind, sollen sie dann für weiss gelten

wie Schnee? wenn sie sich röten wie Purpur, sollen sie dann wie Wolle sein? Wenn ihr folgt und gehorcht, so werdet ihr das Gute des Landes geniessen; wenn ihr euch aber weigert und widerstrebt, so müsst ihr das Schwert fressen, denn der Mund Jahves hat es gesagt." Dadurch nun trat die Natur und der Inhalt der Bedingungen, die Jahve an das Volk zu stellen hatte, in den Vordergrund der Betrachtung; die Thora Jahves, die ursprünglich wie all sein Tun unter den Begriff des Helfens, nämlich des Rechtschaffens, des Wegzeigens, der Lösung verwickelter Fragen, gefallen war, wurde jetzt aufgefasst als der Inbegriff seiner Forderungen, von deren Erfüllung seine Beziehung zu Israel alleine abhing. Sachlich entstand auf diese Weise, aus nahe liegenden Voraussetzungen, aber doch völlig neu, der Begriff des Bundes, d. i. des Vertrages. Der Name Berith aber findet sich bei den alten Propheten noch nicht, selbst nicht bei Hosea, der im Übrigen der Sache den schärfsten Ausdruck verleiht, durch sein Bild von der Ehe (Isa. 1, 21). Seine Unbekanntschaft mit dem technischen Sinne von Berith wird durch 2, 20 und 6, 7 so schlagend dargetan, dass sich darnach auch das Urteil über die (vermutlich interpolirte) Stelle 8, 1 wird richten müssen.

Der Name Berith hat wahrscheinlich einen ganz anderen Ausgangspunkt. Die alten Hebräer hatten für Gesetz keine andere Vorstellung und keine andere Bezeichnung als die des Vertrages. Ein Gesetz wurde nur dadurch rechtskräftig, dass diejenigen denen es galt sich verpflichteten es zu halten. So geschieht es Exod. 24, 3—8, so 2. Reg. 23, 1—3, so noch Hier. 34, 8 sqq. — gerade so wie bei den alten Arabern. Daher auch die Bezeichnung Sepher Berith sowohl für das jehovistische als auch für das deuteronomische Gesetzbuch.

Dieser Sprachgebrauch, Berith (d. i. Vertrag) für Gesetz, liess sich nun sehr bequem der prophetischen Grundidee anpassen und nach derselben deuten, wonach das Verhältnis Jahves zu Israel bedingt war durch die Forderungen seiner Gerechtigkeit, deren Inhalt durch sein Wort und seine Weisung explicirt wurde. Zufolge dessen wurden nun Jahve und Israel die Kontrahenten des Bundes, durch den ursprünglich die verschiedenen Vertreter des Volkes unter einander sich verpflichtet hatten zur Haltung z. B. des deuteronomischen Gesetzes[1]). Seit dem feierlichen und folgen-

[1]) Diese Variation geschah um so leichter, als Berith z. B. auch von der

schweren Akte, durch den Josia dies Gesetz einführte, scheint die Idee der Bundschliessung zwischen Jahve und Israel in den Mittelpunkt der religiösen Reflexion gerückt zu sein; sie herrscht im Deuteronomium, bei Jeremias, Ezechiel, in Isa. 40—66, Lev. 17—26, und am meisten im Vierbundesbuche. Ohne Zweifel hat das babylonische Exil, ebenso wie einst das assyrische, auch seinerseits dazu beigetragen, dass man sich mit dem Gedanken der Bedingtheit und der möglichen Lösung des Verhältnisses vertraut machte. Es ist natürlich kein Widerspruch hiegegen, dass, nachdem das Reich Jahves zerstört und sein Land verwüstet war, der Bund das Band wurde, woran das Volk sich hielt, nachdem der bisherige Grund unter seinen Füssen gewichen war.

II.

1. Die Hütte Davids verfiel vollends, kein König wurde geboren, der sie wieder aufrichtete. Für das Reich kam keine Krisis, sondern der Untergang. Das hatte die Wirkung, dass die religiösen Hoffnungen, sofern sie festgehalten wurden, sich nicht mehr in den Grenzen gegebener Grundlagen hielten, sondern nun einen freieren Flug nahmen und zumeist ins Ungemessene schwärmten. Früher war es stets ein bereits im Hintergrunde drohender Feind, eine wirklich heranrückende Gefahr gewesen, wodurch die Erwartung eines grossen, durch reichliche Ansammlung von Zündstoff im Inneren längst vorbereiteten Brandes erregt wurde — seit dem Exil wurde von einer allgemeinen Vereinigung Gott weiss welcher Völker gegen das Neue Jerusalem phantasirt, zu der in Wirklichkeit durchaus kein Anlass vorhanden war[1]). Sonst war der nationale Staat, wie er unter David bestanden hatte, das Ziel aller Wünsche; jetzt wurde eine universale Weltherrschaft in Gedanken aufgerichtet, welche über den Trümmern der heidnischen Reiche sich in Jerusalem erheben sollte. Die Prophetie verlor ihre geschichtliche Gebundenheit und ihren geschichtlichen Halt.

Aber den excentrischen Hoffnungen, die man auf Jahve setzte, wurde auf der anderen Seite durch nüchterne und realisirbare

Kapitulation steht, deren Bedingungen der Stärkere auferlegt; eine Gleichberechtigung der kontrahirenden Teile lag durchaus nicht im Begriff der Berith. Vgl. die schwankende Vorstellung Hier. 34, 13. 18.

[1]) Ezech. 38. 39. Isa. 66, 18—24. Jo. 4. Zach. 12. 14. In Isa. 5, 26 dagegen ist selbstverständlich גוי statt גוים zu lesen, der Singular statt des Plurals.

Ziele, die im Zusammenhange damit den Menschen gestellt wurden, die Wage gehalten. Denen die auf den Trost Israels warteten, stellte damals die Situation praktische Aufgaben. Die alten Propheten begnügten sich mit dem Aussprechen ihrer Ideen, mit der Kritik der bestehenden Schäden; tatsächlich hatten sie nichts zu sagen, die wirkliche Leitung des Volkes war in anderen Händen. Nachdem nun aber mit dem alten Gemeinwesen auch seine Häupter gestürzt waren, konnten und mussten sich die Frommen an die Spitze des neu zu schaffenden Israel stellen, das sie seit lange erstrebten und woran sie auch jetzt noch den Glauben festhielten. Ehedem war das Volk nicht so ernsthaft bedroht gewesen, dass nicht sein Fortleben, trotz der durchzumachenden gefährlichen Krisis, als eine natürliche uud selbstverständliche Sache hätte betrachtet werden können. Jetzt aber war das nicht mehr selbstverständlich, die Gefahr lag sehr nahe, dass die judäischen Exulanten, ebenso wie vor ihnen die samarischen, verschlungen würden von den Heiden unter denen sie lebten. Damit würden auch die messianischen Hoffnungen ihren Ansatzpunkt verloren haben, denn mochte ihre Verwirklichung noch so sehr Sache Jahves sein, so mussten doch die Menschen da bleiben, an denen sie erfüllt werden sollten. Es kam also alles darauf an, jetzt den heiligen Rest hinüberzuretten, ihn so fest zu organisiren, dass er als Träger der Verheissung die Stürme der Zwischenzeit überdauern konnte.

Aber das alte Gemeinwesen, sowie es früher gewesen war, stand bei denen, die bei der Restauration maassgebend waren, in keinem guten Andenken, da sie ja dem verwerfenden Urteile Jahves, das er durch den Mund seiner Knechte und durch die Geschichte ausgesprochen hatte, Recht geben mussten. Man beherzigte die Äusserungen der Propheten, dass Festungen und Rosse und Kriegsleute, dass Könige und Fürsten nicht hülfen, und machte praktische Grundsätze daraus; man wollte Ernst machen mit der alleinigen Herrschaft Jahves. Dabei ward man von den Umständen begünstigt: und das war die Hauptsache. Denn nach Lage der Dinge war damals an die Wiedereinrichtung eines wirklichen Staates nicht zu denken; die Fremdherrschaft liess eine solche nicht zu (Esdr. 4, 19sqq.). Woran sollte man sich halten, woher die Mittel nehmen zu dem Notbau? Die prophetischen Ideen langten nicht als Bausteine, ihnen ging die praktische Verwendbarkeit ab. Da zeigte sich die Wichtigkeit der Institutionen, der traditionellen Formen, für die Konservirung auch des geistigen Gehalts der Religion.

Der judäische Reichstempel hatte früh die übrigen Heiligtümer überflügelt und ihnen im Lauf des siebenten Jahrhunderts vollens die Luft geraubt. Unter dem Schatten des Königtumes waren die Priester von Jerusalem gross geworden und hatten zuletzt ihren Standesgenossen gegenüber eine ausschliesslich berechtigte Stellung erlangt. Je schwächer der Staat wurde, je tiefer er seit Josias Falle sank, desto höher stieg das Ansehen des Tempels beim Volke, desto bedeutender und selbständiger wurde die Macht seiner zahlreichen Priesterschaft: wie viel fühlbarer macht sie sich zu Jeremias als zu Jesaias Zeiten! Dem entspricht ein unverkennbarer Aufschwung, den der Kultus im siebenten Jahrhundert genommen hat, gefördert eher als gehemmt durch die so übel beleumdete lange Regierung Manasses. Derselbe zeigt sich nicht bloss in der Einführung luxuriöseren Materials, z. B. des Weihrauchs, sondern noch mehr in der Bevorzugung schwerer und bedeutsamer Leistungen, z. B. der Kinder- und Sühnopfer. Auch als die wüsten Greuel beseitigt wurden, blieb doch der blutige Ernst, mit dem man jetzt die Ausübung des Gottesdienstes nahm.

So eng war der jerusalemische Kultus mit dem Bewusstsein des jüdischen Volkes verwachsen, so fest hatte der Stand der Priester sich konsolidirt, dass nachdem das Reich zusammengebrochen war, hier die Elemente sich erhielten zur Neubildung einer „Gemeinde“, wie sie den Umständen und den Bedürfnissen entsprach. An dem in Trümmern liegenden Heiligtum richtete sich die Gemeinde wieder auf (1. Reg. 8. Agg. 1sq. Zach. 1sqq.). Die Bräuche und Ordnungen wurden, wenn auch im einzelnen überall umgebildet, so doch im ganzen nicht neu geschaffen; das Schöpferische lag darin, dass sie zu einem System verbunden und als Mittel zur Herstellung einer Organisation „des Restes“ verwandt wurden.

Ezechiel hat zuerst den Weg eingeschlagen, auf den die Zeit wies. Er ist das Mittelglied zwischen Prophetie und Gesetz. Er will Prophet sein, er geht in der Tat von prophetischen Gedanken aus: aber es sind nicht seine eigenen, sondern die seiner Vorgänger, die er dogmatisirt. Von Natur ist er ein Priester, und sein eigenstes Verdienst ist, dass er die Seele der Prophetie eingeschlossen hat in den Körper eines auf den Tempel und den Kultus begründeten, unpolitischen Gemeinwesens. Die Kapitel 40—48 sind die wichtigsten seines Buches, welches von J. Orth nicht unrichtig als der Schlüssel des Alten Testaments bezeichnet worden ist.

Es entstand jenes künstliche Produkt, die heilige Verfassung des Judentums. Ihr ausgeführtes Bild haben wir im Priesterkodex[1]). Der Unterschied, den man zwischen der mosaischen Theokratie und der nachexilischen Hierokratie zu machen sich anstrengt, ist zu fein. Theokratie als Verfassung ist Hierokratie. Hat Moses eine solche Verfassung gestiftet, so hat er es als Prophet getan, im Hinblick auf Verhältnisse wie sie tausend Jahre nach ihm eintraten (p. 162sq. 259sqq.). Das alte Israel war noch nicht zusammengeschrumpft auf eine religiöse Gemeinde; das öffentliche Leben ging nicht auf im Dienste des Heiligen, der Hohepriester und die Wohnung Jahves war nicht das Centrum um das sich alles drehte (p. 169—228). Das ist erst anders geworden durch die Vernichtung der politischen Existenz zuerst Samariens, dann Judas. Dadurch wurde das Volk „ein Reich von Priestern und ein heiliges Volk" (Exod. 19, 6. Isa. 61, 6). Wenn früher die Gottesherrschaft ein Glaube war, an dem die natürlichen Ordnungen der menschlichen Gesellschaft ihren Halt hatten, so wurde sie jetzt als Gottesstaat sichtbarlich dargestellt, in einer ihr eigentümlichen künstlichen Sphäre, die das gewöhnliche Volksleben überstieg. Die Idee, die früher den natürlichen Körper durchdrungen hatte, sollte jetzt, um recht eigentlich realisirt zu werden, ihren eigenen heiligen Körper haben. Ein materieller, äusserlicher Gegensatz von Heilig und Profan entstand und erfüllte die Geister; man war bestrebt die Grenzen auf das schärfste zu ziehen und das Naturgebiet immer weiter zurückzudrängen. Die Heiligkeit ist bei Ezechiel, in Lev. 17—26, und im Priesterkodex das herrschende Ideal. Es ist ein in sich ziemlich leerer, hauptsächlich antithetischer Begriff; ursprünglich gleichbedeutend mit göttlich wird er jetzt vorzugsweise im Sinne

[1]) Die Hierokratie beruht keineswegs auf dem Priesterkodex, er wurde erst eingeführt, nachdem jene faktisch schon bestand. Zunächst wird er gewiss zu ihrer weiteren Befestigung und Legalisirung beigetragen haben. Nachträglich hat das schriftliche Gesetz die Herrschaft der Priester untergraben und das Heft den Schriftgelehrten und Pharisäern in die Hände gespielt.

von geistlich, priesterlich angewandt, als sei das Göttliche dem Weltlichen, Natürlichen durch äusserliche Merkmale entgegengesetzt.

Die mosaische Theokratie, das Residuum eines untergegangenen Staates, ist selbst kein Staat, sondern ein unter ungünstigen Bedingungen durch eine ewig denkwürdige Energie geschaffenes, unpolitisches Kunstprodukt; sie hat die Fremdherrschaft zur notwendigen Ergänzung. Sie ist ihrem Wesen nach der altkatholischen Kirche nächstverwandt, deren Mutter sie in der Tat gewesen ist. Ästhetisch anstössig mag es sein wenn man von der jüdischen Kirche redet, historisch unrichtig ist es nicht, und insofern wäre es am Ende vorzuziehen, als hinter dem Namen Theokratie sich die Konfusion zu verbergen pflegt.

2. In der mosaischen Theokratie scheint sich ein gewaltiger Rückschritt vollzogen zu haben. Jahves Gesetz bedeutet die Eigentümlichkeit seines Volkes gegenüber den Heiden. Diese lag nun in Wahrheit nicht im Kultus; es wäre vergebliche Mühe, diese und jene Nüance der hebräischen und der griechischen Riten zu einer principiellen Differenz aufzubauschen. Der Kultus ist das heidnische Element in der israelitischen Religion — wobei heidnisch durchaus nicht in einem unedlen und schlechten Sinne genommen werden soll. Wenn er nun im Priesterkodex zur Hauptsache gemacht wird, so scheint das einem systematischen Rückfall in das Heidentum gleichzukommen, welches die Propheten unausgesetzt bekämpften und doch nicht entwurzeln konnten. Man wird zugestehen können, dass bei der Konstituirung des Neuen Jerusalem die prophetischen Antriebe durch eine vorhandene natürliche Richtung der Masse, auf die sie wirkten, umgebogen wurden. Aber überall spürt man doch in dem gesetzlichen Gottesdienste auf das entschiedenste ihren Einfluss. Wir haben gesehen, wie sehr derselbe überall die Einwirkung der Centralisation erkennen lässt. Diese wird zwar im Priesterkodex nicht in Verbindung gesetzt mit der Bekämpfung ungehörigen oder fremden Gottesdienstes, aber sie ist doch nur als polemische Maassregel zu begreifen; und wenn sie als naturnotwendiges Axiom betrachtet wird, so bedeutet das den vollkommensten Sieg prophetischer Forderungen auf einem Felde, wo ihnen die schwersten Hindernisse entgegenstanden. Die exklusive Monolatrie ist auf keine Weise dem Kultus angeboren, sie lässt sich nur ableiten aus Rücksichten die seiner Natur fremd

sind, sie ist das Gegenbild des strengen Monotheismus. Auch die bildlose Verehrung der Gottheit wird zwar nicht besonders eingeschärft wie im Deuteronomium, ist aber von ganz selbstverständlicher Geltung und ihrer selbst so sicher, dass sie auch zweifelhafte und widerstrebende Elemente ohne Gefahr in sich aufnimmt und assimilirt. Das goldene Ephod, gegen das Jesaias eifert, ist zu einem bedeutungslosen Schmuck des Hohenpriesters geworden; Talismane, die noch Ezechiel verbietet, werden erlaubt (Num. 15, 37—41), aber sie dienen dazu, „dass man sich erinnere aller Gebote Jahves und sie tue und nicht nachschweife seinem Herzen und seinen Augen, deren Gelüsten man ehedem nachgehurt hat". Der krasse Götzendienst, von dem sonst immer der Ausdruck זנה gebraucht wird, steht schon ausser Frage; das eigene Herz und sein ungebundenes Streben ist der fremde Gott dessen Dienst verboten wird.

Man kann weiter gehen und sagen, dass der Kultus durch die Kultusgesetzgebung seinem eigenen Wesen entfremdet, in sich selber überwunden wurde. Bei den Festen zeigt sich das am sichtbarlichsten. Sie haben ihre Beziehung zur Ernte und zur Viehzucht verloren und sind zu historischen Erinnerungsfeiern geworden; sie verleugnen ihre Herkunft aus der Natur und feiern die Stiftung der übernatürlichen Religion und der darauf bezüglichen Gnadentaten Jahves. Das allgemein Menschliche, das Freiwüchsige geht davon, sie bekommen einen statutarischen Charakter und eine specifisch israelitische Bedeutung. Bei den Opfern steht es nicht anders. Sie ziehen nicht mehr die Gottheit, bei allen wichtigen Anlässen, hinein in das irdische Leben, dass sie teilnehme an dessen Freuden und Nöten; es sind keine menschlichen Versuche mit naiven Mitteln ihr etwas zu gut zu tun und sie geneigt zu stimmen. Sie sind der natürlichen Sphäre entrückt und zu göttlichen Gnadenmitteln geworden, die Jahve in Israel, als Sakramente der Theokratie, eingesetzt hat. Man glaubt ihm nicht mit dem Inhalt der Gabe eine Freude und einen Genuss zu bereiten; was ihm wohlgefällt und was Wirkung hat, ist nur die strikte Ausführung des Ritus. Genau nach Vorschrift müssen die Opfer dargebracht werden, am richtigen Orte, zur richtigen Zeit, von den richtigen Personen, in der richtigen Weise. Sie gründen sich nicht auf den inneren Wert der Sache, auf den Antrieb frischer Anlässe, sondern auf den positiven, alle Einzelheiten ordnenden Befehl eines absoluten, unmotivirten Willens. Das Band zwischen Kultus und Sinnlichkeit ist zerschnitten; die Gefahr der Einmischung unlauterer, unsittlicher Elemente, die im hebräischen Altertum stets vorhanden war, kann gar nicht mehr aufkommen. Aus innerem Trieb erwächst der Kultus nicht mehr, er ist eine Übung der Gottseligkeit geworden. Er hat keine natürliche, sondern eine transcendente, unvergleichliche und unangebbare Bedeutung; seine Hauptwirkung, die auch immer sicher hervorgebracht wird, ist die Sühne. Denn seit dem Exil wurde das Sündenbewusstsein, welches durch die Verwerfung des Volkes von Jahves Angesicht hervorgebracht war, gewissermaassen permanent; auch als der Frohndienst erfüllt und der Zorn eigentlich verraucht war, wollte es nicht weichen.

Wenn nun das Wertvolle bei den heiligen Darbringungen nicht in ihnen selber, sondern in dem Gehorsam gegen Gottes Vorschriften lag, so wurde der Schwerpunkt des Kultus aus ihm selber heraus und in ein fremdes Gebiet, das der Moral, hinein verlegt. Die Folge war, dass die Opfer und Gaben zurücktraten hinter ascetischen Leistungen, die mit der Moral in noch engerer und einfacherer Verbindung standen. Vorschriften, die ursprünglich grösstenteils behufs der Heiligung der Priester zu ihren gottesdienstlichen Funktionen gegeben waren, wurden auf die Laien ausgedehnt; die Beobachtung dieser Gebote der leiblichen Reinigkeit war von weit durchgreifenderer Wichtigkeit im Judentum als der grosse öffentliche Kultus und führte auf dem geradesten Wege dem theokratischen Ideal der Heiligkeit und des allgemeinen Priestertumes zu. Das ganze Leben wurde in eine gewiesene heilige Bahn eingeengt, indem man dadurch, dass es stets ein göttliches Gebot zu erfüllen gab, abgehalten wurde seinen eigenen Herzensgedanken und -gelüsten nachzuschweifen. Auf der anderen Seite wurde durch diesen kleinen, immerdar in Anspruch nehmenden Privatkultus das Sündengefühl des Einzelnen wach und rege gehalten.

Der grosse Patholog des Judentumes hat ganz Recht: in der mosaischen Theokratie ist der Kultus zu einem pädagogischen Zuchtmittel geworden. Dem Herzen ist er entfremdet, wäre er nicht alte Sitte gewesen, so würde er aus sich selber nie mehr emporgeblüht sein. Er wurzelt nicht mehr in dem naiven Sinn; er ist ein totes Werk, trotz aller Wichtigkeit, ja gerade wegen der Peinlichkeit und Gewissenhaftigkeit, womit er genommen wurde. Bei der Restauration des Judentums sind die alten Bräuche zusammengeflickt zu einem neuen System, welches aber nur als Form diente zur Aufbewahrung eines edleren Inhalts, der anders als in einer so harten, alle fremden Einflüsse schroff abhaltenden Schale nicht hätte gerettet werden können. Das Heidentum in Israel, gegen welches die Propheten vergebens protestirten, ist auf seinem eigenen Gebiete vom Gesetz innerlich überwunden, und der Kultus, nachdem die Natur darin ertötet worden, zu einem Panzer des supranaturalen Monotheismus gemacht.

Berichtigungen und Nachträge.

Zu 76, 22: העתיר heisst nicht räuchern, sondern opfern, vgl. Skizzen und Vorarbeiten III 166 n. 1. Zu 99, 26: als Fest des Jahreswechsels kann Laubhütten nicht ursprünglich am 15. des Monats gefeiert sein. Zu 102: vor dem ersten Alinea ist die Ordnungsnummer 2. vergessen. Zu 106, 34: nur in 2. Sam. 11, 1 fällt die תשובת השנה in den Frühling.